AF312407

LEÇONS

ÉLÉMENTAIRES

D'HISTOIRE

NATURELLE

ET DE CHIMIE.

TOME SECOND.

LEÇONS

ÉLÉMENTAIRES

D'HISTOIRE

NATURELLE

ET DE CHIMIE;

DANS lesquelles on s'est proposé, 1°. de donner un ensemble méthodique des connoissances chimiques acquises jusqu'à ce jour; 2°. d'offrir un tableau comparé de la doctrine de Stahl & de celle de quelques Modernes :

POUR servir de résumé à un Cours complet sur ces deux Sciences.

Par M. DE FOURCROY, Docteur de la Faculté de Médecine de Paris, & de la Société Royale de Médecine.

TOME SECOND.

A PARIS,

RUE ET HÔTEL SERPENTE.

M. DCC. LXXXII.

Sous le Privilége de la Société Royale de Médecine.

LEÇONS

ÉLÉMENTAIRES

D'HISTOIRE NATURELLE

ET DE CHIMIE.

LEÇONS XXXI, XXXII & XXXIII.

SUITE DES SUBSTANCES MÉTALLIQUES.

Sorte VIII. MERCURE.

LE mercure a l'opacité & le brillant métallique ; c'est après l'or & la platine, la substance la
plus pesante qu'on connoisse. Un pied cube de
mercure bien pur pèse neuf cens quarante-sept livres ; il perd dans l'eau un treizième de son poids.
Comme il est habituellement fluide, on ne connoît bien ni sa ténacité ni sa ductilité, & l'on

Tome II,   A

eſt encore embarraſſé pour ſavoir quel rang lui aſſigner. En effet, il ſe volatiliſe comme les demi-métaux ; il a une eſpèce de ductilité comme les métaux. Cependant ſa peſanteur énorme, ſa fluidité habituelle, ſa volatilité extrême, & les altérations ſingulières qu'il eſt ſuſceptible d'éprouver par beaucoup de combinaiſons, le font regarder avec vraiſemblance comme une ſubſtance particulière, qui ſemble n'appartenir aux matières métalliques que par ſon brillant, ſa peſanteur & ſa combuſtibilité, & qui doit être rangée à part. Nous plaçons ſon hiſtoire entre celle des demi-métaux & des métaux.

On a cru pendant long-tems, que le mercure ne pouvoit pas perdre ſa fluidité. Mais les Académiciens de Péterſbourg ont prouvé le contraire. Ces Savans profitèrent du froid exceſſif de 1759, ils augmentèrent encore le froid naturel à l'aide d'un mêlange de neige & d'eſprit de nitre fumant, & parvinrent par ce moyen à faire deſcendre un thermomètre de mercure, ſuivant la graduation de Réaumur, au cent vingt-cinquième degré au-deſſous de o. Obſervant qu'à ce degré le mercure ne deſcendoit plus, ces Meſſieurs caſsèrent la boule de verre, & trouvèrent ce fluide métallique gelé, & formant un corps ſolide qui ſe laiſſoit comprimer par le marteau. Cette expérience démontre que le mercure,

comme toutes les autres fubftances métalliques,
peut devenir concret ; qu'il jouit alors d'un certain degré de duĉilité. On ne fait pas jufqu'où
peut aller cette dernière propriété, parce que
dès qu'il vient à perdre ce grand degré de froid,
il reprend fa fluidité. M. *Pallas* qui a réuffi à
congeler du mercure en l'expofant en plein air
& du côté du nord dans le pays très-froid qu'il
habite, a obfervé qu'il reffembloit alors à de
l'étain mou, qu'on pouvoit le battre en lames,
qu'il fe rompoit facilement, & que fes morceaux rapprochés fe réuniffoient. Ce métal eft
donc le plus fufible de tous ceux que nous connoiffons ; le plus grand froid connu dans la nature
ne peut pas le rendre folide. Il eft vraifemblable
que fi dans l'expérience de Péterfbourg le froid
qui a gelé le mercure avoit été conduit par degrés infenfibles, cette matière métallique auroit
pris une forme criftalline & régulière.

La fluidité habituelle du mercure l'a fait regarder comme une eau métallique particulière,
& on l'a appellé *aqua non madefaciens manus* :
l'eau qui ne mouille pas les mains. Il eft vrai que
le mercure ne mouille ni les mains, ni aucuns
des autres corps qui peuvent être mouillés par
l'eau, par les huiles ou les autres liqueurs ; mais
ce phénomène ne dépend que de ce que ce fluide
métallique n'a aucune affinité avec ces corps.

Car quand il eſt en contaɛ̃t avec quelques-unes des ſubſtances auxquelles il peut s'unir, comme l'or, l'argent, l'étain, &c. alors il s'applique intimement à ces corps, & les mouille au point qu'on ne peut les deſſécher qu'en faiſant évaporer au feu le mercure qui les enduit.

Le mercure étant un métal fondu, affecte toujours la forme de globules parfaits lorſqu'on le diviſe ; quand il eſt renfermé dans un flacon, ſa ſurface paroît convexe. Cet effet dépend & du peu d'affinité qu'a le mercure avec le verre, & de la grande attraction qui tend à rapprocher les parties. Car ſi on met ce fluide dans un vaſe de métal avec lequel il ait de l'affinité, alors ſa ſurface paroît concave comme celle de tout autre fluide, parce qu'il ſe combine avec les parois de ce vaiſſeau. Le mercure a une ſaveur que les nerfs du goût ne peuvent point percevoir, mais qui cependant produit un effet très-marqué dans l'eſtomac & les inteſtins, auſſi bien qu'à la ſurface de la peau. Les inſectes & les vers ſont infiniment plus ſenſibles que les autres animaux à cette ſaveur ; c'eſt pour cela que le mercure les tue très-vîte, & que les Médecins l'emploient comme un excellent vermifuge. C'eſt même en raiſon de la propriété qu'il a de guérir la galle & pluſieurs autres maladies de la peau, que pluſieurs Savans ont penſé que ces maladies étoient produites par la préfence de certains infectes qui pénétroient le tiffu de cet organe. Mais cette opinion n'a point été généralement adoptée, quoique quelques Naturaliftes aient décrit le ciron de la galle, &c.

Le mercure, frotté quelque tems entre les doigts, répand une légère odeur particulière. Lorfqu'il eft bien pur, & qu'on l'agite, on obferve quelquefois, & fur-tout dans les tems chauds, qu'il brille d'une petite lueur phofphorique affez fenfible ; ce phénomène a été conftaté fur le mercure du baromètre par plufieurs Phyficiens. Si l'on plonge la main dans ce fluide métallique, on éprouve une fenfation de froid qui fembleroit indiquer qu'il eft d'une température plus froide que l'air atmofphérique ; cependant en y plongeant un thermomètre, on s'affure bien vîte que le mercure eft à la température de l'atmofphère. Cet effet qui nous trompe, & qui appartient entièrement à notre fenfibilité, dépendroit-il de la pefanteur énorme de cette fubftance métallique, ou bien de ce qu'il accélère l'évaporation du fluide qui fort fans ceffe par les pores de la peau ?

Le mercure divifé à l'aide d'un mouvement rapide & continuel, comme celui d'une roue de moulin, fe change peu à peu en une poudre noire très-fine, qu'on appelle *Ethiops per fe*, à

A iij

cause de sa couleur ; le mercure n'éprouve aucune altération dans cette expérience , & on peut en le chauffant légèrement, ou en le triturant, le faire reparoître avec sa fluidité ordinaire & son brillant métallique.

Le mercure est peu abondant dans la nature, & il se rencontre dans la terre ou dans l'état vierge & jouissant de toutes ses propriétés , ou combiné avec le soufre & quelques autres matières métalliques, il est alors minéralisé par ces substances.

Le mercure coulant se trouve en globules ou en plus grandes masses ; dans les terres , les pierres tendres , & le plus souvent il est interposé dans ses mines. C'est ordinairement avec le soufre que le mercure est combiné. Il forme alors un composé connu sous le nom de cinabre. Cette substance minérale est rouge , & n'a en aucune manière l'aspect métallique , quoique le soufre s'y trouve en petite quantité relativement au mercure , parce que la combinaison de ces deux corps est très-exacte. Le cinabre se rencontre dans le Duché de Deux-Ponts , dans le Palatinat , en Hongrie , dans le Frioul , en Espagne à Almaden , & dans l'Amérique méridionale, sur-tout à Guamanga au Pérou. Il est tantôt en masse compacte , dont la couleur varie depuis le rouge pâle jusqu'au rouge foncé

& noirâtre , quelquefois en cristaux transparens couleur de rubis. On le nomme vermillon natif ou cinabre en fleurs , lorsqu'il est sous la forme d'une poudre rouge très-brillante. Enfin on le trouve dispersé dans différentes terres, dans la sélénite, mêlé au fer , aux pyrites & à l'argent. M. *Cronstedt* parle, dans sa Minéralogie, d'une mine de mercure, dans laquelle cette substance est unie à l'arsenic & au cuivre. Cette mine est en cristaux d'un gris jaunâtre, assez semblable aux cristaux de la mine d'argent grise, dont elle ne diffère que très-peu ; elle est très-rare. Le même Minéralogiste assure qu'on a quelquefois trouvé dans la mine de Sahlberg en Suède du mercure amalgamé avec de l'argent vierge. M. *Romé de Lisle* possède dans son Cabinet un morceau qu'il croit être de cette espèce. Les différens états que présente le mercure dans l'intérieur de la terre, peuvent être réduits aux variétés suivantes.

Etat I. Mercure natif.

Disséminé dans des terres & des pierres, & le plus souvent dans ses mines mêmes.

Etat I I. Mercure minéralisé par le soufre ; Cinabre.

Variétés.

1. Cinabre transparent, rouge & cristallisé en prismes triangulaires très-courts, terminés par des pyramides triangulaires.

A iv

Variétés.

2. Cinabre transparent rouge en cristaux octaèdres, formés de deux pyramides triangulaires, réunies par leurs bases, & tronquées.

3. Cinabre solide, compacte, d'un rouge brun, ou d'un rouge clair. Il est quelquefois formé de feuillets.

4. Cinabre rouge disposé en stries sur une gangue pierreuse, ou sur du cinabre solide. Il est quelquefois aiguillé comme le cobalt.

5. Cinabre en fleurs, vermillon natif; c'est un cinabre d'un rouge brillant satiné, qui adhère à différentes gangues sous la forme d'une poussière très-fine; il est quelquefois cristallisé en aiguilles, alors il ressemble beaucoup au précédent.

Etat III. Mercure salin.

Variétés.

1. Mercure corné, ou mercure doux natif. Cette mine a été découverte à Muschel-Landsberg dans le Duché des Deux-Ponts. Elle est ordinairement déposée dans une mine de fer terreuse, sous la forme de cristaux prismatiques à quatre faces, terminés par des pyramides tétraèdres. Sa couleur varie, ainsi que sa transparence; elle est blanche, grise ou verdâtre. M. *Sage* la regarde comme une véritable combinaison de mercure avec l'acide marin, analogue au mercure doux avec lequel il lui trouve beaucoup de ressemblance, pour la forme, l'insipidité, la volatilité, &c.

2. Mercure corné brun. Cette mine est en masses irrégulières, pesantes & solides; on ne connoît pas

bien fa nature. Le feu la décompofe fans addition, & en dégage du mercure coulant.

Etat IV. Mercure combiné aux métaux; Amalgames naturelles.

On a trouvé à Mufchel-Landfberg une amalgame d'argent qui contenoit un tiers de mercure. Peut-être rencon-
trera-t-on par la fuite ce fluide métallique uni à d'autres
métaux dans les mines.

Pour connoître une mine qui contient du mercure, on la pile, on la mêle avec de la chaux,
des alkalis, &c. On en jette fur une brique
chaude, on couvre le tout d'une cloche, le mercure fe réduit en vapeurs, & fe condenfe aux
parois de la cloche. Si l'on veut connoître la
quantité de mercure qui y eft contenu, après
l'avoir pulvérifée & lavée, on la diftille avec des
matières capables de s'emparer du foufre &
d'en dégager le mercure. On a foin de mettre
de l'eau dans le récipient, afin de raffembler le
mercure au fond de ce fluide. En pefant exactement la mine avant de l'effayer, & le mercure qu'on en obtient par la diftillation, on connoît ce qu'elle en peut fournir.

Le mercure vierge fe fépare facilement, en
broyant les pierres avec lefquelles il eft mêlangé,
& en les délayant dans de l'eau, le mercure fe

précipite, & l'eau entraîne la terre ; c'est ainsi qu'on le retire des mines d'Idria dans le Frioul.

On ne grille point le cinabre, parce qu'étant volatil, il se dissiperoit au feu ; mais, comme la nature l'a presque toujours mélangé avec une substance calcaire ou martiale, cette substance devient un intermède propre à décomposer le cinabre à l'aide du feu.

M. *de Jussieu* a décrit dans les Mémoires de l'Académie, en 1779, le travail qu'on fait à Almaden en Espagne, pour retirer le mercure du cinabre. Cette mine contient du fer & un peu de pierre calcaire ; on la met dans des fours qui ont la forme de fourneaux de réverbère ; on chauffe ces fours, en mettant les matières combustibles dans le cendrier. Le fourneau n'a d'ouvertures que huit trous pratiqués à sa partie postérieure ; à chacun de ces trous, on ajuste une file d'aludels, dont le dernier aboutit à un petit bâtiment assez éloigné du fourneau. Entre le fourneau & le bâtiment, où se terminent les aludels, est une petite terrasse qui s'arase avec les ouvertures du fourneau & celles du bâti-ment. Cette terrasse forme deux plans inclinés, & soutient les aludels. Si quelque jointure mal bouchée laisse échapper du mercure, il se ras-semble dans la jonction des plans inclinés de la terrasse. Lorsque le feu est appliqué au cinabre,

le fer & la pierre calcaire abforbent le foufre;
le mercure réduit en vapeurs paffe dans les aludels, & va gagner le petit bâtiment. Après la
diftillation, on tranfporte tous les aludels dans
une chambre quarrée, pour les vider & réunir
le mercure dans une foffe pratiquée au milieu
de cette chambre, dont le fol eft incliné en talus
vers cette foffe moyenne.

M. *de Juffieu* a obfervé que les mines de cinabre ne donnoient aucune exhalaifon funefte
aux végétaux, & que les environs & le deffus
des mines d'Almaden étoient très-fertiles. Il a
également obfervé que l'exploitation de cette
mine n'étoit pas funefte aux Ouvriers, comme
on l'avoit cru; que ceux qui travaillent dans l'intérieur de la mine, comme forçats, font les
feuls qui foient fujets à des maux graves, parce
que le feu qu'ils font obligé d'allumer, volati-
lifant une portion du mercure, ils fe trouvent
continuellement plongés dans une vapeur mercurielle. M. *Sage* a décrit dans les Mémoires de
l'Académie, année 1776, le procédé que l'on emploie pour extraire le mercure du cinabre, dans
le Palatinat. Le fourneau eft une galère chargée
de quarante-huit cornues de fer de gueufe,
dont l'épaiffeur eft d'un pouce, la longueur de
trois pieds neuf pouces, & qui contiennent environ foixante livres de matière. Ces cornues

font fixées à demeure fur le fourneau ; on y introduit, à l'aide de cuillers de fer , un mélange
de trois parties de la mine , bien bocardée avec
une partie de chaux éteinte ; on chauffe avec
du charbon de terre , que l'on introduit par les
deux extrémités du fourneau, dont les côtés font
percés de plufieurs ouvertures qui établiffent des
courans , & font brûler le charbon. Le mercure
fe volatilife à l'aide de la réaction de la chaux
fur le foufre ; on le recueille dans des récipiens
de terre adaptés aux cornues , & remplis d'eau
jufqu'au tiers de leur capacité. Cette opération
dure dix à onze heures. Le mercure retiré ou
révivifié du cinabre, eft très-pur & ne contient
aucune particule étrangère ; on en trouve peu
qui foit de cette pureté dans le commerce. Tout
celui que vendent les Marchands eft plus ou
moins mêlé de plomb ou d'étain ; il paroît un
peu terne, & au lieu de fe divifer en globules
lorfqu'il coule, il s'applatit & paroît hériffé de
quelques pointes. Les Marchands difent alors
qu'il fait la queue.

Le mercure ne paroît point éprouver d'altération de la part de la lumière. C'eft une des
matières fluides qui s'échauffe le plus vîte & le
plus régulièrement, c'eft-à-dire, dont la marche
de la dilatation eft la plus conftante, comme
l'ont démontré MM. *Bucquet* & *Lavoifier* par

leurs recherches fur la marche de la chaleur dans les différens fluides, lues à l'Académie des Sciences. Ce phénomène indique que le mercure eft le fluide le plus propre à marquer exactement les degrés de chaleur, & à former les thermomètres les plus exacts.

Ce fluide métallique expofé au feu dans les vaiffeaux fermés, bout à la manière des liquides. Cette propriété ne lui eft point particulière ; il la partage avec l'argent, l'or, & la plupart des autres métaux. Il eft vrai que comme le mercure eft plus fufible qu'aucun autre, il bout plus vîte & long-tems avant d'être rouge. L'ébullition n'eft autre chofe que fon paffage de l'état liquide à l'état de vapeur. Cette vapeur qui eft très-apparente fous la forme d'une fumée blanche, & qui trouble la tranfparence des vaiffeaux dans lefquels on la reçoit, fe condenfe par le froid en gouttelettes de mercure, qui n'ont éprouvé aucun déchet, ni aucune altération, lorfqu'on fait cette diftillation avec foin. Le mercure eft donc une fubftance très-volatile, qu'on peut diftiller comme de l'eau, & qui fe rapproche par-là des demi-métaux.

Boerhaave a diftillé cinq cens fois de fuite la même quantité de mercure, il n'étoit altéré en aucune manière ; il lui a feulement paru un peu plus brillant, plus pefant & plus fluide ; ce qui ne dépendoit sans doute que d'une purification très-exacte. Il a obtenu dans cette distillation une petite quantité de poudre grife, qui n'étoit que du mercure très-divifé, & qui n'avoit befoin que d'être tituré dans un mortier, pour devenir fluide & brillant; c'étoit un peu d'éthiops *per fe*.

La diftillation eft un moyen de purifier le mercure, & de le féparer des métaux fixes qui l'altèrent ordinairement dans le commerce; on retrouve dans la cornue le métal étranger en une croûte brillante dans quelques endroits, & noirâtre dans d'autres. On connoît en pefant ce réfidu, la quantité de matière qui altéroit le mercure.

La pefanteur extrême du mercure a fait croire aux Chimiftes que cette fubftance contient abondamment le principe terreux pur, ou la terre vitrifiable. Mais d'un autre côté, ce principe, lorfqu'il domine dans les corps, leur donne de la folidité, & le mercure eft au contraire très-fufible; le principe terreux eft éminemment fixe, & le mercure eft très-volatil. Ces qualités qui paroiffent oppofées ont engagé *Beccher* à admettre dans ce fluide métallique une terre particulière, qu'il nommoit terre mercurielle, à laquelle il attribuoit en même-tems la pefanteur & la volatilité. Le mercure étoit donc, fuivant ce Chimifte, un compofé de ces trois terres , de la vitrifiable, de l'inflammable & de la mercurielle. Perfonne n'a encore démontré l'exiftence de la dernière dans aucun corps, & on ne doit regarder cette opinion que comme une affertion dénuée de preuves. Le mercure nous paroît, comme toutes les autres fubftances métalliques, un corps combuftible fimple, & qu'on n'a jamais pu féparer en différens principes. Quant à la terre vitrifiable dont nous avons examiné les propriétés dans le commencement de cet Ouvrage, nous ne croyons pas qu'on puiffe l'admettre plus dans le mercure que dans les autres métaux, puifqu'on n'en a encore extrait aucun principe femblable. Ce que *Beccher* & *Stahl* appeloient ainfi dans le mercure & dans les autres fubftances métalliques, n'eft rien moins qu'un corps fimple & terreux, ainfi que nous l'avons dit en parlant des chaux des métaux en général.

Le mercure réduit en vapeurs a une force expanfive confidérable, & eft fufceptible de produire des explofions vives lorfqu'il eft enfermé. M. *Hellot* a rapporté à l'Académie qu'un Particulier ayant voulu fixer le mercure, en avoit mis une certaine quantité dans une boule de fer très-bien foudée; on jeta cette boule au milieu d'un brafier ardent, mais à peine fut-elle rouge que le mercure déchira fon enveloppe avec un bruit confidérable, & s'élança à perte de vue. M. *Baumé* rapporte dans fa *Chimie expérimentale, &c. tome II, page 393,* un fait à peu près pareil, dont M. *Geoffroy* l'Apothicaire avoit été témoin.

Le mercure chauffé avec le concours de l'air, fe change au bout de quelques mois en une poudre terreufe, rouge, brillante, difpofée en petites écailles. Cette poudre, qui n'a plus l'afpect métallique, eft une vraie chaux de mercure. Les Alchimiftes, qui ont cru que le mercure fe fixoit dans cette expérience, l'ont appelée improprement mercure précipité par lui-même, ou *per fe.* Comme le mercure eft très-volatil, & que cependant il a befoin du concours de l'air pour fe calciner, on a imaginé pour cette opération un inftrument affez commode nommé enfer de *Boyle.* C'eft un flacon de criftal très-large & très-plat ; on y renferme le mercure qui y forme une couche mince, & préfente par conféquent beaucoup de furfaces. Le bouchon qui s'ajufte exactement au goulot de ce flacon, eft un cylindre de criftal percé d'un tuyau capillaire. On place le flacon fur un bain de fable ; on chauffe le mercure jufqu'à le faire bouillir. L'ouverture du cylindre eft telle, que l'air a de l'accès dans le flacon, fans que le mercure puiffe fe diffiper. Au bout de plufieurs mois de digeftion on

fépare

fépare la chaux qui s'eſt formée à la ſurface du mercure. Pour cela on jette le tout ſur une toile ſerrée, le mercure paſſe à l'aide de la preſſion, & la chaux rouge reſte ſur le linge. On peut ſe ſervir, avec tout autant de ſuccès, d'un matras à fond plat, dans lequel on verſe aſſez de mercure pour y former une couche mince ; on tire à la lampe le col de ce matras en un tuyau capillaire, & on en caſſe la pointe. Ce moyen, indiqué par M. *Baumé*, fournit un vaiſſeau plus propre à la calcination du mercure, parce qu'il contient plus d'air ; il eſt auſſi plus aiſé à chauffer, moins diſpendieux & moins ſujet à caſſer que l'enfer de *Boyle*. Pour que l'expérience réuſſiſſe, il faut entretenir le mercure dans une chaleur capable de le faire bouillir légèrement nuit & jour pendant pluſieurs mois ; en multipliant les matras ſur le même bain de ſable, on obtient une plus grande quantité de précipité *per ſe* ; & l'on peut même en obtenir une certaine quantité en quinze ou vingt jours.

Le précipité *per ſe* eſt une vraie chaux de mercure, ou une combinaiſon de cette matière métallique avec l'air. Lorſqu'on la chauffe, elle s'empare de l'air pur contenu dans l'atmoſphère, & forme avec lui cette poudre rouge. Ce qui le prouve d'une manière convaincante, c'eſt que, 1°. on ne peut jamais réduire le mercure en précipité *per se*, sans le contact de l'air. 2°. On ne peut former cette combinaison qu'avec l'air pur, & elle n'a pas lieu dans les différens gaz qui ne sont point de l'air. 3°. Le mercure dans cette expérience augmente de poids. 4°. En le chauffant dans des vaisseaux fermés, on le réduit tout entier en mercure coulant, & il se dégage en même tems une grande quantité d'air dans lequel les corps combustibles brûlent quatre fois plus rapidement que dans l'air de l'atmosphère, & que M. *Priestley* a le premier reconnu sous le nom d'air déphlogistiqué. Le mercure a perdu dans cette réduction le poids qu'il avoit acquis en se calcinant.

Ce dernier fait, joint aux phénomènes de la calcination, relativement à la nécessité & à la diminution de l'air dans cette opération, est ce qui a engagé les Chimistes modernes à croire par une analogie aussi bien fondée que toutes celles que l'on établit en Physique, que les chaux métalliques ne sont que des combinaisons des métaux avec l'air. Comme le précipité *per se* peut être très-bien analysé par la chaleur, & comme il se sépare en deux principes, l'air pur & le mercure coulant, on sent combien cette belle expérience répand de lumières sur la théorie pneumatique, & combien elle lui est favorable. La combinaison de l'air & du mercure n'est

donc pas très-forte , puifqu'elle peut être détruite par l'action du feu. Pour réduire ainfi le
précipité *per fe* , il faut le chauffer dans des
vaiffeaux exactement fermés ; s'il a le contact de
l'air, il refte dans l'état de chaux , parce qu'il
trouve toujours dans l'atmofphère, le corps avec
lequel il peut s'unir, & qui a feul la propriété
de le calciner. C'eft pour cela que M. *Baumé* a
foutenu que le précipité *per fe* n'étoit pas réductible , qu'il fe fublimoit au contraire en criftaux
rougeâtres , de la couleur du rubis ; tandis que
M. *Cadet* a prétendu que tous les précipités *per fe*
pouvoient également fe réduire en mercure coulant. M. *Macquer* a prouvé par une explication
ingénieufe & bien d'accord avec les faits, que
l'un & l'autre de ces Chimiftes avoient raifon ,
& que fi on chauffoit la chaux de mercure avec
le contact de l'air, elle fe fublimoit en entier ,
& pouvoit même fe fondre en un verre de la
plus belle couleur rouge, comme l'a dit M. *Keir*,
favant Chimifte Ecoffois , dans fa traduction du
Dictionnaire de Chimie ; tandis que la même
chaux fufceptible de fe fublimer lorfqu'elle a
le contact de l'air , fe réduit en mercure coulant
& fournit de l'air pur fi on la chauffe fortement
dans des vaiffeaux bien fermés.

Le mercure n'eft point altérable à l'air ; on
obferve feulement qu'il fe ternit par les molé-

cules de pouffière que l'air entraîne, & qui en fe dépofant à fa furface en diminuent le brillant ; on a même nommé d'après cela le mercure l'aimant de la pouffière. Mais il paroît que tous les corps ont cette propriété, & qu'elle n'eft très-fenfible dans ce métal qu'en raifon de fon brillant. D'ailleurs il n'eft nullement altéré, & il fuffit de le filtrer à travers une peau de chamois pour le féparer de fes impuretés, & pour lui rendre tout fon éclat.

Le mercure ne paroît pas fe diffoudre dans l'eau ; cependant les Médecins font dans l'ufage de faire fufpendre un nouet plein de ce métal dans les tifannes vermifuges pendant leur ébullition. L'expérience a même conftaté les bons effets de cette pratique. *Lémery* s'eft affuré que le mercure ne perdoit rien de fon poids dans cette décoction. Il eft vraifemblable qu'il s'émane du mercure un principe fans doute femblable à celui de l'odeur, fi fugace & fi tenu, qu'on ne peut en connoître la pefanteur, à caufe de fon extrême ténuité ; c'eft ce principe qui communique à l'eau la vertu anthelmintique. Le mercure ne s'unit pas plus aux terres que ne le font les autres fubftances métalliques. Peut-être fa chaux rouge, ou précipité *per fe*, pourroit-elle fe fixer dans les verres, & les colorer, comme on l'obferve pour la chaux d'arfenic. On ne con-

noît point l'action de la magnéfie, de la chaux
& des alkalis fur le mercure.

L'acide vitriolique n'agit fur cette fubftance
métallique, que quand il eft très-concentré. Pour
faire cette diffolution, on met dans une cornue
de verre une partie de mercure, & on verfe par-
deffus une partie & demie ou deux parties d'huile
de vitriol. On chauffe le mêlange ; peu à peu
il s'excite une effervefcence vive ; la furface du
mercure devient blanche ; il s'en fépare une poudre de la même couleur, qui trouble l'acide en
s'y difperfant. Il fe dégage une grande quantité
de gaz fulfureux, & on peut le recueillir au-
deffus du mercure. C'eft, comme nous l'avons
vu en parlant de l'acide vitriolique, le procédé
qu'on met en ufage pour obtenir ce gaz. Il
paffe auffi une portion d'eau chargée de gaz fulfureux, & dans l'état d'efprit fulfureux volatil.
Lorfqu'on pouffe cette diftillation jufqu'à ce qu'il
ne paffe plus d'acide fulfureux, on trouve dans
le fond de la cornue une maffe blanche, opaque,
très-cauftique, qui pèfe un tiers de plus que le
mercure qu'on a employé, & qui attire un peu
l'humidité de l'air. La plus grande partie de cette
maffe eft une chaux de mercure unie à une petite
portion d'acide vitriolique. Cette matière eft
affez fixe, fuivant la remarque de *Kunckel*, de
M. *Macquer* & de **M.** *Bucquet.* Dans cette opé-

ration l'huile de vitriol a été décompofée ; le mercure, qui eft une fubftance combuftible, s'eft uni à l'air pur contenu dans cet acide , & en a dégagé le gaz fulfureux & l'eau. Il doit donc être dans l'état de chaux , & conféquemment avoir beaucoup plus de fixité que le mercure coulant. Une portion de cette maffe mercurielle vitriolique eft diffoluble dans l'eau ; lorfqu'on y verfe ce fluide en grande quantité , il délaie cette maffe , & laiffe précipiter une poudre blanche fi l'eau eft froide ; fi on emploie de l'eau bouillante , cette poudre prend une belle couleur jaune brillante , & d'autant plus vive qu'on y verfe plus d'eau , & qu'elle eft plus chaude. On a donné très-anciennement le nom de turbith minéral, ou de précipité jaune à cette matière. On décante l'eau qui a fervi à le laver ; on verfe fur le turbith une nouvelle quantité de ce fluide bouillant, il devient d'un jaune plus éclatant ; on le lave encore à une troifième eau pour lui enlever tout l'acide vitriolique qu'il contient. Dans cet état il n'a plus de faveur, c'eft une chaux mercurielle, qui, pouffée au feu dans une cornue , devient d'une couleur rouge comme le précipité *per fe*, & fe réduit en mercure coulant en fourniffant une grande quantité d'air pur. *Kunckel* annonce cette expérience ; elle a réuffi à MM. *Monnet, Bucquet & Lavoifier*, qui l'ont fuivie dans tous fes détails. Je l'ai répétée plufieurs fois avec fuccès. Elle prouve, comme nous l'avons vu, que l'acide vitriolique eft formé de gaz fulfureux, d'eau & d'air pur. Mais il faut, pour la réduire, un feu affez violent. C'eft peut-être parce que M. *Baumé* ne l'a pas chauffée fuffifamment, qu'il n'a pas obtenu de mercure, & qu'il annonce qu'elle ne peut reparoître fous fa forme métallique, que par l'addition d'une matière phlogiftique ou combuftible. En continuant de chauffer la maffe vitriolique mercurielle dans la même cornue où on l'a diffoute, fans rien déluter & fans laver cette maffe pour en enlever la portion d'acide, on décompofe de même cette chaux; elle prend d'abord une couleur rouge & fe réduit enfuite en mercure coulant, à mefure qu'elle donne l'air qu'elle avoit enlevé à l'acide vitriolique.

L'eau que l'on a verfée fur la maffe mercurielle vitriolique blanche, s'eft chargée de l'acide qui étoit encore contenu dans cette maffe. Mais comme la chaux de mercure eft très-foluble dans l'acide vitriolique, cette fubftance faline en emporte toujours avec elle; de forte que l'eau tient en diffolution un vrai vitriol de mercure. En l'évaporant fortement, elle dépofe ce fel en petites aiguilles dont on ne peut déterminer la forme, parce qu'elles font molles & très-déliquefcentes. En jetant de l'eau bouillante fur ces criftaux de vitriol de mercure, ils deviennent jaunes & dans l'état de turbith minéral, parce que l'eau en fépare l'acide qui eft peu adhérent & laiffe la chaux pure. La même chofe a lieu lorfqu'après avoir fortement évaporé la première leffive de la maffe mercurielle, on l'étend dans beaucoup d'eau bouillante au lieu de la faire criftallifer ; elle précipite une poudre jaune & dans l'état d'un vrai turbith. Si on fe fert d'eau froide, le précipité eft blanc, mais il fuffit de reverfer fur ce précipité blanc de l'eau bouillante pour lui faire reprendre la couleur jaune. On peut rendre ainfi à volonté la diffolution de chaux de mercure décompofable ou non par l'eau ; il fuffit pour cela de l'évaporer fortement ou de charger l'acide de toute la chaux qu'il eft capable de diffoudre, alors l'union de ces deux corps eft facilement féparée par l'eau. Si l'on y ajoute un peu d'acide, elle ne précipite plus par ce fluide. Je me fuis convaincu de cette vérité, en diffolvant du turbith minéral bien lavé dans de l'efprit de vitriol foible. Cette diffo-lution n'eft pas furchargée de mercure, elle ne précipite pas par l'eau. Mais fi on charge cet acide de tout ce qu'il peut diffoudre de turbith à l'aide de la chaleur, ce qui fe fait en ajoutant cette matière jufqu'à ce qu'il refufe d'en diffoudre, alors cette diffolution verfée dans de l'eau froide, forme un précipité blanc, ou une poudre jaune dans l'eau chaude; fi on y ajoute dans cet état un peu d'efprit de vitriol, elle ceffe de précipiter. La chaux blanche que le vitriol de mercure très-chargé dépofe lorfqu'on le verfe dans l'eau froide, eft très-diffoluble; on peut la faire difparoître en ajoutant de l'efprit de vitriol dans le mêlange.

La combinaifon d'acide vitriolique & de mercure peut être décompofée par la magnéfie & la chaux qui la précipitent en jaune. Les alkalis fixes en féparent une chaux de mercure à peu près de la même couleur; l'alkali volatil cauftique ne précipite que très-peu & très-lentement le vitriol de mercure. Il faut obferver que ces précipités de mercure varient pour la couleur fuivant l'état de la diffolution & fuivant la fubftance précipitante; la quantité en eft auffi différente. Ils font très-abondans dans une diffolution chargée; fi l'on décompofe au contraire une diffolution qui n'eft pas faturée de mercure, chaque floccon de chaux qui s'en fépare par les premières gouttes de la matière précipitante, eft rediffous à mefure par l'acide excédent; quand cet excès d'acide eft faturé, le précipité eft permanent. Il paroît, d'après cela, que les alkalis agiffent fur l'acide combiné au mercure plutôt que fur l'acide libre. Ces différentes chaux de mercure précipitées par les fubftances alkalines, peuvent fe réduire feules dans les vaiffeaux fermés. Pour les obtenir pures, il faut les laver à plufieurs reprifes avec de l'eau diftillée.

L'acide nitreux eft décompofé par le mercure avec la plus grande rapidité. La diffolution fe fait à froid & avec plus ou moins d'activité, fuivant l'état de l'acide. L'eau-forte ordinaire du commerce agit fur le mercure, fans répandre beaucoup de vapeurs rouges. Si l'on y ajoute un peu d'efprit de nitre fumant, ou fi on chauffe le mélange, l'action devient très-rapide, il fe dégage une très-grande quantité de gaz nitreux, & le mercure réduit en chaux refte en diffolution. La liqueur eft verdâtre, elle perd cette couleur au bout d'un certain tems. L'acide nitreux peut fe charger par ce procédé d'une quantité de mercure égale à fon poids. M. *Bergman* a fait obferver dans fa Differtation fur l'analyfe des eaux, que les diffolutions mercurielles nitreufes diffèrent les unes des autres, fuivant la manière dont elles ont été préparées. Celle qui a été faite à froid & fans dégagement de beaucoup de vapeurs rouges, n'eft point décompofable par l'eau diftillée; fi on a aidé la diffolution par la chaleur, fi elle a produit une grande quantité de gaz nitreux, elle précipitera par l'eau, & ne pourra plus être employée avec sûreté dans l'analyse des eaux, comme nous le dirons en parlant des eaux minérales. Je pense que ce phénomène est dû à la même cause dans la diffolution nitreuse, que dans celle par l'acide vitriolique. L'acide nitreux peut, à l'aide de la chaleur, se furcharger de chaux de mercure, & la tenir, pour ainsi dire, en fufpension. Cette forte de diffolution, avec excès de mercure, fera précipitée par l'eau diftillée, qui change la denfité de la liqueur, & diminue l'adhérence de la chaux au nitre mercuriel. Auffi le précipité est-il un vrai turbith, qui est très-jaune fi on verfe la diffolution furchargée dans de l'eau chaude, mais qui n'est que blanche fi on la verfe dans de l'eau froide. On peut lui donner fur le champ de la couleur, en le lavant à l'eau chaude. Comme la diffolution ne contient que du nitre mercuriel fans chaux excédente lorfqu'elle a été faite à froid, puifqu'elle ne peut fe charger de chaux furabondante à fa combinaifon, qu'à l'aide de la chaleur, l'eau diftillée n'y occafionne pas de précipité. Je fuis fondé à penfer ainfi, d'après un fait dont je me fuis affuré un grand nombre de fois; c'est qu'on peut rendre à volonté la même diffolution mercurielle nitreufe, décompofable ou non par l'eau, en ajoutant ou du mercure, ou de l'acide, &

la faire paſſer pluſieurs fois à l'un ou l'autre état. Il ſuffit pour cela de diſſoudre à froid du mercure dans de l'acide nitreux, & de laiſſer cet acide ſe charger d'autant de mercure qu'il eſt poſſible; cette diſſolution n'eſt pas décompoſable par l'eau, quoiqu'elle ait laiſſé échapper du gaz nitreux. En y ajoutant du mercure, & la laiſſant ſe charger de tout ce qu'elle en peut diſſoudre à l'aide de la chaleur, elle devient capable de précipiter avec l'eau. On entend très-bien, par la même théorie, pourquoi une diſſolution nitreuſe qui ne précipite pas par l'eau, acquiert cette propriété, ſi on la chauffe; la chaleur en dégage en effet du gaz nitreux, & ce dégagement ne peut ſe faire ſans qu'une portion de l'acide ſoit détruite; dès-lors la proportion de la chaux mercurielle plus forte, relativement à l'acide, n'eſt plus combinée, mais adhérente au nitre mercuriel, & ſuſpendue de manière que l'eau pourra la précipiter fort aiſément. Je me ſuis aſſuré que les diſſolutions mercurielles ne précipitent par l'eau qu'une chaux excédente, & qu'elles retiennent encore une portion de vrai nitre mercuriel, qu'on peut décompoſer par les alkalis, comme cela a lieu pour la maſſe mercurielle vitriolique leſſivée pour la préparation du turbith minéral.

La diſſolution de mercure dans l'acide nitreux

eft d'une très-grande caufticité ; elle peut ronger & détruire nos organes. Lorfqu'elle tombe fur la peau, elle y forme des taches d'un pourpre foncé, & qui paroiffent noires. Ces taches ne fe diffipent que par la féparation de l'épiderme qui tombe en écailles ou en efpèce d'efcarres. On s'en fert comme d'un puiffant efcarrotique en Chirurgie, & on l'appelle eau mercurielle.

La diffolution de mercure dans l'acide nitreux eft fufceptible de fournir des criftaux qui diffèrent les uns des autres par leur forme, fuivant l'état de la diffolution, & fuivant les circonftances qui accompagnent la criftallifation. En obfervant avec foin ces variétés, j'en ai reconnu quatre efpèces bien diftinctes, que je vais décrire.

1°. Une diffolution faite à froid donne, par une évaporation fpontanée de plufieurs mois, des criftaux tranfparens très-réguliers. M. *Romé de Lifle* les a très-bien définis. Ce font des folides applatis à quatorze faces, formés par la réunion de deux pyramides tétraèdres, coupés très-près de leur bafe, & tronqués aux quatre angles qui réfultent de la jonction des pyramides.

2°. Si on évapore la même diffolution faite à froid, & qu'on la laiffe refroidir, il s'y dépofe au bout de vingt-quatre heures des efpèces de prifmes aigus & ftriés obliquement fur leur largeur, qui font formés par l'application fucceffive de petites lames pofées en recouvrement les unes fur les autres , comme les tuiles ; ce que les Botaniftes nomment *imbricatim*. En examinant de près les élémens de ces prifmes informes, j'ai vu que les lames qui les conftituent font des folides à quatorze facettes femblables aux criftaux qu'on obtient par l'évaporation fpontanée , mais plus petits & plus irréguliers.

3°. Si l'on fait une diffolution nitreufe, à l'aide d'une chaleur douce & ménagée , elle fournit par le refroidiffement des criftaux en aiguilles plattes très-longues & très-aigues, ftriées fur leur longueur. Ce font ceux que l'on obtient le plus fouvent , & qui ont été décrits par le plus grand nombre des Chimiftes, fpécialement par MM. *Macquer, Rouelle, Baumé*, &c.

4°. Enfin, fi l'on chauffe davantage cette diffolution, & qu'elle devienne décompofable par l'eau, ordinairement elle fe prend en une maffe blanche & informe, femblable à la maffe vitriolique. Quelquefois j'ai eu dans cette circonftance un amas confus de petites aiguilles très-longues, fatinées & flexibles, qui fuivoient le mouvement de la liqueur ; elles étoient tout-à-fait femblables aux dendrites brillantes & argentées, que j'ai plusieurs fois observées sur les parois des bouteilles où l'on conserve de la terre foliée de tartre. Il est essentiel d'ajouter que cette dernière dissolution qui ne fournit que des cristaux irréguliers & confus, ou des masses informes, parce qu'elle contient beaucoup de chaux de mercure surabondante, peut être rendue susceptible de cristalliser plus régulièrement, en y ajoutant de l'acide.

Ces différens nitres de mercure présentent à peu près les mêmes phénomènes. Ils sont très-caustiques & rongent la peau comme leur dissolution; ils détonnent lorsqu'on les met sur des charbons ardens. Il faut observer, à l'égard de cette propriété, qu'elle est beaucoup plus sensible dans les cristaux très-réguliers à quazorze faces, que dans ceux qui sont en petites aiguilles, & qu'elle est nulle dans la masse blanche précipitée de la dissolution fortement chauffée. La détonnation du nitre mercuriel n'est que très-peu apparente dans les cristaux nouvellement formés; il faut, pour bien l'observer & la rendre très-sensible, les laisser égoutter quelque tems sur du papier brouillard. Si on les met alors sur un charbon bien allumé, ils se fondent, noircissent & éteignent l'endroit où ils sont posés; mais leurs bords qui sont desséchés, jettent de petits éclairs rougeâtres avec un bruit semblable à une décrépitation légère. Lorsqu'ils font fecs, il s'en échappe une flamme blanchâtre plus vive, qui ceffe très-vîte.

Le nitre mercuriel fe fond lorfqu'on le chauffe dans un creufet; il s'en exhale des vapeurs rouges très-épaiffes; à mefure qu'il perd fon eau & fon gaz nitreux, il prend d'abord une couleur jaune foncée qui paffe à l'orangé, & enfin au rouge brillant; on le nomme dans cet état précipité rouge. Il doit être fait dans des matras & à une douce chaleur, fi on le deftine à être employé comme cauftique en Chirurgie, afin qu'il retienne une portion d'acide à laquelle eft due la vertu rongeante. Mais fi on le chauffe fortement, ce n'eft plus qu'une chaux de mercure formée par ce métal uni à l'air pur de l'acide nitreux. Le nitre mercuriel diftillé dans une cornue, donne un phlegme acidule & du gaz nitreux dans le premier tems; il eft alors dans l'état de précipité rouge; en le chauffant fortement, il s'en dégage une grande quantité d'air pur, & le mercure fe fublime fous la forme de mercure coulant. C'eft cette expérience qui, faite avec la plus grande précifion par M. *Lavoifier*, l'a conduit à démontrer la compofition de l'acide nitreux, comme nous l'avons dit en faifant l'hiftoire de cet acide.

Le nitre mercuriel devient jaunâtre à l'air,

&

& s'y décompose très-lentement. Il est assez dissoluble dans l'eau distillée, plus dans l'eau bouillante que dans l'eau froide, & il cristallise par refroidissement. Lorsqu'on dissout ce sel dans l'eau, il y en a une portion qui se précipite sans s'y dissoudre, & qui est jaunâtre. M. *Monnet* appelle cette matière turbith nitreux; & il observe qu'on peut en obtenir beaucoup en lavant une masse mercurielle nitreuse évaporée à siccité, comme celle que l'on fait pour calciner en précipité rouge. Si l'on veut dissoudre entièrement le nitre mercuriel, il faut employer de l'eau distillée, dans laquelle on doit verser de l'eau-forte jusqu'à ce que le précipité disparoisse. J'ai observé que lorsqu'on verse de l'eau bouillante sur le nitre mercuriel le plus pur, il jaunit sur le champ, & donne du turbith nitreux d'une couleur plus foncée, & qui, exposée au feu, devient rouge beaucoup plus vîte que celui qui est fait par l'acide vitriolique. Le turbith nitreux est en général plus exactement calciné que le turbith vitriolique; ce qui vient, comme nous l'avons déjà fait observer sur d'autres substances combustibles, de ce que l'acide nitreux contient beaucoup plus d'air que l'acide vitriolique, & de ce que l'air paroît être beaucoup moins adhérent au gaz nitreux dans ce premier acide, qu'il ne semble l'être au soufre dans le second. C'est pour cela que l'acide nitreux est plus décomposable que l'huile de vitriol.

La terre pesante, la magnésie, la chaux & les alkalis décomposent le nitre mercuriel, & en précipitent le métal dans l'état de chaux. Ces précipités varient par la couleur, la pesanteur & la quantité, suivant l'état de la dissolution. Les alkalis fixes caustiques, forment un précipité jaune, plus ou moins brun ou briqueté, suivant leur causticité. L'alkali volatil précipite en gris ardoisé la dissolution mercurielle nitreuse en bon état, c'est-à-dire, que l'eau ne peut point décomposer ; tandis que le même sel produit un dépôt blanc dans une dissolution saturée de mercure que l'eau est susceptible de précipiter ; ces différences ont été bien observées par M. *Bergman*. Ces précipités ne sont que des chaux de mercure plus ou moins calcinées. Elles sont toutes réductibles sans addition dans des vaisseaux fermés, & elles donnent de l'air pur dans leur réduction. Celles qui ont été précipitées par les alkalis crayeux, fournissent un certaine quantité d'acide de la craie par l'action de la chaleur. Les précipités de mercure, formés par les intermèdes alkalins, présentent un propriété découverte par M. *Bayen*, & que nous ne devons pas passer sous silence ; c'est de détonner comme la poudre à canon, lorsqu'on les expose dans une cuiller de fer à un feu gradué, après en avoir trituré un demi-gros avec six grains de fleurs de soufre; il reste après la détonnation une poussière violette susceptible de se sublimer en cinabre.

L'acide vitriolique & les sels dans lesquels il entre, peuvent décomposer aussi le nitre mercuriel, parce que l'acide vitriolique a plus d'affinité avec le mercure que n'en a l'acide nitreux. Si l'on verse de l'esprit de vitriol, ou une dissolution de sel de *Glauber*, de tartre vitriolé, de sélénite, & de tous les sels vitrioliques en général, dans une dissolution mercurielle nitreuse, il se forme un précipité blanchâtre, si la dissolution nitreuse n'est pas saturée, & d'autant plus jaune que le nitre mercuriel contient moins d'acide & plus de métal. Ce précipité est ou du vitriol de mercure, ou du turbith vitriolique. M. *Bayen* a reconnu qu'il retenoit toujours un peu d'acide nitreux.

L'acide marin n'a pas d'action sensible sur le mercure, quoique cet acide soit celui de tous qui a le plus d'affinité avec ce métal; mais il en a une très-marquée sur la chaux mercurielle, & il forme avec elle un sel neutre particulier. Cette combinaison a lieu toutes les fois que l'acide marin se trouve en contact avec cette chaux très-divisée. Si l'on verse un peu d'acide marin sur une dissolution nitreuse de mercure cet acide s'empare du métal , & forme avec lui un sel qui se précipite en une espèce de coagulum blanchâtre qu'on nomme précipité blanc. Les sels marins à base d'alkalis , ou de substances salino-terreuses , produisent absolument le même effet , & ils forment de plus des sels nitreux différens suivant leur base. Mais il est important d'observer au sujet de cette opération , que le précipité peut se trouver dans deux états différens , suivant la nature de la dissolution nitreuse , & suivant la quantité de sel marin que l'on emploie. En effet M. *Monnet* a fait voir que si l'on se sert d'une dissolution peu chargée de mercure , & qu'on la mêle avec une dissolution très - chargée de sel marin , le sel qui se précipite ne contient que la quantité de mercure nécessaire pour le saturer ; & que si l'on mêle une dissolution nitreuse surchargée de ce métal avec une dissolution de sel marin qui n'est pas saturée , le précipité est formé d'acide marin avec le plus de mercure possible. Or on verra tout-à-l'heure que ces deux combinaisons dont les quantités respectives de métal & d'acide varient, diffèrent beaucoup l'une de l'autre. L'acide marin a aussi plus d'affinité avec le mercure que n'en a l'acide vitriolique , & il occasionne dans les dissolutions de ce métal par le dernier acide , les mêmes précipités qu'il forme dans les dissolutions mercurielles nitreuses. Ce composé d'acide marin & de mercure peut être dans deux états, comme nous l'avons dit plus haut, suivant la quantité de métal qu'il contient ; ces deux états constituent le sublimé corrosif & le mercure doux.

Il y a plusieurs procédés pour préparer le sublimé corrosif. Le plus souvent on mêle parties égales de nitre mercuriel desséché, de sel marin décrépité, & de vitriol martial calciné au blanc ; on met ce mélange dans un matras dont les deux tiers de la capacité doivent rester vides ; on plonge ce vaisseau dans un bain de sable, & on le chauffe par degrés, jusqu'à faire rougir obscurément son fond. L'acide du vitriol dégage celui du sel marin. Ce dernier décompose le nitre mercuriel, & se sublime avec le mercure sous la forme de cristaux applatis & pointus, qui garnissent la partie supérieure du matras. L'acide nitreux se dissipe. Le résidu est rougeâtre ou brun ; il contient du sel de *Glauber* formé par l'union de l'acide vitriolique avec la base du sel marin, & une chaux de fer. En Hollande on prépare ce sel en grand, en triturant parties égales de mercure, de sel marin & de vitriol, & en exposant ce mélange à un feu violent. On peut également le former en sublimant des mélanges de vitriol martial, de sel marin & de précipités mercuriels par les alkalis fixes , ou de turbith minéral. *Boulduc* a donné aussi un très-bon procédé pour préparer le sublimé corrosif. M. *Spielman* remarque qu'il avoit été indiqué par *Kunckel* dans son Laboratoire Chimique. Il consiste à chauffer dans un matras une quantité égale de vitriol, de mercure & de sel marin décrépité. Le sublimé se volatilise , & le résidu n'est que du sel de *Glauber*. Ce moyen fournit un sublimé corrosif très - pur , tandis que celui du commerce , & même celui que l'on prépare en petit avec le vitriol martial, contiennent toujours un peu de fer. Il est en même-tems plus facile & plus économique. M. *Monnet* assure encore avoir obtenu ce sel en traitant à la cornue du sel marin bien sec , & du mercure précipité de sa dissolution nitreuse par l'alkali fixe. Dans toutes ces préparations du sublimé corrosif, on doit avoir soin de ne casser le vaisseau sublimatoire que lorsqu'il est entièrement refroidi , afin d'éviter les vapeurs de ce sel.

Le sublimé corrosif est une substance saline neutre , qui mérite toute l'attention des Chimistes & des Médecins. Il jouit d'un grand nombre de propriétés qu'il est important de bien connoître , & dont nous allons faire l'histoire. Ce sel a une saveur très-caustique. Mis en très-petite quantité fur la langue, il laiffe pendant long-tems une impreffion ftiptique & métallique très-défagréable. Cette impreffion fe porte même jufqu'au larynx qu'elle refferre fpafmodiquement, & elle dure quelquefois long-tems, fur-tout chez les perfonnes fenfibles. L'action de ces fels eft encore beaucoup plus vive fur les tuniques de l'eftomac & des inteftins. Lorfqu'il y refte appliqué pendant quelque tems, il les corrode & les fait tomber en efcarres ; c'eft auffi un des plus violens poifons que l'on connoiffe. Cette caufticité du fublimé corrofif paroît dépendre de l'état du mercure dans ce fel, comme l'a très-ingénieufement expliqué M. *Macquer.* On ne peut l'attribuer à l'acide marin, comme quelques Auteurs l'ont penfé, puifque cet acide n'eft pas furabondant dans le fublimé corrofif ; le mercure y eft en quantité plus que triple de celle de cet acide marin. Auffi ce fel verdit-il le firop de violettes plutôt que de le rougir, fuivant l'obfervation de M. *Rouelle.* D'ailleurs la faveur du fublimé corrofif eft bien au-deffus de celle de l'acide marin. En effet, on peut impunément prendre un gros d'efprit de fel étendu d'eau, tandis que quelques grains de fublimé corrofif diffous dans la même quantité d'eau empoifonneroient immanquablement. M. *Bucquet* penfoit que cette extrême faveur dépendoit de la combinaifon même des deux corps de ce compofé ; & il tiroit de là une des grandes preuves de la loi d'affinité qui établit que les compofés ont des propriétés nouvelles , & très - différentes de celles de leurs compofans.

Le fublimé corrofif n'eft pas fenfiblement altérable par la lumière. La chaleur le volatilife & lui fait éprouver une demi-vitrification. Si on le chauffe fortement & à l'air libre , il fe diffipe en une fumée blanche dont les effets fur l'économie animale font très-actifs & très-dangereux. Chauffé lentement & par degrés, il fe fublime fous une forme criftalline & régulière. Ses criftaux font des prifmes fi comprimés, qu'il eft impoffible de déterminer le nombre de leurs faces. Ils font terminés par des fommets très-aigus ; & on les a comparés avec raifon à des lames de poignard jetées pêle-mêle les unes fur les autres. Le feu n'eft pas capable de décompofer ce fel. Il n'éprouve aucune altération à l'air. Il fe diffout dans dix-neuf parties d'eau , & il criftallife par l'évaporation en prifmes applatis & très-aigus à leurs extrémités , comme ceux que l'on obtient par la fublimation. L'évaporation fpontanée de fa diffolution a fourni à M. *Bucquet* des parallélipipèdes obliquangles , dont les extrémités étoient tronquées de biais.

M. *Thouvenel* a obtenu des criftaux de ce fel en prifmes hexaëdres un peu comprimés.

La terre pefante, la magnéfie & la chaux décompofent le fublimé corrofif, & en précipitent la chaux mercurielle. On prépare l'eau phagédénique dont fe fervent les Chirurgiens pour ronger les chairs, en jetant un demi-gros de fublimé corrofif en poudre dans une livre d'eau de chaux ; il fe forme un précipité jaune qui trouble la liqueur, & on l'emploie fans en féparer ce dépôt. Les alkalis fixes féparent du fublimé une chaux orangée dont la couleur fe fonce par le repos. L'alkali volatil précipite ce fel en blanc ; mais ce précipité prend en peu de tems la couleur de l'ardoife.

Les acides & les fels neutres alkalins n'altèrent en aucune manière le fublimé corrofif.

Ce fel contracte une union intime avec le fel ammoniac & fans aucune décompofition. Il forme, foit par la fublimation, foit par la criftallifation un compofé falin très-fingulier, dont les Alchimiftes font beaucoup de cas, & qu'ils ont nommé fel alembroth, fel de l'art, fel de fageffe, &c. Le fel ammoniac rend le fublimé corrofif très-diffoluble, puifque, fuivant M. *Baumé*, trois onces d'eau chargée de neuf gros de fel ammoniac diffolvent cinq onces de fublimé. Cette dernière diffolution fe fait avec chaleur,

& elle se prend en une masse en refroidissant. On fait avec ce sel une préparation qu'on appelle mercure précipité blanc. Pour cela on jette dans une dissolution d'une livre de sel ammoniac, pareille dose de sublimé corrosif en poudre; lorsque ce sel est bien dissous, on y verse de l'huile de tartre qui y forme un précipité blanc; on lave ce précipité, & on le fait sécher à l'air après l'avoir mis en trochisques. Dans cette opération, l'alkali fixe dégage l'alkali volatil du sel ammoniac, qui précipite à son tour le mercure en chaux blanche. Ce précipité jaunit lorsqu'il est exposé à la chaleur & même à la lumière.

. Le sublimé corrosif est altéré par le gaz inflammable. Le soufre ne le change point, mais le foie de soufre le décompose, comme les autres dissolutions de mercure; il y produit sur le champ un précipité noir qui résulte de la combinaison du soufre avec le mercure. La plupart des demi-métaux que nous avons examinés, sont capables de décomposer ce sel; & chacune de ces décompositions présentant des phénomènes particuliers, mérite d'être examinée avec soin.

Si on distille à une chaleur douce deux parties de sublimé corrosif avec une partie de régule ou de chaux d'arsenic, il passe dans le récipient une matière de la consistance de l'huile, tranſparente, mais qui ſe condenſe bientôt en une eſpèce de gelée blanche, qu'on appelle huile corroſive ou beurre d'arſenic. Si l'on continue de chauffer, lorſque ce beurre eſt paſſé, on obtient du mercure coulant, & l'on peut parvenir par ce procédé à la connoiſſance exacte des principes du ſublimé corroſif. Le beurre d'arſenic ne paroît pas ſuſceptible de criſtalliſer, il ſe fond à une chaleur douce, il a une ſaveur ſi cauſtique qu'il détruit ſur le champ nos organes. Il ſe diſſout dans l'eau, qui le décompoſe en partie ; on ne connoît pas ſes autres propriétés.

On n'a point examiné les effets du cobalt, du nickel & de la manganèſe ſur le ſublimé corroſif ; quant au biſmuth, au régule d'antimoine & au zinc, ces trois demi-métaux décompoſent très-bien ce ſel. En diſtillant deux parties de ſublimé corroſif & une partie de biſmuth, on obtient une ſubſtance fluide épaiſſe qui ſe congèle en une maſſe comme graiſſeuſe, qui ſe fond au feu, qui ſe précipite par le grand lavage ; en un mot un vrai beurre de biſmuth. *Poli* qui a indiqué cette expérience dans l'Hiſtoire de l'Académie, pour l'année 1713, annonce qu'en ſublimant pluſieurs fois ce beurre, il reſte dans le vaiſſeau une poudre de la couleur des perles orientales, très-douce au toucher & comme gluante; il propose même cette poudre pour la peinture.

Si l'on mêle exactement douze onces de régule d'antimoine & deux livres de sublimé corrosif, il s'excite de la chaleur; ce qui prouve une action rapide entre ces deux corps. Si l'on distille ce mélange à un feu doux, on obtient une liqueur épaisse qui se fige dans le récipient, souvent même dans le bec de la cornue, en une masse blanche, & qu'on appelle beurre d'antimoine. Ce beurre est ordinairement à la dose de seize onces & quelques gros. Le résidu est composé de mercure & d'une poudre grise de régule d'antimoine qui surnage ce fluide métallique. Si l'on continue la distillation, après que le beurre d'antimoine a passé, en adaptant un ballon nouveau, on obtient du mercure coulant, mais il est sali par un peu de beurre d'antimoine, qu'il est impossible d'ôter entièrement du col de la cornue. M. *Baumé*, qui a bien décrit cette opération, dit qu'on peut retirer par ce procédé vingt-deux onces de mercure coulant, une once de régule en poudre mêlée avec le mercure, & six gros vingt-quatre grains de régule fondu dans la cornue. Ce dernier est en partie calciné, il offre des fleurs rouges & des fleurs argentines. Dans cette expérience, le régule qui a plus d'affinité avec l'acide marin que

n'en a le mercure, décompose le sublimé corrosif. Cette décomposition a également lieu avec
l'antimoine crud. En distillant une partie de ce
minéral réduit en poudre avec deux parties de
sublimé corrosif, on obtient du beurre d'antimoine ; mais le résidu, au lieu de contenir du
mercure coulant, présente une combinaison de
soufre avec ce demi-métal. Cette combinaison
peut se sublimer par un feu très-violent en aiguilles rouges, que l'on nomme cinabre d'antimoine.

Le beurre d'antimoine peut être préparé de
plusieurs autres manières ; on en obtient toutes
les fois que le régule se rencontre en vapeur
avec l'acide marin dans l'état de gaz ; mais la
décomposition du sublimé corrosif est le procédé
qui en fournit le plus facilement & en plus grande
abondance. Ce composé est sous forme solide ;
il cristallise en parallélipipèdes très-gros ; il est
d'une causticité assez forte pour détruire sur le
champ nos organes, & pour brûler les matières
végétales combustibles comme le bois ; il est
très-altérable par le contact de la lumière ; il se
fond à la moindre chaleur, & il se fige par le
refroidissement ; il perd fort aisément sa blancheur, & il se colore facilement. On peut le
rectifier par la distillation. Il attire l'humidité de
l'air, & il se résout en un fluide épais, comme
oléagineux ; il ne se dissout qu'en partie dans

l'eau, & la plus grande portion est décomposée par ce fluide. Lorsqu'on jette du beurre d'antimoine dans de l'eau distillée, il se fait sur le champ un précipité très-abondant, que l'on nomme poudre émétique, ou poudre d'*Algaroth*, du nom d'un Médecin qui l'employoit comme médicament. On l'a aussi appelée improprement mercure de vie. Ce précipité est une chaux d'antimoine qui est violemment purgative & émétique & même à une dose très-petite, comme celle de trois ou quatre grains. Pour l'avoir bien pure, il faut la laver à plusieurs reprises dans l'eau distillée. Elle diffère par ces propriétés des autres chaux de ce demi-métal, qui n'ont pas une action aussi énergique sur l'économie animale. Une portion de cette chaux reste en dissolution dans l'eau du lavage du beurre d'antimoine, à l'aide de l'acide que ce fluide entraîne. On s'assure de ce fait en versant un peu d'alkali dans cette liqueur; il y occasionne un précipité blanc assez abondant; ce n'est donc que l'excès de cette chaux, dont est chargé le beurre d'antimoine, qui lui donne la propriété d'être décomposé par l'eau, ainsi que celle de se prendre en une masse solide. Le beurre d'antimoine se dissout avec chaleur & effervescence dans l'acide nitreux. Il se dégage de cette dissolution une grande quantité de gaz nitreux, qui excite un mouvement confidérable dans le mélange. Le beurre d’antimoine difparoît, & la liqueur eft d’un jaune rougeâtre. C’eft une diffolution de chaux d’antimoine dans l’eau régale. Elle laiffe bientôt dépofer la chaux d’antimoine fous la forme d’une poudre, & même d’un magma blanc. Si l’on fait évaporer à ficcité la diffolution de beurre d’antimoine par l’acide nitreux, auffi-tôt qu’elle eft faite, on obtient une chaux très - blanche ; on la délaie avec fon poids de même acide, que l’on fait évaporer de nouveau ; on mêle une troifième fois cette poudre avec la même quantité d’acide nitreux, que l’on évapore à ficcité ; on la calcine dans un creufet que l’on tient rouge pendant environ une demi-heure, & qu’on laiffe enfuite refroidir. La chaux qu’on en retire eft blanche en deffus & rofe en-deffous ; on mêle ces deux portions, qui conftituent une préparation appelée bézoard minéral. M. *Macquer* regarde ce médicament comme une chaux parfaite de régule d’antimoine, & il le croit abfolument femblable à l’antimoine diaphorétique. Cependant *Lémery*, qui a décrit cette préparation avec foin, recommande de la calciner jufqu’à ce qu’elle n’ait plus qu’une très-légère acidité ; il veut donc qu’elle retienne une certaine quantité d’acide, qui doit néceffairement changer les propriétés de la chaux d’antimoine.

Le sublimé corrosif est décomposé par le zinc, comme M. *Pott* l'a annoncé, & comme je l'ai vérifié plusieurs fois. Si l'on distille dans une cornue de verre un mêlange de deux parties de sublimé corrosif avec une partie de zinc en limaille ou en poudre grossière, il monte un beurre très-blanc & très-solide, qui se cristallise en petites aiguilles réunies, semblables aux faisceaux dont sont composées les stalactites; le mercure reste pur dans la cornue, & il passe après le beurre de zinc. Ce beurre fume légèrement lorsqu'on le retire du récipient; il se fond à une chaleur douce, il se colore par les vapeurs inflammables, & enfin, il se décompose en partie dans l'eau comme le beurre d'antimoine.

La plus singulière propriété que présente le sublimé corrosif, relativement à son altération par les substances métalliques, & la plus importante en même-tems, c'est sa combinaison avec le mercure coulant. Il perd lorsqu'on le sature de ce fluide métallique, la plupart de ses propriétés, & sur-tout sa saveur & sa dissolubilité. Pour faire cette combinaison on trituroit autrefois dans un mortier de verre du sublimé corrosif avec du mercure coulant, qu'on ajoutoit peu à peu jusqu'à ce que ce dernier refusât de s'éteindre. La quantité de ce fluide métallique dont ce sel peut se charger par ce procédé, va

jusqu'aux

jusqu'aux trois quarts de son poids, comme *Lémery* & M. *Baumé* l'ont observé. On mettoit ce mélange dans des fioles à médecine, dont on laissoit les deux tiers vides, & on le sublimoit trois fois de suite ; on avoit soin de séparer à chaque fois une poudre blanche qui se trouve au-dessus de la matière sublimée, & qui est très-corrosive. Ce produit est appelé sublimé doux, mercure doux, ou *aquila alba*. Il diffère du sublimé corrosif par son insolubilité presque parfaite, par son insipidité & par sa forme cristalline. Les cristaux obtenus par une sublimation lente, sont des prismes tétraèdres, terminés par des pyramides à quatre pans. Souvent deux pyramides tétraèdres très-alongées sont réunies par leurs bases, & forment des octaèdres fort aigus. Le procédé que nous venons de décrire pour préparer le mercure doux, a plusieurs inconvéniens. La trituration du sublimé corrosif avec le mercure coulant, jusqu'à ce que ce dernier soit éteint, est très-longue & très-difficile ; il s'en élève une poussière âcre, très-tenue, & contre les impressions de laquelle on est obligé de se prémunir en s'enveloppant la bouche & le nez avec une serviette. Le mercure n'est jamais exactement éteint dans le mortier ; les sublimations sont très-lentes. M. *Baumé* a conseillé de verser un peu d'eau sur les matières que l'on triture. Ce fluide accélère la trituration & empêche la poussière saline de s'élever. Il a aussi employé la porphyrisation qui facilite beaucoup l'extinction du mercure. Enfin, pour être sûr d'avoir un mercure doux, entièrement exempt de sublimé, *Zwelfer*, *Cartheuzer* & M. *Baumé* ont proposé de verser sur le mercure doux sublimé une fois de l'eau chaude pour dissoudre le sublimé corrosif, & de faire sécher la portion de mercure qui se trouve alors très-adoucie. M. *Cornette*, pour éviter la volatilisation du sublimé trituré avec le mercure, propose de se servir du précipité du nitre mercuriel par l'alkali volatil, qui s'unit beaucoup mieux au sublimé corrosif que le mercure coulant ; mais ce précipité n'étant pas aussi pur que le mercure crud, l'on ne peut pas autant compter sur la préparation dans laquelle on le fait entrer. M. *Bailleau*, Apothicaire de Paris, a donné à la Société Royale de Médecine un procédé pour faire le mercure doux, sans avoir à craindre tous les accidens qui rendoient sa préparation susceptible de dangers. Ce procédé consiste à former une pâte avec le sublimé corrosif & l'eau, & à la triturer avec le mercure coulant. Une demi-heure de trituration suffit pour éteindre le mercure, parce que l'eau favorise sa division. On achève la combinaison en faisant digérer le mélange sur un bain de sable à une

chaleur douce ; la matière, de grife qu'elle étoit
d'abord, devient blanche, & forme un mercure
très-doux, qui n'a befoin que d'une feule fublimation pour être parfaitement pur. M. *Baumé*
a fait plufieurs expériences fur le mercure doux.
Il a démontré que ce compofé ne peut fe charger d'une plus grande quantité de mercure que
celle qu'il contient; qu'il ne peut pas non-plus
être dans un état moyen entre celui du fublimé
corrofif & du mercure doux parfait, & qu'en
mêlant au fublimé corrofif, une moindre quantité de mercure que celle qui eft néceffaire pour
le faire paffer à l'état de mercure doux, il ne fe
forme jamais de ce dernier qu'en proportion
de la dofe de mercure ajouté, que le refte du
fublimé fe volatilife avec toutes fes propriétés
& fans être adouci. On fépare, par le moyen
de l'eau chaude, ces deux compofés. Les recherches du même Chimifte nous ont encore
appris qu'il eft poffible de changer du mercure
doux en fublimé corrofif, en le fublimant avec
du fel marin décrépité & du vitriol martial calciné en blancheur. Dans cette opération l'acide
marin dégagé par l'huile de vitriol, fe porte fur
le mercure non-faturé du mercure doux, & le
convertit en fublimé corrofif. M. *Baumé* s'eft
affuré que le mercure doux diffère beaucoup
du fublimé corrofif, en ce qu'il ne peut point

contracter d'union avec le sel ammoniac, comme le sublimé le fait dans la préparation du sel alembroth. C'est même d'après cette propriété qu'il a conseillé de laver le mercure doux avec une eau chargée d'un peu de sel ammoniac, pour enlever tout le sublimé corrosif que ce sel rend très-dissoluble. Enfin il a découvert qu'à chaque sublimation, le mercure doux perd une portion de mercure, & qu'il donne en conséquence une certaine quantité de sublimé corrosif; que par des sublimations répétées on peut entièrement changer le mercure doux en sublimé corrosif. Il suit naturellement de cette dernière expérience que le médicament connu sous le nom de panacée mercurielle, & qui se prépare en sublimant neuf fois le mercure doux, loin d'être plus adouci par ces opérations, comme l'ont pensé la plupart des Chimistes & des Médecins, ne diffère point du tout du mercure doux. Cette dernière assertion est d'autant plus vraie, qu'à chaque sublimation il est nécessaire de séparer une poudre blanche qui s'élève la première, & qui n'est que du sublimé corrosif. Il faut observer que dans la préparation du mercure doux, il reste dans les fioles une poudre rougeâtre; c'est une chaux de fer provenant du vitriol de mars, qu'on emploie dans le commerce pour faire le sublimé corrosif; une portion de cette chaux s'élève avec ce sel dans la sublimation ; on y trouve même souvent des morceaux de verre qui ont été enlevés par le sublimé corrosif en vapeur. Telles sont les propriétés les plus intéressantes de ce sel neutre ; reprenons l'examen de celles du mercure, qui ne nous sont point encore connues.

L'acide sédatif ne dissout point immédiatement le mercure, mais il agit d'une manière marquée sur ce demi-métal, lorsqu'il est dans l'état de chaux. On parvient à combiner ces deux substances par la voie des doubles affinités. En versant une dissolution de borax dans une dissolution mercurielle nitreuse, il se fait un précipité jaune très-abondant, que M. *Monnet* a le premier fait connoître. Dans cette opération, l'alkali fixe minéral du borax s'unit à l'acide nitreux, & forme du nitre cubique, tandis que le sel sédatif combiné avec la chaux de mercure dans l'état d'un sel neutre peu soluble, se précipite. La liqueur filtrée donne, par l'évaporation, des pellicules fines & brillantes de sel sédatif mercuriel. Ce sel exposé à l'air, y verdit sensiblement ; le sel ammoniac le rend très-soluble, & forme avec lui un composé analogue au sel alembroth. L'eau de chaux le précipite en jaune qui devient rouge foncé, & l'alkali fixe en blanc. Suivant MM. les Académiciens de Dijon, le sublimé corrosif est également décomposé par le borax, qui produit dans sa diffolution un précipité couleur de brique ; l'eau qu'on fait bouillir fur ce précipité, devient laiteufe par l'addition de l'alkali fixe, ce qui prouve qu'elle contient du fel fédatif mercuriel.

On ne connoît point l'action de l'acide fpathique fur le mercure. Celle de l'acide crayeux eft également très-peu connue. On fait feulement que l'efprit acide de la craie n'attaque point ce demi-métal, quoique les diffolutions de mercure décompofées par la chaux & les alkalis crayeux, donnent des précipités très-différens de ceux produits par les mêmes fels purs & cauftiques.

Le mercure ne paroît pas fufceptible d'altérer le fel ammoniac par la diftillation. M. *Bucquet*, qui a fait cette expérience, a obfervé que deux parties de mercure ne s'éteignoient pas bien dans une partie de fel ammoniac, & que ce mêlange ne donnoit point d'alkali volatil par la diftillation. M. le Comte *de la Garaye* avoit cependant préparé avec ces deux fubftances, un médicament auquel il avoit donné le nom de teinture de mercure. M. *Macquer*, qui a examiné fon procédé, *Académie des Sciences, année 1755, page 28*, l'a trouvé entièrement conforme à ce qu'il avoit avancé. Ce procédé confifte à triturer dans un mortier de marbre une once de mercure coulant avec quatre onces de fel ammoniac, en

humectant le mélange avec un peu d'eau, jufqu'à ce que le mercure foit bien éteint ; à laiffer
cette matière expofée à l'air pendant cinq à fix
femaines en l'agitant de tems en tems. Alors on
la triture de nouveau, on l'expofe dans un matras,
fur un bain de fable, avec de bon efprit-de-vin
qui doit furnager la poudre d'environ deux doigts ;
on fait légèrement bouillir ce mêlange. L'efprit-
de-vin fe colore en jaune, & il contient du mercure, puifqu'il blanchit une lame de cuivre. Il
paroît que dans cette expérience, l'alkali volatil eft dégagé peu à peu par le mercure, qu'il
fe forme du fel alembroth, dont une partie eft
diffoute par l'efprit-de-vin ; & que la quantité
différente de mercure, l'action lente produite
pendant la macération, font les caufes qui font
différer cette expérience de celle de M. *Bucquet*.

Le mercure fe combine très-bien avec le
foufre. Lorfqu'on triture une partie de ce fluide
métallique avec trois parties de fleurs de foufre,
le mercure s'éteint peu à peu, & il en réfulte une
poudre noire que l'on appelle éthiops minéral,
& dont la couleur fe fonce par le fimple repos. Cette combinaifon fe fait avec plus de rapidité lorfqu'on mêle le mercure avec le foufre
fondu ; en agitant ce mêlange, il devient noir
& s'enflamme fort aifément. Lorfqu'on l'a fait
pour avoir l'éthiops, on doit le retirer du feu ,

éteindre la flamme dès qu'elle se manifeste, &
remuer la matière jusqu'à ce qu'elle soit solide
& en grumeaux. Alors on la met en poudre &
on la passe au tamis de soie. L'éthiops n'est pas
la combinaison la plus intime que le soufre & le
mercure sont susceptibles de former. Lorsqu'on
expose ce composé à un grand degré de chaleur, il s'enflamme, la plus grande partie du
soufre se brûle, & il reste après cette combustion une matière qui prend une couleur violette lorsqu'on la pulvérise. On met cette poudre
dans des matras qu'on chauffe jusqu'à ce que le
fond soit rouge ; on les tient dans cet état pendant plusieurs heures jusqu'à ce qu'on apperçoive que la matière est sublimée. On trouve
dans le haut du matras du cinabre artificiel
cristallisé en aiguilles d'un rouge brun. Ce cinabre est d'une couleur moins foncée & plus
vive lorsqu'on le sublime dans des cornues. Les
Hollandois préparent en grand le cinabre que
l'on emploie dans les arts. Ce composé n'est que
peu volatil, & il exige un feu très-fort pour se
sublimer. Lorsqu'il est très-divisé sur le porphyre,
il prend une couleur rouge brillante : on le
nomme alors vermillon. Si on le chauffe dans
des vaisseaux ouverts, le soufre qui ne fait pas
le quart de la totalité du cinabre, se brûle peu
à peu, & le mercure se volatilse. Beaucoup de

fubſtances ſont capables de décompoſer le cinabre, en raiſon de l'affinité qu'elles ont avec le
ſoufre. La chaux & les alkalis ont cette propriété; lorſqu'on les chauffe dans une cornue avec
cette ſubſtance à la doſe de deux parties contre
une de ces ſels, on obtient du mercure coulant,
& le réſidu eſt du foie de ſoufre. M. *Baumé* a
même reconnu que cette décompoſition avoit
lieu par la voie humide, en faiſant bouillir du
cinabre broyé avec de l'alkali fixe en liqueur. Il
faut remarquer qu'il n'a employé que l'alkali
crayeux. Pluſieurs demi-métaux, tels que le cobalt, le biſmuth, le régule d'antimoine, ont auſſi
la propriété d'enlever le ſoufre au mercure. On
verra que preſque tous les métaux, le plomb, l'é-
tain, le fer, le cuivre & l'argent, ont auſſi plus
d'affinité avec le ſoufre que n'en a le mercure,
& décompoſent le cinabre : on peut donc les
employer indiſtinctement pour ſéparer le mercure
de ce compoſé. Ce fluide métallique obtenu par
ce procédé, eſt parfaitement pur; on le diſtingue ſous le nom de mercure révivifié du cinabre.

Le mercure décompoſe ſur le champ les
foies de ſoufre, mais il produit des phénomènes
différens, ſuivant la nature de ces compoſés. Il
forme de l'éthiops avec le foie de ſoufre à baſe
d'alkali fixe. Cet éthiops devient rouge au bout
de pluſieurs années, Avec du foie de ſoufre vo-

latil ou liqueur fumante de *Boyle*, il fe convertit très-promptement en éthiops, & en quelques heures ou tout au plus quelques jours cet éthiops prend une couleur rouge éclatante, & donne un cinabre fuperbe. Le turbith minéral, le précipité *per fe*, le précipité rouge, & toutes les chaux précipitées des diffolutions de mercure par les alkalis, préfentent plus ou moins promptement le même phénomène avec la liqueur fumante de *Boyle*. On le produit encore en verfant cette liqueur dans les diffolutions de mercure, & en expofant le précipité noir qui réfulte de ces mélanges à une nouvelle quantité de foie de foufre volatil.

On ne connoît point l'action du mercure fur le régule d'arfenic. Le cobalt ne s'y unit point. Le mercure diffout très-aifément le bifmuth qui s'y combine en toutes proportions. Il réfulte de cette combinaifon une matière brillante, friable, & plus ou moins folide fuivant la quantité de bifmuth. Cette amalgame eft fufceptible de criftallifer en pyramide à quatre pans, qui quelquefois fe réuniffent en octaèdres. Le plus fouvent on la trouve criftallifée en lames minces, qui n'ont point de forme régulière. On obtient cette criftallifation en faifant fondre cette combinaifon, & en la laiffant refroidir lentement. Lorfqu'on la chauffe dans une cornue, elle ne donne que très-difficilement le mercure qui lui fert de diffolvant.

Le mercure ne s'unit point au nickel ni au régule d'antimoine. Il fe combine au zinc par la fufion. L'amalgame qu'il forme avec ce demi-métal eft folide ; elle devient fluide par la trituration. Lorfqu'on la fond & qu'on la laiffe refroidir lentement, elle criftallife en lames qui paroiffent quarrées & arrondies fur les bords.

Le mercure eft d'un ufage très-étendu dans les arts, tels que la dorure, l'étamage des glaces, la conftruction des inftrumens météorologiques, la métallurgie, &c. On fe fert en Médecine de ce demi-métal fous toutes fortes de formes.

1°. Le mercure crud étoit employé autrefois dans le volvulus. On le fait encore bouillir dans l'eau à laquelle il communique la propriété vermifuge. On le mêle aux graiffes pour l'adminiftrer fous la forme d'onguent dans les maladies vénériennes.

2°. Le turbith minéral a été auffi recommandé dans les mêmes maladies, à la dofe de quelques grains. Ce médicament eft émétique & purgatif.

3°. L'eau mercurielle fert aux Chirurgiens, comme un efcarrotique puiffant. Le précipité rouge remplit la même indication. On prépare avec la graiffe de porc & la diffolution mercurielle nitreufe, l'onguent citrin qui guérit très-bien la gale.

4°. Le sublimé corrosif a été recommandé par le Baron *Van-Swieten* dans les maladies vénériennes. On en dissout quelques grains dans de l'eau-de-vie, & on prend cette dissolution par cuillerées étendue dans une grande quantité de boissons adoucissantes. On doit avoir égard à l'état de la poitrine lorsqu'on administre ce remède, qui demande beaucoup de prudence. Le mercure doux se donne à la dose de douze ou quinze grains, comme purgatif, & à celle de trois ou quatre grains comme altérant. L'eau phagédénique est d'usage en Chirurgie, pour ronger & détruire les chairs baveuses, &c.

5°. Le sel sédatif mercuriel a été employé avec succès dans les maladies vénériennes, par M. *Chauffier* le jeune, de l'Académie de Dijon. *Journal de Phys. tome VI, p. 351, & tome IX, p. 348, &c.*

6°. M. *Nicolas*, Médecin à Grenoble, a annoncé à la Société Royale de Médecine les bons effets du mercure dissous par l'air fixe, dans les mêmes maladies, mais il n'a point décrit le procédé pour préparer ce médicament.

7°. Le cinabre est regardé comme anti-spasmodique & calmant ; il fait partie de la poudre tempérante de *Stahl*, qui se prépare, suivant la Pharmacopée de Paris, en mélant exactement trois gros de tartre vitriolé & de nitre avec deux scrupules de cinabre artificiel. On se sert encore de ce composé en exposant les malades à sa vapeur; & il constitue alors une méthode de traiter les maladies vénériennes par fumigation.

Toutes les préparations de mercure qu'on donne à l'intérieur, conviennent dans beaucoup d'autres cas que les maladies vénériennes; tels que presque toutes les maladies de la peau, le vice scrophuleux, les engorgemens lymphatiques, &c. Cependant nous ne pouvons nous empêcher de faire observer que ces médicamens, & sur-tout les préparations mercurielles salines, doivent être employés par des Médecins sages & retenus, & qu'il est dangereux pour la santé, & même la vie des hommes, que les remèdes mercuriaux soient entre les mains d'un aussi grand nombre de personnes, qui manquent la plupart des connoissances nécessaires pour les administrer, non-seulement avec succès, mais même sans crainte. Nous avons été plus d'une fois témoins des malheureux effets de ces préparations, causés par l'impéritie de ceux qui les avoient employées avec la hardiesse qui accompagne ordinairement l'ignorance. Nous pensons même que cet objet est d'une assez grande importance pour mériter l'attention du Gouvernement.

LEÇON XXXIV.

Sorte IX. ÉTAIN.

L'ÉTAIN, ou Jupiter des Alchimiſtes, eſt un métal imparfait, d'une couleur blanche plus brillante que celle du plomb, mais un peu moins que celle de l'argent. Il ſe plie facilement, & il fait entendre en ſe pliant un petit bruit qu'on appelle cri de l'étain ; phénomène que nous avons déjà obſervé, quoique moins marqué dans le zinc, & qui a ſervi à M. *Malouin* à rapprocher ce demi-métal de l'étain. Ce bruit paroît dépendre de la ſéparation ou de l'écartement ſubit des parties de ce métal, & il ſemble indiquer une caſſure, quoique l'étain réſiſte très-peu à l'effort qui tend à le courber, comme nous l'avons déjà dit. L'étain eſt le plus léger des métaux. Il eſt aſſez mou pour qu'on puiſſe le rayer avec l'ongle. Il perd dans l'eau environ un ſeptième de ſon poids. Il a une odeur très-marquée ; lorſqu'on le frotte ou qu'on le chauffe, cette propriété devient plus marquée. Il a auſſi une ſaveur déſagréable qui lui eſt propre ; elle eſt même aſſez forte pour que quelques Médecins aient attribué à ce métal une action fenfible fur l'économie animale , & qu'ils l'aient recommandé dans plufieurs maladies. Sa molleffe exceffive le rend très-peu fonore. L'étain eft le fecond des métaux dans l'ordre de leur ductilité ; on le réduit fous le marteau en lames plus minces que les feuilles de papier, & qui font d'un grand ufage dans plufieurs arts. Sa ténacité eft telle qu'un fil d'étain d'un dixième de pouce de diamètre, peut fupporter un poids de quarante-neuf livres & demie fans fe rompre. M. l'Abbé *Mongez* n'avoit pas pu parvenir à faire criftallifer l'étain ; mais M. *de la Chenaye*, l'un de mes Elèves, a réuffi en faifant fondre de l'étain à plufieurs reprifes. Il a obtenu par ce moyen un affemblage rhomboïdal de prifmes ou d'aiguilles réunies longitudinalement les unes aux autres.

La plupart des Minéralogiftes doutent encore de l'exiftence de l'étain natif. Cependant quelques Auteurs affurent qu'on en a trouvé en Saxe, en Bohême & à Malaca. Il paroît même trèsavéré qu'il en exifte dans les mines de Cornouailles, & M. *Sage* a décrit un échantillon de cet étain, qui lui a été donné par M. *Woulfe*, Chimifte de Londres. Ce morceau eft gris & brillant dans fa fracture ; en le battant fur l'enclume, il forme des lames d'étain brillantes & flexibles. Il eft plus ordinaire de rencontrer l'étain en chaux blanche, pefante, opaque, criftallifée en octaëdres ou en pyramides à quatres faces. Elle a le tiffu lamelleux & fpathique. M. *Bucquet* la regardoit comme un vrai fpath d'étain. M. *Sage* penfe que ces criftaux font minéralifés par l'acide marin ; peut-être font-ils comme le fer fpathique une combinaifon de chaux d'étain & d'acide crayeux. Cet étain blanc a été rangé au nombre des mines de fer par M. *Cronftedt*. On donne fpécialement le nom de mines d'étain à des matières d'une couleur très-foncée, rouge, violette ou noire, & d'une pefanteur plus confidérable que celle de toutes les autres fubftances minérales. Ces mines reffemblent beaucoup par leur couleur & par leur forme au fchorl, dont elles diffèrent cependant par leur pefanteur & leur opacité. Elles font quelquefois criftallifées en cubes irréguliers, & préfentent des grouppes difperfés dans une gangue de quartz ou de fpath fufible. Souvent elles ne forment que des maffes fans aucune criftallifation. Prefque tous les Naturaliftes s'accordent à regarder les mines d'étain colorées, comme des combinaifons de ce métal avec l'arfenic, & ils attribuent leur pefanteur énorme à l'abfence du foufre. M. *Sage* croit qu'elles ne contiennent point du tout d'arfenic, & affure qu'elles n'ont pas befoin d'être grillées,

à

à moins qu'elles ne foient mêlées avec des pyrites arfenicales ; ce qui eft fort commun. On ne connoît point de mines d'étain en France. Cependant M. *Baumé* foupçonne qu'on pourroit en trouver dans les environs d'Alençon, & dans quelques cantons de la Bretagne ; parce qu'on y rencontre des criftaux de roche qui paroiffent colorés par ce métal. Les pays où elles font abondantes, & où on les exploite, font les provinces de Cornouailles & de Devonshire en Angleterre, l'Allemagne, la Bohême, la Saxe, l'ifle de Banca, & la prefqu'ifle de Malaca dans les Indes Orientales. Plufieurs Naturaliftes ont regardé les grenats comme des efpèces de mines d'étain, fans doute à caufe de leur couleur. Ils en diffèrent cependant par la tranfparence & par leur pefanteur beaucoup moindre ; d'ailleurs MM. *Bucquet* & *Sage* n'y ont pas trouvé d'étain.

Les mines d'étain font donc peu nombreufes, & on peut les réduire aux quatre variétés fuivantes :

Variétés.

1. Mine d'étain blanche fpathique, en criftaux octaèdres.

2. Mine d'étain d'un blanc jaunâtre, fouvent colorée & demi-tranfparente comme des topazes.

3. Mine d'étain rouge, en criftaux cubiques plus ou moins réguliers.

Tome II.   E

Variétés.

4. Mine d'étain noire de la même forme que la précédente.

Pour faire l'essai d'une mine d'étain, il faut après l'avoir partagée en différens lots, la piler grossièrement, la laver, & la griller dans une capsule de terre couverte, en ayant soin de la découvrir de tems en tems, afin que l'arsenic volatilisé entraîne le moins d'étain possible; car si on la grille à feu ouvert, il se perd beaucoup d'étain avec ce demi-métal, suivant la remarque de *Cramer*. Il faut aussi la griller promptement pour que l'étain ne soit pas trop calciné. M. *Baumé*, pour obvier à ces deux inconvéniens, propose de mêler de la poix-résine, qui réduit une portion de la chaux, & qui facilite la volatilisation de l'arsenic. La mine étant une fois grillée, on la fond promptement dans un creuset, avec trois parties de flux noir, & un peu de sel marin décrépité. Par les poids comparés de la mine lavée, grillée, & du culot métallique que l'on obtient, on juge combien elle contenoit d'arsenic, & combien elle doit rendre d'étain au quintal. *Cramer* propose de faire cet essai d'une manière plus expéditive, & peut-être avec moins de déchet, en se servant de deux gros charbons de tilleul ou de coudrier. L'un d'eux a une cavité qui sert de creuset, & dans laquelle on met de la mine d'étain avec de la poix réfine ; on perce l'autre d'un petit trou, pour donner iffue aux vapeurs ; on l'applique fur le premier pour le recouvrir, & on les lie enfemble avec du fil de fer, après avoir lutté les jointures. On les allume devant la tuyère d'une forge, contre laquelle on les fait tenir à l'aide de charbons placés à l'entour d'eux. Dès qu'on a donné un bon coup de feu, & que l'étain peut avoir été fondu, on éteint avec de l'eau les charbons qui fervent à l'effai, & on trouve l'étain en culot.

Le travail en grand des mines d'étain, eft femblable au précédent. Souvent on eft obligé de faire des feux de bois dans la mine pour calciner & attendrir la gangue qui eft très-dure ; ces feux dégagent des vapeurs très-dangereufes. On emploie ce procédé dans les montagnes de Geyer. D'autres fois elles fe trouvent dans du fable à peu de profondeur, comme à Eibenftock. On lave la mine bocardée dans des caiffes garnies de petites cloifons de drap, deftinées à retenir les parties métalliques. On la grille dans des fourneaux de réverbère, auxquels eft jointe une cheminée horifontale pour recueillir le foufre & l'arfenic. On la fond enfuite dans le fourneau à manche, & on la coule dans des lingotières pour la réduire en faumons. En Allemagne & en Angleterre, on travaille à peu près de même les mines d'étain. Dans ce dernier pays, on allie ce métal avec du plomb & du cuivre, suivant *Geoffroy*, & on n'en exporte point de pur. Il vient aussi d'Angleterre un étain en espèces de stalactites, qu'on appelle étain en larmes, & que l'on croyoit très-pur; mais MM. *Bayen* & *Charlard* assurent que quelquefois elles contiennent du cuivre. Le plus pur de tous est celui qui vient de Malaca & de Banca. Le premier a été coulé dans des moules qui lui donnent la forme d'une pyramide quadrangulaire tronquée avec un rebord mince à sa base; on l'appelle étain en chapeaux ou en écritoires. Chaque lingot pèse environ une livre. Le second est en lingots oblongs de quarante-cinq à cinquante livres. Ces deux espèces d'étain sont recouvertes d'une rouille grise ou crasse plus ou moins épaisse.

L'étain qui vient d'Angleterre & qui est beaucoup plus employé que l'étain pur des Indes, à cause de sa moindre valeur, est en gros saumons d'environ trois cens livres. Il est allié de cuivre, ou artificiellement, suivant *Geoffroy*, ou naturellement, suivant le Baron *de Dietrich*. Pour en faciliter le débit, les Potiers d'étain le coulent en petits lingots ou baguettes de neuf à dix lignes de circonférence & d'environ un pied & demi de long.

L'étain exposé au feu dans des vaisseaux fermés, s'y fond très-vîte. C'est le plus fusible des métaux. Il reste fixe tant qu'on n'augmente pas le feu; mais il paroît que cette fixité n'est que relative, puisque si on lui fait éprouver une chaleur considérable, il se volatilise, comme nous allons le dire tout-à-l'heure. Si on le chauffe avec le contact de l'air, sa surface se couvre, dès qu'il est fondu, d'une pellicule grise terne, & qui forme des rides. En l'enlevant, on observe que l'étain est au-dessous avec tout son brillant, & qu'il ne lui adhère point; mais il perd bientôt son état, & il se forme une nouvelle pellicule. Tout l'étain peut ainsi se réduire en pellicules, qui ne font autre chose qu'une chaux métallique, ou une combinaison de ce métal avec l'air. L'étain a acquis dans sa calcination un dixième de son poids de plus. Si on chauffe ce métal assez pour le faire rougir, *Geoffroy* a observé que sa chaux est soulevée peu à peu par une flamme blanchâtre très-vive, qu'il compare à celle du zinc. C'est une vraie inflammation ou combustion rapide de ce métal; en même-tems il s'élève une fumée légère d'étain volatilisé, qui se condense sur les corps froids en une chaux blanchâtre & aiguillée, ou en fleurs d'étain. La chaux grise d'étain devient blanche, si on l'expose de nouveau à l'action du feu; elle

s'unit à une nouvelle quantité d'air & se calcine davantage. On la nomme dans cet état potée d'étain. Si on lui fait éprouver une chaleur
énorme, comme celle d'un four de porcelaine,
elle est susceptible de se fondre en verre.
MM. *Macquer* & *Baumé* ont observé, en traitant ainsi de l'étain dans un creuset, qu'une partie se changeoit en une chaux blanche & ai-
guillée, ou en fleurs d'étain; qu'une autre placée
au-dessous de la première étoit en chaux dure,
cohérente, rougeâtre & à moitié fondue; qu'une
troisième partie formoit un verre de la couleur
de rubis ou de l'hyacinthe; & qu'enfin il y avoit
au fond une partie de l'étain dans son état métallique. La chaux d'étain demande un feu de la
plus grande violence pour être fondue en verre;
c'est une des plus réfractaires. On peut décomposer la chaux ou la potée d'étain à l'aide des
matières combustibles animales ou végétales,
qui s'empareront de l'air contenu dans cette
chaux, & feront reparoître ce métal avec ses
propriétés. Il paroît cependant que la potée d'é-
tain bien calcinée retient très-fortement l'air qui
lui est uni, puisqu'on ne peut la réduire que très-
difficilement & en employant une grande quantité de matières combustibles. C'est d'après cela
que M. *Baumé* & plusieurs autres Chimistes
croient que quand on a trop grillé les mines

d'étain, il y en a une portion qui ne peut plus se réduire en métal.

L'étain ne s'altère pas beaucoup à l'air; il ne se ternit même que difficilement lorsqu'il est bien pur. Celui du commerce se couvre à la longue d'une poussière grise, mais qui, suivant M. *Macquer*, n'appartient jamais qu'à la surface la plus légère, & ne pénètre pas à l'intérieur comme dans le cuivre & dans le fer.

L'eau ne dissout point l'étain; elle en ternit & en calcine à la longue la surface.

Les matières terreuses ne contractent aucune union avec ce métal. Sa chaux qui est très-infusible ne forme point de verre transparent ni coloré, avec les substances capables de se vitrifier. Mais, comme elle est très-blanche, elle peut s'interposer entre les molécules du verre, & le rendre d'un blanc mat & très-opaque. Cette sorte de fritte vitreuse porte le nom d'émail. La potée d'étain, à cause de son infusibilité, ôte la transparence à tous les verres possibles, & en fait des émaux colorés.

On ne connoît point l'action de la chaux, de la magnésie & des alkalis sur l'étain; cependant l'on ne peut douter que ces derniers sels soient capables d'altérer ce métal, puisqu'ils lui font prendre en très-peu de tems les couleurs de l'iris.

E iv

L'acide vitriolique concentré ou l'huile de vitriol diffout, fuivant *Kunckel*, la moitié de fon poids d'étain ; cette diffolution fe fait bien à l'aide de la chaleur. Il s'en dégage, fans mouvement ni effervefcence bien fenfibles, du gaz fulfureux très-piquant. L'étain s'empare dans cette expérience de l'air de l'acide vitriolique ; auffi il eft promptement calciné, & l'huile de vitriol en contient affez pour pouvoir précipiter par l'eau. L'huile de vitriol étendue d'un peu d'eau agit de même fur l'étain, mais cette diffolution eft plus permanente & précipite moins par l'eau que la première. L'efprit de vitriol ou l'acide vitriolique foible ne le diffout pas. Dans cette combinaifon l'étain enlève tant d'air à l'huile de vitriol, qu'il fe forme très-vîte du foufre. C'eft ce dernier qui donne à la diffolution une couleur brune tant qu'elle eft chaude, & qui fe précipite quand elle refroidit. MM. *Macquer* & *Baumé* fe font affurés de la préfence du foufre dans cette combinaifon. En chauffant davantage cette diffolution, l'étain fe précipite en chaux blanche. Le même phénomène a lieu à la longue & fans le fecours de la chaleur. La diffolution vitriolique d'étain eft très-cauftique. M. *Monnet* en a obtenu par le refroidiffement des criftaux femblables à la félénite, ou en aiguilles fines & entrelacées les unes dans les autres. La chaux d'étain précipitée de cette diffolution par le repos & par la chaleur, eft foluble dans l'acide vitriolique. Si on évapore à ficcité la diffolution vitriolique d'étain, la chaux qu'on obtient alors eft grife, très-difficile à réduire, & ne peut plus fe diffoudre dans cet acide. Les alkalis précipitent l'étain diffous dans l'acide vitriolique, en une chaux de la plus grande blancheur.

L'acide nitreux eft décompofé avec une rapidité fingulière par l'étain, & même à froid. C'eft une des diffolutions les plus rapides & les plus frappantes que la Chimie préfente. Il paroît que l'étain a une tendance très-forte pour s'unir à l'air pur, & comme le gaz nitreux n'eft pas à beaucoup près auffi adhérent à l'air pur dans l'acide nitreux, que l'eft le foufre à ce même air dans l'acide vitriolique, il n'eft pas étonnant que la décompofition de l'acide nitreux par l'étain foit beaucoup plus prompte & beaucoup plus vive que celle de l'acide vitriolique par le même métal. Il fe dégage avec une vivacité prodigieufe une grande quantité de gaz nitreux très-rouge. J'ai même obfervé que cette combinaifon fournissoit un des moyens les plus avantageux d'obtenir fur le champ beaucoup de ce gaz. L'étain eft réduit en poudre blanche ou en chaux, que M. *Macquer* a effayé en vain de réduire ; il semble alors que ce métal est sur-chargé d'air. L'acide nitreux n'en retient que très-peu en diſſolution, & lorſqu'on l'évapore pour en obtenir des criſtaux de nitre d'étain, ce qui étoit diſſous ſe précipite bientôt, & l'acide reſte preſque pur. M. *Bucquet*, dans ſon *Introduction à l'étude du Règne minéral*, dit que l'on peut retirer de cette diſſolution un nitre d'étain très-déliqueſcent, dont il n'a pas déterminé la forme. Il aſſure auſſi qu'en lavant la chaux d'étain pro-duite par la décompoſition de l'acide nitreux, l'eau diſſout un peu de nitre d'étain, qu'on peut obtenir par évaporation. L'acide nitreux retient un peu plus d'étain en diſſolution, lorſqu'on l'emploie très-étendu d'eau ; mais il laiſſe pré-cipiter cette chaux, ſoit par le repos, ſoit par la chaleur. MM. *Bayen* & *Charlard* ont décou-vert dans leurs belles recherches ſur l'étain, que lorſqu'on charge l'acide nitreux de tout l'étain qu'il peut calciner, juſqu'à ce que cet acide ſoit épais & incapable d'agir ſur de nouveau métal, on obtient, en lavant cette maſſe avec beau-coup d'eau diſtillée & en évaporant cette leſ-ſive à ſiccité, un ſel ſtanno-nitreux qui détonne ſeul dans un têt bien échauffé, & qui brûle avec une flamme blanche & épaiſſe comme celle du phoſphore. La chaux d'étain bien leſſivée donne par l'exſiccation une maſſe demi-tranſparente,

femblable à l'écaille. Le fel ftanno-nitreux diftillé dans une cornue, fe bourfouffle, bouillonne & remplit tout-à-coup le récipient d'une
vapeur blanche & épaiffe, dont l'odeur eft nitreufe.

L'acide marin fumant agit bien fur l'étain ; il
le diffout à l'aide d'une douce chaleur, & même
à froid ; il perd fur le champ fa couleur & fa
propriété de fumer. L'effervefcence très-légère
qui a lieu dans cette combinaifon, dégage du
mélange un gaz fétide, mais qui ne reffemble
point à l'odeur arfenicale, comme quelques Chimiftes l'ont annoncé. L'acide marin peut diffoudre par ce procédé plus de moitié de fon poids
d'étain. La diffolution eft jaunâtre, elle a une
odeur très-fétide ; il ne s'y forme point de précipité de chaux d'étain, comme avec les deux
acides précédens. Cette diffolution évaporée
fournit des aiguilles brillantes & très-régulières
qui attirent un peu l'humidité de l'air. M. *Monnet*
dit que ces aiguilles, après être tombées en déliquefcence, fe criftallifent & reftent sèches à
l'air. M. *Baumé* qui a préparé le fel d'étain en
grand, comme à la dofe de cent cinquante livres
d'acide fur vingt-cinq livres d'étain, pour les
manufactures de toiles peintes, nous en a détaillé avec foin quelques propriétés. Sur douze
livres d'étain, diffous dans quarante-huit livres

d'acide marin, il lui eſt reſté deux onces ſix gros d'une poudre griſe, qui n'a pas pu ſe diſſoudre dans une livre d'acide marin, avec lequel il l'a miſe en digeſtion pendant pluſieurs jours. M. *Margraff* croit que c'eſt de l'arſenic. M. *Baumé* ne l'a point examinée. Il compare l'odeur de cette diſſolution concentrée à celle des terres noires qu'on retire des latrines, & il fait remarquer que lorſqu'il en tombe ſur les doigts, rien ne peut enlever l'odeur métallique, particulière à l'étain, qu'elle leur communique, & qu'elle ne ſe diſſipe qu'au bout de vingt-quatre heures. Il obſerve que, ſuivant l'état de l'acide, les criſtaux de ſel d'étain ſont différens. Tantôt ils forment de petites aiguilles blanches; la même diſſolution lui en a donné de blanches & de couleur de roſe. Ce dernier, purifié par la diſſolution & l'évaporation, lui a donné par refroidiſſement de gros criſtaux à peu près ſemblables à ceux du ſel de *Glauber*. D'autres fois, en employant de l'acide marin ordinaire, il n'a eu ce ſel qu'en petites écailles d'un blanc de perle, ſemblables à celles du ſel ſédatif. Il n'a point parlé de l'action du feu ſur ce ſel. M. *Monnet* qui a diſtillé la diſſolution marine d'étain, aſſure en avoir obtenu une matière graſſe très-fuſible & gelable; enfin, un vrai beurre d'étain & une liqueur fumante ſemblable à celle de *Libavius*, dont nous parlerons plus bas. Ce fait s'accorde avec ce qu'a observé M. *Macquer* fur une dif-folution d'étain dans l'acide marin, qui s'est mise presque toute en cristaux pendant l'hiver, & qui est redevenue fluide l'été ; propriété qui se rencontre aussi dans le beurre d'étain, comme nous le verrons. Cet illustre Chimiste a aussi observé qu'il s'étoit formé au bout de quelques années un dépôt blanc dans cette diffolution. La combinaison de l'acide marin & de l'étain donne un précipité beaucoup plus abondant que les autres diffolutions, à l'aide des alkalis & de la chaux ; les alkalis rediffolvent une partie de la chaux précipitée, & prennent une couleur d'un jaune brun. C'est en diffolvant l'étain d'Angleterre en gros faumons, & tous les étains impurs en général dans l'acide marin, que MM. *Bayen* & *Charlard* ont découvert la préfence du régule d'arfenic dans ce demi-métal. Lorfqu'en effet il en contient, à mefure que l'acide agit fur l'étain, ce métal prend une couleur noire, & lorfqu'il est entièrement diffous, il reste une poudre noirâtre qui est de l'arfenic pur ou uni à un peu de cuivre. On peut donc employer cet acide pour s'affurer de la préfence & de la quantité de régule d'arfenic contenue dans l'étain.

L'eau régale faite avec deux parties d'acide nitreux & une d'acide marin, fe combine avec effervefcence à l'étain. Il s'excite une chaleur vive qu'il eft important de diminuer en plongeant le mélange dans de l'eau froide. Pour faire une diffolution d'étain dans l'eau régale qui foit permanente , il faut avoir la précaution de ne mettre le métal que peu à peu , d'attendre pour en ajouter une feconde portion que la première ait été entièrement diffoute ; fi on le mettoit tout à coup , une grande partie de ce métal feroit calcinée. L'eau régale peut fe charger ainfi de la moitié de fon poids d'étain. Cette diffolution eft d'un brun rougeâtre ; elle n'a que peu de faveur ; elle forme fouvent en quelques inftans une gelée tremblante, vifqueufe comme une réfine. Cette fubftance devient plus folide au bout de quelques jours , & elle peut fe couper comme une gelée animale folide. Elle eft tranfparente , d'une couleur claire , prend quelquefois une couleur plus foncée. Quelques portions préfentent la demi - tranfparence & la blancheur de l'opale ; elle exhale une odeur d'acide marin piquant, mais qui n'a point la fétidité de celle de la diffolution marine. J'en conferve depuis plus de deux ans dans un bocal affez mal bouché ; elle n'a rien perdu de fa folidité & de fa tranfparence. Pour que la diffolution d'étain par l'eau régale forme une gelée , il faut qu'elle foit chargée de beaucoup de métal. Quelquefois en y ajoutant moitié de fon poids d'eau, elle devient concrète, quoiqu'elle ne le fût nullement avant cette addition; mais alors cette gelée, faite à l'aide de l'eau, eft couleur d'opale; parce que, fuivant la remarque de M. *Macquer*, cette diffolution étant fufceptible d'être décompofée par l'eau, une portion de la chaux d'étain précipitée détruit la tranfparence de la gelée. Ce favant Chimifte a encore obfervé que fi l'on chauffe une diffolution d'étain dans l'eau régale, il s'y excite une effervefcence due à ce que l'acide mixte réagit fur le métal fur lequel il n'a pas épuifé fon action. Cette diffolution perd alors toute fa couleur & fe fige en fe refroidiffant. La gelée qu'elle forme en ce cas eft de la plus belle tranfparence. Il fe dépofe fouvent par le repos d'une diffolution régaline & liquide d'étain, des criftaux en petites aiguilles. On ne les a pas encore examinés, non plus que le gaz dégagé pendant l'action de l'eau régale fur l'étain. MM. *Bayen* & *Charlard* ont trouvé que ce diffolvant pouvoit auffi faire connoître la préfence du régule d'arfenic dans l'étain, mais que comme il a une action affez fenfible fur le demi-métal, il n'indiquoit pas fa quantité avec autant de précifion que peut le faire l'acide marin.

On ne connoît point l'action des autres acides fur l'étain.

Ce métal fait détonner le nitre avec rapidité. Pour cela on le fait fondre & rougir obscurément dans un creuset; on projette dessus du nitre bien sec en poudre. Il se produit une flamme blanche & brillante. Lorsqu'en ajoutant du nitre il ne se fait plus de détonnation, l'étain est entièrement calciné. La poudre blanche qui reste contient de l'alkali rendu caustique par la chaux d'étain, & qui est même uni à une certaine quantité de cette chaux. En le lessivant, on peut en précipiter l'étain par un acide. Si la chaux grise d'étain fuse avec le nitre, ainsi que l'a observé *Geoffroy*, c'est qu'elle contient encore de l'étain qui n'est que divisé ; car en prenant une chaux parfaite de ce métal, celle par exemple qui a été chauffée long-tems, & qui est très-blanche, ou bien celle que forment les acides, elles ne présentent point le même phénomène.

L'étain décompose très-bien le sel ammoniac ; il en dégage de l'alkali volatil très-caustique, & dans l'état de gaz. M. *Bucquet*, qui a fait des recherches suivies sur la décomposition du sel ammoniac par les matières métalliques & par leurs chaux, observe qu'il se dégage beaucoup de gaz inflammable par la réaction de l'étain sur l'acide marin. Suivant les expériences de ce savant Chimiste, les métaux décomposent ce sel en raison de l'action que l'acide marin a sur eux.

Comme

Comme nous avons vu que l'acide marin avoit beaucoup d'affinité avec l'étain, nous pouvons en conclure que la théorie donnée par M. *Bucquet* eſt très-ſatisfaiſante, & parfaitement d'accord avec les faits. *Glauber* avoit annoncé que ſon ſel ammoniacal ſecret eſt décompoſé par l'étain ; mais cette décompoſition n'eſt pas complette ſuivant M. *Pott* qui a répété l'expérience de *Glauber*, ſans doute parce que l'acide vitriolique a moins de tendance avec l'étain que n'en a l'acide marin. M. *Bucquet* obſerve encore que l'étain étant très-fuſible, ſe raſſemble en culot au fond de la cornue, & qu'en conſéquence le ſel ammoniac n'eſt pas auſſi complettement décompoſé qu'il le pourroit être par ce métal. Voilà pourquoi l'étain ne décompoſe pas ce ſel auſſi parfaitement que les métaux peu fuſibles. Le réſidu de cette décompoſition eſt un étain corné ou beurre d'étain, décompoſable par l'eau, & ſemblable à celui que l'on forme avec le ſublimé corroſif & ce métal, dont nous parlerons plus bas.

On combine aiſément l'étain avec le ſoufre, en jetant une ou deux parties de cette matière combuſtible en poudre ſur cinq à ſix parties d'étain fondu dans une cuiller de fer ; le mêlange agité avec une ſpatule de fer, ſe noircit & s'enflamme. Si on le fond dans un creuſet, on en obtient une maſſe caſſante, diſpoſée en aiguil-les plattes réunies en faiſceaux. Cette com-binaiſon eſt beaucoup plus difficile à fondre que l'étain, comme toutes celles des métaux moux & fuſibles avec le foufre. Mais ce qu'il eſt important de noter, c'eſt que quoique l'étain s'allie facilement au foufre par la fuſion, la na-ture ne l'offre jamais dans cet état. C'eſt abſolu-ment l'inverſe du zinc qui ſe trouve fréquem-ment combiné avec le foufre dans ſes mines, & qui ne peut pas s'y unir dans nos Laboratoires. La nature eſt ſouvent très-différente de l'art dans ſes opérations; mais ſi elle fait quelquefois des combinaiſons que l'art ne peut pas imiter, il arrive auſſi que ce dernier opère des compoſi-tions dont elle ne lui fournit point de modèles.

L'arſenic ne s'unit que peu à l'étain par la fuſion, parce qu'il ſe diſſipe en grande partie. Le fel neutre arſenical s'y combine mieux, & M. *Baumé* a obſervé qu'il réſulte de cette com-binaiſon, dans laquelle l'arſenic quitte l'alkali pour s'unir à l'étain, un culot aigre, très-bril-lant, diſpoſé à facettes comme le régule d'an-timoine. Les expériences que M. *Margraff* a faites fur l'union de l'étain avec l'arſenic par la diſtillation, nous ont appris qu'une partie de l'arſenic ſe réduit en régule, tandis qu'une por-tion de l'étain ſe calcine; que l'étain uni à l'ar-

fenic ne peut plus en être féparé par l'action du
feu le plus violent ; & que comme les mines
d'étain contiennent beaucoup de ce demi-métal ,
il eſt vraiſemblable qu'il en retient toujours quelque partie qui rend ſon uſage dangereux dans la
cuiſine. En diſtillant de la chaux d'étain chargée
d'arſenic , M. *Margraff* a obtenu un peu de
liqueur qui avoit l'odeur du phoſphore. Depuis
le Chimiſte de Berlin , MM. *Bayen* & *Charlard*
ont examiné la combinaiſon de l'arſenic & de
l'étain. Ils ont obſervé que la chaux d'arſenic ,
appelée ſimplement arſenic , ne peut ſe combiner avec l'étain qu'autant qu'elle paſſe à l'état
métallique , & que cette combinaiſon ſe fait
beaucoup mieux en uniſſant directement le régule d'arſenic avec l'étain. Si l'on met dans une
cornue trois onces ſix gros d'étain , avec deux
gros de régule d'arſenic en poudre groſſière ,
& ſi après avoir adapté un récipient on chauffe
la cornue juſqu'à la faire rougir , il s'élève à
peine deux grains d'arſenic dans le col de ce
vaiſſeau , & l'on trouve dans le fond un culot
métallique peſant quatre onces. Cet alliage qui
contient un ſeizième de régule d'arſenic eſt criſtalliſé en grandes facettes comme le biſmuth ;
il eſt plus fragile que le zinc , & plus difficile à
fondre que l'étain ; il ſe ramollit d'abord , &
ſi on le touche dans cet état avec une baguette

de fer, on entend un cri produit par le frottement de ses lames les unes contre les autres. Sa fonte est pâteuse, & il fume en perdant peu à peu le régule d'arsenic qui lui est uni.

Le cobalt s'unit par la fusion à l'étain, & forme un alliage à petits grains serrés & d'une couleur légèrement violette. L'étain & le bismuth donnent, suivant M. *Gellert*, un alliage cassant & à facettes cubiques. Les Potiers allient quelquefois ce dernier métal à l'étain pour lui donner de la blancheur & de la dureté. Comme il lui communique beaucoup de roideur, & qu'il est plus cher que le zinc, qui produit les mêmes effets sur l'étain, les Ouvriers ne peuvent pas l'employer à plus d'une livre ou d'une livre & demie par quintal, & l'on n'a rien à craindre de ses effets sur l'économie animale ; effets qu'une analogie marquée avec le plomb dans toutes les propriétés du bismuth, fait soupçonner être semblables à ceux de ce métal dangereux. On peut départir le bismuth de l'étain à l'aide de l'acide marin qui dissout le dernier, & laisse le premier sous la forme d'une poudre noire, pourvu qu'on l'emploie foible. L'eau régale produit le même effet lorsqu'elle est étendue d'eau. Le régule d'antimoine uni à ce métal donne, d'après M. *Gellert*, un métal blanc très-aigre, & dont la pesanteur spécifique est moindre que celle de ces deux substances métalliques prises séparément. Le zinc s'allie bien à l'étain, & il en résulte un métal dur à petits grains serrés, d'autant plus ductile que la proportion de l'étain est plus grande. M. *Cronstedt* assure que le nickel uni à l'étain, forme une masse, blanche & brillante, qui étant calcinée sous une moufle, s'élève en forme de végétation.

Le mercure dissout l'étain avec beaucoup de facilité, & en toutes proportions. Pour faire cette combinaison, on verse le mercure dans de l'étain fondu. L'amalgame qui en résulte diffère pour la solidité, suivant les doses relatives de ces deux substances métalliques. On faisoit autrefois avec quatre parties d'étain & une de mercure, une amalgame que l'on couloit en boules, qui prenoit de la solidité en se refroidissant. On suspendoit ces boules dans l'eau pour la purifier. Comme on la faisoit en même-tems bouillir, c'étoit à l'ébullition seule qu'étoit due la précipitation des matières étrangères qui altéroient l'eau. L'amalgame d'étain est susceptible de cristalliser. Elle forme des petits cristaux quarrés, comme M. *Daubenton* l'a observé sur l'amalgame d'étain qu'il employoit pour boucher les bocaux du Jardin du Roi. M. *Sage* dit que ces cristaux sont gris, brillans, en lames feuilletées, amincies vers leurs bords, & qui laissent entr'elles des cavités polygones.

F iij

L'étain a plus d'affinité avec l'acide marin que n'en a le mercure, & il décompose le sublimé corrosif. Pour opérer cette décomposition, on divise l'étain, à l'aide d'une petite portion de mercure; on triture parties égales de cette amalgame & de sublimé corrosif, & on distille ce mélange dans une cornue de verre à une très-douce chaleur. Il passe d'abord une liqueur sans couleur, & il s'élance ensuite, avec une espèce d'explosion, une vapeur blanche épaisse, qui tapisse les parois du récipient d'une croûte très-mince. Cette vapeur se condense en une liqueur transparente, qui exhale une fumée épaisse, blanche & très-abondante, & à laquelle on a donné le nom de liqueur fumante de *Libavius*. C'est une combinaison d'acide marin & d'étain, dans laquelle l'acide paroît être plus abondant que la chaux d'étain. Cette liqueur, renfermée dans un flacon, ne répand point de vapeurs visibles. Il s'en dégage cependant une certaine quantité, qui dépose de la chaux d'étain en cristaux ai-guillés à la partie supérieure du flacon, de sorte que l'extrémité du goulot se trouve exactement bouchée au bout de quelques mois. Il se préci-pite aussi un peu de cette chaux au fond de la liqueur, sous la forme de feuillets irréguliers. Elle a une odeur très-pénétrante, & qui excite la toux. Elle n'est point décomposable par l'eau, fuivant la remarque de M. *Bucquet*, parce qu'elle n'eft pas furchargée de chaux d'étain. Il faut obferver auſſi, que les vapeurs qu'elle répand ne font vifibles que lorfqu'elles ont le contact de l'air. Il femble qu'elles foient formées par un gaz d'une nature particulière, qui eft décompofable par l'air, & qui, par fon contact, laiſſe précipiter la chaux d'étain, comme le gaz acide fpathique laiſſe précipiter la terre quartzeufe par le contact de l'eau, & comme le gaz hépatique de M. *Bergman* dépofe du foufre à l'air. Seroit-ce une combinaifon de gaz acide marin & de chaux d'étain? Lorfqu'on verfe la liqueur fumante de *Libavius* nouvellement préparée dans de l'eau diftillée, elle y occafionne un petit bruit comme celui que produit l'huile de vitriol en s'uniſſant à l'eau. Il s'en dégage de petites molécules tranſparentes, irrégulières, qui femblent n'avoir pas d'adhérence avec l'eau. En obfervant de près ce qui fe paſſe dans le mêlange, on voit s'échapper de ces molécules une bulle qui vient crever à la furface de l'eau, & s'y répandre en une vapeur qui blanchit par le contact de l'air. En agitant l'eau, ces molécules s'y diſſolvent très-vîte, & cette diſſolution ne répand plus de vapeurs. M. *Macquer* aſſure qu'en étendant la liqueur fumante de beaucoup d'eau, elle précipite une chaux d'étain en petits floccons blancs.

& légers. Le gaz de la liqueur fumante n'est que peu élastique. Il ne fait jamais sauter le bouchon du flacon où elle est renfermée, comme cela arrive aux acides nitreux & marin, l'alkali volatil, &c. Le résidu de la distillation de la liqueur fumante de *Libavius* présente autant de phénomènes intéressans que la liqueur elle-même. La voûte & le col de la cornue sont enduits d'une légère couche blanche & grise, qui contient, d'après les expériences de M. *Rouelle* le cadet, un peu de liqueur fumante, de l'étain corné, du mercure doux & du mercure coulant. Le fond de ce vaisseau offre une amalgame de mercure & d'étain, au-dessus de laquelle se trouve un étain corné d'un gris-blanc, solide & compacte, qui peut être volatilisé par une chaleur plus forte. Si on met dans une cornue cette substance, elle y fond, & se sépare en deux couches; l'une noire, placée au-dessous de l'autre, qui est blanche & semblable au premier étain corné. On pourroit peut-être donner le nom de beurre d'étain plutôt que celui d'étain corné à ces combinaisons. M. *Rouelle* paroît soupçonner que ces deux substances, qui diffèrent l'une de l'autre, & qui ne se mêlent pas, sont dues à l'alliage contenu dans l'étain. Plus ce métal est allié, moins il donne de liqueur fumante, suivant cet habile Chimiste. L'étain corné attire l'humidité de l'air, & se dissout très-bien

dans l'eau. Ce qui le diflingue du plomb corné.
M. *Baumé* a donné fur la combinaifon de l'étain
avec l'acide marin, une théorie qui eft tout à
fait femblable à celle de MM. *Schéele & Bergman. (Chimie expérimentale, tome II, page 5o6
à 512.)* Il penfe que l'acide marin perd fon phlogiftique dans cette opération, comme ces Chimiftes croient qu'il le perd en le diftillant fur
de la chaux de manganèfe. Il foupçonne qu'on
obtiendroit cet acide parfaitement pur, en diftillant la liqueur fumante de *Libavius;* ce qui
fait voir qu'il regarde l'acide marin ordinaire
comme furchargé de phlogiftique. M. *Baumé* a
donc, d'après cette obfervation, l'antériorité fur
M. *Schéele*, pour la découverte des deux états
de l'acide marin.

Les ufages de l'étain font très-multipliés. On
s'en fert dans un grand nombre d'arts. On en fait
des doublures de beaucoup de vaiffeaux, des
tuyaux d'orgue, &c. On en garnit les décora-
tions, &c. Son amalgame eft employée pour étamer les glaces ou leur donner l'étain. Les Chaudronniers le coulent allié avec le plomb fur le
cuivre pour l'étamer : on l'allie avec le cuivre
pour faire le métal des cloches & des ftatues.
Les Potiers d'étain l'uniffent au bifmuth, au régule d'antimoine, au plomb & au cuivre, pour
faire des uftenfiles de toutes efpèces, qui font

très-altérables à l'air. La potée d'étain fert à polir beaucoup de corps durs. On la fond avec de la chaux de plomb & du fable pour faire l'émail, ainfi que la couverte de la faïence, &c. Le fel marin d'étain criftallifé eft utile dans le travail des toiles peintes : fa diffolution dans l'eau régale exalte la teinture de cochenille, de gomme lacque, &c. de forte qu'elle la fait paffer à la couleur du feu le plus vif. Les Teinturiers fe fervent de cette diffolution, qu'ils nomment compofition, pour faire l'écarlate. Lorfqu'on la mêle au bain de ces teintures, elle y forme un précipité qui entraîne la partie colorante, & la dépofe fur l'étoffe que l'on teint. Cette obfervation eft due à M. *Macquer*, dont les travaux ont rendu de grands fervices à cet art.

L'ufage de l'étain dans la cuifine a été regardé comme très-dangereux par quelques Chimiftes. M. *Navier* rapporte dans fon Ouvrage fur les contre-poifons, &c. que des ragoûts dans lefquels on avoit laiffé des cuillers d'étain, ainfi que du fucre contenu dans un vaiffeau de ce métal, ont empoifonné plufieurs perfonnes : on a attribué prefque généralement ces funeftes effets à l'arfenic que *Geoffroy* avoit annoncé en 1738 dans l'étain, & que M. *Margraff* avoit cru trouver dans les étains les plus purs, & même à une dofe confidérable.

Mais les craintes élevées fur cet objet viennent d'être bannies par les travaux de MM. *Bayen & Charlard*, que nous avons déjà eu occafion de citer dans l'hiftoire de ce métal. Ces Chimiftes ont prouvé par les expériences les plus décifives, 1°. que la quantité d'arfenic retiré par M. *Margraff*, de l'étain de Morlaix, & qui va à près d'une demi-drachme par demi-once, feroit beaucoup plus que fuffifante pour ôter à ce métal la molleffe & la flexibilité qu'on lui connoît, & pour le rendre auffi fragile que le zinc; 2°. que les étains de Banca & de Malaca ne contiennent pas un atôme de ce dangereux demi-métal; 3°. que l'étain d'Angleterre en gros faumons, donne par l'action de l'acide marin, une légère quantité de poudre noirâtre, fouvent mêlée de cuivre & d'arfenic, dans laquelle ce dernier ne va jamais au-delà de trois quarts de grains par once d'étain, & fe trouve fouvent au-deffous; 4°. que le mêlange fait par les Potiers d'étain du gros faumon Anglois avec les étains purs de Malaca ou de Banca, diminue encore cette dofe; 5°. que le régule d'arfenic uni à l'étain perd une partie de fes propriétés & de fon action corrofive; 6°. enfin, que la petite quantité d'étain allié qui peut entrer dans les alimens par l'ufage journalier de la vaiffelle faite avec ce métal, ne peut influer fur l'économie animale;

puifque d'après le calcul fait fur ce qu'un plat d'étain avoit perdu pendant deux ans, on n'en avale tout au plus que trois grains par mois, & conféquemment la cinq mille fept cens foixantième partie d'un grain de régule d'arfenic par jour, en fuppofant encore que l'étain ouvragé de Paris contînt autant de ce demi-métal vénéneux que l'affiette de Londres mife en expérience par M. *Bayen*, en contenoit.

Obfervons que fi les Chimiftes de Paris ne font pas du tout d'accord avec M. *Margraff*, cela vient peut-être de la différence qu'il y a entre l'étain de Saxe, fur lequel ce dernier a fait fes expériences, & l'étain que l'on emploie en France, & qui vient des Indes & de l'Angleterre.

Au refte, plufieurs Médecins, qui fe font occupés des fubftances métalliques, confidérées comme médicamens, avoient déjà reconnu l'innocuité de ce métal, & l'avoient même confeillé en limaille dans les maladies du foie, de la matrice, & dans les affections vermineufes. *Schulz*, dans fa Differtation fur l'ufage des vaiffeaux de métal, dans la préparation des alimens & des médicamens, a regardé l'étain bien pur comme très-falubre. *Lapoterie* a fait entrer la chaux d'étain dans un médicament, qu'il a défigné fous le nom d'anti - hectique, & qui n'eft qu'une leffive de chaux du régule d'antimoine & d'étain, formé par la détonnation du nitre. L'alkali que l'eau diffout, retient toujours une portion de chaux métallique.

On a recommandé l'ufage de l'étain comme vermifuge. On m'a affuré qu'on l'employoit en grandes dofes & fans fuccès à Edimbourg. Quelques gens de la campagne font dans l'ufage de laiffer infufer à froid pendant vingt-quatre heures du vin fucré dans un vaiffeau d'étain, & de donner un verre de cette liqueur à leurs enfans qui ont des vers. M. *Navier* a vu une fille de quinze à feize ans rendre ainfi, par les felles, trente vers ftrongles, avec des déjections abondantes, quelques heures après avoir pris un pareil breuvage. Ce médicament agit donc comme purgatif violent.

LEÇON XXXV.

Sorte X. Plomb.

LE plomb eft un métal imparfait, d'un blanc fombre qui tire un peu fur le bleu. Les Alchimiftes lui ont donné le nom de Saturne. Il eft le moins ductile, le moins élaftique & le moins fonore de tous les métaux. On peut le réduire en lames minces fous le marteau ; il ne s'écrouit que peu. Aucune matière métallique n'a moins de ténacité que lui, un fil de plomb d'un dixième de pouce de diamètre ne foutient qu'un poids de vingt-neuf livres un quart fans fe rompre. Il eft la troifième des fubftances métalliques dans l'ordre de la pefanteur. Un pied cube de plomb pèfe huit cens vingt-huit livres ; il perd dans l'eau entre un onzième & un douzième de fon poids ; il eft très-mou, & on le coupe très-facilement avec le couteau ; il a une odeur particulière très-marquée, & qui devient bien plus fenfible par le frottement ; il a une faveur peu énergique fur le palais, mais qui fe manifefte dans l'eftomac & les inteftins, en irritant leurs nerfs & en produifant d'abord des douleurs, des convulfions, enfuite la ftupeur & la paralyfie. Il eft fufceptible de prendre une forme régulière. M. l'Abbé *Mongez* l'a obtenu en pyramides quadrangulaires couchées fur le côté, de façon que des quatre faces il y en a toujours une très-étendue & dont la bafe va en s'élargiffant. Chaque pyramide eft compofée, pour ainfi dire, de couches ou zones d'autres petites pyramides couronnées ordinairement par une feule aiguë.

Le plomb fe trouve rarement natif. MM. *Wallérius* & *Linné* l'admettent dans cet état. Son

exiſtence eſt niée par MM. *Cronſtedt*, *Juſti*, &c.
Le plus ordinairement il eſt dans l'état terreux
ou dans l'état de mine uni au ſoufre & formant
la galêne. Les minières de plomb ſont communément à d'aſſez grandes profondeurs dans la
terre ; elles ſont ſituées dans les montagnes ou
dans les plaines. Les Naturaliſtes ont diſtingué
un grand nombre d'eſpèces de mines de plomb.
Les plus eſſentielles à connoître ſont les ſuivantes.

1°. L'ochre de plomb. C'eſt une ſorte d'argile de couleur de plomb, mêlée d'un peu d'ochre de fer.

2°. La cérufe naturelle ; elle paroît provenir
d'une mine de plomb réduite par l'eau à l'état
d'une terre blanche.

3°. Le plomb ſpathique blanc. C'eſt une chaux
de plomb dépoſée lentement par les eaux &
criſtalliſée. Ce plomb a quelquefois une demitranſparence comme le ſpath. Ses criſtaux ſont
ordinairement en priſmes hexaëdres tronqués,
ou en colonnes cylindriques ſtriées & qui paroiſſent compoſées d'un grand nombre de filets,
ou en petites aiguilles très-fines. On en trouve
qui eſt d'un blanc brillant comme le gyps ſoyeux.
D'autres échantillons ſont d'un blanc jaunâtre.
Quelques-uns de ſes priſmes ſont ſouvent fiſtuleux. Le plomb blanc ſpathique eſt très-abondant

en Baſſe-Bretagne dans les mines d'Huelgoat & de Poullaouen. M. *Sage* avoit annoncé que le plomb blanc étoit du plomb minéraliſé par l'acide marin. M. *Laborie* a aſſuré que ce n'étoit qu'une pure terre de plomb unie à l'air fixe ou acide crayeux, & criſtalliſée par l'eau. L'Académie des Sciences de Paris, ayant fait répéter les expériences de ces deux Chimiſtes, a adopté l'opinion de M. *Laborie*, & M. *Macquer* l'a conſignée dans ſon Dictionnaire, à l'article Mines de plomb. Le plomb ſpathique ſe trouve toujours dans les mêmes endroits que la galêne; & il paroît que ce n'eſt qu'une décompoſition de cette mine qui a perdu ſon ſoufre, & dont le plomb a été calciné; car il n'eſt pas rare de trouver des galênes qui commencent à paſſer à l'état de plomb blanc, comme M. *Romé de Liſle* l'a très-bien obſervé. Quelques Naturaliſtes ont admis une mine de plomb noire; c'eſt du plomb blanc altéré par quelques vapeurs hépatiques, & qui ſe métalliſe; il peut être regardé comme une eſpèce moyenne entre le plomb blanc & la galêne.

4°. Le plomb ſpathique vert. Ce minéral eſt d'un vert plus ou moins tranſparent, le plus ſouvent jaunâtre, toujours mêlé d'ochre & de fer limonneux. Il eſt quelquefois ſans aucune forme régulière, & repréſente une eſpèce de mouſſe.

Tels

Tels font la plupart des échantillons des mines d'Hoffsgrund, près de Fribourg en Brifgaw. Le plomb vert eſt ordinairement criſtallifé en priſmes hexaëdres tronqués, ou terminés par des pyramides hexaëdres entières ou coupées près de leur bafe. On en trouve beaucoup à Sainte-Marie-aux-Mines, à Tſchoppau en Saxe. Il eſt probable que c'eſt au mêlange du fer que ce plomb eſt redevable de fa couleur verte, puiſqu'il fe rencontre toujours dans des mines de ce métal. M. *Spielman* croit que c'eſt le cuivre qui le colore.

5°. Le plomb ſpathique rouge. Ce plomb eſt très-rare. M. *Lehman* en a fait connoître, en 1766, une eſpèce criſtallifée en priſmes tétraëdres rhomboïdaux, courts & tronqués obliquement. Il a été trouvé dans une mine de Sibérie. On en a rencontré depuis dans pluſieurs autres mines. Il eſt ordinairement d'une couleur de carmin affez vive, & n'affecte que rarement une forme criſtalline. On en trouve cependant à Sainte-Marie-aux-Mines, qui eſt criſtallifé en priſmes comme le plomb ſpathique blanc. M. *Lehman* attribue la couleur rouge de ce plomb à du fer.

6°. La galêne. C'eſt la vraie mine de plomb, ou la combinaiſon de ce métal avec le ſoufre. Ces mines ſont toutes très-peſantes; elles ont à peu près la couleur & l'afpect du plomb, mais elles font plus brillantes & très-fragiles. On a diftingué un grand nombre de variétés dans la galêne ; favoir,

Variétés.

1. La galêne cubique. Ses cubes plus ou moins gros, fe trouvent ifolés ou grouppés. On en rencontre fouvent dont les angles font tronqués ; elle eft commune à Freyberg.

2. La galêne maffive. C'eft celle qui eft en maffe fans aucune configuration régulière ; cette efpèce eft très-fréquente à Sainte-Marie.

3. La galêne à grandes facettes. Elle ne paroît pas former des criftaux réguliers, mais elle eft toute compofée de grandes lames.

4. La galêne à petites facettes. Cette galêne paroît formée, comme le mica, de petites écailles blanches & fort brillantes. On la nomme mine d'argent blanche, parce qu'elle tient une affez grande quantité de ce métal. Telle eft celle des mines de Pompéan en Bretagne.

5. La galêne à petits grains, ainfi nommée parce qu'elle ne préfente qu'un grain très-ferré ; elle eft auffi fort riche en argent, & fe trouve avec la précédente. En général, toutes les galênes tiennent de l'argent. On ne connoît guère que celle de Carynthie qui n'en contienne pas. Mais on a obfervé que la galêne dont les facettes ou les grains étoient les plus petits, en donnoient davantage. Il paroît que l'argent étant en quelque

forte un corps étranger à la combinaison de la
galêne, dérange la criftallifation régulière de
cette mine.

6. La galêne ftriée ou antimoniée; elle paroit maffive
à l'extérieur, mais fa caffure offre des aiguilles
plattes & brillantes comme celles de l'antimoine.

7. La galêne criftallifée comme le plomb fpathique,
en prifmes hexagones, ou en colonnes cylindriques. On la trouve, comme la précédente, dans
les mines d'Huelgoat en baffe - Bretagne. Elle eft
peu riche en argent, & paroît n'être que du plomb
fpathique qui s'eft minéralifé fans avoir rien perdu
de fa forme. En effet, on obferve quelquefois
fur le même morceau des criftaux de plomb fpathique pur, entièrement recouverts d'une galêne
très-fine ; d'autres qui font abfolument changés
en galêne jufque dans l'intérieur de leurs prifmes.
M. *Romé de Lifle* en poffède plufieurs de cette
efpèce. J'ai dans mon Cabinet un échantillon de
mine de plomb blanche, dont la bafe des prifmes
eft abfolument à l'état de galêne, & qui démontre
le changement dont je parle.

La galêne fe trouve fouvent placée entre deux
lifières de quartz noirâtre ochracé qui contient
beaucoup d'argent, quoique ce métal n'y foit
point apparent. M. le Chevalier *de Dolomieu*, à
qui eft due cette obfervation, préfume que le
plomb étoit d'abord mêlé avec cet argent, mais

que l'eau ayant entraîné ce métal imparfait, a laiſſé le métal fin dans la gangue. M. *Monnet* dit avoir découvert que la galêne ſe vitriolife comme une pyrite, & avoir retiré du lavage de cette mine, dont la ſurface s'étoit blanchie & comme effleurie, un vrai vitriol de plomb.

Comme preſque toutes les mines de plomb contiennent une aſſez grande quantité d'argent, il eſt important d'en faire l'eſſai avec ſoin. A cet effet, après avoir pilé & lavé une certaine quantité de mine lotie, on la grille avec ſoin dans un têt couvert, de peur qu'elle ne ſautille. La galêne perd peu par le grillage. On la pèſe après qu'elle a ſubi cette opération, & on la fond avec trois fois ſon poids de flux noir & un peu de ſel marin décrépité. L'alkali fixe du flux noir abſorbe le ſoufre uni au plomb ; le charbon du tartre qui fait partie du même flux, ſert à réduire la portion du métal qui eſt à l'état de chaux, & le ſel marin s'oppoſe à l'évaporation d'une partie de la matière contenue dans le creuſet. Après la fonte, on trouve un culot de plomb qu'on pèſe avec ſoin. Enſuite on fait calciner & vitrifier ce plomb ſur une coupelle, pour ſéparer l'argent qu'il contient. Cet eſſai a l'inconvénient de n'être pas très-fidèle, parce que l'alkali qu'on emploie comme fondant, forme avec le ſoufre de la galêne, un foie de ſoufre qui diffout une portion du plomb. D'ailleurs, on ne peut fe fervir dans les travaux en grand d'une matière fondante & réductive auffi chère que le flux noir. Il convient donc de chercher à fondre la mine à travers les charbons dans un fourneau de réverbère, ou feule, ou en y ajoutant, pour abforber le foufre, quelques matières à vil prix, comme un peu de fer & de fiel de verre.

A Pompéan, pour exploiter la mine de plomb tenant argent, on la pile au bocard, on la lave avec beaucoup de foin fur des tables, & on la porte au fourneau à manche, où on la grille d'abord à l'aide d'une douce chaleur ; on la fond enfuite en augmentant le feu. Le plomb fondu eft retiré du fourneau par un trou qui répond à un des côtés de fon aire, & qu'on a eu foin de boucher avec de la terre glaife. Le plomb fe moule en faumons, & fe nomme plomb d'œuvre. Il contient de l'argent. Pour en féparer ce métal, on porte le plomb d'œuvre dans un autre fourneau à manche, dont l'aire eft couverte de cendres bien leffivées, tamifées & battues. A un des côtés de l'aire de ce fourneau, font placés deux gros foufflets vis-à-vis defquels font deux rigoles qu'on nomme voies de la litharge. Lorfque le fourneau s'échauffe, le plomb fe calcine ; une partie s'évapore & fe

sublime dans de petites cheminées qui font au-
deffus des voies de la litharge ; une autre portion de ce métal eft abforbée par le plancher
du fourneau ; une troifième portion , & c'eft la
plus confidérable, fe calcine & même fe vitrifie
en partie ; on lui donne le nom de litharge.
Elle eft chaffée hors du fourneau à l'aide des
foufflets , qui facilitent auffi la vitrification du
plomb par la quantité d'air qu'ils verfent fur ce
métal en fufion. Lorfque la litharge a été calcinée par un feu modéré, elle eft en poudre rouge
écailleufe ; on la nomme litharge marchande ,
parce qu'on la vend en cet état, ou litharge
d'or , à caufe de fa couleur. Si la litharge a
éprouvé plus de chaleur , elle eft plus avancée
vers la vitrification , & d'une couleur pâle ;
on la nomme alors litharge d'argent. Enfin ,
quand le fourneau chauffe fortement, la litharge
fond plus complétement , & coule fous la forme
de ftalactites irrégulières ; c'eft ce qu'on nomme
litharge fraîche. Lorfque l'opération eft achevée , il refte dans le fourneau l'argent qui étoit
contenu dans le plomb. Cet argent a befoin
d'être raffiné, mais en plus petites maffes , pour
qu'il puiffe fe dépouiller du plomb qu'il retient
entre fes parties.

Le plomb qui a été calciné par l'affinage , eft
enfuite fondu à travers les charbons , & il ne

contient plus que quelques atômes d'argent. On le coule en faumons , & on l'envoie dans le commerce. Le plomb fpathique fe fond entre les charbons , de même que les chaux de plomb.

Le plomb expofé au feu fe fond bien avant d'être rouge. Il ne lui faut même qu'une chaleur fi légère pour être tenu en fufion , qu'on peut y plonger la main lorfqu'il vient de fe fondre , fans éprouver de douleur ; dans cet état, il ne peut pas brûler les fubftances végétales. Il n'eft que très-peu volatil ; cependant il l'eft à un degré de feu très-fort , & il fume & fe réduit en vapeurs , comme les métaux les plus fixes. Si lorfqu'il a été fondu , on le laiffe refroidir très-lentement, & qu'on décante la portion fondue de celle qui eft devenue folide, on le trouve criftallifé en pyramides quadrangulaires , que nous avons déjà décrites.

Le plomb fondu avec le contact de l'air , fe couvre d'une pellicule grife & terne. On enlève cette pellicule avec foin , & on la réduit par l'agitation en une chaux d'un gris verdâtre , tirant un peu fur le jaune. Cette chaux féparée par le tamis des grenailles de plomb qui fe trouvent mêlées avec elle , & expofée enfuite à un feu plus violent, & capable de la faire rougir, devient d'un jaune foncé ; dans cet état on la nomme mafficot. Ce dernier, chauffé len-

G iv

tement à un feu doux, prend une belle couleur rouge, & porte le nom de minium. Si on chauffe le maſſicot trop fortement, il ſe fond en verre ſans donner de minium.

Le plomb dans ſa calcination augmente de poids à peu près de dix livres par quintal. C'eſt cette augmentation de poids du plomb calciné, auſſi bien que la néceſſité de l'air pour cette opération, qui a fait ſoupçonner à *Jean Rey*, Médecin Périgourdin, que l'air ſe fixoit dans ce métal pendant ſa calcination. M. *Prieſtley* a confirmé l'opinion de *Jean Rey* en retirant de l'air pur du minium. La chaux de plomb, quoique très-colorée, perd entièrement cette couleur; ſi l'on chauffe un peu trop le minium, il pâlit; ſi on le pouſſe ſeul au feu, il ſe fond en un verre tranſparent, ſi fuſible qu'il pénètre tous les creuſets, & s'échappe ſans qu'on puiſſe le retenir. Mais en ajoutant une partie de ſable à trois parties de chaux de plomb, le ſable ſe fond à l'aide de cette chaux en un beau verre de la couleur du ſuccin. La teinte de ce verre eſt moins forte, & imite la couleur de la topaze, lorſqu'on fond enſemble deux parties de chaux de plomb, & une partie de ſable ou de caillou pulvériſé. Une plus petite quantité de chaux de plomb ajoutée au verre commun, n'altère point ſa tranſparence, mais il lui donne plus de pesanteur, & sur-tout une sorte d'onctuosité qui le rend susceptible d'être taillé & poli plus aisément sans se briser. Ce verre est très-propre à faire des lunettes achromatiques ; mais il est fort sujet à avoir des stries & un aspect gélatineux. Les Anglois le nomment flint-glass. Nos Marchands ont beaucoup de peine à en trouver des morceaux un peu considérables exempts de ces stries, dans celui qu'ils font venir d'Angleterre. Il paroît que cet inconvénient qui est très-grand, dépend, comme le croit **M.** *Macquer*, de ce que les principes de ce verre ne font pas combinés uniformément. Il faudroit pour cela qu'il fût tenu long-tems en fusion ; mais comme alors le plomb se dissipe, le flint-glass perd une partie de sa densité & de cette onctuosité qui en font le mérite.

Quoique tous les phénomènes de la calcination & de la vitrification du plomb annoncent que ce métal s'unit avec beaucoup de facilité & de promptitude à l'air pur, il est cependant une des matières métalliques qui a le moins d'adhérence avec ce principe, puisqu'il s'en sépare par la seule action du feu, comme l'a démontré **M.** *Priestley*. Si l'on chauffe fortement du minium dans une cornue, on en tire de l'air pur, & on observe qu'une portion a été réduite en plomb. Toutes les chaux & même les verres

de plomb, font très-décompofables par les matières combuftibles ; il fuffit de les mêler avec du
charbon, du fuif, de la graiffe, de l'huile, de
la réfine, ou enfin une fubftance inflammable
quelconque, & de les chauffer quelque tems
pour obtenir un culot de plomb. Ce métal a donc
avec l'air pur moins d'affinité que beaucoup
d'autres fubftances métalliques ; & quoiqu'il ait
quelques propriétés femblables à celles de l'étain,
il fe comporte d'une manière abfolument inverfe
dans fa calcination & dans fa réduction. Ces
phénomènes prouvent de plus en plus ce que
nous avons avancé comme une des loix de l'affinité de compofition ; favoir, qu'il ne faut pas juger du degré d'affinité que deux corps ont enfemble par la facilité avec laquelle ils fe combinent, mais bien plutôt par la difficulté qu'on
éprouve à les défunir.

Le plomb expofé à l'air, fe ternit d'autant
plus facilement que l'air eft plus humide. Il contracte une rouille blanche que l'eau emporte
peu à peu ; on ne fait point fi cette pouffière
blanche dont il fe couvre, eft une chaux de
plomb pure, ou fi elle n'eft pas combinée avec
l'acide crayeux contenu dans l'atmofphère.
L'argent qu'on retire des vieux plombs qui ont
refté expofés à l'air pendant un tems très-long,
vient de ce que le plomb qui n'a pas été affiné

dans le tems où on l'a employé, s'eſt en partie calciné par l'action de l'acide atmoſphérique ; de ſorte que l'argent qui n'en a point été ſéparé, eſt reſté ſans altération, & que ſa proportion s'eſt augmentée en raiſon de la quantité du métal imparfait qui a été détruit par le tems.

Le plomb eſt altéré par l'eau, ſur-tout par celle qui eſt chargée de matières ſalines. Les parois des canaux de plomb deſtinés à porter les eaux, ſont couverts d'une croûte blanchâtre, dont on n'a point examiné la nature. Ce métal ne s'unit aux matières terreuſes que dans ſon état de chaux.

On ne connoît pas l'action de la chaux & des alkalis cauſtiques ſur le plomb.

Le plomb eſt diſſoluble dans tous les acides. L'huile de vitriol n'attaque ce métal qu'autant qu'elle eſt bouillante, & que le plomb eſt en lames minces. Il paſſe du gaz & de l'eſprit ſulfureux volatil. Lorſque l'acide eſt entièrement évaporé, le mélange eſt blanc & ſec ; en le lavant avec de l'eau diſtillée, on le ſépare en deux portions. La plus conſidérable eſt indiſſoluble dans l'eau ; c'eſt une chaux de plomb formée par l'air, que ce métal a enlevée à l'huile de vitriol, en le dégageant ſous la forme de gaz ſulfureux ; cette chaux peut ſe fondre ou ſe réduire comme celle qui a été faite par l'action combinée du feu & de l'air. La petite portion que l'eau a diffoute, eft une combinaifon d'acide vitriolique & de chaux de plomb ; en évaporant cette diffolution, elle donne de petites aiguilles de vitriol de plomb. M. *Baumé* & M. *Bucquet* n'ont défigné ce fel que fous cette forme. M. *Monnet* l'a quelquefois obtenu en colonnes prifmatiques & courtes. M. *Sage* fe rapproche de ce Chimifte, puifqu'il dit que le vitriol de plomb fournit des criftaux en prifmes tétraëdres. Ce fel eft très-cauftique & très-déliquefcent ; il eft décompofé par le feu, la chaux, & les alkalis.

L'acide nitreux paroît agir très-fortement fur le plomb. Lorfque cet acide eft bien concentré, le plomb eft promptement réduit en une chaux blanche, à l'aide de l'air qui fe fépare de l'acide nitreux, en même tems que le gaz nitreux s'en dégage. Mais fi l'acide eft plus foible, il fe décompofe moins, & il en refte affez pour diffoudre la chaux de plomb. Il fe précipite pendant cette diffolution une poudre grife, que M. *Groffe* avoit regardée comme mercurielle. Mais M. *Baumé* affure que cette matière n'eft qu'une portion de chaux de plomb ; & j'ai plufieurs fois effayé en vain d'en obtenir du mercure par la fublimation, & en pouffant cette poudre à un feu capable de réduire le mercure, s'il y avoit été dans l'état de chaux. Cette diffolution ne précipite point par l'eau ; elle donne par le refroidiffement, des criftaux d'un blanc mat, en forme de triangles applatis, & dont tous les angles font tronqués. La même diffolution, foumife à une évaporation lente de plufieurs mois, a fourni des criftaux, dont les plus gros ont plus d'un pouce de largeur, & qui font des pyramides hexaëdres, dont trois faces font alternativement grandes & petites, & dont la pointe eft tronquée de forte que chaque criftal eft un folide à huit côtés. M. *Rouelle* a très-bien décrit ce fel. Le nitre de Saturne décrépite au feu, & fufe avec une flamme jaunâtre, lorfqu'on le met fur un charbon ardent ; la chaux de plomb, qui eft d'abord jaune, fe réduit très-vîte en globules de plomb. On n'a point examiné les produits de ce fel diftillé. Il eft décompofable par la chaux & les alkalis. L'acide vitriolique, quoiqu'il n'ait qu'une foible action fur le plomb, a cependant avec ce métal plus d'affinité que l'acide nitreux. Si on verfe de l'acide vitriolique pur, ou dans l'état d'un fel neutre terreux ou alkalin, dans une diffolution nitreufe de plomb, il fe fait au bout de quelques inftans un précipité blanc. Cette précipitation a lieu, parce que l'acide vitriolique enlevant la chaux de plomb à l'acide nitreux, forme avec elle du vitriol de plomb, femblable à celui que l'on prépare en combinant immédiatement l'huile de vitriol avec ce métal.

L'acide marin pur, aidé de la chaleur, calcine aſſez bien le plomb, & diſſout une partie de ſa chaux ; mais il eſt difficile de le ſaturer complétement. Cette diſſolution eſt toujours avec excès d'acide ; elle peut cependant fournir par une forte évaporation, des criſtaux en aiguilles fines & brillantes, comme l'a obſervé M. *Monnet*. Le ſel marin de plomb n'eſt que peu déliqueſcent. La chaux & les alkalis le décompoſent comme le vitriol de plomb. On combine plus promptement & plus intimement ce métal avec l'acide marin, en verſant cet acide libre ou uni à une baſe alkaline ou terreuſe, dans une diſſolution de nitre de Saturne ; il s'y forme ſur le champ un précipité blanc, beaucoup plus abondant que celui produit par l'acide vitriolique, & ſemblable à un coagulum. C'eſt la combinaiſon du plomb avec l'acide marin qui a ſéparé ce métal d'avec l'acide nitreux. Ce ſel ſe dépoſe parce qu'il eſt trop peu diſſoluble dans l'eau ; ſi on l'expoſe au feu, il s'en dégage des vapeurs dont la ſaveur eſt ſucrée, & il ſe fond en une maſſe brune nommée plomb corné, parce qu'il a quelque reſſemblance avec l'argent qui porte le même nom. La diſſolution de ce ſel évaporée, ſe criſtalliſe en petites aiguilles fines

& brillantes, qui forment des faifceaux, ou qui s'uniffent par une de leurs extrémités fous un angle obtus. M. *Sage* dit que cette diffolution fournit, par l'évaporation infenfible, des criftaux en prifmes hexaëdres ftriés. La diffolution de plomb corné eft décompofable par l'acide vitriolique, qui y occafionne un précipité blanc comme dans la diffolution nitreufe. Cette découverte, due à M. *Groffe*, a été reconnue par M. *Baumé*, & peut l'être par tous les Chimiftes. Elle rend fauffe la huitième colonne de la table des affinités de M. *Geoffroy*, qui préfente le plomb comme ayant plus d'affinité avec l'acide marin qu'avec les autres acides minéraux.

Toutes les diffolutions de plomb font précipitées en noir ou en brun par le foie de foufre, & il fe forme alors une forte de galêne par le tranfport du foufre fur la chaux de plomb; ce qui femble indiquer que le plomb eft en état de chaux dans cette mine.

Toutes les chaux de plomb fe diffolvent dans les acides auffi facilement que le plomb même, & fouvent plus facilement que ce métal. Le minium perd fa couleur dans ces diffolutions. Les chaux de plomb fe rapprochent de l'état métallique par le contact du gaz hépatique.

Le plomb ne produit pas de détonnation fenfible avec le nitre. Si on projette ce fel neutre en poudre fur ce métal fondu & un peu rouge, il ne s'excite que très-peu de mouvement & point de flamme apparente. Cependant le plomb eft calciné & vitrifié par l'alkali du nitre, & on le retrouve en petits feuillets jaunâtres femblables à la litharge.

Le plomb décompofe très-bien le fel ammoniac à l'aide de la chaleur. Cette propriété lui eft commune avec beaucoup de métaux. Les chaux de plomb triturées avec ce fel en dégagent le gaz alkalin à froid. Mais fi on chauffe ce mélange dans une cornue, la décompofition eft très-rapide. On retire un efprit alkali volatil cauftique & très-pénétrant. Quelques Chimiftes ont avancé que l'alkali volatil extrait par le minium, faifoit effervefcence avec les acides, & ils ont conclu de là que cette chaux de plomb contient de l'acide crayeux. Mais M. *Bucquet* a obfervé que cette effervefcence n'eft due qu'à une portion de gaz alkalin volatilifé par la chaleur qui réfulte de la combinaifon de l'alkali & de l'acide, & qu'elle n'a lieu qu'avec des acides concentrés. Il a fait fur cet objet une expérience ingénieufe & fort décifive. Après avoir introduit dans une cloche au-deffus du mercure, de l'efprit alkali volatil obtenu par le minium, il y a fait paffer de l'acide vitriolique un peu fort & en quantité fuffifante pour la faturation de l'alkali;

kali ; il s'eft excité dans l'inftant du mélange un bouillonnement & un dégagement de gaz qui a été promptement abforbé, & qui n'étoit que du gaz alkalin. La maffe qui refte dans la cornue, après la décompofition du fel ammoniac par le minium, eft un fel marin de plomb qui fe fond à une chaleur médiocre en plomb corné, & qui peut fe diffoudre en totalité dans l'eau. C'eft cette maffe fondue que M. *Margraff* emploie pour l'opération du phofphore d'urine.

Le gaz inflammable altère le plomb d'une manière bien fenfible ; il en colore la furface, lui donne les nuances changeantes de l'iris, & il femble révivifier les chaux de plomb.

Le foufre s'unit facilement à ce métal. En fondant ces deux fubftances, il en réfulte une forte de minéral caffant, à facettes, d'un gris foncé & brillant. Cette matière, à peu près femblable à la galène, eft beaucoup plus difficile à fondre que le plomb ; c'eft un phénomène qui eft particulier aux combinaifons des métaux avec le foufre. Ceux qui font très-fufibles deviennent difficiles à fondre par cette union, tandis que ceux qui fondent difficilement acquièrent dans cette combinaifon une grande fufibilité.

On ne connoît pas l'alliage du plomb avec l'arfenic. Le nickel & la manganèfe ; le cobalt

& le zinc ne s'uniffent pas par la fufion avec ce métal. Le régule d'antimoine forme avec lui un alliage caffant, à petites facettes brillantes qui imitent le tiffu & la couleur du fer ou de l'acier, fuivant les proportions du mêlange, & qui eft d'une pefanteur fpécifique plus confidérable que les deux fubftances métalliques qui le compofent, prifes féparément.

Le plomb fe combine avec le bifmuth, & donne un métal mixte d'un grain fin & ferré, qui eft aigre & caffant. Le mercure diffout le plomb avec la plus grande facilité. On fait cette amalgame en verfant du mercure chaud dans du plomb fondu; elle eft blanche & brillante, elle acquiert de la folidité au bout d'un certain tems; triturée avec celle de bifmuth, elle devient auffi fluide que du mercure coulant. Il eft bon d'obferver que ce fingulier phénomène a lieu dans l'union de trois matières métalliques très-fufibles, très-pefantes & plus ou moins volatiles.

Le plomb s'allie très-bien à l'étain par la fufion. Deux parties de plomb & une d'étain forment un alliage plus fufible que ces deux métaux féparés, & conftituent la foudure des Plombiers. Huit parties de bifmuth, cinq de plomb & trois d'étain donnent un alliage fi fufible, que la chaleur de l'eau bouillante fuffit pour le fondre, suivant l'obfervation de M. *d'Arcet*.

L'alliage du plomb avec l'étain étant employé fréquemment dans les ufages économiques, & le premier de ces métaux étant fufceptible de rendre très-dangereux les uftenfiles faits avec le fecond, dont on fe fert pour la cuifine, la Pharmacie, &c. il eft important de connoître des moyens de s'affurer de la proportion du plomb, qui va fouvent beaucoup au-delà de celle qui eft prefcrite par les ordonnances. MM. *Bayen* & *Charlard* ont donné un très-bon procédé pour déterminer la quantité de ce vil & dangereux métal contenu dans l'étain. Il confifte à diffoudre deux onces d'un étain foupçonné dans cinq onces de bon acide nitreux bien pur, à laver la chaux d'étain qui en provient avec quatre livres d'eau diftillée, & à évaporer cette eau au bain-marie. On obtient par cette évaporation du nitre de plomb, qu'on calcine, & on compte le réfidu pefé pour la quantité de ce métal contenu dans l'étain, en en défalquant quelques grains pour l'augmentation de poids qu'il doit éprouver par la calcination, ainfi que pour les autres fubftances métalliques, tels que du zinc & du cuivre que l'étain examiné peut contenir. Ces Chimiftes fe font affurés par ce moyen que l'étain fin ouvragé contient environ dix livres de plomb par quintal, & que l'étain vendu fous le nom de commun, en contient souvent vingt-cinq livres sur la même quantité. Cette dose est énorme, & elle expose aux plus grands dangers ceux qui se servent des ustensiles d'étain commun. Elle se rencontre presque constamment dans les vaisseaux dont on fait un usage habituel très-étendu; tels que les mesures pour distribuer les fluides, & sur-tout le vin. On conçoit comment une liqueur qui s'aigrit facilement peut s'unir au plomb, & porter dans les viscères des malheureux condamnés à la boire par la nécessité, le germe de maladies d'autant plus graves que leur cause est souvent ignorée. Les Potiers d'étain ont plusieurs moyens de reconnoître le titre de l'étain & la quantité de plomb qu'il contient. La simple inspection leur réussit souvent, la pesanteur & le cri complètent leurs connoissances sur cet objet. Ils ont deux espèces d'essai; l'un, appelé essai à la pierre, se fait en coulant l'étain fondu dans une cavité hémisphérique, creusée sur une pierre de Tonnerre, & terminée par une rigole. Les phénomènes que l'étain présente en se refroidissant, la couleur, la rondeur, la dépression de sa partie moyenne, le cri que fait entendre la queue de l'essai pliée à diverses reprises, font autant de signes que saisit l'Ouvrier intelligent, & qui, par l'habitude d'une longue observation, lui font connoître assez exactement le titre du métal qu'il examine. Quoi qu'il en soit, cet essai employé par les Maîtres de Paris, ne paroît pas être aussi exact que celui mis en pratique par les Maîtres de Province, & rejeté avec dédain par les premiers. Ce second essai est appellé à la balle ou à la médaille, parce qu'il consiste à couler l'étain à essayer, dans un moule qui lui donne la forme d'une balle ou d'une masse applatie & semblable à une médaille. On compare ensuite la pesanteur de cet échantillon moulé à un pareil volume d'étain fin coulé dans le même moule. Plus l'étain qu'on examine a de poids au-dessus de celui de l'étalon, plus il est allié de plomb. MM. *Bayen* & *Charlard* donnent la préférence à ce dernier essai, dont les principes font plus sûrs & beaucoup moins sujets à erreur, que ne le font les circonstances qui établissent le jugement de l'Ouvrier dans l'essai à la pierre.

Le plomb a un très-grand nombre d'usages. Il entre dans beaucoup d'alliages ; on en fait des tuyaux pour transporter l'eau. Sa chaux est employée dans la verrerie, & pour la préparation des émaux. On s'en sert pour imiter la couleur des pierres précieuses jaunes, & pour donner de la sufibilité aux couvertes des poteries. On fait avec ce métal des ustensiles & des vaisseaux propres aux usages économiques ; mais il n'eſt pas ſans danger pour la ſanté. Les fontaines ou baſſins de plomb dans leſquels on laiſſe ſéjourner l'eau, lui communiquent ſouvent une qualité nuiſible. Sa vapeur eſt dangereuſe pour les Ouvriers qui le fondent, & ſa pouſſière a encore plus de danger pour ceux qui le liment ou qui le grattent. Ce métal, cantonné dans quelques coins de l'eſtomac & des inteſtins, produit des coliques vives, ſouvent accompagnées de vomiſſement d'une bile très-verte, & caractériſées par l'applatiſſement du ventre & l'enfoncement du nombril. On a obſervé qu'alors les émétiques & les purgatifs antimoniaux ont beaucoup de ſuccès. M. *Navier* conſeille les différens foies de ſoufre, pour les empoiſonnemens occaſionnés par la préparation de plomb, comme pour ceux qui ſont produits par l'arſenic & le ſublimé corroſif. C'eſt ſur-tout dans la paralyſie & les tremblemens qui reſtent ordinairement aux malades après la colique des Peintres, que ce Médecin vante les bons effets du foie de ſoufre & des eaux hépatiques. On doit donc, d'après ces faits, renoncer à employer des préparations de plomb à l'intérieur, & ne s'en ſervir que comme d'un médicament externe; encore faut-il ne l'adminiſtrer à l'extérieur qu'avec toutes les précautions convenables dans l'emploi d'un répercuſſif violent.

LEÇONS XXXVI, XXXVII & XXXVIII.

Sorte X I. F e r.

LE fer, appelé Mars par les Alchimistes, est un métal imparfait d'une couleur blanche, livide, & tirant sur le gris, disposé en petites facettes: Il est susceptible de prendre un très-beau poli, & de devenir très-brillant. Sa dureté & son élasticité sont telles, qu'il est capable de détruire l'aggrégation de tous les autres métaux.

Le fer a de l'odeur, sur-tout lorsqu'on le frotte ou qu'on le chauffe. Il a aussi une saveur stiptique très-marquée, qui agit fortement sur l'économie animale.

Le fer est après l'étain, la plus légère des substances métalliques; un pied cube de ce métal forgé pèse cinq cens quatre-vingts livres. Il s'étend sous le marteau; mais comme il est fort dur & comme il s'écrouit beaucoup, on ne peut pas en faire des feuilles laminées; sa ductilité à la filière est beaucoup plus marquée; on le tire en fils très-fins, dont on fait des cordes de clavecins. Cette propriété paroît dépendre de sa tenacité; le fer est en effet le plus tenace de tous les métaux après l'or; un fil de fer d'un

H iv

dixième de pouce de diamètre, soutient un poids de quatre cens cinquante livres sans se rompre.

Le fer pur a une forme cristalline qui lui est particulière. On a trouvé dans des fourneaux où ce métal s'étoit refroidi lentement, des pyramides quadrangulaires, articulées & branchues, formées d'octaëdres implantés les uns sur les autres. C'est à M. *Grignon*, Maître de forges à Bayard en Champagne, qu'on doit cette observation. Enfin, outre toutes les propriétés que le fer partage avec les autres substances métalliques, ce métal en présente encore trois qui lui sont tout-à-fait particulières : l'une est le magnétisme ou la propriété d'être attirable à l'aimant, & de pouvoir devenir lui-même un très-bon aimant, soit lorsqu'il reste long-tems dans une position élevée, ou dans une direction du sud au nord, soit lorsqu'il a servi de conducteur au feu électrique du tonnerre, comme plusieurs faits l'attestent, soit lorsqu'on frotte fortement deux morceaux de fer l'un contre l'autre. La seconde propriété, c'est de s'enflammer & de se fondre subitement par le choc des cailloux, phénomène auquel les Poëtes attribuent de concert, la découverte du feu par les premiers hommes. La troisième propriété qui le distingue, c'est d'être la seule substance métallique qui se trouve dans les plantes & dans les animaux, dont elle colore une partie des humeurs. Il eſt même vraiſemblable que ces êtres organiques forment eux-mêmes ce métal; car les plantes élevées dans l'eau pure contiennent du fer, qu'on peut retirer de leurs cendres.

Le fer eſt un métal très-abondant dans la nature, puiſqu'indépendamment de celui que contiennent les plantes & les animaux, il ſe trouve dans preſque toutes les pierres colorées, dans les bitumes & dans la plupart des mines métalliques. Mais il ne ſera queſtion ici que des matières minérales qui contiennent beaucoup de ce métal, & qu'on peut exploiter pour en tirer le fer. Dans ces mines qui ſont en très-grand nombre, le fer eſt, ou à l'état métallique, ou à l'état de chaux, ou minéraliſé par différentes ſubſtances.

1°. Le fer natif ſe reconnoît à ſa couleur & à ſa malléabilité. Il eſt fort rare, & ne ſe trouve qu'accidentellement dans les mines de fer. M. *Margraff* en a trouvé en filons à Eibenſtock en Saxe; le Docteur *Pallas* en a découvert en Sibérie, & M. *Adanſon* aſſure qu'il eſt commun au Sénégal.

2°. Le fer eſt très-ſouvent dans l'état de rouille, plus ou moins calcinée. Il forme alors les mines de fer limoneuſes. On le diſtingue en fer riche & en fer pauvre, fer fufible & fer fec. Le fer riche n'eſt qu'un fer peu rouillé & qui ne contient qu'une fort petite quantité de terre. Le fer fufible eſt celui qui ſe fond aifément & donne une fonte de bonne qualité; le métal n'y eſt uni qu'à plufieurs pierres faciles à fondre. Le fer fec eſt plus calciné & mêlé avec des fubſtances très-réfractaires. Tout le fer limoneux eſt ordinairement difpofé par couches, à la manière des pierres, & il paroît avoir été dépofé par les eaux. Il eſt fouvent formé en efpèces de galets ou de corps fphériques, applatis & irréguliers. Il n'eſt pas rare d'y trouver des matières organiques, tels que du bois, des feuilles, des écorces, des coquilles changées en fer. Il eſt néceffaire d'obferver qu'on ne rencontre jamais de matières organifées converties en un métal autre que le fer, & il paroît que cette converfion dépend beaucoup de l'analogie qui ſe trouve entre ce métal & les corps organiques. Il y a dans le bois de Boulogne près d'Auteuil, une mine de fer limoneufe, dans laquelle les fuſtances végétales ſe changent en fer prefque fous nos yeux.

3°. La pierre d'aigle ou ætite eſt une variété du fer limoneux. Ce font des corps de différentes formes, communément ovoïdes ou polygones, formés de couches concentriques, dépofées autour d'un noyau, qui souvent est mobile au centre de la pierre. Cette pierre a reçu le nom qu'elle porte, parce qu'on a cru que les aigles en déposent dans leurs nids, & qu'elle a la propriété de faciliter leur ponte. On en a conclu que cette pierre agissoit fortement sur le fœtus renfermé dans le sein de sa mère; quelques Auteurs ont même assuré qu'il étoit possible d'accélérer le travail d'une femme en couche, en attachant une pierre d'aigle à sa jambe, ou de le retarder en l'attachant au bras.

4°. L'hématite est une sorte de fer limoneux qui paroît formé à la manière des stalactites. Son nom lui vient de sa couleur, qui est ordinairement rouge ou de couleur de sang, quoique cependant cette couleur varie. L'hématite est ordinairement composée de couches qui se recouvrent les unes les autres, & qui sont elles-mêmes formées d'aiguilles convergentes. L'extérieur de cette mine offre beaucoup de tubercules, ou de mammelons. On distingue les hématites non-seulement par la couleur, mais encore par la forme. Telles sont l'hématite en aiguilles, qui se trouve en Lorraine; l'hématite mammelonnée, celle qui est en grappes de raisins, ou hématite botrite, &c. Ces mines se rencontrent assez souvent avec le fer limoneux.

5°. L'aimant n'est qu'une mine de fer limoneuse.

On le reconnoît à sa propriété d'attirer la limaille d'acier. Il se trouve en Auvergne, en Espagne, dans la Biscaye. On en distingue les variétés par la couleur.

6°. L'émeril, *smyris*, est une mine de fer grise ou rougeâtre, que plusieurs Minéralogistes regardent comme une sorte d'hématite. Il est très-dur & très-réfractaire ; il se trouve abondamment dans les isles de Jersey & Guernesey. On le réduit en poudre dans des moulins, & on se sert de cette poudre pour polir le verre & les métaux.

7°. Le fer spathique est une chaux de fer combinée avec de l'acide crayeux, & chariée par l'eau. Il est ordinairement d'une couleur blanche ; il y en a cependant de toutes sortes de teintes de gris, de jaune & de rouge. Il est toujours disposé par lames plus ou moins grandes, demi-transparentes comme le spath ; il est assez pesant & souvent cristallisé régulièrement ; il se trouve en carrières considérables, souvent mêlé à de la pyrite, comme celui d'Allevard en Dauphiné ; quelquefois avec la mine d'argent grise, comme le fer de Baigorry, ou avec la manganèse, comme celui de Styrie. Quelques Minéralogistes pensent que c'est un spath dans lequel la chaux métallique a été déposée. Le fer spathique se décompose tout seul dans les vaisseaux fermés, & donne de l'acide crayeux. Il reste du fer en poudre noire très-attirable à l'aimant, & qui se fond aisément par l'action d'un grand feu.

8°. La nature offre aussi le fer dans l'état salin, uni à l'acide vitriolique, & formant le vitriol martial ou couperose verte. Ce vitriol se rencontre dans les galeries des mines de fer, surtout de celles qui contiennent des pyrites. Quelquefois on le trouve en cristaux verts ou sous la forme de belles stalactites ; d'autres fois il n'est pas aussi pur & a éprouvé quelqu'altération. S'il n'a fait que perdre l'eau de sa cristallisation, il est d'une couleur blanche ou grisâtre ; on le nomme *sori*. Lorsqu'il a essuyé une calcination un peu plus forte, il est jaune & se nomme *missy*. Si la calcination a été au point d'emporter une portion considérable de l'acide, le vitriol sera rouge & portera le nom de *colcothar* ou *chalcite* naturel ; mêlé à quelques matières inflammables, ce sel s'appelle *melanteri*, à cause de sa couleur noire. Toutes ces différentes matières ont reçu le nom de pierres *attramentaires*, parce qu'elles sont propres à faire de l'encre, comme le vitriol de fer.

9°. On trouve souvent le fer uni au soufre ; il forme alors la pyrite martiale. Cette sorte de mine a reçu le nom de pyrite, parce qu'elle est assez dure pour donner beaucoup d'étincelles,

lorſqu'on la frappe avec l'acier. Les pyrites martiales ſont communément en petites maſſes rou-
lées, quelquefois régulières. Le plus ſouvent
elles ſont ſphériques, cubiques ou dodécaëdres.
Leur forme varie beaucoup, comme on peut
s'en convaincre en liſant la Pyritologie de *Henckel*. Il y en a qui ſont brunes à l'extérieur &
de couleur de fer; d'autres ſont jaunâtres &
reſſemblent aſſez à des mines de cuivre, même
à leur ſurface. Toutes ſont jaunes & comme
cuivreuſes à l'intérieur, & elles ſont pour la plupart formées d'aiguilles ou de pyramides à pluſieurs pans, dont les ſommets convergent vers
un centre commun. Ordinairement les pyrites
ſont diſperſées dans le voiſinage des mines de
fer, & répandues dans les glaiſes & dans les
carrières de charbon de terre. La couche ſupérieure de ces dernières eſt preſque toujours
pyriteuſe. Toutes les pyrites ſe décompoſent facilement. Un degré de chaleur aſſez foible ſuffit
pour leur enlever leur ſoufre. Preſque toutes
s'altèrent d'elles-mêmes, lorſqu'elles ſont expoſées à l'air, & ſur-tout dans un endroit humide;
elles ſe renflent, ſe briſent, perdent leur éclat
& ſe couvrent d'une effloreſcence d'un blanc
verdâtre, qui n'eſt que du vitriol martial. Il paroît que cette altération, que l'on nomme vitrioliſation des pyrites, dépend de l'action réunie

de l'air & de l'eau fur le foufre. Il fe forme de l'acide vitriolique qui diffout le fer, & s'élève au dehors de la pyrite, comme une efpèce de végétation, en écartant peu à peu les petites pyramides qui compofent ce minéral. Toutes les pyrites ne s'effleuriffent pas auffi facilement les unes que les autres. Les pyrites globuleufes, dont la couleur eft très-pâle & le tiffu peu ferré, fe vitriolifent très-vîte. Celles qui font d'un jaune brillant, de couleur de cuivre, & qui font formées de petites lames appliquées très-exactement les unes fur les autres, ne s'effleuriffent que très-difficilement, & doivent être diftinguées foigneufement d'avec les premières, puifqu'elles en diffèrent par leur couleur, leur forme, leur tiffu & leurs propriétés.

10°. Le fer fe rencontre auffi combiné avec l'arfenic. On nomme les mines de fer arfenicales *wolfram* ou *fpuma lupi;* elles font d'une couleur plus ou moins violette, rouge ou noirâtre, affez femblable à celle des mines d'étain, dont elles fe rapprochent encore par leur pefanteur confidérable. On peut en féparer l'arfenic par le grillage. On les diftingue de la vraie pyrite arfenicale, ou du *mifpikel* par la couleur. Cette dernière eft blanche, fouvent criftallifée en gros cubes, & ne contient que très-peu de fer. L'autre reffemble à la mine d'étain, & plusieurs Minéralogistes ont pensé qu'elle en contenoit. On trouve le wolfram en Franche-Comté, dans les Vosges, en Saxe, &c.

11°. Le fer noir est reconnoissable par sa couleur, par la propriété qu'il a d'être attirable à l'aimant, & de n'être aucunement dissoluble dans les acides. Ce fer est quelquefois cristallisé en forme de polyèdres ou en lames arrondies, & présente différentes nuances de couleurs irisées très-brillantes; tel est celui de l'isle d'Elbe. Ce fer forme une montagne considérable, qu'on exploite à ciel ouvert. La mine de Suède est aussi du fer noir, mais il n'est pas cristallisé; il est en masses plus ou moins solides, mêlé à du quartz, du spath, de l'asbeste, &c. Il est souvent assez dur pour prendre le poli, & sa surface paroît comme miroitée. Aussi on lui a donné, ainsi qu'au précédent, le nom de mine spéculaire; on le trouve réuni en carrières considérables. Ce fer varie pour le ton de sa couleur; il y en a de parfaitement noir qui est très-attirable à l'aimant, de bleuâtre qui l'est moins, & de gris qui l'est fort peu. Le fer de Norwège est aussi du fer noir; mais il est ordinairement en petites écailles comme le mica, souvent mêlé de grenat & de schorl. Le fer noir prend quelquefois la forme de grains. Il est aussi cristallisé en cubes; ce qui l'a fait nommer par quelques

Naturalistes,

Naturalistes, galêne de fer ou *eifeng-lants*. Lorsque la mine de fer micacée est de couleur noire, on l'appelle *eifen-mann*, sur-tout si les écailles sont fort grandes; quand ces écailles sont rouges, & quand la poussière qui le recouvre a la même couleur, elle porte le nom d'*eifen-ram*. La mine de fer en cristaux octaèdres noirs, très-réguliers & disperfés dans une espèce de colubrine ou de stéatite dure, qui nous vient de Suède, de Corse, &c. paroît appartenir à cette claffe de mine de fer. Elle est attirable à l'aimant, & très-caffante.

Les mines de fer s'effaient de la manière suivante : après les avoir réduites en poudre, on les mêle avec le double de leur poids de verre pilé & une partie de borax calciné; on triture exactement le mêlange; on le met dans un creufet brafqué, on y ajoute un peu de fel marin, on couvre le creufet & on pouffe à la fonte. Lorfque le tout est refroidi très-lentement, on trouve ordinairement le fer malléable en un petit culot fphérique fouvent criftallifé à fa furface.

Le traitement des mines de fer varie suivant l'état où fe trouve ce métal. Il y a des mines qui n'ont befoin d'aucune préparation avant d'être fondues; d'autres doivent être pilées & lavées, quelquefois même grillées, pour devenir plus tendres & plus fufibles.

Le fer limoneux & le fer ſpathique s'exploi‑
tent de la même manière, en les fondant à tra‑
vers les charbons. Les fourneaux dans leſquels
on fond le fer, varient par la hauteur, qui eſt de
douze à quinze pieds. Leur cavité repréſente
deux pyramides quadrilatères, qui ſe joignent
par leur baſe, vers la moitié de la hauteur du
fourneau ; cet endroit porte le nom d'étalage.
On pratique au bas du fourneau un trou, pour
donner iſſue au métal fondu ; ce trou, qui eſt
bouché avec de la terre, répond à un canal
triangulaire, creuſé dans le ſable & deſtiné à
recevoir le fer fondu. On commence par mettre
dans le fond du fourneau quelques tiſons allu‑
més, on jette enſuite du charbon, puis de la mine
& quelques matières fondantes ; le plus ordinai‑
rement ces matières ſont des pierres calcaires
qu'on nomme caſtine, & quelques pierres ar‑
gileuſes nommées arbue, quelquefois du quartz
ou des cailloux ; on jette alternativement dans
le fourneau la mine, les pierres & le charbon,
obſervant de recouvrir le tout d'une couche de
ce dernier, qui doit monter juſqu'à l'ouverture
ſupérieure du fourneau, nommée gueulard. On
pouſſe à la fonte à l'aide de deux forts ſoufflets.
Le fer ſe fond en paſſant à travers le charbon
qui le réduit. Les matières pierreuſes qu'on ajoute
à la mine, venant à ſe fondre & à ſe vitrifier, fa‑

cilitent la fufion du fer, qui commence à la hauteur des étalages du fourneau. Ce métal fondu fe raffemble au fond du fourneau, dans la partie nommée le creufet; on le fait couler par l'ouverture antérieure du fourneau dans le canal creufé dans le fable; il forme ce qu'on nomme la fonte ou la gueufe. Il paffe après le fer une matière vitreufe, nommée laitier; elle eft formée par la vitrification des pierres qu'on avoit ajoutées au fer pour en faciliter la fufion; elle eft d'une couleur verte, blanchâtre ou bleue, que lui communique une portion de chaux de fer fondue.

La fonte eft caffante & n'a pas la ductilité du fer. Les Métallurgiftes ne font pas d'accord fur la caufe de cette propriété de la fonte; quelques-uns croient qu'elle eft due à la préfence d'une portion de laitier. D'autres l'attribuent à ce que le fer n'eft pas bien réduit, & contient une portion de chaux. *Brandt* croyoit que c'étoit l'arfenic, & M. *Sage* penfe que c'eft du zinc qui rend la fonte caffante. M. *Bucquet* confidéroit la fonte comme un fer mal réduit, & qui contient encore une portion de chaux métallique interpofée entre fes parties. Les Métallurgiftes diftinguent plufieurs efpèces de fontes; la blanche, la grife, la noire, &c. Ils appellent fonte truitée, celle qui, fur un fond gris, a des taches noirâtres. La fonte blanche eft la plus mauvaife;

elle fe rapproche du caractère des demi-métaux. La grife tient le milieu entre la première & la noire, qui eft la meilleure & qui fournit du fer d'une bonne qualité.

Le fer fondu eft porté au fourneau d'affinage. C'eft une forge un peu creufe, dans laquelle on met une maffe de fonte, qu'on recouvre de beaucoup de charbon. On fouffle le feu jufqu'à ce que le fer commence à fe ramollir; lorfqu'il eft en cet état, on le pêtrit à plufieurs reprifes. Ce pêtriffage lui fait préfenter plus de furface, en forte que la portion de fer qui eft à l'état de chaux peut fe réduire. Le métal fe fépare auffi d'une portion du laitier qui y étoit refté. On le porte enfuite fous le marteau pour le réduire en barres. Le martelage, en rapprochant les parties du fer, facilite la féparation du peu de laitier & de la portion de chaux que ce métal contenoit encore; il achève en conféquence ce que la fufion n'avoit pu faire, faute d'être affez complette. On chauffe & on bat le fer à plufieurs reprifes, jufqu'à ce qu'il foit au point de perfection qu'on veut lui donner. Le fer forgé fe diftingue en fer doux & fer rouvrain ou acier. L'acier eft le meilleur fer, le plus dur, celui dont le grain eft le plus fin & le plus ferré. Le fer doux fe rapproche affez des qualités de l'acier; fon grain eft cependant moins ferré, &

lorfqu'on le caffe en le faifant plier, il fe tiraille & paroît compofé de filets ou de fibres; c'eft ce qu'on nomme fer nerveux. Mais ce nerf n'eft produit que par accident, car fi on caffe net & d'un feul coup le fer le plus doux, il ne paroît pas nerveux; tandis qu'en caffant avec précaution le plus mauvais fer, on peut le faire paroître nerveux. Il convient plutôt de s'attacher au grain de ce métal, lorfqu'on veut prononcer fur fa qualité. Le fer rouvrain eft plus aigre; fon grain eft gros & paroît formé de petites écailles; on le diftingue en fer caffant à chaud, & fer caffant à froid. Cette diftinction eft fondée fur l'expérience, & on ne fait pas bien d'où elle procède. Il n'eft pas rare de trouver dans une même barre du fer aigre, du fer doux & de l'acier.

Rarement l'acier formé par la forge eft de l'acier bien parfait; il eft d'ailleurs en petite quantité. L'art peut parvenir à convertir le fer en acier. Pour cela on prend des barres de fer de peu de longueur; on les renferme dans une boîte de terre, pleine d'un cement ordinairement compofé de matières très-combuftibles, comme de la fuie de cheminée, ou des charbons de matières animales; on y ajoute fouvent des cendres, des os calcinés, du fel marin, ou du fel ammoniac. La boîte étant bien fermée, on la chauffe pendant dix à douze heures, jufqu'à ce que les barres foient bien blanches & commencent à fondre. Dans cette opération le fer fe purifie & fe réduit complétement à l'aide des matières combuftibles, qui l'entourent de toutes parts. Les portions qui n'étoient pas parfaitement dans l'état métallique, reprennent cet état. A l'égard des matières falines & terreufes qu'on y ajoute, on ne fait pas bien quels rôles elles peuvent jouer. L'acier, préparé de cette manière fe nomme acier de cémentation; il paroît que c'eft le fer le plus pur.

L'acier peut repaffer à l'état de fer, fi on le traite par la cémentation avec des matières maigres, & particuliérement avec des terres calcaires & de la chaux, qui paroiffent propres à en calciner une partie.

Il eft évident que toutes les préparations qu'on fait fubir au fer, ne font néceffaires que parce que ce métal étant plus difficile à fondre que les autres, il n'eft jamais parfaitement purifié par une feule fufion.

Il eft des mines de fer, & particuliérement le fer noir, comme celui de l'ifle d'Elbe, dans lequel ce métal eft fi abondant & fi peu altéré, qu'on n'a pas befoin de le fondre. On fe contente de le ramollir fous les charbons dans le fourneau d'affinage, & on le paffe au marteau.

C'eſt ce qu'on nomme la méthode Catalane ; elle ne peut avoir lieu que pour des mines qui contiennent peu de matières étrangères, ſuſceptibles de ſe convertir en laitier.

Les propriétés chimiques du fer ſont très-étendues, & pour les bien connoître, il faut les conſidérer dans l'acier très-pur.

L'acier expoſé à un feu qui n'eſt pas capable de le faire rougir, prend pluſieurs nuances de couleurs ; il blanchit, devient jaune, orangé, rouge, violet & enfin bleu ; il reſte aſſez long-tems à cette dernière couleur ; mais ſi on le chauffe davantage, il ſe change en une couleur d'eau déſagréable. L'acier chauffé un peu fortement devient rouge, étincelant ; enſuite il paroît couleur de ceriſes ; enfin il eſt très-blanc & éclatant, & il brûle avec une flamme bien ſenſible. Il ne ſe fond qu'à une extrême chaleur. Si on le jette en limaille au milieu d'un braſier ardent, ou même à travers la flamme d'une bougie, il s'allume ſubitement & produit des étincelles très-vives ; telles ſont auſſi celles qui ont lieu dans la percuſſion du briquet. L'acier ramaſſé ſur un papier blanc ſe trouve fondu & ſemblable à une eſpèce de ſcorie ou de mâche-fer. Le fer ordinaire expoſé au foyer de la lentille de **M.** *de Trudaine*, jette ſubitement des étincelles enflammées & brûlantes.

I iv

M. *Macquer* qui a fondu de l'acier & du fer à cette lentille, a observé que l'acier étoit plus fusible ; ce qui vient sans doute de la pureté & de l'homogénéïté de ce métal. Le fer fondu qui se refroidit lentement, prend une forme cristalline particulière, comme nous l'avons déja observé. M. *Mongez* la définit une pyramide à trois ou quatre côtés. L'acier, quoique très-dur & très-réfractaire, se calcine très-aisément ; dès qu'il commence à rougir, il se combine avec l'air, & il brûle sans flamme apparente. Une barre de fer tenue rouge pendant long-tems, offre à sa surface des écailles qu'on peut enlever avec un marteau, & qu'on appelle batitures de fer ; le métal n'y est qu'en partie calciné, puisqu'elles sont attirables à l'aimant. On peut faire une chaux de fer plus parfaite, en exposant sous une mouffle de la limaille d'acier ; elle se convertit en une poudre d'un brun rougeâtre non attirable à l'aimant, qu'on nomme safran de mars astringent. Cette chaux martiale diffère, suivant l'état du fer & le degré de calcination qu'il a éprouvé. Il y a des safrans de mars astringens d'un brun jaune ; d'autres sont couleur de marron ; d'autres enfin du plus beau rouge & semblables au carmin. Le safran de mars astringent, exposé à une très-forte chaleur, se fond en un verre noirâtre & poreux. Il se réduit en

partie en le chauffant lentement dans des vaiſſeaux fermés; il donne en ſe réduiſant ainſi une
certaine quantité d'acide crayeux; ce qui ſem-
bleroit indiquer que le fer s'empare de cet acide
pendant la calcination, ou bien que l'air pur qui
eſt uni à la chaux métallique, trouve un principe avec lequel il conſtitue l'acide crayeux. J'ai
donné ailleurs un apperçu, d'après lequel il paroît que cet acide eſt un compoſé de gaz inflammable & d'air pur. Si cet apperçu étoit démontré, il ſeroit facile d'expliquer ce qui ſe paſſe
ici. On ſait que le fer chauffé dans un appareil
pneumato-chimique, fournit du gaz inflammable.
Ce fait a été démontré par M. *Prieſtley*. Ce gaz
combiné avec l'air qui conſtitue la chaux de fer,
forme de l'acide crayeux. Quelle que ſoit la
théorie de cette expérience ſingulière, on ne
peut s'empêcher de convenir qu'elle eſt contraire à la doctrine nouvelle ſur la calcination,
mais auſſi qu'elle ne favoriſe pas davantage celle
du phlogiſtique. La qualité d'Hiſtorien que j'ai
priſe, exige que je préſente ce qu'il y a de contraire, auſſi bien que ce qui eſt favorable à la
théorie des gaz & à celle de *Stahl*.

Le ſafran de mars aſtringent ſe réduit très-
facilement à l'aide des matières combuſtibles.
En le mêlant avec un peu d'huile & le chauffant légèrement dans un creuſet, il devient

noir & très-attirable à l'aimant; on peut faire par ce procédé une espèce d'éthiops martial très-bon.

Le fer le plus pur exposé à l'air humide y perd bientôt son brillant métallique; il se couvre d'une croûte pulvérulente, jaunâtre & plus claire que le safran de mars astringent. On donne à cette matière le nom de rouille. Le fer ordinaire y est beaucoup plus sujet que l'acier. Plus ce métal est divisé, plus son altération à l'air est rapide. C'est de cette manière qu'on prépare le médicament connu en Pharmacie sous le nom de safran de mars apéritif. On expose de la limaille d'acier à l'air, & on l'arrose avec de l'eau; par ce moyen elle se rouille très-vîte. On en fait encore plus vîte avec le fer en état d'éthiops traité par le même procédé. Dans cette altération ce métal s'agglutine & forme des masses que l'on porphyrise pour l'employer en Médecine. On ne sait pas encore positivement ce qui arrive dans le fer qui se rouille. Des expériences qui me sont particulières, me portent à regarder la rouille ou le safran de mars apéritif, comme une combinaison de fer & d'acide crayeux. J'ai distillé ce safran de mars à l'appareil pneumato-chimique, & j'en ai obtenu une grande quantité d'acide crayeux; le fer étoit changé en poudre noire très-attirable à l'aimant. M. *Josse*,

Apothicaire de Paris, a communiqué à la Société Royale de Médecine un procédé pareil, pour obtenir promptement de l'éthiops martial. Il recommande de faire rougir le safran de mars apéritif dans une cornue, à laquelle on adapte un ballon percé d'un petit trou, fans le lutter; par ce moyen la chaleur dégage l'acide crayeux, que M. *Joffe* laiffe échapper par le trou du ballon, & le fer refte pur. J'ai plufieurs fois fait criftallifer par ce moyen l'alkali végétal cauftique, dont j'avois imprégné les parois du ballon adapté à la cornue; il s'eft formé, par le tranfport de l'acide crayeux du safran de mars apéritif fur cet alkali, une efpèce de fel neutre, que j'ai appellé tartre crayeux, d'après M. *Bucquet.* J'ai fait fur la rouille de fer beaucoup d'autres expériences, que je réferve pour un Mémoire particulier; toutes m'ont convaincu que cette matière eft un vrai fel neutre formé par le fer & l'acide crayeux. J'ai cru devoir lui donner le nom de craie martiale, pour la diftinguer d'avec la vraie chaux de ce métal. Ce fel eft abfolument le même que M. *Bergman* appelle fer aëré. Cette théorie a l'avantage d'avoir été adoptée par M. *Macquer;* elle explique bien pourquoi le fer eft rouillé très-promptement dans un air humide & impur; pourquoi il s'altère fi vîte & fi profondément dans un en-

droit dont l'air eſt gâté par la reſpiration des animaux, par la combuſtion, par les vapeurs des
matières animales, comme dans les écuries, les
étables, les latrines, &c. Le fer eſt le plus altérable de toutes les ſubſtances métalliques par
le conta¢t de l'air, & cette altération ne ſe borne
pas à la ſurface ; ſouvent des barres de fer aſſez
épaiſſes ſe trouvent rouillées juſque dans leur
milieu.

L'eau a beaucoup d'action ſur le fer ; elle le
diviſe & en diſſout même une partie, ſuivant
les expériences de M. *Monnet*. Elle s'en charge
d'autant plus que le fer eſt plus pur & qu'elle
contient plus d'air. Lorſqu'on agite pendant quelque tems du fer dans l'eau, il eſt peu à peu extrêmement diviſé, & en décantant l'eau un peu
trouble, elle laiſſe dépoſer une poudre de fer
très-noire & très-tenue, à laquelle on a donné
le nom d'éthiops martial de *Lémery*. On a ſoin
de faire ſécher cette poudre à une chaleur douce
& dans un vaiſſeau fermé, comme dans un alambic, de peur que le contact de l'air ne la rouille.
Cet éthiops martial eſt très-attirable à l'aimant ;
ce n'eſt que du fer atténué & réduit en une pouſſière fine. Comme cette opération eſt très-longue
& très-délicate, pluſieurs Chimiſtes ont cherché à la ſimplifier. M. *Rouelle* employoit pour
cette préparation les mouſſoirs de *la Garaye*,

& obtenoit par ce moyen un éthiops très-beau, & en beaucoup moins de tems que le procédé de *Lémery* n'en exige. Je crois qu'on peut y fubftituer avec avantage celui de M. *Joffe*, qui eft beaucoup plus expéditif. On trouvera plus bas quelques autres procédés auffi bons pour préparer l'éthiops martial.

L'acier en barres chauffé jufqu'à un certain degré, & plongé fubitement dans l'eau froide, acquiert une dureté très-confidérable & devient très-fragile. Ces qualités font d'autant plus fenfibles que l'acier étoit plus chaud, & que la liqueur dans laquelle on l'a plongé étoit plus froide. Cette opération fe nomme la trempe. On peut varier les degrés de dureté de l'acier à volonté ; on peut auffi le détremper facilement, en le chauffant au même degré où il étoit avant la trempe, & en le laiffant refroidir lentement. Il paroît que cet effet de l'eau dépend de ce que le refroidiffement fubit de l'acier change la difpofition de fes parties & nuit à fa criftallifation. Tous les métaux font fufceptibles d'acquérir de la dureté par la trempe ; mais cette qualité eft d'autant plus fenfible que le métal eft plus infufible ; c'eft pour cela que le fer la poffède dans un fi haut degré.

Le fer dans fon état métallique ne s'unit point aux matières pierreufes, mais la chaux de fer facilite la vitrification de toutes les pierres, & les colore en vert.

La chaux, la magnéfie & les alkalis fixes cauftiques, n'ont point une action marquée fur le fer : l'alkali volatil agit un peu fur ce métal. Au bout de quelques jours de digeftion, il devient louche & laiffe précipiter un peu d'éthiops. Cette expérience, due à MM. les Chimiftes de l'Académie de Dijon, prouve que l'alkali volatil divife le fer à la manière de l'eau.

Le fer eft diffoluble dans tous les acides. M. *Monnet* a obfervé que l'huile de vitriol n'agit que bouillante fur le fer; en diftillant ce mélange à ficcité, on trouve dans la cornue des fleurs de foufre fublimées & une maffe blanche vitriolique, diffoluble en partie dans l'eau, mais qui ne peut point fournir des criftaux, parce que la chaleur l'a décompofée. Si l'on verfe fur de la limaille de fer cet acide étendu avec deux parties d'eau, il diffout très-bien ce métal à froid; la diffolution eft accompagnée du dégagement d'une grande quantité de gaz inflammable. On peut le faire détonner avec un grand bruit, en approchant une bougie allumée de l'ouverture du matras, après l'avoir bouchée avec la main pendant quelque tems. Ce gaz brûle avec une flamme rougeâtre, & préfente fouvent de très-petites étincelles femblables à celles de la limaille de fer. M. *Macquer* penfe que dans cette combinaifon l'acide vitriolique dégage une grande quantité de phlogiftique du fer, & que le gaz inflammable appartient entièrement à ce métal. Cette opinion eft fondée fur ce que ce gaz peut être extrait du fer feul & fans intermède, par la feule action du feu, & fur ce que M. *de Laffone* en a retiré un pareil par l'action de l'alkali fixe & de l'alkali volatil cauftique fur le fer. Les partifans de la doctrine nouvelle croient que le gaz inflammable eft une modification du foufre, & appartient à l'acide vitriolique, ainfi que nous l'avons expofé en traitant de cet acide. Mais les faits que je viens de préfenter favorifent plus la théorie de M. *Macquer*, que celle de l'air. A mefure que l'acide vitriolique agit fur le fer, une portion de ce métal eft divifée & forme une poudre noire, prife pour du foufre par *Stahl*, & que M. *Monnet* a trouvée être de l'éthiops martial. Il femble que cette portion de mars n'ait éprouvé qu'une divifion méchanique, femblable à celle produite par l'eau. Dès qu'une partie du fer eft combinée avec une partie de l'acide, quoique ce dernier ne foit pas, à beaucoup près, faturé, la diffolution s'arrête, & il n'agit plus fur le métal. M. *Monnet*, qui a fait cette obfervation, dit qu'en verfant de l'eau fur le mêlange, l'action de l'acide recommence; ce phénomène vient de ce que l'eau de l'esprit de vitriol est combinée avec le vitriol martial déjà formé, & que la portion d'acide qui n'est pas saturée, a besoin d'être étendue d'une nouvelle quantité d'eau pour dissoudre le fer. L'acide vitriolique dissout plus de la moitié de son poids de fer ; cette dissolution, filtrée & évaporée, fournit, par le refroidissement, un sel. transparent d'une belle couleur verte, cristallisé en rhombes ; c'est le vitriol martial, ou couperose verte.

On ne se donne pas la peine de faire le vitriol martial, parce que la nature le fournit abondamment, & que l'art l'extrait facilement des pyrites martiales. Il suffit de laisser ces pyrites exposées à l'air pendant quelque tems ; l'humidité facilite leur décomposition ; elles se couvrent d'une efflorescence blanche, qui n'a besoin que d'être dissoute dans l'eau & cristallisée pour fournir du vitriol. Cette décomposition des pyrites dépend, suivant *Stahl*, des doubles affinités. Le soufre est composé de phlogistique & d'acide vitriolique ; ni l'eau, ni le fer seul ne peuvent le décomposer ; mais en réunissant ces deux substances, le fer s'empare du phlogistique, du soufre, son acide s'unit à l'eau & dissout le métal ; les pyrites qui sont moins susceptibles de s'effleurir, comme celles qui sont brillantes, étant

grillées,

grillées, pour leur faire perdre une portion de soufre qu'elles contiennent, & exposées ensuite à l'air, s'effleurissent promptement : on en sépare le vitriol par le lavage. La dissolution de ce sel dépose d'abord une certaine quantité de fer dans l'état d'ochre ; ce n'est que lorsque ce dépôt s'est précipité, qu'on fait évaporer & cristalliser la liqueur. Les partisans de la doctrine de l'air croyent que dans la vitriolisation des pyrites, le soufre qui y est divisé comme dans ses combinaisons avec les substances alkalines, se combine avec une portion d'air pur & forme de l'huile de vitriol, qui, étendue par l'eau en vapeurs de l'atmosphère s'unit avec chaleur au fer & le dissout. La nécessité du contact de l'air pour l'efflorescence des pyrites, donne un certain degré de force à cette opinion, ainsi que nous l'avons fait observer pour la combustion ; mais on ne doit point oublier que la théorie de M. *Macquer* concilie ces deux doctrines, puisqu'il se dégage dans la vitriolisation beaucoup de gaz inflammable. Nous reviendrons plus en détail sur ce fait, en parlant de la combinaison du fer avec le soufre.

Le vitriol martial a une couleur verte d'émeraude, & une saveur astringente très-forte. Il rougit quelquefois le sirop de violettes ; cet effet n'est pas constant. Ses cristaux contiennent, d'après les recherches de *Kunckel* & de M. *Mon-*

net, plus de la moitié de leur poids d'eau. Si on le chauffe brufquement, le vitriol martial fe liquéfie comme tous les fels plus diffolubles à chaud qu'à froid ; en fe féchant, il devient d'un gris blanchâtre. Si on le chauffe à un feu plus violent, il laiffe échapper une portion de fon acide fous la forme de gaz fulfureux, & il prend une couleur rouge ; dans cet état, on le nomme colcothar. Le vitriol martial calciné au rouge attire très-fenfiblement l'humidité de l'air, en raifon d'une portion d'acide vitriolique qu'il contient. Le vitriol martial diftillé dans une cornue au fourneau de réverbère, donne d'abord de l'eau légèrement acide, nommée rofée de vitriol. On change de ballon pour obtenir féparément l'huile de vitriol, qui, lorfque le feu eft violent, paffe noire & exhale une odeur fuffoquante d'acide fulfureux volatil. Ces caractères dépendent ou d'une portion de phlogiftique qu'elle fépare du fer fuivant *Stahl* ; ou de ce qu'elle eft privée d'une partie de fon air qui fe fixe dans le fer, fuivant la doctrine des gaz. Sur la fin de l'opération, l'acide qui diftille prend une forme concrète & criftalline ; on le nomme huile de vitriol glaciale. Cette expérience décrite par M. *Hellot*, n'a pas réuffi à M. *Baumé*, mais elle paffe pour conftante parmi les Chimiftes. En diftillant l'huile de vitriol glaciale dans une petite cornue, elle donne du gaz fulfureux, & paffe blanche & fluide. Devroit-elle fon état concret à la préfence de ce gaz? Elle s'unit à l'eau avec bruit & chaleur, & en laiffant dégager du gaz fulfureux. Le réfidu du vitriol martial diftillé eft rouge, & on le nomme colcothar; en le lavant avec de l'eau, on en fépare un fel blanc peu connu, nommé fel de colcothar ou fel fixe de vitriol; il refte une terre rouge, infipide, qui eft une pure chaux de fer, & qu'on nomme terre douce de vitriol. Le vitriol martial expofé à l'air, jaunit un peu, & fe couvre de rouille. L'eau froide diffout moitié de fon poids de ce fel; l'eau chaude en diffout davantage, mais lorfqu'elle en eft chargée, elle paroît troublée par une quantité plus ou moins confidérable d'ochre. On fépare cette ochre par la filtration; & en laiffant refroidir cette diffolution, on obtient des criftaux rhomboïdaux, d'un vert pâle & tranfparent. La liqueur qui furnage étant foumife à l'évaporation, donne par le refroidiffement une nouvelle quantité de criftaux; & lorfqu'on a retiré tout ce qu'elle peut fournir par la criftallifation, il refte une eau mère d'un vert noirâtre, ou d'un jaune brun, qui ne peut plus criftallifer. En l'évaporant à une chaleur forte, & en la laiffant refoidir, elle forme une maffe molle, onctueufe, qui attire fortement l'humidité de l'air. Cette maffe entièrement defféchée, donne une poudre d'un jaune verdâtre. Suivant M. *Monnet*, l'eau mère du vitriol martial contient du fer dans l'état de chaux. Ce Chimiste s'en est convaincu en faifant immédiatement, & à l'aide de la chaleur, une diffolution de chaux de fer dans cet acide; cette diffolution est brune, & ne peut point criftallifer. La chaux de fer peut être féparée de fon acide, non-feulement par la terre de l'alun, mais encore par le cuivre & par la limaille de fer, ce qui n'arrive pas au vitriol martial parfait. Une diffolution bien chargée de vitriol martial parfait expofée à l'air, fe change au bout de quelque temps en eau mère vitriolique femblable aux précédentes. Le vitriol martial peut être décompofé par la chaux & les alkalis. L'eau de chaux verfée dans une diffolution de ce fel, y forme un précipité en floccons d'un vert d'olive foncé; une portion de ce précipité fe rediffout dans l'eau de chaux & lui communique une couleur rougeâtre. J'ai lu à l'Académie en 1777 & 1778, deux Mémoires fur les précipités martiaux, obtenus par les alkalis cauftiques ou non cauftiques, dans lefquels j'ai décrit avec foin les phénomènes de ces précipitations, & l'état du fer dans ces différentes circonftances. Je vais en donner les principaux réfultats relatifs au vitriol. L'alkali fixe cauftique précipite la diffolution vitriolique

martiale en floccons d'un vert foncé qui se redis-
solvent à mesure dans l'alkali, & forment une espèce de teinture martiale d'un très-beau rouge.
Lorsqu'on met moins de cet alkali, on peut recueillir le précipité, & l'obtenir en éthiops noirâtre si on le fait dessécher rapidement & dans
les vaisseaux clos. Sans ces deux précautions,
le fer se rouille très-vîte, parce qu'il est divisé
& humide. L'alkali végétal, saturé d'air fixe, ou
le tartre crayeux, forme un précipité d'un blanc
verdâtre qui ne se dissout pas dans l'alkali; cette
différence est due à la présence de l'acide crayeux
qui se reporte sur le fer à mesure qu'il est séparé
de l'alkali par l'acide vitriolique. L'alkali volatil
pur ou caustique, sépare du vitriol de fer dissous dans l'eau un précipité vert si foncé qu'il paroît noir, & qui ne se redissout point dans l'alkali
volatil : on peut, en le séchant subitement sans
le contact de l'air, l'obtenir noir & attirable à
l'aimant. Le précipité formé par l'alkali volatil
concret, ou par le sel ammoniacal crayeux, est
d'un gris verdâtre; il se redissout en partie dans
ce sel, & il lui communique une couleur rouge;
ce qui est l'inverse de ce qui se passe dans ces
précipitations par l'alkali fixe, puisque ce dernier sel caustique dissout très-vîte le fer précipité, tandis que le tartre crayeux ne le dissout
que difficilement.

K iij

Les matières aſtringentes végétales, comme la noix de galle, le ſumac, l'écorce de grenade, le brou de noix, le quinquina, les noix de Cyprès, le bois de campêche, &c. ont la propriété de précipiter le vitriol martial en noir. Ce précipité que l'on ne peut méconnoître pour du fer, eſt ſi extrêmement diviſé, qu'il reſte ſuſpendu dans la liqueur. Lorſqu'on ajoute de la gomme arabique à ce mélange, la ſuſpenſion du fer précipité eſt permanente, & il en réſulte une liqueur noire, qu'on connoît ſous le nom d'encre. On ne ſait point encore au juſte ce qui ſe paſſe dans cette expérience. M. *Macquer*, M. *Monnet*, & la plupart des Chimiſtes regardent le précipité de l'encre comme uni à un principe de la noix de galle, qui le dégage de l'acide. Ils paroiſſent portés à croire que ce principe eſt dans l'état huileux. MM. de l'Académie de Dijon obſervant que cette précipitation par la noix de galle n'a pas lieu dans une diſſolution acide, & que ce précipité diſparoît par l'addition d'un acide, penſent que les aſtringens ſe portent ſur l'acide vitriolique, & précipitent le fer pur; parce que le principe de l'aſtriction a plus d'affinité avec ce ſel que n'en a le métal. M. *Gioanetti*, Médecin de Turin, a fait pluſieurs expériences ſur le fer précipité de ſes diſſolutions par les aſtringens. Il réſulte de ses recherches consignées dans son analyse des eaux de Saint-Vincent, que ce métal n'est point attirable à l'aimant; qu'il le devient lorsqu'on le chauffe dans un vaisseau bien clos; qu'il se dissout dans les acides, mais sans effervescence; que ces dissolutions ne noircissent plus par la noix de galle; ce qui indique que le fer est uni au principe astringent, & qu'il est dans l'état d'une sorte de sel neutre. On trouve dans le troisième volume des Elémens de Chimie de l'Académie de Dijon, une suite d'expériences sur le principe astringent végétal, qui semblent assimiler cette substance aux acides. En effet, il rougit les couleurs bleues végétales; il s'unit aux alkalis; il décompose les foies de soufre; il dissout & paroît neutralifer les métaux; il décompose toutes les dissolutions métalliques avec des phénomènes particuliers; il s'élève à la distillation sans perdre son action sur les métaux; & il présente un grand nombre d'autres propriétés, sur lesquelles l'ordre que nous suivons ne nous permet pas d'insister (*a*).

(*a*) On ne peut mieux faire que de lire & de méditer les belles recherches des Académiciens de Dijon sur le principe astringent. Elles ajoutent aux travaux de MM. *Macquer, Monnet* & *Gioanetti*, sur cet important objet. Cependant la matière n'est pas encore épuisée, & elle demande à être

Un phénomène encore plus difficile à connoître que l'action de la noix de galle fur le vitriol de mars, c'eft la décompofition de ce fel
par un alkali calciné avec du fang de bœuf. On
obtient alors un précipité d'une belle couleur
bleue, indiffoluble dans les acides. Ce précipité
fe nomme bleu de Pruffe ou de Berlin, parce
qu'il a été découvert dans cette Ville. *Stahl* rapporte qu'un Chimifte, nommé *Diesbach*, ayant
emprunté de *Dippel* de l'alkali fixe pour précipiter une diffolution de cochenille mêlée avec
un peu d'alun & de vitriol martial, ce dernier lui donna un alkali fur lequel il avoit diftillé fon huile animale. Ce fel précipita en bleu
la diffolution de *Diesbach*. *Dippel* chercha à
quoi étoit dû ce précipité, & prépara par un
procédé moins compliqué le bleu de Pruffe qui
fut annoncé en 1710 dans les mêlanges de l'Académie de Berlin, mais fans aucun détail fur
cette opération. Les Chimiftes travaillèrent à

---

examinée en détail, fur-tout pour découvrir la nature de ce
principe fingulier qui fe trouve dans toutes les matières
aftringentes végétales, & qui paroit être diffoluble dans un
grand nombre de menftrues; tels que l'eau, les acides, les
alkalis, les huiles, l'efprit-de-vin, l'éther, &c. Voyez les
Elémens de Chimie théorique & pratique, &c. pour fervir
aux Cours publics de l'Académie de Dijon, *tome III*,
page 403 *à* 421.

l'envi pour y réuffir, & y parvinrent. Ce ne fut qu'en 1724 que M. *Woodward* publia dans les Tranfactions Philofophiques, un procédé pour préparer cette fubftance colorante. Pour faire le bleu de Pruffe, on mêle quatre onces de nitre fixé par le tartre, avec autant de fang de bœuf deffeché ; on calcine ce mêlange dans un creufet jufqu'à ce qu'il foit en charbon, & ne produife plus de flamme ; on le lave avec la quantité d'eau fuffifante pour diffoudre toute la matière faline, qu'on nomme alkali phlogifti- qué ; on concentre cette leffive par l'évapora- tion. On fait diffoudre enfuite deux onces de vitriol martial & quatre onces d'alun dans une pinte d'eau ; on mêle la diffolution de ces fels avec la leffive d'alkali ; il fe fait un dépôt bleuâ- tre que l'on fépare par le filtre, & fur lequel on verfe de l'acide marin. Le dépôt devient alors d'un bleu plus beau & plus foncé ; on le fait fécher à une chaleur douce ou à l'air. Depuis M. *Woodward*, beaucoup de Chimiftes fe font occupés, & de la préparation & de la théorie du bleu de Pruffe. Quant à fa prépa- ration, on fait aujourd'hui qu'un grand nom- bre de fubftances font capables de donner à l'alkali la propriété de précipiter le fer en bleu. *Geoffroy*, dans les Mémoires de l'Académie de 1725, a donné cette propriété à l'alkali avec tous les charbons de matières animales. M. *Baumé* affure qu'on peut aufli préparer l'alkali phlogiftiqué avec les charbons des fubftances végétales à l'aide d'une chaleur plus vive. M. *Spielman* en a fait avec des bitumes ; MM. *Brandt* & *Monnet* avec de la fûie. Les Manufactures de bleu de Pruffe fe font multipliées, & chacune d'elles emploie à ce qu'il paroît, des matières différentes pour cette préparation. M. *Baunach* nous a appris qu'en Allemagne, on fe fert des ongles, des cornes & de la peau de bœuf. Toutes les matières animales ne paroiffent cependant pas propres à phlogiftiquer l'alkali. J'ai effayé en vain d'en préparer avec la bile de bœuf, par un procédé femblable à celui qu'on exécute avec le fang. Je n'ai obtenu qu'un alkali qui précipitoit le vitriol en blanc verdâtre, & ce précipité s'eft diffous en entier dans l'acide marin.

Les Chimiftes ont beaucoup varié fur la théorie du bleu de Pruffe. MM. *Brown* & *Geoffroy* le regardoient comme la partie phlogiftique du fer, développée par la leffive du fang, & tranfportée fur la terre de l'alun. L'Abbé *Menon* (*premier Volume des Savans Etrangers*) penfoit que c'étoit le fer très-pur & débarraffé de toute fubftance étrangère par l'alkali phlogiftiqué. M. *Macquer*, dans un Mémoire qui a juftement mérité le nom de chef-d'œuvre de la part de tous les Chimistes, & qui est inféré dans le Volume de l'Académie pour l'année 1752, a réfuté les opinions de ces Auteurs. Il pense que le bleu de Prusse n'est que du fer combiné avec un excès de principe inflammable, qui lui est fourni par l'alkali phlogistiqué, & que ce dernier a pris du sang de bœuf. Il observe, 1°. que le bleu de Prusse exposé au feu, perd sa couleur, & redevient fer simple; 2°. que ce bleu n'est en aucune manière dissoluble par les acides, même les plus forts; 3°. que les alkalis peuvent dissoudre la matière colorante du bleu de Prusse, & s'en charger jusqu'au point de saturation. Il suffit pour cela de faire chauffer une lessive alkaline sur du bleu de Prusse, jusqu'à ce que l'alkali refuse de le décolorer. Cet alkali saturé de la matière colorante du bleu de Prusse, a perdu la plupart de ses propriétés. Il n'est plus caustique, il ne fait pas effervescence avec les acides; il ne décompose point les sels à base terreuse; mais il précipite tous les sels à base métallique, & il paroît que cette décomposition se fait en vertu d'une double affinité, celle de l'acide sur l'alkali, & celle du métal sur la partie colorante unie à ce sel. L'alkali peut décolorer ainsi le vingtième de son poids de bleu de Prusse; alors il est saturé de partie colorante. Les acides en dégagent une petite quantité de fécule bleue ; & il précipite fur le champ le vitriol martial en bleu de Pruffe parfait.

A l'égard de l'alkali préparé par la voie ordinaire, M. *Macquer* obferve qu'il n'eft pas à beaucoup près, entièrement faturé de partie colorante, & que c'eft pour cela qu'il précipite d'abord en vert la diffolution de vitriol martial. En effet, la portion d'alkali qui eft faturée, précipite du bleu ; mais la portion qui ne l'eft pas, précipite du fer à l'état d'ochre, qui verdit le précipité bleu par le mélange de cette dernière couleur avec le jaune. Suivant cette ingénieufe théorie, l'acide qu'on verfe fur le précipité, fert à diffoudre la portion qui n'eft pas dans l'état de bleu de Pruffe, & à rendre la couleur de ce dernier plus vive. L'alun qu'on ajoute à la diffolution de vitriol, fature l'alkali qui n'eft point chargé de matière colorante, & la terre de ce fel dépofée avec le bleu de Pruffe, en éclaircit la nuance. Comme il eft néceffaire de verfer l'acide fur le précipité du vitriol martial, afin d'aviver le bleu de Pruffe, on peut ajouter cet acide à l'alkali avant de s'en fervir pour précipiter le fer ; parce que l'acide en faturant la portion d'alkali pure, ne s'unit point à celle qui eft chargée de partie colorante, & qui peut fur le champ former de beau bleu de Pruffe. On peut auffi faturer cet alkali phlo-

giftiqué par le fang de bœuf, en le faifant digérer fur du bleu de Pruffe , jufqu'à ce qu'il
ceffe de le décolorer. M. *Macquer* avoit donné
cet ·alkali faturé d'acide, comme une bonne liqueur d'épreuve pour connoître la préfence du
fer dans les eaux minérales ; mais M. *Baumé*
a obfervé que cette liqueur contenoit elle-même
une certaine quantité de bleu de Pruffe ; ce
qui pouvoit induire en erreur. Il propofe en conféquence de la mettre quelque tems en digeftion
avec un peu de vinaigre à une chaleur douce,
pour qu'elle dépofe tout ce qu'elle contient de
matière bleue. Tel étoit le beau travail de
M. *Macquer* fur le bleu de Pruffe; mais ce célèbre Chimifte fentoit bien lui-même ce qu'il y
manquoit, fur-tout relativement à la nature de
la fubftance colorante. Il ne pouvoit pas être per-
fuadé que cette dernière fût du phlogiftique pur,
puifqu'on ne concevroit pas, dans cette hypo-
thèfe, comment du fer furchargé de ce principe, perdroit tout à la fois la propriété d'être
attirable à l'aimant, & celle d'être diffoluble dans
les acides, qui font dues, fuivant *Stahl*, à la
préfence du phlogiftique dans ce métal. M. *de
Morveau* eft le premier, qui, dans fon excellente *Differtation fur le phlogiftique*, a cherché
à connoître la nature de la partie colorante du
bleu de Pruffe. Il a retiré de la diftillation de

deux gros de ce compofé, vingt-deux grains d'une liqueur jaune empyreumatique, qui faifoit effervefcence avec les alkalis aërés, rougiffoit fortement le papier bleu, & dont MM. *Geoffroy* & *Macquer*, qui ont auffi diftillé le bleu de Pruffe, n'avoient fait aucune mention.

M. *Sage* a envoyé en 1772, à l'Académie Electorale de Mayence, un Mémoire fur l'alkali phlogiftiqué, qu'il appelle fel animal. La leffive de l'alkali fixe traité avec le fang & faturé par fa digeftion fur le bleu de Pruffe, à la manière de M. *Macquer*, eft, fuivant M. *Sage*, un fel neutre formé par l'acide animal & l'alkali fixe. Elle donne, par l'évaporation infenfible, des criftaux cubiques, octaëdres, ou en prifmes à quatre faces, terminés par des pyramides auffi à quatre faces. Ce fel décrépite fur les charbons ; il fe fond à un feu violent en une maffe demi-tranfparente, foluble dans l'eau, & propre à faire du bleu de Pruffe. M. *Sage* croit que l'acide qui neutralife l'alkali dans ce fel neutre, eft l'acide phofphorique, parce qu'en chauffant fortement le mélange d'alkali & de fang de bœuf, il fe fond, exhale une vapeur âcre, accompagnée d'étincelles blanches & brillantes, qui ne font, fuivant lui, que du phofphore qui brûle. Cette opinion fur l'acide de l'alkali Pruffien feroit démontrée, fi, d'un côté, en le diftillant avec du charbon, on obtenoit du phofphore, ce qui auroit auffi lieu pour le bleu de Pruffe; & fi d'une autre part, on formoit du bleu de Pruffe, en combinant le fel fufible ou phofphorique à bafe d'alkali végétal, & une diffolution martiale. Comme M. *Sage* n'a point configné d'expériences de cette nature dans fon Mémoire, on ne peut admettre fa théorie.

MM. les Chimiftes de l'Académie de Dijon ont adopté une partie de cette dernière doctrine dans leurs élémens. Ils regardent la leffive phlogiftiquée comme la diffolution d'un fel neutre; ils confeillent de la faire criftallifer par l'évaporation, au lieu de la purifier par le vinaigre, comme l'avoit propofé M. *Baumé*. Ce fel eft très-pur, fuivant eux. Projetté fur le nitre en fufion, il le fait détonner. Ils ne nous ont rien dit fur fes décompofitions & fur la nature de fes principes; ils l'appellent alkali Pruffien criftallifé.

M. *Bucquet*, ayant précipité par l'acide marin & filtré de la leffive préparée pour le bleu de Pruffe, a obfervé que cet alkali, quoique très-clair & privé en apparence de tout le bleu de Pruffe qu'il paroiffoit contenir, laiffoit cependant dépofer une poudre bleue. Après l'avoir filtrée plus de vingt fois dans l'efpace de deux ans, pour en féparer la portion de bleu qui s'en précipitoit après chaque filtration, il s'est enfin trouvé que cette liqueur ne pouvoit plus fournir de bleu de Prusse avec la dissolution de vitriol martial. Je conserve encore une petite portion de cette lessive préparée, il y a plus de cinq ans ; elle n'a rien laissé précipiter depuis deux ans, mais elle a déposé un léger enduit bleuâtre sur les parois du flacon où elle est contenue, & elle a conservé une couleur pareille. J'ai eu occasion d'observer deux fois ce phénomène, depuis que je l'ai entendu annoncer par M. *Bucquet*, dans ses Cours, & je crois qu'il est constant. M. le Duc *de Chaulnes* a fait voir à M. *Macquer* une lessive phlogistiquée qui ne donnoit point de bleu de Prusse, lorsqu'on la mêloit auparavant avec un acide. Ce Chimiste pense que cela est dû à ce que cette lessive a été préparée dans des vaisseaux de métal. M. *Bucquet* croyoit, d'après l'observation rapportée plus haut, 1°. que le bleu de Prusse est tout contenu dans l'alkali qui sert à le préparer ; 2°. que les acides suffisent seuls pour le précipiter ; 3°. que lorsque cet alkali a déposé, au bout d'un tems plus ou moins long, toute la partie colorante qu'il contient, il n'est plus propre à donner du bleu de Prusse.

Le Journal de Physique du mois d'Avril 1778, contient des observations sur le bleu de Prusse,

par

par M. *Baunach*, Apothicaire à Metz, qui favorifent beaucoup l'opinion de M. *Bucquet*. Après avoir décrit le procédé que l'on emploie dans les manufactures d'Allemagne, pour préparer le bleu de Pruffe, M. *Baunach* affure que la leffive faite dans ces manufactures par la fufion de l'alkali & du charbon d'ongles, de cornes & de peau de bœuf, précipite tous les métaux, & même la terre calcaire en bleu. Cet alkali diffout les métaux, après les avoir précipités, & on peut les en féparer, fous une très-belle couleur bleue, par l'acide marin. Les faits finguliers annoncés dans ce Mémoire, tels que la diftillation du bleu de Pruffe produit par cette leffive, qui ne donne point d'huile ni d'alkali volatil, la diffolubilité du précipité bleu formé par l'acide marin verfé fur cette leffive dans l'acide nitreux, la terre calcaire retrouvée en diffolution dans ce dernier acide qui a décoloré le bleu, une terre particulière & phlogiftiquée qu'il n'a pas pu diffoudre, ne femblent-ils pas annoncer que ce bleu n'eft pas de la même nature que celui que l'on précipite de la leffive phlogiftiquée ordinaire, dans laquelle M. *Macquer* a trouvé du fer qui ne peut provenir que du fang ?

De tous ces faits il me femble que l'on doit conclure qu'il refte encore de grands travaux à faire fur le bleu de Pruffe, & que nous fommes

éloignés de ſavoir exactement quelle eſt ſa nature. J'ajouterai à tout ce que j'ai dit ſur le bleu
de Pruſſe, quelques obſervations qu'il eſt indiſ-
penſable de connoître.

1°. Le bleu de Pruſſe diſtillé à feu nud, donne
une très-grande quantité de gaz inflammable, en
même-tems que de l'huile, de l'alkali volatil
concret, & un peu de phlegme acide. Ce gaz
brûle en bleu comme celui des marais; il a une
odeur empyreumatique; l'eau de chaux lui
donne la propriété de brûler en rouge & de
détonner avec l'air, parce qu'elle abſorbe l'a-
cide crayeux qui lui eſt uni; il ſe retrouve dans
l'alkali phlogiſtiqué. M. *de Laſſone* a regardé le
gaz du bleu de Pruſſe comme un gaz inflammable particulier.

2°. Le bleu de Pruſſe, après cette analyſe,
eſt ſous la forme d'une poudre noirâtre & attirable à l'aimant. Avant de prendre cette couleur, il en a une orangée, que **M.** *de Morveau*
a obſervée. Ce dernier Chimiſte a même penſé
que le bleu de Pruſſe que la chaleur a fait
paſſer à l'orangé, pourroit être utile dans la
peinture.

3°. L'alkali volatil chauffé ſur du bleu de
Pruſſe, le décompoſe en s'emparant de ſa matière colorante, & il laiſſe le fer dans l'état d'o-
chre. **M.** *Macquer* avoit annoncé ce fait en 1752.

Meyer qui l'a fuivi, a donné le nom de liqueur teignante à cet alkali volatil faturé de la partie colorante du bleu, & il l'a confeillé dans l'analyfe des eaux minérales. J'ai obfervé que lorfqu'on diftille l'alkali volatil cauftique fur du bleu de Pruffe, la liqueur qui paffe n'a point la propriété de colorer en bleu les diffolutions martiales; d'où il fuit que le principe colorant n'eft pas auffi volatil que l'eft l'alkali. Lorfqu'on n'a extrait qu'une portion de ce fel par la diftillation, le réfidu eft d'un vert d'olive; en l'étendant d'eau diftillée & le filtrant, cette liqueur eft chargée de la partie colorante, & donne un bleu de Pruffe très-vif avec le vitriol martial.

4°. J'ai découvert que l'eau de chaux mife en digeftion fur le bleu de Pruffe, diffout la matière colorante à l'aide d'un peu de chaleur. La combinaifon eft très-rapide. L'eau de chaux fe colore, le bleu de Pruffe prend la couleur de la rouille. L'eau de chaux filtrée eft d'une belle couleur jaune claire; elle ne verdit plus le firop de violettes; elle n'a plus de faveur alkaline, elle n'eft plus précipitée par l'acide crayeux; elle ne s'unit point aux autres acides; en un mot, elle eft neutralifée par la matière colorante Pruffienne, & elle donne, en la verfant fur une diffolution de vitriol martial, un bleu superbe qui n'a pas besoin d'être avivé par un acide.

5°. Les alkalis fixes caustiques décolorent à froid & sur le champ le bleu de Prusse. J'ai observé qu'il se produit une chaleur assez vive dans ces expériences; que les alkalis dans leur état de pureté décolorent une beaucoup plus grande quantité de bleu de Prusse, que ceux qui sont saturés d'acide crayeux, & qu'ils donnent avec les dissolutions martiales beaucoup plus de bleu que ces derniers.

6°. La magnésie m'a également présenté la propriété de décolorer le bleu de Prusse, mais beaucoup plus foiblement que l'eau de chaux(a).

7°. Le bleu de Prusse jeté en poudre sur du nitre en fusion, produit quelques étincelles qui dénotent qu'il contient une matière combustible.

8°. Le bleu de Prusse préparé sans alun devient très-attirable à l'aimant par une légère calcination; mais celui du commerce n'acquiert jamais cette propriété par l'action du feu.

Le vitriol martial décompose très-facilement le nitre; cette décomposition est due en partie

---

(a) Je ne donne ici que les résultats généraux de plusieurs faits importans, que m'a offerts la décomposition du bleu de Prusse, par les substances alkalines; j'en réserve les détails pour des Mémoires particuliers.

à l'acide vitriolique, qui en s'unissant à l'alkali du nitre, chasse l'acide nitreux ; mais elle est aussi occasionnée en grande partie par la réaction du fer sur ce dernier acide. Si, pour décomposer le nitre, on prend du vitriol martial peu desséché, on obtient une assez grande quantité d'acide nitreux bien rouge & bien fumant ; le résidu lessivé fournit du tartre vitriolé, du sel alkali fixe, & il reste sur les filtres une terre douce de vitriol. Mais, si on a employé un vitriol fortement calciné, on retire très-peu de produit. Ce produit paroît formé de deux liqueurs, dont l'une, d'une couleur sombre & presque noire, surnage une autre rouge & pesante, comme le feroit une huile sur de l'eau. Aussi M. *Baumé* regarde-t-il cette liqueur comme une espèce d'huile. Il passe ensuite dans le col de la cornue & dans l'allonge, une masse saline blanche, qui attire l'humidité de l'air, se dissout avec chaleur & rapidité dans l'eau, en exhalant une forte odeur d'esprit de nitre & des vapeurs rouges très-épaisses ; cette dissolution, saturée de sel de tartre, donne du tartre vitriolé ; la masse blanche n'est donc que de l'huile de vitriol rendue concrète par une portion de gaz nitreux. La liqueur pesante du ballon ne paroît différer en rien de l'esprit de nitre tiré par la méthode de *Glauber ;* mais la liqueur légère qui la surnage, étant mêlée avec l'huile de vitriol, produit une vive effervefcence, & même une explofion dangereufe ; prefque tout l'acide nitreux fe diffipe & l'huile de vitriol refte, mais fous la forme concrète & criftallifée. M. *Bucquet*, qui a communiqué cette découverte à l'Académie, avoit d'abord obfervé que l'huile de vitriol concrète, obtenue dans cette diftillation, exhale des vapeurs rouges nitreufes, lorfqu'on la diffout dans l'eau. Il penfoit que cet acide devoit fa folidité à la préfence du gaz nitreux, & pour s'en convaincre, il a effayé de mêler l'acide nitreux brun noirâtre, qui furnageoit le rouge, avec de l'huile de vitriol très-concentrée. Mais à l'inftant même du mélange de ces deux matières, il s'eft fait un mouvement fi rapide, que l'acide nitreux qu'on verfoit fur le vitriolique, a été lancé avec fracas & à une très-grande diftance ; la perfonne qui faifoit le mélange a été couverte de ce fel ; il s'eft élevé à l'inftant même fur fon vifage une grande quantité de boutons rouges & enflammés, qui ont fuppuré comme ceux de la petite vérole. L'huile de vitriol eft devenue concrète & abfolument femblable à celle qu'on obtient dans la diftillation dont nous venons de faire l'hiftoire. Il paroît que cet acide peut devoir fon état concret à des gaz de différente nature ; & peut-être celle que M. *Hellot* a obtenue du vitriol martial diftillé fans intermède, eft-elle rendue glaciale par la préfence du gaz fulfureux. Le réfidu de la diftillation du nitre avec le vitriol martial calciné au rouge, n'eft qu'une forte de fcorie de fer, dont on ne peut tirer que trèspeu de tartre vitriolé par le lavage.

On ne fait fi la diffolution de vitriol martial feroit précipitée par le gaz inflammable ; il paroît que dans cette expérience le fer reprendroit ce qu'il a perdu dans fa diffolution par l'acide vitriolique, puifque M. *Monnet* a obfervé que le gaz du foie de foufre précipité par un acide, donnoit à une eau mère vitriolique la propriété de fournir des criftaux.

Le foie de foufre précipite en une couleur noirâtre le vitriol martial. Ce précipité eft une efpèce de combinaifon de fer avec le foufre.

L'acide nitreux eft rapidement décompofé par le fer, qui en dégage beaucoup de gaz nitreux, fur-tout fi l'acide employé eft concentré & fi le fer eft divifé. Ce métal, en ce cas, eft prefqu'entièrement calciné par l'air qu'il enlève à l'acide nitreux : la diffolution eft d'un rouge brun ; elle laiffe dépofer de l'ochre martiale au bout d'un certain tems, parce qu'elle contient un fer trèscalciné. Si, dans cet état, on lui préfente de nouveau fer, l'acide le diffout, comme l'a indiqué *Stahl*, & la chaux de fer qu'il tenoit en dif-

L iv

folution fe précipite fur le champ. On peut cependant, en employant un acide nitreux foible & du fer en morceaux, obtenir une diffolution plus permanente dans laquelle le métal eft plus adhérent à cet acide. Cette dernière combinaifon eft verdâtre & quelquefois d'un jaune clair ; l'une & l'autre de ces diffolutions évaporées fe troublent & dépofent de l'ochre martiale d'un rouge brun. Si on la rapproche fortement, au lieu de fournir des criftaux, elle fe prend en une gelée rougeâtre qui n'eft qu'en partie diffoluble dans l'eau, & dont la plus grande portion fe précipite. En continuant de chauffer le nitre de fer, il s'en dégage beaucoup de vapeurs rouges, le magma fe defsèche & donne une chaux d'un rouge briqueté. Ce magma diftillé dans une cornue, fournit un peu d'acide nitreux fumant, beaucoup de gaz nitreux, & de l'acide crayeux. On n'en peut point tirer d'air pur ou déphlogiftiqué, fans doute parce que la chaux de fer très-bien calcinée, qui fe forme dans cette diffolution, n'eft pas réductible. Le dernier gaz que j'ai obtenu dans cette diffolution, vient à l'appui de l'apperçu que j'ai donné fur la préfence de l'acide de la craie dans celui du nitre. La chaux qui refte après la diftillation du nitre de fer eft d'un rouge vif, & pourroit fournir une belle couleur à la peinture, &c. La diffolution nitreufe de fer, quelque chargée qu'elle foit, ne m'a pas paru précipiter par l'eau diftillée. Les alkalis la décompofent avec des phénomènes différens, fuivant leur nature. L'alkali fixe cauftique la précipite en brun clair ; le mélange paffe très-vîte au brun noirâtre & beaucoup plus foncé que la couleur de la première diffolution. Ce phénomène eft dû à ce qu'une portion du précipité eft diffoute par l'alkali, quoiqu'en très-petite quantité. Le tartre crayeux en fépare une chaux jaunâtre qui devient très-vîte d'un beau rouge orangé. Si on agite le mélange à mefure que l'effervefcence a lieu, le précipité fe rediffout beaucoup plus abondamment que celui fait par l'alkali cauftique. M. *Monnet* a bien noté ce phénomène, & il l'a attribué au gaz qui fe produit. Cette diffolution de fer par l'alkali fixe, porte le nom de teinture martiale alkaline de *Stahl*. Elle eft d'un très-beau rouge. M. *Baumé* recommande pour la préparer, de prendre une diffolution nitreufe de fer, qui ne foit que peu chargée. *Stahl* confeilloit au contraire une diffolution très-faturée, M. *Monnet* a obfervé qu'une diffolution jaune donnoit beaucoup de précipité qui ne fe rediffout prefque pas dans l'alkali, & qui ne le colore pas comme doit l'être la teinture martiale ; tandis qu'une diffolution bien rouge en fait une fur le champ avec le même alkali. La teinture martiale alkaline de *Stahl* fe décolore au bout d'un certain tems , & laiffe dépofer la chaux de fer qu'elle contient. On peut la décompofer à l'aide d'un acide ; celui du nitre en fépare une chaux d'un rouge briqueté qui eft foluble dans les acides, & que l'on appelle fafran de mars apéritif de *Stahl*. L'alkali volatil pur ou cauftique précipite la diffolution nitreufe de fer en vert foncé & prefque noirâtre. Le fel ammoniacal crayeux rediffout le fer qu'il a féparé de l'acide, & prend une couleur d'un rouge encore plus vif que la teinture de *Stahl*. Cette diffolution de fer par l'alkali volatil crayeux, pourroit être d'un grand avantage dans les cas de pratique dans lefquels on a befoin d'un tonique puiffant joint à un fondant très-actif.

La diffolution nitreufe de fer chargée & rouge, ne m'a jamais donné que très-peu de véritable bleu de Pruffe, par l'alkali faturé de la matière colorante de ce compofé ; je n'ai eu qu'un précipité noirâtre qui s'eft rediffous par l'acide marin ; la liqueur avoit alors une couleur verte.

M. *Maret*, Secrétaire de l'Académie de Dijon, a envoyé à la Société Royale de Médecine un procédé pour faire très-vîte de l'éthiops martial ; il confifte à précipiter la diffolution nitreufe de fer par l'alkali volatil cauftique, à laver & fécher rapidement ce précipité. M. *d'Arcet*, chargé par cette Compagnie d'examiner le procédé de M. *Maret*, n'a pas obtenu conſtamment le même réſultat que ce Médecin. Dans mes Mémoires ſur les précipités martiaux, préſentés à l'Académie en 1776 & 1777, j'ai déterminé les cas où l'expérience de M. *Maret* réuſſit, & ceux où elle n'a pas de ſuccès. Il faut pour obtenir cet éthiops, 1°. que la diſſolution de fer ſoit nouvelle, & qu'elle ait été faite à froid très-lentement, avec un acide nitreux foible, & du fer peu diviſé ; 2°. que l'alkali volatil ſoit récemment préparé, très-cauſtique, & ſur-tout privé par le repos, de la petite portion de terre calcaire & de matières combuſtibles noirâtres qu'il a coutume d'enlever du ſel ammoniac, & de la chaux ; 3°. que le précipité ſoit ſéparé ſur le champ de la liqueur, & ſéché rapidement dans des vaiſſeaux fermés. Malgré toutes ces précautions, quelquefois ce précipité n'eſt pas très-noir ; il a alors une couleur brune légère ; il s'enlève en écailles dont la ſurface inférieure eſt noirâtre ; ce qui prouve que c'eſt le contact de l'air qui en rouille légèrement la ſurface ſupérieure. J'ai obtenu un éthiops plus beau & plus conſtant, en précipitant la diſſolution marine & acéteuſe du fer par l'alkali fixe & l'alkali volatil cauſtiques, & en faiſant ſécher rapidement dans des vaiſſeaux fermés ces précipités bien lavés; mais je penfe, malgré cela, que ces éthiops, quelque purs qu'on les fuppofe, retiennent toujours une petite partie de leurs précipitans & de leurs premiers diffolvans, comme M. *Bayen* l'a obfervé fur les précipités de mercure ; & qu'on ne doit pas les employer en Médecine avec autant de fûreté que ceux dont j'ai parlé précédemment. M. *d'Arcet*, dans fon rapport à la Société Royale de Médecine, fur le procédé de M. *Maret*, en a communiqué un de M. *Croharé* pour faire l'éthiops martial. Ce Pharmacien, connu par plufieurs travaux chimiques bien faits, prepare ce médicament en faifant bouillir de l'eau aiguifée avec un peu d'acide nitreux fur de la limaille de fer. Ce métal eft fur le champ très-divifé & donne beaucoup d'éthiops; mais comme on pourroit craindre qu'il ne retînt une petite quantité de l'acide, ne feroit-il pas plus fûr de préférer le procédé de M. *Joffe*, qui eft d'une exécution très-facile & dont l'ufage ne peut infpirer aucune crainte ?

L'acide marin diffout le fer avec rapidité ; il fe dégage de cette diffolution une grande quantité d'un gaz inflammable , & qui paroît même l'être un peu plus que celui de la diffolution de ce métal dans l'efprit de vitriol. Il a auffi une odeur un peu différente de celle du gaz inflammable vitriolique. Ce phénomène ne femble-t-il pas annoncer qu'un des principes de l'acide marin eſt un corps combuſtible ? M. *Lavoiſier* penche pour cette dernière opinion ; il croit que le gaz inflammable diffère ſuivant l'acide qu'on emploie pour l'obtenir ; & que celui qui ſe dégage de la diſſolution du fer par l'acide marin, eſt un des principes de cet acide. La diſſolution de fer par l'acide marin produit beaucoup de chaleur ; elle continue avec la même force juſqu'à ce que cet acide ſoit ſaturé ; une portion du fer ſe précipite en véritable éthiops, comme dans toutes les autres diſſolutions. Lorſqu'on l'a filtrée, elle eſt d'une couleur verte, tirant ſur le jaune ; elle eſt beaucoup plus ſtable que les deux précédentes. Si on la met dans un flacon bien bouché, & qui en ſoit rempli, elle ne précipite que très-peu. J'en conſerve depuis quatre ans dans cet état, qui n'a dépoſé qu'une très-légère pouſſière d'un jaune pâle ; ſi au contraire on la laiſſe à l'air, elle précipite en quelques ſemaines preſque tout le fer qu'elle contient, & ce précipité eſt d'une couleur plus foncée que celui de la précédente. Enfin, en la mettant dans un flacon bien bouché, mais à moitié vide, elle dépoſe plus que la première, & moins que la ſeconde. Cette expérience, que j'ai faite avec beaucoup d'exactitude, prouve que l'air entre pour quelque choſe dans la décompoſition lente des diſſolutions métalliques. Ce phénomène a lieu dans toutes les diſſolutions de fer ; & on l'obſerve en général ſur celles de preſque tous les métaux. *Stahl* avoit annoncé que dans la combinaiſon du fer avec l'acide marin , cet acide prenoit les caractères de celui du nitre ; mais ce fait n'a été obſervé par aucun Chimiſte : il paroît que *Stahl* ne s'en étoit rapporté qu'à la couleur jaune de cette diſſolution , & à l'odeur qu'elle répand ; odeur en effet un peu différente de celle de l'acide marin pur. La diſſolution de fer par l'acide marin évaporée ne criſtalliſe pas régulièrement. M. *Monnet* a obſervé que ſi on la laiſſe refroidir lorſqu'elle eſt en conſiſtance ſirupeuſe , elle forme une eſpèce de magma , dans lequel on entrevoit des criſtaux aiguillés & applatis qui attirent puiſſamment l'humidité. Ce magma ſe fond à un feu très-doux , & ſemble mériter le nom de beurre de fer ; en le chauffant davantage il ſe décompoſe , mais moins facilement que le nitre martial , & il prend une couleur de rouille lorſqu'il eſt ſec. Il s'en dégage de l'acide marin , que l'on peut obtenir par la diſtillation , & qui , ſuivant la remarque de *Brandt* , entraîne avec lui un peu de chaux de fer. M. le Duc *d'Ayen* , dans un des quatre excellens Mémoires qu'il a donnés à l'Académie ſur les combinaiſons des acides avec les métaux , a examiné en détail ce qui se passe dans cette décomposition du sel marin de fer à la cornue. Cette opération lui a fourni des produits très - singuliers ; d'abord un phlegme légèrement acidule à une chaleur douce ; l'acide marin s'est donc concentré , & son gaz beaucoup plus volatil que l'eau , a été en partie fixé par le fer. A une chaleur beaucoup plus forte, une partie de cet acide a été enlevée avec un peu de fer; & il s'est formé quelques cristaux non déliquescens dans le ballon. Il s'est sublimé en même tems à la voûte de la cornue des cristaux très-transparens , très-légers, & en forme de lames de rasoirs , qui décomposoient la lumière comme les meilleurs prismes, & offroient de fort belles nuances de rouge, de jaune, de vert & de bleu. Il restoit au fond de la cornue un sel stiptique & déliquescent, d'une couleur brillante & d'une forme feuilletée , qui ressembloit parfaitement à l'espèce de mica à grandes lames, qu'on appelle improprement talc ou verre de Moscovie. Ce dernier sel exposé à un feu violent, dans une cornue de grès, s'est décomposé , & a fourni une sublimation encore plus étonnante par sa nature que les premiers produits. C'étoit une matière opaque, vraiment métallique, qui, examinée au microscope, présentoit des cristaux réguliers ou des tranches de prismes hexagones , que M. le Duc *d'Ayen* compare aux carreaux dont on garnit le plancher des chambres. Ces criſtaux étoient auſſi brillans que l'acier du poli le plus vif, & l'aimant les attiroit aſſez fortement : c'étoit donc du fer réduit & volatiliſé (*a*).

On voit par ces détails combien la Chimie eſt riche en phénomènes ſinguliers, & combien cette belle ſcience promet de découvertes à ceux qui voudroient faire des expériences avec toute l'exactitude & toute l'étendue que M. le Duc *d'Ayen* a miſes dans ſes recherches. N'oublions pas d'obſerver que cette réduction du fer favoriſe la doctrine des gaz, & qu'on en obtiendroit peut-être de ſemblables de beaucoup d'autres diſſolutions métalliques, traitées par le même procédé.

La diſſolution marine de fer eſt décompoſée par l'eau de chaux & les alkalis, comme toutes les diſſolutions martiales ; mais ces précipités ſont moins altérés, & peuvent ſe réduire très-

---

(*a*) J'ai, dans mon Cabinet, une mine de fer noir, qui offre de petites lames très-brillantes, d'une demi-ligne de largeur, dont la forme approche beaucoup des criſtaux obtenus par M. le Duc *d'Ayen*. Ce ſont de petites écailles très-minces, d'un gris de fer très-éclatant, poſées de champ, qui s'entrecroiſent en toutes ſortes de ſens, & qui ſont diſperſées dans un quartz opaque rougeâtre, ou dans une eſpèce de jaſpe groſſier. Ce joli morceau vient de Lorraine.

facilement

facilement, fur-tout ceux qui font produits par les alkalis cauftiques. J'ai déjà fait obferver que cette combinaifon fourniffoit l'éthiops le plus pur par la précipitation. Le foie de foufre, le gaz hépatique & le gaz inflammable la décompofent comme les deux autres.

L'eau chargée d'acide crayeux diffout facilement le fer; il fuffit pour opérer cette combinaifon, de mettre de la limaille dans cet efprit acide, & de laiffer le mélange en digeftion pendant quelques heures. Cette liqueur filtrée a une faveur piquante & un peu ftiptique. MM. *Lane & Rouelle* ont reconnu cette propriété dans l'acide crayeux. M. *Bergman*, qui nomme cette combinaifon, fer aëré, dit qu'expofée à l'air, elle fe couvre d'une pellicule irifée; qu'elle eft décompofable par les alkalis purs; mais que ces fels aërés ou crayeux n'y opèrent pas le même effet. Cette diffolution verdit le firop de violettes, & donne du bleu de Pruffe avec l'alkali phlogiftiqué; elle précipite de l'ochre martiale, lorfqu'on la laiffe expofée à l'air, ou lorfqu'on l'évapore. Je penfe qu'on doit lui donner le nom de craie martiale. Le fer a beaucoup de tendance pour s'unir à l'acide crayeux. La nature nous le préfente très-fréquemment dans cet état; les mines de fer limoneufes, le fer fpathique, paroiffent être entièrement formés par cette combinaison. Les eaux minérales ferrugineuses contiennent souvent le fer dans l'état de craie martiale. Ce sel, séparé de l'eau & sec, est peu soluble dans ce fluide; mais il se dissout en grande quantité dans l'esprit d'acide crayeux, dont il se précipite à mesure que l'acide se volatilise.

Le fer fait détonner le nitre. En projettant dans un creuset bien rouge un mélange de parties égales de limaille d'acier & de nitre bien sec, il s'excite au bout de quelque tems un mouvement très-rapide; il s'élève du creuset beaucoup d'étincelles très-éclatantes. Lorsque la détonnation est finie, le creuset contient une chaux de fer rougeâtre, dont une petite portion est combinée avec l'alkali; en lavant cette matière l'eau dissout l'alkali, & la chaux martiale reste sur le filtre. On lui donne le nom de safran de mars de *Zwelfer.* Il est d'un jaune rougeâtre, peu dissoluble dans les acides. L'alkali qu'on en a séparé par le lavage, est caustique, suivant la plupart des Chimistes, qui pensent que les chaux métalliques agissent comme la chaux pure sur le sel chargé d'acide crayeux (*a*).

(*a*) Il faut observer que depuis la théorie de *Black* sur causticité, on n'a pas fait les expériences nécessaires pour prouver cette parité d'action entre la chaux proprement dite

Le fer décompose très-bien le sel ammoniac.
Deux gros de limaille d'acier, triturés avec un
gros de sel ammoniac, ne laissent point dégager de gaz alkalin. M. *Bucquet*, qui a distillé ce
mélange à l'appareil pneumato-chimique au mercure, en a obtenu cinquante-quatre pouces cubes
d'un fluide aëriforme, dont moitié étoit du gaz alkalin, & l'autre moitié du gaz inflammable. Quatre
onces de la même limaille, & deux onces de sel
ammoniac, distillés à la cornue avec un récipient
ordinaire, fournissent environ deux gros d'esprit
alkalin chargé d'un peu de fer, qu'il laisse bientôt déposer dans l'état d'ochre. Le résidu de
ces opérations est un sel marin martial. La décomposition du sel ammoniac par le fer, est fondée sur ce que ce métal s'unit très-bien à l'acide
marin ; ce qui est prouvé par le dégagement
du gaz inflammable que l'on observe dans cette
expérience. On prépare en Pharmacie, avec le
sel ammoniac & le fer, un médicament que l'on
appelle fleurs de sel ammoniac martiales, ou
ens martis. On mêle ensemble une livre de sel
ammoniac en poudre, & une once de limaille
de fer ; on expose ce mélange dans une terrine
recouverte d'un pareil vaisseau, à un feu capable

& les chaux métalliques. On ne peut donc rien dire d'exact
sur cet objet, avant que l'expérience ait prononcé.

de faire rougir la partie inférieure de cet appareil. En cinq à six heures il s'eſt ſublimé une
matière jaune que l'on conſerve dans un flacon; ce ſont les fleurs martiales. Cette ſubſtance
eſt formée en très-grande partie de ſel ammoniac
ſublimé avec un peu de chaux de fer. Comme
ce métal décompoſe très-bien le ſel ammoniac,
il faut n'en employer qu'une petite quantité,
afin que la plus grande partie du ſel ſe ſublime
en nature. La portion de chaux martiale, qui eſt
volatiliſée à l'aide de l'acide marin & de l'alkali
volatil, colore le ſel ammoniac.

La chaux de fer décompoſe ce ſel mieux que
le métal lui-même, puiſqu'elle en dégage l'alkali volatil à froid. Celui qu'on en obtient par
la diſtillation eſt très-fluide & aſſez cauſtique.
J'ai eu de l'alkali volatil qui faiſoit une légère
efferveſcence avec les acides, en diſtillant le
ſel ammoniac avec la moitié de ſon poids de
ſafran de mars apéritif. Dans cette expérience
l'acide crayeux dégagé du fer s'eſt uni à l'alkali
volatil, qu'il a rendu efferveſcent.

Le fer eſt altéré par le gaz inflammable; mais
cette altération qui eſt bien ſenſible dans la couleur, n'a pas été examinée dans les autres propriétés de ce métal.

Le ſoufre ſe combine rapidement avec le fer.
Un mélange de limaille de fer & de ſoufre en

poudre, humecté avec une petite quantité d'eau, s'échauffe au bout de quelques heures ; alors il se gonfle, s'agglutine, abforbe l'eau, fe fend avec un bruit ou pétillement fenfible, & exhale beaucoup de vapeurs aqueufes accompagnées d'une odeur hépatique très-manifefte, & qui tient un peu de celle du gaz inflammable. Si le mélange eft fait en grande maffe, il s'enflamme en vingt-quatre ou trente heures, & dès que les vapeurs aqueufes ont ceffé. Sur la fin de l'action de ces fubftances l'une fur l'autre, la chaleur va en augmentant avec beaucoup de rapidité, & l'inflammation a bientôt lieu. L'odeur eft alors bien plus exaltée, elle paroît être due à du gaz inflammable produit par la réaction du foufre & du fer. Cette odeur eft mêlée de celle du foie de foufre & de celle du gaz inflammable pur ; c'eft fans doute à ce gaz dégagé en grande quantité qu'eft due l'inflammation qu'on obferve dans cette expérience, puifque la flamme eft beaucoup plus vive que celle du foufre. Elle s'élève à un pied, fuivant le rapport de M. *Baumé*, qui a obfervé ce phénomène fur un mélange de cent livres de limaille & d'autant de foufre en poudre ; elle n'a duré que deux ou trois minutes. Le mélange refta embrafé & rouge pendant quarante heures. M. *Baumé* explique cette inflammation par le dégagement du phlogistique du soufre en feu libre. *Lémery* le père a donné le nom de volcan artificiel à cette expérience, & il a imaginé que les feux qui s'allument dans l'intérieur de notre globe, & qui en soulevant sa surface produisent les tremblemens de terre & les volcans, étoient dûs à une combustion semblable des pyrites entassées & humectées. On peut imiter ces terribles effets, suivant le même Chimiste, en enfouissant dans la terre un mélange de soufre en poudre & de limaille, réduit en pâte avec l'eau, & en le recouvrant de terre que l'on bat fortement. Cette expérience n'a pas réussi à M. *Bucquet*, qui l'a répétée avec beaucoup d'exactitude; & depuis les expériences de *Priestley*, on peut en concevoir la raison. Ce Physicien a observé que le mélange de fer & de soufre humecté absorboit une certaine quantité d'air, qui, sans doute, est nécessaire pour son inflammation. Ce dernier fait s'accorde très-bien avec la théorie de M. *Lavoisier*. En effet il semble que le soufre très-divisé par la réaction du fer humecté, s'empare d'une portion de l'air pur de l'atmosphère, pour passer à l'état d'acide vitriolique ; alors il dissout le fer, produit du gaz inflammable qui s'allume par la chaleur vive occasionnée dans le mélange. Aussi on peut retirer du résidu une grande quantité de vitriol martial.

Il y a beaucoup d'analogie entre cette combinaison du fer & du soufre par la voie humide, & l'efflorescence des pyrites.

Le soufre se combine très-aisément au fer par la fusion ; il en résulte une matière pyriteuse disposée en aiguilles. Comme le soufre augmente beaucoup dans ce cas la fusibilité du fer, on peut faire fondre sur le champ ce métal à l'aide de ce corps combustible. Il faut pour cela faire passer une petite barre de ce métal rougi à blanc dans un canon de soufre, & recevoir dans de l'eau la matière fondue qui s'écoule. On retrouve dans ce fluide des globules noirâtres cassans, semblables à des pyrites, & formés comme elles de petites pyramides très-alongées & concentriques.

Le fer donne avec l'arsenic un alliage aigre cassant & très-peu connu ; avec le cobalt il constitue un métal mixte à petits grains serrés, dur & très-difficile à casser. On présume qu'il ne s'unit pas au bismuth.

Combiné au régule d'antimoine, il présente un alliage dur, à petites facettes, que le marteau n'applatit que légèrement. Le fer a plus d'affinité avec le soufre que n'en a ce régule : il est conséquemment susceptible de décomposer l'antimoine. On fait rougir dans un creuset cinq onces de pointes de clous de Maréchal, on y jette une livre d'antimoine concassé ; on donne promptement un bon coup de feu, afin de faire fondre le mélange ; lorsqu'il est bien fondu, on projette une once de nitre en poudre, pour faciliter par une bonne fusion la séparation des scories d'avec le régule ; on laisse refroidir le mélange, & on trouve dans le creuset un régule d'antimoine qui ne contient pas de fer. Si l'on a employé une partie de fer sur deux d'antimoine, le régule sera martial. Les scories que l'on trouve au-dessus de ce dernier régule préparé avec le nitre & le tartre, ont une couleur jaunâtre semblable à celle du succin. *Stahl* les a nommées, à cause de cela, scories succinées. Il prescrit de les réduire en poudre, de les faire bouillir dans l'eau ; ce fluide en entraîne la partie la plus divisée, on la décante, on la filtre, & on fait détonner trois fois avec le nitre la poudre qu'elle a laissée sur le filtre. On la lave, on la fait sécher ; c'est le safran de mars antimonié apéritif de *Sthal.*

Il est encore incertain si le zinc peut s'unir avec le fer. M. *Malouin*, dans son Mémoire sur le zinc (*Académie*, *1742*) a fait voir que ce demi-métal pouvoit s'appliquer, comme l'étain, à la surface du fer, & la défendre du contact de l'air, ce qui indique que ces deux matières métalliques sont susceptibles de se combiner.

Il paroît que le nickel s'allie très-intimement au fer, puisqu'on ne peut jamais séparer entièrement ces deux substances métalliques, comme l'a démontré **M. *Arvidson.***

Le mercure ne contracte aucune union avec le fer dans son état métallique. On a tenté en vain d'unir ces deux métaux immédiatement ; mais on y est parvenu en les présentant l'un à l'autre dans l'état de chaux. M. *Navier* a observé qu'on obtenoit un précipité neigeux blanchâtre en mêlant une dissolution de fer & de mercure par l'acide vitriolique ; & en évaporant le mélange, il se forme dans cette opération des petits cristaux plats très-légers & semblables au sel sédatif ; M. *Navier* s'est assuré que ces cristaux font une combinaison de fer & de mercure.

Le plomb ne peut contracter aucune union avec le fer.

On ne sait si le fer & l'étain peuvent s'unir par la fusion. L'art qui consiste à enduire la surface du fer d'une couche d'étain, ou la préparation du fer-blanc, semble indiquer que cette combinaison a lieu comme nous allons le voir. Pour étamer le fer, il faut que la surface de ce métal soit très-propre & brillante ; pour cela, on le décape avec un acide, ou avec la lime, ou avec le sel ammoniac : on le plonge ensuite verticalement dans une chaudière pleine d'étain fondu; on le retourne afin de multiplier le contact; & lorfqu'il eft affez étamé, on le retire & on le frotte avec de la fciure de bois ou du fon, pour enlever le fuif ou la poix dont on avoit recouvert l'étain fondu, & qui s'eft appliqué à la furface du fer étamé. Si l'on étame le fer réduit en lames minces comme la tôle, l'étain ne s'appliquera pas feulement à fa furface, mais il pénétrera dans fon intérieur, il fe combinera à toutes fes parties; & en le coupant, on obfervera la même couleur blanche dans fon milieu qu'à fa furface; ce qui indique que le fer-blanc bien fait eft une vraie combinaifon chimique. D'ailleurs, il eft plus malléable que le fer, & l'on en fabrique des vaiffeaux d'une forme qu'il feroit impoffible de faire prendre par le marteau à ce métal pur.

Les grands ufages du fer font fi étendus, & d'ailleurs fi connus, qu'il feroit inutile d'y infifter: il eft feulement important de favoir qu'aucun art ne peut abfolument s'en paffer, & qu'il eft l'ame de tous les arts, comme le dit M. *Macquer*. Les différentes modifications qu'il eft fufceptible de prendre, le rendent très-propre à la multiplicité des ufages divers auxquels on le deftine. La fonte fert à couler des uftenfiles plus ou moins folides, plus ou moins réfiftans fuivant le befoin. La dureté & la tenacité des différentes efpèces de fer forgé s'accordent très-bien avec les ufages variés auxquels on l'applique. Il en eft de même des aciers; la fineffe du grain & la trempe en conftituent de beaucoup d'efpèces, qui toutes trouvent leur application dans une infinité d'arts différens où elles conviennent. Les chaux de fer fervent à colorer en rouge ou en brun les por- celaines, les faïences, les émaux, &c. On les emploie auffi dans la préparation des pierres pré- cieufes artificielles, & on les combine avec l'huile pour la peinture.

Le fer fournit à la Médecine un remède impor- tant & auquel elle doit fouvent les plus grands fuccès. C'eft le feul métal qui n'ait rien de nuifible, & dont on ne puiffe pas redouter les effets. Il a même, comme nous l'avons vu, une telle analogie avec les matières organiques, qu'il femble en faire partie, & devoir fouvent fa production au travail de la vie, ou à celui de la végétation; les effets du fer fur l'économie animale, font affez mul- tipliés. Il ftimule les fibres des vifcères membra- neux, & paroît agir fpécialement fur celles des mufcles dont il augmente le ton. Il fortifie les nerfs & donne à la machine affoiblie une force & une vigueur remarquables. Il excite plufieurs fecrétions, fur-tout celle des urines & celles qui fe font par une évacuation du fang. Il provoque

les hémorragies naturelles, comme le flux menf-
truel, & les hémorroïdes. Il augmente & multiplie les contractions du cœur, & par conféquent la force & la vîteffe du pouls. Il n'agit
pas avec moins d'énergie fur les fluides. Il paffe
facilement dans les voies de la circulation, &
va fe combiner au fang auquel il donne de la
denfité, de la confiftance, de la couleur, & qu'il
rend plus concrefcible; il lui communique en
même-tems une activité telle qu'il paffe facilement dans les plus petits vaiffeaux, qu'il ftimule
lui-même les parois des canaux qui le renferment, & qu'il porte par-tout la force & la vie.
Les belles expériences de M. *Menghini*, publiées
dans les Mémoires de l'Inftitut de Bologne, ont
prouvé que le fang des perfonnes qui font ufage
du fer eft plus coloré & contient une plus grande
quantité de ce métal qu'il n'en contient naturellement. M. *Lorry*, qui a porté dans l'exercice
de la Médecine cette fineffe d'obfervation, &
ces grands apperçus qui caractérifent le favant profond & le Médecin Philofophe, a vu
les urines d'un malade auquel il adminiftroit le
fer très-divifé, fe colorer manifeftement avec la
noix de galle. Ce métal eft donc tonique, for-
tifiant, ftomachique, diurétique, altérant, incifif,
& on trouve réunies dans fon action les propriétés
d'un grand nombre de médicamens. Il refferre

les fibres comme les aftringens, il en augmente l'ofcillation, & il a fur beaucoup d'autres remèdes qui jouiffent de la même vertu, l'avantage d'être plus conftant & plus durable dans fes effets, parce qu'il fe combine aux organes eux-mêmes, par le moyen des fluides qui fervent à leur nutrition. Il convient donc dans tous les cas où les fibres des vifcères, celles des mufcles & même celles des nerfs, n'ont qu'une action très-foible ; dans la langueur de l'eftomac & l'inertie des inteftins, dans les foibleffes produites par ces caufes ; enfin dans tous les cas où les fluides font peu confiftans, peu concrefcibles, trop délayés, comme dans les pâles couleurs, la propenfion à l'hydropifie, &c. On l'emploie fous beaucoup de formes différentes ; tels font la limaille porphyrifée, l'éthiops martial, les fafrans de mars aftringent & apéritif, la teinture martiale alkaline de *Stahl*, les fleurs de fel ammoniac martiales, &c. Peut-être pourroit-on ajouter à ces mé_ dicamens le fer précipité des acides & rediffous par l'alkali volatil, le fel fédatif martial, le bleu de Pruffe propofé par MM. les Chimiftes de l'Académie de Dijon, &c. On fe fert à l'extérieur du vitriol martial, pour arrêter les hémorragies, &c.

Le fer jouiffant de la propriété magnétique, ou l'aimant artificiel, produit auffi des effets très-singuliers sur l'économie animale. Appliqué sur la peau, il calme les douleurs, il appaise les convulsions, il excite de la rougeur, de la sueur, souvent même une éruption de petits boutons; il paroît aussi rendre moins fréquens les accès épileptiques. Laissé dans de l'eau pendant douze heures, on assure qu'il communique à ce fluide la propriété purgative. Quoique tous ces faits demandent à être confirmés par des expériences multipliées, on ne peut douter que l'aimant ait des vertus bien sensibles. M. *Thouret*, Médecin de la Faculté de Paris & de la Société Royale de Médecine, a communiqué dans le premier Volume de l'Histoire de cette dernière Compagnie, une belle observation relative à cet objet. Un malade à Rouen, promenoit une douleur fixée dans les différentes branches de la septième paire de nerfs qui se répandent sur la joue, en conduisant un aimant dans les différentes parties de cette région; la peau sembloit venir au-devant de l'aimant. Sans doute que de nouvelles observations viendront à l'appui de ces découvertes, & éclaireront du flambeau de la Physique, une partie que quelques personnes ont voulu rendre plus piquante, en la couvrant du voile du mystère.

LEÇON XXXIX.

Sorte XII. Cuivre.

LE cuivre eſt un métal imparfait, d'une couleur rouge aſſez brillante, auquel les Alchimiſtes ont donné le nom de Vénus. Il a une odeur déſagréable qui ſe manifeſte lorſqu'on le frotte ou qu'on le chauffe ; ſa ſaveur eſt ſtiptique & nauſéabonde, moins ſenſible cependant que celle du fer. Ce métal eſt dur, très - élaſtique & très-ſonore. Il jouit d'un aſſez grand degré de ductilité ; on le réduit en feuilles très-minces & en fils très-tenus. Il perd entre un huitième & un neuvième de ſon poids à la balance hydroſtatique. Sa ténacité eſt telle, qu'un fil de cuivre d'un dixième de pouce de diamètre peut ſoutenir un poids de deux cens quatre-vingt-dixneuf livres un quart avant de ſe rompre. Sa caſſure paroît compoſée de petits grains. Il eſt ſuſceptible de prendre une forme régulière. M. l'Abbé *Mongez* définit ſes criſtaux des pyramides quadrangulaires, tantôt ſolides, tantôt compoſées d'autres petites pyramides ſemblables implantées latéralement.

Le cuivre ſe trouve dans la terre en différens états. Ses mines font très-multipliées ; on peut les rapporter toutes aux suivantes.

1°. Le cuivre natif, ayant la couleur rouge , la malléabilité & toutes les autres propriétés de ce métal. On le diftingue en deux efpèces ; le cuivre de première formation , & le cuivre de feconde formation ou de cémentation. Le cuivre de première formation eft difperfé en lames ou en filets, dans une gangue prefque toujours quartzeufe. Il ·y en a dont les criftaux imitent une efpece de végétation ; d'autres échantillons font en maffe & en grains. Le cuivre de cémentation eft ordinairement en grains ou en lames fuperficielles fur les pierres ou fur le fer ; ce dernier paroît avoir été dépofé dans des eaux chargées de vitriol de cuivre , qui ont été précipitées par du fer. On trouve le cuivre natif en plufieurs endroits de l'Europe ; à Saint-Bel dans le Lyonnois, à Norgberg en Suède, à Newfol en Hongrie, & dans plufieurs contrées de l'Amérique.

2°. Le cuivre rouge ; il eft reconnoiffable à fa couleur rouge, fombre, femblable à celle des écailles qui fe détachent du cuivre rougi au feu, lorfqu'on le bat fous le marteau. M. *Monnet* regarde cette mine comme une chaux de cuivre naturelle. Elle eft ordinairement mêlée de cuivre natif & de vert de montagne. Elle eft

affez

affez rare, quelquefois criftallifée en octaèdres, ou en fibres foyeufes nommées fleurs de cuivre.

3°. Le cuivre terreux, le vert de montagne ou chryfocolle verte. Cette mine eft une véritable ochre de cuivre, d'un vert plus ou moins fombre, affez légère, inégalement diftribuée dans fa gangue. Elle eft quelquefois fort pure : on en diftingue trois variétés.

Variétés.

1. Le vert de montagne fimple, terreux ou impur.

2. Le vert de montagne criftallifé ou cuivre foyeux de la Chine; cette efpèce, qui eft affez commune dans les Vofges & au Hartz, fe trouve auffi en Chine; elle eft très-pure & criftallifée en longs faifceaux foyeux affez folides.

3. Le vert de montagne en ftalactites, ou la malachite; cette fubftance, qu'on trouve affez fréquemment en Sibérie, eft compofée de couches qui repréfentent des mammelons plus ou moins gros; quelques échantillons font formés d'aiguilles convergentes vers un centre commun. Les différentes couches n'ont pas les mêmes nuances de vert. La malachite eft affez dure pour recevoir un beau poli; auffi en fabrique-t-on différens bijoux.

4°. Le bleu de montagne ou chryfocolle bleue; c'eft une chaux de cuivre, d'une couleur bleue foncée; elle eft quelquefois fous forme

régulière, & en criſtaux priſmatiques rhomboïdaux, d'un très-beau bleu. On lui donne alors
le nom d'azur de cuivre ; d'autres fois elle préſente des petits grains dépoſés dans les cavités
de différentes gangues, & ſur-tout dans du quartz.
Le plus ſouvent elle forme des couches ſuper-
ficielles dans des cavités de mines de cuivre gri-
ſes & jaunes. Il paroît que toutes ces chaux de
cuivre ont été précipitées des diſſolutions vitrioliques cuivreuſes, par l'intermède des terres
calcaires à travers deſquelles coulent ces eaux.
M. *Sage* regarde ces mines de cuivre bleues,
comme des combinaiſons de cuivre avec l'alkali
volatil ; & il dit qu'elles n'en diffèrent que par
l'inſolubilité. Il croit que la malachite n'eſt qu'une
altération de ce bleu qu'il appelle mine de cuivre azurée tranſparente.

5°. Le cuivre uni au ſoufre ; la mine de cuivre jaune ou pyrite cuivreuſe ; car les Naturaliſtes emploient indiſtinctement ce nom. Cependant dans l'uſage des Mineurs, on appelle mines
de cuivre tous les échantillons de cuivre uni au
ſoufre, qui ſont aſſez riches en métal pour pouvoir être exploités avec avantage ; & on réſerve
le nom de pyrites aux échantillons qui contiennent une grande quantité de ſoufre & peu de
métal. Les mines de cuivre riches ſont ordinairement d'une couleur jaune brillante, tirant

plus ou moins sur le rouge ou sur le vert. Elles forment dans la terre des filons plus ou moins considérables. Quelquefois ce cuivre est massif & sombre ; souvent il paroît écailleux & comme micacé. Telle est la forme des mines de cuivre de Dannemarck, de Norwege, de Suède, de Sainte-Marie-aux-Mines. D'autres fois cette mine est disséminée dans sa gangue comme le cuivre d'Alsace ; on la nomme alors mine de cuivre tigrée : cette variété est mêlée d'un peu d'azur ; souvent les mines de cuivre présentent à leur superficie des couleurs très-brillantes, bleues ou violettes, qui sont dues à la décomposition de leurs principes. Si ces couleurs ne sont qu'à la surface, on les nomme mines de cuivre chatoyantes, azurées, ou mines à queue de paon ; mais si la couleur pénètre plus ou moins dans l'intérieur, on les appelle mines de cuivre vitreuses blanches ou violettes. Elles contiennent ordinairement une grande quantité de soufre, un peu de fer, & ne sont pas fort riches en cuivre. Lorsque ces sortes de mines ne sont que superficiellement disséminées sur leur gangue, on les appelle pyrites ; telles sont les mines du Comté de Derbi en Angleterre, quelques-unes de celles de Saint-Bel dans le Lyonnois & plusieurs mines d'Alsace, comme celles de Caulenbach & de Feldens ; d'ailleurs elles se trouvent adhérentes à toutes fortes de gangues , au criftal de roche , au quartz , au fpath , au fchifte , au mica , &c.

6°. La mine de cuivre grife, ou le *Fahlertz* des Allemands , eft une combinaifon du foufre & de l'arfenic avec le cuivre , le fer & l'argent. Elle reffemble beaucoup à la mine d'argent grife ; elle eft feulement un peu moins brillante , & n'en diffère réellement que parce qu'elle contient moins d'argent qu'elle. M. *Romé de Lifle* diftingue encore une mine de cuivre blanche , qui contient , fuivant lui , un peu plus d'argent que la grife ; mais c'eft une vraie mine d'argent.

7°. La mine de cuivre hépatique ou brune. C'eft une combinaifon de fer , de foufre & de cuivre. M. *Romé de Lifle* la regarde comme une mine de cuivre grife altérée , & qui a perdu l'arfenic avec une partie de fon foufre. Il obferve qu'il faut bien la diftinguer de la fauffe mine de cuivre hépatique , qu'il dit n'être autre chofe qu'une mine de fer brune , & qui ne contient prefque pas de cuivre.

8°. La mine de cuivre noire ou couleur de poix. M. *Gellert* l'appelle mine de cuivre en fcories ; c'eft un réfidu de la décompofition des mines de cuivre jaunes & grifes , qui ne contient ni foufre ni arfenic , & qui fe rapproche de l'état de la malachite.

Pour faire l'eſſai d'une mine de cuivre, il faut après l'avoir pilée & lavée, la ſoumettre à de longs & forts grillages, & la fondre avec quatre fois ſon poids de flux noir & du ſel marin. On prend le culot, qui ſouvent eſt encore noirci par un reſte de ſoufre, on le fond avec quatre parties de plomb, & on le paſſe à la coupelle, pour ſéparer l'argent & l'or qui pourroient s'y trouver, parce qu'il eſt peu de cuivre qui ne contienne une certaine quantité de ces métaux précieux.

Dans le travail en grand qu'on fait ſubir aux mines de cuivre, on les pile & on les lave ; après quoi on les grille d'abord à l'air, & preſque ſans bois, parce que dès que le ſoufre qu'elles contiennent a commencé à s'allumer, il continue de brûler de lui-même. Lorſqu'il s'eſt éteint, on grille de nouveau, & même deux fois de ſuite la mine ſur du bois ; après quoi on la fond à travers les charbons pour avoir ce qu'on nomme matte de cuivre. C'eſt la mine qui n'a perdu encore qu'une portion du ſoufre qu'elle contenoit. La fuſion qu'on lui fait ſubir ſert à faire préſenter au métal de nouvelles ſurfaces, afin qu'il puiſſe être grillé plus facilement. On lui fait éprouver ſix ou ſept grillages, ſuivant la quantité de ſoufre que contient la mine, & on la fond enſuite pour avoir le cuivre noir. Ce cuivre est malléable ; il est cependant encore uni à un reste de soufre, qu'on n'en sépare qu'en retirant les métaux parfaits qu'il contient. On fond le cuivre noir avec trois fois autant de plomb, ce qu'on appelle rafraîchissement du cuivre, & on moule ce mélange sous la forme de pains, qu'on nomme pains de liquation. On les pose de champ sur deux plaques de fer inclinées de manière qu'elles laissent entr'elles une rigole. Ces plaques terminent le dessus du fourneau de liquation, dont le sol est incliné vers le devant. Le feu mis au-dessous des plaques échauffe les pains ; le plomb se fond & tombe sous les charbons, en entraînant l'argent & l'or, qui ont plus d'affinité avec lui qu'ils n'en ont avec le cuivre. Après cette opération, qu'on nomme liquation, les pains se trouvent considérablement diminués, & tous déformés. On les expose à un feu plus fort, & tel que le cuivre commence à fondre pour en séparer exactement tout le plomb ; cette troisième opération s'appelle ressuage. Le plomb chargé des métaux parfaits est porté à la coupelle. A l'égard du cuivre, on le raffine en le faisant fondre dans un creuset, & on l'y laisse un tems suffisant pour qu'il puisse rejeter sous la forme d'écume tout ce qu'il contenoit d'étranger. On l'essaie en y trempant des verges de fer qui se recouvrent d'un peu de cuivre, &

c'eſt à la couleur rouge plus ou moins éclatante qu'on juge de ſa pureté. On coule le cuivre raffiné en plaques, ou on le ſépare en roſettes. Pour former une roſette, on enlève avec ſoin les ſcories qui couvrent le cuivre en fuſion ; on laiſſe enſuite figer la ſurface du métal ; lorſqu'elle n'eſt plus fluide, on applique deſſus un balai humide ; l'impreſſion du froid le fait reſſerrer ; la portion qui s'eſt congelée ſe détache non-ſeulement des bords du creuſet, mais du reſte du métal fondu, & on l'enleve avec des pinces. On continue de débiter ainſi en roſettes la plus grande partie du cuivre contenu dans le creuſet. La portion qui reſte au fond ſe nomme le roi.

Les pyrites de cuivre qui contiennent peu de métal, ne s'exploitent que pour en tirer du ſoufre & du vitriol. On les grille & on les diſtille pour en ſéparer le ſoufre. Pendant le grillage, une portion d'acide vitriolique réagit ſur le métal, le diſſout & commence à former du vitriol. Les pyrites grillées ſont enſuite expoſées à l'air, & lorſque la vitrioliſation eſt achevée, on leſſive les pyrites effleuries, on filtre la leſſive, & on obtient par l'évaporation & la criſtalliſation un ſel bleu rhomboïdal, nommé vitriol de cuivre, vitriol bleu, couperoſe bleue ou vitriol de Chypre. Nous en parlerons en examinant les combinaisons de ce métal.

Le cuivre exposé au feu prend des couleurs à peu près comme l'acier ; il devient bleu, jaune, & enfin violet. Il ne se fond que lorsqu'il est bien rouge. Quand il est en belle fusion, il paroît recouvert d'une flamme verte ; il bout & peut se volatiliser, comme on l'observe dans les cheminées des Fondeurs. On trouve aussi dans les creusets où on l'a fait fondre, des fleurs de cuivre. Si l'on jette ce métal en limaille fine à travers les flammes, il leur donne une couleur bleue & verte ; on s'en sert dans l'artifice, à cause de cette propriété. Si on laisse refroidir lentement ce métal fondu, & si, lorsque sa surface se fige, on décante la portion qui est encore fluide, celle qui adhère aux parois du creuset ou du têt à rôtir employé dans cette expérience, se trouve cristallisée en pyramides d'autant plus régulières & volumineuses, que le métal a été en fusion plus complète, & que son refroidissement a été plus ménagé.

Le cuivre chauffé avec le concours de l'air, brûle à sa surface & se change en une chaux d'un rouge noirâtre. On obtient aisément cette chaux en faisant rougir une lame de cuivre, & en la frappant ensuite avec un marteau ; elle s'échappe sous la forme d'écailles. La même chofe a lieu, fi après avoir fait rougir une lame de cuivre, on la trempe dans l'eau froide; le refferrement fubit des parties du métal facilite la féparation de la portion de chaux qui en couvre la furface. Cette chaux tombe au fond de l'eau; on la nomme écailles ou battitures de cuivre. Comme cette chaux n'eft pas parfaitement brûlée, on peut la calciner de nouveau fous la mouffle d'un fourneau de coupelle; elle prend alors une couleur rouge brune affez foncée; pouffée à un feu violent, elle fe fond en un verre noirâtre ou d'un brun marron. La chaux de cuivre peut être décompofée & privée de l'air qui lui ôte fes propriétés métalliques, par les corps combuftibles végétaux ou animaux. Les battitures font réductibles en partie par elles-mêmes, puifque les Fondeurs qui les achètent des Chaudronniers, fe contentent de les jeter dans de grands creufets fur du cuivre fondu, avec lequel elles s'incorporent en entrant en fufion. Ils fuivent le même procédé pour fondre la limaille.

L'air attaque le cuivre d'autant plus facilement que ce fluide eft plus chargé d'humidité & plus altéré; il le convertit en une rouille ou chaux verte qui paroît avoir quelques qualités falines, car elle a de la faveur, & elle eft attaquée par l'eau; c'eft pour cela que les anciens

Chimistes admettoient un sel dans le cuivre. Cette rouille a cela de remarquable, qu’elle n’attaque jamais que la surface du cuivre, & qu’elle semble même servir à la conservation de l’intérieur des masses de ce métal, comme on peut en juger par les médailles & par les statues antiques, qui se conservent très-bien sous l’enduit de rouille qui les couvre. Les Antiquaires appellent cette croûte *Patine*, & ils en font beaucoup de cas, parce qu’elle atteste la vétusté des pièces qui en sont recouvertes.

L’eau ne paroît pas attaquer le cuivre, à moins qu’elle ne soit réduite en vapeur ; c’est pour cela qu’il est plus dangereux de laisser refroidir des liqueurs dans les vaisseaux de cuivre, que de les y faire bouillir, parce que tant que la liqueur est bouillante & le vase chaud, la vapeur aqueuse ne s’attache point à sa surface ; il en arrive tout autrement lorsque le vase est froid.

Le cuivre ne s’unit point aux matières terreuses ; sa chaux facilite leur fusion & forme avec elles des verres verdâtres.

La chaux & la magnésie n’ont point une action marquée sur le cuivre, & l’on n’a point suivi les altérations que ces substances sont capables de lui faire éprouver.

Les alkalis fixes caustiques mis en digestion à froid avec la limaille de cuivre, prennent au bout de quelque tems une couleur bleue très-légère ; le cuivre se couvre d'une poussière de la même couleur. Ces dissolutions s'opèrent mieux à froid qu'à chaud, suivant M. *Monnet*. Il est cependant essentiel d'observer que ce Chimiste a fait ces combinaisons avec le tartre crayeux, & non avec l'alkali fixe pur ; ce dernier auroit sans doute beaucoup plus d'action sur le cuivre.

L'alkali volatil dissout beaucoup plus rapidement ce métal. Ce sel mis en digestion sur la limaille de cuivre, se colore au bout de quelques heures en un bleu foncé de la plus grande beauté ; il ne dissout cependant que très-peu de cuivre. J'ai observé les phénomènes de cette dissolution pendant un an. J'ai mis dans un petit flacon de l'alkali volatil caustique sur de la limaille de cuivre ; au bout de quelques mois la surface de ce métal étoit couverte d'une chaux bleue, les parois du flacon étoient enduites d'une chaux d'un bleu pâle, & la partie inférieure du flacon qui contenoit le cuivre, offroit à la surface du verre une chaux brune dont le haut étoit jaunâtre. Cette liqueur perd entièrement sa couleur lorsqu'elle est renfermée ; il suffit de déboucher le flacon pour la faire reparoître ; elle ne présente ce phénomène, d'une manière bien marquée, que dans les commencemens &

lorfqu'elle eft décantée de deffus le cuivre. Si la diffolution eft ancienne, & fi elle contient encore le cuivre, fa couleur eft d'un beau bleu, quoique dans des vaiffeaux fermés ; cependant en l'expofant à l'air, elle fe fonce davantage. Lorfqu'on évapore lentement cette diffolution à l'aide du feu, la plus grande partie de l'alkali volatil fe diffipe, une portion refte fixée avec la chaux de ce métal, & fe dépofe en criftaux mous, ainfi que l'a obfervé M. *Monnet*. M. *Sage* affure qu'on peut en obtenir de très-beaux criftaux par une évaporation lente ; il les compare à l'azur de cuivre naturel. Cependant ce dernier ne donne pas d'alkali volatil lorfqu'on le chauffe ; il n'eft pas diffoluble dans l'eau ; il ne s'effleurit point à l'air, comme celui qui eft préparé par l'art. M. *Baumé* dit que ce compofé forme des criftaux très-brillans & d'un très-beau bleu. Cette diffolution expofée à l'air fe deffèche affez vîte, & laiffe une matière d'un vert de pré qui n'eft qu'une chaux de cuivre. M. *Sage* croit que c'eft là l'origine de la malachite. Si on verfe un acide dans la diffolution de cuivre par l'alkali volatil, il ne s'y forme point de précipité, mais la couleur bleue difparoît totalement & fe change en un vert pâle très-léger. Ce phénomène qui a été obfervé par MM. *Pott* & *Monnet*, indique qu'il n'y a que très-peu de chaux de cuivre dans l'alkali volatil, & qu'elle eſt re-diſſoute par l'acide ou par le ſel ammoniacal formé par l'addition de l'acide. On peut cependant faire reparoître la couleur bleue, en ajoutant de l'alkali volatil dans le mélange. La chaux de cuivre faite par le feu, & toutes les autres chaux de ce métal ſe diſſolvent ſur le champ dans l'alkali volatil pur, & ce ſel peut ſe charger par ce procédé d'une bonne quantité de ce métal. Il prend ſur le champ la plus belle couleur bleue ; c'eſt pour cela qu'on l'a propoſé comme une pierre de touche, pour reconnoître la plus petite portion de cuivre dans toutes les matières dans leſquelles on ſoupçonne ſon exiſtence.

L'acide vitriolique n'agit ſur le cuivre qu'autant qu'il eſt concentré & bouillant ; il ſe dégage beaucoup de gaz ſulfureux pendant la diſſolution. Lorſqu'elle eſt achevée, on trouve une matière brune en bouillie qui contient de la chaux de cuivre, & une portion de cette chaux combinée avec l'acide vitriolique. En la leſſivant & en filtrant la leſſive, on a une diſſolution bleue ; ſi on la fait évaporer à un certain point, & ſi on la laiſſe refroidir, elle fournit des criſtaux rhomboïdaux alongés, d'une belle couleur bleue, qu'on appelle vitriol de cuivre. Si au lieu de faire évaporer cette diſſolution, on la laiſſe long-tems expoſée à l'air, elle donne des criſtaux ; mais il s'en précipite une chaux verte, couleur que prennent toutes les chaux de cuivre formées ou féchées à l'air. Le vitriol de cuivre a une faveur ſtiptique très-forte ; elle va même juſqu'à la cauſticité. Lorſqu'on l'expoſe au feu, il ſe fond très-vîte ; il perd ſon eau de criſtallifation, & devient d'un blanc bleuâtre. Il faut une chaleur très-forte pour en féparer l'acide vitriolique, qui adhère beaucoup plus au cuivre qu'au fer. Le vitriol de cuivre eſt décompoſé par la magnéſie & par la chaux ; le précipité formé par ces deux ſubſtances, eſt d'un blanc bleuâtre ; ſi on le ſèche à l'air, il devient vert : voilà pourquoi quelques Chimiſtes diſent que les précipités de vitriol de cuivre ſont verts. Il en eſt abſolument de même de ceux que l'on obtient par les alkalis fixes dans différens états ; ils ſont d'abord bleuâtres & prennent une couleur verte en ſe féchant : peut-être eſt-ce ainſi que ſe forme le vert de montagne. Il eſt eſſentiel d'obſerver que lorſqu'on précipite du vitriol de cuivre par la diſſolution du tartre crayeux, il ne s'excite pas d'efferveſcence ; ce qui indique que l'acide crayeux s'unit très-bien aux chaux de cuivre ; phénomène que ne préſentent pas toutes les diſſolutions métalliques. L'alkali volatil précipite de même en blanc bleuâtre la diſſolution de vitriol de cuivre ; mais le mélange prend bientôt une couleur bleue très-foncée, parce que l'alkali volatil diſſout à meſure le cuivre précipité ; il ne faut même que très-peu de ce ſel pour rediſſoudre toute la chaux de cuivre ſéparée de l'acide vitriolique.

L'acide nitreux diſſout le cuivre à froid avec rapidité. Il ſe dégage de cette diſſolution beaucoup de gaz nitreux très-rutilant. C'eſt un moyen que M. *Prieſtley* a employé pour obtenir ce gaz très-fort. Une portion de ce métal, réduite à l'état de chaux, ſe précipite en poudre brune ; on la ſépare par le filtre. La diſſolution filtrée eſt d'un bleu beaucoup plus foncé que celle par l'acide vitriolique ; ce qui indique que le cuivre y eſt mieux calciné. Si on l'évapore avec précaution, elle criſtalliſe par le refroidiſſement. M. *Macquer* eſt un des premiers Chimiſtes qui aient reconnu cette propriété, dans ſon Mémoire ſur la diſſolubilité des ſels dans l'eſprit de vin. Si ſes criſtaux ſe forment très-lentement, ils offrent des parallélogrammes allongés ; s'ils ſe dépoſent plus vîte, ils ſont en priſmes hexaèdres dont la pointe eſt obtuſe, irrégulière, & qui imitent des faiſceaux d'aiguilles divergentes ; enfin, ſi on évapore trop fortement cette diſſolution, elle ne donne qu'un magma ſans forme régulière : c'eſt ſans doute ce qui a fait dire à quelques

Chimiftes que cette diffolution n'étoit point fufceptible de criftallifer. Le nitre cuivreux eft d'un
bleu très-éclatant ; il a une faveur tellement cauftique, qu'il pourroit être employé pour ronger
les excroiffances qui viennent fur la peau. Il fe
fond, fuivant M. *Sage*, à une température de vingt
degrés du thermomètre de *Réaumur*. Il détonne
fur les charbons ardens ; mais comme il contient
beaucoup d'eau, ce phénomène n'eft que peu
fenfible. Lorfqu'on le fond dans un creufet, il
exhale beaucoup de vapeurs nitreufes, qu'on
peut recueillir en le diftillant ; quand il eft defféché, fa couleur eft verte ; en le chauffant davantage il devient brun ; ce n'eft plus alors qu'une
chaux de cuivre. Je l'ai diftillé à l'appareil pneumato-chimique, il m'a donné beaucoup de gaz
nitreux, un peu d'acide crayeux, pas un atôme
d'air pur ; il a été réduit par cette opération
à l'état d'une chaux brune. Le nitre de cuivre
attire l'humidité de l'air. On peut cependant le
conferver long-tems dans des vaiffeaux fermés.
Il fe couvre à l'air chaud & fec, d'une efflorefcence verte. Il eft très-diffoluble dans l'eau, &
un peu plus dans l'eau chaude que dans la froide.
La diffolution expofée à l'air dans des vaiffeaux
plats, ou évaporée rapidement dans un tems fec
& chaud, laiffe une chaux verte, comme le font
les criftaux de ce fel dans les mêmes circonftances.

tances. Elle eft précipitée par la chaux en bleu pâle ; par les alkalis fixes en blanc bleuâtre ; par l'alkali volatil en flocons d'une même couleur , qui fe diffolvent très-vîte, & donnent un bleu foncé très-brillant ; par le foie de foufre en brun rougeâtre fans odeur hépatique ; par la teinture de noix de galle en vert olive. L'acide vitrio-lique décompofe auffi le nitre cuivreux, & on obtient des criftaux de vitriol bleu, fi on a employé cet acide très-concentré. *Stahl* avoit annoncé cette décompofition ; M. *Monnet* l'a confirmée depuis, & j'ai eu occafion de l'obfer-ver plufieurs fois. Le fer a plus d'affinité avec la plupart des acides, que n'en a le cuivre. En plongeant une lame de ce métal dans une dif-folution de cuivre par l'acide nitreux, le cuivre fe précipite fous fa forme métallique, & dore la furface du fer ; foit qu'il reprenne le phlo-giftique de ce dernier métal, fuivant la doc-trine de *Stahl*, foit qu'il fe décharge fur lui de l'air qui le mettoit dans l'état de chaux, fui-vant la théorie pneumatique. Le vitriol de cuivre préfente le même phénomène, & c'eft un procédé que plufieurs perfonnes ont em-ployé pour faire croire que le fer fe changeoit en cuivre.

L'acide marin ne diffout le cuivre que lorf-qu'il eft concentré & bouillant ; il ne fe dégage que peu de gaz pendant cette diſſolution, & l'on ne connoît pas ſa nature ; il paroît cependant que c'eſt du gaz inflammable. L'acide marin prend une couleur verte très-foncée & preſque brune. Cette combinaiſon forme un magma très-diſſoluble dans l'eau ; ſi on le leſſive, l'eau eſt d'une belle couleur verte qui diſtingue cette diſſolution des deux précédentes. En l'évaporant lentement & en la laiſſant refroidir, elle dépoſe des criſtaux priſmatiques & aſſez réguliers ſi l'évaporation a été faite avec précaution ; ils ne préſentent au contraire que des aiguilles acérées, très-petites & fort aiguës, lorſque l'évaporation a été trop rapide & le refroidiſſement trop ſubit. Ce ſel marin de cuivre eſt d'un vert de pré fort agréable ; il eſt d'une ſaveur cauſtique & très-aſtringente ; il ſe fond à une chaleur fort douce, & il ſe congèle en maſſe lorſqu'on le laiſſe refroidir. M. *Monnet* aſſure que l'acide marin y eſt très-adhérent, & qu'on ne peut l'en volatiliſer qu'à l'aide d'une chaleur très-conſidérable ; il attire fortement l'humidité de l'air ; il eſt décompoſable par les mêmes intermèdes que les ſels de cuivre précédens. J'ai obſervé que l'alkali volatil ne diſſolvoit point auſſi-bien la chaux de cuivre qu'il avoit ſéparée de l'acide marin, que celle du vitriol & du nitre cuivreux. Le bleu qu'il forme alors n'eſt pas auſſi vif, & il reſte une portion de cette chaux que l'alkali volatil ne diffout pas entièrement. Les acides vitriolique & nitreux ne décompofent point le fel marin de cuivre. La diffolution nitreufe de mercure & d'argent le décompofent, & font elles-mêmes décompofées dans l'inftant du mêlange ; & il fe forme un précipité blanc par le tranfport de l'acide marin fur le mercure ou fur l'argent, & la chaux de cuivre s'unit à l'acide nitreux. J'ai cependant obfervé que la liqueur ne prend pas la couleur bleue que doit avoir la diffolution de cuivre par l'acide nitreux , & qu'en général la chaux de cuivre formée par l'acide marin ne prend que très-difficilement cette couleur , comme nous l'avons déjà vu à l'égard de l'alkali volatil. Il m'a paru qu'en général les chaux de cuivre paffent très-facilement du bleu au vert , & très-difficilement du vert au bleu. L'acide marin diffout la chaux de cuivre avec beaucoup plus de facilité qu'il ne fait le cuivre lui-même. Ce fait a été bien obfervé par M. *Brandt.* La diffolution eft d'un beau vert, & elle criftallife auffi facilement que la première, ce qui prouve que dans les combinaifons falines métalliques, les métaux font toujours à l'état de chaux, comme nous l'avons déjà fait obferver.

Le nitre détonne difficilement à l'aide du cuivre. Il faut que ce fel foit fondu , & que le cuivre foit très-chaud pour que la déflagration ait lieu ; encore n'eft-elle que très-foible. On fait cette opération en jetant le cuivre en limaille fine fur du nitre en fufion dans un creufet large , afin que le contact foit plus multiplié. Lorfque le métal eft bien échauffé , on apperçoit un léger mouvement accompagné d'éclairs peu rapides. Le réfidu eft une chaux d'un gris un peu brun , mêlée avec l'alkali fixe ; on la lave, l'eau s'empare de l'alkali qui retient un peu de cuivre , & la chaux de ce métal refte pure. Elle fe fond toute feule en un verre d'un brun foncé & opaque ; elle eft employée pour colorer les émaux : on croit que l'alkali eft rendu cauftique ; mais il n'y a point encore d'expérience exacte fur cet objet.

Le cuivre décompofe très-bien le fel ammoniac. M. *Bucquet*, qui a examiné cette décompofition avec beaucoup de foin, a obtenu , en faifant l'expérience à l'appareil pneumato-chimique au mercure, fur deux gros de limaille de cuivre & un gros de fel ammoniac, cinquante-huit pouces de fluide élaftique, dont vingt-fix pouces étoient du gaz alkalin très-bon , vingt-fix étoient du gaz inflammable détonnant, & fix un gaz méphitique qui éteignoit les bougies fans être abforbé par l'eau, & fans précipiter l'eau de chaux. Il s'eft dégagé un peu d'efprit alkalin volatil d'une belle couleur bleue qui furnageoit le mercure. Cette expérience nous apprend que l'acide marin produit du gaz inflammable en diffolvant le cuivre. Le réfidu étoit une maffe d'un vert noirâtre dont une moitié a été diffoute par l'eau, & lui a communiqué une belle couleur verte, caractère diftinctif du fel marin de cuivre; l'autre moitié offroit une efpèce de chaux de cuivre formée par l'acide marin. En répétant cette décompofition à la dofe de quatre onces de cuivre fur deux onces de fel ammoniac avec l'appareil ordinaire du ballon, M. *Bucquet* a obtenu deux gros dix-huit grains d'efprit alkalin volatil bleu, qui faifoit effervefcence avec les acides, & contenoit un pouce environ de gaz acide crayeux par gros. Ce Chimifte ne favoit abfolument à quoi attribuer le dernier gaz; mais je crois qu'il pouvoit venir de quelques impuretés du fel ammoniac; car ayant répété cette expérience avec du fel ammoniac purifié par la fublimation, j'ai eu un alkali volatil très-cauftique, & ne faifant pas la plus légère effervefcence avec les acides. La chaux de cuivre décompofe auffi le fel ammoniac, & donne à l'efprit alkali volatil qu'elle en dégage, une portion d'acide crayeux qui le rend effervefcent. Cet alkali eft toujours bleu, parce qu'il entraîne avec lui une petite portion de chaux de cuivre à laquelle il doit cette couleur ; cependant les acides ne précipitent pas un atôme de ce métal. On prépare, en Pharmacie, deux médicamens avec le sel ammoniac & le cuivre, dont le premier a reçu le nom de fleurs ammoniacales cuivreufes, ou d'*ens veneris*. Ce n'eft autre chofe que du sel ammoniac coloré par un peu de chaux de cuivre. On fait fublimer un mêlange de huit onces de ce sel avec un gros de chaux de cuivre dans deux terrines posées l'une sur l'autre. Tout le sel ammoniac se volatilife fans être décompofé, & il entraîne un peu de cuivre qui lui donne une couleur bleuâtre. Le fecond qu'on appelle eau célefte, se prépare en laiffant féjourner pendant dix à douze heures une livre d'eau de chaux & une once de sel ammoniac dans une baffine de cuivre. La chaux dégage l'alkali volatil qui diffout un peu de cuivre de la baffine, & se colore en bleu : on peut faire l'eau célefte dans un vaiffeau de verre ou de terre, en ajoutant un peu de limaille ou de chaux de cuivre à l'eau de chaux & au sel ammoniac.

Il paroît que le cuivre décompofe l'alun ; car fi on fait bouillir une diffolution de ce sel dans un vaiffeau de cuivre, il se dépofe un peu d'argile ; & lorfqu'on précipite cet alun par l'alkali volatil, fa terre prend une petite couleur bleue qui décèle la préfence du cuivre.

On ne connoît point l'action du gaz inflammable fur le cuivre. Ce métal s'unit très-bien au foufre. Cette combinaifon peut fe faire par la voie humide, c'eft-à-dire, en faifant un mêlange de fleurs de foufre & de limaille de cuivre qu'on humecte avec de l'eau ; mais elle réuffit beaucoup plus promptement par la voie sèche. On expofe au feu un mêlange de parties égales de foufre en poudre & de limaille de cuivre dans un creufet, qu'on chauffe par degrés jufqu'à le faire rougir ; il réfulte de cette combinaifon une maffe d'un gris noirâtre, une forte de matte de cuivre qui eft aigre, caffante & plus fufible que le cuivre : on prépare ce compofé pour la teinture & pour la peinture fur les indiennes, en ftratifiant dans un creufet des lames de cuivre & du foufre en poudre, & en chauffant ce creufet, comme nous l'avons dit ; on pulvérife l'efpèce de matte qui en réfulte, & on lui donne le nom d'*æs veneris*. Le foie de foufre & le gaz hépatique ont une action marquée fur le cuivre ; le premier diffout ce métal par la voie sèche & par la voie humide ; le fecond en colore fortement la furface, mais on n'a point encore examiné l'effet de ces fubftances les unes fur les autres.

Le cuivre s'allie à plufieurs métaux : avec l'arfenic, il devient blanc & caffant, & forme le tombac blanc. Il s'unit au bismuth, & forme, suivant M. *Gellert*, un alliage d'un blanc rougeâtre à facettes cubiques. Il s'allie très-bien avec le régule d'antimoine, & donne le régule cuivreux qui se distingue par une belle couleur violette. Il décompose l'antimoine & s'unit au soufre qu'il enlève au régule.

Il se combine très-facilement au zinc. On peut faire cette combinaison de deux manières; 1°. par la fusion, on a un métal dont la couleur imite celle de l'or, qui est beaucoup moins susceptible de la rouille que le cuivre pur, mais qui a moins de ductilité que lui. Plus sa couleur imite celle de l'or, plus le métal est fragile : d'ailleurs il varie suivant la proportion du mélange, & les précautions qu'on a prises en le fondant; ses variétés sont le similor, le pinche-bec, le métal du Prince Robert, & l'or de Manheim. 2°. Si on cémente des lames de cuivre avec de la pierre calaminaire réduite en poudre & mêlée avec du charbon, & si l'on fait rougir le creuset au feu, le cuivre s'unit au zinc & forme le laiton. Ce dernier se rouille moins facilement que le cuivre; il est aussi malléable & plus fusible que lui; mais pour peu qu'on le chauffe fortement, il perd le zinc qui lui étoit allié, & redevient cuivre rouge.

Le cuivre s'allie difficilement au mercure ;

on parvient cependant à former une forte d'amalgame en triturant du cuivre en feuilles très-minces avec du mercure. Une lame de ce métal, plongée dans une diffolution de mercure par un acide, fe couvre d'une belle argenture due au demi-métal précipité par le cuivre.

Le cuivre & le plomb s'uniffent très-bien par la fufion, comme le prouve la formation des pains de liquation.

On le combine à l'étain de deux manières, ou en appliquant de l'étain fondu fur du cuivre, ou en fondant enfemble ces deux métaux. La première opération eft employée dans l'étamage du cuivre ; la feconde forme le bronze. Pour étamer des vaiffeaux de cuivre, on commence par les bien gratter, afin de rendre leur furface nette & brillante. On les frotte enfuite avec du fel ammoniac pour les nettoyer parfaitement ; on les fait chauffer, & on y jette de la réfine en poudre. Cette fubftance, en recouvrant la furface du cuivre, empêche qu'il ne fe calcine ; enfin on y verfe l'étain fondu, & on l'étend avec des étoupes. Plufieurs perfonnes fe plaignent que l'étamage des vaiffeaux de cuivre n'eft pas fuffifant pour les défendre de l'action de l'air, de l'humidité & des fels, parce qu'on voit fouvent ces vaiffeaux fe couvrir de vert-de-gris. Il feroit poffible de remédier à cet inconvénient, en mettant une couche d'étain plus épaisse, si l'on n'avoit à craindre que le degré de chaleur supérieur à celui de l'eau bouillante, auquel sont souvent exposés ces vaisseaux, ne fondît l'étain, & ne mît la surface du cuivre à découvert. On est justement étonné de la petite quantité d'étain nécessaire pour étamer le cuivre, puisque MM. *Bayen* & *Charlard* ont constaté qu'une casserole de neuf pouces de diamètre, & de trois pouces trois lignes de profondeur, n'avoit acquis que vingt-un grains par l'étamage. Cependant cette petite quantité suffit pour prévenir les dangers que le cuivre peut faire naître, lorsqu'on a l'attention de ne pas laisser séjourner trop long-tems dans des vaisseaux étamés des substances capables de dissoudre l'étain, & surtout de renouveler souvent l'étamage, que le frottement des mêts, la chaleur, & l'action des cuillers avec lesquelles on agite les substances qu'on y fait cuire, détruisent assez promptement. Il est cependant une crainte qu'on ne peut s'empêcher d'avoir relativement à l'étain dont se servent les Chaudronniers pour étamer les casseroles, &c. Il est souvent allié à un quart de son poids de plomb, & l'on a alors à craindre les mauvais effets de ce dernier, qui, comme on sait, est fort dissoluble dans les acides & dans les graisses. Il seroit donc nécessaire que le Gouvernement prît des mesures pour que les Chaudronniers ne fussent point trompés dans l'achat de l'étain, & qu'ils ne pussent employer que celui de Malaca ou de Banca, tel qu'il nous arrive des Indes, & sans qu'il ait été allié & refondu par les Potiers d'étain.

M. *de la Folie*, citoyen de Rouen, recommandable par ses travaux chimiques relatifs aux arts, & par les découvertes utiles dont il a enrichi la teinture, la faïencerie, & un grand nombre de Manufactures de Rouen, a proposé pour éviter les inconvéniens & les dangers du cuivre étamé, des casseroles de fer battu recouvertes de zinc, qui, comme on l'a déjà vu, n'a rien de dangereux. Plusieurs personnes en ont déjà fait un usage avantageux ; & il est à desirer que ces vaisseaux se multiplient.

Lorsqu'on fond l'étain avec le cuivre, on a un métal plus pesant que la somme des deux métaux employés. Cet alliage est d'autant plus blanc, plus cassant & plus sonore, qu'on y a fait entrer plus d'étain ; lorsqu'il est très-blanc, on le nomme métal des cloches. Lorsqu'il contient plus de cuivre, il est jaune, & porte le nom d'airain ou de bronze ; on s'en sert pour couler des statues, & pour faire des pièces d'artillerie qui doivent être assez solides pour ne pas s'éclater au moindre effort, & cependant affez peu ductiles pour n'être pas déformées par le choc des boulets.

Le cuivre & le fer font fufceptibles de s'unir par la fufion & par la foudure. Cependant cette combinaifon ne réuffit pas facilement. Lorfqu'on fond dans un creufet un mélange de ces deux métaux, le fer fe trouve fouvent femé dans le cuivre, fans avoir contracté une union parfaite. Le cuivre décompofe l'eau mère du vitriol martial, quoique le fer ait avec les acides une plus grande affinité que le cuivre.

Les ufages du cuivre font très-multipliés & très-connus. On en fait une multitude d'uftenfiles très-variés. C'eft fur-tout le cuivre jaune, ou fon alliage avec le zinc, qui eft le plus employé à caufe de fa grande ductilité & de fa beauté. Comme le cuivre eft un poifon très-violent, on ne doit jamais fe permettre de l'adminiftrer en Médecine. Les remèdes les plus appropriés dans les cas d'empoifonnement par le cuivre réduit en chaux ou en vert-de-gris, font les émétiques, l'eau en abondance, les foies de foufre, les alkalis, &c.

LEÇON XL.

Sorte XIII. ARGENT.

L'ARGENT, nommé lune ou Diane par les Alchimistes, est un métal parfait, d'une couleur blanche, & du brillant le plus vif. Il n'a ni saveur ni odeur. Sa pesanteur spécifique est telle qu'il perd à la balance hydrostatique environ un onzième de son poids. Un pied cube de ce métal pèse sept cens vingt livres. L'argent est d'une si grande ductilité qu'on le bat en lames aussi minces que le papier, & qu'on le réduit en fils plus fins que les cheveux. Un grain d'argent peut former par son extension un vaisseau capable de contenir une once d'eau. Il est d'une ténacité assez considérable pour qu'un fil d'argent d'un dixième de pouce de diamètre puisse soutenir un poids de deux cens soixante-dix livres sans se rompre. Sa dureté & son élasticité sont moindres que celles du cuivre. Il est le plus sonore des métaux, après celui que nous venons de citer. Il s'écrouit sous le marteau, & il est très-susceptible de perdre l'écrouissement par le recuit. MM. *Tillet* & *Mongez* ont fait cristalliser de l'argent. Ils ont obtenu des pyramides quadrilatères , quelquefois ifolées comme celles qui fe trouvent aux bords du creufet où on a fondu ce métal , ou grouppées & pofées latéralement les unes fur les autres.

L'argent fe trouve en plufieurs états dans la nature. Les principales mines de ce métal peuvent être réduites aux fuivantes :

1°. L'argent natif ou vierge. On le reconnoît à fon brillant & à fa ductilité. Il offre un grand nombre de variétés pour la forme. Il eft fouvent en maffes irrégulières plus ou moins confidérables. Quelquefois il eft en filets capillaires contournés , & il paroît alors devoir fa formation à une mine d'argent rouge décompofé, comme l'ont obfervé *Henckel* & M. *Romé de Lifle*. On le rencontre auffi en lames , en réfeaux qui imitent les toiles d'araignées , & que les Efpagnols appellent à caufe de cela *arané ;* en végétation, ou en rameaux formés par des octaëdres implantés les uns fur les autres. Quelques-uns de ces échantillons offrent une feuille de fougère ; d'autres préfentent des cubes & des octaëdres ifolés , dont les angles font tronqués ; ces derniers font les plus rares. L'argent natif eft prefque toujours difperfé dans une gangue quartzeufe. Il fe trouve au Pérou , au Mexique , à Konfberg en Norwege , à Johan-Georgenftadt & à Ehrenfriederfdorf en Saxe , à Sainte-Marie, &c. &c. On ne connoît point dans la nature ce métal en état de chaux.

2°. La mine d'argent vitreuse est, suivant la plupart des Minéralogistes, formée d'argent & de soufre. Elle est d'un gris sale, semblable au plomb ; on la coupe au couteau comme ce métal. Elle est souvent informe, quelquefois en cubes dont les angles sont tronqués. M. *Monnet* en distingue une variété qui se réduit en poudre au lieu de se couper. Cette mine donne depuis soixante-douze jusqu'à quatre-vingt-quatre livres d'argent par quintal.

3°. La mine d'argent rouge est souvent foncée en couleur, quelquefois transparente, cristallisée en cubes dont les bords sont tronqués, ou en prismes hexaèdres, terminés par des pyramides trièdres ; on la nomme rossi-clero au Potosi. L'argent y est combiné avec le soufre & l'arsenic. Elle contient peut-être de l'acide crayeux, puisque M. *Sage* en la distillant, & en recevant ses produits dans un ballon enduit d'alkali fixe végétal, a obtenu des cristaux. Lorsqu'on la casse, sa couleur est plus claire en dedans, & elle paroît formée de petites aiguilles ou de prismes convergens comme les stalactites. Si on l'expose à un feu bien ménagé, & capable de la faire rougir, l'argent se réduit, & forme des végétations capillaires semblables à l'argent natif. Elle donne depuis cinquante - huit jufqu'à foixante-deux livres d'argent par quintal.

4°. La mine d'argent grife & blanche, qui ne diffère de la mine de cuivre appelée *Fahlertz* que parce qu'elle contient plus de métal précieux. Elle eft en maffes ou bien en criftaux triangulaires, dont les bords font taillés en bifeau. Les plus gros de ces criftaux font d'une couleur peu éclatante ; les plus petits difperfés fur une gangue platte forment un fpectacle fort agréable à la lumière, à caufe de leur brillant très-vif. L'argent gris donne depuis deux jufqu'à cinq marcs d'argent par quintal. Quelquefois l'argent gris s'eft introduit dans des matières organiques dont il imite parfaitement la forme. On le nomme alors mine d'argent figurée ; telle eft celle qui reffemble à des épis de blé, & que M. *Romé de Lifle* a reconnue pour des cônes & des écailles de pin ; on a trouvé auffi du bois minéralifé de cette efpèce.

5°. La mine d'argent noire, appellée *nigrillo* par les Efpagnols, n'eft, fuivant MM. *Lehman & Romé de Lifle*, qu'une décompofition de la mine d'argent rouge ou de la grife, & une forte d'état moyen entre celui de ces mines & l'argent natif ; on y rencontre fouvent de ce dernier. Ce dernier Minéralogifte obferve que celle qui eft folide, fpongieufe ou vermoulue, provient des

mines

mines rouges & vitreufes, & eft beaucoup plus riche que celle qui eft friable & de couleur de poix, dont l'origine eft due à l'altération des mines d'argent blanches ou grifes. Auffi eft-elle fort fujette à varier pour le produit. Elle donne en général depuis fix à fept livres jufqu'à près de foixante livres par quintal.

6°. La mine d'argent cornée eft d'un gris jaunâtre fale ; quelquefois elle tire fur le gris de lin ; elle a, quoique rarement, une demi-tranfparence ; elle eft molle, s'écrafe & fe coupe facilement ; elle fe fond à la flamme d'une bougie. On la trouve criftallifée en cubes, & le plus fouvent en maffes informes. Elle contient fréquemment des portions d'argent natif. Les Minéralogiftes ne font point d'accord fur la nature de cette mine. Les uns croient qu'elle contient du foufre & de l'arfenic. MM. *Cronftedt*, *Lehman* & *Sage* penfent qu'elle eft minéralifée par l'acide marin. Il paroît que ce dernier fentiment a été plus généralement adopté. M. *Woulfe* l'a confirmé, en affurant que l'argent & le mercure font les feuls métaux minéralifés par l'acide marin. M. *Prouft* reconnoît auffi ce minéralifateur pour ces deux métaux.

7°. La mine d'argent molle de M. *Wallerius*, n'eft que de l'argent natif ou minéralifé femé en plus ou moins grande quantité dans des terres colorées. La mine d'argent merde d'oie, ainsi appellée à cause de sa couleur jaune & verte mêlée, n'est qu'une variété de cette espèce.

8°. Enfin, l'argent se trouve souvent combiné avec d'autres matières métalliques, dans des mines dont nous avons fait l'histoire. Tels sont le mispickel, la mine de cobalt grise, le kupfernickel ou mine de nickel, l'antimoine qui offre souvent la variété appelée mine d'argent en plumes, la blende, la galêne, les pyrites martiales & les mines de cuivre blanches; ces dernières ne sont même que des mines d'argent grises. Toutes ces substances contiennent souvent assez d'argent, pour qu'on puisse en retirer avec profit ce métal précieux; mais il est facile de concevoir qu'on ne doit point les décrire comme des mines d'argent particulières, & qu'il suffit d'indiquer qu'elles sont en partie composées de ce métal (a).

L'essai des mines d'argent doit varier suivant

____

(a) M. *Daubenton* a rendu un grand service à la Minéralogie, en distinguant les mines métalliques par le nombre des métaux qu'elles contiennent, & en donnant des caractères pour reconnoître la présence de ces différentes substances. Sa nouvelle méthode est beaucoup plus exacte, plus sûre & plus satisfaisante que celles des Minéralogistes qui l'ont précédé.

leur nature. Celles qui contiennent l'argent natif ne demandent, à la rigueur, que d'être bo-
cardées & lavées; on peut, pour féparer exactement ce métal des fubftances étrangères qui
l'altèrent, le triturer avec du mercure coulant.
Ce dernier diffout l'argent, & on le volatilife
enfuite à l'aide du feu, pour avoir le métal parfait. Les mines d'argent fulfureufes demandent
à être grillées, enfuite fondues avec une plus
ou moins grande quantité de flux. On obtient
dans cette fonte l'argent, ordinairement allié avec
du plomb, du cuivre, du fer, &c. On emploie
pour le féparer & pour favoir exactement la
quantité de métal précieux que cet alliage contient, un procédé entièrement chimique, fondé
fur les propriétés des métaux imparfaits. Le
plomb étant fufceptible de fe vitrifier & d'entraîner dans fa vitrification les métaux imparfaits,
tels que le fer & le cuivre, fans toucher à l'argent; on fe fert de cette propriété pour féparer
ce métal parfait d'avec ceux qui l'altèrent. On
fond l'argent avec d'autant plus de plomb, qu'il
contient plus de métaux étrangers; on met enfuite cet alliage dans des vaiffeaux plats & poreux, faits avec des os calcinés & de l'eau. Ces
efpèces de têts, qu'on appelle coupelles, font
propres à abforber le verre de plomb qui fe
forme dans l'opération de la coupellation. L'ar-

gent refle pur après cette opération. Pour favoir combien il contenoit de métaux imparfaits
ou à quel titre il étoit, on fuppofe une maffe
d'argent quelconque compofée de douze parties, qu'on appelle deniers, & chacun de ces
deniers eft formé de vingt-quatre grains. Si la
maffe d'argent examinée a perdu un douzième
de fon poids, c'eft de l'argent à onze deniers;
fi elle n'a perdu qu'un vingt-quatrième, l'argent
eft à onze deniers douze grains de fin, & ainfi
de fuite. La coupelle, après cette opération,
a acquis beaucoup de poids; elle eft chargée
du verre de plomb & de celui des métaux imparfaits qui étoient alliés à l'argent, & que le plomb
en a féparés. Comme le plomb contient prefque toujours un peu d'argent, il eft néceffaire
de le coupeller d'abord tout feul, afin de déterminer la quantité d'argent qu'il contient; on
doit enfuite défalquer du bouton de retour que
l'on obtient en coupellant fon argent, la petite
portion que l'on fait être contenue dans le
plomb qu'on a employé, & que l'on appelle
le témoin. La coupellation préfente un phénomène qui avertit l'Artifte du degré où en eft fon
opération. A mefure que l'argent devient pur
par la vitrification & la féparation du plomb,
il paroît beaucoup plus brillant que la portion
qui ne l'eft pas encore. La partie brillante aug-

mente peu à peu, & lorſque toute la ſurface de ce métal devient pure & éclatante de lumière, l'inſtant où il paſſe à cet état préſente une ſorte d'éclair ou de fulguration qui annonce que l'opération eſt finie. L'argent de coupelle eſt très-pur, relativement aux métaux imparfaits qu'il contenoit auparavant, mais il peut contenir de l'or, & comme il en contient toujours une certaine quantité, il faut employer un autre procédé pour ſéparer ces deux métaux parfaits. Comme l'or eſt beaucoup moins altérable que l'argent par la plupart des menſtrues, on diſſout l'argent par les acides nitreux ou marin & le ſoufre; & l'or ſur lequel ces diſſolvans n'ont que très-peu ou point d'action, reſte pur. Cette manière de ſéparer l'argent de l'or eſt nommée départ. Nous parlerons des différentes ſortes de départs, après avoir fait connoître l'action de chacun des diſſolvans qu'on y met en uſage ſur l'argent, & lorſque nous traiterons de l'alliage de ce métal avec l'or.

Les travaux en grand, pour extraire l'argent de ſes mines & pour l'obtenir pur, ſont à peu près ſemblables à ceux que nous avons décrits pour l'eſſai des mines de ce métal. Il y a en général trois manières de traiter l'argent en grand. La première conſiſte à triturer l'argent vierge avec du mercure; on lave cette amalgame pour en féparer toute la terre ; on l'exprime à travers des peaux de chamois, & on la diftille dans des cornues de fer ; on fond enfuite l'argent & on le coule en lingots. On ne peut pas fuivre ce procédé pour les mines d'argent qui contiennent du foufre ; alors on les grille & on les mêle avec du plomb pour affiner le métal précieux par la coupellation. Tel eft le procédé qu'on met en pratique pour les mines d'argent riches ; quant à celles qui font pauvres, on fuit une méthode différente des deux premières. On les fond fans grillage préliminaire, avec une certaine quantité de pyrites. Cette fufion, appelée fonte crue, donne une matte de cuivre tenant argent, que l'on traite par la liquation avec le plomb ; ce dernier qui a entraîné l'argent pendant la fonte, eft fcorifié enfuite par la coupelle, & le métal parfait refte pur. La coupellation en grand diffère de celle que l'on fait en petit, en ce que dans la première le plomb fcorifié eft chaffé de deffus la coupelle par l'action des foufflets, tandis que dans les effais le verre de plomb eft abforbé par la coupelle.

L'argent obtenu par les procédés que nous venons d'indiquer, eft en général beaucoup moins altérable que tous les métaux dont nous avons jufqu'à préfent fait l'hiftoire. Le contact de la lumière, quelque long-temps que ce métal y reste exposé, n'en change en aucune manière les propriétés. La chaleur le fond, le fait bouillir & le volatilise, mais sans altération. Il faut pour le fondre, une chaleur capable de le faire rougir à blanc ; il est plus fusible que le cuivre. Lorsqu'il est tenu en fusion pendant quelque tems, il se boursouffle, & il exhale des vapeurs qui ne font que de l'argent volatilisé. Ce fait est prouvé par l'existence de ce métal dans le tuyau des cheminées où on en fond continuellement de grandes quantités. Il est confirmé par la belle expérience de MM. les Académiciens de Paris ; en exposant de l'argent très-pur au foyer de la lentille de M. *de Trudaine*, ces Savans ont vu ce métal fondu répandre une fumée épaisse qui a blanchi une lame d'or sur laquelle elle avoit été reçue.

L'argent en se refroidissant lentement est susceptible de prendre une forme régulière, ou de se cristallifer en pyramides quadrangulaires. M. *Baumé* avoit déja fait observer que ce métal prenoit en se refroidissant une forme symmétrique qui s'annonçoit à sa surface par des filets semblables à la barbe d'une plume. J'avois observé que le bouton de fin que l'on obtient par la coupellation, offroit souvent à sa surface des petits espaces à cinq ou six côtés, arrangés entr'eux comme les carreaux d'une chambre ; mais, la criſtalliſation en pyramides n'a été bien obſervée que par MM. *Tillet* & l'Abbé *Mongez.*

On a cru pendant long-temps , & quelques Chimiſtes penſent encore , que l'argent eſt indeſtructible par l'action combinée de la chaleur & de l'air. Il eſt certain que ce métal tenu en fuſion avec le contact de l'air ne paroît pas s'altérer ſenſiblement. Cependant *Juncker* avoit avancé qu'en le traitant pendant long-tems par la réverbération, à la manière d'*Iſaac* le Hollandois , l'argent ſe changeoit en une chaux vitreſcente. Cette expérience a été confirmée par M. *Macquer.* Ce ſavant Chimiſte a expoſé de l'argent juſqu'à vingt fois de ſuite dans un creuſet de porcelaine au feu qui cuit celle de Sèves , & il a obtenu à la vingtième fuſion , une matière vitriforme d'un vert d'olive qui paroît être un véritable verre d'argent. Ce métal chauffé au foyer du verre ardent a toujours préſenté une matière blanche pulvérulente à ſa ſurface , & un enduit vitreux verdâtre ſur le ſupport ſur lequel il étoit placé. Ces deux faits ne peuvent laiſſer de doute ſur l'altération de l'argent ; quoiqu'il ſoit beaucoup plus difficile à calciner que les autres matières métalliques , il eſt cependant ſuſceptible de ſe changer à la longue en une chaux blanche , qui , traitée à un feu violent, donne un verre couleur d'olive. Peut-être feroit-il poffible d'obtenir une chaux d'argent en chauffant pendant long-tems ce métal réduit en lames très-fines ou en feuilles dans des matras, comme on le fait pour le mercure.

L'argent n'éprouve aucune altération de la part de l'air ; fa furface n'eft que très-peu ternie , & même au bout d'un tems très-long. L'eau n'a pas plus d'action fur ce métal. Les matières terreufes ne fe combinent point avec lui ; il eft vraifemblable que fa chaux coloreroit en olive les verres avec lefquels on la feroit entrer en fufion.

Les matières falino - terreufes & les alkalis n'agiffent pas d'une manière fenfible fur l'argent. Au refte on n'a pas encore fuivi avec beaucoup de foin l'action de ces fubftances fur ce métal.

L'acide vitriolique diffout l'argent, lorfqu'il eft très-concentré & bouillant & lorfqu'on lui préfente ce métal dans un grand état de divifion. Il fe dégage beaucoup de gaz fulfureux de cette diffolution ; l'argent eft réduit en une matière blanche fur laquelle il faut verfer de l'efprit de vitriol fi on veut l'avoir en diffolution. En faifant évaporer cette liqueur , on obtient de très-petites aiguilles de vitriol de lune. Ce fel fe fond au feu ; il eft très-fixe. Il eft décompofable par les alkalis , par le fer , le cuivre , le zinc, le mercure , &c. Tous les précipités qu'on en obtient peuvent fe réduire fans addition & en argent fin dans les vaiffeaux fermés.

L'acide nitreux diffout l'argent avec rapidité, & même fans le fecours de la chaleur. Cette diffolution fe fait même quelquefois fi vivement , qu'on eft obligé pour prévenir les inconvéniens que cette rapidité fait naître, de n'employer que l'argent en maffe. Il fe dégage beaucoup de gaz nitreux , & il fe fait un précipité blanc plus ou moins abondant, fi l'efprit de nitre contient quelques portions d'acide vitriolique ou d'acide marin. L'efprit de nitre fe colore ordinairement en bleu ou en vert ; il perd cette couleur & devient tranfparent lorfque la diffolution eft finie, & fi l'on a employé de l'argent pur ; il refte au contraire avec une nuance plus ou moins verdâtre lorfque l'argent contenoit du cuivre. Souvent l'argent le plus pur qu'on puiffe employer contient de l'or ; alors comme l'acide nitreux n'a que peu d'action fur ce métal parfait, à mefure qu'il agit fur l'argent, il s'en fépare de petits floccons noirâtres qui fe raffemblent au fond du vaiffeau , & qui ne font que de l'or. C'eft d'après cette action diverfe de l'acide nitreux fur ces deux métaux , qu'on l'emploie avec fuccès pour les féparer l'un de l'autre dans l'opération du départ à l'eau - forte. L'acide nitreux peut diffoudre plus de moitié de fon poids d'argent. Cette diffolution eft d'une très-grande caufticité ; elle tache l'épiderme en noir , & elle le corrode entièrement. Lorfqu'elle eft très-chargée , elle dépofe des criftaux min-ces brillans , femblables au fel fédatif ; en l'éva-porant à moitié , elle donne par le refroidif-fement des criftaux plats , qui font ou hexa-gones , ou triangulaires , ou quarrés , & qui pa-roiffent formés d'un grand nombre de petites aiguilles pofées les unes à côté des autres. Ces lames fe placent obliquement les unes fur les autres. Elles font tranfparentes & très-cauftiques ; on les nomme nitre d'argent , nitre lunaire ou criftaux de lune. Ce fel eft promptement altéré par le contact de la lumière , & noirci par les vapeurs combuftibles. Si on le met fur un char-bon ardent , il détonne bien , & il laiffe une pou-dre blanche qui eft de l'argent pur : il eft très-fufible. Si on l'expofe au feu dans un creufet , il fe bourfouffle d'abord en perdant l'eau de fa criftallifation ; enfuite il refte dans une fonte tranquille. Si on le laiffe refroidir dans cet état , il fe prend en une maffe grife légèrement ai-guillée , & forme une préparation connue en

Pharmacie & en Chirurgie fous le nom de pierre infernale. On n'a pas befoin pour l'obtenir de fe fervir des criftaux de lune , qui font très-longs à faire & très-difpendieux. Il fuffit d'évaporer à ficcité une diffolution d'argent par l'acide nitreux ; de mettre ce réfidu dans un creufet ou dans une timbale d'argent, comme le confeille M. *Baumé* , & de la chauffer lentement jufqu'à ce qu'elle foit dans une fonte tranquille ; alors on la coule dans une lingotière pour lui donner la forme de petits cylindres. Si l'on caffe des crayons de pierre infernale, on obferve qu'ils font formés d'aiguilles, qui partent en rayonnant du centre de chaque cylindre , & qui vont fe terminer à fa circonférence. Il ne faut pas chauffer trop long-tems le nitre lunaire pour en faire la pierre infernale ; fans cela une partie de ce fel fe décompofe, & l'on trouve un culot d'argent dans le fond du creufet. Pour voir ce qui fe paffe dans cette opération, j'ai diftillé des criftaux de lune dans un appareil pneumato-chimique. Ils m'ont donné du gaz nitreux & une grande quantité d'air déphlogiftiqué le plus pur que je connoiffe. J'ai retrouvé dans mon matras l'argent entièrement réduit ; le verre avoit pris l'opacité de l'émail, & il étoit coloré en un beau brun couleur de marron. C'eft fans doute à la manganèfe ou à quelqu'autre fubftance contenue dans ce verre, qu'est due la couleur brune qu'il a prise dans cette expérience, car celle du verre, formé par la chaux d'argent, tire sur le vert d'olive, comme nous l'avons déja fait observer.

Le nitre de lune, exposé à l'air, n'en attire pas l'humidité, il se dissout très-bien dans l'eau, & on peut le faire cristalliser par l'évaporation lente de ce fluide.

La dissolution nitreuse d'argent est décomposée par les substances salino-terreuses & par les alkalis, mais avec des phénomènes très-différens, suivant l'état de ces matières. L'eau de chaux y forme un précipité couleur d'olive très-abondant. Les alkalis fixes crayeux la précipitent en blanc ; l'alkali volatil caustique, en un gris qui tire sur le vert de l'olive.

Quoique l'acide nitreux soit celui qui agisse avec le plus d'énergie sur l'argent, ce n'est pas celui qui a plus d'adhérence & plus d'affinité avec ce métal ; l'acide vitriolique & l'acide marin sont susceptibles de lui enlever l'argent qui lui est uni. C'est pour cela qu'en versant quelques gouttes de ces acides dans une dissolution nitreuse d'argent, il se forme un précipité en une poudre blanche, lorsqu'on emploie l'acide vitriolique, & en floccons épais comme un *coagulum*, si l'on se sert d'acide marin. Dans le premier cas, il s'est formé du vitriol d'argent; dans le second, un sel marin de lune : ces deux sels n'étant pas très-solubles se précipitent. Il n'est pas nécessaire de se servir des acides vitriolique & marin libres, pour opérer ces décompositions; on peut aussi employer les sels neutres qui résultent de leur union avec les alkalis & les matières terreuses; alors il y a double décomposition & double combinaison, parce que l'acide nitreux séparé de l'argent, s'unit avec la base des sels vitrioliques ou marins.

C'est sur cette différence de rapport entre les acides & l'argent qu'est fondé un procédé que l'on met en usage pour se procurer un acide nitreux, bien pur & exempt du mélange des autres acides, tel en un mot, qu'il le faut pour plusieurs opérations de métallurgie, & pour la plupart des recherches chimiques. Comme en distillant l'esprit de nitre, il est rare que ce fluide ne soit point mêlé avec une certaine quantité d'acide vitriolique ou d'acide marin, les Chimistes ont cherché des moyens de séparer ces fluides étrangers, & ils se servent avec succès de la dissolution nitreuse d'argent, pour parvenir à ce but. On verse dans l'acide nitreux impur, cette dissolution lunaire jusqu'à ce qu'on s'apperçoive qu'elle n'y occasionne plus de précipité; on laisse rassembler le dépôt formé de vitriol d'argent ou de lune cornée; on décante l'acide & on le diftille à une chaleur douce pour le féparer d'avec la petite portion de fels lunaires qu'il peut contenir. Le produit que l'on obtient eft de l'acide nitreux très-pur; on lui donne le nom d'eau forte précipitée.

La plupart des matières métalliques font fufceptibles de décompofer la diffolution nitreufe d'argent, parce qu'elles ont plus d'affinité que ce métal avec l'acide nitreux. Le fel neutre arfenical diffous dans l'eau produit dans la diffolution nitreufe un précipité rougeâtre formé par l'union de l'argent avec l'arfenic. Ce précipité imite la mine d'argent rouge. On peut obtenir l'argent précipité dans fon état métallique par la plupart des métaux & des demi-métaux; mais c'eft fur-tout la féparation de ce métal parfait opérée par le mercure & par le cuivre, qu'il nous importe de confidérer ici, à caufe des phénomènes que préfente la première, & de l'utilité de la feconde.

L'argent féparé de l'acide nitreux par le mercure, eft dans fon état métallique, & la lenteur de fa précipitation donne naiffance à un arrangement fymmétrique particulier connu fous le nom d'arbre de *Diane*, ou arbre philofophique. Il y a plufieurs procédés pour obtenir cette criftallifation. *Lémery* prefcrivoit de prendre une once d'argent fin, de le diffoudre dans de l'acide nitreux médiocrement fort, d'étendre cette diffolution avec environ vingt onces d'eau diftillée, & d'y ajouter deux onces de mercure. En quarante jours de tems, il s'y forme une végétation très-belle. *Homberg* a donné un autre procédé beaucoup plus court. On fait, fuivant ce Chimifte, une amalgame à froid de quatre gros d'argent en feuilles avec deux gros de mercure; on diffout cette amalgame dans fuffifante quantité d'acide nitreux, on ajoute à cette diffolution une livre & demie d'eau diftillée. On met dans une once de cette liqueur une petite boule d'une amalgame d'argent molle, & la précipitation de l'argent a lieu prefque fur le champ. L'argent précipité & uni à une portion de mercure fe dépofe en filets comme prifmatiques à la furface de l'amalgame. D'autres filets viennent s'implanter fur les premiers, de manière à offrir une végétation en forme de buiffon. Enfin, M. *Baumé* a décrit un moyen d'obtenir l'arbre de *Diane*, qui diffère un peu de celui de *Homberg*, & qui réuffit plus fûrement. Il confeille de mêler fix gros de diffolution d'argent, & quatre gros de diffolution de mercure par l'acide nitreux, & toutes deux bien faturées, d'ajouter à ces liqueurs cinq onces d'eau diftillée, & de les verfer dans un vafe de verre fur fix gros d'une amalgame

faite

faite avec fept parties de mercure & une partie d'argent. Ces deux méthodes réuffiffent avec beaucoup plus de promptitude que celle de *Lémery*, par l'action réciproque & le rapport qui exifte entre les matières métalliques. En effet, le mercure contenu dans la diffolution, attire celui de l'amalgame; l'argent contenu dans cette dernière, agit auffi fur celui qui eft tenu en diffolution, & il réfulte de ces attractions une précipitation plus prompte de l'argent. Le mercure qui fait partie de l'amalgame étant plus abondant qu'il ne feroit néceffaire pour précipiter l'argent de la diffolution, produit encore un troifième effet bien important à confidérer: c'eft qu'il attire l'argent par l'affinité & la tendance qu'il a à fe combiner avec ce métal ; il s'y combine effectivement, puifque les végétations de l'arbre de *Diane* ne font qu'une véritable amalgame caffante & criftallifée. Cette criftallifation réuffit beaucoup mieux dans les vaiffeaux coniques , comme des verres, que dans des vaiffeaux arrondis ou évafés, tels que la cucurbite recommandée par M. *Baumé*. On conçoit auffi qu'il eft néceffaire de mettre le vafe où fe fait l'expérience, à l'abri des fecouffes qui s'oppoferoient à l'arrangement fymétrique & régulier de l'amalgame.

Le cuivre plongé dans une diffolution d'argent en précipite de même ce métal fous la forme brillante & métallique. On emploie ordinairement ce procédé pour féparer l'argent de fon diffolvant après avoir fait le départ. On trempe des lames de cuivre dans la diffolution, ou bien on met cette dernière dans un vaiffeau de cuivre; l'argent fe fépare fur le champ en flocons d'un gris blanchâtre. On décante la liqueur lorfqu'elle eft bleue & qu'il ne s'en précipite plus d'argent. On lave ce dernier à plufieurs eaux; on le fond dans des creufets, & on le paffe avec du plomb à la coupelle pour en féparer une portion de cuivre auquel il s'eft uni dans la précipitation. L'argent que fournit cette opération eft le plus pur de tous; il eft à douze deniers de fin. On voit, d'après ces deux précipitations de l'argent par le mercure & par le cuivre, que les métaux féparés de leurs diffolvans par des matières métalliques, fe précipitent avec toutes leurs propriétés.

L'acide marin ne diffout point immédiatement l'argent dans fon état de fluidité; mais il paroît très-fufceptible de diffoudre ce métal lorfqu'il eft dans l'état de gaz, comme le prouve l'opération du départ concentré, qui confifte à expofer au feu des lames d'or allié d'argent, cémentées avec un mélange de vitriol martial & de fel commun; l'acide vitriolique dégage l'efprit de fel qui fe

porte fur l'argent & le diffout. On fuit un procédé beaucoup plus prompt & plus facile pour
combiner l'acide marin avec l'argent. On verfe
de l'efprit de fel dans une diffolution nitreufe
de ce métal ; le précipité très-abondant qui fe
forme fur le champ, eft la combinaifon de l'a-
cide marin avec l'argent qui a plus d'affinité avec
cet acide qu'avec celui du nitre, & qui conféquemment quitte ce dernier pour s'unir au premier. On obtient la même combinaifon en verfant de l'acide marin dans une diffolution de
vitriol d'argent; parce que cet acide a plus d'affinité avec le métal que n'en a le vitriolique. On
peut encore combiner l'acide marin à l'argent ,
en chauffant cet acide fur une chaux de ce métal
précipité de l'acide nitreux par l'alkali fixe.

Le fel marin d'argent a plufieurs propriétés
qu'il eft important de bien connoître. Il eft fingulièrement fufible. Lorfqu'on l'expofe dans une
fiole à médecine à un feu doux, comme fur les
cendres chaudes (a), il fe fond en une fubftance

______

(a) Il eft bon de fe rappeler ici que la plupart des
combinaifons des matières métalliques avec l'acide marin,
préfentent cette propriété. Beaucoup d'entr'elles font en
effet affez fufibles pour mériter le nom de beurres qui leur
a été donné par les Chimiftes ; tels font les beurres d'arfenic,
de bifmuth, d'antimoine, de zinc, d'étain, &c.

grife & demi-tranfparente affez femblable à de la corne ; c'eft pour cela qu'on l'a appelée lune cornée. Si on la coule fur un porphyre, elle fe fige en une matière friable & comme criftallifée en belles aiguilles argentines. Si on la chauffe long-tems avec le contact de l'air, elle fe décompofe ; elle paffe facilement à travers les creufets ; une partie fe volatilife & une autre fe réduit en métal, & donne des globules d'argent femés dans la portion de lune cornée non décompofée. La lune cornée expofée à l'air perd fa couleur blanche & brunit affez promptement. Elle fe diffout dans l'eau, mais en très-petite quantité, puifqu'une livre d'eau diftillée bouillante ne s'en charge que de trois ou quatre grains, fuivant l'expérience de M. *Monnet*. Les alkalis font fufceptibles de décompofer la lune cornée diffoute dans l'eau, ou traitée au feu avec ces fels, c'eft un moyen qu'on peut employer pour obtenir l'argent le plus pur & le plus fin que l'on connoiffe. On fait un mélange de quatre parties de fel fixe de tartre ou de tartre crayeux, avec une partie de lune cornée. On le met dans un creufet, & on le fait fondre ; lorfqu'il eft en belle fufion, on le retire du feu, on le laiffe refroidir & on le caffe ; on en fépare l'argent qui fe trouve au-deffous du fel fébrifuge formé dans cette opération, & de la portion furabondante d'alkali employé. M. *Baumé*, à qui eſt dû ce procédé, aſſure que la quantité d'alkali qu'il preſ-crit, empêche la lune cornée de paſſer à travers le creuſet en agiſſant ſur toutes les parties qu'il décompoſe à la fois. M. *Margraf* a obſervé que l'alkali volatil concret mêlé avec la lune cornée, ne la décompoſoit pas, mais qu'il s'y uniſſoit ſans précipiter l'argent. Cette combinaiſon pa-roît ſe rapprocher du ſel alembroth, ſuivant M. *Macquer*. Le Chimiſte de Berlin, que nous venons de citer, a donné un autre procédé pour réduire la lune cornée, & pour en obtenir l'ar-gent parfaitement pur. On triture dans un mor-tier cinq gros ſeize grains de lune cornée avec une once & demie d'alkali volatil ou concret, ou ſel ammoniacal crayeux, en ajoutant aſſez d'eau diſtillée pour faire une pâte ; on agite ce mêlange juſqu'à ce que le gonflement & l'effer-veſcence, qui s'y excitent, ſoient appaiſés ; alors on y ajoute trois onces de mercure bien puri-fié, & on triture juſqu'à ce qu'on apperçoive une belle amalgame d'argent ; on la lave avec beaucoup d'eau, en continuant la trituration, & on renouvelle le lavage, juſqu'à ce que l'eau ſorte très-claire, & que l'amalgame ſoit très-bril-lante ; à cette époque on ſèche cette dernière, & on la diſtille dans une cornue juſqu'à ce que ce vaiſſeau ſoit d'un rouge blanc ; le mercure passe dans le récipient, & on trouve l'argent pur au fond de la cornue. De cette manière on obtient ce métal de la plus grande pureté & sans déchet sensible. C'est de cet argent qu'on doit se servir pour les expériences délicates de la Chimie. L'eau employée pour laver ce mélange, a emporté deux substances, une certaine quantité de sel ammoniac qu'elle tient en dissolution, & une poudre blanche qui ne peut point s'y dissoudre. Lorsqu'on sublime cette dernière on retrouve une petite quantité d'argent au fond du vaisseau sublimatoire Cette expérience prouve qu'on ne décompose complétement la lune cornée que par le secours d'une double affinité ; en effet, dans le procédé de M. *Margraf*, l'alkali volatil ne s'unit à l'acide marin que parce que l'argent se combine de son côté au mercure, qui l'attire & le sollicite de quitter l'acide, ce que l'alkali seul ne peut faire. Mais l'on conçoit que cette opération longue & coûteuse, ne peut convenir que dans les travaux en petit de nos Laboratoires. Si l'on avoit à réduire la lune cornée en grande quantité, on employeroit ou les alkalis fixes, ou quelques substances métalliques, qui, la plupart ont plus d'affinité avec l'acide marin que n'en a l'argent. Tels sont, entr'autres, le régule d'antimoine, le plomb, l'étain & le fer, &c. Si l'on fond dans un creuset une partie de lune cornée avec trois parties de l'une de ces matières, on trouve l'argent réduit au fond du creufet, & le métal employé uni à l'acide marin qui le furnage. L'argent ainfi précipité eft fort impur; il contient toujours une portion du métal dont on s'eft fervi pour le réduire, & comme on emploie le plus communément le plomb, confeillé par *Kunckel*, l'argent qu'il fournit a befoin d'être coupellé, & il ne peut jamais être amené à l'état de pureté qu'a celui réduit par les alkalis ou par le procédé de *Margraf*.

L'eau régale agit affez bien fur l'argent, & elle le précipite à mefure qu'elle le diffout. Cet effet eft fort aifé à concevoir; l'acide nitreux diffout d'abord ce métal, & l'acide marin l'enlève au premier, en formant de la lune cornée qui fe dépofe, à caufe de fon peu de folubilité; c'eft un procédé qui peut fervir à féparer l'argent contenu dans l'or.

On ne connoît pas bien l'action des autres acides fur l'argent; on fait feulement qu'une diffolution de borax produit un précipité blanc très-abondant dans la diffolution nitreufe de ce métal, & que ce précipité eft formé par le fel fédatif uni à une portion de chaux d'argent.

Ce métal ne paroît pas être altérable par les fels neutres; au moins on a conftaté qu'il ne détonnoit pas avec le nitre, & qu'il ne décompoſoit pas le ſel ammoniac. Cette inaltérabilité de l'argent par le nitre, fournit un bon moyen d'en ſéparer par la calcination les métaux imparfaits qui peuvent lui être unis ; tels que le cuivre, le plomb, &c. On fait fondre ce métal allié au-deſſus du titre qu'il doit avoir, avec du nitre ; ce ſel détonne & brûle la portion de métal imparfait étranger à l'argent, & ce dernier ſe trouve au-deſſous au fond du creuſet ; il eſt beaucoup plus pur qu'il n'étoit auparavant.

Preſque toutes les matières combuſtibles ont une action plus ou moins marquée ſur l'argent. Aucun métal n'eſt plus vîte terni & coloré par les matières inflammables. Le gaz hépatique, de quelque ſubſtance qu'il ſe dégage, lui donne, dès qu'il le touche, une couleur bleue ou violette tirant ſur le noir, & diminue beaucoup ſa ductilité. On ſait que les vapeurs hépatiques animales, telles que celles des latrines, de l'urine putréfiée, des œufs chauds, produiſent le même effet ſur ce métal. On n'a point encore examiné l'action réciproque de ces deux corps, & l'eſpèce de combinaiſon qui en réſulte. Le ſoufre ſe combine très-bien avec l'argent ; on fait ordinairement cette combinaiſon en ſtratifiant dans un creuſet des lames de ce métal avec de la fleur de ſoufre, & en fondant promptement ce mélange, il en réſulte une maſſe d'un noir violet, beaucoup plus fufible que l'argent, caffante & difpofée par aiguilles ; en un mot, une véritable mine artificielle. Cette combinaifon fe décompofe facilement par l'action du feu, à caufe de la volatilité du foufre & de la fixité de l'argent ; le foufre fe confume & fe diffipe, & l'argent refte pur. Le foie de foufre diffout ce métal par la voie sèche ; en faifant fondre une partie d'argent avec trois parties de foie de foufre, ce métal difparoît & peut fe diffoudre dans l'eau en même-tems que le foie de foufre. Si l'on verfe un acide dans cette diffolution, on obtient un précipité noir d'argent fulfureux. Des feuilles d'argent mifes dans du foie de foufre liquide, prennent bientôt une couleur noire, & il paroît que le foufre quitte l'alkali pour s'unir au métal & le minéralifer, ainfi que nous l'avons vu pour le mercure.

L'argent s'unit avec l'arfenic qui le rend caffant. On ne connoît point encore l'action de l'acide arfenical fur ce métal parfait.

Il ne fe combine que difficilement avec le cobalt.

Il s'allie très-bien au bifmuth, & forme avec lui un métal mixte fragile, dont la pefanteur fpécifique étoit plus grande que celle des deux métaux pefés féparément.

Suivant M. *Cronftedt*, l'argent ne s'unit point

au nickel; ces métaux fondus enfemble fe placent à côté l'un de l'autre, comme fi leur pefanteur fpécifique étoit parfaitement identique.

Il fe fond avec le régule d'antimoine, & donne
avec ce demi-métal un alliage très-fragile. Il paroît fufceptible de décompofer l'antimoine, &
de s'unir au foufre de ce minéral, avec lequel
il a plus d'affinité que le régule d'antimoine.

L'argent fe combine facilement au zinc par
la fufion. Il réfulte de cette combinaifon un alliage grenu à fa furface & très-caffant.

Il fe diffout complètement, & même à froid,
dans le mercure; pour opérer cette diffolution,
il fuffit de malaxer avec ce fluide métallique des
feuilles d'argent; il en réfulte fur le champ une
amalgame d'une confiftance variée, fuivant la
quantité refpective des deux fubftances qui la forment. Cette amalgame eft fufceptible de prendre une figure régulière par la fufion & le refroidiffement lent; elle donne des criftaux prifmatiques tétraèdres, terminés par des pyramides
de la même forme. Le mercure prend une forte
de fixité dans cette combinaifon; car il faut, pour
le féparer de l'argent, un degré de chaleur plus
confidérable que celui qui eft néceffaire pour
le volatilifer feul. L'argent eft fufceptible de décompofer le fublimé corrofif par la voie fèche
& par la voie humide.

Il s'unit parfaitement avec l'étain, mais il perd, par la plus petite dose de ce métal, toute sa ductilité.

Il s'allie promptement avec le plomb, qui le rend très-fusible, & qui lui ôte son élasticité & sa qualité sonore.

Il s'allie au fer, & cet alliage peu examiné pourroit peut-être devenir d'une très-grande utilité dans les arts.

Enfin, il se fond & se combine en toutes proportions avec le cuivre. Ce dernier ne lui ôte point sa ductilité; il le rend plus dur & plus sonore, & il forme un alliage souvent employé dans les arts.

L'argent est un métal singulièrement utile, à cause de sa ductilité, de son indestructibilité par le feu & l'air. Son brillant le fait servir d'ornement; on l'applique à la surface de différens corps, & même du cuivre; on le fait entrer dans le tissu des étoffes dont il relève la beauté. Mais son usage le plus important est celui de fournir une matière propre, par sa dureté & par sa ductilité, à faire des vaisseaux de toutes les formes. L'argent de vaisselle est ordinairement allié à un vingt-quatrième de cuivre, qui lui donne plus de dureté & de cohérence, & qui ne l'expose à aucun inconvénient pour la santé, parce que les vingt-trois parties d'argent masquent & détruifent entièrement les propriétés delétères du cuivre.

Enfin, l'argent eft employé pour exprimer la valeur de toutes les marchandifes, & on le fabrique en monnoie; mais dans ce cas on l'allie à un douzième de cuivre, & fon titre eft conféquemment à onze deniers de fin.

LEÇON XLI.

Sorte XIV. Or.

L'OR ou le foleil des Chimiftes eft le métal le plus parfait & le moins altérable que l'on connoiffe; il eft d'une couleur jaune brillante. C'eft le corps le plus pefant de la nature; il ne perd qu'entre un dix-neuvième & un vingtième de fon poids dans l'eau; fa dureté n'eft pas très-confidérable, ainfi que fon élafticité. Son étonnante ductilité, bien prouvée par l'art du Tireur & du Batteur d'or, eft telle, qu'une once de ce métal peut dorer un fil d'argent long de quatre cens quarante-quatre lieues, & qu'on le réduit en lames fufceptibles d'être enlevées par le vent. Un grain d'or peut, fuivant le calcul de M. *Lewis*, couvrir une aire de plus de quatorze cens pouces quarrés. C'eft le plus tenace de tous les métaux, puifqu'un fil d'or d'un dixième de pouce de diamètre peut foutenir un poids de cinq cens livres avant que de fe rompre. L'or s'écrouit facilement fous le marteau, mais le recuit lui rend toute fa ductilité.

La couleur de l'or eft fufceptible d'un affez grand nombre de variétés; il y en a de plus ou moins jaune ou pâle; il en eft qui tire prefque fur le blanc. On croit que ces différences dépendent de quelque fubftance étrangère. L'or n'a ni odeur ni faveur; il eft fufceptible de criftallifer par refroidiffement en pyramides quadrangulaires courtes; c'eft ainfi que l'ont obtenu MM. *Tillet* & *Mongez*.

L'or fe trouve toujours pur & vierge dans la nature. Tantôt il fe rencontre en petites maffes ifolées ou continues, & difpofées dans du quartz; d'autres fois il eft en petites paillettes, & roule avec les fables au fond des eaux; enfin, on le retire encore de plufieurs mines, dans la compofition defquelles il entre; telles que des galênes, des blendes, des mines d'argent rouges, de l'argent vierge. Il eft prefque toujours uni à une certaine quantité d'argent, & il forme une forte d'alliage naturel.

Les Minéralogiftes diftinguent plufieurs variétés de l'or natif, en lames, en grains, en criftaux octaèdres, en prifmes à quatre faces ftriées, en cheveux & en maffes irrégulières. M. *Sage* penfe que l'or natif en prifmes eft uni à une certaine quantité de mercure; ce qui le rend fragile.

L'effai d'une mine d'or doit être différent fuivant fa nature; fi c'eft de l'or natif, la pulvérifation & le lavage fuffifent; fi l'or eft allié avec d'autres métaux, il faut griller la mine, la fondre, la coupeler à l'aide du plomb & en faire le départ.

La manière dont on extrait l'or de fes mines eft très-facile à concevoir, d'après les détails dans lefquels nous fommes déjà entrés fur la métallurgie. L'or natif n'a befoin que d'être féparé de fa gangue. A cet effet on le fait paffer au bocard; on le lave pour entraîner la gangue réduite en pouffière; on le broie dans un moulin plein d'eau, avec dix à douze parties de mercure; on fait écouler l'eau qui lave la matière métallique, & en fépare tout ce qui n'eft que terreux. Lorfque l'amalgame formée dans cette opération eft débarraffée de toute la terre, & qu'elle paroît bien pure, on l'exprime dans des peaux de chamois; une bonne partie du mercure s'échappe, & l'or refte uni à une certaine portion de ce demi-métal. On chauffe cette amalgame d'or, & on en fépare le mercure par la diftillation; enfuite on fond l'or pur qui réfulte de cette diftillation, & on le coule en barres ou en lingots. Quant à l'or qui fe trouve combiné dans les mines des autres métaux, telles que celles de plomb & de cuivre, on l'extrait par la coupellation & le départ du premier de ces métaux, & le plomb qui coule pendant la liquation du cuivre, entraîne l'argent & l'or; on le coupelle enfuite, & on en fépare l'argent par le départ, comme nous le dirons plus bas.

L'or expofé au feu rougit bien avant de fe fondre. Lorfqu'il eft bien rouge il paroît brillant, & d'une couleur verte claire, femblable à celle de l'aigue-marine. Il ne fe fond que lorfqu'il eft d'un rouge blanc; refroidi lentement il fe criftallife. Il n'éprouve point d'altération, quelque long & quelque fort que foit le feu auquel on l'expofe, puifque *Kunckel* & *Boyle* l'ont tenu pendant plufieurs mois à un feu de verrerie fans qu'il ait fubi aucun changement. Cependant cette forte d'inaltérabilité n'eft que relative aux feux que nous pouvons nous procurer à l'aide des matières combuftibles, puifqu'il paroît certain qu'une chaleur beaucoup plus active, & telle que celle des lentilles de verre, eft capable d'ôter à l'or fes propriétés métalliques. *Homberg* a obfervé en expofant ce métal au foyer d'une lentille de *Tfchirnaufen*, qu'il fumoit, fe volatilifoit, & même qu'il fe vitrifioit. M. *Macquer*

a vu que l'or exposé au foyer de la lentille de
M. *de Trudaine*, se fondoit, exhaloit une fumée
qui doroit l'argent, & qui n'étoit que de l'or
volatilisé; que le globule d'or fondu étoit agité
d'un mouvement rapide sur lui-même, qu'il se
couvroit d'une pellicule matte, ridée & comme
calciforme; qu'enfin il se formoit dans son milieu une vitrification violette. Cette vitrification
s'étendoit peu à peu & donnoit naissance à une
espèce de calotte d'une plus grande courbure
que celle de la masse d'or, qui étoit enchâssée
dans cette masse comme la cornée transparente l'est sur la sclérotique. Ce verre augmente d'étendue tandis que l'or diminue. Le
support s'est toujours trouvé coloré d'une trace
de couleur purpurine qui paroissoit être due à
une portion du verre qui a été absorbé. Le
tems n'a pas encore permis à M. *Macquer* de
vitrifier en entier une quantité donnée d'or; ce célèbre Chimiste fait observer qu'il seroit nécessaire
de réduire ce verre violet avec des matières combustibles, pour être assuré qu'il donneroit de
l'or, & pour en conclure conséquemment qu'il
est dû à la chaux de ce métal parfait. Quoi qu'il
en soit, nous pensons qu'on peut le regarder
comme une véritable chaux d'or vitrifié, avec
d'autant plus de fondement, que dans plusieurs
opérations sur ce métal, que nous décrirons

tout

tout à l'heure, il prend conftamment la couleur pourpre, & que plufieurs de fes préparations font employées pour donner cette couleur à l'émail & à la porcelaine. L'or eft donc calcinable comme les autres métaux ; feulement il demande, ainfi que l'argent, pour s'unir à l'air, une plus grande chaleur & un tems plus long que toutes les autres fubftances métalliques : ces circonftances ne font fans doute que relatives à fa denfité.

L'or n'eft point altérable à l'air. Sa furface ne fait que fe ternir par le dépôt des corps étrangers qui voltigent fans ceffe dans l'air. L'eau ne l'altère non plus en aucune manière ; elle paroît cependant fufceptible de le divifer à peu près comme elle fait le fer, d'après les recherches de M. le Comte *de la Garaye.*

L'or ne fe combine point dans fon état métallique aux terres & aux fubftances falino-terreufes. Sa chaux peut entrer dans la compofition des verres, auxquels elle donne une couleur violette ou purpurine.

L'or n'eft nullement attaqué par l'acide vitriolique le plus concentré, aidé même de la chaleur.

L'acide nitreux paroît fufceptible d'en diffoudre quelques atômes ; encore eft-ce peut-être d'une manière méchanique, plutôt que par une véritable combinaison. M. *Brandt* est un des premiers Chimistes qui ait annoncé la dissolubilité de l'or dans l'acide nitreux ; elle a été confirmée par MM. *Scheffer* & *Bergman.* Mais il faut observer que d'après les expériences faites par la classe entière des Chimistes de l'Académie, l'acide nitreux ne se charge de quelques parcelles d'or, que dans des circonstances particulières, dont ces Savans n'ont point encore fait mention. M. *Deyeux*, Membre du Collège de Pharmacie, a découvert que l'acide nitreux n'est susceptible de dissoudre l'or, que lorsqu'il est rutilant & chargé de gaz nitreux. Il pense que cet acide dans cet état n'est pas pur ; il l'appelle acide chargé de gaz, & il le compare à une sorte d'eau régale.

L'acide marin seul & dans son état de pureté n'attaque pas l'or d'une manière sensible. MM. *Schéele* & *Bergman* assurent que cet acide déphlogistiqué ou distillé sur la chaux de manganèse, qui, suivant ces Chimistes, lui enlève son phlogistique, dissout l'or absolument comme l'eau régale, & forme avec ce métal le même sel, qu'il a coutume de former avec l'acide mixte qu'on emploie ordinairement pour le dissoudre. Ces expériences n'ont point encore été répétées d'une manière exacte, & leur résultat n'a pas encore reçu des Chimistes la sanction qui doit fixer la confiance qu'il mérite.

L'eau régale eft encore regardée comme le véritable diffolvant de l'or. Nous ne répéterons pas ce que nous avons dit ailleurs fur la nature, les propriétés & les différences de cet acide mixte, fuivant la quantité des deux acides que l'on combine enfemble pour le former. Ici nous ne nous occuperons que de fon action fur l'or. Dès que l'eau régale eft en contact avec ce métal, elle l'attaque avec une effervefcence d'autant plus vive qu'elle eft plus concentrée, que la température eft plus chaude, & que l'or eft plus divifé. On peut à l'aide d'une chaleur douce accélérer cette opération, ou au moins en favorifer le commencement. Enfuite les bulles fe fuccèdent fans interruption & jufqu'à ce qu'une portion du métal foit diffoute. Cette action s'arrête peu à peu, & elle ne continue que par l'agitation ou la chaleur. On n'a point examiné le gaz qui fe dégage dans cette diffolution. L'eau régale chargée de tout ce qu'elle peut diffoudre d'or, eft d'un jaune plus ou moins foncé; elle eft d'une caufticité confidérable; elle teint les matières animales d'une couleur pourpre foncée, & elle les corrode. Lorfqu'on l'évapore avec précaution, elle donne des criftaux d'une belle couleur d'or, femblables à des topazes, & qui paroiffent être des octaèdres tronqués, & quel-

quefois des prismes tétraëdres. Cette cristallisation est assez difficile à obtenir. M. *Monnet* pense
qu'elle n'est due qu'au sel neutre formé dans
l'eau régale, & il avance qu'il est nécessaire,
pour l'obtenir, d'employer une eau régale
faite avec l'acide nitreux & du sel ammoniac,
ou du sel marin; on conçoit que cet acide mixte
contient alors, ou du nitre cubique, ou du sel
ammoniacal nitreux. C'est l'un ou l'autre de ces
sels neutres, suivant le Chimiste que nous venons de citer, qui est la cause de la cristallisation de l'or. Il n'est cependant pas entièrement
démontré qu'une dissolution d'or dans une eau
régale faite avec les acides marin & nitreux
purs, ne soit aucunement susceptible de donner des cristaux, d'autant plus que M. *Bergman*
croit que le sel d'or ne contient que de l'acide
marin, qu'on peut en extraire par la distillation.
Si on chauffe les cristaux d'or, ils se fondent
& prennent une couleur rouge; ce sel attire fortement l'humidité de l'air. Si on distille une dissolution d'or dans une cornue, on obtient une
liqueur d'un beau rouge, qui a enlevé un peu
d'or avec elle, & qui paroît être de l'acide marin. Les Alchimistes qui ont fait de grands travaux sur l'or, ont donné le nom de lion rouge
à cette liqueur. Il se sublime aussi quelques cristaux d'or d'un jaune rougeâtre; la plus grande

partie de ce métal refte au fond de la cornue, & elle n'a befoin que d'être fondue pour être très-pure, & jouiffant de toutes fes propriétés.

La diffolution d'or eft fufceptible d'être décompofée par un grand nombre d'intermèdes. La chaux & la magnéfie en précipitent l'or fous la forme d'une poudre jaunâtre. Les alkalis fixes préfentent le même phénomène ; mais il faut obferver que le précipité ne fe forme que très-lentement, & que la diffolution prend une couleur rougeâtre, fi l'on a mis plus d'alkali qu'il n'en falloit, parce que l'excédent de ce fel re-diffout l'or précipité. Le précipité d'or eft fufceptible de fe réduire par la chaleur & dans des vaiffeaux fermés ; c'eft une chaux de ce métal qui laiffe dégager facilement l'air qui lui eft uni. Cependant elle eft fufceptible de fe fondre avec les matières vitreufes , & de les colorer en pourpre, puifqu'on fe fert pour les émaux & les porcelaines d'un précipité d'or formé par le mêlange d'une diffolution d'or & de la liqueur des cailloux.

L'or précipité par les alkalis fixes , préfente encore une propriété très-différente de celles de l'or dans fon état métallique ; c'eft fa diffolubilité dans les acides vitriolique, nitreux & marin ifolés. Tous ces fels chauffés fur le précipité jaunâtre d'or, le diffolvent facilement, mais ils

R iij

ne peuvent s'en charger au point de donner des criftaux. Lorfqu'on évapore ces diffolutions, l'or s'en précipite très-promptement, comme il le fait par le fimple repos. M. *Monnet* a obfervé, fur la précipitation de la diffolution d'or par la noix de galle (*a*), un fait qui ne doit pas être oublié ; c'eft que ce précipité qui eft rougeâtre

---

(*a*) Comme nous n'avons parlé que de la précipitation du fer par la noix de galle, nous croyons devoir donner ici une notice des phénomènes que préfente cette fubftance aftringente avec la plupart des autres diffolutions métalliques.

La noix de galle précipite la diffolution de cobalt en bleu clair; celle de zinc en un vert cendré ; celle de cuivre en vert qui devient gris & rougeâtre ; celle d'argent d'abord en ftries rougeâtres, qui prennent bientôt la couleur du café brûlé ; celle d'or en poupre ; celle de platine en noir. Tels font les faits obfervés & décrits par M. *Monnet*, qui a vu d'ailleurs que ces précipités font folubles dans les acides, & que les alkalis s'uniffent à ces dernières diffolutions fans les précipiter.

MM. les Académiciens de Dijon ont ajouté à ces faits les obfervations fuivantes. La diffolution d'arfenic n'eft point altérée par la noix de galle ; celle du bifmuth donne un précipité verdâtre ; celle du nickel eft précipitée en blanc; celle de l'antimoine en gris bleuâtre ; celle du plomb forme un dépôt ardoifé, dont la furface fe couvre de pellicules mêlées de vert & de rouge ; enfin celle de l'étain devient d'un gris fale par le mélange de la noix de galle, & elle donne un précipité abondant comme mucilagineux.

fe diffout très-bien dans l'acide nitreux, & lui donne une belle couleur bleue.

L'alkali volatil précipite beaucoup plus abondamment la diffolution d'or. Ce précipité qui eft d'un jaune brun, & quelquefois orangé, a la propriété de détonner avec un bruit confidérable, lorfqu'on le chauffe doucement; on lui a donné le nom d'or fulminant. L'alkali volatil eft abfolument néceffaire pour le produire; on peut le former, foit en précipitant par l'alkali fixe une diffolution d'or faite dans une eau régale compofée avec le fel ammoniac, ou bien en précipitant par l'alkali volatil une diffolution d'or faite dans une eau régale compofée d'acide nitreux & d'acide marin purs. On obtient toujours un quart de plus d'or fulminant, qu'on n'avoit d'or diffous dans l'eau régale. Il y a plufieurs précautions importantes à prendre, relativement aux terribles effets de l'or fulminant. On doit d'abord ne le faire fécher qu'avec précaution & à l'air, fans l'approcher du feu. Comme il n'eft pas néceffaire qu'il foit expofé à une forte chaleur pour fulminer, & comme le feul frottement fuffit pour lui faire produire fon explofion, il faut ne boucher les vaiffeaux qui le contiennent qu'avec des bouchons de liège. Une malheureufe expérience a appris que les bouchons de criftal expofent, par le frottement qu'ils

produisent sur les goulots des flacons, aux dangers de la fulmination de l'or qui peut rester
dans ces goulots. Il est arrivé chez M. *Baumé*
un accident terrible, dont on trouve le détail
dans sa Chimie expérimentale & raisonnée,
tom. III, p. 79. Les Chimistes ont eu différentes
opinions sur la cause de la détonnation de l'or
fulminant. M. *Baumé* pensoit qu'il se formoit dans
cette expérience un soufre nitreux, auquel il attribuoit la propriété fulminante de ce composé.
Mais M. *Bergman* a prouvé que cette théorie
ne peut être admise, puisqu'il est parvenu à faire
de l'or fulminant sans acide nitreux, en dissolvant un précipité d'or dans de l'acide vitriolique, & en le précipitant de nouveau par l'alkali volatil. Ce n'est pas non plus du sel ammoniacal nitreux que peut dépendre la fulmination
de l'or, puisqu'en lavant de l'or fulminant avec
beaucoup d'eau, qui enleveroit certainement
tout le sel, s'il en contenoit, ce composé n'a
point perdu sa propriété fulminante. En examinant avec attention ce qui se passe dans la détonnation de l'or fulminant, on observe qu'il
s'enflamme dans l'instant qu'il éclate. Si on le
chauffe sur un feu doux de cendres chaudes,
il s'en échappe avant son explosion des aigrettes
brillantes, semblables aux étincelles électriques;
il détonne lorsqu'on l'expose à l'étincelle pro-

duite par la bouteille de Leyde ; une fimple étincelle fans commotion ne l'allume pas ; enfin, lorfqu'il a fulminé, il laiffe une partie de l'or en chaux pourpre, & une autre dans fon état métallique. Il paroît donc que c'eft à une ma- tière combuftible contenue dans l'or fulminant, qu'eft due fa fulmination ; & comme le gaz al- kalin, auquel nous avons reconnu une forte de combuftibilité, eft néceffaire pour la production de l'or fulminant, n'eft-il pas très-vraifemblable que c'eft à ce gaz qu'il faut attribuer l'explofion de cette fubftance ? Cette théorie eft d'autant mieux fondée, que M. *Berthollet* mon Con- frère a obtenu du gaz alkalin, en chauffant de l'or fulminant dans des tubes de cuivre, dont l'extrémité plongeoit, à l'aide d'un fyphon, dans un appareil pneumato-chimique au mercure. Après cette expérience hardie, l'or n'étoit plus du tout fulminant, & il étoit réduit en chaux. M. *Bergman* en a fait une dans le même genre, & qui prouve abfolument la même chofe ; en expofant de l'or fulminant à un degré de cha- leur qui n'étoit pas capable de le faire fulminer, il lui a ôté cette propriété, fans doute en vo- latilifant peu à peu le gaz alkalin. Cependant il faut obferver que ce gaz eft véritablement combiné, & même très-intimement avec l'or, puifque l'eau bouillante ne l'enlève pas, & puifque l'acide vitriolique & l'alkali fixe ne font pas capables de lui ôter fa vertu fulminante, fuivant M. *Bergman.* Cependant M. *Baumé* qui cite les expériences du Chimifte d'Upfal, dont il paroît connoître le travail, dit que l'acide vitriolique & l'alkali fixe décompofent l'or fulminant. L'or fulminant paroît fufceptible de perdre fa propriété, lorfqu'on le mêle avec le foufre. On la lui ôte très-facilement avec l'huile, comme l'ont découvert MM. *Rouelle* & *d'Arcet.* L'éther, ainfi que plufieurs autres corps inflammables, dont nous examinerons les propriétés dans l'hiftoire du Règne végétal, font propres à empêcher l'or de fulminer, fuivant les expériences de M. *Bergman.* Une fingulière propriété de l'or fulminant, & qui annonce combien fon action eft forte, c'eft que lorfqu'on le fait fulminer fur une lame de métal, de plomb, d'étain & même d'argent, il fait une marque ou un trou fur cette lame; de plus il ne paroît pas fufceptible de s'allumer dans des vaiffeaux fermés, puifque renfermé dans une boule de fer & chauffé fortement, il n'a produit aucune explofion, au rapport de M. *Lewis.* L'or fulminant eft très-fufceptible de fe diffoudre dans les acides; lorfqu'on le fépare de ces fels par l'alkali fixe, il n'eft plus fulminant; & fi on emploie l'alkali volatil, il l'eft comme auparavant.

La diffolution d'or eft précipitée par le foie
de foufre. Tandis que l'alkali fixe s'unit à l'eau
régale, le foufre qui fe précipite fe combine à
l'or ; mais cette combinaifon eft peu durable ;
il fuffit de chauffer l'or uni au foufre pour volatilifer ce dernier, & obtenir le métal parfait
dans fon état de pureté. Obfervons ici que l'or
précipité de l'eau régale par un intermède quelconque, eft parfaitement pur, & qu'il l'eft même
plus que l'or de départ, parce qu'il eft féparé
de l'argent qu'il auroit pu contenir par la précipitation de ce dernier en lune cornée, qui
a lieu pendant la diffolution même de l'or,
comme nous avons eu foin de le faire obferver
plus haut.

L'or n'eft pas le métal qui a le plus d'affinité
avec l'eau régale ; prefque toutes les autres fubftances métalliques font au contraire capables de
le féparer de fon diffolvant. Le bifmuth, le zinc
& le mercure précipitent l'or. Une lame d'étain
plongée dans une diffolution d'or fépare ce métal parfait en une poudre d'un violet foncé,
qu'on appelle précipité pourpre de *Caffius*. On
prépare ce précipité, qu'on emploie pour pein-
dre fur les émaux & fur la porcelaine, en étendant une diffolution d'étain par l'eau régale dans
une grande quantité d'eau diftillée, & en y verfant quelques gouttes de diffolution d'or. Il fe

forme fur le champ , lorfque les diffolutions font bien chargées , un précipité d’un rouge cramoifi , qui devient pourpre au bout de quelques jours ; ce précipité eft léger , & comme mucilagineux ; on filtre la liqueur , on lave le précipité , & on le fait fécher. Cette matière eft un compofé de chaux d’étain & de chaux d’or ; fa préparation eft une des opérations les plus fingulières de la Chimie , par la variété & l’inconftance des phénomènes qu’elle préfente. Tant—t elle fournit un précipité d’un beau rouge ; quelquefois fa couleur n’eft qu’un violet foncé ; & ce qu’il y a de plus étonnant , il arrive affez fouvent que le mélange des deux diffolutions n’occafionne aucun précipité. M. *Macquer* , qui a très-bien détaillé ces variétés , obferve qu’elles dépendent prefque toujours de l’état de la diffolution d’étain que l’on emploie. Si cette diffolution a été faite trop rapidement , le métal y eft trop calciné , & elle en contient trop peu pour que l’eau régale de la diffolution d’or puiffe agir fur lui ; car c’eft à l’action de cette dernière fur l’étain qu’il attribue la formation du précipité pourpre de *Caffius*. On doit donc pour réuffir , fuivant lui , dans cette opération , n’employer qu’une diffolution faite très - lentement , & de forte qu’elle contienne le plus d’étain poffible fans que ce métal y foit enièrement calciné. Voici d'après cela·comment l prefcrit de préparer le précipité pourpre. On diffoudra l'étain par parcelles dans une eau ré-gale faite avec deux parties d'efprit de nitre & une partie d'efprit de fel, affoiblie avec fon poids égal d'eau diftillée ; d'une autre part, on diffoudra à l'aide de la chaleur de l'or très-pur dans une eau régale compofée de trois parties d'efprit de nitre, & d'une partie d'efprit de fel. On étendra la diffolution d'étain dans cent par-ties d'eau diftillée ; on la partagera en deux por-tions ; on ajoutera à l'une des deux une nouvelle quantité d'eau, & l'on effaiera l'une & l'autre avec une goutte de diffolution d'or ; on obfervera alors celle qui donnera le plus beau rouge , pour les traiter toutes deux de la même manière ; alors on y verfera la diffolution d'or jufqu'à ce qu'elle ceffe d'y occafionner de précipité.

Le plomb, le fer , le cuivre & l'argent ont auffi la propriété de féparer l'or de fa diffolu-tion. Le plomb & l'argent le précipitent en un pourpre fale & foncé. Le cuivre & le fer le fé-parent avec fon brillant métallique ; la diffolu-tion nitreufe d'argent & celle du vitriol martial occafionnent auffi un précipité rouge ou brun dans la diffolution d'or.

Les fels neutres n'ont pas d'action bien mar-quée fur l'or. On obferve feulement que le borax fondu avec ce métal altère sa couleur & la pâlit singulièrement , tandis que le nitre & le sel marin la rétablissent. La dissolution de borax versée dans une dissolution d'or , y forme un précipité de sel sédatif chargé de molécules de ce métal.

Le soufre ne peut pas s'unir avec l'or ; & on se sert avec avantage de ce minéral pour séparer les métaux unis avec l'or , mais spécialement l'argent. On fait fondre cet alliage dans un creuset ; lorsqu'il est fondu , on jette des fleurs de soufre ou du soufre en poudre à sa surface ; cette substance se fond & se combine avec l'argent , & vient nager en scorie noirâtre au-dessus de l'or. Il faut observer qu'on ne sépare jamais exactement ces deux métaux par cette opération , qu'on appelle départ sec , & qu'on ne l'emploie que sur une masse d'argent qui contient trop peu d'or pour pouvoir indemniser des frais du départ à l'eau forte.

Le foie de soufre dissout l'or complétement. *Stahl* pense même que c'est par ce procédé que *Moyse* a fait boire aux Israëlites le veau d'or qu'ils adoroient. Pour faire cette combinaison , on fait fondre rapidement un mêlange de parties égales de soufre & d'alkali fixe avec un huitième du poids total d'or en feuille. On coule cette matière sur un porphyre ; on la pulvérise ;

on y verse de l'eau distillée chaude ; elle forme une dissolution d'un vert jaunâtre qui contient un foie de soufre aurifère. On peut précipiter ce métal par le moyen des acides, & le séparer du soufre qui se dépose avec lui, en le chauffant dans un vaisseau ouvert.

L'or se combine avec la plupart des matières métalliques, & présente plusieurs phénomènes importans dans ses combinaisons.

Il s'unit à l'arsenic. Ce demi-métal le rend aigre, cassant, & il en pâlit beaucoup la couleur. On a de la peine à séparer par l'action du feu les dernieres portions d'arsenic de cet alliage ; il semble que l'or lui donne de la fixité. On ne connoît point son alliage avec le cobalt. Il s'unit au bismuth, qui le rend aigre & cassant. Il en est de même du nickel & du régule d'antimoine ; comme ces demi-métaux sont tous très-calcinables & la plupart fusibles, il est très-aisé de les séparer d'avec l'or par l'action du feu combinée avec celle de l'air. L'antimoine crud a été vanté par les Alchimistes pour purifier l'or ; lorsqu'on le fond avec ce métal allié de quelques substances métalliques étrangères, comme le cuivre, le fer ou l'argent, le soufre de l'antimoine s'unit à ces substances, & les sépare d'avec l'or que l'on retrouve au fond du vaisseau. Cet or est allié de régule d'antimoine ; on

le purifie en le chauffant jufqu'au rouge blanc.
Le régule d'antimoine fe volatilife ; les dernières
portions demandent un feu très-violent pour être
enlevées ; & l'on obferve que le demi-métal entraîne quelques portions d'or dans fa volatilifation. Ce procédé fi célèbre parmi les Alchimiftes
n'a donc point d'avantage fur celui dans lequel
on n'emploie que le foufre.

L'or s'allie facilement au zinc ; il en réfulte un
métal mixte, d'autant plus caffant & d'autant plus
blanc que le demi-métal eft en plus grande proportion. Cet alliage fait à parties égales eft d'un
grain très-fin ; & il prend un fi beau poli qu'il
a été recommandé par *Hellot* pour faire des
miroirs de téléfcopes qui ne font point fujets à
fe ternir. Lorfqu'on fépare le zinc de l'or par
la calcination, les fleurs que donne ce demi-
métal font rougeâtres, & elles entraînent un peu
d'or avec elles, comme l'a annoncé *Stahl.*

L'or a plus d'affinité avec le mercure que
les autres fubftances métalliques, & il eft fufceptible de décompofer leurs amalgames. Il
s'unit au mercure dans toutes fortes de proportions, & il forme une amalgame d'autant plus
colorée & d'autant plus folide que l'or y eft en
plus grande proportion. Cette amalgame fe liquéfie par la chaleur, & fe criftallife par le refroidiffement, comme tous les compofés de ce
genre ;

genre; on ne connoît pas bien la forme régulière qu'elle eft fufceptible de prendre. M. *Sage* dit que fes criftaux reffemblent à l'argent en plume, & qu'à la loupe ils paroiffent être des prifmes quadrangulaires; il affure auffi que le mercure acquiert de la fixité dans cette combinaifon. On emploie cette amalgame pour dorer en or moulu. Quoique l'or ne foit pas fufceptible de fe calciner par l'action du feu de nos fourneaux jointe au contact de l'air, il le devient cependant lorfqu'on le chauffe conjointement avec le mercure. En mettant du mercure avec un quarante-huitième de fon poids d'or dans un matras à fond plat, dont on a tiré le col à la lampe d'Emailleur, pour n'y laiffer qu'une très-petite ouverture, & en chauffant ce mêlange dans un bain de fable, comme on le fait pour préparer la chaux de mercure nommée précipité *per fe*, ces deux matières métalliques fe calcinent en même tems; elles fe changent en une poudre rouge foncée, & on obtient même cette double chaux beaucoup plus promptement que celle de mercure chauffé feul, fuivant M. *Baumé*. Voilà donc un métal qui, quoique très-difficile à calciner feul, hâte & facilite cependant la calcination d'une autre matière métallique, qui par elle-même n'éprouve que difficilement cette altération.

L'or s'allie très-bien à l'étain & au plomb;

ces deux métaux lui ôtent toute ſa ductilité. Son alliage avec le fer eſt très-dur, & on peut l'employer à former des inſtrumens tranchans bien ſupérieurs à ceux qui ſont faits avec l'acier pur. Ce métal mixte eſt gris & attirable à l'aimant. M. *Lewis* propoſe de ſe ſervir d'or pour ſouder proprement & très-ſolidement les petites pièces d'acier. L'or ſe combine au cuivre qui lui donne une couleur rouge & beaucoup de roideur, & le rend plus fuſible. Cet alliage eſt permis à différentes proportions pour les pièces de monnoie, la vaiſſelle & les bijoux. Enfin, l'or s'allie à l'argent, qui lui ôte ſa couleur & le rend très-pâle. Cet alliage ne ſe fait cependant qu'avec une certaine difficulté, à cauſe de la différente peſanteur de ces deux métaux, ainſi que l'a fait obſerver *Homberg*, qui les a vus ſe ſéparer pendant leur fuſion. L'alliage de l'or & de l'argent forme l'or vert des Bijoutiers.

Comme l'or eſt d'un uſage très-étendu, comme il eſt devenu avec l'argent, par une convention humaine, le prix de toutes les autres productions de la nature & de l'art, il eſt très-important de pouvoir connoître le degré de pureté de ce métal précieux, afin de prévenir les excès auxquels la cupidité pourroit porter, & de faire en ſorte que la valeur de toutes les maſſes ou pièces d'or répandues dans le commerce ſoit toujours la même. Des loix justes & sévères ont prescrit les doses des alliages qu'il est nécessaire d'employer pour donner de la dureté, de la roideur à l'or destiné à former des ustensiles dans lesquels ces propriétés sont nécessaires. La Chimie a fourni des moyens de s'assurer de la quantité de métaux imparfaits introduits dans l'or. L'opération que l'on fait pour cela s'appelle essai du titre de l'or. On coupelle vingt-quatre grains de l'or que l'on veut essayer, avec quarante-huit grains d'argent & quatre gros de plomb pur. Ce dernier entraîne dans sa vitrification les métaux imparfaits, tels que le cuivre, &c. L'or reste combiné avec l'argent après la coupellation. On sépare ces deux métaux, par une opération qui porte le nom de départ. Départir un alliage d'or & d'argent, c'est séparer les deux métaux à l'aide d'un dissolvant qui agit sur l'argent sans toucher à l'or. On se sert ordinairement de l'eau forte. On a ajouté de l'argent à l'or, parce que l'expérience a appris qu'il étoit nécessaire que l'or contînt au moins le double de son poids d'argent pour que l'acide nitreux pût dissoudre entièrement ce dernier métal. Comme on ajoute souvent trois parties d'argent à l'or, on appelle cette opération inquart ou quartation, parce que l'or fait en effet le quart de l'alliage.

Après avoir applati sous le marteau le bouton

de retour, en ayant foin de le chauffer & de le remuer fouvent afin qu'il ne fe fendille pas, & qu'il ne s'en fépare pas quelques portions par l'écrouiffement de la maffe, on le roule fur une plume, & on en forme une efpèce de cornet ; on le met dans un petit matras & on verfe deffus cinq à fix gros d'eau forte précipitée, étendue avec moitié de fon poids d'eau. On chauffe doucement le vaiffeau jufqu'à ce que l'effervefcence foit bien établie ; alors l'argent fe diffout, le cornet prend une couleur brune. Lorfque l'action de l'acide eft paffée, on décante l'acide, & on en remet de nouveau qu'on fait bouillir fur le métal pour enlever tout l'argent. Cette feconde opération fe nomme la reprife. On décante l'acide, on lave le cornet qui eft devenu très-mince & criblé d'un grand nombre de trous ; on le fait tomber avec l'eau dans un creufet, on décante l'eau, on fait rougir le creufet, & l'or recuit jouit alors de toutes fes propriétés. On le pèfe, & on juge par fon poids de l'alliage qu'il contenoit, ou de fon titre. Pour connoître exactement la quantité de métaux imparfaits qu'il contenoit, on fuppofe une maffe quelconque d'or compofée de vingt-quatre parties qu'on appelle karats, & pour plus de précifion, on divife chaque karat en trente-deux parties, qu'on nomme trente-deuxièmes de karat. Si l'or qu'on a effayé a perdu un grain fur vingt-quatre, c'étoit de l'or à vingt-trois karats; s'il a perdu un grain & demi, c'étoit de l'or à vingt-deux karats, feize trente-deuxièmes & ainfi de fuite. Le poids que l'on emploie dans les effais d'or eft nommé poids de femelle, & eft ordinairement de vingt-quatre grains, poids de marc; il eft divifé en vingt-quatre karats, qui font eux-mêmes fubdivifés en trente-deux parties. On fe fert auffi de la demi-femelle, qui pèfe douze grains, mais divifée en vingt-quatre ka-rats, & le karat en trente-deux trente-deuxièmes.

Il y a deux obfervations importantes à faire fur l'opération du départ.

1°. Quelques Chimiftes ont cru que l'acide ni-treux diffolvoit un peu d'or avec l'argent. M. *Bau-mé* a obfervé (*pages 117 & 118 du tome III de fa Chimie*) que l'argent de départ retenoit une quantité confidérable d'or. Sur deux livres de grenaille fine employée par ce Chimifte pour faire la pierre infernale, il dit avoir féparé or-dinairement près d'un demi-gros d'or en poudre noire. Cependant, en faifant le départ avec un acide qui ne foit pas trop concentré, & en ne pouffant pas trop loin la diffolution, l'or refte pur & intact, & l'argent n'en retient pas. MM. de la Claffe de Chimie de l'Académie ayant été chargés par l'Adminiftration d'examiner fi, dans le procédé employé pour le départ, l'acide nitreux diſſolvoit l'or ; ils ont fait une grande ſuite d'expériences, d'après leſquelles ils ont conclu « que dans le départ pratiqué ſuivant les règles & » l'uſage reçu, il ne peut jamais y avoir le moin- » dre déchet ſur l'or, & que cette opération doit » être regardée comme portée à ſa perfection ». Cette déciſion extraite du rapport publié par l'Académie, eſt bien faite pour éclairer le Public ſur cet objet, & raſſurer promptement le commerce.

2°. Pluſieurs Docimaſtiques, & entr'autres *Schindler* & *Schlutter*, ont penſé que le cornet d'or départi retenoit un peu d'argent. Ils ont donné à cette portion le nom de ſurcharge ou inter-halt. MM. *Hellot*, *Macquer* & *Tillet*, chargés d'examiner l'opération des Eſſayeurs de la Monnoie, ont prouvé qu'il n'en contenoit pas. Cependant M. *Sage* aſſure, dans ſon dernier Ouvrage, intitulé *l'Art d'eſſayer l'or & l'argent*, *p. 64*, que l'or en cornet retient toujours un peu d'argent, & qu'on peut le démontrer en diſſolvant ce métal dans douze parties d'eau régale ; la diſſolution refroidie dépoſe au bout de quelque tems, & ſouvent même douze heures après avoir été faite, un peu de lune cornée ſous la forme d'une poudre blanche.

L'or eſt employé à un grand nombre d'uſages.

Sa rareté & son prix empêchent qu'on ne s'en serve pour faire des ustensiles & des vaisseaux comme on en fait avec l'argent ; mais comme son brillant & sa couleur flattent agréablement la vue, on a trouvé l'art de l'appliquer à la surface d'un grand nombre de corps, qu'il défend en même-tems des impressions de l'air. Cet art constitue en général les dorures dont les espèces font assez variées. On applique souvent à l'aide d'une colle des feuilles d'or sur le bois. L'or en chaux se prépare en broyant avec du miel des rognures de feuilles d'or, en les lavant dans l'eau & en faisant sécher les molécules d'or qui se précipitent. L'or en coquille est de l'or en chaux délayée avec une eau mucilagineuse, ou une dissolution de gomme. On donne le nom d'or en drapeaux à la préparation suivante. On trempe des linges dans une dissolution d'or : on les fait sécher, on les brûle. Lorsqu'on veut s'en servir, on trempe un bouchon mouillé dans ces cendres, & on en frotte l'argent sur lequel l'or très-divisé s'applique facilement. Nous avons déjà parlé de la dorure en or moulu. Pour l'employer, on nétoye bien la pièce de cuivre que l'on veut dorer, à l'aide du sable & d'une eau forte affoiblie nommée eau seconde, par les Ouvriers ; on la plonge dans une dissolution de mercure très-étendue, le mercure qui se précipite fait adhérer l'amalgame d'or qu'on étend fur la pièce après l'avoir lavée dans l'eau pour emporter l'acide. Lorfque l'amalgame eft étendue uniformément, on chauffe la pièce fur les charbons, afin de volatilifer le mercure ; on termine le travail en paffant fur l'or la cire à dorer, qui eft compofée de bol rouge, de vert-de-gris, d'alun ou de vitriol martial incorporés avec de la cire jaune, & en chauffant une dernière fois la pièce dorée pour brûler la cire.

Les autres ufages de l'or pour les bijoux, les gallons, font affez connus, fans qu'il foit befoin d'y infifter davantage. Quant aux vertus médicinales qu'on lui a attribuées, les bons Médecins s'accordent à les lui refufer aujourd'hui, & ils penfent que les effets des différens ors potables propofés par les Alchimiftes, ne font dus qu'aux matières · dans lefquelles on mêloit ou l'on diffolvoit ce métal.

Sorte XV. Platine.

La platine, qui n'eft connue que depuis quarante ans pour un métal particulier, n'a encore été trouvée que dans les mines d'or de l'Amérique, & fpécialement dans celles de Santa-fé, près Carthagêne, & du Bailliage de Choco au Pérou. Les Efpagnols lui ont donné ce nom d'après celui de *plata*, qui fignifie argent dans leur langue, en la comparant à ce métal dont en effet elle a la couleur. Cependant le nom d'or blanc paroît lui mieux convenir que celui de petit argent, parce qu'en effet elle se rapproche beaucoup plus de l'or que de l'argent par la plupart de ses propriétés.

Il existoit avant l'époque que nous avons citée, quelques bijoux de platine ; mais comme ce métal ne peut être fondu & travaillé tout seul, il est vraisemblable que les tabatières, les pommes de cannes & autres ustensiles de cette espèce que l'on vendoit sous le nom de platine, étoient des alliages de ce métal avec quelques substances métalliques qui lui donnent de la fusibilité, comme nous le verrons dans l'histoire de ses alliages.

La platine qui existe dans les cabinets est sous la forme de petits grains ou de paillettes d'un blanc livide, & dont la couleur tient tout à la fois de celle de l'argent & du fer. Ces grains sont mêlés de plusieurs substances étrangères ; on y trouve des paillettes d'or, du sable ferrugineux noirâtre, des grains qui à la loupe paroissent scorifiés comme le mâche-fer, & quelques molécules de mercure. En chauffant ce mélange, on en sépare le mercure ; le lavage enlève le sable & les grains de fer, que l'on peut encore séparer par le barreau aimanté ; il ne reste plus ensuite que les molécules d'or & les grains de platine qu'il eſt facile de trier ſéparément, comme l'a fait M. *Margraf*. Si l'on examine à la loupe les grains de platine ; les uns paroiſſent anguleux, d'autres arrondis & applatis comme des eſpèces de gallets. En les battant ſur un tas d'acier, la plupart s'applatiſſent & paroiſſent ductiles ; quelques-uns ſe caſſent en pluſieurs morceaux. Ces derniers examinés de près, paroiſſent être creux, & on a trouvé dans leur intérieur des parcelles de fer & une pouſſière blanche. C'eſt ſans doute à ces atômes ferrugineux contenus dans quelques grains de platine, que l'on doit attribuer la propriété d'être attirables à l'aimant, qu'on trouve dans ces grains, quoique ſéparés exactement du ſable ferrugineux qu'ils contiennent. La pureté de ce métal paroît fort voiſine de celle du fer. La peſanteur ſpécifique de la platine mêlangée de toutes les matières étrangères dont nous venons de parler, ſe rapproche beaucoup de celle de l'or ; elle perd dans l'eau depuis un ſeizième juſqu'à un dix-huitième de ſon poids. MM. *de Buffon & Tillet*, en comparant par le poids un égal volume de platine & d'or réduit en molécules ſemblables à celles de la platine, ont trouvé que la peſanteur ſpécifique de cette dernière étoit moindre d'environ un douzième que celle de l'or. Elle ſe rapproche de celle de ce dernier métal, lorſqu'elle a été purifiée par la fuſion.

Il eſt vraiſemblable que la platine ne ſe trouve pas dans les mines telle qu'on nous l'apporte, & qu'elle ne doit ſa forme de grains ou de paillettes, qu'aux opérations qu'on fait ſubir aux mines d'or pour en ſéparer ce dernier métal. Comme elle eſt toujours mêlée avec l'or, elle eſt réduite en poudre & même à demi polie par la trituration qu'on fait ſubir à l'or pour l'amalgamer avec le mercure. C'eſt ſans doute auſſi pour cette raiſon qu'elle eſt toujours mélangée de grains d'or & de molécules de mercure.

Quoiqu'on vendît depuis long-temps des bijoux de platine, ce métal n'étoit point connu en particulier. Les Ouvriers des mines n'y avoient même pas fait une attention particulière, & avoient mépriſé une matière dont l'aſpect n'avoit rien de flatteur, & qui d'ailleurs étoit ſi difficile à traiter. C'eſt à un Mathématicien Eſpagnol nommé *Dom Antonio de Ulloa*, qui fut du fameux voyage des Académiciens François envoyés au Pérou pour déterminer la figure de la terre, qu'eſt due la première connoiſſance qu'on a de la platine. Ce Savant en a dit quelques mots dans la relation de ſon voyage publiée à Madrid en 1748. M. *Charles Wood*, Métallurgiſte Anglois, en avoit apporté de la Jamaïque en 1741. Il l'a enfuite examinée, & il a détaillé fes expériences dans les Tranfactions Philofophiques des années 1749 & 1750. A cette époque, plufieurs des plus grands Chimiftes de l'Europe s'occupèrent à l'envi de ce nouveau métal qui promettoit tant d'avantages par fes fingulières propriétés. M. *Scheffer*, Chimifte Suédois, publia fes recherches fur la platine dans les Mémoires de l'Académie de Stockholm en 1751. M. *Lewis*, Chimifte Anglois, a fait un travail fuivi & prefque complet fur ce métal; on le trouve dans les Tranfactions Philofophiques pour l'année 1754. M. *Margraf* a configné dans les Mémoires de l'Académie de Berlin 1757, le détail de fes expériences fur ce nouveau métal. La plupart de ces Mémoires particuliers ont été recueillis par M. *Morin*, dans un Ouvrage intitulé, *la Platine, l'or blanc, ou le huitième métal*, Paris, 1758. Dans le même tems, MM. *Macquer* & *Baumé* firent en commun un grand nombre d'expériences importantes fur la platine, qui ont été publiées dans les Mémoires de l'Académie pour l'année 1758. M. *de Buffon* a rapporté dans le tome I du Supplément à fon Hiftoire Naturelle, une fuite de recherches fur la platine faites par lui, M. *Morveau* & M. le Comte *de Milly*. Enfin, M. le Baron *de Sickengen* a auffi entrepris des recherches fur le métal dont nous nous occupons ; c'eſt des travaux combinés de tous ces Savans, que nous emprunterons la plus grande partie des détails que nous allons donner ſur les propriétés chimiques de la platine.

La platine expoſée au feu le plus violent des fourneaux, n'éprouve aucune eſpèce d'altération, ſeulement elle s'agglutine un peu. Tous les Chimiſtes qui ont travaillé ſur ce métal s'accordent ſur ce point. MM. *Macquer* & *Baumé* en ont tenu expoſée pendant pluſieurs jours au feu continuel d'une verrerie, ſans que ſes grains aient ſouffert d'autre altération que celle de ſe lier légèrement les uns aux autres ; cette agglutination étoit même ſi foible, qu'en les touchant on les ſéparoit facilement. Ils ont obſervé que dans ces expériences, la couleur de la platine devenoit brillante lorſqu'elle avoit rougi à blanc ; qu'elle prenoit une couleur terne & griſe quand elle avoit été chauffée très-long-temps ; & enfin qu'elle augmentoit conſtamment de poids, comme l'avoit dit *Margraf*, ce qui ne peut venir que de la calcination de quelques-unes des ſubſtances étrangères qui lui ſont mêlées. Ces Chimiſtes ont expoſé de la platine au foyer d'un grand miroir ardent ; elle a commencé par fumer ; elle a donné des étincelles vives & très-ardentes ; enfin les portions de ce métal expoſées au centre du foyer, se sont fondues au bout d'une minute. Ces portions fondues étoient d'une couleur blanche, brillante, & présentoient la forme d'un bouton. Elles se laissoient couper en lames avec le couteau. Frappée sur un tas d'acier, une de ces masses s'est applatie & s'est réduite en une lame mince sans se fendre ni se gercer; elle s'est écrouie sous le marteau. Cette belle expérience apprend que la platine est fusible à un feu de la dernière violence, qu'elle est aussi malléable que l'or & que l'argent, & qu'elle est inaltérable par l'action du feu; car dans toutes ces expériences, dont la plupart ont été faites en plein air, la platine n'a offert aucune marque de calcination. M. *de Morveau* est aussi parvenu à fondre la platine en la chauffant dans le fourneau à vent décrit par M. *Macquer*, avec son flux réductif, composé de huit parties de verre pilé, d'une partie de borax calciné, & d'une demi-partie de charbon en poudre.

La platine exposée à l'air ne s'altère en aucune manière. Cependant on ne sait pas ce qu'elle deviendroit si on la chauffoit pendant long-tems, jusqu'à la faire rougir, avec le contact de l'air; peut-être se calcineroit-elle, comme *Juncker* assure que le font l'or & l'argent traités de la même manière.

Ce métal n'éprouve aucune altération de la

part de l'eau, des matières terreuses, falino-
terreuses & des alkalis.

L'acide vitriolique le plus concentré, l'acide
nitreux & l'acide marin les plus forts & les plus
fumans, n'agiffent point du tout fur la platine,
même par le fecours de la chaleur de l'ébullition. La diftillation, moyen reconnu fi efficace
par tous les Chimiftes pour favorifer l'action des
acides fur les matières métalliques, ne préfente pas
plus de diffolution & d'altération dans ces mélanges. Seulement l'acide vitriolique ternit les
grains de platine, fuivant MM. *Lewis* & *Baumé*.
L'acide nitreux au contraire la rend brillante.
M. *Margraf* dit avoir obtenu fur la fin de la
diftillation de cet acide avec la platine, quelque
peu d'arfenic, phénomène que n'ont point obfervé les autres Chimiftes. L'acide marin n'a
changé en aucune façon les grains de platine.
M. *Margraf* a de même obtenu de cet acide
diftillé fur ce métal, un fublimé blanc, qui lui a
paru être de l'arfenic, & un fublimé rougeâtre
dont il n'a pu examiner les propriétés parce
qu'il étoit en trop petite quantité. Toutes ces
fubftances paroiffent évidemment étrangères à
la platine. Ce métal reffemble donc à l'or par
le peu d'action qu'ont fur lui les acides fimples;
mais cette analogie eft encore plus marquée par
fa diffolubilité dans l'eau régale.

L'eau régale qui diſſout le mieux la platine, eſt celle que l'on fait en mêlant parties égales d'acide nitreux & d'acide marin. Pour opérer cette diſſolution, qui eſt en général moins facile que celle de l'or, il faut mettre dans une cornue une once de platine, ſur laquelle on verſe une livre d'eau régale faite dans les proportions indiquées ; on met la cornue ſur un bain de ſable, & on y adapte un récipient. Dès que l'acide eſt chaud, il s'élève quelques bulles de l'acide mixte, qui commence à agir ſur la platine ; on n'a point examiné le gaz qui ſe dégage de cette diſſolution. Il paroît être peu abondant, l'action de l'eau régale s'opère ſans violence & ſans rapidité ; cependant cet acide prend d'abord une couleur jaune qui paſſe à l'orangé, & ſe fonce peu à peu au point de devenir d'un rouge brun très-obſcur. Lorſque la diſſolution eſt achevée, on trouve au fond de la cornue des molécules de ſable rougeâtre & noir qu'on ſépare par décantation ; la liqueur ſaturée laiſſe dépoſer peu à peu des petits criſtaux informes d'une couleur fauve, qui ſont une combinaiſon d'acide & de platine. La diſſolution de platine eſt une des diſſolutions métalliques les plus colorées ; quoi-. qu'elle paroiſſe d'un brun foncé, ſi on l'étend d'eau, ce fluide prend une couleur d'abord orangée, qui devient bientôt jaune & très-ſemblable

à

à la diſſolution d'or ; elle teint les matières animales en brun noirâtre, mais nullement pourpre. M. *Baumé* dit que la platine fondue au foyer du miroir ardent, diſſoute dans l'eau régale, ne prend jamais une couleur brune comme celle de la platine en grains, & que cette diſſolution eſt d'un jaune orangé foncé.

M. *Macquer* aſſure qu'en faiſant évaporer la diſſolution de platine, & en la laiſſant refroidir, on en obtient des criſtaux beaucoup plus gros & beaucoup plus beaux que ceux qu'elle laiſſe dépoſer d'elle‑même lorſqu'elle eſt ſaturée. M. *Lewis* ayant laiſſé évaporer cette diſſolution à l'air libre, a obtenu des criſtaux d'un rouge foncé, paſſablement grands, de figure irrégulière & aſſez ſemblables aux fleurs de benjoin, quoiqu'ils fuſſent plus épais. Ce ſel eſt âpre & peu cauſtique, il ſe fond en partie, laiſſe diſſiper ſon acide, & donne pour réſidu une chaux d'un gris obſcur. L'acide vitriolique concentré occaſionne un précipité d'une couleur foncée, qui eſt ſans doute un vitriol de platine. L'acide marin y produit au bout de quelque tems un dépôt jaunâtre.

Les alkalis & les matières ſalino-terreuſes décompoſent la diſſolution de platine, & précipitent ce métal dans l'état de chaux. L'alkali fixe du tartre uni à l'acide crayeux, occaſionne

Tome II.												T

dans la diſſolution de platine un précipité orangé. Ce précipité n’eſt pas la chaux de platine pure. MM. *Macquer* & *Baumé* ont obſervé qu’il devoit ſa couleur à une certaine quantité d’acide qu’il contenoit. On doit donc le regarder comme un mélange d’une portion de chaux de platine avec une portion de ſel de platine, auquel eſt due ſa couleur. Cette opinion eſt démontrée, parce qu’en lavant ce précipité avec de l’eau chaude, ce fluide ſe colore en diſſolvant le ſel de platine, & le réſidu, qui eſt une pure chaux de ce métal, eſt gris. L’alkali fixe bouilli ſur ce précipité lui enlève promptement ſa couleur en décompoſant le ſel, & laiſſe une chaux de platine qui eſt d’un blanc gris de perle, ſuivant les expériences de M. *Baumé*. Ce Chimiſte s’eſt convaincu que le précipité de platine eſt diſſoluble dans l’alkali, puiſqu’en verſant goutte à goutte la diſſolution de ce métal dans de l’alkali fixe chaud, il ne s’eſt point fait de précipité ; c’eſt pour cela que cette diſſolution précipitée par l’alkali fixe retient toujours une couleur foncée, & qu’on en retire facilement de la platine par l’évaporation à ſiccité. M. *Margraf* a découvert que l’alkali minéral ne précipite point la diſſolution de platine ; ce phénomène eſt ſans doute dû à ce que la platine ſe diſſout ſur le champ dans cet alkali. L’alkali faturé de la partie colorante du bleu de Pruffe, forme un précipité bleu abondant, qui, fuivant M. *Baumé*, eft dû au fer contenu dans l'alkali, puifque fi l'on fe fert de l'alkali Pruffien privé du fer qu'il contient, par le procédé indiqué par ce Chimifte, il ne donne plus avec la diffolution de platine que quelques atômes de bleu, dus à la petite portion de fer que ce métal contient toujours. L'alkali volatil Pruffien forme deux précipités dans cette diffolution, comme l'a obfervé M. *Lewis*; l'un qui eft jaune & très-abondant, occupe la partie inférieure du mélange; l'autre eft bleu & placé à la partie fupérieure. Ce dernier eft fi peu abondant, qu'il difparoît en agitant la liqueur.

L'alkali volatil cauftique précipite la platine en jaune orangé. Ce précipité eft prefqu'entièrement falin, puifque l'eau en diffout la plus grande partie, & fe colore comme une diffolution d'or. Il refte, après l'action de l'eau fur ce précipité, une fubftance noirâtre qui paroît être ferrugineufe. Une grande différence entre le précipité de platine & celui d'or par l'alkali volatil, c'eft que le premier n'eft pas fulminant comme le fecond.

La noix de galle précipite la diffolution de platine en un vert foncé qui pâlit peu à peu par le repos.

T ij

Tous les précipités obtenus de la diſſolution de platine par les matières alkalines, ne ſont point ſuſceptibles de ſe vitrifier & de colorer le verre par le feu des fourneaux. Dans les tentatives faites par MM. *Lewis* & *Baumé* ſur cet objet, la platine s'eſt conſtamment réduite en grenailles, en ramifications ou en eſpèces de dentelles. On peut obtenir une eſpèce de culot de platine, en expoſant ces précipités avec quelques fondans réductifs, comme le borax, la crême de tartre, le verre, &c. MM. *Macquer* & *Baumé* ſont parvenus à fondre ainſi en trente-cinq minutes, à un feu de forge animé par deux forts ſoufflets, un précipité de platine mêlé avec des fondans. Ils ont obtenu ſous un verre noirâtre dur, ſemblable à celui des bouteilles, un culot de platine brillant qui paroiſſoit avoir été bien fondu. Ce culot n'étoit point ductile, il s'eſt caſſé en deux morceaux, dont l'intérieur étoit creux. Ce métal préſentoit un tiſſu grenu & groſſier dans ſa caſſure; il étoit d'une dureté à peu près ſemblable à celle du fer forgé, & il a rayé profondément l'or, le cuivre, & même le fer. Quoique nous ayons dit que les précipités de platine ne paroiſſoient pas ſuſceptibles de ſe vitrifier ou de ſe mêler au verre, M. *Baumé* eſt cependant parvenu à les fondre en une matière vitriforme par deux procédés différens. Le précipité de platine mêlé avec du borax calciné & un verre blanc très-fufible, & expofé pendant trente-fix heures dans l'endroit le plus chaud du four d'un Faïencier, lui a donné un verre verdâtre tirant fur le jaune, fans globules de métal apparent. Ce verre traité par la crême de tartre à un feu violent, lui a offert la platine réduite & en grenailles, qu'il a féparées du verre noirâtre dans lefquelles elles étoient difperfées, en pulvérifant ce verre & en le lavant. Ce Chimifte a enfuite expofé, conjointement avec M. *Macquer*, du précipité de platine au foyer du même miroir ardent avec lequel ils avoient fondu ce métal. Ce précipité a exhalé une fumée très-épaiffe & très-lumineufe qui fentoit vivement l'eau régale; il a perdu fa couleur rouge & repris celle de la platine, & il s'eft fondu en un bouton liffe & brillant, qui n'étoit qu'une matière vitrefcente opaque, de couleur d'hyacinthe à fa furface, & noirâtre à l'intérieur, que l'on peut regarder comme un véritable verre de platine. Il eft cependant néceffaire d'obferver que les matières falines dont il étoit imprégné, ont fans doute contribué à fa vitrification.

Le précipité de platine ne paroît pas être diffoluble dans les acides fimples; mais il fe diffout bien dans l'eau régale, à laquelle il ne donne qu'une couleur orangée, qui n'imite jamais le brun de celle de platine en grains.

La diffolution de platine n'eft point précipitée par les fels neutres alkalins ou parfaits ; mais le fel ammoniac y occafionne un précipité abondant. On ne fait pas encore bien ce qui fe paffe dans cette expérience. Il paroît que le précipité orangé que l'on obtient en verfant une diffolution de fel ammoniac dans une diffolution de platine, eft une véritable fubftance faline entièrement diffoluble dans l'eau. Ce précipité préfente une propriété bien importante, qui a été découverte par M. *de Lifle* ; c'eft qu'il eft fufible, feul & fans addition, à un bon feu de fourneau, ou à un feu de forge ordinaire. La platine fondue par ce procédé eft en un culot brillant affez denfe & affez ferré ; mais elle manque de malléabilité, & ne devient ductile que lorfqu'on l'expofe à une chaleur affez forte. M. *Macquer* penfe qu'il en eft de cette fufion, comme de celle des grains de platine expofés feuls à l'action d'un feu violent ; que ce n'eft qu'une agglutination des molécules ramollies, qui, étant infiniment plus divifées & plus tenues que les grains de platine, fe rapprochent mieux, fe touchent par beaucoup plus de points que ces derniers ; ce qui rend le tiffu de ce métal beaucoup plus ferré, quoiqu'il n'ait point éprouvé une véritable fufion. Cependant, qu'il nous foit permis d'obferver que fi la platine en grains eft fufceptible de fe fondre au miroir ardent, & d'acquérir une ductilité affez confidérable, le précipité de ce métal fait par le fel ammoniac, peut bien auffi fe fondre, à caufe de fon extrême divifion; & que s'il n'eft pas auffi ductile que le bouton de platine fondu par les rayons du foleil, cela dépend peut-être de ce qu'il retient encore quelque matière qu'il a entraînée dans fa précipitation, dont il eft poffible de le priver par l'action du feu.

M. *Margraf* a diffous la platine dans une eau régale compofée de feize parties d'acide nitreux & d'une partie de fel ammoniac. En diftillant cette diffolution à ficcité & jufqu'à faire rougir la cornue, il s'eft fublimé un fel d'un rouge foncé, & le réfidu étoit fous la forme d'une poudre rougeâtre. On ne fait pas fi la diffolution de platine dans une eau régale fimple, c'eft-à-dire, faite avec les acides nitreux & marin, donneroit le même fublimé par la diftillation.

MM. *Margraf*, *Baumé* & *Lewis* ont mêlé la diffolution de platine avec les diffolutions de toutes les autres fubftances métalliques. Il réfulte de leurs expériences, que prefque tous les métaux précipitent la platine fous la forme d'une poudre d'un rouge briqueté ou brun, & qu'au-

T iv

cun de ces précipités ne jouit des propriétés métalliques, comme cela a lieu pour la plupart des autres métaux. C'est une analogie qui existe encore entre l'or & la platine, quoique cette dernière ne donne point avec l'étain un précipité pourpre, comme le fait l'or, mais bien un précipité brun tirant sur le rouge. Quant à l'effet des différentes dissolutions métalliques sur celle de platine, il suffira d'observer que celles de bismuth & de plomb par l'acide nitreux, de fer & de cuivre par les différens acides, & d'or par l'eau régale, ne produisent aucun précipité dans celle de platine, suivant M. *Margraf*, & qu'au contraire celles de sel neutre arsenical, de zinc & d'argent, par l'acide nitreux, la précipitent; la première, en une substance cristallisée, peu abondante, d'une belle couleur d'or; la seconde, en une matière rouge orangée, & la troisième, en une matière de couleur jaune. On n'a pas encore bien examiné ces différens précipités, & on ne sait pas quelle est la décomposition qui les occasionne.

La plupart des sels neutres n'ont pas d'action sur la platine. M. *Margraf* a chauffé à un feu violent de la platine avec le tartre vitriolé & le sel de *Glauber* ; ces sels se sont fondus, & la platine est restée en grains sans altération; elle a seulement donné une petite couleur rougeâtre aux matières falines, fans doute à caufe du fer qui eft mêlé avec elle.

Le nitre altère la platine d'une manière fingulière, fuivant les expériences de MM. *Lewis* & *Margraf*. Quoiqu'il ne fe faffe pas de détonnation lorfqu'on projette dans un creufet rouge un mélange de ces deux fubftances, cependant en chauffant fortement & pendant long-tems, ainfi que M. *Lewis* l'a fait pendant trois jours & trois nuits de fuite, un mélange d'une partie de platine & de deux parties de nitre, ce métal acquiert une couleur de rouille. Si l'on fait bouillir le mélange dans l'eau, ce fluide diffout l'alkali, qui entraîne avec lui une poudre brunâtre, & la platine féparée de ce lavage, fe trouve diminuée de plus d'un tiers. On fépare la poudre brune enlevée par l'alkali à l'aide d'un filtre. Cette poudre paroît être une efpèce de chaux de platine, mélée d'un peu de fafran de mars. M. *Lewis* eft parvenu à donner à cette chaux une couleur grife blanchâtre, en la diftillant un grand nombre de fois avec le fel ammoniac. M. *Margraf*, qui a répété cette belle expérience, y a ajouté deux faits importans ; l'un, c'eft que la platine combinée avec l'alkali du nitre, & délayée dans une certaine quantité d'eau, forme une gelée ; & l'autre, qu'en calcinant la portion de ce métal féparée de cette gelée étendue d'eau & filtrée, elle a pris une couleur noire comme de la poix. Ce travail annonce certainement une grande altération de la platine ; & il feroit bien important de le continuer, pour favoir fi à force de calcinations répétées avec le nitre, il feroit poffible de réduire tout ce métal en poudre brune comme celle dont nous avons parlé, & fur-tout pour déterminer l'état de la platine ainfi calcinée.

Le fel marin, le fel fébrifuge, le borax, les fels terreux, ne font éprouver aucune altération à la platine, & n'en facilitent point la fufion. Le fel ammoniac diftillé avec ce métal, donne un peu de fleurs martiales, en raifon du fer que contient la platine.

Les Chimiftes ne font point d'accord fur l'action réciproque de l'arfenic & de la platine. M. *Scheffer* dit que l'arfenic fait fondre ce métal ; mais l'expérience n'a réuffi qu'en partie à M. *Lewis*, & elle n'a pas réuffi du tout à MM. *Margraf*, *Macquer* & *Baumé*.

On n'a point effayé de combiner le cobalt, le nickel & la manganèfe avec la platine.

Ce métal parfait s'allie très-bien avec le bifmuth, qui le rend d'autant plus fufible que ce dernier eft en plus grande quantité. Cet alliage eft aigre & caffant ; il devient jaune, pourpre & noirâtre à l'air ; on ne peut coupeler ce métal mixte qu'avec la plus grande difficulté ; il ne forme jamais qu'une maffe peu ductile.

La platine fe fond facilement avec le régule d'antimoine ; il en réfulte un métal caffant à facettes, dont on peut féparer le régule par l'action du feu ; mais qui en retient toujours affez pour rendre la platine plus légère & caffante.

Le zinc rend la platine très-fufible, & fe combine très-facilement avec elle ; cet alliage eft caffant, dur à la lime ; il tire fur le bleu, lorfque la platine eft plus abondante que le zinc. On fépare ces deux matières métalliques par l'action du feu qui volatilife le zinc ; cependant la platine en retient toujours un peu.

La platine ne s'unit point au mercure , & elle ne peut point former d'amalgame , quoiqu'on la triture pendant plufieurs heures avec ce fluide métallique. On fait d'ailleurs qu'on emploie le mercure en Amérique pour féparer l'or d'avec la platine. Plufieurs intermèdes, tels que l'eau dont fe font fervis MM. *Lewis & Baumé*, & l'eau régale que M. *Scheffer* a employée, ne facilitent en aucune manière l'union de la platine avec le mercure ; cette propriété femble la rapprocher du fer , dont elle a d'ailleurs la couleur & la dureté.

La platine s'allie très-bien avec l'étain. Cet alliage eft très-fufible & coule bien. Il eft aigre ,

& caffe même par le choc, lorfque ces deux métaux font unis à parties égales. Lorfque l'étain eft à la dofe de douze parties & même plus fur une de platine, ce métal mixte eft affez ductile; mais il a le grain rude & groffier, & il jaunit à l'air. La platine diminue fingulièrement la ductilité de l'étain, & il ne paroît pas qu'on puiffe tirer parti de cet alliage. Cependant lorfqu'il eft bien poli, il peut refter long-tems à l'air fans s'altérer. Il paroît que M. *Lewis*, à qui font dues prefque toutes les connoiffances qu'on a acquifes fur les alliages de la platine, eft parvenu à calciner ce métal, & à le diffoudre dans l'acide marin par le moyen de l'étain.

Le plomb & la platine s'allient très-bien par la fufion; mais ils demandent un feu plus fort pour être fondus, qu'il n'en faut pour fondre l'alliage précédent. La platine ôte la ductilité du plomb; il réfulte de la combinaifon de ces deux métaux, un métal mixte, tirant fur le pourpre, plus ou moins caffant, fuivant les proportions de la platine, ftrié & grenu dans fa caffure, & qui s'altère promptement à l'air. La coupellation par le plomb, étoit une des expériences les plus importantes à faire fur la platine; en effet, cette opération étoit feule capable de la purifier des métaux étrangers qu'elle pouvoit contenir. M. *Lewis* & plufieurs autres Chimiftes, ont tenté en vain de coupeler la platine dans les fourneaux de coupelle ordinaires, quelque chaleur qu'ils puffent exciter dans ces fourneaux. La vitrification & l'abforption du plomb ont lieu dans le commencement de l'opération, à caufe de l'excès du métal fufible; mais à mefure que ce dernier diminue, la platine reprend fon infufibilité, & elle la communique aux dernières portions de plomb, de manière qu'elle fe fige fur la coupelle, & qu'elle pèfe plus après cette opération qu'elle ne pefoit auparavant, à caufe du plomb qu'elle a retenu. MM. *Macquer* & *Baumé* font cependant parvenus à la féparer complétement du plomb. Ils ont expofé fur une coupelle, une once de platine & deux onces de plomb dans l'endroit le plus chaud du four qui cuit la porcelaine de Sèves. Le feu de bois qu'on y allume dure cinquante heures de fuite. Au bout de ce tems la platine étoit applatie fur la coupelle; fa furface fupérieure étoit fombre & ridée; elle s'eft détachée facilement; fa furface inférieure étoit brillante, & ce qui eft plus précieux, elle s'eft laiffée étendre trèsbien fous le marteau. Ces Chimiftes fe font affurés par tous les moyens poffibles, que cette platine ne contenoit pas de plomb, & qu'elle étoit très-pure. M. *de Morveau* a également réuffi à coupeler un mêlange d'un gros de platine & de deux gros de plomb, en se servant du fourneau à vent de M. *Macquer*. Cette opération faite en quatre reprises, a duré onze à douze heures. M. *de Morveau* a obtenu un bouton de platine, non adhérent, uniforme, d'une couleur semblable à celle de l'étain, un peu raboteux, qui pesoit un gros juste, & ne paroissoit nullement sensible à l'aimant. Voilà donc un procédé convenable pour obtenir la platine fondue en plaques, qui peuvent se forger, & être conséquemment employées pour faire différens ustensiles précieux par leur dureté & leur inaltérabilité. M. *Baumé* lui a encore reconnu une propriété fort utile ; celle de se laisser souder & forger comme le fer, sans le secours d'aucun autre métal. Après avoir fait rougir à blanc deux morceaux de platine qui avoient été coupelés sous le four de Sèves, il les a posés l'un sur l'autre, & frappés promptement d'un coup de marteau ; ces deux morceaux se font soudés aussi bien & aussi solidement que l'auroient fait deux morceaux de fer ; il n'est pas besoin d'insister long-tems sur cette expérience pour faire sentir tous les avantages qui en résulteront pour les arts.

M. *Lewis* n'a pas pu obtenir d'alliage entre le fer forgé & la platine. Ce métal mixte auroit le grand avantage de réunir la dureté de l'acier trempé avec une forte ductilité ; au moins il ne feroit point aigre & caffant comme l'acier. Le Chimifte Anglois que nous venons de citer, fit fondre un mêlange de fer de fonte & de platine. Cet alliage étoit fi dur que la lime ne put l'entamer ; il avoit un peu de ductilité, mais il fe caffoit net lorfqu'il étoit rouge.

La platine donne de la dureté au cuivre, avec lequel elle fond affez facilement. Cet alliage a de la ductilité, lorfque la dofe du cuivre eft trois ou quatre fois plus confidérable que celle de la platine. Il eft fufceptible de prendre un beau poli, & ne s'eft point terni à l'air dans l'efpace de dix ans.

La platine détruit en partie la ductilité de l'argent, augmente fa dureté, & ternit fa couleur. Ce mêlange eft fort difficile à fondre ; les deux métaux fe féparent par la fufion & le repos. M. *Lewis* a obfervé que l'argent que l'on fond avec la platine, eft lancé aux parois du creufet avec une efpèce d'explofion. Ce phénomène paroît appartenir à l'argent feul, puifque M. *d'Arcet* a vu ce métal rompre des boules de porcelaine dans lefquelles il étoit renfermé, & être lancé au dehors de ces vaiffeaux par l'action du feu.

La platine ne fe combine bien avec l'or qu'à l'aide d'un violent coup de feu. Elle altère beaucoup la couleur de l'or, à moins qu'elle ne foit

en très-petite quantité ; par exemple un quarante-
septième de platine , & toutes les proportions
au-deſſous de celle-là , ne changent pas beaucoup la couleur de l'or. La platine n'altère que
peu la ductilité de l'or ; c'eſt même un des métaux qui la diminue le moins. La peſanteur de
la platine , preſque égale à celle de l'or , pouvoit favoriſer la fraude ; & c'eſt pour cette raiſon que le Miniſtère d'Eſpagne a fait fermer les
mines de platine. Cependant , depuis que la
Chimie a découvert des moyens de reconnoître
de l'or allié de platine , & même de la platine alliée d'or , les mêmes craintes ne peuvent plus
ſubſiſter ; & il eſt fort à deſirer que les mines
de platine ſoient rouvertes , afin que le commerce puiſſe jouir d'un nouveau métal qui promet tant d'avantages à la ſociété.

La diſſolution de ſel ammoniac a , comme
nous l'avons fait obſerver , la propriété de précipiter la platine. Si donc on ſoupçonne de l'or
d'être allié de platine , on pourra eſſayer ſa diſſolution dans l'eau régale , avec une diſſolution
de ſel ammoniac , le peu de platine qu'elle contiendra occaſionnera un précipité orangé ou
rougeâtre ; s'il ne s'y fait point de précipité ,
c'eſt une preuve que l'or ne contient pas de
platine. S'il arrivoit que les belles propriétés de
la platine la rendiſſent quelque jour plus rare &

plus

plus recherchée que l'or, la cupidité ne pourroit pas nous tromper davantage en alliant l'or à ce métal, puisqu'une dissolution de vitriol martial qui a la propriété de précipiter la dissolution d'or, sans changer en aucune manière celle de platine, feroit reconnoître sur le champ la fraude. Une lame d'étain plongée dans une dissolution de platine alliée d'or, feroit aussi reconnoître la présence de ce dernier, en se couvrant d'un précipité pourpre, tandis que la platine ne lui donne qu'une couleur brune sale tirant sur le rouge ; d'ailleurs ce dernier précipité ne colore point le verre, tandis que le précipité d'or lui donne une couleur pourpre.

Toutes les propriétés de la platine que nous avons examinées, paroissent prouver que cette substance est un métal particulier, le plus parfait & le plus inaltérable de tous. Son peu de ductilité & de fusibilité regardées par quelques personnes comme deux fortes objections contre ce sentiment, ne sont pas capables de le réfuter, puisqu'il y a peut-être moins loin de la fusibilité de la platine à celle du fer forgé, qu'il n'y a de celle de ce dernier métal à la fusibilité du plomb ; & puisqu'elle n'a été si peu ductile jusqu'à présent, que parce qu'on n'est point encore parvenu à lui donner une fusion bien complette. Quant à l'opinion des Savans qui regardent la platine

V

comme un alliage naturel d’or & de fer, quelqu’ingénieufe & quelque fatisfaifante qu’elle pa-
roiffe, il eft impoffible de l’admettre tant qu’on
ne féparera pas ce métal en deux autres par une
analyfe exacte; & tant qu’on n’imitera pas mieux
la platine qu’on ne l’a fait jufqu’aujourd’hui par
l’alliage artificiel de l’or & du fer. Enfin, M. *Macquer* a fait une très-forte objection contre ce dernier fentiment, en obfervant que plus on prive
la platine du fer qu’elle contient, & plus elle s’é-
loigne des caractères extérieurs & des propriétés
de l’or.

On conçoit affez de quel important ufage
feroit ce métal précieux introduit dans le commerce, lorfqu’on fait qu’il réunit l’indeftructibi-
lité de l’or à une dureté prefque égale à celle du
fèr, qu’il réfifte à l’action du feu le plus violent,
& des acides les plus concentrés. Les arts & la
Chimie en retireroient fans doute les plus grands
avantages.

LEÇON XLII.

Genre V. *BITUMES* (a).

LES bitumes font des fubftances combuf-tibles, folides, molles ou fluides, dont l'odeur eft forte, âcre, aromatique, & qui paroiſſent être beaucoup plus compoſés que les corps du Regne minéral que nous avons déjà examinés. On les trouve, ou formant des couches dans l'intérieur de la terre, ou fuintant à travers les rochers, ou nageant à la furface des eaux. Leur caractère eft de brûler le plus fouvent avec flamme, lorfqu'on les chauffe avec le contact de l'air, comme le font les matières formées par les organes des végétaux & des animaux auxquelles on a donné le nom d'huiles. Leur analyſe eft beaucoup moins exacte que celles des matieres terreuſes, falines ou métalliques, parce que l'action du feu les altère fingulière-ment, & en extrait des principes qui réagiſſent

---

(a) On doit fe rappeler que nous avons diviſé les ma-tières combuſtibles minérales en cinq Genres, qui font, le diamant, le gaz inflammable, le foufre, les matières métalliques & les bitumes.

V ij

les uns fur les autres à mefure qu'ils fe volati‑
lifent. C'eft une analogie que les bitumes ont
avec les fubftances végétales & animales. On
en retire par la diftillation, une eau ou flegme
odorant plus ou moins coloré & falin, un fel
acide fouvent concret, quelquefois de l'alkali
volatil, & des huiles qui de légères qu'elles font
dans le commencement, deviennent d'autant
plus épaiffes & colorées que la diftillation eft
plus avancée & que le feu eft plus actif. Il refte
après cette analyfe un charbon plus ou moins
volumineux, épais, léger, rare, brillant ou
compacte, fuivant les différentes efpèces de bi‑
tumes. Cette analyfe indique que les corps
inflammables ont une origine végétale ou ani‑
male, comme nous le dirons avec plus de dé‑
tail, lorfque nous aurons fait l'hiftoire de leurs
propriétés.

Les bitumes éprouvent quelques altérations
de la part de la lumière; lorfqu'ils font fluides,
leur couleur fe fonce, & leur odeur fe modifie
dans des vaiffeaux tranfparens. L'air les épaiffit
par l'évaporation fucceffive de leur humidité,
dont l'atmofphère fe charge d'autant plus promp‑
tement que l'air eft plus fec. Leur principe rec‑
teur ou odorant fe diffipe en même proportion,
& ils paffent peu-à-peu de l'état de fluidité à la
tenacité & à la folidité; mais il faut un grand

nombre d'années pour leur faire éprouver cette dernière altération.

L'eau dans laquelle on fait bouillir les bitumes ne les diſſout pas, mais elle ſe charge de leur principe recteur, & elle exhale l'odeur qui leur eſt propre ; il ſemble donc que l'eau a plus d'affinité avec leur principe odorant que la matière huileuſe du bitume, & peut-être pourroit-on ôter ainſi à ces corps toute leur odeur.

On n'a point eſſayé l'action des matières ſalino-terreuſes ſur les bitumes. Cependant, la chaux paroît capable, ainſi que les alkalis purs, de s'unir avec ces matières combuſtibles, & de former avec elles des compoſés ſolubles dans l'eau, auxquels on donne le nom de ſavons.

On ne connoît pas la manière dont les acides minéraux ſont ſuſceptibles d'agir ſur les bitumes ; il eſt vraiſemblable qu'ils les diſſoudroient & les mettroient dans un état ſavonneux comme ils font à l'égard des huiles.

On n'a pas plus examiné l'action des ſels neutres, du gaz inflammable, du ſoufre & des métaux ſur les bitumes ; & en général les propriétés chimiques de ces corps ne ſont que très-peu connues. Ce travail eſt entièrement neuf, & il offriroit certainement des réſultats utiles.

Les Naturaliſtes ſe ſont beaucoup plus occupés de l'origine & de la formation des bitumes,

que les Chimistes ne l'ont fait de leur analyse.
Il y a eu plusieurs opinions sur cet objet. Les
uns ont pensé que ces corps combustibles appartiennent en propre au Règne minéral, & qu'ils
font aux minéraux ce que les huiles & les résines
font aux êtres organiques. Cette analogie, qui a
quelque chose de séduisant pour l'imagination,
ne s'accorde pas avec les faits : car on ne con-
noit rien dans le Règne minéral qui ait le caractère huileux. Aussi l'opinion de ceux qui attribuent les bitumes à des substances végétales enfouies dans l'intérieur de la terre, & altérées par
l'action des acides minéraux, a-t-elle eu beaucoup
plus de partisans que la première. En effet,
tout atteste que les bitumes proviennent de matières organiques. Il se rencontre constamment
dans leur voisinage un grand nombre de ces
matières dont la forme est reconnoissable; d'ailleurs ils ont eux-mêmes les caractères chimiques
des substances formées par la vie, & l'on est
parvenu à les imiter jusqu'à un certain point,
en combinant des huiles avec l'acide vitriolique
concentré. Nous verrons dans l'Histoire chimique des matières végétales, que l'huile de vitriol mise en contact avec les huiles essentielles les durcit, les noircit, leur donne une odeur
forte & piquante semblable à celle des bitumes.
Mais ces corps sont-ils uniquement formés par les

végétaux enfouis, comme l'ont avancé la plupart des Naturalistes, & les animaux n'y contribuent-ils point pour quelque chose ? La grande quantité de bitumes qui existent dans l'intérieur de la terre, comparée avec le peu de bois ou d'arbres qu'on rencontre dans leur voisinage, & surtout le peu d'abondance des matières huileuses que ces végétaux contiennent, semblent s'opposer à ce qu'on attribue entièrement l'origine des bitumes aux individus du Règne végétal : d'un autre côté, l'abondance de ces corps combustibles dans des endroits où l'on ne trouve que quelques traces de végétaux, & l'existence presque constante de dépouilles d'animaux entassés au-dessus des bitumes, doivent porter à croire que les êtres organiques ont contribué pour beaucoup, & peut-être même plus que les végétaux, à leur formation. Observons encore que les couches successives de quelques bitumes qui se trouvent en masses continues dans l'intérieur du globe, annoncent que ces corps ont été déposés lentement & par les eaux, & que leur formation correspond à l'époque où des amas immenses de coquilles & d'autres corps marins ont été formés par la mer. Ils ont donc été dans un état fluide, & ils se sont durcis par le laps de tems & par l'action des corps salins ou d'autres agens que l'intérieur de la terre contient en grande quantité. Telle eſt l'opinion que M. *Parmentier*, Membre du Collége de Pharmacie, a expoſée ſur l'origine du charbon de terre, dans un Mémoire qu'il a lu à l'ouverture des Cours de cette Compagnie. Les huiles & les graiſſes des animaux marins paroiſſent donc être un des matériaux dont la nature ſe ſert pour former certains bitumes, tandis qu'il en eſt d'autres dont l'origine eſt manifeſtement végétale, & qui ſont dus à des réſines ou à des huiles eſſentielles enfouies & altérées dans la terre.

Les bitumes ſont en aſſez grand nombre. Les Naturaliſtes en ont fait pluſieurs genres. En les conſidérant chimiquement, nous les regardons comme des eſpèces ou des ſortes, parce qu'ils ont en effet tous les mêmes caractères relativement à leurs propriétés chimiques. Les uns ſont liquides ; d'autres jouiſſent d'une conſiſtance molle ; il en eſt qui ſont ſolides, & parmi ces derniers, les uns ſont durs & ſuſceptibles de poli, les autres ſont friables. Nous en connoiſſons ſix ſortes bien diſtinctes, qui comprennent une grande quantité de variétés que nous indiquerons. Ces ſix ſortes, dont nous allons faire l'hiſtoire, ſont, le ſuccin, l'aſphalte ou bitume de Judée, le jayet, le charbon de terre, l'ambre gris & le pétrole.

Sorte I. Succin.

Le fuccin nommé ambre jaune ou karabé, eft le plus beau de tous les bitumes par fes caractères extérieurs ; il eft en morceaux irréguliers d'une couleur jaune ou brune, tranfparens ou opaques, formés par couches ou par écailles. Il eft fufceptible d'un très-beau poli. Lorfqu'on le frotte quelque tems, il devient électrique & capable d'attirer des pailles. Les anciens qui connoiffoient cette propriété avoient donné au fuccin le nom d'*eleȼtrum*, d'où eft venu celui d'électricité.

Ce bitume eft d'une confiftance affez dure, & qui approche de celle de certaines pierres ; ce qui a engagé quelques Auteurs & en particulier *Hartman*, Naturalifte qui vivoit fur la fin du dernier fiècle, à le ranger parmi les pierres précieufes. Cependant il eft friable & caffant. Lorfqu'on le pulvérife, il répand une odeur affez agréable. On rencontre fouvent dans fon intérieur des infectes très-bien confervés & très-reconnoiffables, ce qui prouve qu'il a été liquide, & que dans cet état, il a enveloppé les corps qu'on y trouve. Le fuccin eft le plus fouvent enfoui à une plus ou moins grande profondeur ; il fe trouve fous des fables colorés, en petites maffes incohérentes, & difperfées fur des lits de terre pyriteufe ; on rencontre au-deſſus de lui des bois chargés de matière bitumineuſe noirâtre ; on croit d'après cela qu'il eſt formé par une ſubſtance réſineuſe, qui a été altérée par l'acide vitriolique des pyrites. Il nage encore ſur les bords de la mer : on le ramaſſe ſur les bords de la mer Baltique dans la Pruſſe Ducale. Les montagnes de Provence près de la ville de Siſteron, la Marche d'Ancône, & le Duché de Spolette en Italie, la Sicile, la Pologne, la Suède & pluſieurs autres pays en fourniſſent auſſi. La couleur, la texture, la tranſparence ou l'opacité de ce bitume en ont fait reconnoître un aſſez grand nombre de variétés : on peut, d'après *Wallerius*, les réduire aux ſuivantes.

Variétés.

1. Succin tranſparent blanc.

2. Succin tranſparent d'un jaune pâle.

3. Succin tranſparent d'un jaune de citron.

4. Succin tranſparent d'un jaune d'or ; *chryſelectrum* des Anciens.

5. Succin tranſparent d'un rouge foncé.

6. Succin opaque blanc, *leucelectrum*.

7. Succin opaque jaune.

8. Succin opaque brun.

9. Succin coloré en vert, en bleu, par des matières étrangères.

10. Succin veiné.

On pourroit encore en diftinguer un plus grand nombre de variétés, d'après les accidens qu'il oftre fouvent dans fon intérieur. Mais on doit être prévenu relativement au prix que l'on attache aux échantillons de fuccin, remarquables par leur groffeur, leur tranfparence, & les infectes bien confervés qu'ils offrent dans fon intérieur, qu'il eft poffible d'être trompé fur cet article, puifque plufieurs perfonnes poffèdent l'art de lui donner de la tranfparence, de le colorer à volonté, & de le ramollir affez pour pouvoir y introduire des corps étrangers. *Wallerius* avertit que le fuccin couleur d'or ne doit jamais fa tranfparence qu'à la nature, & que celui que l'art a rendu tranfparent eft toujours d'une couleur pâle.

Quoiqu'il foit très-vraifemblable que ce bitume doit fa naiffance à des matières réfineufes végétales, plufieurs Naturaliftes ont eu des opinions différentes fur fa formation. Quelques-uns l'ont regardé comme de l'urine durcie de certains quadrupèdes, d'autres comme un fuc de la terre que la mer a détaché, & qui, porté par les eaux fur le rivage, s'y eft deffeché & durci par les rayons du foleil. Cette claffe de Naturaliftes le défigne comme un fuc minéral particulier. Telle étoit l'opinion d'un ancien Naturalifte nommé *Philémon*, & cité par *Pline. George Agricola* l'a enfuite fait revivre. *Frédéric Hoffman* croyoit qu'il étoit formé d'une huile légère, féparée du bois bitumineux par la chaleur, & épaiffie par l'acide des vitriols. On ne peut admettre cette opinion d'*Hoffman*, car on ne conçoit pas comment une huile féparée dans les entrailles de la terre, pourroit contenir des animaux qui ne vivent qu'à fa furface. Il eft plus que vraifemblable que le fuccin eft dû à un fuc réfineux qui a coulé d'abord fluide de quelqu'arbre; ce fuc enfoui plus ou moins profondément dans la terre, par des bouleverfemens que le globe a éprouvés, s'eft durci & imprégné des vapeurs minérales & falines qui circulent dans fon intérieur. Il n'y a pas même d'apparence qu'il ait été altéré par des acides concentrés, car l'expérience nous apprend que l'action de ces acides l'auroit noirci & mis dans un état charbonneux. *Pline* penfoit que le fuccin n'étoit autre chofe que la réfine du pin durcie par la fraîcheur de l'automne. Quelques Auteurs ont cru qu'il étoit dû à une efpèce de réfine, connue fous le nom impropre de gomme copal, qui avoit féjourné dans la terre. Mais quelqu'analogie qu'il femble y avoir entre plufieurs propriétés de ces deux fubftances, on ne peut abfolument pas fpécifier l'efpèce de matière végétale à laquelle le fuccin a appartenu.

Le fuccin expofé au feu ne fe liquéfie qu'à

une chaleur affez forte; il fe ramollit & fe bourfouffle beaucoup. Lorfqu'on le chauffe avec le
contaçt de l'air, il s'enflamme & répand une
fumée très-épaiffe & très-odorante. Sa flamme
eft jaunâtre, variée de vert & de bleu. Il laiffe
après fa combuftion un charbon noir luifant,
qui donne par l'incinération une terre brune en
très - petite quantité. M. *Bourdelin*, dans fon
Mémoire fur le fuccin (*Acad. 1742*), n'a obtenu que dix-huit grains de cette terre, en brûlant deux livres de fuccin dans un têt. Une demi-
livre du même bitume, brûlé & calciné dans un
creufet, lui a fourni dans une feconde opération douze grains de réfidu terreux, d'où il a
retiré du fer à l'aide du barreau aimanté.

Si l'on diftille le fuccin dans une cornue & par
un feu gradué, on obtient d'abord un phlegme qui
fe colore en rouge , & qui eft manifeftement
acide. Cet efprit acide retient l'odeur forte du
fuccin; il paffe enfuite un fel volatil acide qui
fe criftallife en petites aiguilles blanches ou jaunâtres dans le col de la cornue ; à ce fel fuc-
cède une huile blanche & légère d'une odeur
très-vive. Cette huile prend peu à peu de la
couleur, à mefure que le feu devient plus fort,
& elle finit par être brune, noirâtre, épaiffe,
vifqueufe, comme les huiles empyreumatiques.
Il fe fublime pendant que ces deux huiles paf-

sent, une certaine quantité de sel volatil de plus en plus coloré. Il reste dans la cornue, après cette opération, une masse noire moulée sur le fond de ce vaisseau, cassante & semblable au bitume de Judée ; *George Agricola* avoit déjà fait cette observation, il y a près de trois siècles, sur le résidu du succin distillé. Si l'on conduit l'opération par un feu doux & bien ménagé, & si l'on opère sur une grande quantité de succin, on peut obtenir séparément tous ces produits en changeant de récipient. Ordinairement on les reçoit dans le même, & on les rectifie ensuite à une chaleur douce. L'esprit se décolore en partie par cette rectification. L'huile qui ne devient noire sur la fin de l'opération, que parce qu'elle entraîne une portion charbonneuse, & parce que l'acide a réagi sur ses principes, peut être rendue très-blanche & très-légère par plusieurs distillations successives. M. *Rouelle* l'aîné a donné un très-bon procédé pour l'obtenir dans cet état par une première opération. Il faut pour cela mettre cette huile avec de l'eau dans un alambic de verre, & la distiller à la chaleur de l'eau bouillante ; la portion la plus pure, la seule qui soit volatile à ce degré de chaleur, à cause de sa légèreté, passe avec l'eau au-dessus de laquelle elle se rassemble. Si on veut la conserver dans cet état, il faut la renfermer dans des vaisseaux de grès ; car dans les vaisseaux de verre, les rayons lumineux qui traversent cette matière, lui donnent au bout d'un certain tems une couleur jaune & même brune.

Cette analyse démontre que le succin est formé d'une grande quantité d'huile rendue concrète par un acide. Il contient encore une très-petite quantité de terre, dont on n'a point examiné la nature, & quelques atômes de fer.

L'huile de succin paroît se rapprocher des huiles essentielles ; elle a leur volatilité, leur odeur ; elle est très-inflammable ; elle paroît susceptible de former des savons avec les alkalis.

Le sel volatil de succin a été regardé pendant quelque tems comme un sel alkali. *Glaser, Lefevre, Charas* & *Jean-Maurice Hoffman*, Professeur à Altdorf, étoient de ce sentiment. *Barchusen* & *Boulduc* le père sont les deux premiers Chimistes qui, dans le dernier siècle, ont reconnu la nature acide de ce sel. Depuis eux tous les Chimistes ont adopté cette découverte, mais ils n'ont point été d'accord entr'eux sur la nature de cet acide. *Frédéric Hoffman*, fondé sur ce que le succin se trouve en Prusse sous des couches de matières remplies de pyrites, a imaginé que son sel est formé d'acide vitriolique. *Neuman* paroît avoir le même sentiment. M. *Bourdelin*, dans le Mémoire que nous avons cité, rapporte plusieurs expériences qu'il a faites pour déterminer la nature de ce sel. Il observe d'abord que le sel de succin obtenu par la distillation de ce bitume, quelque blanc & quelque pur qu'il soit, contient toujours une matière huileuse; c'est sans doute à cette substance huileuse qu'est due son odeur & l'espèce de combustibilité dont il jouit, & qu'il présente lorsqu'on le jette sur des charbons ardens. Il a tenté plusieurs moyens pour le débarrasser de cette substance. Nous verrons, lorsque nous examinerons la nature & les propriétés de l'esprit ardent, que ce fluide n'a pas pu remplir ses vues. L'alkali fixe seul digéré sur le succin, dans le dessein de lui enlever sa partie grasse & huileuse, & d'obtenir son sel séparé, n'a pas eu plus de succès; il a seulement dissous un peu de bitume, & il a pris une saveur lixivielle & salée comme le sel marin. Enfin, M. *Bourdelin* n'a pas trouvé de meilleur procédé pour unir l'acide du succin pur & privé de matières huileuses, avec l'alkali fixe, que de faire détonner un mélange de deux parties de nitre avec une partie de ce bitume. Il a lessivé le résidu de cette détonnation avec de l'eau distillée. Cette lessive étoit ambrée; elle a précipité la dissolution d'ar-

gent

gent en caillé blanc; celle du mercure avec la même couleur. Plusieurs autres diffolutions métalliques ont été également décompofées; mais M. *Bourdelin* n'a regardé que les deux premières comme concluantes. Elles lui ont paru indiquer que l'acide du fuccin étoit le même que celui du fel marin, puifqu'il préfentoit les mêmes phénomènes que ce dernier, avec les diffolutions nitreufes de mercure & d'argent. La leffive du réfidu de la détonnation du fuccin avec le nitre, ayant été évaporée à l'air, a donné une matière mucilagineufe, au milieu de laquelle fe font peu à peu dépofés des criftaux quarrés alongés, dont la forme, la faveur falée, la décrépitation fur les charbons ardens, & furtout l'effervefcence confidérable & l'odeur d'acide marin qu'ils exhalèrent par l'affufion de l'huile de vitriol, indiquèrent à l'Auteur que l'efprit de fel y étoit uni à la bafe du nitre. Malgré cette analyfe qui eft fort exacte pour le tems où M. *Bourdelin* travailloit, les Chimiftes qui ont examiné depuis lui le fel de fuccin, ne l'ont point trouvé analogue à l'acide marin, & y ont découvert tous les caractères d'un acide végétal huileux.

On n'a pas fuivi plus loin l'examen des propriétés chimiques de ce bitume. On ne connoît même pas la manière dont les acides font fufceptibles d'agir fur lui. *Frédéric Hoffman* affure qu'on peut le diffoudre en entier dans la leffive d'alkali cauftique & dans l'acide du vitriol. On fait encore que l'huile effentielle de fuccin peut s'unir avec l'alkali volatil cauftique, & former par le fimple mêlange & l'agitation une forte de favon liquide, d'un blanc laiteux, d'une odeur très-pénétrante, qu'on connoît en Pharmacie fous le nom d'eau de luce ; enfin, que cette même huile diffout le foufre à l'aide de la chaleur d'un bain de fable, & conftitue un médicament appelé baume de foufre fucciné.

. Le fuccin eft d'ufage en Médecine, comme anti-fpafmodique ; on l'a recommandé dans les affections hyftériques & hypocondriaques, la fuppreffion des règles, la gonorrhée, les fleurs blanches, &c. On l'emploie en nature après l'avoir lavé avec de l'eau chaude, & réduit en poudre fine fur le porphyre. On s'en fert pour des fumigations fortifiantes & réfolutives, en jetant ce bitume en poudre fur une brique bien chaude, & en dirigeant la fumée qu'il exhale, fur la partie qu'on fe propofe de foumettre à fon action. L'efprit volatil & le fel de fuccin font regardés comme incififs, cordiaux & anti-feptiques ; on les adminiftre auffi comme de puiffans diurétiques. L'huile de fuccin eft employée extérieurement & intérieurement aux mêmes ufages que le fuccin lui-même; on la prescrit à des doses moins fortes, à cause de son activité plus grande. Le baume de soufre succiné que l'on donne à la dose de quelques gouttes dans des boissons appropriées, ou mêlé avec d'autres substances pour en former des pillules, a du succès dans les affections humorales & pituiteuses de la poitrine, des reins, &c. On fait avec l'esprit de succin & l'opium un sirop appelé sirop de karabé, que l'on emploie avec avantage comme calmant, anodyn & anti-spasmodique. L'eau de luce, que l'on prépare en versant quelques gouttes d'huile de succin dans un flacon plein d'alkali volatil caustique, & en agitant ce mêlange jusqu'à ce qu'il ait pris une couleur blanche laiteuse, est depuis long-tems en usage comme un irritant très-actif, dans les asphixies; on l'approche des narines, dont elle stimule les nerfs, & c'est par les secousses qu'elle excite, qu'elle ranime le mouvement des fluides, & fait revenir les malades.

Les plus beaux morceaux de succin sont taillés & tournés pour en faire des vases, des pommes de cannes, des colliers, des bracelets, des tabatières, &c. Ces sortes de bijoux ne sont plus recherchés chez nous, depuis que les diamans & les pierreries sont connus; mais on les envoie en Perse, en Chine & chez plusieurs nations qui les eſtiment encore comme de grandes raretés. *Wallerius* dit qu'on peut employer les morceaux les plus tranſparens pour faire des microſcopes, des verres ardens, des priſmes, &c. On aſſure que le Roi de Pruſſe a un miroir ardent de ſuccin d'un pied de diamètre, & qu'il y a dans le Cabinet du Duc de Florence une colonne de ſuccin de dix pieds de haut, & un luſtre très-beau. On peut réunir deux morceaux de ce bitume en les enduiſant d'huile de tartre & en les rapprochant après les avoir chauffés.

Sorte II. ASPHALTE.

L'aſphalte ou bitume de Judée, nommé auſſi gomme des funérailles, karabé de Sodôme, poix de montagne, baume de momies, &c. eſt un bitume noir, peſant, ſolide, aſſez brillant. Il ſe caſſe facilement, & ſa caſſure eſt vitreuſe. Une lame mince de ce bitume paroît rouge lorſqu'on la place entre l'œil & la lumière. L'aſphalte n'a pas d'odeur quand il eſt froid. Lorſqu'on le frotte, il en acquiert une légère. Il ſe trouve ſur les eaux du lac Aſphaltide ou mer morte dans la Judée, près duquel étoient les anciennes villes de Sodôme & de Gomorre. Les habitans incommodés par l'odeur que répand ce bitume amaſſé ſur les eaux, & encouragés par le profit qu'ils **en retirent**, le ramaſſent avec foin. *Lémery* dit dans fon Dictionnaire des Drogues, que l'afphalte fe dégorge comme une poix liquide, de la terre que couvre la mer morte, & qu'élevé fur fes eaux, il y eft condenfé par la chaleur du foleil & par l'action du fel que ces eaux contiennent en grande quantité. Il s'en rencontre auffi fur plufieurs lacs de la Chine.

L'afphalte du commerce fe retire, fuivant M. *Valmont de Bomare*, des mines de Daunemore, & notamment dans la Principauté de Neuchatel & de Wallengin. Il y en a de deux couleurs, fuivant ce Naturalifte, de noirâtre, de grifâtre ou fauve ; mais cet afphalte n'eft pas à beaucoup près pur, & il paroît n'être qu'une terre endurcie & pénétrée par le bitume.

Les Naturaliftes font partagés fur l'origine de l'afphalte comme fur celle de tous les bitumes. Les uns le croient un produit minéral, formé par un acide uni à une matière graffe dans l'intérieur de la terre. D'autres le regardent comme une matière réfineufe végétale, enfouie & altérée par les acides minéraux. Le fentiment le plus répandu & le plus vraifemblable, c'eft qu'il a la même origine que le fuccin, & qu'il eft formé par ce dernier bitume, qui a éprouvé l'action d'un feu fouterrain.

L'afphalte expofé au feu, fe liquéfie, fe bour-fouffle, & brûle en répandant une flamme & une fumée épaiffe, dont l'odeur eft forte, âcre & défagréable. On en retire par la diftillation une huile colorée comme le pétrole. On n'a point examiné chimiquement ce produit naturel.

L'afphalte eft employé, comme le gaudron, pour enduire les vaiffeaux, par les Arabes & les Indiens. Il entre dans la compofition des vernis noirs de la Chine, & dans les feux d'artifice qui brûlent fur l'eau. Les Egyptiens s'en fervoient pour embaumer les corps; mais il n'étoit employé à cet ufage que par les pauvres qui ne pouvoient pas fe procurer des fubftances anti-feptiques plus précieufes. *Wallerius* affure que des Marchands préparent une efpece d'afphalte avec la poix épaiffie, ou en mêlant & faifant fondre cette dernière avec une certaine quantité de véritable baume de Judée ; mais on peut reconnoître cette fraude par le moyen de l'efprit de vin, qui diffout entièremenr la poix, & qui ne prend qu'une couleur jaune avec l'afphalte.

Sorte III. Jayet.

Le jais ou jayet, nommé par les Latins *gagas*, appelé fuccin noir par *Pline*, *pangitis* par *Strabon*, &c. eft un bitume noir, compacte, dur comme quelques pierres; brillant & vitreux dans sa cassure, & susceptible de prendre un beau poli. Frotté quelque tems, il attire les corps légers, & paroît électrique comme le succin. Il n'a point d'odeur; lorsqu'on le chauffe, il en acquiert une à peu près semblable à celle du bitume de Judée.

Le jais se trouve en France dans la Provence, dans le Comté de Foix; il y en a même une carrière qu'on exploite à Béleſtat dans les Pyrénées. On le rencontre aussi en Suède, en Allemagne, en Irlande. Les carrières de jais sont diſposées par couches; elles contiennent des pyrites, ainsi que le charbon de terre, & comme la plupart des bitumes.

Ce bitume se ramollit & se fond lorsqu'on le chauffe fortement; il brûle avec une odeur fétide. On en retire de l'huile par la diſtillation.

Parmi les différentes opinions sur la formation du jais, la plus vraisemblable est celle qui consiſte à le regarder comme de l'aſphalte endurci par le laps des temps. Elle a été adoptée par le savant *Wallerius*.

Le jais est employé pour en faire des bijoux de deuil. C'est à Wirtemberg qu'on le travaille. On en fait des bracelets, des boutons, des boîtes, &c.

X iv

Sorte IV. CHARBON FOSSILE.

On donne le nom de charbon foſſile, charbon de terre, de pierre, lithantrax, houille, &c. à une matière bitumineuſe noire, feuilletée, luiſante ou terne, qui ſe caſſe facilement, & qui n'a pas la conſiſtance & la pureté des bitumes décrits juſqu'actuellement.

Ce bitume a reçu le nom qu'il porte, en raiſon de ſa propriété combuſtible & de l'uſage qu'on en fait dans pluſieurs pays. On le trouve dans l'intérieur de la terre, au-deſſous de pierres plus ou moins dures & de ſchites alumineux & pyriteux. Ces derniers portent conſtamment l'empreinte de pluſieurs végétaux de la famille des fougères, qui pour la plupart ſont exotiques, ſuivant l'obſervation de M. *Bernard de Juſſieu.* Le charbon de terre eſt placé plus ou moins profondément dans l'intérieur de la terre. Il eſt toujours diſpoſé par couches horiſontales ou inclinées; cette dernière diſpoſition eſt la plus fréquente. Les lits ou couches dont il eſt compoſé diffèrent par l'épaiſſeur, la conſiſtance, la couleur, la peſanteur, &c. On obſerve ſouvent au-deſſus de ce bitume des lits plus ou moins étendus de coquilles & de madrépores foſſiles; ce qui a fait penſer à quelques Modernes, & particulièrement à M. *Par-*

mentier, que le charbon de terre avoit été formé dans la mer, par le dépôt & l'altération des matières huileuses ou graisseuses des animaux marins. On exploite les carrières de charbon fossile comme les mines, en creusant des puits & des galeries, & en détachant ce bitume à l'aide de pics ou espèces de pioches. Les Ouvriers qui le retirent sont souvent exposés au danger de perdre la vie par la moffète qui s'en dégage. Cette moffète est nommée pousse ou touffe par les Ouvriers; elle éteint les lampes, & paroît être de l'acide crayeux. Il se développe aussi dans ces mines une espèce de gaz inflammable très-délétère, qui produit quelquefois des explosions dangereuses.

Le charbon fossile paroît assez abondant dans la nature. On en trouve en Angleterre, en Ecosse, en Irlande, dans le Hainault, le Pays de Liège, la Suède, la Bohême, la Saxe, &c. Plusieurs Provinces de la France en fournissent beaucoup & spécialement la Bourgogne, le Lyonnois, le Forèz, l'Auvergne, la Normandie, &c.

Le charbon fossile se distingue en charbon de pierre & charbon de terre, suivant sa dureté ou sa friabilité; mais la manière dont il brûle, & les phénomènes qu'il présente dans sa combustion, fournissent des caractères bien plus importans pour en faire reconnoître les différentes fortes. *Wallerius* en diſtingue trois eſpèces ſous ce point de vue. 1°. Le charbon de terre écailleux, qui reſte noir après ſa combuſtion. 2°. Le charbon de terre compacte & feuilleté, qui, après avoir été brûlé, donne une matière ſpongieuſe, ſemblable à des ſcories. 3°. Le charbon de terre fibreux comme le bois, & qui ſe réduit en cendres par la combuſtion.

Ce bitume chauffé avec le contact d'un corps en combuſtion & de l'air, s'embraſe d'autant plus lentement & difficilement qu'il eſt plus peſant & plus compacte ; une fois embraſé, il répand une chaleur vive & durable, & il eſt long-tems en ignition avant d'être conſumé. On peut même l'éteindre & le faire ſervir pluſieurs fois de ſuite à de nouvelles combuſtions. Sa matière inflammable paroît très-denſe, & comme fixée à une autre ſubſtance non combuſtible qui en arrête la deſtruction. Il exhale en brûlant une odeur forte particulière, mais qui n'eſt nullement ſulfureuſe lorſque le charbon de terre eſt bien pur, & ne contient pas de pyrites. La combuſtion de ce bitume paroît être fort analogue à celle des matières organiques, en ce qu'elle eſt ſuſceptible de s'arrêter & d'être partagée en deux tems. En effet, la partie combuſtible huileuſe la plus volatile que contient le charbon de terre, ſe diſſipe & s'enflamme par la première action du feu ; & si , lorsque tout ce principe est dissipé , on arrête la combustion , le bitume ne retient que la portion la plus fixe & la moins inflammable de son huile réduite dans un véritable état charbonneux, & combinée avec une base terreuse. C'est par un procédé de cette nature que les Anglois préparent leur *coaks* , qui n'est que du charbon de terre privé de sa partie huileuse fluide par l'action du feu.

On voit très-bien ce qui se passe dans cette expérience, en chauffant ce bitume dans des vaisseaux fermés & dans un appareil distillatoire. On en obtient un phlegme alkalin , de l'alkali volatil concret, une huile qui se fonce en couleur & devient plus pesante à mesure que la distillation avance. Il passe en même - tems une grande quantité de fluide élastique & inflammable, que l'on regarde comme une huile en vapeurs ; mais qui pourroit bien être un gaz inflammable particulier. Il reste dans la cornue une matière scorifiée, charbonneuse, qui est encore susceptible de brûler ; c'est le *coaks* des Anglois. Si l'on observe avec soin l'action du feu sur le charbon de terre pur , on voit qu'il éprouve un ramollissement évident , & qu'il semble passer à une demi - fusion : or on conçoit que cet état pouvant nuire à la fonte des mines, il est essentiel de priver le charbon de terre de

cette propriété. On y réuſſit en lui enlevant le
principe de ce ramolliſſement, c'eſt-à-dire, l'huile
qu'il contient en grande abondance, & en le
réduiſant dans un état analogue à celui du charbon fait avec les végétaux. N'oublions pas de
faire obſerver que l'alkali volatil fourni en aſſez
grande quantité par le charbon de terre, favoriſe l'opinion que nous avons expoſée ſur ſon
origine animale ; puiſque, comme on le verra
ailleurs, les corps qui appartiennent au Règne animal donnent toujours ce ſel dans leur diſtillation.

Le charbon de terre eſt ſingulièrement utile
dans les pays où il n'y a pas de bois. On l'emploie comme matière combuſtible, & ſans qu'on
puiſſe craindre les dangers que quelques perſonnes ont attribués à ſon uſage. La vapeur
ſulfureuſe que l'on a dit auſſi qu'il répand dans
ſa combuſtion ne doit pas être redoutée, puiſque l'analyſe la plus exacte a prouvé à tous les
Chimiſtes que lorſque le charbon de terre eſt
pur, il ne contient pas un atôme de ſoufre.
On voit, d'après cela, combien eſt fauſſe &
trompeuſe la prétention de quelques hommes
peu inſtruits, qui annoncent des procédés pour
deſſoufrer ce bitume. Une autre conſidération qui doit engager à tirer tout le parti poſſible du charbon de terre, ſur-tout en France,

c'eſt que les travaux des mines conſommant des quantités énormes de charbon de bois, il eſt à craindre que le bois ne manque quelque jour; c'eſt ſpécialement dans ces ſortes de travaux que l'induſtrie doit chercher à employer le charbon de terre, comme le font depuis long-tems les Anglois (*a*).

Sorte V. Ambre gris.

L'ambre gris, eſt une matière concrète, d'une conſiſtance molle & tenace comme la cire, d'une couleur griſe, marquée de taches jaunes ou noires, d'une odeur ſuave & forte lorſqu'on le chauffe ou qu'on le frotte. Il eſt en maſſes irrégulières, quelquefois arrondies, formées par couches de différentes natures, & plus ou moins groſſes, ſuivant qu'il s'en eſt réuni un plus grand nombre. On en a vu des morceaux peſant plus de deux cens livres. Cette ſubſtance a été manifeſte-

______

(*a*) Le charbon de terre étant devenu un objet très-utile, & qui mérite toute l'attention des Savans, par les divers uſages auxquels il peut être employé avec ſuccès; il eſt bon de conſulter ce qu'ont dit les Auteurs qui ont fait des Traités ou des Mémoires particuliers ſur cette matière. Tels ſont M. *de Genſſane*, M. *Venel*, MM. *Jars*, & ſur-tout M. *Morand*, qui a entrepris & exécuté un Ouvrage complet & très-étendu ſur le charbon de terre.

ment liquide, & elle a enveloppé plusieurs matières étrangères qu'on y rencontre ; tels que des
têtes d'oiseaux , des plumes , des arrêtes de poiffons & d'autres corps marins. On la trouve flot-
tante fur les eaux de la mer, aux environs des isles
Moluques, de Madagafcar, de Sumatra , fur les
côtes de Coromandel , &c.

Les Naturalistes distinguent plusieurs variétés
de l'ambre. *Wallerius* reconnoît les six suivantes.

Variétés.

1. Ambre gris taché de jaune.

2. Ambre gris taché de noir.

    Ces deux variétés font les plus recherchées &
les plus précieuses.

3. Ambre blanc d'une feule couleur.

4. Ambre jaune d'une feule couleur.

5. Ambre brun d'une feule couleur.

6. Ambre noir d'une feule couleur.

    Ces deux dernières font tirées des baleines, &
elles fe distinguent par une odeur animale défagréable. Il faut obferver que ces variétés ne dépendent que du mélange de quelques fubftances
étrangères.

On eft fort partagé fur l'origine de l'ambre.
Les uns le regardent comme une forte de pétrole qui découle des rochers, s'épaissit par le
foleil & par l'action de l'eau falée. D'autres

penſent que c'eſt un produit animal ; & parmi ces derniers, les uns l'attribuent à des excrémens d'oiſeaux qui vivent d'herbes odoriférantes ; les autres à des écumes rendues par les veaux-ma-rins, à des excrémens de crocodile ; &c. Plu-ſieurs ont imaginé que l'ambre gris eſt formé par les baleines, dans l'eſtomac deſquelles on en trouve ſouvent. *Pommet, Lémery* ont cru que c'étoit un mêlange de cire & de miel cuit par le ſoleil & altéré par les eaux de la mer. M. *Formey*, qui a adopté cette opinion, l'a étayée d'une expérience qui conſiſte à faire digérer un mêlange de cire & de miel. Il aſſure qu'on peut en tirer un produit d'une odeur ſuave & fort analogue à celle de l'ambre. Enfin, quelques Auteurs Anglois regardent l'ambre gris comme un ſuc animal dépoſé dans des poches, placées vers la naiſſance de l'organe génital de la ba-leine mâle ; & pluſieurs autres croyent qu'il ſe forme dans la veſſie urinaire de ce cétacée. Si cette opinion étoit démontrée, l'ambre gris ſe-roit bien éloigné d'être un bitume, & il devroit être rangé dans la claſſe des ſucs réſineux ani-maux, tels que le muſc & la civette. Cepen-dant, cette ſubſtance analyſée par MM. *Geoffroy* & *Newman*, leur a donné les mêmes principes que les bitumes, c'eſt-à-dire un eſprit acide, un ſel acide concret, de l'huile & un réſidu charbonneux, ce qui les a engagés à le ranger parmi ces corps.

L'ambre gris eft ftomachique, cordial, anti-fpafmodique. On l'emploie à la dofe de quelques grains dans des boiffons appropriées, ou mêlé avec d'autres fubftances, & fous la forme de pillules. Les Médecins n'en font pas un ufage étendu, parce qu'ils ont obfervé que le principe odorant dans lequel feul confiftent les vertus de ce médicament, eft fouvent trop actif, trop pénétrant, & fufceptible de nuire. On fait qu'il y a beaucoup de perfonnes qui ne peuvent en fupporter l'odeur fans éprouver tous les accidens propres à l'agacement des nerfs; on doit donc ne l'adminiftrer qu'avec beaucoup de modération. On l'a regardé auffi comme un puiffant aphrodifiaque.

Le plus grand ufage de l'ambre gris eft de fournir un parfum pour la toilette : on le mêle ordinairement avec le mufc, qui en atténue tellement l'odeur, qu'il la rend plus fuave & plus fupportable; encore ne plaît-il pas à tout le monde.

Comme l'ambre gris eft très-cher, on le falfifie & on le mêle avec différentes fubftances. On reconnoît le véritable aux caractères fuivans. Il eft écailleux, d'une odeur fuave, infipide; il fe fond fans donner de bulles, ni d'écume, lorf-qu'on l'expofe à la flamme d'une bougie dans

une

une cuiller d'argent. Il nage au-deſſus de l'eau; il n'adhère point au fer chaud. Celui qui ne préſente pas toutes ces propriétés eſt allié & impur.

Sorte VI. Pétrole.

On a donné le nom de pétrole à une ſubſtance bitumineuſe liquide, qui coule entre les pierres, ſur les rochers. Cette ſorte d'huile diffère par ſa légèreté, ſon odeur, ſa conſiſtance & ſon inflammabilité. Les Auteurs en ont diſtingué un aſſez grand nombre de variétés. Ils ont donné le nom de naphte au pétrole le plus léger, le plus tranſparent & le plus inflammable; de pétrole proprement dit, à un bitume liquide un peu épais, & d'une couleur brune foncée; enfin celui de poix minérale à un bitume noir, épais, peu liquide, tenace & s'attachant aux doigts. Voici quelles en ſont les variétés décrites par *Walle-rius* & par pluſieurs autres Naturaliſtes.

Variétés.
1. Naphte blanc.
2. Naphte rouge.
3. Naphte vert ou foncé.
4. Pétrole mêlé à de la terre.
5. Pétrole ſuintant à travers les pierres.
6. Pétrole nageant ſur les eaux.
7. Poix minérale ou *maltha*.

> 8. Pissasphalte. Il est d'une consistance moyenne entre celle du pétrole ordinaire, & de l'asphalte ou bitume de Judée.

Les différens naphtes se trouvent en Italie, dans le Duché de Modène, & au Mont Ciaro, à douze lieues de Plaisance. *Kempfer* rapporte dans ses *Amœnitates exoticæ*, qu'on le ramasse en grande quantité dans plusieurs endroits de la Perse. Le pétrole coule en Sicile & dans plusieurs autres lieux de l'Italie; en France, au village de Gabian, dans le Languedoc; en Alsace; à Neuchatel en Suisse; en Ecosse, &c. Le pissasphalte & la poix minérale se tiroient autrefois de Babylone, dont ils ont servi à la construction des murailles; de Raguse en Grèce, & de l'étang de Samosate, capitale de la Comagène en Syrie. On les tire aujourd'hui de la Principauté de Neuchatel & de Wallengin, du Puits de la Pège, à une lieue de Clermont-Ferrand en Auvergne, & de plusieurs autres endroits.

Il faut observer à l'égard des différentes variétés que nous avons indiquées, qu'elles paroissent toutes avoir la même origine, & qu'elles ne diffèrent les unes des autres que par quelque modification particulière. La plupart des Naturalistes & des Chimistes attribuent leur formation à la décomposition des bitumes solides par l'action des feux fouterrains. Ils obfervent que le naphte paroît être l'huile la plus légère, que le feu dégage la première, & que celle qui lui fuc-cède acquérant de la couleur & de la confif-tance, forme les diverfes fortes de pétroles; qu'enfin ces derniers unis à quelques fubftances terreufes ou altérées par les acides, prennent les caractères de la poix minérale ou du piffafphalte. Ils ont, pour étayer leur fentiment, une com-paraifon fort exacte avec les phénomènes que préfente la diftillation du fuccin, qui fournit en effet une forte de naphte, & un pétrole plus ou moins brun fuivant le degré de chaleur, & le tems de l'opération. Enfin, ils obfervent que la nature préfente fouvent dans le même lieu toutes les efpèces de pétroles, depuis le naphte le plus léger jufqu'à la poix minérale. Tels font les bitumes fluides que l'on retire du mont Feftin dans le Duché de Modène. Quoique cette opi-nion foit très-vraifemblable, quelques Auteurs penfent que le pétrole eft une combinaifon huileufe minérale formée par l'acide vitriolique & quelque matière graffe.

On n'a point encore examiné les propriétés chimiques du pétrole. On fait feulement que le naphte eft très-volatil, & fi combuftible, qu'il s'enflamme par le voifinage de quelque matière en combuftion; il femble même attirer la flamme à caufe de fa volatilité. On retire un phlegme acide du pétrole brun, & une huile qui d'abord eft femblable au naphte, & qui fe colore d'autant plus, que la diftillation eft plus avancée. Il refte une matière épaiffe comme le piffafphalte, qu'on peut rendre sèche & caffante comme l'afphalte, & réduire entièrement à l'état charbonneux par un feu plus vif.

Les diverfes efpèces de pétrole font employées à différens ufages dans les pays où elles font abondantes. *Kempfer* nous apprend qu'on s'en fert en Perfe pour s'éclairer, & qu'on en brûle dans des lampes à l'aide des mèches. On peut auffi les faire fervir au chauffage. M. *Lehman* dit que pour cet effet on verfe du naphte fur quelques poignées de terre, & qu'on l'allume avec du papier; il s'enflamme tout-à-coup avec activité, mais il répand une fumée épaiffe très-abondante, qui s'attache à tous les corps, & dont l'odeur eft fort défagréable. On croit auffi que le pétrole entroit dans la compofition du feu grégeois. On emploie encore le pétrole épais pour faire un mortier très-folide & très-durable. On retire de ce bitume, par la décoction du piffafphalte avec l'eau, une huile dont on fe fert pour gaudronner les vaiffeaux.

Enfin, quelques Médecins fe font fervi avec fuccès du pétrole dans les maladies des mufcles, la paralyfie, la foibleffe, &c. en en frottant la peau, ou en l'expofant à fa fumée. *Vanhelmont* regardoit les frictions faites avec le pétrole comme un très-bon remède pour les membres gelés , & il les confeilloit comme un excellent préfervatif contre l'impreffion du froid.

LEÇON XLIII.

DES EAUX MINÉRALES.

APRÈS nous être occupés de tous les corps qui compofent le Règne minéral , & en avoir examiné les propriétés phyfiques, nous terminons l'hiftoire de ce Règne par celle des eaux minérales , parce que ces fluides tenant fouvent en diffolution des matières terreufes, falines & métalliques, enfemble ou féparément, il eût été impoffible d'en reconnoître l'exiftence, fans avoir auparavant acquis des connoiffances fur les principes qui les minéralifent. Nous plaçons encore ici cet examen des eaux minérales avec d'autant plus d'avantage , qu'il pourra fervir de réfumé à ce que nous avons dit fur les minéraux, en rappelant la plupart des principes fur les moyens d'en faire l'analyfe.

§. I. *Définition & histoire des Eaux minérales.*

On donne le nom d'eaux minérales à ceux de ces fluides qui contiennent quelques minéraux en diffolution. Cependant, comme il n'y a pas une eau, même parmi les plus pures que la nature nous préfente, qui ne foit imprégnée de quelques-unes de ces fubftances, on doit reftreindre le nom d'eaux minérales à celles qui tiennent affez de matières en diffolution pour produire un effet fenfible fur l'économie animale, & pour être fufceptibles de guérir ou de prévenir les maladies auxquelles nos corps font expofés (a); c'eft pour cela que le nom d'eaux médicinales paroîtroit beaucoup mieux convenir à ces fluides, que celui fous lequel on les connoît communément, & que l'ufage ne permet pas de changer.

Les premières connoiffances que l'on ait eues fur les eaux minérales, font dues au hafard,

---

(a) On doit obferver que des eaux qui ne contiennent point de principes fenfibles à l'analyfe, peuvent cependant produire des effets marqués fur l'économie animale; il fuffit pour cela qu'elles foient très-légères, très-vives, & que leur température foit au-deffus de celles des eaux communes. C'eft ainfi qu'agiffent les eaux de Plombières & de Luxeuil, qui ne diffèrent des eaux pures que par leur chaleur.

comme toutes celles dont l'homme jouit. Les bons effets qu'elles auront produits chez ceux qui en auront ufé, ont fans doute été caufe qu'on les a diftinguées des eaux communes. Les premiers Savans qui ont réfléchi fur leurs propriétés, ne fe font guère attachés qu'à leurs qualités fenfibles; telles que la couleur, la pefanteur ou la légèreté, l'odeur & la faveur. *Pline* avoit cependant déjà diftingué un grand nombre d'eaux, foit par leurs propriétés phyfiques, foit par l'utilité qu'on pouvoit en retirer. Mais ce n'eft que dans le dix-feptième fiècle qu'on a commencé à chercher les moyens de connoître les différens principes tenus en diffolution dans les eaux, en les traitant par les procédés que la Chimie étoit feule capable de fournir. *Boyle* eft un des premiers qui, dans les belles expériences fur les couleurs qu'il publia à Oxford en 1763, fit connoître plufieurs réactifs capables d'indiquer, par les altérations de leurs couleurs, les fubftances diffoutes dans l'eau. L'Académie des Sciences fentit dès fon inftitution combien l'analyfe des eaux étoit importante, & *Duclos* entreprit en 1667 de faire l'examen de celles de la France. On trouve, dans les anciens Mémoires de cette Compagnie, les recherches de ce Chimifte fur cet objet. *Boyle* s'occupa des eaux minérales vers la fin du dix-feptième fiècle, &

Y iv

il donna un Ouvrage fur cette matière, en 1685. *Boulduc* publia en 1729 une méthode d'analyfer les eaux, beaucoup plus parfaite que celles qu'on avoit employées jufqu'à lui ; elle confifte à évaporer ces fluides à différentes reprifes, & à féparer par le filtre les fubftances qui fe dépofent, à mefure que l'évaporation a lieu. Plufieurs Chimiftes célèbres fe font enfuite occupés avec beaucoup de fuccès des eaux minérales. Chacun d'eux a fait des découvertes précieufes, relativement aux différens principes contenus dans ces fluides. Ainfi *Boulduc* y a trouvé le natrum, dont il a déterminé la nature ; M. *le Roy*, Médecin de Montpellier, le fel marin calcaire ; M. *Margraf*, le fel marin à bafe de magnéfie ; M. *Prieftley*, l'acide crayeux ; MM. *Monnet* & *Bergman*, le gaz hépatique. Ces deux derniers Chimiftes, outre les découvertes dont ils ont enrichi l'analyfe des eaux, ont encore donné des traités complets fur la manière de procéder à cette analyfe, & ils ont porté cette partie de la Chimie à un degré de précifion beaucoup plus grand qu'elle ne l'avoit été avant eux. Outre cela, il exifte des analyfes particulières d'un grand nombre d'eaux minérales, faites par des Chimiftes très-habiles, & qui répandent beaucoup de jour fur ce travail, regardé avec raifon comme le plus difficile de tous ceux que

la Chimie préfente. Les bornes que nous devons nous prefcrire ne nous permettent pas
d'entrer dans ces détails, qu'on trouve dans plufieurs Ouvrages. D'ailleurs nous aurons foin d'indiquer les Auteurs des découvertes, à mefure
que l'occafion s'en préfentera.

§. II. *Principes contenus dans les Eaux minérales.*

Il n'y a que peu d'années qu'on connoît affez
exactement toutes les fubftances qui peuvent
être tenues en diffolution dans les eaux. On
conçoit que cela eft dû à ce que la Chimie n'a-
voit pas encore fourni les connoiffances exactes
dont on avoit befoin pour déterminer la nature
de ces matières, & que ce n'eft qu'à mefure
qu'on a découvert des moyens de les reconnoître, qu'on a été certain de leur exiftence.
Une autre raifon qui a encore retardé les progrès de la fcience à cet égard, c'eft que les matières minérales diffoutes dans les eaux n'y font
prefque jamais qu'à des dofes très-petites, &
que d'ailleurs elles y font toujours mêlées plufieurs enfemble; de forte qu'elles mafquent réciproquement les propriétés qui en conftituent
les caractères diftinctifs. Quoi qu'il en foit, les
recherches multipliées des Chimiftes que nous
avons cités, & d'un grand nombre d'autres que

nous citerons plus bas, ont appris qu’il y a quelques fubftances minérales qui fe trouvent très-fréquemment dans les eaux ; que quelques autres ne s’y rencontrent que rarement ; enfin, que plufieurs ne s’y rencontrent jamais. Paffons maintenant en revue chaque claffe de ces fubftances, fuivant l’ordre dans lequel nous les avons examinées.

La terre quartzeufe eft quelquefois fufpendue dans les eaux, & comme elle y eft dans un très-grand état de divifion, elle y refte en fufpenfion fans fe précipiter ; mais elle n’y exifte jamais qu’en quantité infiniment petite.

L’argile paroît auffi s’y rencontrer ; la fineffe extrême de cette terre, qui fait qu’elle fe trouve partagée dans tous les points des eaux, eft en même-tems caufe qu’elle en trouble la tranfparence. En effet les eaux argileufes font louches, blanchâtres, & ont une couleur de perle ou d’opale ; elles font auffi graffes au toucher, & ont reçu le nom de favonneufes.

La chaux, la magnéfie & la terre pefante ne font jamais pures dans les eaux ; elles y font toujours combinées avec des acides.

Les alkalis fixes ne s’y rencontrent jamais non plus dans leur état de pureté, mais ils s’y trouvent fréquemment dans l’état de fels neutres.

Il en eft de même de l’alkali volatil & de la

plupart des acides. Cependant l'acide crayeux eſt ſouvent libre & jouiſſant de toutes ſes propriétés dans les eaux. Il conſtitue même une claſſe particulière d'eaux minérales, connues ſous le nom d'eaux gazeuſes, ſpiritueuſes ou acidules.

Parmi les ſels neutres parfaits, il n'y a guère que le ſel de *Glauber*, le ſel marin, le ſel fébrifuge, le ſel marin & la ſoude crayeuſe qui ſont fréquemment tenus en diſſolution dans les eaux minérales. Le nitre & le tartre crayeux s'y trouvent fort rarement.

La ſélénite, le ſel marin calcaire, la craie, le ſel d'Epſom, le ſel marin à baſe de magnéſie, & la magnéſie crayeuſe ſont ceux des ſels neutres terreux qui ſe rencontrent le plus communément dans les eaux. Quant au nitre calcaire & au nitre de magnéſie, que quelques Chimiſtes ont annoncés, ces ſels ne ſe trouvent ordinairement que dans les eaux ſalées, & preſque jamais dans les eaux minérales proprement dites.

Les ſels neutres argileux & ceux à baſe de terre peſante ne ſont preſque jamais en diſſolution dans les eaux. L'alun paroît exiſter dans quelques eaux (*a*).

____

(*a*) Nous ne parlons pas de l'opinion de *le Givre* & des autres Chimiſtes, qui regardoient l'alun comme un des prin-

Le gaz inflammable pur ne s'eſt point encore rencontré tenu en diſſolution dans les eaux minérales.

On n'a point trouvé le ſoufre pur dans ces fluides; quelquefois, quoique très-rarement, il y exiſte en petite quantité dans l'état de foie de ſoufre ; mais le plus ſouvent, c'eſt le gaz hépatique ou la vapeur du foie de ſoufre qui les minéraliſe & qui conſtitue les eaux ſulfureuſes.

Enfin, parmi les métaux, le fer eſt le plus fréquemment diſſous dans les eaux, & il peut s'y trouver dans deux états, ou combiné avec l'acide crayeux, ou uni à l'acide vitriolique. Quelques Chimiſtes ont penſé qu'il pouvoit auſſi y être diſſous dans ſon état métallique & ſans intermède acide ; mais, comme ce métal n'exiſte preſque jamais dans la nature ſans être, ou dans l'état de rouille, ou dans celui de vitriol, l'opinion de ces Savans ne pouvoit être adoptée que dans le tems où l'on ne connoiſſoit point encore l'acide crayeux, & où l'on étoit embarraſſé pour concevoir la diſſolubilité du fer dans l'eau, ſans le ſecours de l'acide vitriolique.

---

cipes les plus conſtans des eaux minérales ; mais des analyſes exactes qui ont démontré à M. *Mitouart* la préſence de l'alun dans les eaux de la Dominique de Vals, & à M. *Opoix* l'exiſtence de ce ſel dans les eaux de Provins.

Quant au bitume que plufieurs Auteurs ont admis dans les eaux, jufqu'à M. *le Roy*, la plupart des Chimiftes en nient aujourd'hui l'exiftence. En effet, comme c'étoit fpécialement d'après le goût amer que l'on foupçonnoit ce corps huileux dans les eaux, on fait que cette faveur, qui n'exifte point dans le bitume, dépend entièrement du fel marin calcaire. Il n'eft pas difficile de concevoir comment l'eau qui coule dans l'intérieur du globe, & fur-tout des montagnes, peut fe charger des différentes fubftances dont nous venons d'offrir la lifte. On conçoit encore, d'après la nature des couches de terre que les eaux parcourent, d'après leur étendue, pourquoi elles font plus ou moins chargées de principes, pourquoi la quantité & la nature de ces principes varient quelquefois, fur-tout fi l'on a égard aux changemens de direction que ces fluides peuvent éprouver par les altérations multipliées dont le globe eft fufceptible, fpécialement à fa furface & dans les endroits les plus élevés.

§. III. *Diverfes claffes des Eaux minérales.*

D'après ce que nous venons d'expofer fur les diverfes matières qui font ordinairement contenues dans les eaux minérales, on voit qu'il feroit poffible de faire autant de claffes de ces

fluides, qu'il y a de corps terreux , falins & métalliques qui peuvent y être tenus en diffolution;
& qu'ainfi le nombre de ces claffes feroit affez
confidérable. Mais il faut obferver à cet égard
que jamais une des fubftances que nous avons
paffées en revue ne fe trouve feule & ifolée dans
les eaux ; & qu'au contraire elles y font fouvent
diffoutes au nombre de trois , quatre , cinq ou
même davantage. Voilà donc une difficulté qui
s'oppofe à ce qu'on puiffe faire une divifion méthodique des eaux , relativement aux principes
qu'elles contiennent. Cependant en ayant égard à
celle des matières contenues dans les eaux qui
eft la plus abondante , & dont les propriétés font
les plus énergiques , on aura une diftinction qui ,
fans être très-exacte , fuffira pour faire reconnoître chacun de ces fluides , & pour pouvoir
juger de leurs vertus. Tel eft le parti qu'ont
pris les Chimiftes qui fe font occupés des eaux
minérales en général. M. *Monnet* a établi trois
claffes d'eaux minérales ; les alkalines , les fulfureufes & les ferrugineufes. Les découvertes faites
depuis ce Chimifte exigent que l'on reconnoiffe
un plus grand nombre de claffes des eaux.
M. *Duchanoy* , qui a donné un Ouvrage efti-
mable fur l'art d'imiter les eaux minérales , en
diftingue dix ; favoir , les eaux gazeufes , les
eaux alkalines , les eaux terreufes , les eaux fer-

rugineufes , les eaux chaudes fimples , les eaux thermales gazeufes , les eaux favonneufes , les eaux fulfureufes , les eaux bitumineufes & les eaux falines. Quoiqu'on puiffe reprocher à cet Auteur d'avoir multiplié les claffes des eaux , puifqu'on ne connoît pas d'eaux gazeufes pures & d'eaux bitumineufes , fa divifion eft fans contredit la plus complète , celle qui donne une idée plus exacte de la nature des différentes eaux minérales ; celle enfin qui convenoit le mieux à fon fujet. Pour préfenter un tableau de l'ordre qu'on peut établir dans les eaux , relativement aux principes qu'elles contiennent, & pour compléter ce que nous avons déjà dit fur cet objet , nous propoferons une divifion des eaux moins étendue , & qui nous paroît plus méthodique que celle de M. *Duchanoy* , en obfervant toutefois que nous ne regardons pas les eaux thermales fimples comme des eaux minérales , puifqu'elles ne font que de l'eau chaude , fuivant les meilleurs Chimiftes ; nous ne parlerons pas non-plus des eaux bitumineufes , parce qu'on n'en connoît point encore de véritables dans la nature.

Claffe I. *Eaux acidules.*

Les eaux gazeufes , qu'il vaut mieux appeler eaux acidules , font celles dans lefquelles l'acide crayeux domine. Elles se reconnoissent à leur piquant, à la facilité avec laquelle elles bouillent & forment des bulles par la simple agitation. Elles rougissent la teinture de tournesol, précipitent l'eau de chaux & le foie de soufre. Comme on ne connoît pas encore d'eaux qui ne contiennent que cet acide pur & isolé, nous croyons qu'on pourroit subdiviser cette classe en plusieurs ordres, suivant les autres principes qui y sont contenus, ou les modifications qu'elles offrent. Toutes paroissent contenir plus ou moins d'alkali & de terre calcaire ; mais leurs différens degrés de chaleur fournissent un très-bon moyen de les diviser en deux ordres. Le premier comprendroit les eaux acidules & alkalines froides, telles que celles de Seltz, de Saint-Myon, de Bard, de Langeac, de Chateldon, de Vals, &c. On mettroit dans le second les eaux acidules & alkalines chaudes ou thermales, comme celles du Mont-d'Or, de Vichy, de Châtelguyon, &c.

Classe II. Eaux salines.

Nous entendons avec M. *Duchanoy*, par le nom d'eaux salines, celles qui tiennent une assez grande quantité de sels neutres en dissolution pour agir d'une manière très-marquée, & le plus souvent comme purgatives sur l'économie animale.

male. La théorie & la nature de ces eaux font faciles à découvrir ; elles font entièrement femblables aux diffolutions des fels faites dans nos Laboratoires ; feulement elles contiennent prefque toujours deux ou trois efpèces de fels différens. Le fel de *Glauber* y eft fort rare ; le fel d'Epfom, le fel marin, le fel marin calcaire font les principes falins qui les minéralifent enfemble ou féparément. Les eaux de Sedlitz, de Seydfchutz, d'Egra, font chargées de fel d'Epfom, fouvent mêlé avec du fel marin calcaire. Celles de Balaruc contiennent du fel marin, de la craie, & du fel marin à bafe terreufe ; celles de Bourbonne, de fel marin, de la félénite & de la craie ; celles de la Mothe font plus compofées que les précédentes, & tiennent en diffolution du fel marin, de la félénite, de la craie, du fel d'Epfom, du fel marin à bafe de magnéfie, & une matière extractive. Il faut obferver fur ce fujet que les fels à bafe de magnéfie font beaucoup plus communs dans les eaux qu'on ne l'a penfé jufqu'à préfent, & qu'il y a encore peu d'analyfes dans lefquelles ils aient été bien reconnus, & fur-tout bien diftingués du fel marin calcaire.

Claffe III. *Eaux fulfureufes.*

On a donné le nom d'eaux fulfureufes aux eaux minérales qui paroiffent jouir de quelques propriétés du foufre, comme l'odeur, & la propriété de colorer l'argent. Les Chimiftes ont été très-long-tems dans l'ignorance fur le vrai principe minéralifant de ces eaux. La plupart ont cru que c'étoit du foufre ; mais ils n'ont jamais pu parvenir à le démontrer, ou au moins ils n'en ont trouvé que des atômes. Ceux qui fe font occupés de quelques-unes de ces eaux, y ont admis, ou de l'efprit fulfureux ou du foie de foufre. MM. *Venel* & *Monnet* font les premiers qui fe foient élevés contre cette opinion. Le dernier fur-tout a fort approché du but, en regardant les eaux fulfureufes comme imprégnées de la feule vapeur du foie de foufre. M. *Rouelle* le jeune a dit auffi qu'on pouvoit imiter ces fluides en agitant de l'eau en contact avec l'air dégagé du foie de foufre par un acide. M. *Bergman* a fort étendu cette doctrine en examinant les propriétés du gaz hépatique dont nous avons parlé à l'article du foufre ; il a prouvé que c'eft ce gaz qui minéralife les eaux fulfureufes, qu'il a appelées d'après cela eaux hépatiques ; & il a donné les moyens d'y reconnoître la préfence du foufre. Malgré ces découvertes, M. *Duchanoy* en parlant des eaux fulfureufes, y admet du foie de foufre, tantôt alkalin, calcaire ou argileux, & il fuit en cela l'opinion de M. *le Roy* de Montpellier, qui, comme nous l'avons expofé dans l'hiftoire du foufre, propofoit pour imiter ces eaux, de faire un foie de foufre à bafe de magnéfie. Peut-être exifte-t-il en effet des eaux qui contiennent véritablement un peu de foie de foufre, tandis que les autres ne font minéralifées que par le gaz hépatique. En ce cas il faudroit diftinguer deux ordres d'eaux fulfureufes. On pourroit peut-être nommer hépatiques celles qui tiennent un peu de foie de foufre en nature, & hépatifées celles qui ne font imprégnées que du gaz hépatique. Les eaux de Barèges & de Cauterets, les eaux Bonnes paroiffent appartenir au premier ordre ; & celles de Saint-Amant, d'Aix-la-Chapelle, de Montmorency au fecond. Toutes ces eaux font thermales.

Claffe IV. *Eaux ferrugineufes.*

Le fer étant le métal le plus abondant & le plus altérable, il n'eft pas étonnant que l'eau s'en charge facilement. Auffi les eaux ferrugineufes font-elles les plus abondantes & les plus communes des eaux minérales. La Chimie moderne a répandu beaucoup de lumières fur cette claffe d'eaux. Autrefois on les croyoit toutes vitrioliques. M. *Monnet* s'eft affuré que la plupart ne contiennent pas de vitriol ; & il a penfé que le fer y étoit diffous fans l'intermède d'un acide.

Aujourd'hui l'on fait que le fer qui n'est point dans l'état de vitriol, est diffous à l'aide de l'acide crayeux, & forme le fel que nous avons défigné fous le nom de craie de fer. MM. *Lane*, *Rouelle*, & plufieurs autres Chimiftes, ont mis cette vérité hors de doute. La quantité plus ou moins grande de l'acide crayeux & l'état du fer dans les eaux qui lui doivent fes vertus, nous engagent à diftinguer cette quatrième claffe en trois ordres. Le premier comprend les eaux acidules martiales dans lefquelles le fer eft tenu en diffolution par l'acide crayeux, dont la furabondance les rend piquantes & aigrelettes. Les eaux de Buffang, de Spa, de Pyrmont, de Pougue, & la Dominique de Vals entrent dans ce premier ordre. Le fecond comprend les eaux martiales fimples, dans lefquelles le fer eft diffous par l'acide crayeux, fans que ce dernier y foit excédent ; & conféquemment ces eaux ne font point acidules. Celles de Forges, d'Aumale, de Condé, ainfi que le plus grand nombre des eaux ferrugineufes, font de cet ordre. Cette diftinction dans les eaux ferrugineufes a été faite par M. *Duchanoy*. Mais nous ajoutons un troifième ordre, d'après M. *Monnet* ; c'eft celui des eaux vitrioliques. Quoique ces eaux foient extrêmement rares, il en exifte cependant quelques-unes. M. *Monnet* a mis dans cet ordre les eaux de Paſſy. M. *Opoix* admet le vitriol de mars, & même en aſſez grande doſe dans les eaux de Provins ; il eſt vrai que M. *de Fourcy* en a nié l'exiſtence, & regarde le fer de ces eaux comme diſſous par l'air fixe ; mais on ne peut point encore ſe décider ſur cet objet ; parce que les réſultats de ces Chimiſtes ſont entièrement oppoſés entr'eux, & demandent un nouvel examen. Il faut ajouter que le fer ne ſe trouve pas ſeul dans les eaux ; il y eſt mêlé avec de la craie, de la ſélénite, des ſels marins à baſe de magnéſie, de chaux ou d'alkalis, &c. Cependant comme le métal qu'elles contiennent eſt la principale baſe de leurs propriétés, elles doivent être nommées martiales d'après les principes que nous avons établis (*a*).

Quant aux eaux ſavonneuſes admiſes par M. *Duchanoy*, on doit attendre, pour prononcer ſur cet apperçu, que l'expérience chimique &

(*a*) Dans le dénombrement des eaux, diviſées par Claſſes, nous ne parlons pas de celles qui peuvent contenir de l'arſenic & du cuivre, parce qu'on doit les regarder comme des poiſons. Nous paſſons également ſous ſilence les eaux qui contiennent de l'alkali volatil ou du ſel ammoniac, qui eſt le produit de la putréfaction des matières organiques ſur leſquelles elles ont croupi ; ces eſpèces d'eaux n'appartiennent point aux eaux médicinales.

médicinale ait prononcé fur la caufe de leur propriété favonneufe, que ce Médecin attribue à de l'argile, & fur les effets qu'elles peuvent produire dans l'économie animale, comme médicamens, en raifon de cette propriété.

§. IV. *Examen des Eaux minérales, d'après leurs propriétés phyfiques.*

Après avoir expofé les différentes matières qui peuvent fe rencontrer dans les eaux, après avoir préfenté une légère efquiffe de la manière dont on peut les divifer en claffes & en ordres, d'après leurs principes, il eft néceffaire de donner les moyens d'en faire l'analyfe, & de reconnoître avec le plus d'exactitude poffible les fubftances qu'elles tiennent en diffolution. Cette analyfe a été regardée comme la partie la plus difficile de la Chimie, avec d'autant plus de raifon qu'elle demande une parfaite connoiffance de tous les phénomènes chimiques, jointe à l'habitude de la manipulation. C'eft pour cela que nous avons placé l'article des eaux minérales à la fin du Règne minéral. Pour parvenir à connoître avec précifion la nature d'une eau qu'on veut examiner, 1°. il faut obferver la fituation de la fource, décrire avec exactitude les lieux voifins, & fur-tout les couches des minéraux dont le fol eft compofé; faire à cet effet des fouilles plus ou moins profondes , & tâcher de découvrir par l'infpection du local les fubftances dont l'eau peut s'être chargée. 2°. On examine enfuite les propriétés phyfiques de l'eau , telles que fa faveur, fon odeur , fa couleur, fa tranfparence , fa pefanteur, fa température. On doit être muni à cet effet de deux thermomètres qui marchent bien enfemble, & d'un pèfe-liqueur. On doit auffi faire ces expériences préliminaires dans différentes faifons , à différentes heures du jour , & fur-tout à différentes époques, fuivant l'état de l'atmofphère. Une féchereffe long-tems continuée, ou des pluies abondantes, influent fingulièrement fur les eaux. Ces premiers effais indiquent ordinairement la claffe à laquelle on doit rapporter l'eau que l'on traite , & dirigent le refte de l'analyfe. 3°. Les dépôts formés au fond des baffins, les fubftances qui nagent fur l'eau , les matières fublimées font encore un objet de recherches importantes qu'on ne doit pas négliger. Alors on peut procéder à l'analyfe qui fe fait de trois manières , par les réactifs , par la diftillation & par l'évaporation.

§. V. *Examen des Eaux minérales par les réactifs.*

On donne le nom de réactifs à des fubftances que l'on mêle aux eaux , pour reconnoître d'après les phénomènes qu'elles préfentent , la nature des matières que les eaux tiennent en diffolution.

Les meilleurs Chimiftes ont toujours regardé l'emploi des réactifs comme un moyen très-incertain pour découvrir les principes des eaux minérales. Ils fe font fondés fur ce que leur action n'indiquoit pas d'une manière exacte la nature des matières tenues en diffolution dans ces eaux ; fur ce qu'on ignoroit fouvent quelle étoit la caufe des changemens qui arrivent dans ces fluides par leur mélange ; en effet , les matières falines que l'on emploie ordinairement dans cette analyfe , font fufceptibles d'y produire un grand nombre de phénomènes fur lefquels il eft fouvent fort difficile de prononcer. Auffi la plupart de ceux qui fe font livrés à ce genre de travail n'ont eu que peu de confiance dans l'adminiftration des réactifs ; ils ont penfé que l'évaporation fournilfoit un moyen beaucoup plus fûr de reconnoître la nature & la quantité des principes des eaux minérales ; & il paffe pour conftant dans les meilleurs Ouvrages fur l'analyfe de ces fluides , que l'on ne doit fe fervir de ces fubftances que comme des moyens auxiliaires , tout au plus capables d'indiquer ou de faire foupçonner la nature des principes qui conftituent les eaux. C'eft pour cela que les Analifles modernes n'ont admis qu'un certain nombre de réactifs, & ont de beaucoup diminué la lifte de ceux que les premiers Chimiftes avoient employés.

Cependant on ne fauroit douter aujourd'hui que la chaleur néceffaire pour évaporer les eaux, quelque foible qu'elle foit, ne puiffe produire des altérations fenfibles dans leurs principes, & les dénaturer tellement que leur réfidu, examiné par les différens moyens que la Chimie fournit, donne des compofés tout-à-fait différens de ceux qui étoient tenus en diffolution dans ces eaux. La perte des matières gazeufes, qui font fouvent un des principaux agens des eaux minérales, change fingulièrement leur nature, & produit outre la précipitation de plufieurs corps qui ne doivent leur folubilité qu'à la préfence de ces fubftances volatiles, une réaction entre les autres matières fixes qui en altèrent les propriétés. Les phénomènes des doubles décompofitions que la chaleur eft capable d'opérer entre des compofés qui ne s'altèrent point dans l'eau froide, ne feront appréciés qu'après une longue fuite d'expériences fur lefquelles on ne peut encore avoir que des apperçus. Sans entrer dans de plus longs détails, il nous fuffira que cette affertion foit démontrée aux yeux de tous les Chimiftes, pour nous convaincre qu'il ne faut pas s'en rapporter entièrement à l'évaporation. Ne reste-t-il donc point de moyen de reconnoître la nature particulière des substances tenues en dissolution dans les eaux, sans avoir recours à la chaleur; & les connoissances exactes dont les travaux multipliés des Modernes ont enrichi la Chimie, ne fournissent-elles pas quelque procédé pour corriger les erreurs qui peuvent naître de l'évaporation ? Les détails dans lesquels je vais entrer, & que je tire d'un Mémoire que j'ai lu à la Société Royale de Médecine, prouveront que les réactifs bien purs, & employés d'une manière particulière, peuvent être beaucoup plus utiles dans l'analyse des eaux minérales qu'on ne l'a cru jusqu'à présent.

Parmi le nombre considérable de réactifs que l'on a proposés pour l'analyse des eaux minérales, ceux dont on doit attendre le plus de lumières, sont la teinture de tournesol, le sirop de violettes, l'eau de chaux, l'alkali fixe caustique, l'alkali volatil caustique, l'huile de vitriol, l'acide nitreux, la lessive saturée de la partie colorante du bleu de Prusse, la teinture spiritueuse de la noix de galle, & les dissolutions nitreuses de mercure & d'argent. M. *Bergman* y joint le papier coloré par la teinture aqueuse de fernambouc qui devient bleue par les alkalis; la teinture aqueuse de *terra merita*, que les mêmes fels font paffer au rouge brun ; l'acide du fucre, pour indiquer la préfence de la plus petite quantité poffible de chaux, & plufieurs autres qui ont été propofés par la plupart des Chimiftes ; mais ceux que nous avons indiqués fuffifent pour faire reconnoître toutes les fubftances contenues dans les eaux minérales.

Les effets & l'ufage de ces principaux réactifs ont été expliqués par tous les Chimiftes ; mais ils n'ont pas affez infifté fur leur état. Avant de les employer, il eft très-important de connoître parfaitement leur nature afin de ne fe pas tromper fur leurs effets. M. *Bergman* s'eft très-étendu fur des altérations qu'ils font fufceptibles de produire. Ce célèbre Chimifte annonce qu'un papier coloré avec la teinture de tournefol prend un bleu plus foncé par les alkalis, mais qu'il n'eft pas altéré par l'air fixe ou par l'acide crayeux qu'il appelle acide aërien. Comme c'eft fpécialement pour reconnoître la préfence de cet acide que cette partie colorante eft utile, il confeille de n'employer que fa teinture à l'eau, & de l'étendre affez pour qu'elle ait une couleur bleue. Il rejette abfolument le firop de violettes, parce qu'il eft fujet à fermenter, & parce qu'on n'en a prefque jamais de vrai en Suède. M. *de Morveau* ajoute, dans une note, qu'il eft aifé de diftinguer un firop coloré par le bleuet ou le tournefol, à l'aide du fublimé corrofif qui lui donne une couleur rouge, tandis qu'il verdit le véritable firop de violettes.

L'eau de chaux eft un des réactifs les plus utiles pour l'analyfe des eaux minérales, quoique peu de Chimiftes en ayent fait une mention expreffe dans leurs Ouvrages. Ce fluide décompofe les fels métalliques, fur-tout le vitriol martial dont il précipite le fer. Il fépare l'argile ou la magnéfie des acides vitriolique & marin, auxquels ces fubftances fe trouvent fréquemment unies dans les eaux. Il peut auffi indiquer, par la précipitation, la préfence de l'acide crayeux. M. *Gioanetti*, Médecin de Turin, en a même fait un ufage fort ingénieux pour reconnoître la quantité d'acide crayeux contenu dans les eaux de Saint-Vincent. Ce Chimifte, après avoir fait obferver que le volume de cet acide, d'après lequel on a toujours jugé fa quantité, peut varier fuivant la température de l'atmofphère, a mêlé neuf parties d'eau de chaux avec deux parties d'eau de Saint-Vincent. Il a pefé exactement la terre calcaire formée par le tranfport de l'acide crayeux de l'eau minérale fur la chaux, & il a trouvé, d'après le calcul de M. *Jacquin*, qui démontre l'exiftence de treize onces de cet acide dans trente-deux onces de craie, que l'eau de Saint-Vincent en contenoit un peu plus de

quinze grains; mais comme l'eau de chaux peut
s'emparer de l'acide crayeux uni à l'alkali fixe
aussi-bien que de celui qui est libre, M. *Gioanetti*,
pour connoître exactement la quantité de ce dernier, a fait la même opération avec de l'eau
privée de son acide libre par l'ébullition. Ce
procédé pourra donc être employé pour y déterminer d'une manière exacte & facile le poids
d'acide crayeux libre contenu dans une eau minérale gazeuse.

Une des principales raisons qui ont engagé
les Chimistes à regarder comme très-infidèle
l'action des réactifs dans l'analyse des eaux minérales, c'est qu'ils peuvent indiquer plusieurs substances différentes tenues en dissolution dans les
eaux, & qu'il est alors très-difficile de savoir exactement l'effet qu'ils produisent. Cette vérité est
sur-tout relative à l'alkali fixe considéré comme
réactif, puisqu'il décompose tous les sels formés
par l'union des acides avec l'argile, la magnésie, la chaux & les matières métalliques. Lorsque
l'alkali précipite une eau minérale, on ne peut
donc pas connoître par la seule inspection du
précipité, la nature du sel terreux décomposé
dans cette expérience ? Son effet est encore plus
incertain lorsqu'on emploie cet alkali saturé d'a-
cide crayeux comme on le fait ordinairement,
puisque l'acide qui lui est uni peut augmenter

la confusion. C'est pour cela que je propose l'alkali fixe caustique très-pur. Il a d'ailleurs un avantage que ne présente point l'alkali effervescent: c'est celui d'indiquer la présence de la craie dissoute dans une eau gazeuse à la faveur de l'acide crayeux surabondant. Comme il s'empare de cet acide, la craie qui cesse d'être soluble dans l'eau qui en est privée se précipite. Je me suis assuré de ce fait en versant de la lessive des Savoniers, récemment faite, dans une eau gazeuse artificielle qui tenoit de la craie en dissolution. Cette dernière substance s'est précipitée à mesure que l'alkali fixe caustique s'est emparé de l'acide crayeux qui la tenoit en dissolution. En évaporant à siccité l'eau filtrée, j'ai obtenu du sel de soude, faisant une très-vive effervescence avec l'esprit de vitriol. L'alkali fixe caustique peut encore occasionner un précipité dans les eaux minérales, sans qu'elles contiennent des sels terreux; il suffit qu'elles tiennent en dissolution un sel neutre alkalin moins dissoluble, pour que l'alkali le précipite en s'unissant à l'eau à peu près comme le fait l'esprit-de-vin. M. *Gioanetti* a observé ce phénomène dans les eaux de Saint-Vincent; il est d'ailleurs facile de s'en convaincre en versant de l'alkali caustique sur une dissolution de tartre vitriolé, ou de sel marin; ces deux sels sont bientôt précipités.

L'alkali volatil cauftique eft en général moins fufceptible d'erreur lorfqu'on le mêle aux eaux minérales , parce qu'il ne décompofe que les fels terreux à bafe de terre alumineufe & de magnéfie , & qu'il ne précipite point les fels calcaires. Mais il eft important de faire deux obfervations fur cet objet; la première, c'eft qu'il faut avoir de l'alkali volatil très-cauftique , & qui ne contienne pas un atôme d'acide crayeux; fans cette précaution, il décompofe les fels à bafe de chaux par une double affinité; la feconde , c'eft qu'il ne faut point laiffer ce mélange expofé à l'air, lorfqu'on veut connoître fon action plufieurs heures après qu'il a été fait, parce que, comme l'a très-bien obfervé M. *Gioanetti*, ce fel s'empare en peu de tems de l'acide crayeux de l'atmofphère, & devient capable de décompofer les fels calcaires. Pour ne laiffer aucun doute fur ce point important, j'ai fait trois expériences décifives. Après avoir diffous dans de l'eau diftillée quelques grains de félénite faite avec du fpath calcaire tranfparent, & de l'efprit de vitriol , (précaution indifpenfable, parce que la craie ou blanc d'Efpagne contient de la magnéfie auffibien que l'eau de rivière) j'ai féparé cette diffolution en deux parties; j'ai verfé dans la première quelques gouttes d'efprit alkali volatil très-récent & très-cauftique; j'ai mis ce mélange dans un

flacon bien bouché. Au bout de vingt-quatre &
de quarante-huit heures, il étoit clair & tranfparent fans aucun dépôt ; il n'y avoit donc
point de décompofition. La feconde portion a
été traitée de même avec l'efprit alkali volatil,
mais mife dans un vaiffeau, dont l'ouverture
large communiquoit avec l'air ; au bout de quelques heures il s'y étoit formé, à la partie fupérieure, un nuage qui a augmenté d'épaiffeur, &
qui s'eft enfin précipité. Ce dépôt faifoit une vive
effervefcence avec l'efprit de vitriol, & formoit
de la félénite. L'acide crayeux que ce précipité
contenoit, avoit donc été fourni par l'alkali volatil, qui l'avoit attiré de l'atmofphère. Cette
combinaifon d'acide crayeux & de gaz alkalin
forme un fel ammoniacal crayeux, capable de
décompofer les fels calcaires à l'aide des doubles
affinités, ainfi que l'ont démontré MM. *Black*,
Jacquin & plufieurs autres Chimiftes, & comme
on peut s'en convaincre en verfant une diffolution
d'alkali volatil concret, ou de fel ammoniacal
crayeux dans une diffolution de félénite, que l'alkali volatil cauftique ne trouble point. Enfin, pour
affurer davantage l'étiologie de cette feconde
expérience, j'ai pris la première portion unie à
l'alkali volatil cauftique, & qui, ayant été con-
fervée dans un vaiffeau fermé, n'avoit rien perdu
de fa tranfparence ; j'ai renverfé le flacon qui

la

la contenoit fur l'entonnoir d'un très-petit appareil pneumato-chimique , & j'ai fait paffer dans ce mêlange à l'aide d'un fiphon, le gaz acide crayeux dégagé de l'alkali fixe effervefcent par l'efprit de vitriol. A méfure que les bulles de cet acide traverfoient le mêlange , il s'eft troublé comme le fait l'eau de chaux. On a filtré, on a retrouvé de la craie fur le filtre, & l'eau évaporée a fourni du fel ammoniacal vitriolique. L'eau gazeufe ou l'efprit acide de la craie , a produit la même décompofition dans un autre mêlange de félénite pure & d'alkali volatil cauftique. Cette expérience décifive prouve bien que ce n'eft qu'à l'aide des doubles affinités, & par l'addition d'acide crayeux, que l'alkali volatil peut décompofer la félénite. On voit d'après cela que lorfqu'on eft obligé de conferver le mêlange d'une eau minérale avec l'alki volatil , pendant plufieurs heures, ce qui eft néceffaire, parce qu'il ne décompofe certains fels terreux que très-lentement, on doit faire cette expérience dans un vaiffeau qui puiffe boucher exactement, afin d'empêcher le contact de l'air capable de donner un faux réfultat. Cette précaution eft en général très-importante dans l'ufage de tous les réactifs; elle eft d'ailleurs indiquée par M. *Bergman* & par M. *Gioanetti.* J'ajouterai une obfervation fur l'ufage de l'alkali volatil. Comme il eft affez diffi-

cile d'avoir de l'alkali volatil parfaitement cauftique, & qu'il eſt abſolument néceſſaire de l'avoir
tel pour l'analyſe des eaux minérales ; on peut
employer un moyen fort ſimple, & que j'ai ſouvent mis en uſage avec ſuccès. C'eſt de verſer un
peu d'eſprit alkali volatil dans une cornue dont
le bec plonge dans l'eau minérale ; en chauffant
légèrement la cornue, le gaz alkalin ſe dégage
& paſſe très-cauſtique dans l'eau. S'il y occaſionne
un précipité, c'eſt que l'eau minérale contient
du vitriol martial, ce qui ſe reconnoît conſtamment à la couleur du précipité, ou des ſels à
baſe de terre alumineuſe & de magnéſie. Il eſt aſſez
difficile de prononcer d'après les propriétés phyſiques du précipité terreux, formé dans une eau
par l'alkali volatil cauſtique, à laquelle de ces
deux dernières baſes on doit l'attribuer. Cependant, la manière dont il ſe forme peut indiquer
quel eſt ſon caractère. En diſſolvant ſix grains
de ſel d'Epſom dans quatre onces d'eau diſtillée, & ſix grains d'alun dans égale quantité de
ce fluide, & faiſant paſſer dans chacune de ces
diſſolutions un peu de gaz alkalin, celle du ſel
d'Epſom a été troublée ſur le champ, tandis que
celle de l'alun n'a commencé à ſe précipiter
que vingt minutes après ; on avoit eu le ſoin de
mettre ce mélange dans un flacon très-bien
bouché. Le même phénomène a eu lieu avec

les fels nitreux & marins de magnéfie & de terre alumineufe, diffous à quantité égale dans de l'eau diftillée, & traités avec les mêmes précautions. La promptitude ou la lenteur de la précipitation d'une eau minérale par l'addition du gaz alkalin, fournit donc le moyen de reconnoître quel eft le fel terreux que ce gaz décompofe. En général, les fels à bafe de magnéfie font infiniment plus communs dans les eaux, que ceux à bafe de terre alumineufe. Je ne dois pas oublier d'indiquer un fait obfervé par M. *Bergman*, c'eft que l'alkali volatil eft fufceptible de former, avec le vitriol de magnéfie ou le fel d'Epfom, un compofé dans lequel une portion non décompofée de ce fel neutre eft combinée avec une portion de fel ammoniacal fecret de *Glauber*. Peut-être cette portion non décompofée de fel d'Epfom forme-t-elle avec le fel ammoniacal vitriolique, un fel neutre mixte analogue au fel alembroth. L'alkali volatil ne précipite donc qu'une partie de la magnéfie, & ne peut indiquer exactement la quantité du fel d'Efpom, dont elle eft la bafe. Auffi l'eau de chaux me paroît-elle préférable pour reconnoître la nature & la dofe des fels à bafe de magnéfie, contenus dans les eaux minérales. Elle a auffi la propriété de précipiter les fels à bafe de terre alumineufe beaucoup plus abondamment & plus promptement que ne le fait le gaz alkalin (*a*).

L'acide vitriolique concentré précipite en blanc mat une eau qui contient de la terre pesante, suivant M. *Bergman* ; mais comme, d'après le même Chimiste, cette terre ne se trouve que très-rarement dans les eaux minérales, je dois passer aux autres effets de ce réactif. Lorsqu'il produit des bulles dans une eau, il indique la présence de la craie, de l'alkali fixe crayeux, ou de l'acide crayeux pur. On peut distinguer chacune de ces substances par quelques phénomènes particuliers. Si l'on fait chauffer une eau chargée de craie, dans laquelle on a versé de l'acide vitriolique, il se forme promptement une pellicule & un dépôt séléniteux ; ce qui n'arrive point dans les eaux simplement alkalines. Il sembleroit au premier coup-d'œil que la sélénite devroit se précipiter dès que l'on verse l'acide vitriolique dans une eau crayeuse ; ce-

---

(*a*) On s'appercevra facilement que je répète plusieurs faits déjà exposés dans le cours de cet Ouvrage. Je n'ai pas craint de le faire, pour rendre ce petit Traité sur l'analyse des eaux plus clair & plus complet, & pour rassembler, sur les moyens de les analyser, toutes les connoissances qu'il me paroît indispensable de posséder, lorsqu'on veut se livrer à ce genre de travail.

pendant il eſt très-rare que cela arrive ſans le ſecours de la chaleur, parce que ces eaux contiennent le plus ſouvent de l'acide crayeux ſurabondant qui favoriſe la diſſolution de la ſélénite, & qu'il eſt néceſſaire de les priver de cet acide avant que ce ſel puiſſe s'en ſéparer. On peut ſe convaincre de ce fait, en jetant quelques gouttes d'acide vitriolique concentré dans une certaine quantité d'eau de chaux précipitée, & éclaircie enſuite par l'acide crayeux. Si l'eau de chaux eſt très-chargée de terre calcaire régénérée, il ſe forme un précipité ſéléniteux au bout de quelques minutes, ou plus lentement & à meſure que l'acide crayeux libre s'en ſépare. Si elle ne précipite pas par le ſimple repos, ce qui arrive lorſque l'eau eſt peu chargée de ſélénite & contient beaucoup d'acide crayeux ſurabondant, il ſuffit de la chauffer légèrement pour qu'il ſe forme une pellicule ſéléniteuſe, & un précipité de même nature.

L'eſprit de nitre concentré eſt recommandé par M. *Bergman*, pour précipiter le ſoufre des eaux hépatiques, appelées ſulfureuſes avant lui. Sans adopter la théorie de ce célèbre Chimiſte, qui regarde le gaz hépatique comme du ſoufre mis dans l'état gazeux par la chaleur & le phlogiſtique ; ſans penſer avec lui que l'eſprit de nitre en précipite le ſoufre, en s'emparant du phlogiſtique & en dégageant la chaleur, j'ai cru devoir faire mention de ce moyen, très-utile pour reconnoître la préſence du ſoufre dans les eaux ſulfureuſes ou hépatiques. Pour s'aſſurer de ce fait, il ſuffit de verſer quelques gouttes d'eſprit de nitre fumant ſur de l'eau diſtillée, dans laquelle on a reçu à l'appareil pneumato-chimique, le gaz qui ſe dégage du foie de ſoufre cauſtique chauffé dans une cornue. Cette eau hépatique artificielle qui diffère légèrement des eaux ſulfureuſes naturelles, en ce qu'elle eſt difficile à filtrer, & qu'elle paroît toujours un peu louche, donne en quelques inſtans un précipité avec l'acide nitreux. Ce précipité eſt d'un blanc jaunâtre; recueilli ſur un filtre & ſéché, il brûle avec la flamme & l'odeur propres au ſoufre, dont il a tous les caractères. Il paroît que l'eſprit de nitre altère le gaz hépatique, comme il le fait à l'égard de toutes les matières inflammables, à l'aide de la grande quantité d'air pur qu'il contient. S'il eſt le ſeul acide qui jouiſſe de cette propriété, c'eſt qu'il eſt celui de tous qui adhère le moins à l'air qui le conſtitue. C'eſt par la même raiſon qu'il agit en général ſur toutes les matières combuſtibles, & qu'il les réduit à l'état de corps brûlés, beaucoup plus rapidement que les autres acides.

Aucun réactif n'eſt encore moins connu, re-

lativement à sa manière d'agir, que l'alkali phlogistiqué. Il y a long-tems que les Chimistes se
sont apperçus que cette liqueur préparée avec
le sang de bœuf, contenoit du bleu de Prusse
tout formé. On a cru qu'on pouvoit en séparer
ce bleu à l'aide d'un acide, & on l'a proposé
dans cet état, comme une substance capable de
démontrer le fer existant dans les eaux minérales. Feu M. *Bucquet* ayant observé qu'un alkali
phlogistiqué précipité par un acide, contenoit
encore du bleu de Prusse qui s'en précipitoit peu à
peu, eut soin de séparer ce bleu par le moyen de
la filtration ; l'alkali en déposa de nouveau, & il a
été filtré plus de vingt fois dans l'espace de deux
années, sans être totalement privé de bleu de
Prusse. Je conserve cette liqueur préparée depuis plus de cinq ans ; elle a encore une belle
couleur bleue. La partie colorante du bleu de
Prusse seroit-elle contenue dans la lessive phlogistiquée, comme le pensoit M. *Bucquet*, &
comme l'a dit depuis M. *Baunach* ? Quoi qu'il
en soit, on doit bannir cette lessive de l'emploi
des réactifs. M. *Macquer*, d'après sa brillante
découverte sur la décomposition du bleu de
Prusse par les alkalis, a proposé la liqueur saturée de la matière colorante de ce bleu, pour
reconnoître la présence du fer dans les eaux minérales ; cependant, comme cette liqueur con-

A a iv

tient encore un peu de bleu de Pruſſe, que l'on peut en ſéparer par un acide, ainſi que M. *Macquer* l'a indiqué, M. *Baumé* conſeille d'ajouter à cet alkali Pruſſien deux à trois onces de vinaigre diſtillé par livre, de le faire digérer à une douce chaleur, juſqu'à ce que tout le bleu de Pruſſe ſoit précipité ; alors on y verſe de l'alkali fixe pur pour ſaturer l'acide du vinaigre. Malgré ce procédé très-ingénieux, nous avons eu occaſion d'obſerver, M. *Bucquet* & moi, que cet alkali Pruſſien purifié par le vinaigre laiſſoit dépoſer du bleu à la longue, & ſur-tout par l'évaporation au feu. M. *Gioanetti*, que j'ai déjà eu pluſieurs fois occaſion de citer avec éloge, a fait la même obſervation, en évaporant à ſiccité l'alkali Pruſſien purifié par la méthode de M. *Baumé*. Il a propoſé deux procédés pour obtenir cette liqueur plus pure & totalement exempte de fer ; il conſeille dans l'un, de ſurcharger l'alkali Pruſſien de vinaigre diſtillé, de l'évaporer juſqu'à ſiccité à une douce chaleur, de diſſoudre la maſſe reſtante dans de l'eau diſtillée, & de filtrer cette diſſolution. Tout le bleu de Pruſſe reſte ſur le filtre, & la liqueur n'en contient plus. L'autre procédé conſiſte à neutraliſer cet alkali avec une diſſolution d'alun ; on le filtre & on en ſépare le tartre vitriolé par l'évaporation. Ces deux liqueurs ne donnent pas un atôme de bleu de Pruſſe avec les acides purs, ni par l'évaporation juſqu'à ſiccité. On a auſſi propoſé l'alkali volatil ſaturé de la matière colorante du bleu de Pruſſe, qui a les mêmes inconvéniens, & qu'on peut purifier de même. L'eau de chaux ſaturée de la matière colorante du bleu de Pruſſe, dont j'ai parlé à l'article du fer, m'a paru exempte de ces inconvéniens. Verſée ſur une diſſolution de vitriol martial, elle forme ſur le champ un bleu de Pruſſe pur & ſans mélange de vert. Les acides n'en précipitent pas un atôme de bleu. Elle ne contient donc pas de fer, & elle eſt préférable aux alkalis Pruſſiens pour eſſayer les eaux minérales. Ce phénomène dépend ſans doute de ce que la chaux diſſoute dans l'eau n'a pas, à beaucoup près, la même action ſur le fer que les alkalis. Cette eau de chaux Pruſſienne m'a paru très-propre à faire reconnoître les eaux martiales, ſoit gazeuſes, ſoit vitrioliques. En effet, le gaz crayeux qui tient le fer en diſſolution dans les eaux, étant de nature acide, décompoſe auſſi bien les leſſives Pruſſiennes, à l'aide des doubles affinités, que le fait le vitriol martial. J'ai eſſayé l'eau de chaux Pruſſienne ſur des eaux de Spa & des eaux de Paſſy ; j'ai obtenu ſur le champ un bleu peu marqué, quoique ſenſible dans les premières,

& très-apparent dans les fecondes. Voilà donc une liqueur fort facile à préparer, qui ne contient pas un atôme de bleu de Pruſſe, & qui eſt très-propre à indiquer la préſence des moindres parcelles de fer dans les eaux. C'eſt une eſpèce de fel neutre formé par la partie colorante du bleu & la chaux.

La noix de galle, ainſi que toutes les ſubſtances végétales acerbes & aſtringentes, comme les écorces de chêne, les fruits de cyprès, le brou des noix, &c. ont la propriété de précipiter les diſſolutions de fer, & de donner à ce métal différentes couleurs, ſuivant ſa quantité, ſon état & celui de l'eau qui le tenoit en diſſolution. Cette couleur offre un grand nombre de nuances qui s'étendent depuis un roſe-pále juſqu'au noir le plus foncé. On a reconnu que la couleur pourpre que les eaux prennent avec la teinture de noix de galle, n'eſt point un indice que le fer y eſt contenu dans ſon état métallique, comme l'avoit cru M. *Monnet* ; puiſque le vitriol martial & le fer uni à l'acide crayeux, que j'appelle craie martiale, ſe colorent auſſi en pourpre par l'infuſion de la noix de galle. C'eſt plutôt la quantité du fer, ſon plus ou moins grand degré d'adhérence à l'eau, & l'état de décompoſition plus ou moins avancée de cette diſſolution, qui occaſionne les différences de couleur que l'on obferve dans ces précipitations, comme l'a très-bien fait obferver M. *Duchanoy*, dans fes Effais fur l'art d'imiter les eaux minérales. Au refte, quoique ce réactif foit connu & employé avec fuccès dans l'analyfe des eaux, depuis que *Duclos* le propofa en 1667; quoique MM. *Macquer*, *Monnet* & les Chimiftes de l'Académie de Dijon aient fait une belle fuite d'expériences fur la noix de galle, la nature du principe aftringent n'eft pas encore connue. On peut feulement foupçonner que c'eft une efpèce d'acide particulier, puifqu'il s'unit aux alkalis, qu'il teint en rouge les couleurs bleues végétales, qu'il décompofe le foie de foufre, qu'il fe combine aux métaux. On emploie, pour reconnoître la préfence du fer dans une eau minérale, la noix de galle en poudre, l'infufion de cette fubftance faite à froid, & la teinture par l'efprit de vin. Cette dernière eft préférée, parce qu'elle eft beaucoup moins altérable que la diffolution dans l'eau, qui eft très-fujette à fe moifir. Ce qu'il y a de plus fingulier, c'eft que les produits de la noix de galle diftillée colorent auffi les diffolutions martiales. La diffolution dans les acides, dans les alkalis, dans les huiles, dans l'éther, préfente le même phénomène. Le fer que cette matière précipite des acides, eft dans un état peu connu, & forme une espèce de sel neutre qui n'est pas attirable à l'aimant, quoique très-noir; il se dissout lentement & sans effervescence sensible dans les acides; il perd ces propriétés par l'action du feu, & devient attirable. La noix de galle est un réactif si sensible, qu'une seule goutte de sa teinture colore en pourpre dans l'espace de cinq minutes une eau qui ne contient qu'un vingt-quatrième de grain de vitriol martial sur près de trois pintes.

Les deux derniers réactifs que nous proposons pour l'examen des eaux, sont les dissolutions d'argent & de mercure par l'acide nitreux. On a coutume de les employer pour connoître la présence des acides vitriolique ou marin dans les eaux minérales ; mais plusieurs autres substances peuvent aussi les précipiter quoiqu'elles ne contiennent pas la plus petite parcelle de ces acides. Les stries blanches & pesantes que la dissolution d'argent donne dans une eau qui ne tient qu'un demi-grain de sel marin par pinte, annoncent très-aisément & très-sûrement l'acide de ce sel. Mais elles n'indiquent pas de même la présence de l'acide vitriolique, puisque suivant l'estimation de M. *Bergman*, il faut au moins trente grains de sel de *Glauber* par pinte pour qu'elle y produise sur le champ un effet sensible : ajoutez à cela que l'alkali fixe, la craie, la magnéfie peuvent précipiter d'une manière beaucoup plus marquée la diffolution nitreufe d'argent ; ainfi le phénomène de la précipitation d'une eau minérale à l'aide de cette diffolution, ne peut donc pas fervir à déterminer d'une manière précife la fubftance faline ou terreufe à laquelle elle eft due.

La diffolution de mercure par l'acide nitreux, eft encore plus fufceptible d'induire en erreur ; non-feulement elle indique la préfence des acides vitriolique & marin dans les eaux, mais elle eft précipitée par l'alkali fixe crayeux en une poudre jaunâtre, qui pourroit induire en erreur en annonçant l'effet de l'acide vitriolique. La chaux & la magnéfie y produifent un dépôt à peu près femblable. On croit communément que le précipité blanc très-abondant qu'elle forme dans une eau eft dû à la préfence d'un fel marin ; cependant les mucilages & les fubftances extractives préfentent le même phénomène, comme le favent aujourd'hui tous les Chimiftes. Outre ces fources d'erreurs & d'incertitudes fondées fur la propriété qu'ont plufieurs fubftances de produire avec la diffolution nitreufe de mercure un précipité femblable, il en eft encore d'autres qui dépendent de l'état de cette diffolution en elle-même, & fur lefquelles il eft très-important d'être prévenu pour ne pas commettre des fautes graves dans l'analyſe des eaux. M. *Bergman* a indiqué une partie des différences ſingulières qu'on obſerve dans cette diſſolution, ſuivant la manière dont elle a été faite à chaud ou à froid, ſur-tout relativement à la couleur des précipités qu'elle donne par différens intermèdes. Mais il n'a pas dit un mot de la propriété qu'offre cette diſſolution d'être précipitée par l'eau diſtillée, lorſqu'elle eſt très-chargée de chaux de mercure, quoique M. *Monnet* eût indiqué ce fait dans ſon Traité de la diſſolution des métaux. Comme cet objet eſt d'une grande importance pour l'analyſe des eaux, je m'en ſuis occupé dans le plus grand détail, afin d'établir quelque choſe de certain, & j'y ſuis parvenu, comme on va le voir, par un moyen très-ſimple. J'ai fait un grand nombre de diſſolutions de mercure dans de l'acide nitreux bien pur, en différentes doſes de ces deux ſubſtances, à froid & à chaud, & en employant des acides de degrés de force très-variés. Ces expériences m'ont fourni les réſultats ſuivans.

1°. Les diſſolutions faites à froid, ſe chargent plus ou moins promptement d'une quantité de mercure différente, ſuivant le degré de concentration de l'acide nitreux ; mais quelque quantité de mercure qu'ait ainſi diſſoute à froid un acide concentré, cette diſſolution ne précipite jamais par l'eau ; j'ai diffous à froid deux gros & demi de mercure dans deux gros d'efprit de nitre fumant, pefant une once quatre gros cinq grains dans une bouteille qui tenoit une once d'eau diftillée ; la combinaifon s'eft faite avec une rapidité fingulière ; il s'eft perdu en gaz nitreux très-épais, & en vapeurs aqueufes diffipées par la chaleur du mélange , plus du quart de l'acide. Cette diffolution étoit d'un vert foncé , très-tranfparente ; j'en ai verfé quelques gouttes dans une demi-once d'eau diftillée ; il s'y eft formé quelques ftries blanchâtres , qui fe font diffoutes par l'agitation, & n'ont pas donné de précipité. C'eft cependant la diffolution la plus chargée que j'aie pu faire à froid, celle qui préfente le plus de mouvement, d'effervefcence & de vapeurs rutilantes. Comme elle avoit dépofé des criftaux, j'ai ajouté deux gros d'eau diftillée , qui ont diffous le tout fans apparence de précipitation. A plus forte raifon, celles que l'on fait à froid avec de l'acide nitreux ordinaire, & la moitié de leur poids de mercure , ne feront-elles jamais précipitées par l'eau, & pourront-elles être employées avec fuccès pour l'analyfe des eaux minérales.

2°. Quelque peu concentré que foit l'acide nitreux, fi on le chauffe fortement fur du mercure , il en diffoudra une plus grande quantité que le

plus fort acide à froid ; & la diffolution, légèrement colorée en jaune, paroîtra graffe & épaiffe ;
elle laiffera précipiter par le repos une maffe informe jaunâtre, qu'on peut changer en beau
turbith, à l'aide de l'eau bouillante. Cette diffolution verfée dans de l'eau diftillée, y forme
un précipité très-abondant, d'une couleur jaune
femblable au turbith. Une diffolution faite à
froid, offrira le même réfultat, fi on la chauffe
fortement, & fi on en dégage beaucoup de gaz
nitreux. On doit bannir ces diffolutions chauffées
de l'analyfe des eaux minérales, puifqu'elles font
décompofées par l'eau diftillée.

3°. Il paroît que ces deux efpèces de diffolutions
ne diffèrent l'une de l'autre que par la quantité de
chaux de mercure, beaucoup plus grande dans
celle qui précipite par l'eau, que dans celle qui
n'eft point décompofable par ce fluide. J'ai démontré cette vérité, en évaporant comparati-
vement, quantité égale de l'une & de l'autre
de ces diffolutions dans des fioles à médecine
pour les réduire en précipité rouge. J'ai obtenu
un quart de plus de ce précipité de la diffolution
qui précipite par l'eau, que de celle qui ne précipite pas. La pefanteur fpécifique m'a paru fournir encore un bon moyen d'indiquer la quantité
refpective de chaux de mercure contenue dans
ces différentes liqueurs. J'ai comparé le poids

relatif

relatif d'un volume égal de trois diſſolutions mercurielles nitreuſes , qui différoient entr'elles.
L'une, qui ne précipitoit pas du tout dans l'eau
diſtillée , & qui étoit le réſultat de la première
expérience citée plus haut, peſoit une once un
gros ſoixante-ſept grains dans une bouteille qui
contenoit juſte une once d'eau diſtillée. La ſeconde diſſolution avoit été faite par une chaleur
très-douce , & elle donnoit une légère couleur
d'opale à l'eau diſtillée , ſans produire un précipité bien marqué ; elle peſoit dans la même
bouteille une once ſix gros vingt-quatre grains.
Enfin , une troiſième diſſolution mercurielle ,
chauffée aſſez fortement, & qui précipitoit un
vrai turbith minéral d'un jaune ſale par l'eau
diſtillée, peſoit ſous le même volume une once
ſept gros vingt-cinq grains. Pour confirmer davantage cette opinion, il reſtoit une expérience
déciſive à faire. Si la diſſolution que l'eau précipitoit devoit cette propriété à une trop grande
quantité de chaux mercurielle relativement à
celle de l'acide, elle devoit perdre cette propriété en y ajoutant l'acide néceſſaire pour ſoutenir le mercure. C'eſt auſſi ce qui eſt arrivé.
En verſant de l'eau-forte ſur une diſſolution que
l'eau décompoſoit, elle a bientôt acquis la propriété de ne plus précipiter par l'eau, & elle
étoit abſolument dans le même état que celle

que l'on fait lentement, & par la seule chaleur de l'atmosphère. M. *Monnet* a déjà indiqué ce procédé pour empêcher les cristaux de nitre mercuriel de se réduire en turbith par le contact de l'air. C'est par un procédé inverse, & en faisant évaporer une portion de l'acide d'une bonne dissolution qui ne précipite pas par l'eau, qu'on la fait passer à l'état d'une dissolution beaucoup plus chargée de chaux mercurielle, & conséquemment susceptible d'être décomposable par l'eau. On peut lui rendre sa première qualité, en lui restituant l'acide qu'elle a perdu pendant l'évaporation.

Telles sont les différentes considérations que j'ai cru devoir faire pour rendre moins incertain l'effet des réactifs sur les eaux. Mais quelque précision qu'on apporte dans ces recherches, quelqu'étendues que soient les connoissances que l'on a acquises sur les degrés de pureté & sur les différens états des diverses substances que l'on combine aux eaux minérales pour en découvrir les principes, si l'on ne peut disconvenir que chacun des réactifs est susceptible d'indiquer deux ou trois matières différentes dissoutes dans ces eaux, il restera toujours du doute sur le résultat de leur action. La chaux, par exemple, s'empare de l'acide crayeux ; elle précipite les sels à base d'argile & de magnésie,

aussi bien que les sels métalliques; l'alkali volatil opère le même effet; l'alkali fixe précipite
outre ces premiers sels, ceux à base de chaux ;
l'eau de chaux chargée de la partie colorante
du bleu de Prusse, l'alkali Prussien, & la teinture spiritueuse de noix de galle, précipitent le
vitriol de fer & la craie martiale ; les dissolutions nitreuses d'argent & de mercure décomposent tous les sels vitrioliques & les sels marins qui peuvent varier ou se trouver plusieurs
dans la même eau ; elles sont elles-mêmes dé-
composées par les alkalis, la craie, la magnésie.
Parmi ce grand nombre d'effets compliqués,
comment distinguer celui qui a lieu dans l'eau
qu'on examine, comment savoir s'il est simple
ou s'il est composé ?

Ces questions, quoique très-difficiles dans le
tems où la Chimie ne connoissoit pas toutes ses
ressources, sont cependant de nature à être agi-
tées aujourd'hui ; & l'on peut même espérer d'y
répondre d'une manière satisfaisante. J'observe
d'abord que la nature des réactifs étant beaucoup mieux connue qu'elle ne l'étoit il y a quelques années, & leur réaction sur les principes
des eaux mieux appréciée, c'est déjà une forte
présomption pour penser que leur usage peut
être beaucoup plus utile qu'on ne l'a cru jusqu'à
ce jour. Il n'y a cependant encore eu, parmi

Bb ij

le grand nombre d'excellens Chimiſtes qui ſe ſont occupés de l'analyſe des eaux, que MM. *Baumé, Bergman & Gioanetti*, qui ayent entrevu qu'on pouvoit en tirer un plus grand parti qu'on ne l'a encore fait. On eſt, depuis long-tems, dans l'habitude de faire l'examen des eaux minérales par les réactifs, ſur de très-petites doſes & ſouvent dans des verres; on note les phénomènes de précipitation qu'on obſerve, & on ne pouſſe pas l'expérience plus loin. M. *Baumé* a conſeillé, dans ſa Chimie, de ſaturer une certaine quantité d'eau minérale avec l'alkali fixe & les acides, de ramaſſer les précipités, & d'en examiner la nature. M. *Bergman* a penſé qu'on pouvoit juger par le poids des précipités que l'on obtient dans ces mêlanges, de la quantité des principes contenus dans les eaux. Quelques autres Chimiſtes ont auſſi employé cette méthode, mais toujours dans quelques vues particulières, & jamais perſonne n'a propoſé de faire une analyſe ſuivie des eaux minérales par ce moyen. Pour y parvenir, je penſe qu'il faut mêler pluſieurs livres d'eau minérale avec chaque réactif, juſqu'à ce que ce dernier ceſſe de précipiter cette eau. On laiſſera alors raſſembler le précipité pendant vingt-quatre heures dans un vaiſſeau exactement bouché: on filtrera le mêlange; & l'on examinera, par les moyens connus, le précipité reſté ſur le filtre,

après l'avoir pefé, & fait fécher à l'étuve. C'eft
ainfi qu'on parviendra à découvrir fûrement la
fubftance fur laquelle a agi le réactif, & à déterminer la caufe de la décompofition qu'il a opérée. On pourra fuivre un ordre marqué dans ces
opérations, en mêlant d'abord les eaux avec les
fubftances qui font les moins fufceptibles de les
altérer, & en paffant ainfi de ces fubftances à
celles qui font capables de produire des changemens plus variés & plus difficiles à apprécier.
Voici ce que j'ai coutume de faire dans cette
efpèce d'analyfe. Après avoir examiné la faveur, la couleur, la pefanteur & toutes les autres
propriétés phyfiques d'une eau minérale, je verfe
fur quatre livres de ce fluide une quantité égale
d'eau de chaux ; s'il ne fe fait point de précipité
en vingt-quatre heures, je fuis fûr que cette eau
ne contient ni acide crayeux libre , ni alkali fixe
crayeux , ni fels terreux à bafe de terre alumineufe ou de magnéfie , ni fels métalliques ; mais
s'il fe forme fur le champ ou peu à peu un précipité , je filtre le mélange, & j'examine les propriétés chimiques du dépôt. S'il n'a point de
faveur , s'il eft indiffoluble dans l'eau , s'il fait
effervefcence avec les acides , & s'il forme avec
l'efprit de vitriol un fel infipide & prefque infoluble dans l'eau, j'en conclus que c'eft de
la craie , & que l'eau de chaux ne s'eft emparée

que de l'acide crayeux diſſous dans l'eau. Si au contraire il eſt peu abondant, s'il ſe raſſemble difficilement, s'il ne fait point efferveſcence, s'il donne avec l'acide vitriolique un ſel ſtyptique, ou amer & très-ſoluble, il eſt formé par la magnéſie ou la terre alumineuſe, & ſouvent par l'une & l'autre. Je n'ai pas beſoin de m'étendre davantage ſur les moyens qui ſervent à diſtinguer ces deux ſubſtances, parce qu'ils doivent être très-connus. J'ajoute ſeulement qu'on peut les multiplier aſſez pour n'avoir aucun doute ſur leur nature.

Après l'examen par l'eau de chaux, je verſe ſur quatre autres livres de la même eau minérale un gros ou deux d'eſprit alkalin volatil bien cauſtique; ou j'y fais paſſer du gaz alkalin dégagé de cet eſprit par la chaleur. Lorſque l'eau en eſt ſaturée, je laiſſe le mêlange en repos dans un vaiſſeau fermé pendant vingt-quatre heures; alors s'il s'eſt formé un précipité qui ne peut être dû qu'à des ſels martiaux ou à baſe de magnéſie & de terre alumineuſe, j'en recherche la nature à l'aide des différens moyens dont j'ai parlé pour la chaux. Mais l'action du gaz alkalin étant plus infidèle que celle de l'eau de chaux qui opère les mêmes décompoſitions que lui, il eſt bon d'obſerver que l'on ne doit l'employer que comme un moyen auxiliaire dont on ne peut point attendre de réfultats auffi exacts que ceux fournis par le réactif précédent.

Lorfque les fels à bafe de terre alumineufe ou de magnéfie ont été découverts par l'eau de chaux, ou par le gaz alkalin, l'alkali minéral cauftique fert à faire reconnoître ceux à bafe de chaux, tels que la félénite & le fel marin calcaire. Pour cela, je précipite quelques livres de l'eau que j'examine par cet alkali en liqueur, jufqu'à ce qu'il ne la trouble plus. Comme il décompofe auffi-bien les fels à bafe de terre alumineufe que ceux qui font formés par la chaux, fi le précipité reffemble par la forme, la couleur & la quantité à celui que l'eau de chaux m'a donné, il eft à préfumer que l'eau ne contient point de fel calcaire ; & l'examen chimique de ce précipité confirme ordinairement ce foupçon. Mais fi le mêlange fe trouble beaucoup plus que celui fait avec l'eau de chaux, fi le dépôt eft plus pefant, plus abondant, & fe raffemble plus vîte, alors il contient de la chaux mêlée avec la magnéfie ou la terre alumineufe. Je m'en affure en traitant ce dépôt par les différens moyens que j'ai déjà indiqués. On conçoit que le fer précipité par les réactifs en même-tems que les fubftances falino-terreufes, eft facile à reconnoître par fa couleur & par fa faveur, & que la petite quantité de ce métal séparée par ces procédés n'est pas capable d'influer sur les résultats.

Il seroit inutile d'insister sur les substances que l'huile de vitriol, l'esprit de nitre, la noix de galle, l'alkali ou la chaux, saturés de la matière colorante du bleu de Prusse, employés comme réactifs, peuvent indiquer dans les eaux minérales. Ce que j'ai dit plus haut sur les effets généraux de ces matières doit suffire ; j'ajouterai seulement qu'en les mêlant à grande dose avec ces eaux, on peut, en recueillant les précipités, reconnoître plus exactement la nature & la dose de leurs principes, ainsi que l'ont fait MM. *Bergman & Gioanetti.*

Je m'arrêterai davantage sur les produits que donnent les dissolutions nitreuses d'argent ou de mercure mêlées aux eaux minérales. C'est surtout avec ces réactifs qu'il est avantageux d'opérer sur de grandes doses, afin de pouvoir déterminer la nature des acides que contiennent les eaux. L'analyse de ces fluides deviendra complette par la connoissance de leurs acides, puisque ces derniers y sont souvent combinés avec les bases que les réactifs précédens ont fait reconnoître. La couleur, la forme & l'abondance des précipités formés par les dissolutions nitreuses de mercure & d'argent, ont indiqué jusqu'actuellement aux Chimistes, la nature des acides auxquels ils sont dus. Un dépôt épais, pesant, & qui se forme sur le champ par ces dissolutions, décèle l'acide marin. S'il est peu abondant, blanc & cristallisé avec le nitre d'argent, jaunâtre & informe avec celui de mercure; s'il ne se rassemble que lentement, on l'attribue à l'acide vitriolique. Cependant, comme ces deux acides se rencontrent fréquemment dans la même eau, comme l'alkali & la craie décomposent aussi ces dissolutions, on n'a que des résultats incertains lorsqu'on ne s'en rapporte qu'aux propriétés physiques des précipités. Il faut donc les examiner plus en détail. Pour cet effet, on doit mêler les dissolutions lunaire & mercurielle avec cinq à six livres de l'eau qu'on veut analyser, filtrer les mélanges vingt-quatre heures après, sécher les dépôts & les traiter par les procédés que l'art indique. En chauffant dans une cornue le précipité fait par la dissolution nitreuse de mercure, la portion de ce métal, unie à l'acide marin des eaux, se volatilise en sublimé corrosif ou en mercure doux; celle qui est combinée à l'acide vitriolique, reste au fond du vaisseau, & offre une couleur rougeâtre. On peut encore reconnoître ces deux sels en les mettant sur un charbon ardent. Le vitriol de mercure, s'il y en a, exhale de l'acide sulfureux & se colore en rouge, le sel marin mercuriel reste blanc, & se volatilise sans odeur de soufre. Ces phénomènes servent encore à faire distinguer les précipités qui pourroient être formés par les substances alkalines contenues dans les eaux, puisque ces derniers n'exhalent point d'odeur sulfureuse, & ne sont point volatils sans décomposition.

Les précipités produits par la combinaison des eaux minérales avec la dissolution nitreuse d'argent, peuvent être examinés aussi facilement que les précédens. Le vitriol d'argent étant plus soluble que la lune cornée, l'eau distillée peut être employée avec succès pour séparer ces deux sels. La lune cornée se reconnoît à sa fixité, à sa fusibilité, & sur-tout à ce qu'elle est moins décomposable que le vitriol de lune; ce dernier, mis sur les charbons, exhale une odeur sulfureuse, & laisse une chaux d'argent que l'on peut fondre sans addition. Je ne parle point de tous les procédés que la Chimie pourroit fournir pour reconnoître & séparer les deux sels lunaires dont je viens de faire mention; il me suffit d'en avoir indiqué quelques-uns.

§. VI. *Examen des Eaux minérales par la distillation.*

La distillation est employée dans l'analyse des eaux, pour connoître les substances gazeuses qui leur sont unies. Ces substances sont, ou de l'air, ou de l'acide crayeux, ou du gaz hépatique. Pour en connoître la nature & la quantité, il faut prendre quelques livres d'eau minérale, les mettre dans une cornue qu'elles ne rempliffent qu'à moitié ou aux deux tiers; adapter à ce vaif- feau un tube recourbé qui plonge fous une cloche pleine de mercure. L'appareil ainfi difpofé, on chauffe la cornue jufqu'à ce que l'eau foit en pleine ébullition, ou jufqu'à ce qu'il ne paffe plus de fluide élaftique dans les cloches. Lorfque l'opération eft finie, on fouftrait du volume de gaz que l'on a obtenu, la quantité d'air contenu dans la portion vide de la cornue; le refte eft le fluide aëriforme qui étoit contenu dans l'eau minérale, & dont on connoît bientôt la nature, par les épreuves de la bougie allumée, de la teinture de tournefol & de l'eau de chaux. S'il s'enflamme & s'il a une odeur fétide, c'eft du gaz hépatique; s'il éteint la bougie, s'il rougit le tournefol, & s'il précipite l'eau de chaux, c'eft de l'acide crayeux; enfin, s'il entretient la combuftion fans s'enflammer, s'il eft inodore, s'il n'altère ni le tournefol, ni l'eau de chaux, c'eft de l'air atmofphérique. Il peut arriver que ce dernier fluide foit plus pur que l'air de l'at- mofphère; alors on juge de fon degré de pu- reté, par la manière dont il excite la combuf- tion. Le procédé que l'on fuit pour obtenir les matières gazeuses contenues dans les eaux, est entièrement dû à la Chimie moderne. Autrefois l'on employoit une vessie mouillée, qu'on adaptoit au goulot d'une bouteille pleine d'eau minérale; on agitoit ce fluide, & on jugeoit par le gonflement de la vessie de la quantité de gaz contenu dans l'eau. On sait aujourd'hui que ce moyen est infidèle, parce que l'eau ne peut donner tout son gaz que par l'ébullition, & parce que les parois de la vessie mouillée altèrent & dénaturent le fluide élastique que l'on obtient. Il n'est pas besoin d'avertir que par ce procédé on n'extrait que l'acide crayeux libre, contenu dans l'eau qu'on examine; qu'il faut observer avec soin les phénomènes que l'eau présente, à mesure que le gaz s'en sépare; enfin, qu'on doit distiller une quantité d'autant moins grande d'eau, que sa saveur, son pétillement & sa légéreté indiquent qu'elle contient davantage de gaz.

§. **VII.** *Examen des Eaux minérales par l'évaporation.*

L'évaporation est généralement regardée comme le moyen le plus sûr d'obtenir tous les principes des eaux minérales. Nous avons fait observer plus haut, & nous répétons ici, d'après les travaux de MM. *Venel* & *Cornette*, qu'il peut se faire qu'une longue ébullition décom-

pofe les matières falines diffoutes dans l'eau, &
c'eft pour cela que nous avons confeillé de les
examiner par les réactifs employés à grande dofe.
Cependant l'évaporation peut fournir tant de lumières, lorfqu'on la joint à l'analyfe par les réactifs, qu'on doit toujours la confidérer comme
un des principaux moyens d'analyfer les eaux,
& qu'il eft néceffaire d'infifter fur la méthode
la plus convenable de la faire. Le but de cette
opération étant de recueillir les principes fixes
contenus dans une eau minérale, on fent que
pour connoître la nature & la proportion de
ces principes, il faut en avoir une certaine quantité, & qu'à cet effet il eft néceffaire d'évaporer
d'autant plus d'eau qu'elle paroît moins chargée. On doit opérer fur une vingtaine de livres,
lorfque l'eau paroît contenir beaucoup de matière faline; fi au contraire elle femble n'en tenir que très-peu en diffolution, il eft indifpenfable d'en évaporer une beaucoup plus grande
dofe; on eft même quelquefois obligé d'en foumettre cent livres à cette opération. La nature
& la forme des vaiffeaux dans lefquels on fe
propofe d'évaporer les eaux, n'eft point du tout
indifférente. Ceux de métal, excepté ceux d'argent, font altérables par l'eau; ceux de verre
d'une certaine étendue font très-fujets à fe caf-
fer; ceux de terre verniffée & bien unie font

les plus convenables, quoique le fendillement de leur couverte donne quelquefois lieu à l'abforption des matières falines. Ceux de porcelaine fans couverte, c'eft-à-dire, de bifcuit, feroient fans contredit les plus convenables ; mais leur cherté eft un obftacle confidérable (a). Les Chimiftes ont propofé différentes manières d'évaporer les eaux minérales. Les uns ont voulu qu'on les diftillât jufqu'à ficcité dans des vaiffeaux fermés, afin d'être fûr que les fubftances étrangères qui voltigent dans l'atmofphère ne fe mêlent point au réfidu ; mais cette opération eft rebutante par fa longueur. D'autres ont confeillé de les faire évaporer à une chaleur douce qui ne fût point pouffée jufqu'à l'ébullition, parce qu'ils ont cru que cette dernière chaleur

---

(a) Il feroit fort à defirer qu'il s'élevât une Manufacture de porcelaine commune, dans laquelle on fabriqueroit tous les vaiffeaux néceffaires à la cuifine, à la Pharmacie & à la Chimie. Ces arts n'ont pas befoin d'une porcelaine précieufe par fa blancheur & par la fineffe de fon grain ; mais d'une terre affez fine pour n'être point raboteufe, d'une couleur quelconque, & d'une cuite affez dure pour réfifter à la chaleur & au contrafte du froid & du chaud. On fait depuis long-tems qu'il eft facile de faire une bonne porcelaine, qui d'ailleurs n'ait pas la beauté & la blancheur que l'on recherche tant & qui en augmentent fingulièrement le prix ; or c'eft une porcelaine de cette efpèce que l'on defire.

altère les principes fixes, & en enlève toujours une partie. Telle est l'opinion de MM. *Venel* & *Bergman*. M. *Monnet* veut au contraire qu'on fasse bouillir l'eau, parce que son mouvement s'oppose à l'intromission des matières étrangères contenues dans l'atmosphère. M. *Bergman* évite cet inconvénient, en indiquant de couvrir le vaisseau évaporatoire d'un couvercle percé dans son milieu pour donner passage aux vapeurs. Cette dernière méthode retarde de beaucoup l'évaporation, parce qu'elle diminue singulièrement la surface du fluide. On doit l'employer dans le commencement jusqu'à ce que les vapeurs soient assez fortes pour écarter la poussière. Mais la plus grande différence de manipulation pour cette expérience, consiste en ce que les uns veulent, d'après *Boulduc*, qu'on sépare les substances qui se déposent à mesure que l'évaporation a lieu, afin d'obtenir chacun des principes des eaux, pur & isolé; les autres prescrivent au contraire de poursuivre l'évaporation jusqu'à siccité. Nous pensons avec M. *Bergman* que cette dernière méthode est plus expéditive & plus sûre, parce que quelque précaution qu'on apporte dans la première pour séparer les différentes matières qui se déposent ou qui se cristallisent, on ne les obtient jamais pures, & il faut toujours les examiner par une analyse ultérieure; d'ailleurs cette méthode n'est jamais exacte, à cause des fréquentes filtrations & de la perte qu'elles occasionnent; enfin, elle est très-embarrassante & elle rend l'évaporation très-longue. On doit donc évaporer les eaux à siccité. On observe différens phénomènes pendant cette opération. Si l'eau est chargée de gaz, elle se remplit de bulles dès la première impression de la chaleur; à mesure que l'acide crayeux s'en dégage, il se forme une pellicule & un dépôt dû à la terre calcaire & au fer aëré ou crayeux. A ces premières pellicules succède la cristallisation de la sélénite; enfin le sel marin & le sel fébrifuge se cristallisent en cubes à la surface, & les sels déliquescens ne peuvent s'obtenir que par l'évaporation conduite jusqu'à siccité. Alors on pèse le résidu, on le met dans une petite fiole avec trois ou quatre fois son poids d'esprit de vin; on agite le tout, & après l'avoir laissé reposer quelques heures, on le filtre, on conserve l'esprit de vin à part, on sèche à une chaleur douce ou à l'air la portion du résidu sur laquelle le fluide spiritueux n'a point agi; on la pèse exactement lorsqu'elle est bien sèche, & on sait par le déchet que ce résidu a éprouvé, combien il contenoit de sel marin calcaire & de sel marin de magnésie, qui sont très-solubles dans l'esprit de vin. Nous parlerons

plus

plus bas de la manière de s'assurer de la présence de ces deux sels dans ce fluide spiritueux.

On délaie ensuite le résidu traité à l'esprit de vin & bien sec, avec huit fois son poids d'eau distillée froide, & après avoir laissé ce mélange en repos pendant quelques heures, on le filtre; on defsèche une seconde fois le résidu; on le fait bouillir pendant une demi-heure dans quatre ou cinq cens fois son poids d'eau distillée; on filtre, & alors il ne reste plus que ce que l'eau froide & bouillante n'a pas pu dissoudre; la première s'est emparé des sels neutres, tels que le sel de *Glauber*, le sel marin, le sel fébrifuge & le sel d'Epsom; si l'eau contenoit de l'alun ou du nitre, ce qui est fort rare, ces sels sont également diffous dans l'eau froide. L'eau bouillante à grande dose ne diffout guère que la sélénite. Il y a donc quatre substances à examiner après ces différentes opérations sur la matière obtenue par l'évaporation; 1°. le résidu insoluble dans l'esprit-de-vin & dans l'eau à différentes températures; 2°. les sels diffous dans l'esprit-de-vin; 3°. ceux dont l'eau froide s'est emparée; 4°. enfin ceux qui ont été enlevés par l'eau bouillante. Passons aux expériences nécessaires pour reconnoître ces diverses substances.

1°. Le résidu qui a résisté à l'action de l'esprit-de-vin & de l'eau, peut être compofé de terre calcaire, de magnéfie aërée, de fer aëré ou craie de fer, d'argile & de quartz; ces deux dernières fubftances font très-rares, mais les trois premières font fort communes; la couleur brune ou jaune plus ou moins foncée indique la préfence du fer. Si le réfidu eft gris-blanc, il ne contient point de ce métal. Lorfqu'il en contient, M. *Bergman* confeille de l'humecter & de l'expofer à l'air pour qu'il fe rouille, alors le vinaigre n'a plus d'action fur lui. Pour indiquer les moyens de féparer ces différentes matières, fuppofons un réfidu infoluble, compofé des cinq fubftances que nous avons dit qu'il pouvoit contenir. On doit commencer par l'humecter & l'expofer aux rayons du foleil; lorfque le fer eft bien rouillé, on fait digérer ce réfidu dans du vinaigre diftillé. Cet acide diffout la chaux & la magnéfie ; on le fait évaporer, & l'on obtient du fel acéteux calcaire, qui fe diftingue du fel acéteux de magnéfie, en ce qu'il n'attire point l'humidité de l'air. On peut féparer ces deux fels par la déliquefcence, ou bien en verfant dans leur diffolution de l'acide vitriolique. Ce dernier forme la félénite qui fe précipite; s'il y avoit du fel acéteux à bafe de magnéfie, le fel d'Epfom formé par l'acide vitriolique refteroit en diffolution dans la liqueur, & on pourroit l'obtenir par une évaporation bien ménagée. Pour connoître la quantité de terres magnéfienne & calcaire contenues dans ce réfidu, on précipite à part la félénite & le fel d'Epfom formés par l'acide vitriolique verfé dans la diffolution acéteufe, à l'aide de l'alkali végétal effervefcent, ou de tartre crayeux, & on pèfe ces précipités. Lorfqu'on a féparé la craie & la magnéfie du réfidu, il ne refte plus que le fer, l'argile & le quartz. On enlève le fer & l'argile à l'aide de l'acide marin bien pur qui diffout l'un & l'autre. On précipite le fer par l'alkali Pruffien, & l'argile par l'alkali fixe crayeux, & on pèfe ces deux fubftances pour en connoître la quantité. La matière qui refte après qu'on a féparé l'argile & le fer, eft ordinairement quartzeufe ; on s'affure de fa quantité par le poids, & de fa nature en la faifant fondre au chalumeau avec l'alkali fixe. Tels font les procédés les plus exacts recommandés par M. *Bergman*, pour connoître le réfidu non foluble des eaux.

2°. On prend enfuite l'efprit de vin qui a fervi à laver le réfidu fec des eaux ; on l'évapore à ficcité. M. *Bergman* confeille de le traiter par l'efprit de vitriol, comme la diffolution acéteufe dont nous avons parlé plus haut ; mais il faut obferver que ce procédé ne fert qu'à faire connoître la bafe de ces fels. Pour déterminer l'acide qui eft ordinairement uni à la magnéfie ou à la chaux , & quelquefois à toutes les deux dans ce réfidu , il faut verfer deſſus quelques gouttes d'huile de vitriol , qui excite une effervefcence & dégage du gaz marin , reconnoiſſable par ſon odeur & ſa vapeur blanche , lorſque le ſel qu'on examine eſt formé d'acide marin. On peut encore s'en aſſurer en diſſolvant tout le réfidu dans l'eau , & en y mêlant quelques gouttes de diſſolution d'argent. Quant à la nature de la baſe , qui eſt , comme nous l'avons déjà dit , ou de la chaux , ou de la magnéfie , ou toutes les deux enſemble , on reconnoît leur quantité & leur nature par le même acide vitriolique , ainſi que nous l'avons expoſé ci-deſſus pour la diſſolution acéteuſe.

3°. La leſſive du premier réfidu de l'eau minérale , faite avec huit fois ſon poids d'eau diſtillée froid⸳ ⸳ ⸳⸳ient les ſels neutres alkalins , tels que le ſel de *Glauber* , le ſel marin , le ſel fébrifuge , le tartre crayeux , la ſoude crayeuſe & le ſel d'Epſom. Quelquefois il s'y trouve auſſi une petite quantité de vitriol martial. Ces ſels ne ſont jamais tous enſemble dans les eaux. Le ſel de *Glauber* & le tartre crayeux ne ſe trouvent que très-rarement dans les eaux ; mais le ſel marin s'y rencontre fréquemment avec la ſoude crayeuſe ; le ſel d'Epſom y exiſte auſſi aſſez ſouvent , & il eſt même des eaux qui en contiennent une affez grande quantité. Lorfque ce premier lavage du réfidu d'une eau minérale ne contient qu'une efpèce de fel neutre, il eft fort aifé de l'obtenir par la criftallifation, & de s'af-furer de fa nature par fa forme, fa faveur, l'ac-tion du feu, ainfi que celle des réactifs. Mais ce cas eft fort rare, & il eft beaucoup plus or-dinaire que plufieurs fels foient réunis dans cette leffive; on doit alors chercher à les féparer par une évaporation lente : ce moyen même ne réuf-fiffant pas toujours parfaitement, quelque foin que l'on emploie à évaporer cette première lef-five, il faut examiner de nouveau chacun des fels qu'on obtient dans les différens tems de l'éva-poration. C'eft le plus fouvent l'alkali minéral aëré, ou foude crayeufe, qui fe dépofe confu-fément avec le fel marin ou le fel fébrifuge ; on parvient à les féparer, en fuivant un procédé indiqué par M. *Gioanetti.* Il confifte à laver ce fel mixte avec du vinaigre diftillé. Cet acide dif-fout la foude crayeufe ; on deffèche le mélange & on le lave de nouveau avec de l'efprit de vin, qui fe charge de la terre foliée minérale fans toucher au fel marin. On évapore à ficcité la diffolution fpiritueufe, & on calcine le ré-fidu ; le vinaigre fe décompofe & fe brûle ; on n'a plus alors que l'alkali minéral dont on con-noît exactement la quantité.

4°. La leſſive du premier réſidu de l’eau minérale, faite avec quatre ou cinq cens fois ſon poids d’eau bouillante, ne contient que de la ſélénite; on s’en aſſure par l’alkali volatil cauſti-que bien pur, qui n’y occaſionne aucun changement, tandis que l’alkali fixe cauſtique la précipite abondamment. En l’évaporant à ſiccité, on connoît exactement la quantité du ſel terreux qui étoit contenu dans l’eau.

§. VIII. *Des Eaux minérales artificielles.*

Les procédés nombreux que nous venons de décrire pour examiner les réſidus des eaux minérales évaporées, ſuffiſent pour reconnoître avec la plus grande préciſion toutes les diverſes matières qui ſont tenues en diſſolution dans ces fluides. Cependant il reſte encore un pas à faire pour aſſurer le ſuccès de ſon analyſe; c’eſt d’imiter la nature par la ſynthèſe, & en diſſolvant dans de l’eau pure les différentes ſubſtances retirées par l’analyſe de l’eau minérale que l’on a examinée. Si cette eau minérale artificielle a la même ſaveur, la même peſanteur, & préſente avec les réactifs, les mêmes phénomènes que l’eau minérale naturelle analyſée, c’eſt la preuve la plus complète & la plus certaine que l’analyſe a été bien faite. Cette combinaiſon artificielle a même l’avantage de pouvoir fournir en tous tems, en tous lieux, & à peu de frais des médicamens aussi utiles pour la guérison des maladies que les eaux minérales naturelles, dont le transport, & beaucoup d'autres circonstances, sont susceptibles d'altérer les propriétés.

Les Chimistes les plus célèbres pensent qu'il est possible d'imiter les eaux minérales. M. *Macquer* a fait observer que depuis la découverte de l'air fixe ou acide crayeux, & de la propriété qu'on lui a reconnue de rendre beaucoup de substances solubles dans l'eau, il est beaucoup plus aisé de préparer des eaux minérales artificielles. M.* *Bergman* a enseigné la manière de composer des eaux qui imitent parfaitement celles de Spa, de Seltz, de Pyrmont, &c. Il nous a appris qu'en Suède on en fait usage avec beaucoup de succès ; & il a éprouvé lui-même les bons effets de ces préparations. M. *Duchanoy* a publié un Ouvrage dans lequel il a donné une suite de procédés pour imiter toutes les eaux minérales qu'on a coutume d'employer en Médecine. Il y a donc tout lieu d'espérer que la Chimie pourra rendre des services importans à l'art de guérir, en lui fournissant des médicamens précieux, dont il saura à son gré adoucir ou augmenter l'activité.

LEÇON XLIV.

RÈGNE VÉGÉTAL.

Structure & fonctions des Végétaux.

LES végétaux font des êtres organifés, fixés à la furface de la terre, & qui n'ont ni mouvement ni fenfibilité. On les reconnoît à leur afpect & à leur conformation. Ils font diftingués des minéraux, parce qu'ils fe nourriffent par intus-fufception, & qu'ils élaborent les fucs deftinés à leur accroiffement. Ils préfentent des phénomènes qui dépendent de leur organifation, & qu'on appelle fonctions ; la principale eft de fe reproduire à l'aide de femences ou d'œufs, comme les animaux.

· Les végétaux diffèrent les uns des autres, 1°. par la grandeur : on les diftingue en arbres, en arbuftes, en herbes, en mouffes, &c. 2°. par le lieu ; il en eft qui croiffent dans des terreins fecs, d'autres dans un fol humide ; quelques-uns dans les fables, l'argile, les eaux, à la furface des pierres, ou fur les autres végétaux ; 3°. par l'odeur, la faveur, la couleur, &c. 4°. par la durée : les plantes font vivaces, annuelles, bisannuelles, &c. 5°. par leur usage ; on les emploie comme alimens ou comme remèdes. Un grand nombre servent aux arts, à la teinture, &c. d'autres font destinés à orner les jardins, &c.

§. I. *Structure des Végétaux ; philosophie Botanique.*

Les végétaux considérés à l'extérieur, font formés de six parties ou organes destinés à des fonctions particulières ; ces parties font, la racine, la tige, la feuille, la fleur, le fruit & la semence. Chacune d'elles diffère par la forme, le tissu, la grosseur, le nombre, la couleur, la dureté, la saveur, &c.

1°. La racine est cachée dans la terre, dans les eaux, ou dans l'écorce des autres végétaux. Elle est ou tubéreuse, ou fibreuse, ou bulbeuse. Sa direction la rend pivotante, traçante.

2°. La tige part de la racine, & soutient les autres parties ; elle est, ou solide ou creuse, ligneuse ou herbacée, ronde, quarrée, triangulaire ou à deux angles très-aigus, &c. La tige comprend le bois & l'écorce. Le bois est distingué en bois proprement dit & en aubier ; l'écorce est formée de l'épiderme, du tissu vésiculaire & des couches corticales. La tige se divise en branches.

3°. Les feuilles font très-variées dans les végétaux ; *a* par la forme ; elles font ovales, rondes, linéaires, en fléches, en fer de lance, &c. *b* par la pofition fur la tige, feffiles, pétiolées, oppofées, alternes, verticillées, perfoliées, vaginales, &c. *c* par leur contour, unies, dentelées, crénelées, en fcie, pliffées, ondées, ondulées, lacinées, découpées ; *d* par leur fimplicité ou leur compofition : les feuilles compofées le font par les folioles ; alors elles font ou palmées ou conjuguées avec ou fans impaire ; *e* par leur lieu ou leur place ; elles font radicales, caulinaires, florales ; *f* par la couleur, l'odeur, la faveur, la confiftance, &c. Leur ufage paroît être, d'après les travaux de M. *Ingenhouʒ*, d'abforber l'air phlogiftiqué par leur furface inférieure, & d'exhaler de l'air déphlogiftiqué par la fupérieure, quand elles font expofées au foleil. Ce font elles qui renouvellent l'atmofphère.

4°. Les fleurs font des parties deftinées à contenir les organes de la génération, & à les défendre jufqu'à ce que la fécondation foit accomplie ; alors elles tombent. On diftingue deux parties dans la fleur. Les extérieures font deftinées à envelopper & à protéger les intérieures, dont l'ufage eft de reproduire la plante. Les premières comprennent le calice & la corolle ; le calice eft extérieur & vert. *Linnæus* en diftingue sept espèces ; savoir, le périathe, le spathe, la balle, l'enveloppe, le châton, la coëffe & la bourse. La corolle est ce que tout le monde appelle la fleur ou la partie colorée ; elle est d'une seule pièce & monopétale, ou de plusieurs pièces & polypétale. C'est sur la corolle qu'est fondé le système de *Tournefort*. On nomme les pièces de la corolle, pétales. Les organes renfermés, & souvent cachés dans la corolle, sont les étamines & les pistils. Les étamines sont les parties mâles ou fécondantes ; elles sont presque toujours plus nombreuses que les pistils. Elles sont formées du filet & de l'anthère. Cette dernière, placée à l'extrêmité, est une petite bourse pleine de poussière fécondante ; le pistil est au milieu des étamines ; quelquefois il est dans une autre fleur, & même sur un autre individu ; c'est ce qui a fait distinguer quelques plantes en mâles & en femelles. Le pistil est formé de trois parties ; l'inférieure ou l'ovaire, qui contient l'embrion ; on le nomme en Latin, *germen* ; le filet qui surmonte l'ovaire ou le stile, & son extrêmité plus ou moins dilatée, appelée stigmate. C'est sur le nombre & la position respective des étamines & des pistils, que *Linnæus* a fondé son système sexuel. M. *de Jussieu* en a établi un d'après l'insertion des étamines, au-dessus ou au-dessous du germe, &c.

5°. Les fruits fuccèdent aux fleurs. Les Bota-nifles diftinguent fept efpèces de fruits ; la cap-fule , la filique , la gouffe , le cône qui fe fè-chent ; les fruits à noyaux , les fruits à pepins & les baies qui reftent fucculentes.

6°. La femence diffère beaucoup par la forme , les appendices , &c. Elle contient la plumule ou plantule , la radicule & les cotile-dons.

Les végétaux confidérés dans leur intérieur , offrent cinq efpèces de vaiffeaux ou d'organes, que l'on trouve dans toutes leurs parties. 1°. Les vaiffeaux communs, deftinés à porter la sève. Ils font placés dans le milieu des plantes & des arbres ; ils montent perpendiculairement ; mais ils fe contournent de côté , de manière qu'ils forment entr'eux des mailles ou des aréoles. 2°. Les vaiffeaux propres , qui charient les fucs propres , huileux , gommeux , réfineux , &c. Ils font placés fous l'écorce ; ils font fouvent di-latés en cavités ou réfervoirs ; ils femblent être les canaux excrétoires. 3°. Les trachées qui font circuler l'air qu'elles reçoivent de l'atmofphère. En déchirant une jeune branche verte , on les reconnoît à ce qu'elles font tournées en fpirale, & reffemblent à des tire-bourre. Elles fe trouvent fouvent remplies par la sève. 4°. Les utricules for-mées de facs qui renferment la moëlle, & fouvent une partie colorante. Elles font placées dans le milieu des tiges. 5°. Le tiffu véficulaire, offrant une fuite de petites cellules qui fe détachant horizontalement de la moëlle, & qui traverfant les vaiffeaux féveux dont ils rempliffent les aréoles, s'épanouiffent fous l'épiderme, & y forment un tiffu feutré, femblable à la peau des animaux. Le tiffu véficulaire des végétaux paroît répondre au tiffu cellulaire des animaux.

§. II. *Fonctions des Végétaux ; Phyfiologie végétale.*

Tous les organes des végétaux dont nous venons de faire en abrégé l'hiftoire, font deftinés à exécuter différens mouvemens que l'on a appelés *fonctions*. Ces fonctions font, 1°. le mouvement des fluides, ou une efpèce de circulation ; 2°. les altérations ou les changemens de ces fluides, qui défignent une fécrétion ; 3°. l'accroiffement & le développement du végétal, qui appartient à la nutrition ; 4°. l'exhalation de différens fluides élaborés dans les organes végétaux, & l'inhalation de plufieurs principes contenus dans l'atmofphère par les mêmes organes ; 5°. l'action de l'air, & l'ufage de ce fluide dans les vaiffeaux des végétaux ; 6°. le mouvement exécuté par quelques-unes de leurs parties ; 7°. l'efpèce de fenfibilité qui les fait rechercher le contact des

corps qui leur font utiles, comme la lumière, &c.
8°. enfin, les divers phénomènes qui fervent à
la reproduction des efpèces, & qui conftituent
la génération des plantes. Parcourons chacune de
ces fonctions en particulier.

Le principal fluide des végétaux qu'on connoît fous le nom de sève, eft contenu dans des
canaux particuliers qu'on appelle vaiffeaux communs. Ces vaiffeaux placés dans le milieu des
tiges & au-deffous de l'écorce, s'élèvent & fe
prolongent depuis la racine jufqu'aux feuilles &
aux fleurs. La sève qu'ils charient eft un fluide
fans couleur, d'une faveur plus ou moins fade,
& qui eft deftinée comme le fang chez les animaux, à fe féparer en différens fucs pour la nourriture & l'entretien des divers organes. Elle eft
très-abondante au printems, & fon mouvement
fe manifefte alors par le développement des
feuilles & des fleurs. Il paroît démontré, par
la ligature auffi-bien que par tous. les phénomènes de la végétation, qu'elle monte de la
racine vers les tiges & les branches. On ne fait
pas fi elle defcend de nouveau vers la racine,
comme quelques Phyficiens l'ont cru. Les val-
vulves admifes dans les vaiffeaux communs par
plufieurs Botaniftes, n'ont point été démontrées,
à moins qu'on ne veuille donner ce nom à quelques filets ou poils dont leur paroi intérieure a

paru hériffée à *Tournefort* & à M. *Duhamel*. Il
y a bien loin de ce mouvement irrégulier à la
circulation des animaux.

La sève portée dans les utricules & dans les
vaiffeaux propres, y eft élaborée d'une manière
particulière. Elle y donne naiffance à différens
fluides, fucrés, huileux, mucilagineux qui fortent
par une excrétion organique, & dont l'évacuation
femble être un avantage pour le végétal, puifqu'il
ne fouffre point de la perte fouvent confidérable
qui s'en fait. Cette altération des fluides que
l'on obferve encore d'une manière marquée dans
plufieurs organes, comme dans les nectaires,
à l'extrémité du piftil, dans la pulpe des fruits,
à la bafe des calices & de plufieurs feuilles,
appartient entièrement à la fonction qui, dans
les animaux, porte le nom de fecrétion. M. *Guet-
tard* a pouffé cette analogie jufqu'à décrire des
glandes de plufieurs formes différentes à la bafe
des feuilles des arbres fruitiers, vers l'onglet des
pétales de certaines fleurs. C'eft cette fecrétion
qui développe le principe odorant, la matière
colorante, la fubftance combuftible, &c. Mais
elle diffère de la fecrétion animale, en ce que
celle-ci eft entièrement due à l'organifation des
glandes qui élaborent les fluides animaux ; tandis
que dans les végétaux, les fucs chariés par les
vaiffeaux communs, font plus expofés au contact

de l'air, de la lumière, à l'action de la chaleur, & que leur stase les rend susceptibles de passer par l'action de ces agens à des mouvemens de fermentation qui seuls font capables de les altérer.

Le fluide séveux par son séjour dans les cavités des utricules & du tissu vésiculaire, s'épaissit, prend une consistance plus ou moins forte. Cette altération le rend susceptible de se coller aux parois des fibres, d'y adhérer, de faire corps avec elles, d'en augmenter peu à peu les dimensions. Tel est le méchanisme de la nutrition des végétaux, de leur accroissement & du développement de toutes leurs parties. Il a beaucoup de rapport avec la nutrition des animaux. Le tissu vésiculaire & les utricules ont la même structure & les mêmes usages dans ces deux classes d'êtres organiques. Ils pénètrent également tous leurs organes ; ils établissent entr'eux une communication immédiate, & ils font tous les deux le véritable siège de la nutrition.

Il y a long-tems que les Botanistes Physiciens se sont convaincus qu'il sort de la surface des plantes des exhalaisons qui se répandent dans l'air. L'esprit odorant des feuilles & des fleurs forme autour des végétaux une atmosphère qui frappe nos sens, & que le contact d'un corps embrasé est quelquefois capable d'enflammer,

comme

comme on l'a obfervé pour la fraxinelle. Cette efpèce d'exhalaifon paroît être un gaz inflammable d'une nature particulière. Une malheureufe expérience avoit encore appris que plufieurs végétaux exhalent des vapeurs mortelles pour les animaux qui y font expofés. Tels font le noyer, l'if & plufieurs arbres des pays chauds. Les travaux de M. *Ingen-housz* lui ont fait découvrir que les feuilles de toutes les plantes expofées au foleil & à la lumière verfent dans l'atmofphère un fluide invifible, un air pur femblable à celui qu'on retire des chaux de mercure, & qui eft connu fous le nom impropre d'air déphlogiftique. L'ombre change entièrement cette propriété des feuilles, qui ne donnent plus que de l'air fixe ou acide crayeux lorfqu'elles font privées du contact de la lumière. Cette belle découverte annoncée d'abord par M. *Prieftley* démontre dans les végétaux une nouvelle propriété, celle de purifier l'air en lui rendant cette portion de fluide vivifiant, fans ceffe détruit & abforbé par la combuftion & la refpiration. Mais fi les végétaux répandent fans ceffe des fluides vaporeux qui ne font que le dernier travail de la végétation, ils ont auffi la propriété d'abforber plufieurs des principes contenus dans l'atmofphère. La face inférieure des feuilles abforbe l'humidité portée par la rofée, fuivant les

expériences de *Bonnet*. Les expériences de *Prief-*
tley ont démontré que les végétaux abforbent
les gaz réfidus de la combuftion & de la refpiration, puifque la végétation devient plus énergique & plus rapide dans l'air altéré par ces
deux phénomènes. L'exhalation & l'inhalation
font donc beaucoup plus étendues dans le Règne
végétal qu'on ne le croyoit avant les découvertes
modernes.

Les gaz abforbés par les végétaux font portés
dans tous leurs organes par les vaiffeaux connus
fous le nom de trachées, & qui fe rapprochent
par leur ufage & leur ftructure, de celles des
infectes & des vers. Ils entrent dans la compofition des fluides comme l'air paroît le faire dans
les poumons de la plupart des animaux ; peut-
être contribuent-ils pour beaucoup à former les
fels propres & effentiels des végétaux, puifque
ces fubftances contiennent, comme on le fait ,
une grande quantité d'air. Cependant les trachées ne font pas feulement deftinées à contenir ce fluide : on les trouve remplies de fuc
féveux dans les faifons où cette humeur eft très-
abondante , ce qui les éloigne beaucoup des
organes de la refpiration fi effentiels & fi conftans
dans un grand nombre des animaux.

On ne peut douter que plufieurs parties des
végétaux ne jouiffent du mouvement. Quelques-

unes même en ont un si étendu qu'il est sensible à l'œil. Tels sont les mouvemens de la sensitive, des étamines de l'opuntia, de la pariétaire, &c. Ce mouvement semble appartenir à la fonction connue dans les animaux sous le nom d'irritabilité, puisqu'il s'exécute par l'action d'un stimulus, & qu'il a des organes particuliers, que quelques Botanistes ont comparés aux fibres musculaires. N'est-ce pas encore à cette force qu'est dû le raccourcissement des fibres ligneuses opéré par l'action du feu ? Si cela étoit, comme le pensoit M. *Bucquet*, l'irritabilité seroit beaucoup plus long-tems inhérente & durable dans les végétaux qu'elle ne l'est dans les animaux, puisque du bois, quelqu'ancien qu'il soit, présente encore ce phénomène d'une manière marquée.

Peut-on refuser encore une sorte de sensibilité aux plantes, lorsqu'on les voit tourner leurs feuilles & leurs fleurs du côté du soleil, lorsqu'on observe qu'enfermées dans des caisses de bois vitrées d'un côté, trouées, ou simplement plus minces dans une de leurs parois que dans toutes les autres, elles se portent constamment vers le corps transparent, ou l'ouverture, qui laissent passer la lumière, ou même vers le côté le plus rapproché de ce fluide par son peu d'épaisseur ? ou bien cette apparence de sensibilité ne doit-elle être regardée que comme l'effet de la force

D d ij

d'affinité, de la tendance à la combinaiſon qu'il y a entre les végétaux & la lumière? Il eſt bien démontré que ce fluide développe dans les plantes, ſoit par la percuſſion, ſoit par la combinaiſon, la couleur, la ſaveur, la propriété combuſtible ; puiſque les plantes élevées à l'ombre ſont blanches, fades, aqueuſes, & ne contiennent rien d'inflammable ; tandis que les végétaux expoſés dans les climats brûlans du midi, aux rayons du ſoleil, deviennent très-colorés, chargés de parties amères & réſineuſes, & éminemment combuſtibles. Quelque forte que puiſſe être ſuppoſée cette affinité, on ne conçoit pas comment elle ſeroit capable d'exciter un ſi grand mouvement dans les branches & dans les feuilles des végétaux. Il eſt donc néceſſaire d'admettre une ſenſation particulière, un tact bien différent, il eſt vrai, des ſens des animaux, qui fait choiſir aux végétaux les lieux les plus éclairés, ou qui donnent le plus d'accès à la lumière.

Les moyens que la nature employe pour reproduire les eſpèces dans les végétaux, ont beaucoup de rapport avec ceux qu'elle a mis en uſage pour les animaux. Les ſexes & leur réunion y ſont néceſſaires dans le plus grand nombre de plantes. On a trouvé, d'après les travaux du célèbre *Linnæus*, une analogie marquée entre les organes deſtinés à cette fonction dans ces deux

claſſes d'êtres organiques. Les étamines répon-
dent à ceux du mâle , & le piſtil eſt compoſé
de trois parties analogues à celles des parties
génitales des femelles des animaux. M. *Deſcemet*,
Médecin de la Faculté de Paris , a même cru
découvrir une reſſemblance frappante dans la
forme extérieure des parties de la génération
des apocins , &c. & celle des animaux. L'em-
bryon ſe développe par l'action de la pouſſière
fécondante , ſans laquelle il n'eſt pas ſuſceptible
de reproduire un nouvel individu , ainſi qu'on
l'obſerve tous les jours dans les oiſeaux. Mais
outre cette analogie qu'il ſeroit inutile de pour-
ſuivre plus loin , les végétaux étant d'une ſtructure beaucoup plus ſimple que les animaux , &
toutes leurs parties étant compoſées des mêmes
organes , chacune d'elles eſt capable de produire
un nouvel individu ſemblable à celui à qui elle
appartenoit. Telle eſt la raiſon de la reproduction des plantes par le moyen des cayeux , des
drageons , des boutures , des marcottes , ainſi que
de l'altération des fluides par l'opération de la
greffe , ſoit naturelle , ſoit artificielle. C'eſt encore une nouvelle analogie entre les végétaux &
cette claſſe d'animaux qui ſe reproduiſent par
boutures , comme les polypes , les inſectes cruſta-
cés , quelques vers , &c.

Toutes les fonctions dont l'enſemble conſtitue

D d iij

des grands rapports entre les végétaux & les animaux, font fufceptibles d'éprouver des altérations
qui donnent naiffance à des maladies. Ces maladies qui dépendent le plus fouvent ou de l'a-
bondance ou du défaut de la sève, auffi-bien que
de fes mauvaifes qualités, ont beaucoup d'analogie avec celles des animaux ; leurs caufes,
leurs fymptômes, leur curation tiennent abfolument aux grands principes de la Médecine,
& forment une partie de l'agriculture, peu avancée, il eft vrai, mais fufceptible de beaucoup de
progrès lorfqu'on la fuivra fur le plan indiqué
par des Agriculteurs célèbres, & à la tête defquels on doit placer MM. *Duhamel* & l'Abbé
Teffier. Ce dernier a répandu beaucoup de jour
fur les maladies des grains, par les obfervations
confignées dans les volumes de la Société Royale
de Médecine, & dépofées en partie à l'Académie
Royale des Sciences.

LEÇON XLV.

Des Sucs des végétaux.

LES humeurs des végétaux font de deux claffes, les fucs communs & les fucs propres. Les premiers conftituent la sève qui fe trouve dans toutes les plantes. Ce fluide paroît faire la fonction de fang dans les végétaux. Il eft contenu dans les vaiffeaux communs; il coule naturellement de leur furface; on l'extrait plus abondamment par l'incifion. La sève n'eft point un fluide aqueux, elle contient des fels, des extraits & des mucilages. Lorfqu'on veut s'en procurer une certaine quantité, pour en examiner les propriétés ou pour l'ufage médicinal, on broie la plante dans un mortier, & on l'exprime à travers un linge; fi la plante ne fournit pas facilement fon fuc, on la met à la preffe.

Les végétaux fucculens fourniffent leur fuc par la fimple expreffion; ceux dont le fuc eft vifqueux ou peu abondant demandent qu'on les traite par l'eau pour l'étendre & le délayer; telles font la bourrache & les plantes aromatiques sèches. Cette humeur étant extraite par une forte preffion, contient une portion des folides des végétaux qui ont été brifés par le pilon ; il faut alors les dépurer. La dépuration des fucs fe fait, *a* par le fimple repos, lorfqu'ils font très-fluides, comme ceux du pourpier, de joubarbe ; *b* par le blanc d'œuf qui raffemble la fécule, en fe coagulant comme pour ceux de bourrache, d'ortie, &c ; *c* par la fimple chaleur qui coagule & précipite le parenchyme, ainfi que le confeille M. *Baumé* pour les fucs qui contiennent des principes volatils, tels que ceux de cochléaria, de creffon, &c. On plonge dans l'eau bouillante la fiole qui contient le fuc, & qu'on a bouchée avec un papier percé ; on la retire lorfque le fuc eft éclairci ; on la plonge enfuite dans l'eau froide, & on filtre le fuc ; *d* par la filtration fimple pour ceux qui font bien fluides ; *e* par l'efprit de vin qui coagule la fécule ; *f* par les acides végétaux, ainfi que la Pharmacopée de Londres le prefcrit pour les fucs des plantes crucifères.

Des Extraits.

Les fucs des plantes tiennent en diffolution des matières qui, féparées du véhicule aqueux, forment des efpèces d'extraits. On diftingue ces matières en trois efpèces ; les extraits muqueux, les favonneux, les extracto-réfineux. On donne le nom d'extraits muqueux à ceux qui fe diffolvent bien dans l'eau, très-peu dans l'efprit de vin, & qui paffent à la fermentation fpiritueufe ; tel eft le rob de grofeille qu'on prépare en évaporant le fuc de ce fruit. Les extraits favonneux ont pour caractère de fe diffoudre dans l'eau, & en partie dans l'efprit de vin, de fe moifir plutôt que de paffer à la fermentation fpiritueufe. Le fuc de bourrache épaiffi en fournit un de cette nature. Ce font là les extraits proprement dits. Les extracto-réfineux fe diffolvent dans l'eau & dans l'efprit ardent; ils font inflammables, parce qu'ils contiennent un principe huileux, & ils ne s'altérent en aucune manière à l'air. Le fuc épaiffi de concombre fauvage, nommé *élaterium*, eft de cette efpèce. On fait des incifions au fruit de cette plante, on l'exprime, on laiffe le fuc fe clarifier de lui-même, & on l'évapore au bain-marie jufqu'à ficcité.

On prépare en grand dans le commerce des extraits de ces trois efpèces différentes, en évaporant le fuc de plufieurs plantes. Tels font entr'autres,

a Le fuc d'acacia qu'on retire en Egypte, en pilant le fruit de cet arbre, en en exprimant le fuc & en l'évaporant au foleil ; le fuc d'acacia d'Allemagne fe prépare avec le fuc des prunelles par un même procédé.

b Celui d'hypociste qui est fait comme les précédens avec les fruits de cette plante parasite.

c L'opium, médicament très-important, dont on doit connoître à fond la nature. On l'extrait du pavot blanc en Perse, &c. Il coule par les incisions qu'on fait aux capsules vertes, un suc blanc qui se sèche en larmes brunes ; c'est là le véritable opium. Celui du commerce est formé en exprimant ces capsules après les avoir arrosées d'eau ; on fait dessécher ce suc, & on l'envoie en pains circulaires applatis, enveloppés de feuilles & mêlés de beaucoup d'impuretés. Pour le purifier, on le dissout dans le moins d'eau possible à l'aide de la chaleur ; on passe la liqueur avec forte expression, & on la fait évaporer au bain-marie. C'est l'extrait d'opium. Cette substance contient une résine, une huile essentielle solide, un principe odorant, vireux & narcotique, un sel essentiel & un extrait savonneux. Comme la partie odorante, vireuse & narcotique est souvent nuisible, on a cherché le moyen d'avoir de l'extrait d'opium qui en fût privé. M. *Baumé* qui a beaucoup examiné ce médicament, volatilisoit ce principe en même-tems que l'huile essentielle, & séparoit aussi la résine par une digestion de six mois. M. *Bucquet* a découvert qu'on peut obtenir ce même extrait calmant & non narcotique, en diſſolvant l'opium à l'eau froide, & en évaporant la diſ-ſolution au bain-marie. On n'a pas plus de con-noiſſances ſur les principes de l'opium. M. *Lorry* a fait de très-beaux travaux ſur cet objet; il a trouvé que de l'opium fermenté donnoit par la diſtillation une eau calmante non vireuſe, dont il a fait uſage avec beaucoup de ſuccès. Il ob-ſerve que le principe odorant de ce médica-ment ne peut être détruit par aucun procédé.

Lorſque les plantes dont on veut avoir les extraits ſont sèches & ligneuſes, pour en reti-rer le principe, on emploie la macération dans l'eau, l'infuſion ou la décoction, ſuivant l'état & la nature des matières d'où l'on veut tirer l'extrait; la macération ſuffit ſouvent. Les plantes odorantes ne doivent être qu'infuſées. La dé-coction tire trop de ſubſtance, & ſépare la par-tie réſineuſe; elle forme un fluide épais très-chargé & ſouvent dégoûtant. L'infuſion peut ſuffire dans tous les cas; c'eſt l'opinion des plus grands Chimiſtes & des Médecins les plus cé-lèbres. On retire à l'aide de l'eau des extraits différens entr'eux, comme ceux que donnent les ſucs épaiſſis. Ainſi les baies de genièvre don-nent à l'eau un extrait muqueux, le quinquina fournit un extrait ſavonneux, qu'on obtient en petites écailles tranſparentes & comme ſalines, ſi l'on fait évaporer la diſſolution dans des vaiſſeaux très-plats; on tire de la rhubarbe une ſubſtance extracto-réſineuſe.

On prépare auſſi en grand dans le commerce des extraits à l'aide de l'eau. Tels ſont,

a Le ſuc de régliſſe jaune par la première infuſion, & noir par la forte décoction.

b Le cachou qu'on retire des Indes Orientales de l'infuſion des ſemences d'une eſpèce de palmier; on évapore cette infuſion, & on' en forme des pains applatis. On purifie le cachou dans les Pharmacies par la diſſolution dans l'eau & l'évaporation.

D'après ces détails, il eſt facile de concevoir que le nom d'extrait eſt donné en général à toutes les ſubſtances diſſolubles dans l'eau, & ſéparées de ce fluide par l'évaporation. Cependant, comme d'excellens Chimiſtes, & en particulier M. *Rouelle* l'aîné a donné ce nom à une ſubſtance particulière, qu'il regardoit comme un des principes prochains des végétaux, il eſt important de fixer nos idées ſur cet objet. Il n'y a que l'extrait ſavonneux & l'extracto-réſineux qui conſtituent proprement ce que l'on doit entendre ſous le nom d'extrait. M. *Rouelle* diſtinguoit ce dernier en extracto-réſineux & en réſino-extractif. L'extracto-réſineux ne ſe brûle qu'après avoir été deſſéché; il paroît contenir plus d'extrait proprement dit, que de réfine. Le réfino-extractif brûle beaucoup mieux que le premier ; il paroît contenir plus de réfine que de fubftance extractive. Cette diftinction lumineufe prouve que ces deux efpèces ne font que des mélanges de l'extrait à différente dofe, avec un principe réfineux. Ce ne font donc plus des extraits proprement dits, & ce nom ne doit appartenir en propre qu'à la matière favonneufe ; c'eft donc de cette fubftance qu'il faut examiner les propriétés.

L'extrait pur pris dans le fens de M. *Rouelle*, eft une fubftance sèche, folide, colorée en brun ou en vert fale, qui ne brûle point par elle-même, qui répand beaucoup de fumée, & dans laquelle on trouve plus ou moins de fel effentiel. Sa faveur eft prefque toujours amère ; il donne à la diftillation un phlegme infipide ; à un feu doux ce phlegme fe colore peu à peu & devient acide, fuivant M. *Rouelle* ; le plus fouvent cependant ce phlegme eft alkalin, comme on l'obferve pour l'élatérium, l'extrait de bourrache, &c. Cet alkali volatil eft alors formé par la chaleur ; il paffe enfuite un peu d'huile empyreumatique ; le charbon eft léger, contient de l'alkali, & prefque toujours quelques fels neutres. L'extrait expofé à l'air fe couvre de moififfure, fe defsèche ou attire l'humidité, fuivant la nature des fels qu'il contient. Ces fels criftallifent & fe féparent de la partie extractive; fouvent ils s'altèrent & fe décompofent entièrement. Il fe diffout dans l'eau, & il reffemble alors à une forte infufion. Les acides décompofent cette diffolution à la manière des favons, & ils y opèrent un précipité plus ou moins huileux. Les diffolutions métalliques la précipitent auffi, & ces fubftances fe décompofent mutuellement. On n'a pas fuivi plus loin les propriétés chimiques de l'extrait, & on l'a regardé d'après cela comme une efpèce de favon.

On emploie les extraits en Médecine, comme apéritifs, fondans, diurétiques, ftomachiques, & on en obtient tous les jours les plus grands fuccès.

Des Sels effentiels en général.

On appelle fels effentiels des plantes, les fubftances falines tenues en diffolution dans leurs fucs ou dans l'eau de leur infufion. On les extrait en laiffant refroidir ces fluides évaporés en confiftance de firop. Comme ces fels font imprégnés de mucilages & de matières graffes, on eft obligé de les purifier à l'aide de la chaux & des blancs d'œufs. Si ces fels font acides, on ne doit point fe fervir de chaux qui les neutraliferoit, mais d'argile blanche pure en poudre.

Après cette première extraction, ils font encore fort impurs. On les diffout dans l'eau diftillée, on les fait criftallifer plufieurs fois jufqu'à ce qu'ils foient blancs.

Les fels effentiels des plantes font de différentes natures ; on doit les diftinguer en deux claffes.

Claffe I *des Sels effentiels.*

La première claffe renferme ceux qui font femblables aux fels minéraux. Les principales efpèces font, 1°. les alkalis fixes crayeux qu'on retire de prefque toutes les plantes, en les faifant macérer dans les acides, comme l'ont démontré MM. *Margraf* & *Rouelle* le jeune : l'akali végétal eft le plus commun ; le minéral exifte dans les plantes marines ; 2°. le tartre vitriolé de la mille-feuille, des vieilles borraginées, des aftringentes & des aromatiques, du thymelea, du marc des olives ; 3°. le fel de *Glauber* du tamarifc ; 4°. le nitre des borraginées, du tournefol, du tabac, &c. 5°. le fel fébrifuge de *Sylvius*, des plantes marines ; 6°. la félénite de la rhubarbe, découverte par M. *Model.*

On trouveroit fans doute dans les végétaux plufieurs autres fels, femblables à ceux des minéraux, fi l'on faifoit une analyfe exacte d'un grand nombre de plantes. On a auffi cru que l'alkali volatil, ou plutôt le fel ammoniacal crayeux, exiſtoit tout formé dans la claſſe des crucifères, parce que ces plantes, miſes en diſtillation, donnent, dès la première impreſſion de la chaleur, un phlegme qui tient un peu de ce fel en diſſolution. C'eſt pour cela que les anciens Chimiſtes avoient donné à ces plantes le nom de plantes animales ; mais M. *Rouelle* le jeune a fait voir que ce fel n'y eſt pas tout formé, & que c'eſt la réaction de ces principes, opérée par le feu, qui le produit. M. *Baumé* a prétendu que le principe volatil des crucifères n'étoit que du foufre.

Les Naturaliſtes ont eu différentes opinions ſur les fels minéraux que l'on trouve dans les plantes. Les uns ont penſé que ces fels étoient charriés de l'intérieur de la terre par l'eau, & paſſoient ainſi ſans altération dans les végétaux. D'autres ont cru que la végétation formoit les ſubſtances ſalines. Il eſt certain que deux plantes très-différentes, comme la bourrache & la mille-feuille, croiſſant dans le même terrein, fourniſſent chacune le fel qui leur eſt propre ; c'eſt-à-dire, la bourrache du nitre, & la mille-feuille du tartre vitriolé. Une feule expérience dont on parle beaucoup, & qui n'a point été faite avec l'exactitude convenable, pourroit décider cette queſtion ; ce feroit de faire croître

dans

dans une terre bien leſſivée, des plantes qui donnent une eſpèce de ſel comme du nitre, & de les arroſer avec de l'eau chargée de ſel marin ou d'un autre ſel; ſi elles fourniſſoient encore du nitre & non du ſel marin, on en pourroit conclure que ce ſel ne paſſe pas tel qu'il eſt dans l'intérieur des plantes, & que celui qui leur eſt propre, s'y forme par le travail de la végétation.

Claſſe II *des Sels eſſentiels*.

La ſeconde claſſe renferme les ſels particuliers aux végétaux. Ces ſels véritablement eſſentiels ſont toujours formés d'un acide uni à de l'alkali & à de l'huile. Souvent l'acide eſt à nud; quelquefois il eſt maſqué par d'autres ſubſtances; ce qui doit faire diſtinguer ces ſels en acides & en doux.

§. I. *Sels eſſentiels acides*.

Les ſels eſſentiels acides des végétaux ſe trouvent dans un grand nombre de plantes, & en général toutes celles qui ont une ſaveur aigre en fourniſſent. Tels ſont l'oſeille, les fruits acides, les limons, les oranges, &c. Le ſel le plus connu dans cette claſſe eſt celui qu'on appelle ſel d'oſeille du commerce, que l'on tire de l'alleluia *oxis*. Cette plante eſt fort cultivée en Suiſſe & en Allemagne. Le faux ſel d'oſeille ou le fel d'alleluia eft en criftaux blancs, irréguliers ; il a une faveur aigre, il rougit les couleurs bleues végétales. M. *Baumé*, qui l'a examiné, lui a reconnu les propriétés fuivantes. Il fe diffout bien dans l'eau, & on peut le faire criftallifer fans qu'il perde fon acide ; il bouillonne fur les charbons ardens ; chauffé dans un creufet, il exhale une odeur acide vive ; il devient charbonneux & s'enflamme ; il brûle en bleu comme l'efprit-de-vin ; il laiffe après fa combuftion un fel blanc qui, avec l'efprit de fel, forme du fel marin. Une once de ce fel diftillé lui a donné trois gros & demi de liqueur acide, fans couleur, qui avoit une légère odeur d'acide marin. Il n'a point paffé d'huile ; le réfidu étoit fuligineux. Ce fel précipite en blanc la diffolution nitreufe de mercure, ainfi que l'acide qu'il donne à la diftillation. Ce dernier mêlé avec l'acide nitreux, n'a point diffous l'or en feuille. M. *Bergman* a placé l'acide d'ofeille comme un acide particulier dans la treizième colonne de fa table d'affinités. Il diffère de M. *Baumé* dans quelques points, quoiqu'il s'en rapproche dans un plus grand nombre, comme on va le voir ; mais il n'a pas dit fi c'étoit le fel d'ofeille du commerce, ou le véritable fel effentiel de l'ofeille qu'il a employé. Voici l'extrait de fa doctrine fur cet objet. Le fel d'ofeille eft de l'alkali végétal faturé d'un acide particulier par furabondance. M. *Schéele* a trouvé un très-bon moyen d'obtenir ce fel ; il a mêlé l'acide de l'ofeille faturée d'alkali volatil avec une diffolution de terre pefante dans l'acide nitreux ; à l'aide d'une double affinité , les principes de ces deux compofés ont réciproquement changé leur combinaifon ; & celle de la terre pefante avec l'acide de l'ofeille , s'eft précipitée parce qu'elle n'eft que très-difficilement foluble. Ce fel précipité fe décompofe par l'acide vitriolique qui a plus d'affinité avec la terre pefante qu'aucune matière connue jufqu'actuellement : l'acide d'ofeille furnage le fpath pefant formé par cette décompofition, & on l'enlève par décantation. Ce fel paroît fe rapprocher davantage de l'acide du fucre que de celui du tartre ; il diffère de tous les deux : car combiné par furabondance avec l'alkali végétal , il forme le fel d'ofeille analogue au tartre , mais décrépitant fur le feu, s'y fondant, s'y noirciffant peu, & fufceptible d'être entièrement décompofé par la chaux aérée ; propriétés qu'on ne trouve point dans le tartre ; d'ailleurs, l'alkali végétal combiné avec l'acide du fucre , ne reffemble ni au tartre , ni au fel d'ofeille. L'acide de l'ofeille préfère la chaux aux alkalis ; mais il eft encore incertain jufqu'ici s'il en eft de même de la terre pefante & de la magnéfie ; il décompofe la félénite parce qu'il a plus d'affinité avec la chaux que n'en a l'acide vitriolique. Si l'on chauffe fortement l'acide d'ofeille, il fe détruit; mais il fe gonfle & fe noircit moins que l'acide du tartre. Il fournit à la diftillation un phlegme beaucoup plus acide que celui qu'on obtient du tartre par la même voie. On voit, d'après ces détails, que M. *Bergman* ne diffère de M. *Baumé* qu'en admettant l'alkali végétal dans ce fel, tandis que ce dernier Chimifte y a trouvé l'alkali minéral. C'eft peut-être du véritable fel d'ofeille que M. *Bergman* a parlé.

On n'a point encore examiné tous les fels acides des plantes, quoiqu'on en connoiffe un très-grand nombre. Celui du citron doit être féparé de fon mucilage par le repos, & concentré à l'aide de la gelée. On l'a cru analogue à l'acide du tartre ; cependant fa faveur plus forte femble le rapprocher de celui de l'ofeille & de l'alleluia. *Stahl* affure que cet acide faturé d'yeux d'écreviffes & mis en digeftion avec un peu d'efprit de vin, prend peu à peu la nature du vinaigre. M. *Bergman* fait remarquer que les acides fpathique, phofphorique, arfenical, ceux du borax, du fucre, du tartre, de l'ofeille & du citron, fe reffemblent tous en ce que, combinés avec les terres, ils ne font prefque point folubles, & qu'ils ne le deviennent qu'à l'aide d'un excès d'acide, tandis que cette propriété ne se trouve pas dans les autres. Cependant, la sélénite & le spath pesant, deux sels terreux formés par l'acide vitriolique, n'ont presque point de solubilité.

Les fruits qui sont d'abord acerbes & qui deviennent sucrés en mûrissant, fournissent un sel dont l'acide est plus masqué que dans les précédens. Ce sel tient le milieu entre les sels essentiels fort acides & ceux qui sont tout-à-fait doux ; il ressemble au tartre du vin. On le retire des pommes, des poires, des coings, des tamarins, &c. M. *Rouelle* le jeune les a examinés avec soin. Nous en ferons une histoire détaillée lorsqu'il sera question de la fermentation spiritueuse.

LEÇON XLVI.

§. II. *Sels essentiels sucrés.*

LES sels essentiels sucrés se trouvent dans un grand nombre de plantes. L'érable, le bouleau, la bette-rave, le panais, le raisin, le froment, le bled de Turquie, &c. en contiennent. M. *Margraf* en a retiré de la plus grande partie de ces végétaux.

La canne à sucre, *arundo saccharifera*, est la plante qui en contient le plus, & dont on l'extrait avec le plus d'avantage. Ces cannes mûres font écrafées entre deux cylindres de fer pofés perpendiculairement. Le fuc exprimé tombe fur une plaque placée au-deffous : on le nomme *véfou*. Il coule dans une chaudière où on le fait bouillir avec de la cendre & de la chaux : on l'écume, on le fait ainfi bouillir & écumer avec des cendres & de la chaux dans trois autres chaudières; on lui donne alors le nom de firop. On le fait enfuite bouillir de nouveau à gros bouillons avec de la chaux & de l'alun : quand il eft affez cuit, on le verfe dans une baffine nommée rafraîchiffoir; lorfqu'il eft refroidi au point qu'on puiffe y tenir le doigt, on le jette dans des barriques pofées fur des citernes, & dont le fond eft percé de plufieurs trous bouchés avec des cannes. Le firop fe prend en maffe folide dans les barriques, une portion s'écoule dans la citerne. Le fucre ainfi rendu concret, eft jaune & gras; on l'appelle mofcouade. On le raffine dans les ifles, en le faifant cuire & en le verfant dans des cônes de terre renverfés, qu'on appelle formes. Le fucre, qui ne peut pas devenir concret, coule par le trou des formes dans un pot placé au-deffous. On le nomme gros firop. On enlève la bafe des pains de fucre, on met à fa place du fucre blanc en poudre, que l'on tape bien : on recouvre le tout avec de l'argile détrempée & claire. L'eau de l'argile se filtre à travers le sucre, & entraîne une portion d'eau mère du sucre qui s'écoule par le trou des formes, & est reçue dans de nouveaux pots. On la nomme sirop fin, parce qu'elle est plus pure que le premier. On remet une seconde couche d'argile lorsque la première est sèche, on laisse l'eau se filtrer une seconde fois; & lorsque cette terre est épuisée d'eau, on porte les pains dans une étuve pour les faire sécher. Au bout de huit à dix jours on casse ces pains, & on envoie les différentes cassonnades qu'ils forment, en Europe, où on les raffine pour en former les différens sucres. Le travail des raffineries consiste à faire bouillir le sucre dans de l'eau de chaux, & avec du sang de bœuf, à enlever les écumes deux ou trois fois, à filtrer cette liqueur & à la couler dans des formes pour la faire prendre en pains. On terre ensuite les pains avec une couche d'argile délayée, on les laisse filtrer. On recommence cette espèce de filtration à l'aide de l'argile délayée jusqu'à ce que le sucre soit assez blanc; on porte les pains dans une étuve, & au bout de huit jours on les enveloppe de papiers & de ficelles pour les envoyer dans le commerce. Les sirops qui ne peuvent plus se cristalliser se vendent sous le nom de mélasse. Tous les Chimistes ont pensé que ces différentes opérations séparoient une matière graffe du fucre, & rendoient ce fel fuf-ceptible de criftallifation. M. *Bergman* croit que la chaux fert à lui enlever l'excès d'acide qui l'empêche de prendre de la folidité. Comme il eft fortement évaporé dans tout ce travail, il fe prend en une maffe grenue & informe, ainfi que nous avons vu que cela arrivoit à Goflar pour le vitriol de zinc.

Le fucre eft formé d'un acide particulier, uni à un peu d'alkali, & altéré par beaucoup de ma-tières graffes. Il criftallife en prifmes hexaèdres tronqués, de forte à préfenter une efpèce de py-ramide dièdre. On l'appelle en cet état, fucre candi. Il donne à la diftillation un phlègme acide, & quelques goutes d'huile empireumatique. Il refte un charbon fpongieux & léger, qui contient de l'alkali fixe. Ce fel eft inflammable; mis fur les charbons ardens, il fe fond & fe bourfouffle fortement; il exhale une vapeur piquante; il de-vient d'un jaune brun, & forme le caramel. Il eft très-diffoluble dans l'eau. Il lui donne beau-coup de confiftance, & conftitue une forte de mucilage fucré, auquel on a donné le nom de firop. Ce firop étendu d'eau, eft fufceptible de fermenter & de donner de l'efprit ardent.

M. *Bergman* a retiré de toutes les matières fucrées, & fpécialement du fucre, un acide d'une nature particulière. Pour l'obtenir, on met dans une cornue une partie de fucre en poudre , avec fix parties d'eau-forte ; on chauffe doucement ce mélange. Lorfqu'il ne paffe plus de vapeurs rouges , on laiffe refroidir cette diffolution , & il fe précipite des criftaux blancs aiguillés ou prifmatiques à quatre faces , terminés par des fommets dièdres. La liqueur décantée , traitée de nouveau avec trois ou quatre parties du même acide nitreux , fournit par une nouvelle criftallifation des prifmes de la même forme ; on opère de même fur la deuxième eau mère de ces criftaux. Une once de fucre blanc donne par ce procédé , environ trois gros de fel prifmatique qu'on diffout dans de l'eau bien chaude , & qu'on fait criftallifer par refroidiffement pour l'avoir très-pure.

Ce fel acide du fucre a une faveur acide très-piquante. Etendu dans l'eau , il forme une liqueur aigrelette & agréable. Il rougit toutes les couleurs bleues végétales. Expofé à une chaleur douce , il devient opaque , comme effleuri ; il fe réduit en pouffière , & perd les trois dixièmes de fon poids par l'évaporation de l'eau qui entre dans fes criftaux. On peut recueillir cette eau dans des vaiffeaux diftillatoires. Chauffé plus fortement , l'acide du fucre fe fond ; il prend une couleur brune ; il paffe dans le récipient un phlègme acide , femblable au fel lui-même par tous fes caractères. Il s'en fublime une partie fous la forme d'une croûte blanche ; la cornue ne contient prefque point de réfidu. Ce qui y refle eft gris ou brun, & ne fait, fuivant M. *Bergman*, que le cinquantième de la matière mife en diftillation. Cette opération fournit auffi une fubftance gazeufe très - abondante ; une demi-once d'acide du fucre a donné à M. *Bergman* cent pouces cubiques dè gaz, dont moitié étoit de l'acide crayeux, & moitié du gaz inflammable brûlant en bleu. M. l'Abbé *Fontana*, qui a répété cette expérience, a obtenu d'une once de ce fel criftallifé, quatre cens trente-deux pouces de gaz, dont un tiers étoit de l'acide crayeux, & le refle du gaz inflammable mêlé d'air commun. Ayant répété la même expérience, j'ai eu un réfultat à peu près femblable à celui de ce dernier Chimifte. Ce qu'il y a de plus fingulier, c'eft que la portion fublimée, diftillée encore deux fois, ne donne rien de charbonneux, & ne laiffe qu'un réfidu d'un gris blanchâtre. Ce fel chauffé à feu ouvert, exhale une vapeur très - piquante, & fon réfidu eft tout à fait blanc.

L'acide du fucre expofé à l'air, s'y effleurit à la longue.

L'eau froide diffout moitié de fon poids de ce fel. L'eau bouillante en diffout une quantité

égale à la sienne. Ce sel se cristallise à mesure
que sa dissolution se refroidit.

L’acide du sucre dissout l’argile, base de l’alun.
Cette dissolution évaporée, donne une masse
jaunâtre, transparente, douce & astringente, qui
s’humecte à l’air, & rougit le tournesol. Ce sel
se boursouffle au feu ; il perd son acide, &
laisse l’argile brune. Il est décomposable par les
acides minéraux.

L’acide du sucre se combine avec les matières
salino-terreuses & avec les alkalis ; il forme,
1°. avec la terre pesante, un sel peu soluble,
qui donne des cristaux anguleux à la faveur de
l’excès d’acide : l’eau chaude, en leur enlevant
cet excès, les rend opaques, pulvérulens & in-
solubles ; 2°. avec la magnésie, un sel blanc en
poudre, décomposable par l’acide spathique &
la terre pesante ; 3°. avec la chaux, un sel insoluble dans l’eau, pulvérulent, qui n’est décomposable que par le feu, parce que l’affinité
de cet acide avec la chaux est telle, qu’il enlève cette base à tous les autres acides. M. *Bergman* propose en conséquence l’acide du sucre
pour reconnoître la présence & la quantité de
chaux contenue dans les eaux minérales, & combinée à quelque acide. Ce sel verdit le sirop de
violettes.

L’acide du sucre s’unit à l’alkali fixe végétal,

& est susceptible de cristalliser, lorsque l'un de ses deux principes est en excès. Ce sel, très-soluble dans l'eau, se décompose par l'action du feu & par les acides minéraux.

Combiné avec deux parties d'alkali fixe minéral, l'acide du sucre forme un sel peu soluble, qui se dissout mieux dans l'eau chaude, & qui verdit le sirop de violettes.

Uni à l'alkali volatil, l'acide du sucre donne un sel ammoniacal, qui cristallise par l'évaporation lente en prismes quadrilatères, qui se décompose au feu, & fournit du sel ammoniacal crayeux, formé aux dépens de l'acide du sucre détruit.

L'acide du sucre est dissoluble dans les acides minéraux. Il brunit l'huile de vitriol ; il se décompose par l'esprit de nitre.

L'acide du sucre se combine en général plus facilement avec les chaux métalliques qu'avec les métaux. Il forme, 1°. avec l'arsenic blanc, des cristaux prismatiques, très-fusibles, très-volatils, décomposables par la chaleur ; 2°. avec le cobalt, un sel pulvérulent d'un rose clair, peu soluble ; 3°. avec la chaux de bismuth, un sel blanc en poudre, très-peu dissoluble dans l'eau ; 4°. avec la chaux d'antimoine, un sel en grains cristallins ; 5°. avec le nikel, un sel d'un blanc ou d'un jaune verdâtre très-peu soluble ;

6°. avec la manganèfe, un fel en poudre blanche, qui noircit au feu ; 7°. avec le zinc, dont
la diffolution eft accompagnée d'effervefcence,
un fel blanc pulvérulent. 8°. Il diffout la chaux
de mercure, & la réduit en une poudre blanche,
que le contact de la lumière noircit. Cet acide
décompofe le vitriol & le nitre mercuriels. 9°. Il
noircit d'abord l'étain, qui fe couvre enfuite
d'une pouffière blanche. Le fel qu'il forme avec
ce métal eft d'une faveur auftère ; il criftallife
en prifmes par une évaporation bien ménagée.
Si on l'évapore fortement, il donne une maffe
tranfparente, femblable à de la corne. 10°. Il
ternit le plomb, mais diffout mieux fa chaux.
La liqueur faturée dépofe de petits criftaux qu'on
obtient auffi par l'acide du fucre verfé dans une
diffolution de nitre ou de fel marin de plomb,
ainfi que dans le vinaigre de faturne. 11°. Il
attaque le fer en limaille, & produit du gaz inflammable. Cette diffolution eft ftyptique ; elle
donne des criftaux prifmatiques d'un jaune verdâtre, décompofable par la chaleur. Le fafran
de mars, uni à cet acide, préfente une pouffière
jaune, femblable à celle que l'on obtient en verfant l'acide du fucre en liqueur dans une diffolution de vitriol martial. 12°. Il agit fur le cuivre,
& diffout entièrement les chaux de ce métal ; le
fel qu'il forme eft d'un bleu clair peu foluble. On

peut aussi avoir ce sel en précipitant les dissolutions vitriolique, nitreuse, marine & acéteuse de cuivre par l'acide du sucre. 13°. La chaux d'argent précipitée par l'alkali fixe se dissout en petite quantité dans cet acide. La meilleure manière de se procurer ce sel appelé argent sucré par M. *Bergman*, c'est de précipiter la dissolution nitreuse de ce métal par l'acide du sucre; il se forme un dépôt blanc, à peine soluble dans l'eau, qui brunit par le contact de la lumière. 14°. Cet acide n'agit que très-peu sur la chaux d'or. 15°. Enfin, il dissout le précipité de platine, fait par l'alkali minéral. Cette dissolution est un peu jaune, & donne des cristaux de la même couleur. Tels sont les phénomènes décrits par M. *Bergman*, sur les combinaisons de l'acide du sucre avec les substances métalliques.

On pourroit imaginer, d'après le procédé indiqué par M. *Bergman* pour retirer l'acide du sucre, que ce sel est dû à l'acide nitreux employé pour l'obtenir. Ce savant Chimiste ne croit pas qu'on puisse admettre cette opinion, parce que l'acide du sucre n'a aucune des propriétés de celui du nitre, & parce qu'il en diffère au contraire par toutes ces combinaisons. Il paroît qu'en effet l'acide nitreux n'entre point dans la combinaison de celui du sucre; mais cependant la grande quantité de gaz nitreux qui s'exhale dans ce procédé, annonce que l'esprit de nitre est décomposé. Or, comme d'après les expériences de M. *Lavoisier*, l'acide nitreux ne donne de gaz nitreux qu'autant qu'il perd l'air pur dont la combinaison avec ce gaz constitue cet acide, ne pourroit-on pas croire qu'une partie de cet air pur se combine à la matière combustible du sucre, pour former l'acide qu'on en retire. Nous avons vu qu'on pouvoit concevoir de cette manière la production de l'acide arsenical, & celle de l'acide marin déphlogistiqué.

M. *Bergman* attribue la forme cristalline de l'acide du sucre, à une portion de phlogistique qui lui reste combiné. M. *de Morveau*, dans une excellente note, consignée dans le dernier paragraphe de la Dissertation de M. *Bergman* sur l'acide du sucre, fait observer que plusieurs acides deviennent plus fluides par l'addition du phlogistique ; & que cette propriété, dans tous les acides, paroît dépendre du degré de leur fusibilité.

Le sucre est d'un usage très-étendu. C'est un aliment dont la grande quantité est capable d'échauffer. On l'emploie beaucoup dans la Pharmacie ; il fait la base des sirops, des tablettes & des pâtes. Il est fort utile pour favoriser la dissolution ou la suspension dans l'eau, des réfines, des huiles, &c. Il fert à conferver les fucs des fruits que l'on réduit en gelée; il peut même être confidéré comme un médicament, puifqu'il eft incifif, apéritif, légèrement tonique & ftimulant; auffi rapporte-t-on quelques faits fur des maladies dépendantes d'engorgement, guéries par un ufage habituel du fucre.

De la Manne.

Il y a quelques fucs qui découlent des plantes & qui ont une faveur fucrée. La manne & le nectar font de cette efpèce. La manne eft produite par les feuilles du pin, du chêne, du genevrier, du faule, du figuier, de l'érable, &c. Le frêne très-abondant en Calabre & en Sicile, &c. fournit celle du commerce. Elle coule naturellement de ces arbres; mais on l'obtient en plus grande abondance en faifant des incifions à leur écorce. Celle qui fe ramaffe fur des pailles ou fur des petits bâtons introduits dans les ouvertures artificielles, forme des efpèces de ftalactites percées dans leur milieu; on l'appelle manne en larmes. La manne en fortes coule fur l'écorce, & contient quelques impuretés. La manne graffe eft chargée de beaucoup de matières étrangères; elle eft formée du débris des deux premières; elle eft toujours humectée & fouvent altérée. La faveur de la manne

eft

est douce & fade. Celle que fournit le mélèze abondant dans le Dauphiné, & celle de l'alhagi qui croît en Perse aux environs de Tauris, ne sont point d'usage; cette dernière porte le nom de *téréniabin*. La manne est soluble dans l'eau; elle fournit à la distillation les mêmes produits que le sucre. On en retire, à l'aide de la chaux & des blancs d'œufs, une matière semblable au sucre, & traitée par l'acide nitreux, elle donne un sel acide de la même nature que celui de cette substance.

On l'emploie comme purgative à la dose d'une once jusqu'à deux ou trois, ou à celle de quelques gros étendus dans un grand véhicule, si on l'administre comme fondante.

Des Gommes & des Mucilages.

Une autre espèce de suc propre est celui qu'on appelle gomme ou mucilage. Ce suc est fade, dissoluble dans l'eau, à laquelle il donne une consistanee épaisse & visqueuse. Cette eau mucilagineuse évaporée devient sèche, transparente & friable. Le mucilage brûle sans flamme, il donne à la distillation beaucoup de phlegme acide, un peu d'huile empyreumatique & d'alkali volatil; son charbon très-volumineux contient de l'alkali fixe végétal.

On connoît trois espèces de gommes. 1°. La

gomme de Pays qui coule de l'abricotier, du poirier, &c. Elle eſt blanche, jaune ou rougeâtre. 2°. La gomme arabique qui coule de l'acacia en Egypte & en Arabie. La gomme du Sénégal eſt de la même nature ; on l'emploie en Médecine comme un remède adouciſſant & relâchant. Elle ſert dans pluſieurs arts. 3°. La gomme adraganthe qui découle de l'adragant de Crête : *Tragacantha Cretica*. On l'adminiſtre comme la précédente.

On retire de beaucoup de plantes des mucilages de la même nature. Les racines de guimauve, de grande conſoude, la graine de lin, les pepins de coings fourniſſent par la macération dans l'eau des fluides viſqueux qui, lorſqu'on les évapore, donnent de véritables gommes.

Toutes ces matières, conſidérées chimiquement, ſemblent au premier coup-d'œil n'être que des corps peu compoſés, puiſque les expériences chimiques préſentent ſouvent des ſubſtances dont la forme gélatineuſe ſe rapproche des gommes & des mucilages. Cependant on extrait de ces produits de la végétation, qui ſemblent conſtituer une humeur excrémentitielle, de l'eau, de l'acide en liqueur, de l'acide crayeux, un principe huileux, & de l'alkali fixe lié au réſidu charbonneux. Ce réſidu contient lui-même une terre fixe dont la nature n'eſt pas encore connue.

Leur partie inflammable eſt peu conſidérable, puiſqu'elles ne ſont point combuſtibles.

M. *Bergman* dit avoir obtenu des gommes traitées par l'acide nitreux, un acide ſemblable à celui du ſucre.

LEÇON XLVII.

Des Sucs huileux.

LES huiles ſont des ſucs propres gras & onctueux, fluides ou ſolides, indiſſolubles dans l'eau, combuſtibles avec flamme, volatils en différens degrés; elles ſont contenues dans des vaiſſeaux propres ou des véſicules particulières. On les diſtingue en huiles graſſes & en huiles eſſentielles, en huiles fluides & en huiles concrètes. Ces corps ſe trouvent ſous deux états dans les végétaux; ou ils ſont combinés à d'autres principes, comme on les trouve dans les extraits, dans les mucilages, &c. ou ils ſont libres. C'eſt de ces derniers ſucs huileux que nous devons nous occuper ici.

Les Chimiſtes ont penſé qu'il exiſtoit un principe huileux ſimple, ainſi qu'un ſel primitif. Ce principe huileux combiné avec différentes ſubſtances, & modifié par ces combinaiſons, conſtitue, suivant eux, les diverses espèces d'huiles que l'on obtient dans l'analyse des végétaux. Cette huile simple & primitive est très-fluide, volatile, sans couleur, sans odeur; elle brûle avec flamme & fumée. Cette fumée condensée a tous les caractères d'un charbon; elle ne s'unit point à l'eau; on la croit formée d'un acide uni à une terre & au phlogistique. Il est certain que les huiles dans leur décomposition donnent toujours du gaz inflammable uni à l'acide crayeux. L'eau y existe aussi en grande quantité; la terre n'en fait que la plus petite partie, puisqu'elles ne donnent que très-peu de résidu fixe & charbonneux. Cette idée sur le principe huileux ne doit être regardée que comme une hypothèse. Les huiles ne font jamais formées que par les êtres organiques, & tous les corps qui présentent leurs caractères dans le Règne minéral, doivent leur origine à l'action de la vie végétale ou animale. On distingue les sucs huileux des végétaux en huiles grasses & en huiles essentielles.

§. I. *Des Huiles grasses.*

Les huiles grasses font très-onctueuses; elles ont la plupart une saveur douce & fade, & font fans odeur; elles ne fe volatilisent qu'à un degré de feu supérieur à celui de l'eau bouillante, & ne s'enflamment que lorsqu'elles font parvenues au degré de chaleur qui les volatilife. Tel eft l'ufage de la mêche qu'on emploie pour faire brûler une huile graffe dans les lampes; elle échauffe l'huile au point de la volatilifer.

La plupart des huiles graffes font fluides & demandent un froid affez confidérable pour devenir folides; d'autres le deviennent au plus léger degré de froid; d'autres enfin, font prefque toujours folides; on nomme ces dernières, beurres.

Les huiles graffes ne coulent point de la furface des végétaux; elles font contenues dans les amandes, dans les pepins & dans les femences émulfives. On les retire en brifant les cellules qui les renferment, à l'aide du broiement & de l'expreffion.

Les huiles graffes, expofées à l'air, s'altèrent & fe ranciffent; leur acide fe développe, & elles perdent leurs propriétés en en acquérant de nouvelles, qui les rapprochent des huiles effentielles. L'eau & l'efprit-de-vin, en enlevant cet acide développé, leur ôtent leur faveur forte, mais ne les ramènent jamais à leur premier état.

Elles donnent à la diftillation un phlegme acide, d'une odeur piquante, de l'huile légère, une huile épaiffe, une grande quantité de gaz inflammable mêlé d'acide crayeux. Leur char-bon eft très-peu abondant. En rediftillant ces produits, on obtient du phlegme & de l'huile de plus en plus légère. Cette huile eft connue fous le nom d'huile des Philofophes; les Alchimiftes la préparoient en diftillant à plufieurs reprifes une huile graffe dont ils avoient imprégné une brique. On ne fait point exactement jufqu'où peut aller cette décompofition, quoiqu'on ait dit qu'on pouvoit réduire une huile graffe en principe inflammable libre, en phlegme acide, en air & en terre.

L'eau n'altère point les huiles graffes, elle les purifie en leur enlevant une partie de leur mucilage, qui fe précipite auffi pendant leur combuftion, & auquel elles doivent leur propriété fermentefcible, ou celle de devenir rances.

Les huiles graffes ne fe combinent point avec la terre vitreufe & quartzeufe. Elles fourniffent avec l'argile une pâte molle, qu'on emploie dans les manipulations chimiques, fous le nom de lut gras.

Elles fe combinent par des procédés particuliers avec la magnéfie, qui les réduit à un état favonneux.

La chaux s'y unit, mais d'une manière peu marquée, lorfqu'on les combine immédiatement.

Les alkalis fe combinent aifément aux huiles graffes, & donnent naiffance à un compofé qu'on appelle favon.

Pour le préparer, on triture l'huile d'olive ou d'amandes douces avec l'alkali minéral rendu cauftique par la chaux, qu'on appelle leffive des Savonniers. Le mêlange ne s'épaiffit qu'au bout de quelques jours, & donne le favon médicinal. On fabrique celui du commerce en faifant bouillir la leffive avec de l'huile altérée ; il eft alors blanc ; on fe fert de l'orpiment pour le marbrer. Le favon vert fe fait avec le marc des olives & la potaffe.

Le favon eft diffoluble dans l'eau pure. La chaleur le décompofe, en dégage du phlegme, de l'huile & de l'alkali volatil formé aux dépens de l'alkali fixe & de l'huile ; le charbon contient beaucoup d'alkali fixe. L'eau de chaux décompofe le favon fuivant la remarque de M. *Thouvenel* ; il fe forme alors un favon calcaire nondiffoluble, & qui fe met en grumeaux. Les acides verfés fur le favon en dégagent l'huile un peu altérée.

L'alkali volatil ne fe combine que difficilement aux huiles graffes ; cependant, par une trituration longue, le mêlange acquiert un peu de confiftance, & devient opaque.

Les huiles graffes s'uniffent aux acides, &

forment des espèces particulières de savon. MM. *Achard*, *Cornette* & *Macquer* se sont occupés de ces composés. M. *Achard* les fait en versant peu à peu sur de l'acide vitriolique concentré de l'huile grasse. En triturant sans cesse ce mélange, il en résulte une masse brune dissoluble dans l'eau & dans l'esprit-de-vin. L'huile qu'on en retire par les alkalis est toujours plus ou moins concrète, ainsi que celle que l'on obtient par la distillation. M. *Macquer* conseille, pour faire ce savon, de verser l'acide sur l'huile; mais il avertit qu'un savon acide fait de cette manière est peu dissoluble dans l'eau. Celui qu'il prépare en triturant du savon alkalin ordinaire avec l'huile de vitriol, est plus soluble.

L'acide nitreux brûle sur le champ les huiles grasses, & enflamme celles qui sont siccatives. Celles qui ne se dessèchent pas ne peuvent être enflammées que par un mélange d'esprit de nitre & d'huile de vitriol, ainsi que l'a enseigné M. *Rouelle* l'aîné dans son Mémoire sur l'inflammation des huiles, *Académie, année 1747.*

L'acide marin & l'acide crayeux n'ont qu'une action très-foible sur les huiles grasses. Cependant le premier, dans son état de concentration, s'y combine jusqu'à un certain point, suivant M. *Cornette.*

On ne connoît point l'action des autres

acides fur les huiles graffes. Il paroît qu'elles ne fe combinent pas aux fels neutres. Plufieurs d'entre ces derniers décompofent le favon alkalin, & notamment tous les fels calcaires. Dans cette décompofition, fur-tout celle opérée par la félénite & le fel d'Epfom qui fe rencontrent fréquemment unis aux eaux, l'acide vitriolique s'unit à l'alkali fixe du favon, & forme du fel de *Glauber* ; la chaux ou la magnéfie fe combinent avec l'huile, & donnent naiffance à une forte de favon très-peu foluble, qui vient nager en grumeaux blanchâtres au-deffus de l'eau. Telle eft la caufe du phénomène que préfentent les eaux qui caillebottent le favon fans le diffoudre.

L'action du gaz inflammable fur les huiles graffes n'a point encore été examinée.

Les huiles graffes diffolvent le foufre à l'aide de la chaleur de l'ébullition, & cette diffolution eft d'une couleur rouge foncée tirant fur le brun ; elle a une odeur très-fétide ; elle dépofe peu à peu du foufre criftallifé. Si on diftille cette combinaifon, le foufre fe décompofe, & on ne peut plus en retrouver un atôme. Cette expérience mériteroit un examen particulier. On obtient auffi du gaz fulfureux dans cette décompofition.

Les huiles graffes ne paroiffent point fufceptibles de s'unir aux fubftances métalliques pures, excepté le cuivre & le fer, fur lefquels elles ont une action marquée. Mais elles fe combinent avec les chaux métalliques, & forment avec elles des combinaifons épaiffes concrètes, qui ont l'apparence favonneufe, comme on l'obferve dans la préparation des onguens & des emplâtres. On n'a point encore examiné chimiquement ces préparations ; on fait feulement que quelques chaux métalliques fe réduifent dans la formation des emplâtres, comme la chaux de cuivre dans l'emplâtre divin, & la litharge dans l'onguent de la mère, &c. Dans la Docimafie, on fe fert des huiles graffes pour réduire les chaux métalliques. M. *Berthollet* a donné un procédé ingénieux & fimple pour former fur le champ une véritable combinaifon d'huile graffe, & d'un métal quelconque, ou un favon métallique. Il confifte à verfer dans une diffolution de favon une diffolution métallique ; l'acide de cette dernière fe porte fur l'alkali fixe du favon, & la chaux métallique fe précipite unie à l'huile à laquelle elle donne fa couleur.

Les huiles graffes diffolvent les bitumes, & en particulier le fuccin ; mais elles ont befoin d'être aidées de la chaleur pour opérer cette diffolution. Elles forment des efpèces de vernis gras qui ne fe defsèchent qu'avec peine.

On doit diſtinguer les huiles graſſes en trois genres.

Le premier renferme les huiles graſſes pures qui ſe figent par le froid, s'épaiſſiſſent lentement, qui forment des ſavons avec les acides, & ne s'enflamment que par la réunion de ceux du vitriol & du nitre. Telles ſont, 1°. l'huile d'olives qu'on retire de la pulpe de ce fruit écraſé entre deux meules, & ſoumis à la preſſe dans des ſacs de joncs. Celle qui coule la première eſt appelée huile vierge : celle qui s'obtient du marc arroſé d'eau eſt moins pure, & dépoſe une lie ; celle qui ſe tire des olives non mûres eſt l'huile *omphacine* des Anciens. L'huile d'olives ſe gèle à dix degrés au-deſſus du thermomètre de *Réaumur*, & ne ſe rancit qu'au bout de douze ans environ. 2°. L'huile d'amandes douces extraite ſans feu, ſe rancit très-promptement ; elle ne ſe gèle qu'à dix degrés au-deſſous de o. 3°. Celle de navette qui ſe retire de la graine d'une eſpèce de choux nommé *colſat*. 4°. Celle de ben, que l'on extrait des amandes de ben qui viennent d'Egypte & d'Arabie ; elle eſt très-âcre, ſans odeur ; elle ſe gèle très-aiſément.

Le ſecond genre comprend les huiles ſiccatives qui s'épaiſſiſſent promptement, ne ſe figent pas par le froid, s'enflamment par l'acide nitreux ſeul, & forment avec l'acide vitriolique des espèces de résines. Telles font 1°. l'huile de lin qu'on tire par expression de la graine de lin grillée. On l'emploie pour les vernis gras & dans la peinture. 2°. Celle de noix qui sert de même. 3°. Celle d'œillet ou de semence de pavot, qui n'a rien de narcotique, comme l'a très-bien démontré M. l'Abbé *Rozier*. 4°. L'huile de chenevis, qui est très-siccative.

Dans le troisième genre, nous comprenons les huiles grasses concrètes, ou les beurres, comme 1°. celui de cacao retiré des amandes du cacaoyer. On distingue quatre espèces de cacao ; le gros & le petit caraque, le berbiche & celui des isles. On extrait le beurre par la torréfaction & par l'ébullition dans l'eau : on le purifie en le faisant liquéfier à une chaleur fort douce. Il doit son état concret à un acide. 2°. Le coco fournit un semblable beurre. 3°. La cire des végétaux est de même nature ; elle a seulement plus de solidité. On en retire du gallé en Chine : on en fait des bougies jaunes, blanches & vertes, suivant la manière dont on a extrait la cire. Les chatons du bouleau & du peuplier peuvent fournir une petite quantité de cire semblable.

L'usage des huiles grasses est très-étendu dans les arts & dans la Médecine. On s'en sert dans cette dernière, comme de médicamens adoucissans, relâchans, calmans & laxatifs ; quelques-unes même font purgatives, comme l'huile de ricin à laquelle on a auffi reconnu la propriété de tuer & de faire rendre le ver folitaire. Elles entrent dans un grand nombre de médicamens compofés, tels que les baumes, les onguens, les emplâtres. Enfin on les emploie fouvent comme alimens, à caufe du mucilage qui leur eft uni.

§. II. *Des Huiles effentielles.*

Les huiles effentielles diffèrent des huiles graffes par les caractères fuivans. Leur odeur eft forte & aromatique; leur volatilité eft telle, qu'elles diftillent à la chaleur de l'eau bouillante; leur faveur eft très-âcre. Elles font beaucoup plus combuftibles que les premières.

Ces huiles exiftent dans prefque toutes les plantes odorantes. Elles font contenues ou dans toute la plante comme dans l'angélique de Bohême; ou dans la racine feule comme dans l'aunée, l'iris, le dictame blanc & la benoîte; ou dans la tige comme dans les bois de fantal, celui de faffafras, les pins, &c. ou dans l'écorce comme dans la canelle. Quelquefois ce font les feuilles qui la recèlent comme on l'obferve pour la méliffe, la menthe poivrée, la grande abfynthe, &c. Dans d'autres plantes, on la trouve dans les calices des fleurs : telles font la rofe & la la-

vande; les pétales de la camomille & de l'oran-
ger en sont remplies. D'autres fois elle est fixée
dans les fruits comme les cubebes, le poivre, les
baies de genièvre; enfin, beaucoup de végétaux
en renferment dans leur semence, ainsi que la
muscade, l'anis, le fenouil & la plupart des om-
bellifères.

Elles diffèrent les unes des autres, 1°. par la
quantité, qui varie beaucoup, suivant l'état ou
l'âge de la plante; 2°. la consistance. Il y en a
de très-fluides, comme celles de lavande, de
rhue, &c. Quelques-unes se congèlent par le
froid, ainsi que celle d'anis, de fenouil; d'autres
sont toujours concrètes, comme celles de roses,
de persil, de benoîte & d'aunée. 3°. Par la couleur; les unes n'en ont aucune; d'autres sont jaunes, comme celle de la lavande; d'un jaune foncé,
celle de canelle; bleues, celle de camomille;
aigue-marine, celle de mille-pertuis; vertes, celle
de persil. 4°. Par la pesanteur; les unes surnagent
l'eau, comme la plupart de celles de nos pays;
d'autres vont au fond de ce fluide, comme celles
de sassafras, de gérofle, & la plupart de celles
des plantes étrangères : cette propriété n'est cependant pas constante, relativement aux climats, puisque l'huile essentielle de muscade,
de macis, de poivre, &c. sont plus légères
que l'eau. 5°. Par l'odeur & la saveur; cette

dernière propriété eft fouvent très-différente dans l'huile effentielle de ce qu'elle eft dans la plante : par exemple, le poivre donne une huile douce , & celle d'abfynthe n'eft point amère.

On retire les huiles effentielles, 1°. par expref-fion, du cédrat, de la bergamotte, du citron, de l'orange, &c. 2°. Par diftillation. On met pour cela la plante dans la cucurbite d'un alambic de cuivre avec de l'eau; on fait bouillir cette eau, l'huile paffe avec ce fluide, au - deffus duquel elle fe ramaffe dans un récipient particulier.

Les huiles effentielles font falfifiées, ou par les huiles graffes, on les reconnoît alors parce qu'elles tachent le papier ; ou par l'huile de té-rébenthine, on s'en apperçoit par l'odeur forte de cette dernière, qui fubfifte après l'évaporation de la première ; ou par l'efprit-de-vin, l'eau, en les troublant, indique la fraude.

Les huiles effentielles perdent leur odeur à une chaleur douce. Comme elles font très-vo-latiles, le feu ne peut les décompofer. En les chauffant dans des vaiffeaux fermés, il s'en dé-gage une grande quantité de gaz inflammable. Lorfqu'on les chauffe avec le contact de l'air, elles s'enflamment promptement & répandent une fumée très-épaiffe qui fe condenfe en une matière charbonneufe très-fine & très-légère ;

elles ne laiſſent qu'un charbon peu abondant après leur inflammation, parce qu'elles ſont ſi volatiles, que la partie charbonneuſe ſe forme dans la portion volatiliſée.

Expoſées à l'air, elles s'épaiſſiſſent en vieilliſſant, & prennent le caractère de réſine. Il s'y dépoſe des criſtaux en aiguilles ſemblables à celles du camphre ſublimé, que *Geoffroy* le cadet a obſervées dans l'huile eſſentielle de matricaire, de marjolaine, dans celle de térébenthine. Leur odeur approche auſſi de celle du camphre, ſuivant le même Obſervateur, *Acad. 1721, pag. 163.*

Elles s'uniſſent difficilement à la chaux & aux alkalis; les acides les altèrent; l'acide vitriolique concentré les change en bitumes, & s'il eſt foible, il en forme des eſpèces de ſavons. L'acide nitreux les enflamme; l'acide marin les réduit dans un état ſavonneux.

Elles n'ont aucune action ſur les ſels neutres.

Elles ſe combinent très-aiſément au ſoufre, & forment des compoſés nommés baumes de ſoufre, dans leſquels le ſoufre eſt tellement dénaturé, qu'on ne peut plus le faire reparoître.

Les mucilages & le ſucre les rendent ſolubles dans l'eau.

On les emploie en Médecine comme cordiales, ſtimulantes, antiſpaſmodiques, emménagogues,

gogues, &c. Appliquées à l'extérieur, elles font fortement antiſeptiques, & elles arrêtent les pro-grès de la carie des os.

LEÇON XLVIII.

Du Camphre.

LE camphre eſt une matière blanche, con-crète, criſtalline, d'une odeur & d'une ſaveur fortes, qui ſe rapproche des huiles eſſentielles par quelques-unes de ſes propriétés, mais qui s'en éloigne par d'autres.

Cette ſubſtance ſe retire d'une eſpèce de lau-rier qui croît en Chine, au Japon & dans les iſles de Borneo, de Sumatra, de Ceylan, &c. L'arbre qui la produit en contient quelquefois une ſi grande quantité, qu'il ſuffit de le fendre pour en retirer des larmes aſſez groſſes & très-pures. On l'obtient cependant par la diſtillation. On met dans un alambic de fer les racines ou les autres parties de l'arbre avec de l'eau; on les recouvre d'un chapiteau, dans lequel ſont arrangées des cordes de paille de riz, & on chauffe le tout. Le camphre ſe ſublime en pe-tits grains grisâtres, que l'on réunit en morceaux plus gros. Ce camphre brut eſt impur. Les Hollandois le purifient en le fublimant dans des efpèces de ballons, & en ajoutant une once de chaux par livre de cette fubftance. On peut en retirer auffi des racines de canellier, de zedoaire, du thim, du romarin, de la fauge & de toutes les labiées, foit par la diftillation, foit par décoction, comme l'ont obfervé MM. *Cartheufer* & *Neumann*; mais ce camphre eft en très-petite quantité, & il a toujours une petite odeur de la plante d'où on l'a retiré. Il paroît que ce fingulier être fe trouve combiné avec les huiles effentielles de ces végétaux, puifque *Geoffroy* a obfervé que ces dernières dépofoient des aiguilles camphrées.

Le camphre eft beaucoup plus volatil que les huiles effentielles, puifqu'il fe fublime à la plus douce chaleur; il fe criftallife en lames hexagones attachées à un filet. Si on le chauffe brufquement, il fe fond avant de fe volatilifer. Il femble n'être pas décompofable par ce moyen; cependant, fi on le diftille plufieurs fois, il donne un phlegme roufsâtre & manifeftement acide; ce qui indique qu'en répétant un grand nombre de fois cette opération, on parviendroit à le dénaturer. La feule température de l'été fuffit pour le volatilifer; expofé à l'air, il fe diffipe entièrement; renfermé dans un vaiffeau, il fe fublime en pyramides hexagones, ou en criftaux polygones qui ont été observés & décrits en 1756 par M. *Romieu* (*Acad. 1756, pag. 443*). Il répand une odeur forte & insupportable à quelques personnes; il s'enflamme très-rapidement, brûle avec beaucoup de fumée, & ne laisse aucun résidu charbonneux.

Il ne se dissout pas dans l'eau; il lui communique cependant son odeur; il brûle à sa surface. M. *Romieu* a observé que des parcelles de camphre d'un tiers ou d'un quart de ligne de diamètre, mises sur un verre d'eau pure, se meuvent en tournant, & se dissolvent au bout d'une demi-heure. Il soupçonne que ce mouvement est un effet de l'électricité, & il remarque qu'il cesse en touchant l'eau avec un corps qui fait fonction de conducteur, comme un fil de fer, & qu'il continue au contraire, si on la touche avec un corps isolant comme le verre, la résine, le soufre, &c.

Les terres, les substances salino-terreuses & les alkalis n'ont aucune action sur le camphre; il faut cependant observer qu'on n'a point encore essayé les alkalis caustiques.

Les acides dissolvent le camphre, lorsqu'ils sont concentrés. L'huile de vitriol le dissout à l'aide de la chaleur. Cette dissolution est rousse. L'acide nitreux le dissout tranquillement; cette dissolution est jaune; comme elle surnage l'acide à la manière des huiles, on lui a donné le nom d'huile de camphre. L'acide marin dans l'état de gaz, diffout le camphre, aïnfi que le gaz fulfureux & le gaz fpathique. Si l'on ajoute de l'eau dans ces diffolutions, elles fe troublent, le camphre s'en fépare en flocons, qui viennent nager à la furface, & qui n'ont point éprouvé d'altérations. Les alkalis, les fubftances falino-terreufes & les matières métalliques précipitent auffi ces diffo-lutions.

Les fels neutres n'ont aucune action fur le camphre. On ne connoît pas celle du foufre & des bitumes fur cette fubftance, quoiqu'il foit vraifemblable qu'elles font fufceptibles de s'y unir.

Les huiles graffes & effentielles diffolvent le camphre à l'aide de la chaleur. Ces diffolutions refroidies, dépofent peu à peu des criftaux en végétation, femblables à ceux qui fe forment dans les diffolutions de fel ammoniac, c'eft-à-dire, compofés d'une côte moyenne à laquelle font adhérens des filets très-fins, & placés horifontalement. Ces efpèces de barbes de plumes, vues à la loupe, font très-belles & très-régulières. Cette jolie obfervation eft encore due à M. *Romieu*, (*Académie 1756, page 448.*) On verra par la fuite que la diffolution de camphre dans l'efprit de vin, beaucoup plus connue &

plus employée que la précédente , a préfenté à cet Obfervateur une criftallifation un peu différente qu'il a obtenue par un procédé particulier.

N'oublions pas de faire obferver qu'un Médecin, auffi illuftre par fes vaftes connoiffances que par les grandes vues qu'il a fur l'action & la nature des médicamens, M. *Lorry*, regarde le camphre comme un principe très-répandu dans les végétaux , & place fon efprit recteur à la tête d'une claffe d'odeurs très-énergiques , & dont les effets fur l'économie animale doivent fixer l'attention des Chimiftes & des Médecins.

Le camphre eft un des plus puiffans remèdes que pofsède la Médecine. Appliqué fur les tumeurs inflammatoires, il les diffipe en peu de tems. On l'emploie comme antifpafmodique & antifeptique, dans les maladies contagieufes , dans la fièvre maligne , & dans toutes les maladies accompagnées en général d'affections nerveufes & de putridité. En France on ne l'adminiftre guère qu'à la dofe de quelques grains ; en Allemagne on en pouffe la dofe jufqu'à plufieurs gros par jour. Il eft encore important de favoir que le camphre calme les ardeurs & les douleurs des voies urinaires, fouvent comme par enchantement. On le donne trituré avec le jaune d'œufs, le fucre, les gommes, ou dans l'état d'huile de camphre , & on le fait toujours entrer dans quelques boiſſons appropriées. Les Chirurgiens emploient l'eau-de-vie camphrée, dont nous donnerons par la ſuite la compoſition, dans les gangrènes externes , dont cette liqueur arrête ſouvent & borne les progrès.

De l'Eſprit recteur.

Boerhaave a donné le nom d'eſprit recteur des plantes au principe qui conſtitue leur odeur ; on ne connoît encore que très-peu de propriétés de cet être ſingulier , ſi intéreſſant par ſes effets ſur l'économie animale. L'eſprit recteur paroît être très-volatil , très-fugace , très-atténué ; il ſe dégage ſans ceſſe des plantes , & forme autour d'elles une atmoſphère odorante, qui ſe propage à une plus ou moins grande étendue. Toutes les plantes diffèrent les unes des autres par la quantité , la force & la nature de ce principe. Les unes en ſont abondamment pourvues , & ne le perdent même qu'en partie par leur déſiccation , de ſorte qu'il paroît jouir alors d'un certain degré de fixité ; tels ſont en général les bois odorans & toutes les parties végétales odorantes, ſèches & ligneuſes. D'autres en ont un ſi fugace & ſi volatil , que quoiqu'elles aient beaucoup d'odeur, on ne peut en fixer le principe qu'avec peine. Enfin , il eſt des plantes dont l'odeur eſt fade & peu ſenſible ; on les a appelées inodores ; ces dernières n'ayant pour ainſi dire qu'une odeur d'herbe, leur principe recteur a été nommé herbacé.

La plus légère chaleur ſuffit pour dégager l'eſprit recteur des plantes. Pour l'obtenir, il faut diſtiller la plante au bain-marie & en recevoir les vapeurs dans un chapiteau froid qui les condenſe & les fait couler en liqueur dans un récipient. Ce produit eſt une eau limpide, chargée d'odeur & qu'on nomme eau eſſentielle ou eau diſtillée. Cette liqueur doit être regardée comme une diſſolution du principe odorant dans l'eau. Comme ce principe eſt plus volatil que le fluide qui le tient en diſſolution, ſi l'on chauffe cet eſprit recteur, il perd peu à peu ſon odeur & devient fade ; ſi on l'expoſe à l'air, il éprouve la même altération, il dépoſe des flocons très-légers comme mucilagineux, & prend même une odeur de moiſiſſure ou de chanci.

Le principe de l'odeur s'unit aux ſucs huileux, & il paroît même faire un des élémens des huiles eſſentielles, puiſque 1°. ces dernières en ſont toujours chargées ; 2°. les plantes qui ont une odeur tenace donnent conſtamment plus d'huile eſſentielle que celles dont l'odeur eſt très-volatile, qui ſouvent n'en donnent point du tout comme les liliacés. On eſt obligé, pour retenir l'efprit recteur de ces dernières, comme du lys, du jafmin, de la tubéreufe, &c. de le combiner avec des huiles graffes. On met ces fleurs dans une cucurbite d'étain avec du coton imbibé d'huile de ben; on difpofe les fleurs & le coton couche par couche, on ferme la cucurbite & on l'expofe à une chaleur douce. L'efprit recteur dégagé fe combine à l'huile, & s'y fixe d'une manière durable. 3°. Les plantes qui n'ont point d'odeur ne donnent jamais un atôme d'huile effentielle. 4°. Les végétaux dont on a extrait l'efprit recteur par la diftillation au bain - marie, ne fourniffent plus cette efpèce d'huile, à moins qu'ils ne retiennent encore un peu de leur odeur. Dans ce cas ils n'en donnent même qu'une très-petite quantité. 5°. Une huile effentielle qui a perdu fon odeur, la reprend très-facilement avec toutes fes propriétés, lorfqu'on la diftille fur la plante fraîche dont on l'a d'abord extraite.

On n'a point encore examiné l'action des matières falines fur l'efprit recteur.

La nature de ce principe n'eft pas identique, & il femble différer fuivant les genres de plantes auxquelles il appartient. M. *Macquer* penfe avec *Boerhaave* qu'il eft en général compofé d'une fubftance inflammable & d'une matière faline; mais il obferve que quelquefois il participe davantage de la nature faline, tandis que dans d'autres plantes il fe rapproche plus des matières huileufes. L'efprit recteur des crucifères lui paroît être falin, & il lui donne pour caractères d'être piquant & pénétrant fans affecter les nerfs. Celui qui au contraire eft fade ou fort, mais fans être piquant, & qui affecte les nerfs de manière à produire ou à calmer les accès qui dépendent de leur agacement, comme le font ceux des plantes aromatiques & des narcotiques, participe beaucoup de la nature huileufe, fuivant ce célèbre Chimifte. Quelques faits viennent à l'appui de cette affertion. La fraxinelle répand une odeur qui forme autour de la plante une atmofphère inflammable, & il fuffit d'approcher un corps combuftible en ignition pour l'allumer; cette vapeur brûle alors depuis le bas jufqu'au haut de la tige qui fupporte les fleurs. L'efprit recteur de la fraxinelle femble donc être de nature huileufe. M. *Venel*, Chimifte de Montpellier & élève de *Rouelle*, avoit retiré du marum, à une chaleur douce, un efprit recteur acide; & feu M. *Roux*, Profeffeur de Chimie aux Ecoles de Médecine, qui a examiné ce produit, a trouvé qu'il ne rougit point les couleurs bleues végétales, mais qu'il fature les alkalis. Quant à l'efprit recteur des crucifères on n'eft point d'accord fur fa nature. Les uns le croyent acide, & les autres alkalin. Il paroît que d'après les travaux de MM. *Déyeux* & *Baumé*, le foufre fe trouve combiné avec le principe odorant des plantes anti-fcorbutiques. Au refte, nous avons déjà indiqué ailleurs ces belles dé-couvertes.

Il y a encore deux confidérations importantes à faire fur l'efprit recteur. La première, c'eft que comme l'a très-bien foupçonné M. *Macquer*, ce principe eft peut-être un gaz d'une nature particulière ; fon invifibilité, fa volatilité, la ma-nière dont il fe répand dans l'atmofphère, fon expanfibilité & quelques expériences du Docteur *Ingen-housz* fur le gaz nuifible fourni par les fleurs, tout le prouve. Il ne refte plus qu'à faire fur cet objet des recherches, qui, à la vérité, demandent beaucoup de foin & d'exac-titude, mais qui promettent auffi des découvertes brillantes & utiles. Déjà *Boyle* a ouvert une vafte carrière fur les odeurs, fur leur altérabi-lité, fur leur combinaifon réciproque, & ce tra-vail vient d'être continué avec le plus grand fuccès par M. *Lorry*. Ce Savant a fuivi les al-térations qui réfultent de leur mêlange, celles qu'elles éprouvent par la fermentation, par l'ac-tion du feu, de l'air & de différens menftrues. Son Mémoire intéreffant paroîtra dans le pro-chain volume de la Société Royale de Médecine. Nous ne pourrions, fans nous écarter de notre objet, entrer dans les détails de ſes travaux, mais nous croyons devoir faire connoître ſa diviſion primitive des odeurs. M. *Lorry* diviſe ces corps en cinq claſſes, les odeurs camphrées, les éthérées, les vireuſes ou narcotiques, les acides & les alkalines; toutes les odeurs peuvent être rapportées à ces cinq claſſes primitives. Ce Médecin, en s'expliquant ſur la baſe de ſa diviſion, priſe ſur l'affection que les odeurs font éprouver au ſens de l'odorat & aux nerfs en général, ne s'eſt point propoſé d'en rechercher la nature chimique; mais il eſt plus que vraiſemblable, comme il le penſe lui-même, que celles de chaque claſſe ſe rapprochent les unes des autres par leurs propriétés chimiques, comme elles le font déjà par leur action ſur l'économie animale.

La ſeconde conſidération par laquelle nous terminerons l'hiſtoire chimique du principe de l'odeur, c'eſt que, quoique les plantes qui ont été appelées inodores ſoient regardées comme ne contenant point ce principe, il eſt cependant très-démontré aujourd'hui qu'on peut en extraire à l'aide de la chaleur la plus douce du bain-marie, une eau légèrement odorante, mais qui fait reconnoître très-bien la plante d'où elle a été tirée. Je puis aſſurer, pour l'avoir éprouvé un grand nombre de fois avec M. *Bucquet*, que les plantes réputées les plus inodores, telles que la chicorée, le plantain, la bourrache, donnent au bain-marie une eau qui répand tellement leur odeur, qu'on peut les diftinguer les unes des autres. Il vrai que ces efprits recteurs fades fe décompofent très-vîte & perdent bientôt la petite odeur qui les caractérife. Ils s'altèrent, fermentent, & paffent même à l'acidité ou à l'alkali, fuivant leur qualité.

Il exifte un art fondé fur les moyens d'extraire les parties odorantes des végétaux, de les conferver, de les fixer dans différentes fubftances, c'eft celui du Parfumeur. La plupart de fes procédés font entièrement chimiques.

La Médecine fait un affez grand ufage des eaux diftillées. Elles ont différentes vertus fuivant leur nature : on eft dans l'ufage de n'employer que celles que l'on diftille à feu nud avec de l'eau, comme on le fait pour obtenir les huiles effentielles. Nous obferverons que cette manipulation eft bonne pour les eaux effentielles aromatiques, mais qu'elle eft défectueufe pour celles des plantes nommées communément inodores. Nous croyons qu'il eft indifpenfable de les diftiller au bain-marie ; comme on ne prend point ordinairement cette précaution, elles ont une odeur de feu ou d'empyreume, fans être chargées de celle de la plante. Si la vertu de ces eaux ne réside que dans leur esprit recteur, quelque foible qu'il soit, il est certain que de la manière dont on les prépare, on leur ôte toutes les propriétés qu'elles peuvent avoir.

Des Sucs inflammables résineux.

On a donné le nom de résines à des matières sèches, inflammables, immiscibles à l'eau, dissolubles dans les huiles & dans l'esprit-de-vin, & qui coulent fluides des arbres qui les produisent. Ces matières ne font que des huiles devenues concrètes par le desséchement. On n'est pas d'accord sur la différence des baumes & des résines. Les uns donnent le nom de baumes à des substances inflammables fluides, il en est cependant qui font secs. D'autres appellent ainsi les substances inflammables les plus odorantes. M. *Bucquet* a répandu beaucoup de jour sur cet objet, en ne fixant le nom de baumes qu'à celles de ces matières combustibles qui ont une odeur suave qu'ils peuvent communiquer à l'eau, & qui sur-tout, contiennent des sels acides odorans, qu'on peut obtenir concrets par la sublimation ou par la décoction dans l'eau.

§. I. Des Baumes.

Les principales espèces de baumes peuvent être réduites aux trois suivantes.

1°. Le benjoin. On en diftingue de deux fortes, l'amygdaloide formé de larmes blanches femblables à des amandes liées par un fuc brun ; il reffemble au nougat. Le benjoin commun eft brun & fans larmes, il répand une odeur très-fuave lorfqu'on le chauffe ou qu'on le pique. L'arbre qui le fournit n'eft point connu. Ce baume nous vient du Royaume de Siam & de l'ifle de Sumatra. Il ne donne que peu d'huile effentielle à caufe de fa folidité. L'eau bouillante en extrait un fel acide en aiguilles, dont l'odeur eft forte, & qui criftallife par refroidiffement. On le retire auffi par la fublimation. On le nomme alors fleurs de benjoin. Cette opération fe fait dans deux terrines verniffées placées l'une au-deffus de l'autre. Il faut, pour cela, donner un feu doux, fans quoi le fel eft brun. Le cône de carton qu'on employoit autrefois, laiffe perdre beaucoup de fleurs. L'odeur de ce fel eft forte, & fait touffer ; fa faveur eft acide, il rougit le firop de violettes, & fait effervefcence avec les alkalis crayeux. Le benjoin donne à la cornue un phlegme très-acide, un fel concret & brun de la même nature, de l'huile brune & épaiffe ; le charbon qui refte contient de l'alkali fixe.

Le benjoin fe diffout dans l'efprit-de-vin, & fa teinture précipitée par l'eau, donne le lait virginal. On employe le fel de benjoin comme un

bon incifif dans les maladies pituiteufes des poumons & des reins. Son huile eft réfolutive; on
s'en fert à l'extérieur pour les membres para-
lyfés, &c.

2°. Le baume de Tolu, du Pérou, de Carthagêne. On l'apporte ou enfermé dans des cocos,
ou en larmes jaunâtres, ou dans un état fluide ;
il coule du toluifera placé par *Linnæus* dans
la Décandrie monogynie. On peut l'extraire des
coques en les trempant dans l'eau bouillante ,
qui le rend fluide. Il vient de l'Amérique méridionale, dans un pays fitué entre Carthagêne
& le nom de Dieu, que les Infulaires appellent
Tolu, & les Efpagnols Honduras. Il donne à l'a-
nalyfe les mêmes produits que le benjoin , &
fur-tout un fel acide concret; on l'emploie dans
les maladies du poumon; on en fait un firop.

3°. Le ftorax calamite eft en larmes rouges
nettes, ou brunes & graffes. Il a une odeur très-
forte; il coule du liquidambar oriental, plante
peu connue. M. *Duhamel* a vu couler de l'ali-
boufier un fuc d'une odeur analogue. *Neumann*
a fait l'analyfe du ftorax calamite ; il en a retiré
très-peu d'huile effentielle, un fel acide concret,
une huile épaiffe. Son ufage eft femblable à
celui du benjoin : on l'emploie fur-tout pour les
parfums.

LEÇON XLIX.

§. II. *Des Réfines.*

LES réfines diffèrent des baumes par leur odeur moins fuave, & fur-tout parce qu'elles ne donnent pas de fel acide concret. Les principales efpèces font les fuivantes.

1°. Le baume de la Mecque, de Judée, d'Egypte, du grand Caire. Il eft liquide, blanc, amer, d'une odeur de citron très-forte. Il coule d'un arbre nommé *amyris opobalfamum*, & placé par *Linneus* dans fon Octandrie monogynie, & découvert dans l'Arabie heureufe par M. *Forskahl.* Ce baume donne de l'huile effentielle par la diftillation : on l'emploie comme vulnéraire incorporé avec le fucre, le jaune d'œufs, &c.

2°. Le baume de copahu brun ou jaune, qui coule de l'arbre appelé copaiba, nommé par *Linneus*, *copaïfera*, & placé par ce Botanifte dans la Décandrie monogynie : l'efpèce commune, ainfi que celle du baume de Tolu, eft un mêlange de vrai baume de copahu & de térébenthine, fuivant *Cartheufer.* On l'employe dans les ulcères du poumon & de la veffie, comme le précédent.

3°.

3°. La térébenthine de Chio coule du téré-binthe qui fournit les piftaches ; elle eft d'une couleur blanche ou d'un jaune tirant fur le bleu. Elle donne une huile effentielle très-fluide au bain-marie ; celle qu'elle fournit à feu nu eft moins fluide. La térébenthine eft enfuite plus jaune ; fi on la diftille avec l'eau, elle eft blanche & foyeufe : on la nomme térébenthine cuite. Cette térébenthine eft rare, & n'eft guère d'ufage.

4°. La térébenthine de Venife ou la réfine de mélèfe, eft celle qu'on emploie communément en Médecine. On s'en fert dans fon état natu-rel ou combinée avec l'alkali fixe. Cette combi-naifon eft nommée favon de *Starkey*. Pour le préparer, le Difpenfaire de Paris prefcrit de ver-fer fur une demi-livre de nitre fixé par le tartre & encore chaud, quatre onces d'huile effentielle de térébenthine ; d'agiter ce mêlange avec une fpatule d'ivoire, & de couvrir le vaiffeau d'un papier ; on ajoute peu à peu de l'huile jufqu'à ce que le tout forme une maffe blanche. Comme ce procédé dure plufieurs mois, les Chimiftes ont cherché des moyens de faire ce favon d'une manière plus expéditive. M. *Rouelle*, en tritu-rant goutte à goutte l'alkali avec le favon, & ajoutant un peu d'eau fur la fin, préparoit en trois heures une quantité affez confidérable de ce favon. M. *Baumé* confeille de broyer fur un porphire une partie d'alkali de tartre defféché jufqu'à entrer en fufion, & d'y ajouter peu à peu deux ou trois fois fon poids d'huile effentielle de térébenthine. Lorfque le mêlange a acquis la confiftance d'un opiat mou, on le met dans une cucurbite de verre couverte d'un papier, & expofée dans un lieu humide. En quinze jours, l'alkali déliquefcent fait une couche particulière de liqueur au fond du vafe, le favon eft dans le milieu, & une portion d'huile qui a pris une couleur rouge le furnage. M. *Baumé* penfe que l'alkali ne s'unit qu'à la portion d'huile qui eft dans l'état de réfine. M. *le Gendre* étend cette idée en propofant de faturer à froid l'alkali fixe en diffolution avec l'huile de térébenthine épaiffie, ou la térébenthine même. Ce favon a un certain degré de folidité qui devient peu à peu plus confidérable ; il s'y forme des criftaux qui ont été regardés comme la combinaifon de l'acide de l'huile avec l'alkali fixe végétal ; mais qui, fuivant les Académiciens de Dijon, n'eft que de l'alkali faturé d'acide crayeux, & criftallifé. Comme ce favon eft très-difficile à faire & très-altérable, M. *Macquer* penfe que lorfqu'on veut réunir les propriétés des huiles effentielles à celles du favon, il vaut mieux incorporer avec le favon blanc médicinal quelques gouttes de l'huile effentielle dont on recherche les effets. L'alkali volatil pur trituré avec la térébenthine, forme un composé favonneux folide qui fe diffout très-bien dans l'eau, & la rend laiteufe & écumeufe.

5°. La réfine de fapin eft nommée térébenthine de Strafbourg. On la recueille en perçant les véficules de l'écorce du fapin très-abondant dans les montagnes de la Suiffe.

6°. La poix eft le fuc d'une efpèce de fapin nommé pèce, *picea*. On la tire par des incifions faites à l'écorce de l'arbre. On la fond à un feu doux; on l'exprime dans des facs de toile : on la reçoit dans des barils ; c'eft la poix de Bourgogne ou poix blanche : mêlée avec du noir de fumée, elle donne la poix noire. Quand on la tient long-tems en fufion avec du vinaigre, elle fe sèche, devient brune, & forme la colophone. On en brûle les parties les plus groffières dans un four dont la cheminée aboutit à un petit cabinet terminé par un cône de toile : c'eft dans ce cône que la fumée vient fe condenfer, & y former une fuie fine qu'on appelle noir de fumée.

7°. Le galipot ou réfine du pin qui donne le pignon doux. On entaille cet arbre vers le bas, la réfine coule par ces cavités dans des auges. On continue ces incifions de bas en haut, lorfque la première ne fournit plus rien. Quand elle coule fluide, on l'appelle galipot; celle qui

H h ij

fe sèche fur l'arbre en maffes jaunâtres fe nomme barras. On fait liquéfier ces fucs dans des chaudières ; & quand ils font épaiffis par la chaleur, on les filtre à travers des nattes de paille, on les coule dans des moules creufés fur le fable, & on en forme des pains qu'on nomme arcançon ou bray-fec. Si on y interpofe de l'eau, la matière devient blanche, & forme la réfine ou poix-réfine. Les Provençaux diftillent en grand le galipot ; ils en tirent une huile qu'ils appellent huile de raze. C'eft avec les troncs & les racines du pin que l'on prépare le goudron, qui n'eft que l'huile empyreumatique de cette fubftance. On met en tas le bois de cet arbre ; on le couvre de gazon, & on y met le feu. L'huile que la chaleur en dégage ne pouvant fe volatilifer à travers le gazon, fe précipite dans un baquet à l'aide d'une gouttière, & on la ramaffe pour la diftribuer dans le commerce fous le nom de goudron.

8°. La tacamahaca, la réfine élémi, la réfine animé, font peu en ufage ; l'arbre qui donne la première n'eft pas connu. L'élémi vient d'une efpèce d'*amyris* : la réfine animé orientale ou copale, dont l'origine eft inconnue, l'animé occidentale ou courbaril qui découle de l'*hymenæa*, arbre de l'Amérique méridionale, font employées dans les vernis.

9°. Le maſtic eſt en larmes blanches, farineuſes, d'une odeur foible; il coule du térébinthe & du lentiſque. On l'emploie comme aſtringent & aromatique; on le fait entrer dans des vernis ſiccatifs.

10°. La ſandaraque eſt en larmes blanches plus tranſparentes que celles du maſtic. On la retire du genevrier entre le bois & ſon écorce; on l'appelle auſſi vernis, parce qu'on l'emploie beaucoup pour ces préparations. On s'en ſert pour mettre en poudre ſur le papier gratté, afin de l'adoucir & l'empêcher de boire.

11°. La réſine de gayac qui eſt verdâtre, s'emploie contre la goutte; elle coule du gayac par inciſions.

12°. Le ladanum ou réſine d'une eſpèce de ciſte de Candie, eſt noirâtre. Les payſans le recueillent avec un rateau auquel ſont attachées pluſieurs lanières de cuir, qu'ils promènent ſur les arbres; ils en forment des magdaleons cylindriques, que l'on appelle *ladanum in tortis*. Il eſt altéré par beaucoup de ſable noirâtre; on l'emploie comme aſtringent.

13°. Le ſang-dragon eſt un ſuc rouge qu'on retire du *dracæna draco* & de pluſieurs autres arbres analogues. Il eſt en pains applatis ou arrondis, ou en petites ſphères enfermées dans des feuilles de roſeau, & nouées comme un chapelet. On s'en fert en Médecine comme d'un aftringent.

§. III. *Des Gommes réfines.*

Les gommes réfines font des fucs mêlés de réfine & de matière extractive, qui a été prife pour une fubftance gommeufe. Elles coulent par incifion, & jamais naturellement, des arbres ou des plantes, fous la forme de fluides émulfifs, blancs, jaunes ou rouges, qui fe deffèchent plus ou moins facilement. L'eau, l'efprit de vin, le vin, le vinaigre ne diffolvent tous qu'une partie des gommes réfines ; elles diffèrent par la proportion de réfine & d'extrait, & leur analyfe donne des réfultats très-variés. Les efpèces les plus importantes à connoître font les fuivantes.

1°. L'oliban eft en larmes jaunes, tranfparentes, d'une odeur forte défagréable. L'arbre qui le fournit n'eft pas connu ; on en retire par la diftillation un peu d'huile effentielle, un efprit acide, & il laiffe un charbon affez confidérable, dû à la partie extractive qu'il contient. On l'emploie en Médecine pour faire des fumigations réfolutives.

2°. Le galbanum eft un fuc gras, d'un jaune brun, d'une odeur nauféabonde ; il coule en Syrie, en Arabie, au Cap de Bonne-Efpérance, des incisions faites à une plante férulacée, nommée *bubon galbanum* par *Linneus*. Distillé à feu nu, il donne une huile essentielle bleue qui devient rouge par la suite, un esprit acide, une huile empyreumatique pesante. C'est un bon remède fondant & antispasmodique.

3°. La scammonée est d'un gris noirâtre, d'une odeur forte & nauséabonde, d'une saveur amère & très-âcre. On distingue celle d'Alep qui est la plus pure; celle de Smyrne est pesante, noire & mêlée de corps étrangers. On l'extrait du *convolvulus scammonia* de *Linneus*. La racine de cette plante coupée & exprimée, fournit un suc blanc que l'on fait sécher, & qui devient noir. La scammonée contient une quantité variée d'extrait & de résine, suivant les différens échantillons; ce qui fait qu'elle produit des effets très-différens chez divers malades. On l'emploie comme purgative à la dose de quatre grains jusqu'à douze ; mêlée avec un extrait doux comme celui de la réglisse, elle forme alors le *diagrède* ordinaire ; on se sert aussi à cet effet du suc de coings. On l'administre ordinairement triturée avec le sucre & les amandes douces.

4°. La gomme gutte est jaune, rougeâtre, sans odeur, d'une saveur fort âcre & corrosive. Elle vient de Siam, de la Chine, de l'isle de Ceylan ; elle eſt extraite d'un grand arbre peu connu, nommé dans le pays *coddam pulli*. Elle contient beaucoup de réſine, qui la rend fortement purgative à la doſe de quatre ou ſix grains. On ne doit l'employer à l'intérieur qu'avec la plus grande réſerve.

5°. L'euphorbe eſt en larmes jaunes, vermoulues ou cariées, ſans odeur. Elle coule des inciſions de l'*euphorbium*, qui croît dans l'Ethiopie, la Libye & la Mauritanie ; elle contient uné réſine très-âcre, elle eſt fortement purgative. On ne l'emploie guère qu'à l'extérieur dans les caries.

6°. L'aſſa-fœtida eſt quelquefois en larmes jaunâtres, & le plus ſouvent en pains formés de différens morceaux agglutinés. Son odeur d'ail très-fétide, & ſa ſaveur amère & nauſéabonde le font reconnoître. On le tire de la racine d'une eſpèce de *férula* qui croît en Perſe dans la Province de Choraſan, & que *Linneus* a ſurnommée *aſſa fœtida*. La racine de cette plante eſt charnue & ſucculente ; elle fournit par l'expreſſion un ſuc blanc, d'une odeur affreuſe, que les Indiens mangent comme aſſaiſonnement, & qu'ils appellent mets des Dieux. On s'en ſert à l'intérieur comme d'un puiſſant antiſpaſmodique, & on l'applique comme diſcuſſif à l'extérieur.

7°. L'aloës eſt un ſuc rouge foncé, & même brun, d'une amertume conſidérable. On en diſtingue de trois eſpèces; l'aloës ſuccotrin, l'aloës hépatique & l'aloës caballin; ils ne diffèrent que par la pureté. La première eſpèce eſt la plus pure. M. *de Juſſieu* a vu préparer les différens aloës à Morviedro en Eſpagne, avec les feuilles de l'aloës commun; on y fait des inciſions profondes, on laiſſe couler le ſuc, on le décante de deſſus ſa fécule, & on l'épaiſſit au ſoleil; on l'envoie dans des ſacs de cuir ſous le nom d'aloës ſuccotrin. On exprime les feuilles & on en deſsèche le ſuc dépuré par le repos, c'eſt l'aloës hépatique; enfin, on exprime plus fortement les mêmes feuilles, & on en mêle le ſuc avec les lies des deux précédens, poür en former l'aloës caballin. Le premier aloës contient beaucoup moins de réſine que les derniers, qui ſont beaucoup plus purgatifs. On ſe ſert de la première eſpèce en Médecine, comme d'un purgatif draſtique, & on lui a reconnu la propriété d'exciter le flux menſtruel chez les femmes, & le flux hémorroïdal chez les hommes. On le recommande auſſi comme un très-bon hydragogue.

8°. La myrrhe eſt en larmes rougeâtres, brillantes, d'une odeur forte, aſſez agréable, d'une ſaveur amère, & qui préſentent dans leur fracture des lignes blanches de la forme d'un ongle. Quelques-unes de ces larmes font entièrement gommeuſes & fades. La myrrhe vient d'Egypte, & ſur-tout d'Arabie, du pays de Troglodytes. On ne connoît pas la plante qui la fournit; elle contient beaucoup plus d'extrait que de réſine. On l'emploie en Médecine comme un très-bon ſtomachique, comme antiſpaſmodique & cordiale. M. *Cartheuſer* recommande aux Gens de Lettres qui ont l'eſtomac délicat, d'en mâcher & de l'avaler délayée dans la ſalive. On s'en ſert en Chirurgie pour déterger les ulcères ſanieux, & arrêter les progrès de la carie.

9°. La gomme ammoniaque eſt quelquefois en larmes blanches à l'intérieur & jaunes extérieurement, & ſouvent en maſſes analogues à celles du benjoin. Leur couleur blanche & leur odeur fétide les font aiſément diſtinguer. On ſoupçonne que cette gomme réſine qui nous eſt apportée de l'Afrique, eſt tirée d'une plante ombellifère, à cauſe des ſemences qui y ſont mêlées. Les phénomènes de la diſſolution de cette ſubſtance par l'eau & par l'eſprit de vin, & ſur-tout ſon inflammabilité, la rapprochent des réſino-extractifs de M. *Rouelle*.

On ſe ſert en Médecine de la gomme ammoniaque, comme d'un très-bon fondant dans les obstructions rebelles. On la donne à la dose de quelques grains en pillules ou en émulsions; elle entre aussi dans la composition de plusieurs emplâtres fondans & résolutifs.

De la Gomme élastique, ou Caout-chouc.

La gomme élastique ou caout-chouc est une de ces substances sur la nature desquelles il est difficile de prononcer. Quoique sa propriété combustible, dont on tire parti en Amérique pour s'éclairer, semble la rapprocher des résines, son élasticité, sa mollesse, son indissolubilité dans les menstrues qui dissolvent ordinairement ces derniers, sont autant de caractères qui l'en éloignent.

L'arbre qui la fournit croît dans plusieurs endroits de l'Amérique. On fait des incisions en large sur son écorce, & on a soin qu'elles pénètrent jusqu'au bois; on reçoit dans un vaisseau le suc blanc & plus ou moins fluide qui en découle, pour en former différens ustensiles; on l'applique par couches sur des moules; on le laisse sécher au soleil ou au feu; on y forme à l'aide d'une pointe de fer des desseins très-variés; on expose ces ustensiles à la fumée, & lorsqu'ils sont bien secs, on casse les moules. Telle est la manière dont on fabrique les bouteilles & les bottes de gomme élaftique qu'on envoie en Europe.

Les vafes qui font faits de cette matière peuvent contenir de l'eau & différens fluides qui n'ont pas d'action fur elle. Si on la coupe en lanières, & qu'on applique fes bords récemment coupés, ils fe rejoignent & fe recollent affez bien.

On n'a point encore bien décrit l'action du feu fur la gomme élaftique; on fait feulement qu'elle fe ramollit & qu'elle s'enflamme.

Elle n'eft pas diffoluble dans l'eau; on ignore l'action des matières falines fur cette fubftance. M. *Macquer*, qui a effayé de la diffoudre dans différens menftrues, s'eft apperçu que l'efprit-de-vin n'avoit aucune action fur elle, comme l'avoient déjà annoncé MM. *de la Condamine* & *Frefneau* (*Académie*, *année 1751*), mais que les huiles la diffolvoient à l'aide de la chaleur. Cependant, comme fon intention étoit de la mettre dans un état liquide, de forte à pouvoir être employée, mais à reprendre fes propriétés par l'évaporation du diffolvant, M. *Macquer* a été obligé d'avoir recours à un autre menftrue que les huiles, parce que ces matières, quelque volatiles qu'elles fuffent, altéroient toujours la gomme élaftique, & y reftoient fixées de manière à lui enlever fon élafticité & fa force.

L'éther très-rectifié dans lequel il est parvenu à diſſoudre facilement cette ſubſtance, a rempli entièrement ſon objet par ſon évaporabilité, (*Académie, année 1768*) & quoique cette liqueur ſoit fort chère, il a cru devoir indiquer ce moyen de faire des uſtenſiles très-utiles, tels que les ſondes, en appliquant ſur un moule de cire des couches ſucceſſives de cette diſſolution juſqu'à ce qu'elles aient l'épaiſſeur qu'on leur deſire. Lorſque la ſonde eſt sèche, on la plonge dans l'eau bouillante qui liquéfie la cire, & on la ſépare ainſi du moule. La molleſſe & l'élaſticité de cet inſtrument le rendent très-utile pour les perſonnes qui ſont forcées de le porter continuellement.

Telles étoient les connoiſſances acquiſes ſur la gomme élaſtique, lorſqu'au mois d'Avril de cette année (1781) M. *Berniard*, connu par l'exactitude de ſes travaux, fit inſérer dans le Journal de Phyſique un très - bon Mémoire ſur cette ſingulière ſubſtance. Ce Chimiſte conclud de ſes recherches, que la gomme élaſtique eſt une eſpèce d'huile graſſe particulière, colorée par une matière diſſoluble dans l'eſprit de vin, & ſalie par la ſuie de la fumée à laquelle on expoſe chaque couche de cette gomme pour la deſſécher. L'eau ne l'altère point du tout ; l'eſprit de vin la décolore à l'aide de l'ébullition. L'alkali fixe cauſtique n'a aucune action ſur elle. L'huile de vitriol la réduit à l'état charbonneux, & ſe noircit elle-même en prenant l'odeur & la volatilité de l'acide ſulfureux. L'acide nitreux ordinaire agit ſur cette gomme comme ſur le liège, & la jaunit. L'eſprit de nitre la détruit très-promptement. L'acide marin ne l'altère en aucune manière. L'éther vitriolique rectifié ne l'a point diſſoute. Ce fait doit paroître ſingulier, comme le dit l'Auteur, à tous ceux qui connoiſſent l'exactitude & la véracité de M. *Macquer*. L'éther nitreux la diſſout. Cette diſſolution eſt jaune, & donne par l'évaporation une ſubſtance tranſparente, friable, diſſoluble dans l'eſprit de vin ; en un mot, une vraie réſine, formée, ſuivant l'Auteur, par l'action de l'acide nitreux ſur la gomme élaſtique. L'huile eſſentielle de la lavande, celle d'aſpic & de térébenthine l'ont diſſoute à l'aide d'une légère chaleur ; mais elles ont formé des fluides collans, qui poiſſent plus ou moins les mains, & qui, conſéquemment, ne peuvent être d'aucun uſage. Une diſſolution de gomme élaſtique par l'huile d'aſpic, mêlée avec de l'eſprit de vin, a dépoſé des flocons blancs inſolubles dans l'eau chaude, qui ont nagé à la ſurface de ce fluide, & ſont devenus blancs & ſolides comme de la cire, par le refroidiſſement ; en un mot, une véritable huile graſſe, concrefcible. L'huile de camphre diſſout la gomme élaſtique par la ſimple macération. En évaporant cette diſſolution, le camphre s'eſt volatiliſé, & il eſt reſté dans la capſule une matière ambrée, d'une conſiſtance ferme, & preſque pas gluante, qui ſe diſſout bien dans l'eſprit de vin. Les huiles graſſes bouillies ſur la gomme élaſtique la diſſol-vent; la cire la diſſout auſſi. Cette ſubſtance ne ſe fond point au degré de l'eau bouillante; mais expoſée au feu dans une cuiller d'argent, elle ſe réduit en une huile noire épaiſſe; elle répand des vapeurs blanches; elle reſte enſuite graſſe & collante, quoiqu'expoſée à l'air pendant plu-ſieurs mois, & ne reprend point la ſéchereſſe & l'élaſticité qui ſont ſi utiles pour les uſages aux-quels on la deſtine. Enfin, M. *Berniard* a terminé ſes recherches par l'analyſe à feu nu de la gomme élaſtique. Il a obtenu d'une once de cette ma-tière très-peu de phlegme, une huile d'abord claire & légère, enſuite épaiſſe & colorée, & de l'alkali volatil dont il ne déſigne pas la quantité. Il eſt reſté un charbon de douze grains, ſemblable à celui des réſines. Ce Chimiſte attribue l'alkali volatil à la ſuie qui colore la gomme élaſtique.

Nous ferons obſerver ſur cette analyſe, qu'elle ne démontre pas très-exactement la nature de la gomme élaſtique, puiſque l'action des acides ſur cette ſubſtance ne reſſemble pas à celle qu'ils

exercent fur les huiles graffes, & qui eft beaucoup plus rapide ; puifque les alkalis cauftiques
ne la mettent point dans l'état favonneux ; puifqu'elle ne fe fond qu'à une chaleur beaucoup
plus forte que celle qui eft néceffaire pour faire
couler les huiles graffes les plus folides ; puifqu'aucune huile graffe ne devient élaftique, &
ne fe sèche jamais comme elle, &c. &c. D'ailleurs l'Auteur avance dans la quinzième expérience, que cette gomme eft compofée de deux
fubftances diftinctes qu'il ne démontre pas, & il
finit par la regarder comme un produit de l'induf-
trie humaine. De toutes ces réflexions & de beaucoup d'autres qu'il feroit poffible de faire fur le
travail, d'ailleurs très-bien fait, de M. *Berniard*,
nous penfons qu'il refte encore beaucoup à faire,
comme il l'a dit lui-même, pour connoître les
propriétés de cette fubftance, & pour décider
pofitivement fur fa nature.

LEÇON

LEÇON L.

Des Fécules & des Farines.

LES sucs des végétaux, élaborés dans leurs vaisseaux, s'épaississent & se déposent peu à peu à la surface de leurs fibres pour leur nutrition & leur accroissement, ou s'accumulent sous une forme plus ou moins solide dans les différens organes qui les composent. Après avoir parlé des parties fluides de ces êtres organiques, il est nécessaire d'examiner la substance qui fait le tissu de leurs différens solides. Il s'en faut encore de beaucoup qu'on connoisse la nature de toutes les matières solides qui composent le tissu des organes des végétaux ; cependant les connoissances acquises sur cet objet semblent annoncer que ces organes, traités par les procédés que nous allons décrire, se réduisent en une substance sèche, pulvérulente, insipide, blanche ou grise, ou de différentes couleurs, indissoluble dans l'eau froide, & comme terreuse, que l'on appelle fécule.

Pour obtenir cette substance, on réduit une racine, une tige, une feuille, ou une semence en pulpe par l'action du pilon. Lorsque ces parties sont succulentes, on peut les traiter par ce procédé, fans addition d'eau ; mais pour l'ordinaire, on fe fert de ce fluide pour faciliter la féparation des fibres , & pour enlever la portion divifée & pulvérulente de leur tiffu. Alors on exprime ces parties ainfi réduites en pulpe ; le fuc ou l'eau que l'effort de la preffe en fait fortir, eft trouble, blanc ou coloré, & il laiffe dépofer peu à peu par le repos, une matière floconneufe, en partie fibreufe, quelquefois pulvérulente, qui eft la véritable fécule du végétal. Quelques parties des végétaux paroiffent entièrement formées de cette matière ; telles font les femences des graminées & des légumineufes , les racines tubéreufes, &c. Ces parties fourniffent en général la fécule la plus fine & la plus abondante. Quant aux tiges tendres & aux feuilles, leur tiffu plus fibreux ne donne jamais, lorfqu'on les traite par le procédé indiqué, qu'un dépôt groffier , coloré, filamenteux, & qu'on défigne fous le nom de fécule groffière. Si, après les avoir fait bien fécher, on les met en poudre, & fi on leffive cette poudre, l'eau enlève une fécule beaucoup plus fine, & qui reffemble parfaitement à celle des racines tubéreufes & des femences graminées. Il n'y a donc aux yeux d'un Chimifte , d'autres différences entre ces deux genres de fécules, qu'en ce que la première provient d'une partie moins fibreufe, moins organifée, & comme

formée de cellules dans lesquelles la nature a déposé le mucilage sec ou farineux, tandis que la
seconde, tissue en fibres, a besoin d'être désor-
ganisée & atténuée par l'art.

Tous les solides des végétaux peuvent à la rigueur fournir une espèce de fécule ; mais comme
on en prépare pour les arts, pour la Pharmacie & pour les alimens, c'est de celles-là dont
nous devons spécialement nous occuper. La fécule de brioine, de pomme de terre, la cassave,
le sagou, le salep, l'amidon, sont celles dont
on se sert spécialement.

1°. Pour préparer la fécule de brioine, on
prend des racines fraîches de cette plante, on en
lève l'écorce, on les rape, & on les soumet à la
presse. Le suc qui en découle est blanc, & il
laisse déposer une fécule très - fine. On décante
le suc au bout de vingt-quatre heures ; on fait
sécher la fécule ; comme elle contient une certaine quantité d'extrait que le suc y a laissé,
elle est très-âcre & purge violemment ; si on
la lave avant de la faire sécher, elle devient plus
fine & plus blanche, mais elle perd en même-
tems sa vertu purgative. Cette manière de préparer la fécule de brioine n'en fournit qu'une
très-petite quantité ; mais on peut s'en procurer
beaucoup plus en délayant dans l'eau le marc
resté sous la presse, en passant cette eau à travers

un tamis de crin, pour féparer les parties fibreufes groffières, & en laiffant repofer ce fluide. Lorf-que cette feconde fécule eft dépofée, on décante l'eau, & on sèche le dépôt. Il faut obferver que cette fécule, obtenue par le lavage du marc, n'eft pas purgative comme la première, parce que l'eau a enlevé la matière extractive qui jouit de cette vertu. M. *Baumé* a obfervé que la fé-cule de brioine bien lavée eft abfolument fem-blable à l'amidon, & qu'on pourroit en faire de la poudre à poudrer, ce qui ménageroit beau-coup le froment. On prépare de la même ma-nière, pour l'ufage de la Médecine, la fécule des racines de pied de veau & de glayeul.

2°. Les pommes de terre font une des fubf-tances alimentaires les plus utiles par leur abon-dance & leur fertilité : on en extrait très-aifé-ment une grande quantité de fécule très-blanche & très-fine, qui fournit un aliment léger par la cuiffon dans l'eau, le bouillon, &c. On ob-tient cette fécule en rapant des pommes de terre fur un tamis, & en verfant par-deffus une grande quantité d'eau. Ce fluide entraîne la por-tion la plus fine & la plus divifée de la fécule, & il la laiffe dépofer par le repos; on décante l'eau, on fait fécher la fécule à une chaleur douce; elle eft alors en poudre extrêmement fine, très-blanche & très-légère.

3°. Les Américains extraient de la racine d'une plante très-âcre, nommée manioc, une fécule nourriffante très-douce, qu'ils appellent *caffave*. Ils dépouillent cette racine de fa peau, ils la rapent & ils la mettent dans un fac de jonc fait en forme de cône & d'un tiffu très-lâche, qu'ils fufpendent à un bâton pofé fur deux fourches de bois. Ils attachent à l'extrêmité de ce fac un vaiffeau très-pefant, qui, par fon poids, exprime la racine & reçoit le fuc qui en découle. Ce dernier eft un poifon très-âcre & très-dangereux. Lorfque la fécule eft bien exprimée & privée de tout le fuc qu'elle contenoit, on l'expofe à la fumée pour la deffécher, & on la paffe au tamis ; elle forme alors la caffave. On étend cette farine fur une palette de fer chaude pour la cuire, & on la retourne afin de donner à fes deux furfaces la couleur jaune rouffeâtre qui en annonce la cuiffon ; on la nomme, dans cet état, pains de caffave. En la chauffant dans une baffine, & en l'agitant de tems en tems, elle prend, en fe deffêchant, la forme de grains, que l'on appelle *couac*. Il fe précipite du fuc exprimé une fécule très-fine & très-douce, nommée *mouffache*, qu'on emploie pour faire des pâtifferies.

4°. Le fagou eft une fécule sèche, réduite en grains par l'action du feu, qui nous vient des iſles Moluques, de Java, des Philippines. On le retire d'une eſpèce de palmier, appelé *landan* dans les Moluques. Le tronc de cet arbre contient une moëlle douce que les habitans retirent après avoir fendu le tronc. Ils écraſent cette moëlle, ils la mettent dans une eſpèce de cône ou d'entonnoir fait d'écorce d'arbre, aſſujeti ſur un tamis de crin; ils la délaient avec beaucoup d'eau; ce fluide entraîne par les trous du tamis la portion la plus fine & la plus blanche de la moëlle; la portion fibreuſe reſte ſur le tamis. L'eau chargée de la partie la plus atténuée de cette moëlle eſt reçue dans des pots, & elle y dépoſe peu à peu la fécule qui en troubloit la tranſparence. On décante l'eau éclaircie, & on paſſe le dépôt à travers des platines perforées qui lui donnent la forme de petits grains que l'on connoît au ſagou; la couleur rouſſe qu'ils offrent à leur ſurface eſt due à l'action du feu ſur lequel on les a fait ſécher. Cette eſpèce de fécule ſe diſſout dans l'eau chaude, & forme, avec le lait ou le bouillon, une ſorte de gelée légère & aſſez agréable, qu'on a fort recommandée dans la phthiſie.

5°. Le ſalep, ſalop, ſalab, &c. eſt la racine d'une eſpèce d'orchis, préparée par les Orientaux. Ils choiſiſſent les bulbes les plus belles de cette plante, ils les écorchent, ils les font tremper dans l'eau froide & cuire dans l'eau bouillante ; enfuite on les enfile lorfqu'elles font bien égouttées, & on les fait fécher à l'air. M. *Jean Moult* a donné un autre procédé pour préparer le falep, que l'on peut faire avec toutes les efpèces d'orchis. On frotte les racines à fec ou dans l'eau avec une broffe pour enlever la pellicule extérieure, & on les fait enfuite fécher au four; elles y deviennent très-dures & très-tranfparentes. Cependant on peut les réduire très-facilement en poudre; & cette poudre délayée dans de l'eau chaude, forme une gelée nourriffante dont la vertu a été vantée par *Geoffroy*, pour toutes les maladies qui dépendent de l'âcreté de la lymphe, & notamment dans la phthifie & la dyffenterie bilieufe.

6°. L'amidon proprement dit eft une fécule abfolument femblable aux précédentes ; mais comme la farine de froment dont il fait une des parties conftituantes, eft une des matières les plus importantes dont la Chimie puiffe s'occuper , nous infifterons beaucoup plus fur cet objet que nous ne l'avons fait fur les autres efpèces de fécules.

Ce qu'on appelle farine eft en général une fubftance sèche, friable, infipide, fufceptible de prendre de la faveur, de la diffolubilité par l'action du feu, & formée de plufieurs matières très-

faciles à féparer les unes des autres. Cette fubftance réfide dans les femences des graminées, &
fpécialement dans le froment, le feigle, l'orge, l'a-
voine, le riz, le farrazin, &c. Les légumineufes
même paroiffent contenir un compofé analogue
à la farine ; cependant il n'y a que la farine de
froment qui jouiffe véritablement des propriétés
que l'on defire dans cette fubftance, parce qu'elle
feule contient dans une jufte proportion les différentes matières dont le mélange donne naiffance
à ces propriétés. Quoique l'ufage économique
de la farine de froment foit établi comme première nourriture depuis un tems immémorial ,
il n'y a que peu de tems qu'on a commencé à
examiner chimiquement la farine. M. *Beccari* ,
Médecin en Italie , & M. *Keffel Meyer* , en Allemagne, font les premiers Chimiftes qui ont cherché à féparer les diverfes matières contenues
dans la farine. MM. *Rouelle* , *Spielman* , *Malouin* , *Parmentier* , *Poulletier de la Salle* &
Macquer , ont repris ces travaux & les ont pouf-
fés beaucoup plus loin qu'ils ne l'avoient été par
les premiers Phyficiens que nous avons cités.
C'eft de ces diverfes recherches, ainfi que de
nos effais fur cette matière, que nous emprunterons ce que nous allons dire fur la farine.

L'eau eft l'agent le plus fubtil & le moins capable d'altérer les diverfes matières dont il fe

charge, ou qu'il fépare fuivant les loix de leur diffolubilité. C'eft auffi de ce fluide qu'on peut fe fervir avec le plus de fuccès pour obtenir les différentes fubftances dont la farine de froment eft compofée. Pour faire cette forte d'analyfe vraie, on forme une pâte avec de la farine & de l'eau ; on malaxe cette pâte au-deffus d'une terrine, & fous un robinet qui laiffe couler un filet d'eau ; ce fluide tombant fur la pâte, en enlève une poudre blanche très-fine qui la rend laiteufe ; on continue de la manier ainfi jufqu'à ce que l'eau qui la lave coule claire dans la terrine. Alors la farine fe trouve naturellement féparée en trois fubftances : une matière grife & élaftique qui refte dans la main, qui a été appelée partie glutineufe, ou végéto-animale à caufe de fes propriétés ; une poudre blanche dépofée par l'eau, c'eft la fécule ou l'amidon ; & une matière tenue en diffolution dans l'eau qui paroît être une forte d'extrait muqueux. Paffons à l'examen des propriétés de chacune de ces trois fubftances.

§. I. *De la partie glutineufe du Froment.*

La partie glutineufe eft une matière tenace, ductile, élaftique, d'un gris blanchâtre. Lorfqu'on la tire, elle s'étend environ vingt fois plus qu'elle ne l'étoit, & elle paroît compofée de fibres ou de filets posés à côté les uns des autres, suivant la direction dans laquelle elle a été tirée. Si l'effort qui l'étend cesse, elle reprend élastiquement son premier volume. On peut , en l'étendant en plusieurs dimensions , l'amincir assez pour qu'elle imite par sa surface polie , le tissu des membranes des animaux. Dans cet état, elle adhère fortement aux corps secs , & forme une colle très-tenace que quelques personnes employoient pour réunir les porcelaines brisées, long-tems avant qu'on eût trouvé le moyen chimique de l'obtenir.

Son odeur est douce & comme muqueuse ; sa saveur est fade ; exposée à un feu capable de la dessécher promptement, elle se gonfle prodigieusement. Elle se defsèche très-bien à un air sec ou à une chaleur douce. Alors elle devient demi-transparente , dure & cassante comme de la colle forte ; elle se casse net & avec bruit , comme elle.

Si on la met dans cet état sur un charbon ardent , ou au-dessus de la flamme d'une bougie , elle présente tous les caractères d'une matière animale ; elle pétille, se gonfle, se liquéfie, s'agite & brûle comme une plume ou une corne, en répandant une odeur forte & fétide. En la distillant à la cornue, elle donne, comme le font les substances animales, de l'esprit alkalin, du sel

alkali volatil concret & une huile empyreumatique ; fon charbon eft très-difficile à incinérer ,
& ne donne pas d'alkali fixe.

Le gluten frais expofé à un air chaud & humide, s'y altère & s'y pourrit abfolument comme
les parties des animaux. Lorfqu'il retient encore
un peu d'amidon, ce dernier paffant à la fermentation acide, retarde & modifie la fermentation putride, & le met dans un état qui tient
de près à celui du fromage. Auffi M. *Rouelle*
a-t-il préparé avec du gluten un fromage fingulièrement femblable par l'odeur & la faveur, à
ceux de Gruyère & de Hollande un peu affinés.

L'eau ne diffout en aucune manière la partie
glutineufe. Lorfqu'on la fait bouillir avec ce
fluide, elle devient folide ; elle perd fon exten-
fibilité & fa qualité collante, mais elle n'acquiert
ni faveur ni diffolubilité dans la falive. Obfervons cependant que c'eft à l'eau qui a fervi à
former la pâte, que le gluten doit fon élafticité
& fa folidité. En effet, dans la farine, cette portion végéto-animale, fufceptible de prendre une
forme folide & élaftique, étoit pulvérulente &
fans cohérence ; mais dès qu'on verfe de l'eau
fur la farine & qu'on la mêle, ces molécules
qui doivent jouir de la propriété glutineufe ,
abforbent ce fluide, fe collent par fon moyen,
& forment enfin l'efpèce de folide élaftique qu'on

appelle gluten. L'eau contribue donc beaucoup à conftituer cette fubftance , & peut-être doit-on la regarder comme un compofé particulier faturé d'eau , & qui ne peut en abforber davantage. Cela eft fi vrai , qu'en la privant d'eau par la defficcation, elle perd abfolument fa propriété élaftique & collante.

La plupart des fubftances falines ont une action plus ou moins marquée fur le gluten. L'alkali fixe en liqueur le diffout à l'aide de l'ébullition. Cette diffolution eft trouble , & elle dépofe du gluten non élaftique par l'addition des acides.

Les acides minéraux diffolvent le gluten. L'acide nitreux le diffout avec beaucoup d'activité , & en répandant une grande quantité de gaz nitreux. Cette diffolution eft jaune. Celle par les acides vitriolique & marin eft brune violette. Il fe fépare de ces diffolutions une efpèce de matière huileufe ; le gluten y eft dans un véritable état de décompofition. M. *Poulletier*, à qui font dues toutes ces belles expériences, a découvert qu'on pouvoit retirer de ces combinaifons diffoutes dans l'eau, dans l'efprit de vin, digérées & évaporées à l'air libre, des fels ammoniacaux. Cette découverte femble prouver que l'alkali volatil exifte tout formé dans le gluten. Il réfulte de tout ce que nous avons dit fur cette fubftance, qu'elle eft entièrement différente de toutes celles que nous avons reconnues juf-qu'actuellement dans les végétaux; & qu'elle fe rapproche par beaucoup de caractères de la partie fibreufe du fang. C'eft à ce gluten que la farine de froment doit la propriété qu'elle a de former une pâte très-liante avec l'eau, & de la facilité avec laquelle elle lève. Il paroît qu'elle n'exifte pas, ou au moins qu'elle n'exifte qu'en très-petite quantité dans les autres farines, telles que celles de feigle, d'orge, de farrazin, de riz, &c. qui toutes forment des pâtes folides, mattes, peu ductiles & caffantes, & qui ne lèvent que peu ou point lorfqu'on les expofe à la température qui fait lever la pâte de farine de froment. Il n'y a donc que cette dernière qui a véritablement toutes les qualités néceffaires pour faire un bon pain.

M. *Rouelle* le jeune a dit avoir retrouvé une fubftance glutineufe analogue à celle de la farine de froment, dans les fécules vertes des plantes qui donnent à l'analyfe de l'alkali volatil & de l'huile empyreumatique, comme la partie glutineufe dont nous venons de parler.

§. II. *De l'Amidon de froment.*

L'amidon ou la matière amylacée, eft la partie la plus abondante de la farine; c'eft elle qui fe précipite de l'eau qui l'entraîne lorfqu'on lave la pâte pour obtenir le gluten pur. Cette fubftance eft très-fine, douce au toucher ; elle n'a pas de faveur fenfible. Sa couleur eft un blanc gris & fale lorfqu'on l'extrait par le procédé que nous avons décrit ; mais les Amidonniers parviennent à le rendre extrémement blanc en le laiffant féjourner dans une eau acide qu'ils nomment eau fûre. Il paroît, d'après les recherches de M. *Poulletier*, que la fermentation qui s'excite dans ce fluide, blanchit & purifie l'amidon, en atténuant & en détruifant même la fubftance extractive muqueufe qui fe précipite avec lui dans le premier lavage. L'amidon confidéré chimiquement eft un mucilage d'une nature particulière. Ce mucilage, qui a été regardé fauffement comme une terre par quelques Chimiftes, diffère beaucoup de la partie glutineufe. Il brûle fans répandre une odeur empyreumatique comme cette dernière. Diftillé à feu nu, il donne un phlegme acide d'une couleur brune, & une huile empyreumatique très-épaiffe fur la fin de la diftillation. Son charbon s'incinère affez facilement, & on trouve de l'alkali fixe dans fes cendres.

L'amidon n'eft pas foluble dans l'eau froide ; mais lorfqu'on le fait bouillir dans l'eau, il forme avec ce fluide de la colle, ou plutôt de l'empois. Ce dernier expofé à l'air humide, perd peu à peu sa confiſtance, fermente, paſſe à l'aigre & ſe couvre de moiſiſſure.

On n'a point encore examiné l'action des ſubſtances ſalines ſur l'amidon ; mais ce que nous venons de détailler des propriétés de cette matière ſuffit pour la bien diſtinguer de la partie glutineuſe. Toutes les fécules blanches que nous avons décrites ci-deſſus ſont de la même nature que la matière amylacée.

Comme l'amidon forme la plus grande partie de la farine, on ne peut douter qu'il ne ſoit la principale ſubſtance alimentaire contenue dans le pain. M. *Beccari* a trouvé que la quantité de la partie glutineuſe va depuis un cinquième juſqu'au tiers, & même plus, & que cette quantité varie ſuivant les qualités de la farine, qui dépendent de l'eſpèce de blé qui l'a fournie, & de celles que ce dernier reçoit de la terre, & de l'état de l'atmoſphère.

§. III. *De la partie extractive muqueuſe de la Farine.*

En évaporant l'eau claire qui a ſervi à laver la pâte, & qui a laiſſé dépoſer l'amidon, M. *Poulletier* a obtenu une matière d'un jaune brun, viſqueuſe ; collante, poiſſante, dont la ſaveur étoit très-foiblement ſucrée. Cette ſubſtance que ce Savant nomme mucofo-fucrée, lui a préfenté dans fa combuftion & fa diftillation tous les phénomènes du fucre. C'eft elle qui excite la fermentation acide dans l'eau qui furnage l'a-midon, puifque, comme l'obferve très-bien M. *Macquer*, ce dernier n'eft nullement foluble dans l'eau froide. La matière mucofo-fucrée n'eft qu'en très-petite quantité dans la farine de froment; peut-être exifte-t-il d'autres farines dans lefquelles elle eft plus abondante.

On ne peut douter que, quelque petite que foit la dofe de cette fubftance dans la farine de froment, elle ne joue cependant un rôle dans la fermentation particulière qui s'établit dans la pâte, & qui la fait lever. Ce mouvement né-ceffaire pour faire du bon pain, eft encore peu connu, quant à fa nature. Il femble que ce ne foit qu'un commencement de fermentation pu-tride dans le gluten, acide dans l'amidon, & peut-être fpiritueufe dans la matière mucofo-fucrée; de ces trois fermentations commen-çantes, & qui s'oppofent un mutuel obftacle, naît peut-être le mixte peu connu, beaucoup plus léger que la pâte, & qui par la cuiffon doit former le pain. Ce qu'il y a de certain, c'eft que dans le pain les trois fubftances que nous venons d'examiner fe trouvent combinées enfemble, & tellement altérées qu'on ne peut

plus

plus les extraire. L'action de la chaleur fuffit même fans le mouvement de la fermentation, pour combiner & dénaturer tellement ces trois fubftances, que le pain azime ou cuit fans qu'il ait levé, ne fournit plus de partie glutineufe, fuivant M. *Malouin.*

On voit par ces détails combien les autres farines que celles de froment, & encore plus les fruits ou les femences légumineufes & farineufes, telles que les fèves, les pois, les châtaignes, &c. font éloignées de pofféder toutes les qualités néceffaires pour faire du bon pain.

Des parties colorantes des Végétaux.

Les végétaux contiennent des parties colorantes dans tous leurs organes. Ces parties diffèrent beaucoup les unes des autres; fouvent une matière végétale qui n'a point de couleur apparente, en prend une très-marquée par des menftrues particuliers. C'eft fur la diffolubilité des parties colorantes dans les différens menftrues, fur la manière de les appliquer aux fubftances à teindre, & de les rendre fixes & tenaces fur ces matières, qu'eft fondé l'art de la teinture, dont tous les procédés font abfolument chimiques. En examinant les propriétés de chaque matière colorante, nous aurons occafion de parler des principes de cet art important, fur lequel MM. *Hellot, Macquer, le Pileur d'Apligny , Hecquet d'Orval , Quatremere Dijonval* & l'Abbé *Mazéas* ont donné d'excellens Ouvrages.

Il paroît que la matière colorante proprement dite des végétaux, n'eſt pas encore connue. M. *Rouelle* croyoit que la partie verte ſi abondante dans le Règne végétal, étoit analogue au gluten de la farine; mais il eſt certain que cette matière préſente des caractères chimiques différens, ſuivant la baſe à laquelle elle eſt unie. C'eſt donc cette baſe plutôt que la partie colorante elle-même dont on veut parler, en diſant que telle ou telle couleur eſt extractive, telle autre réſineuſe, &c. La véritable ſubſtance qui colore chacune des parties végétales employées dans les arts, eſt ſans doute un corps très-tenu, & peut-être auſſi diviſé que le principe des odeurs. On feroit même porté à croire qu'elle ne réſide que dans une modification particulière des parties ſolides & liquides des végétaux.

Il eſt important de rappeler ici que la coloration des végétaux dépend abſolument du contact de la lumière. Seroit-ce donc une portion de ce fluide qui ſe feroit combinée avec les humeurs des végétaux ? La Phyſique & la Chimie font encore loin de réſoudre ce problême.

Quoi qu'il en foit, comme il eft impoffible de féparer entièrement la matière colorante de la bafe végétale à laquelle elle adhère, on eft convenu de prendre ces deux fubftances enfemble pour la partie colorante.

M. *Macquer* eft celui de tous les Chimiftes qui a le mieux diftingué les différentes matières colorantes des végétaux, confidérées relativement à la teinture ; & fa théorie fur l'application & la fixation des couleurs aux fubftances à teindre, eft fans contredit la plus fatisfaifante. Notre intention étant de lier cette théorie de la teinture avec l'hiftoire des propriétés chimiques des parties colorantes végétales, nous les confidérerons relativement à ces dernières propriétés.

1°. Un grand nombre de parties colorantes végétales qui font extractives ou favonneufes, fe diffolvent très-facilement dans l'eau. La gaude, la garance, le bois de Campêche, le bois d'Inde, le bois de Bréfil fourniffent des couleurs jaunes ou rouges de cette efpèce. On conçoit que des matières teintes avec ces couleurs, doivent perdre leur teinture à l'eau ; auffi fe fert-on pour rendre ces couleurs durables, d'une matière capable de les fixer en les décompofant ; comme d'un fel acide, tels que le tartre rouge, l'alun & plufieurs autres. Ces fels font appelés mordans. Un acide libre feroit le même effet, mais il altéreroit la partie colorante. La portion d'acide furabondante de l'alun s'unit à l'alkali de l'extrait favonneux colorant, & fait précipiter fur la matière que l'on teint, la partie réfineufe qui eft alors infoluble dans l'eau. Cependant cette portion colorante, rendue infoluble par l'alun ou le mordant, eft de deux efpèces; la première eft très-folide & réfifte à l'air, aux favons & à toutes les épreuves nommées en teinture *débouillis*. On défigne cette première couleur par le nom de bon teint ou grand teint. L'autre s'altère à l'air, & fur-tout par l'action des débouillis; on la nomme de faux teint ou de petit teint. Il faut obferver que la laine eft la fubftance qui prend le mieux la couleur, & qu'enfuite la foie, le coton, le fil de chanvre & le lin font les matières qui fe teignent de plus en plus difficilement, & qui retiennent moins bien les fubftances colorantes.

Les Auteurs qui fe font occupés de la teinture, ont eu diverfes opinions fur la manière dont les parties colorantes s'appliquent aux fubftances qui font expofées à leur contact. Plufieurs ont imaginé que cette application n'avoit lieu qu'en raifon des pores plus ou moins grands & plus ou moins nombreux des matières que l'on teint, & que la laine ne prenoit mieux la couleur que la foie & le fil, que parce que fes pores étoient plus ouverts & plus nombreux. Mais M. *Macquer* pense que cette application plus ou moins facile, dépend de la nature relative de la partie colorante & de la matière à teindre, & que la coloration est une véritable peinture, dont la réussite & l'adhérence est due à une affinité & à une union intime entre la couleur & la substance teinte. Ce Chimiste célèbre a adopté cette opinion, d'après le grand nombre d'expériences qu'il a faites sur cet art, qui doit beaucoup à ses découvertes.

2°. Il est une autre classe de matières colorantes qui semblent être des composés d'extraits savonneux & de résines. M. *Macquer* les nomme *résino-terreuses*. Lorsqu'on fait bouillir ces matières dans l'eau, la substance résineuse qu'elles contiennent s'étend dans ce fluide à l'aide de la chaleur & de la portion savonneuse dissoute; mais elle se précipite à mesure que la décoction ou le bain refroidit. Lors donc qu'on plonge de la laine ou une autre matière dans la décoction d'une partie colorante mixte de cette nature, la résine se précipite par le refroidissement, & s'applique sans autre préparation sur ces substances. Comme elle n'est pas soluble dans l'eau, elle forme une couleur de bon teint. On retire des parties colorantes de cette nature de presque tous les végétaux astringens; tels que le brou de noix, la racine de noyer, celle de patience, le fumac, l'écorce d'aune, le bois de fantal, &c. Ces couleurs font toutes fauves ; les Teinturiers les nomment couleurs de racines. Elles fervent le plus fouvent à former un très-bon fond, fur lequel on applique d'autres couleurs plus brillantes. Il faut encore remarquer que les ingrédiens colorans, qui n'exigent aucune préparation, ni pour eux, ni pour les matières à teindre, fourniffent l'efpèce de teinture la plus fimple & la plus facile à pratiquer.

3°. Le principe colorant de plufieurs autres fubftances réfide dans une matière purement réfineufe, infoluble dans l'eau. Quelques-unes de ces matières ne font même point folubles dans l'efprit de vin ; mais toutes le font dans les alkalis, qui les mettent dans une forte d'état favonneux, & les rendent folubles dans l'eau. Les principales couleurs de cette nature que l'on emploie pour teindre, font les fuivantes :

a. Le rocou, efpèce de fécule qu'on retire, par la macération, des femences de l'*urucu* putréfiées dans l'eau. Cette fécule fe dépofe pendant la putréfaction ; elle eft d'abord rouge, & elle devient briquetée par le laps du tems. On délaie cette pâte dans l'eau avec l'alkali des cendres gravelées, que nous connoîtrons bientôt, & on plonge les matières à teindre dans ce bain.

Il s'y dépose sans mordant une couleur jaune dorée ou orangée, assez belle.

b. La fleur de carthame ou de safran bâtard, donne une couleur rouge très-belle par le même procédé. Cette fleur contient deux parties colorantes distinctes ; l'une purement extractive & dissoluble dans l'eau ; l'autre résineuse. Pour obtenir cette dernière, il faut retirer d'abord ce que le carthame contient de dissoluble dans l'eau par des lavages exacts ; ensuite on la mêle avec des cendres gravelées ou de la soude ; on lessive ce mélange, & il sert ainsi à la teinture. Mais comme l'alkali en altère & en ternit la couleur, on trempe la matière teinte dans l'eau rendue acide par le suc de citron : cet acide s'empare de l'alkali, & laisse la partie colorante qu'il avive & fait passer au rouge.

c. L'orseille est une pâte qui se prépare avec des mousses & des lichens qu'on fait macérer dans de l'urine avec de la chaux ; cette dernière dégage l'alkali volatil, qui développe la couleur rouge. L'orseille, délayée dans de l'eau, donne une teinture sans autre apprêt ; les alkalis en tirent une couleur violette ; mais elle est de faux teint ; elle s'altère à l'air, & les acides la jaunissent.

d. L'indigo, dont le bleu est foncé, violet, & comme cuivreux, est une fécule que l'on prépare à Saint-Domingue, aux Antilles, &c. en faifant macérer dans des auges de pierre remplies d'eau, les tiges de l'indigotier ou *anillo*. L'eau devient bleue ; on la bat fortement, & la fécule fe précipite. L'indigo féparé de l'eau, eft mis dans des chauffes de toile pour le laiffer égoutter ; on le fait enfuite fécher dans de petites caiffes de bois, & on le caffe en morceaux quand il eft fec. On le regarde comme bon quand il flotte fur l'eau, & qu'il brûle entièrement fur une pelle rouge. On en extrait la partie colorante par les alkalis, & on l'applique aux matières que l'on veut teindre, fans avoir befoin d'aucune efpèce d'apprêt ; on ne peut les aviver par les acides qui en altèreroient la couleur.

4°. Il y a quelques parties colorantes diffolubles dans les huiles. L'orcanette ou la racine rouge d'une efpèce de buglofe, communique fa couleur à l'huile. L'efprit de vin en diffout auffi plufieurs ; les fécules vertes s'y diffolvent ainfi que dans l'huile. Il eft aifé de concevoir qu'on ne fait point ufage de ces couleurs dans la teinture, parce qu'il eft impoffible d'y employer les fubftances néceffaires pour les extraire.

Telles font les principales connoiffances acquifes fur les couleurs végétales. Il en réfulte que tous les principes immédiats des végétaux peuvent être la bafe de ces parties colorantes ; puifqu'on en trouve de favonneufes, de réfineuſes, d'extractives. Quelques - unes même ſemblent être de la nature des huiles graſſes, puiſqu'elles ne ſont ſolubles ni dans l'eau, ni dans l'eſprit de vin, tandis qu'elles ſe diſſolvent très-bien dans les alkalis. Enfin, il en eſt quelques-unes analogues à la partie glutineuſe, ſuivant *M. Rouelle.* Il y a tout lieu de croire que des recherches ſuivies ſur cet objet, feront découvrir pluſieurs autres propriétés dans ces matières qui ſont très-abondantes dans les végétaux, & qu'elles contribueront aux progrès de la teinture, l'un des arts auxquels la Chimie eſt capable de rendre les plus grands ſervices.

LEÇON LI.

De l'analyſe des Plantes à feu nu.

APRÈS avoir examiné toutes les matières qu'on peut retirer des végétaux par des moyens ſimples & incapables de les altérer ; après avoir regardé ces matières comme les principes immédiats de ces corps, il eſt néceſſaire de conſidérer quelles ſont les altérations qu'ils peuvent éprouver de la part du feu.

Les anciens Chimiſtes ne connoiſſoient guère

que cette sorte d'analyse sur les végétaux ; &
toutes leurs recherches sur la nature de ces êtres,
consistoient à déterminer combien d'esprit,
d'huile & de sel volatil ils donnoient à la cornue. Aujourd'hui l'on n'a plus de confiance dans
ce moyen; on sait que presque toutes les plantes
donnent, à peu de choses près, les mêmes produits, & la distillation d'un très-grand nombre
de ces corps, faite par des Chimistes d'ailleurs
fort estimables & fort instruits, n'a servi qu'à
nous détromper sur cette analyse. En effet,
comment concevroit-on que l'action du feu, qui
s'exerce sur tous les principes différens contenus dans un végétal, tels que l'extrait, le mucilage, l'huile, la résine, la matière saline, &
qui décompose chacun de ces principes d'une
manière particulière, pût éclairer sur la nature & la
quantité de ces principes, sur-tout lorsqu'on observe que les produits de ces diverses décompositions s'unissent entr'eux, & donnent naissance
à de nouveaux corps qui n'existoient pas dans
le végétal qu'on examine ? L'analyse des végétaux à la cornue, est donc une analyse compliquée, fausse & trompeuse.

Cependant, comme dans l'examen chimique
d'une matière quelconque, on ne doit négliger
aucun des moyens que l'art fournit pour en découvrir la nature, on peut avoir recours à cette

analyfe, afin d'en obferver les effets, bien prévenu qu'on ne doit pas trop compter fur ce
genre de recherches. Il arrive même quelquefois que lorfque, dans le travail que l'on fait fur
une fubftance végétale pour en reconnoître les
propriétés chimiques, on compare les effets des
menftrues aqueux, fpiritueux & huileux fur cette
fubftance, avec les altérations qu'elle éprouve
de la part du feu, ces dernières s'accordent avec
l'action des diffolvans, & indiquent par les produits de la diftillation, la matière contenue en
plus ou moins grande quantité dans le végétal,
la nature de fon fel, &c. Mais pour tirer ce
parti de l'analyfe à feu nu, il faut, 1°. bien connoître l'action du feu fur chaque principe im-
médiat ou prochain des végétaux, tels que l'extrait, le mucilage, la matière faline, les fucs
huileux, fluides ou fecs, &c. 2°. comparer les
produits de la diftillation du végétal entier avec
ceux que donnent ordinairement les principes
prochains, traités de la même manière; 3°. analyfer en même tems par les menftrues le végétal, afin de reconnoître fes principes prochains,
& de pouvoir tirer des inductions utiles fur les
altérations que le feu lui fait fubir.

Le procédé néceffaire pour diftiller les végétaux
à feu nu, eft très-facile & très-fimple. On met dans
une cornue de verre ou de terre, une quantité don-

née du végétal fec ; on a foin de ne remplir ce vaiſſeau qu'à la moitié ou aux deux tiers ; on place la cornue dans un fourneau de réverbère ; on ajuſte à fon col un ballon proportionné. Autrefois on recommandoit de ſe ſervir d'un ballon perforé d'un petit trou, afin de donner iſſue à l'air, qu'on diſoit ſe dégager en plus ou moins grande quantité des végétaux, & qui expoſe les vaiſſeaux à la rupture. Aujourd'hui l'on ſait que le fluide aëriforme qui s'échappe de ces corps mis en diſtillation, n'eſt preſque jamais de l'air, mais bien de l'acide crayeux ou du gaz inflammable. Or, comme ces fluides élaſtiques ſont auſſi bien des produits du végétal, décompoſé par l'action du feu, que le phlegme, les huiles & les ſels volatils, il eſt important de les recueillir comme ces derniers ; à cet effet, l'on doit employer un récipient perforé, joint à un ſyphon recourbé, dont une extrêmité eſt reçue ſous une cloche pleine d'eau, où mieux encore de mercure. Par ce moyen, les produits liquides ſe raſſemblent dans la capacité du récipient, & les produits aëriformes dans les cloches poſées ſur la planche d'une cuve pneumato-chimique (*a*). Lorſque la ſubſtance que l'on diſ-

---

(*a*) On trouvera à la fin de ce Volume une planche dans laquelle j'ai fait graver cet appareil. M. *Brongniart*, Dé-

tille eſt ſuſceptible de fournir quelque ſel concret, on met entre la cornue & le récipient une
allonge en fuſeau, ſur les parois de laquelle ce
ſel ſe ſublime. Dans cette eſpèce de diſtillation
on doit donner le feu par degrés & avec précaution, pour obtenir les produits dans l'ordre
de leur volatilité, & pour les empêcher de ſe
confondre. On commence par quelques charbons que l'on place ſous la cornue, & on augmente peu à peu le feu juſqu'à ce que ce vaiſſeau ſoit rouge, & qu'il ne paſſe plus rien. On
laiſſe refroidir la cornue & on délutte l'appareil
pour examiner chacun des produits que l'on a
obtenus.

Quoique la diſtillation à feu nu des végétaux
ne donne jamais que des produits ſur leſquels
on ne doit pas entièrement compter, ces produits diffèrent cependant aſſez les uns des autres,
pour devoir être ſoigneuſement diſtingués. Ce
qui paſſe en premier eſt une liqueur aqueuſe,
chargée de quelques principes odorans & ſalins.

---

monſtrateur de Chimie au Jardin du Roi, Artiſte très-
exercé & très-habile, employe cet appareil depuis quelques
années dans ſes Cours, & il en obtient le plus grand ſuccès.
Lorſqu'on veut faire une diſtillation exacte & recueillir tous
les produits d'une matière minérale, végétale ou animale,
on doit toujours ſe ſervir de cette eſpèce de récipient.

Ce phlegme prend peu à peu plus de couleur & plus de propriétés salines. Il lui succède une huile colorée, dont la couleur se fonce à mesure que la distillation avance, & qui prend en même-tems de la consistance & de la pesanteur. Cette huile est tantôt légère & fluide, d'autres fois pesante & susceptible de devenir solide. Elle exhale constamment une odeur forte & empyreumatique. Il se dégage en même-tems qu'elle une plus ou moins grande quantité de fluides élastiques, qui sont ou de l'acide crayeux, ou du gaz inflammable, & le plus souvent ces deux substances mêlées. C'est aussi à cette même époque que se sublime le sel volatil, lorsque le végétal est de nature à en fournir. Lorsque toutes ces matières sont passées, le végétal est réduit dans l'état charbonneux. Revenons maintenant sur chacun de ces produits, & voyons quelle est leur nature, & à quelles substances ils doivent leur formation.

Le phlegme est dû à l'eau de composition du végétal, & en partie à l'eau de végétation, sur-tout lorsque le corps analysé n'est pas entièrement sec ; ce qui fait qu'il est plus ou moins abondant, suivant la plus ou moins grande dessiccation que le végétal a éprouvée avant d'être soumis à la distillation. Ce phlegme est plus ou moins coloré en rouge par la petite quantité de matière huileuse qu'il enlève, & qui est mis dans un état savonneux par le sel qu'il tient ordinairement en dissolution. La matière saline qui lui est unie, est le plus souvent acide; c'est pour cela qu'ordinairement il rougit le sirop de violettes, & fait effervescence avec les alkalis crayeux. Cet acide appartient aux mucilages & aux huiles. Quelquefois le phlegme est alkalin, comme dans la distillation des plantes nitreuses, crucifères, des semences émulsives & farineuses. Souvent il est ammoniacal, parce que l'alkali volatil qui succède à l'acide, se combine avec lui. On s'assure de ce fait en jetant un peu d'alkali fixe ou de chaux vive dans ce phlegme. Lorsqu'il est ammoniacal, il se dégage une odeur vive d'alkali volatil. Quoique les acides des végétaux ne paroissent pas être tous de la même nature, ceux que l'on obtient dans leur dissolution présentent les mêmes caractères extérieurs, mais ils n'ont pas été assez examinés pour qu'on puisse connoître entièrement leurs propriétés.

Les huiles des végétaux obtenues par la distillation à la cornue, sont toutes très-odorantes, très-colorées, & offrent absolument les mêmes propriétés. Les parties des végétaux qui contiennent une grande quantité de ces fluides inflammables, telles que les semences émulsives, donnent une grande quantité d'huile dans leur analyse. Les plantes odorantes en fourniſſent une qui retient une petite portion de leur odeur dans le commencement de la diſtillation , mais qui prend bientôt les caractères de toutes ces huiles, c'eſt-à-dire , la couleur , la peſanteur & l'odeur empyreumatique qui les diſtinguent. Tous ces fluides ſont très-inflammables ; l'acide nitreux les enflamme ; ils ſont diſſolubles dans l'eſprit de vin , & ils ſe reſſemblent tous de quelque végétal qu'on les retire. On peut, par la rectification , les rendre toutes très-fluides , très-légères, ſans couleur, en un mot dans l'état d'huiles éthérées ou eſſentielles.

Quant au ſel volatil, qui n'eſt que du ſel ammoniacal crayeux, on ne l'obtient que de quelques végétaux ; mais il ne faut pas croire, comme l'ont avancé quelques Chimiſtes, qu'on ne le retire que des crucifères. En général, toutes les plantes qui contiennent beaucoup de nitre, d'alkali fixe & d'huile, en fourniſſent. Il eſt très-rare cependant qu'on en obtienne une certaine quantité dans l'état concret; ſouvent il eſt diſſous dans les dernières portions de phlegme. Ce ſel paroît être dû à l'action réciproque de l'huile & de l'alkali fixe : voilà pourquoi il ne paſſe le plus ſouvent qu'à la fin de la diſtillation. Il paroît même que celui qui eſt emporté par le phlegme dans l'analyſe de quelques plantes, comme les crucifères,

fères, le pavot, la rue, &c. est toujours le produit d'une combinaison nouvelle, puisque M. *Rouelle* le jeune a démontré que les premières n'en contiennent pas dans leur état naturel.

Les fluides élastiques qui se dégagent pendant la distillation des végétaux, doivent être compris parmi les produits qu'on en obtient. Il paroît que leur nature dépend de celle du végétal. Une plante qui contient beaucoup de fluides combustibles huileux, fournit du gaz inflammable. Les mucilages donnent au contraire de l'acide crayeux. Nous avons dit à l'article du sucre, que MM. *Bergman & Fontana* avoient retiré de son acide une grande quantité d'air fixe, & que ce dernier Chimiste croyoit que les acides végétaux étoient formés en grande partie de ce fluide élastique. Il n'est donc point étonnant que les mucilages dans lesquels M. *Bergman* a trouvé le même acide que dans le sucre, donnent de l'acide crayeux à l'analyse. Ces fluides aëriformes ne passent que vers la fin de la distillation, parce qu'ils ne se dégagent que dans l'instant où le végétal se décompose entièrement. *Hales*, qui ne connoissoit point leur nature, avoit observé que la quantité d'air dégagé pendant la distillation des végétaux étoit d'autant plus grande, que ces derniers étoient plus solides; & il regardoit en conséquence cet élément comme le ciment & la caufe de la folidité des corps. On voit, d'après ce que nous venons d'expofer, ce qu'il faut penfer de cette hypo-thèfe.

Du Charbon végétal.

Le charbon eft le réfidu noir que laiffent les matières végétales après qu'elles ont éprouvé une décompofition complète de leurs principes volatils dans les vaiffeaux fermés. La propriété de donner du charbon n'appartient qu'aux ma-tières organiques qui contiennent la fubftance com-buftible nommée huile. C'eft à la décompofition de cette dernière qu'on attribue exclufivement la formation de la fubftance dont nous nous occupons.

Le charbon eft en général noir, caffant, fo-nore & peu folide. Il retient la forme du végé-tal, lorfque ce dernier étoit très-confiftant, & ne contenoit que peu de fluides. Si, au con-traire, on décompofe une plante tendre & qui contient beaucoup de fucs, ces derniers en fe dégageant, détruifent le tiffu organique., & don-nent un charbon friable qui ne préfente plus la forme du végétal décompofé. Les différentes matières végétales fourniffent des charbons plus ou moins abondans, fuivant la folidité & la forme de leur texture. Les bois en donnent beaucoup plus que les herbes ; les gommes plus que les réfines ; & ces dernières plus que les huiles fluides.

Le charbon eft un corps qui jouit de propriétés très-fingulières, & qui font en général peu connues. Quoiqu'il foit très-important en Chimie, & qu'il préfente des phénomènes tout-à-fait particuliers, aucun Chimifte n'a encore entrepris des recherches fuivies pour découvrir fa nature. *Stahl* le regardoit comme le principal foyer du phlogiftique ; & c'eft le Chimifte qui s'en eft le plus occupé. Ce qu'on fait des propriétés du charbon appartient prefqu'entièrement à l'ufage économique qu'on eft obligé d'en faire, & les travaux des Savans fur cet objet n'offrent encore rien de complet.

Le charbon, quant à fes propriétés phyfiques, diffère, fuivant l'état & la nature des végétaux qu'on a employés pour le former. Il eft tantôt dur, & conferve alors une partie de l'organifation du végétal ; d'autres fois il eft friable & comme pulvérulent. Les huiles pures en donnent un qui eft en molécules très-fines, & comme porphyrifées ; c'eft le noir de fumée. Sa pefanteur varie auffi fuivant les mêmes circonftances. Lorfqu'il eft bien fait, il n'a ni faveur, ni odeur fenfibles. Sa couleur fuit auffi les variétés de fes autres propriétés phyfiques. En effet, il eft d'un noir plus ou moins foncé, brillant ou mat. Mais l'examen le plus important de ce produit du feu concerne ses propriétés chimiques.

Le charbon exposé au feu le plus violent dans des vaiffeaux fermés, ne s'altère en aucune manière. Si on le chauffe dans un appareil pneumato-chimique, il donne une certaine quantité d'un gaz inflammable particulier, que nous ferons connoître plus bas; il n'eft aucunement altéré dans cette expérience. Si, au contraire, on le chauffe avec le contact de l'air, alors il brûle & fe réduit en cendres, mais avec des phénomènes particuliers, qu'il eft effentiel de diftinguer avec foin de ceux des autres matières combuftibles. Dès qu'il s'allume, il rougit, il s'embrafe, il préfente une flamme blanche d'autant plus confidérable qu'il eft en plus grande maffe. Il n'exhale aucune efpèce de fumée; il répand, dans l'atmofphère dont il abforbe la portion d'air pur, une vapeur ou un gaz meurtrier, qui paroît n'être que de l'acide crayeux; enfin, il fe confume peu à peu & laiffe une cendre plus ou moins blanche, en partie faline & en partie terreufe. Les différens charbons varient par leur inflammabilité, & c'eft même là la diftinction des charbons la plus utile pour les arts; les uns brûlent facilement avec flamme, & fe confument très-vîte; les autres ne s'allument qu'avec difficulté, ne brûlent que lentement, & ne fe réduifent en cendres qu'après avoir été tenus rouges pendant long-tems. Il en eft même quelques-uns, tels que ceux des huiles, qui ne brûlent qu'avec la plus grande difficulté.

La combuftion des charbons a été expliquée différemment par les différens Chimiftes. *Stahl* penfoit qu'elle n'étoit due qu'au dégagement du phlogiftique. M. *Macquer* a adopté cette opinion, en y ajoutant que l'air pur eft abforbé en même-tems que le phlogiftique s'évapore. Ce qu'il y a de plus frappant dans ce phénomène, c'eft la petite quantité de réfidu que donne le charbon après fa combuftion; il femble que toute cette fubftance foit entièrement évaporée, & c'eft vraifemblablement ce qui arrive. M. *Lavoifier* frappé fans doute de ce fait important, a cru pouvoir avancer dans un très-bon Mémoire fur la combuftion (*Acad. ann. 1777*), que le charbon s'approprie la bafe de l'air (a), & forme avec elle un acide *fui generis*, qui eft l'air fixe ou acide crayeux, tandis que la por-

______

(a) Il faut fe rappeler que ce Chimifte confidère l'air pur ou déphlogiftiqué, comme formé d'une bafe unie avec la matière du feu, qui lui donne fon aggrégation de fluide élaftique.

L l iij

tion de la matière du feu qui étoit le diffolvant de cette bafe, eft dégagée & fe préfente fous la forme de flamme & de lumière qui lui eft propre. Suivant cette opinion, l'acide crayeux eft une combinaifon du charbon avec la bafe de l'air. Pour nous, nous adoptons une hypothèfe qui nous paroît plus fimple ; le gaz inflammable, dégagé en grande quantité du charbon, fe combine avec l'air déphlogiftiqué de l'atmofphère, & forme de l'acide crayeux qui ne paroît être qu'une combinaifon de ces deux corps. Ainfi le gaz inflammable eft à l'acide crayeux, ce qu'eft le foufre à l'acide vitriolique, le gaz nitreux à l'acide nitreux, &c. Cela s'accorde d'autant mieux avec les faits, que le gaz inflammable du charbon précipite l'eau de chaux, lorfqu'on le fait brûler au-deffus de ce fluide, & paroît véritablement fe convertir en acide crayeux, en fe combinant avec l'air pur pendant fa combuftion. Ce fait que j'avois obfervé un grand nombre de fois, & communiqué à M. *Bucquet*, me paroiffoit très-propre à favorifer la doctrine que j'ai préfentée fur la nature du gaz inflammable & de l'acide crayeux, & j'ai eu le plaifir de le voir confirmé par M. *Lavoifier* dans fon Mémoire fur le pyrophore (*Acad. ann. 1777*), dont je n'avois aucune connoiffance avant fa publication. Au refte, quelle que foit la caufe des phénomènes de cette combuſtion, & quelque hypothèſe qu'on adopte ſur cette cauſe, les faits expoſés n'en ſont pas moins vrais, & c'eſt à ces faits ſeuls qu'on doit s'arrêter.

Le charbon expoſé à l'air en attire l'humidité, vraiſemblablement parce qu'il eſt très-poreux, & peut-être auſſi en raiſon des ſels qu'il contient, quoique ces ſels n'y ſoient point à nu. L'eau ne l'altère en aucune manière ; il n'éprouve non plus aucun changement des matières terreuſes ; mais preſque toutes les ſubſtances ſalines ſont ſuſceptibles d'agir ſur lui. M. *Rouelle* a reconnu que l'alkali fixe en diſſout une quantité conſidérable par la fuſion.

L'acide vitriolique le décompoſe dans les vaiſſeaux clos, ſuivant M. *Baumé*, lorſqu'on diſtille juſqu'à ſiccité un mêlange de cet acide avec le charbon.

L'acide nitreux agit d'une manière beaucoup plus rapide ſur cette ſubſtance. M. *Prieſtley* avoit obſervé qu'il ſe produit beaucoup de gaz nitreux dans ce mêlange. M. *Macquer* a vu que l'acide nitreux fait une efferveſcence très-ſenſible avec ce corps, à l'aide d'un certain degré de chaleur. M. *Prouſt* a réuſſi à enflammer le charbon avec un acide nitreux qui peſoit une once quatre gros vingt-trois grains, dans une bouteille qui tenoit une once d'eau diſtillée.

Les expériences de ce Chimiste sont si neuves & si importantes, que je crois devoir les rapporter ici telles qu'il les a décrites lui-même dans ses Observations sur des pyrophores sans alun, &c. insérées dans le Journal de Médecine, Juillet 1778.

« Un charbon d'extrait de carthame réduit » en poudre & récemment calciné, détonna » très-vivement avec l'acide nitreux, & la ra- » pidité de l'embrasement éleva la poudre com- » me une gerbe d'artifice très-jolie ; je calcinai » de la poudre très-fine de charbon ordinaire, » la détonnation réussit très-bien.

» J'introduisis environ un gros de poudre de » charbon dans une cornue de verre très-sèche ; » j'y versai ensuite environ un gros d'acide ni- » treux : celui-ci n'eut pas plutôt gagné le » fond de la cornue, que la détonnation se fit » avec la plus grande rapidité ; il sortit du bec » de la cornue, pendant que je la tenois à la » main, un jet de flamme de plus de quatre » pouces de long, qui entraîna avec lui de la » poudre & des vapeurs très-foncées d'acide » nitreux. Ces vapeurs se condensèrent en une » liqueur verte & peu fumante ; c'étoit de l'a- » cide nitreux affoibli par l'eau qui entroit dans » la composition de celui qui détonna le pre- » mier. Je reversai de nouvel acide nitreux sur

» le charbon qui reſtoit dans la cornue; je l'en-
» flammai de même juſqu'à ce que j'en euſſe
» épuiſé toute la quantité.

» J'ai répété cette expérience avec du noir
» de fumée calciné; elle ſe comporta de la
» même manière : on ne retrouve dans la cor-
» nue qu'une très-petite portion de cendre, quel-
» quefois à demi vitrifiée & adhérente au fond
» de la cornue.

» Tous les charbons généralement ſe char-
» gent d'une aſſez grande quantité d'humidité;
» il m'a paru que du charbon calciné & gardé
» du ſoir au lendemain, n'étoit plus propre à
» ces détonnations, parce qu'il s'étoit ſenſible-
» ment humecté dans cet eſpace de tems. Mais
» ce qu'il y a de plus ſingulier, c'eſt que ces
» expériences ſont capricieuſes & ne réuſſiſſent
» pas toujours, quoiqu'avec le même charbon,
» le même acide & les mêmes proportions.
» Voici un tour de main qui m'a ſemblé en
» aſſurer le ſuccès, c'eſt que ſi l'on verſe l'acide
» ſur le milieu de la poudre, elle ne s'enflamme
» pas; ſi au contraire on laiſſe couler l'acide
» ſur le bord du creuſet ou de la capſule, &
» qu'il ſe rende au fond, la détonnation part de
» ce point, la poudre ſe ſoulève & s'embraſe
» par l'acide nitreux; lorſque l'acide nitreux
» vient à manquer, la détonnation ceſſe d'elle-

» même, & le charbon qui l'environne reste
» noir ».

On ne connoît pas l'action des autres acides
sur le charbon.

Ce corps décompose à l'aide de la chaleur
tous les sels vitrioliques, & il forme du soufre
avec leur acide.

Il fait détonner le nitre qui le brûle à l'aide
de l'air pur qu'il fournit par l'action du feu.
On fait pour la Chimie & la Pharmacie une
préparation, qu'on appelle nitre fixé par le charbon. On mêle deux parties de nitre & une partie de charbon en poudre ; on projette ce mêlange dans un creuset rougi au feu ; il s'excite
une détonnation vive. Lorsqu'elle est cessée, il
reste une masse blanche qui attire l'humidité
de l'air, & qui n'est que de l'alkali fixe du nitre & du charbon ; en lessivant cette matière,
l'eau dissout l'alkali fixe, & il ne reste plus qu'une
substance regardée comme terreuse.

Le foie de soufre dissout le charbon avec
beaucoup de facilité par la voie sèche & par
la voie humide ; c'est même la substance qui s'y
combine le plus facilement. Cette découverte
est due à M. *Rouelle*.

Les métaux ne s'unissent point au charbon,
mais leurs chaux passent à l'état métallique, lorsqu'on les chauffe plus ou moins fortement avec

ce corps. Nous avons vu à l'article des métaux comment on peut concevoir ce phénomène, & quelles font les diverfes opinions des Chimiftes fur cet objet.

On a peu examiné l'action des fubftances végétales fur le charbon. On fait feulement que lorfqu'on mêle ce dernier avec des huiles graffes, on peut les rendre par ce moyen inflammables par l'acide nitreux; ce qui confirme la belle théorie de M. *Rouelle* fur l'inflammation des huiles par cet acide.

Tout ce que nous avons expofé fur les propriétés connues du charbon, tend à prouver que ce corps eft un compofé d'une matière combuftible, de fubftances falines, de terre & d'un peu d'eau. Peut-être la matière combuftible qui fait plus des trois quarts du charbon, eft-elle du gaz inflammable; c'eft au moins ce que les faits énoncés plus haut femblent indiquer. Au refte, il faut un plus grand nombre d'expériences fur ce fingulier produit, pour qu'on puiffe encore prononcer fur fa nature & fur fes principes.

Des Sels fixes des végétaux.

Lorfque l'on a brûlé un charbon végétal, il refte une matière grife, noirâtre ou blanche, fuivant la nature de ce charbon; cette matière

nommée cendre, est fort composée; lorsqu'elle est bien faite, elle ne contient que différentes matières salines & terreuses, mêlées
souvent avec du fer; lorsque le charbon étoit
peu combustible, elle contient encore quelquefois un peu de matière inflammable. M. *Lavoisier*, en examinant les cendres de bois employées
par les Salpêtriers, y a trouvé des matières extractives & résino-extractives. On a donné le nom
de sels fixes des plantes aux substances salines
que l'on retire par la lessive de leurs cendres.
On se sert de l'incinération des végétaux, pour
obtenir trois espèces de sels qu'il est nécessaire
de connoître.

1°. La potasse, d'où l'on retire l'alkali fixe
végétal, se prépare dans le Nord, en brûlant
le bois, qui y est fort abondant. Ce sel est fort
impur; il contient souvent des matières combustibles, qui en altèrent la blancheur; beaucoup
de sels neutres, tels que de la sélénite, du tartre
vitriolé, du sel de *Glauber*, du sel fébrifuge,
du sel marin, & un peu d'alkali minéral; du fer
& des substances terreuses. Pour purifier ce sel,
& en extraire l'alkali fixe végétal, dans son état
de pureté, on le fait dissoudre dans la plus
petite quantité possible d'eau froide. Ce fluide
se charge de l'alkali, & de quelques sels neutres,
& on le sépare par le filtre, de la terre, du char-

bon, du fer & de la sélénite que contient souvent la potasse. On évapore cette dissolution jusqu'à pellicule, & on y laisse se former par le repos & le refroidissement les cristaux des divers sels neutres qu'elle contient ; lorsqu'après plusieurs filtrations, évaporations & cristallisations, cette lessive ne donne plus de sels neutres, on l'évapore à siccité, & on la calcine. Ce sel est alors de l'alkali végétal crayeux assez pur ; il contient cependant toujours quelques sels neutres, & un peu de matières terreuses, qu'on peut encore en séparer en laissant reposer une dissolution bien chargée de cette potasse purifiée, & en séparant par le filtre le dépôt qui s'y forme. On peut alors l'employer avec sûreté aux expériences de Chimie les plus délicates.

2°. La soude, d'où l'on retire l'alkali minéral, est le résidu de la combustion des plantes qui croissent sur le bord de la mer. On la prépare à Alicante, en Espagne, dans le Languedoc, à Cherbourg, &c. Elle se fait en brûlant différentes sortes de plantes ; à Alicante on emploie les kalis, à Cherbourg on se sert des algues & des fucus connus sous le nom commun de varech ; la première plante contient beaucoup plus d'alkali minéral que la seconde, qui n'en donne presque point. On brûle ces diverses plantes bien sèches au-dessus d'une fosse. A Cherbourg, lorsque la combuſtion eſt avancée, & que les cendres ſont très-chaudes, on les agite & on les pètrit fortement avec de gros bâtons. Par ce mouvement, cette ſubſtance, qui eſt aſſez chaude pour éprouver une ſorte de demi-vitrification, ſe met en morceaux durs & ſolides, qu'on envoie dans le commerce ſous les noms de ſoude en pierre, ſalicore, ſalicote, la marie, alun catin. Les noms qui la diſtinguent le plus, & qui annoncent ſon état, ſont ceux du pays d'où on la tire, ou de la plante qui la fournit. La ſoude d'Alicante, appelée auſſi ſoude de barille, eſt la meilleure pour la Chimie & tous les arts où l'on a beſoin de la préſence de beaucoup d'alkali fixe minéral. La ſoude de Cherbourg ou de varech, eſt celle qui contient le moins d'alkali, & qu'on doit rejeter en Chimie, quoique pour la verrerie, on l'emploie avec beaucoup de ſuccès, parce que la fritte vitreuſe qu'elle préſente remplit les vues des Verriers, & facilite la vitrification. La ſoude, conſidérée chimiquement, eſt un compoſé d'alkali minéral, d'alkali végétal quoiqu'en petite doſe, de tartre vitriolé, de ſel de *Glauber*, de ſel marin, de charbon, de fer à l'état de bleu de Pruſſe, ſuivant l'obſervation de *Henckel*, & de terre en partie libre, en partie combinée avec l'alkali fixe, comme dans celle de Cherbourg. Pour ſéparer ces ſubſtances, & obtenir l'alkali minéral pur, on la leſſive avec de l'eau diſtillée froide ; on filtre cette leſſive pour ſéparer la terre, le fer & les matières charbonneuſes ; enſuite on l'évapore, comme nous l'avons dit pour la potaſſe. On ne purifie pas ſi bien cet alkali que celui de la potaſſe, parce que comme il criſtalliſe plus facilement, il entraîne dans ſa criſtalliſation les ſels neutres qu'il contient.

3°. On prépare en Pharmacie des ſels fixes, qui ſont connus ſous le nom de *Takenius.* Le procédé de ce Chimiſte conſiſte à mettre dans une marmite de fer la plante dont on veut retirer le ſel ; on fait chauffer ce vaiſſeau juſqu'à ce que ſon fond ſoit bien rouge ; la plante, qu'on remue continuellement, exhale beaucoup de fumée ; elle s'enflamme ; alors on couvre la marmite avec un couvercle qui laiſſe diſſiper la fumée en ſuffoquant la flamme. Par ce moyen, la plante ſe conſume peu à peu ; lorſqu'elle eſt réduite en une eſpèce de cendre noirâtre, on la leſſive avec l'eau bouillante, & en évaporant cette leſſive à ſiccité, on obtient un ſel jaunâtre ou brun. Ce ſel eſt ſouvent alkalin ; mais il eſt fort impur ; il contient beaucoup de matière extractive qui le colore, & qui ſe trouve mêlée avec tous les ſels neutres que la plante contenoit ; il eſt dans une ſorte d'état ſavonneux, ce qui le fait employer en Médecine avec quelque fuccès ; mais il ne faut pas croire qu'il ait les mêmes vertus que la plante d'où on l'a extrait, puifque la combuftion en a altéré néceffairement les principes. Enfin, il feroit importánr d'examiner par l'analyfe chimique les différens fels fixes des plantes, préparés à la manière de *Takenius*, pour découvrir les différentes fubftances falines & extractives qu'ils contiennent, & pour pouvoir déterminer leurs vertus & la dofe à laquelle chacun d'eux doit être adminiftré.

Des Terres végétales.

Lorfqu'on a enlevé par la leffive des cendres des végétaux, tout ce qu'elles contenoient de matières falines, il ne refte plus qu'une fubftance pulvérulente, plus ou moins blanche ou colorée, infipide, infoluble dans l'eau, & qu'on a regardée jufqu'à préfent comme des terres. On peut en retirer du fer par le barreau aimanté. Ce métal étoit tout formé dans le végétal ; & quelques Naturaliftes ont penfé que c'eft à lui que font dues les couleurs des plantes. M. *Baumé*, qui, dans fon Mémoire fur les argiles, a fait mention du réfidu terreux des végétaux, affure qu'il forme avec l'acide vitriolique de l'alun & une efpèce de félénite un peu différente de celle qui eft produite par la terre calcaire pure ; les autres acides

donnent

donnent avec ce réſidu des ſels ſpathiques, & un peu de ſels martiaux. M. *Baumé* croit, d'après cela, que la terre des végétaux eſt formée d'argile, & d'une terre voiſine des terres calcaires ; quoiqu'elle diffère ſenſiblement, ſuivant lui, de ces dernières, en ce qu'elle ne forme point de chaux vive par l'action du feu. Il penſe que l'argile eſt formée dans ces êtres par les colliſions qu'y éprouve la terre vitrifiable, & par l'action des acides auxquels elle ſe combine ; que l'argile une fois formée, paſſe à l'état de terre calcaire par les nouvelles élaborations qu'elle ſubit dans les filières des végétaux.

Qu'il nous ſoit permis d'obſerver que les découvertes faites en Suède ſur la nature ſaline des os des animaux, qui ſont à ces êtres ce que paroît être le tiſſu fibreux des végétaux, ſemblent annoncer que le réſidu de ces derniers n'eſt rien moins qu'une terre. Peut-être qu'une analyſe exacte, telle qu'on n'en a point encore faite ſur cet objet, apprendroit que ce qu'on a pris pour une matière terreuſe, n'eſt qu'un ſel phoſphorique calcaire. Au moins eſt-il permis de le ſoupçonner, d'après les travaux de M. *Margraf*, qui a retiré du phoſphore de la graine de ſinapi & de pluſieurs autres ſemences.

LEÇON LII.

De la Fermentation en général.

APRÈS avoir confidéré les végétaux tels que la nature nous les préfente, il faut connoître les changemens & les altérations qu'ils font fufceptibles d'éprouver dans différentes circonftances : ces altérations, qui dépendent entièrement de leur nature, font toujours dues à un phénomène que l'on appelle fermentation.

La fermentation eft un mouvement fpontané, qui s'excite dans un végétal, & qui en change totalement les propriétés. Ce mouvement eft propre aux fluides des corps organiques, & il n'y a que les fubftances élaborées par le principe de la vie végétale ou animale qui en foient fufceptibles. Les Chimiftes n'ont pas affez infifté fur cette importante vérité, dont l'application aux phénomènes des êtres organifés, eft fingulièrement utile au Médecin.

Il y a plufieurs circonftances néceffaires à toute efpèce de fermentation. Telles font :

1°. Un certain degré de fluidité ; en effet, des fubftances sèches n'éprouvent aucune efpèce de fermentation.

2°. Une chaleur plus ou moins forte. Les degrés de chaleur varient pour chaque espèce de fermentation ; mais le froid les arrête toutes.

3°. Le contact de l'air. C'est pour cela que les corps se conservent très-bien & sans aucune altération sous le vide.

Les Chimistes ont distingué, d'après *Boerhaave*, trois espèces de fermentations ; la spiritueuse, qui fournit de l'esprit ardent ; la fermentation acéteuse, qui donne le vinaigre ou l'acide ; la fermentation putride ou la putréfaction, qui produit de l'alkali volatil. Il faut observer qu'il y a plusieurs mouvemens fermentatifs, qui semblent ne point appartenir à ces trois espèces ; telles sont peut-être la fermentation panaire, celle des mucilages fades, celle qui développe des parties colorantes, &c. On a cru que les fermentations se suivoient toujours dans l'ordre que nous venons d'énoncer ; mais il y a des corps qui deviennent acides sans avoir passé auparavant à la fermentation spiritueuse ; & il en est d'autres qui se pourrissent sans éprouver les deux premières fermentations.

De la Fermentation spiritueuse.

La fermentation spiritueuse est celle qui fournit de l'esprit ardent. Pour bien connoître cette fermentation, nous confidérerons, 1°. les conditions néceffaires à fa production ; 2°. les phénomènes qui l'accompagnent ; 3°. les diverfes matières qui en font fufceptibles ; 4°. le produit qu'elle fournit.

§. I. *Des conditions néceffaires pour la Fermentation fpiritueufe.*

L'expérience a appris aux Chimiftes, que toutes les matières végétales ne font pas fufceptibles de paffer à la fermentation fpiritueufe, & qu'il eft néceffaire, pour qu'elle ait lieu, qu'on réuniffe plufieurs circonftances particulières : ce font ces différens objets que nous confidérons comme conditions néceffaires à la fermentation fpiritueufe.

Ces conditions font, 1°. un mucilage fucré. Il n'y a que cette matière qui foit fufceptible de paffer à la fermentation fpiritueufe.

2°. Une fluidité un peu vifqueufe. Un fuc trop fluide ne fermente pas plus qu'un fuc trop épais.

3°. Une chaleur de dix à quinze degrés au thermomètre de *Réaumur.*

4°. Une grande maffe, dans laquelle il puiffe s'exciter un mouvement rapide.

5°. L'accès de l'air, fans lequel elle ne peut avoir lieu.

§. II. *Des phénomènes de la Fermentation spiritueuse.*

Lorsque les cinq conditions que nous venons d'indiquer sont réunies, alors la fermentation spiritueuse a lieu, & on la reconnoît à des phénomènes constans qui la caractérisent. Voici ce que l'observation a appris sur cet objet.

1°. Il s'excite dans la liqueur un mouvement qui va en augmentant jusqu'à ce que la fermentation soit bien établie.

2°. Le volume du mélange est bientôt augmenté, & cette augmentation suit la progression du mouvement.

3°. La transparence de la liqueur est troublée par des filamens opaques qui sont agités & portés dans tous les points de ce fluide.

4°. Il se produit une chaleur qui va jusqu'à dix-huit degrés, suivant M. l'Abbé *Rozier.*

5°. Les parties solides mêlées à la liqueur s'élèvent & la surnagent à cause de l'air qui s'y développe.

6°. Il se dégage une grande quantité de gaz acide crayeux, ou d'air fixe. Ce gaz forme au-dessus des cuves une couche que l'on distingue facilement de l'air. C'est dans cette couche que M. *Priestley* & M. le Duc *de Chaulnes* ont fait leurs belles expériences. Les bougies s'y

éteignent, les animaux y meurent; la chaux diffoute dans l'eau y eft précipitée en craie; les
alkalis cauftiques criftallifent parfaitement. C'eft
cet acide contenu fur les cuves en fermentation
qui expofe à un danger fi grand les hommes
qui y travaillent.

7°. Le dégagement de ce gaz eft accompagné de la formation d'un grand nombre de
bulles, qui ne font dues qu'à la liqueur vifqueufe que l'acide crayeux eft obligé de tra-
verfer.

Tous ces phénomènes s'appaifent à mefure
que la liqueur, de douce & fucrée qu'elle étoit,
devient vive, piquante & fufceptible d'enivrer.

§. III. *Des diverfes Matières fufceptibles de paffer à la fermentation fpiritueufe.*

Le befoin a fuggéré aux hommes de préparer des liqueurs fermentées avec un grand
nombre de fubftances végétales différentes
les unes des autres ; mais l'expérience a convaincu qu'il n'y a que les matières fucrées qui
font fufceptibles d'en former. Parmi ces dernières, celles dont on fait le plus d'ufage, &
qu'il eft par conféquent néceffaire d'examiner,
font les fuivantes.

1°. Le fuc de raifin produit le vin proprement dit, la meilleure de toutes les liqueurs fer-

mentées. Pour bien connoître l'art du Vigneron,
dont l'objet eft très-important pour les befoins
de la vie, il faut examiner 1°. la nature du terrein où croît la vigne. On fait qu'un fol fec &
aride eft en général très-bon pour cette plante,
& qu'une terre graffe & forte ne lui convient
pas. 2°. Le travail & la culture de ce végétal;
on le taille, on en courbe les branches pour arrêter le cours de la sève : on a foin que la vigne
foit expofée au foleil, & fur-tout à la réverbération de fes rayons par la terre, &c. on ne lui
fournit point d'engrais, &c. 3°. L'hiftoire de la
végétation de la vigne, de fon expofition, de fa
floraifon, de la formation du raifin, de fa matu-
rité; 4°. celle des accidens auxquels elle eft expofée, tels que la gelée, la pluie abondante,
l'humidité ; 5°. le tems de la vendange, qui doit
être fec & chaud. Ces connoiffances préliminaires une fois acquifes, on doit confidérer l'art
de faire le vin, qui confifte à mettre les raifins
égrappés dans une cuve, à les expofer à une chaleur de quinze à feize degrés, à les écrafer, à
les fouler, à les agiter; alors la fermentation s'y
excite, & tous fes phénomènes ont lieu. Le fuc
de raifin, ou le moût, ne doit être ni trop fluide,
ni trop épais; dans le premier cas, on l'épaiffit
par la cuiffon; dans le fecond, on le délaye avec
de l'eau. On doit confulter, fur cet objet, les

M m iv

Ouvrages de M. l'Abbé *Rozier* & de M. *Maupin.*
Lorfque le vin eft fait, on le foutire & on le met
dans des tonneaux qu'on ne bouche pas. Il éprouve une feconde fermentation infenfible qui en
combine plus intimement les principes ; il s'en
précipite une lie fine & un fel connu fous le nom
de tartre, que nous examinerons ailleurs. Pour
le conferver, on le foufre ou on le mute, en faifant brûler dans le tonneau où il eft contenu,
des linges imprégnés de foufre.

Il eft encore important de connoître les différens vins. La France en produit un grand nombre d'excellens. Ceux de Bourgogne font les
meilleurs de tous pour l'ufage journalier. Leurs
principes font parfaitement combinés, & il n'y
en a aucun qui domine. Les vins de l'Orléan-
nois ont des qualités affez femblables à ceux de
Bourgogne, lorfque le tems a diffipé un peu de
leur verdeur, & a enchaîné l'efprit ardent qui y
eft excédent. Les vins rouges de Champagne font
très-bons & très-délicats. Le vin blanc non mouffeux de ce pays vaut beaucoup mieux que le vin
mouffeux, dont le goût piquant & aigrelet,
ainfi que la propriété de mouffer, dépendent de
l'acide crayeux qui y a pour ainfi dire été renfermé lorfqu'on l'a mis en bouteille avant que
la fermentation fût achevée. Les vins de Languedoc & de Guyenne font foncés en couleur,

très-toniques & très-ſtomachiques , ſur-tout quand ils ſont vieux. Les vins d'Anjou ſont blancs , fort ſpiritueux, & ils enivrent très-promptement.

Quant aux vins étrangers , ceux d'Allemagne connus ſous le nom de vins de Rhin & de la Moſelle, ſont blancs, très-ſpiritueux; leur ſaveur eſt fraîche & piquante ; ils enivrent très-promptement. Quelques vins d'Italie , tels que ceux d'Orviette, de Vicence, le Lacrima Chriſti, &c. ſont bien fermentés , & imitent aſſez les bons vins de France : ceux d'Eſpagne & de Grèce ſont en général cuits, doux , peu fermentés, & très-mal ſains. Il faut cependant en excepter ceux de Rota & d'Alicante , qui paſſent, avec raiſon, pour des ſtomachiques & des cordiaux très-utiles.

2°. Les pommes & les poires donnent le cidre & le poiré; ces eſpèces de vins ſont aſſez bons , & on peut en tirer de bonne eau-de-vie, comme l'a démontré M. *d'Arcet.*

3°. Les ceriſes fourniſſent un aſſez bon vin, dont on retire une eau-de-vie nommée par les Allemands *kirchenwaſſer.*

4°. Les abricots , les pêches , les prunes , en donnent de moins bon.

5°. Le ſucre diſſous dans l'eau fermente facilement ; on tire de cette eſpèce de vin une eau-de-vie nommée *taffia*, *rhum*, *guildive*, &c.

6°. Les femences des graminées, & fpécialement l'orge, fourniffent une efpèce de vin appelé bierre. L'art du Braffeur confifte dans les procédés fuivans. On fait tremper l'orge pendant trente ou quarante heures dans l'eau pour le ramollir; on laiffe germer cet orge mis en tas ; on le fèche à la touraille ou fourneau terminé par une tremie fur laquelle on l'étend ; on le crible enfuite pour en féparer les germes appelés *touraillons*; on le moud en une farine nommée malt ; on délaye cette farine dans la cuve *matière* avec de l'eau chaude qui diffout le mucilage; on nomme cette eau, premier métier; on la reverfe de nouveau fur le malt, après l'avoir fait chauffer, & elle forme le fecond métier ; on la fait cuire & on la met à fermenter avec du houblon & de la levûre, dans une cuve nommée cuve *guilloire*; quand la fermentation eft appaifée, on l'agite ou on bat la guilloire; on tire la bierre dans des tonneaux; la fermentation fecondaire en élève une écume nommée levûre, qui fert à exciter la fermentation de la décoction d'orge dans la cuve guilloire. La germination développe dans l'orge une matière fucrée, à laquelle il doit la propriété de former du vin; on en pourroit faire de même avec la plupart des autres femences graminées.

§. IV. *Du produit de la Fermentation spiritueuse.*

Le produit de toutes ces subſtances fermentées, eſt une liqueur particulière plus ou moins colorée, d'une odeur aromatique, d'une ſaveur piquante & chaude, qui ranime le jeu des fibres affoiblies, lorſqu'on la prend à petite doſe, & qui enivre lorſqu'on en boit trop; c'eſt ce que tout le monde connoît ſous le nom de vin.

Le vin de raiſin que nous prendrons pour exemple, eſt un compoſé d'une grande quantité d'eau, d'eſprit ardent, d'un ſel eſſentiel, nommé tartre, & d'une matière extracto-réſineuſe colorante, à laquelle les vins rouges doivent leur couleur.

Avant d'indiquer les moyens de ſéparer ces principes, il faut connoître les propriétés du vin entier non altéré, & ſes uſages. Le vin eſt ſuſceptible de diſſoudre beaucoup de corps, en raiſon de l'eau, de l'eſprit ardent & du ſel eſſentiel acide dont il eſt formé. Il s'unit aux extraits, aux réſines, à certains métaux, &c. C'eſt ſur ces propriétés que ſont fondées les préparations des vins médicinaux. Tels ſont, 1°. le vin émétique qui ſe prépare en faiſant macérer dans deux livres de bon vin blanc quatre onces de ſafran des métaux; on filtre la liqueur, ou bien

on l'emploie trouble comme un très-fort irritant dans l'apoplexié, dans la paralyfie, &c.
2°. Le vin chalybé fait par la digeftion d'une once de limaille d'acier avec deux livres de vin blanc ; c'eft un excellent tonique & apéritif.
3°. Les vins végétaux qui fe préparent, *a* ou avec le vin rouge dans lequel on fait macérer des plantes aftringentes, aromatiques ; *b* ou avec le vin blanc qu'on emploie ordinairement pour les plantes anti-fcorbutiques ; *c* ou avec le vin d'Efpagne ; le vin fcillitique fe fait avec cette efpèce de vin, ainfi que le laudanum liquide de *Sydenham*. L'on prépare ce dernier en faifant digérer pendant plufieurs jours deux onces d'opium coupé par tranches, une once de fafran, un gros de canelle & de clous de girofle concaffé dans une livre de vin d'Efpagne. Ce médicament eft un très-bon calmant à la dofe de quelques gouttes, fur-tout lorfqu'on craint que l'opium n'affoibliffe le malade, ou n'arrête quelqu'évacuation utile.

Pour décompofer le vin & en féparer les différens principes, on fe fert ordinairement de l'action du feu. On diftille cette liqueur dans un alambic de cuivre étamé, auquel on adapte un récipient ; on obtient dès que le vin bout un fluide blanc légèrement opaque & laiteux, d'une faveur piquante & chaude, d'une odeur forte

& fuave; on continue à recevoir ce fluide jufqu'à ce que les vapeurs qui s'en élèvent ceffent
de s'enflammer à l'approche d'une lumière. Ce
produit eft ce qu'on appelle eau-de-vie; c'eft
un compofé d'eau, d'efprit ardent & d'une
petite quantité d'huile qui lui ôte fa tranfparence pendant qu'elle diftille, & qui la colore en jaune par la fuite. On ne doit point attribuer la couleur des vieilles eaux-de-vie du
commerce, à cette efpèce d'huile feule qui paffe
avec elle dans la diftillation, mais bien à la matière extractive du bois qu'elle a diffoute dans
les tonneaux qui ont fervi à la contenir. L'eau-
de-vie eft la liqueur d'où on extrait l'efprit ardent, comme nous le verrons plus bas. Après
avoir fourni l'eau-de-vie, le vin eft d'une couleur foncée, d'un goût acide & auftère; il eft
trouble, & on y obferve une grande quantité
de criftaux falins qui ne font que du tartre. Ce
fluide eft alors tout à fait décompofé, & on ne
peut plus lui donner fes premières propriétés,
en combinant le produit fpiritueux qu'on en a
obtenu avec le réfidu qu'il a fourni. Cette analyfe eft donc compliquée. Si on évapore le réfidu du vin d'où on a retiré l'eau-de-vie, il prend
la forme & la confiftance d'un extrait. On peut
en féparer la partie colorante avec l'efprit de
vin, qui ne touche point au tartre. Cette efpèce

de teinture n'eſt point précipitée par l'eau ; en l'évaporant à ſiccité, le réſidu s'enflamme facilement, & eſt diſſoluble dans l'eau ; c'eſt une véritable ſubſtance réſino-extractive que l'eſprit ardent formé par la fermentation a enlevée de la pellicule des raiſins. On voit, d'après cette analyſe, que le vin eſt véritablement compoſé d'eau, d'eſprit ardent, de tartre, & d'une matière colorante. Nous connoiſſons la nature & les propriétés de deux de ces ſubſtances, de l'eau & de l'extrait colorant, il ne nous reſte plus qu'à examiner celles de l'eſprit ardent & du tartre.

Avant de parler de ces deux matières, nous devons dire un mot d'une ſubſtance qui ſe précipite du vin pendant la fermentation, & qu'on appelle lie. C'eſt un compoſé de pepins, de pelures de raiſins, de tartre groſſier & de tartre vitriolé. On en retire de l'eau-de-vie en la diſtillant à feu nu. Si on la traite à la cornue, elle donne du phlegme acide, de l'huile, de l'alkali volatil, & ſon charbon contient du tartre vitriolé & de l'alkali fixe. L'incinération de la lie du vin, faite à l'air libre, fournit un alkali fixe végétal cauſtique & mêlé de tartre vitriolé, qui eſt connu dans les arts ſous le nom de cendres gravelées. Les détails dans leſquels nous allons entrer ſur les propriétés de l'eſprit-de-vin & du tartre, compléteront ce que nous venons de dire ſur la lie.

LEÇONS LIII & LIV.

De l'Esprit ardent.

L'EAU-DE-VIE que l'on retire en diſtillant le vin à feu nu, eſt un compoſé d'eſprit ardent, d'eau, & d'une petite portion de matière huileuſe. Pour ſéparer ces ſubſtances, & obtenir l'eſprit ardent pur, on ſe ſert de la diſtillation. Il y a pluſieurs procédés pour diſtiller l'eſprit-de-vin. M. *Baumé* conſeille de diſtiller l'eau-de-vie au bain-marie un aſſez grand nombre de fois, pour en tirer, tout ce qu'elle contient de ſpiritueux. Il recommande de ſéparer le premier quart du produit de la première diſtillation, & de mettre également à part la première moitié du produit des diſtillations ſuivantes; on mêle enſemble tous ces premiers produits, & on les rectifie à une chaleur douce. La première moitié de liqueur qui paſſe dans cette rectification eſt l'eſprit ardent le plus pur & le plus fort, nommé alkool du vin; le reſte eſt un eſprit moins fort, mais encore très-bon pour les uſages ordinaires. M. *Rouelle* preſcrivoit de retirer par la diſtillation au bain-marie, la moitié de l'eau-de-vie employée; ce premier produit est de l'esprit de vin commun ; en le rectifiant deux fois, & le réduisant environ à deux tiers, on obtient de l'esprit de vin plus fort, que l'on distille de nouveau avec de l'eau, d'après le procédé de *Kunckel* ; l'eau sépare l'esprit de vin de l'huile qui l'altéroit : on rectifie cet esprit distillé avec l'eau, & on est sûr alors de l'avoir parfaitement pur. Le résidu de l'eau-de-vie distillée n'est qu'une eau chargée de quelques parties colorantes, & surnagée par une espèce d'huile particulière.

On conçoit que ce fluide peut, d'après les différens procédés que l'on emploie, avoir différens degrés de force & de pureté. On a cherché depuis long-tems des moyens de reconnoître sa pureté. On a cru d'abord que l'esprit de vin qui s'enflammoit facilement, & qui ne laisse aucun résidu, étoit très-pur : mais on sait aujourd'hui que la chaleur excitée par sa combustion, est assez forte pour dissiper tout le phlegme qu'il pourroit contenir. On a proposé l'épreuve de la poudre ; lorsque l'esprit de vin allumé dans une cuiller sur de la poudre à canon, ne l'enflamme pas, il est regardé comme mauvais ; si, au contraire, il y met le feu, on le juge très-peu. Mais cette épreuve est fautive & trompeuse, car en mettant beaucoup du meilleur esprit de vin sur peu de poudre, l'eau qu'il fournit dans sa combustion,

humecte

humecte la poudre, & elle ne s'allumera pas, tandis qu'on pourra l'enflammer en faisant brûler à sa surface une très-petite quantité d'esprit de vin phlegmatique. Ce moyen n'est donc pas plus sûr que le premier. *Boerhaave* a donné un très-bon procédé pour connoître la pureté de ce fluide ; il consiste à jeter dans l'esprit de vin du sel alkali fixe de tartre bien sec en poudre. Il s'unit à l'eau surabondante de l'esprit de vin, & il forme un fluide plus pesant & plus coloré que l'esprit ardent, & qui ne se mêle point avec ce dernier qui le surnage. Enfin, M. *Baumé*, fondé sur ce que l'esprit de vin est d'autant plus léger que l'eau qu'il est plus pur, a imaginé un aréomètre, à l'aide duquel on peut déterminer d'une manière exacte le degré de pureté de ce fluide & de toutes les liqueurs spiritueuses. Cet instrument plongé dans l'esprit de vin, s'y enfonce d'autant plus, que ce fluide est plus pur. Il s'est assuré par des expériences bien faites, que l'esprit de vin le plus pur & le plus rectifié donne trente-huit degrés à son aréomètre. On peut voir dans ses Elémens de Pharmacie, depuis la pag. 463 jusqu'à la pag. 479, la manière de construire cet instrument, ainsi que les résultats que l'esprit de vin mêlé avec différentes quantités d'eau a donnés ; ce qui peut servir à faire reconnoître par comparaison l'esprit de vin qu'on examine au pèse-liqueur.

L'efprit ardent pur obtenu par le procédé que nous venons de décrire, eft un fluide tranfparent, très-mobile, très-léger, qui pèfe fix gros quarante-huit grains, dans une bouteille qui tient une once d'eau diftillée. Son odeur eft pénétrante & agréable ; fa faveur eft vive & chaude. Il eft extrêmement volatil. Lorfqu'on le chauffe même légèrement dans des vaiffeaux fermés, il s'élève & paffe fans altération dans les récipiens ; il fe concentre par ce moyen, & il fe fépare du peu d'eau qu'il pourroit contenir. C'eft pour cela que les premières portions font les plus fuaves, les plus volatiles & les plus pures. Il eft bon d'obferver que lorfqu'on diftille de l'efprit de vin, il fe dégage toujours une grande quantité d'air ; on auroit pû croire que c'eft la partie fpiritueufe la plus pure qui fe fépare de l'eau & qui fe volatilife dans l'état de gaz. Mais M. *Prieftley* a démontré que l'efprit de vin ne peut point acquérir cet état de gaz permanent. Lorfqu'on chauffe l'efprit ardent avec le contaft de l'air, il s'allume bientôt & préfente une flamme légère, blanche dans le milieu, & bleue fur fes bords, il brûle ainfi fans laiffer aucun réfidu, lorfqu'il eft bien déphlegmé. Plufieurs Chimiftes ont effayé de favoir ce que donne l'efprit de vin en brûlant. Ils fe font affurés que fa flamme n'eft accompagnée d'aucune fuie ni d'aucune fumée,

& qu'en recevant ce qui s'en volatilife, on n'obtient que de l'eau pure, infipide, inodore & abfolument dans l'état d'eau diftillée. On ne fait donc point ce que devient l'efprit de vin dans la combuftion. Cependant M. *Berthollet* a remarqué que lorfqu'on fait brûler un mêlange de cet efprit & d'eau, le fluide réfidu précipite l'eau de chaux ; cette expérience femble indiquer que l'efprit ardent contient du gaz inflammable qui, par fa combuftion ou fa combinaifon avec l'air, forme de l'acide crayeux. Les Chimiftes, d'après les phénomènes que cet efprit préfente dans l'inflammation, ont adopté différentes opinions fur fa nature. *Stahl*, *Boerhaave*, & plufieurs autres ont regardé ce fluide comme compofé d'une huile très-tenue d'un acide atténué & d'eau. C'eft donc, fuivant cette opinion, une forte de favon acide. D'autres, à la tête defquels on doit placer MM. *Cartheufer* & *Macquer*, penfent que l'efprit de vin eft formé de l'union du phlogiftique avec l'eau. Chacun de ces fentimens eft appuyé fur des raifonnemens & des expériences ; nous verrons celui que les faits favorifent davantage.

L'efprit de vin expofé à l'air s'évapore à une température de dix degrés au-deffus de la glace, & il ne laiffe aucune efpèce de réfidu, fi ce n'eft un peu d'eau, lorfqu'il n'eft pas très-déphlegmé. Cette évaporation à l'air eft d'autant plus rapide, que l'atmofphère eft plus chaude; elle produit un froid plus ou moins vif, fuivant fa rapidité.

L'efprit de vin s'unit à l'eau en toutes proportions, & il y eft parfaitement diffoluble. Cette diffolution fe fait avec chaleur, & elle forme des efpèces d'eaux de vie d'autant plus fortes, que l'efprit de vin y eft en plus grande quantité. L'affinité de combinaifon entre ces deux fluides eft fi forte, que l'eau eft capable de féparer de l'efprit ardent plufieurs corps qui lui font unis, & que réciproquement l'efprit de vin décompofe la plupart des diffolutions falines, & en précipite les fels. C'eft d'après cette dernière propriété que *Boulduc* a propofé de fe fervir d'efprit de vin pour précipiter les fels contenus dans les eaux minérales, & pour les obtenir fans altération.

L'efprit de vin n'a point d'action fur les terres pures. On ne fait point s'il feroit altéré par la terre pefante & la magnéfie. La chaux paroît fufceptible de lui faire éprouver quelque changement, puifque, lorfqu'on diftille l'efprit de vin fur cette fubftance falino-terreufe, ce fluide acquiert de l'odeur; mais on n'a pas fuivi cette altération.

L'alkali fixe dénature & décompofe réellement l'efprit de vin, comme le prouve la préparation connue en Pharmacie fous le nom de teinture âcre de tartre. Pour préparer ce médicament, on fait fondre du sel fixe de tartre dans un creuset, on le pulvérise tout chaud, on le met dans un matras; on verse de l'esprit de vin très-déphlegmé trois ou quatre travers de doigt par - dessus; on bouche le matras avec un autre plus petit; on les lute ensemble & on fait digérer le tout au bain de sable, jusqu'à ce que l'esprit de vin ait acquis une couleur rougeâtre. Il reste plus ou moins d'alkali au fond du vaisseau, & on y observe aussi quelques cristaux de sels neutres, que M. *Baron* a regardés comme du tartre vitriolé, contenu auparavant dans l'alkali fixe; cependant, plusieurs Chimistes ont pensé que ce sel étoit en partie formé par l'union de l'alkali fixe avec l'acide de l'esprit de vin; mais cet objet n'a point encore été bien examiné. En distillant la teinture âcre de tartre, on obtient un esprit de vin d'une odeur suave, peu altéré, & il reste dans la cornue un véritable extrait savonneux, qui, distillé à feu nu, donne de l'esprit de vin, de l'esprit alkali volatil, & une huile empyreumatique légère; il se forme dans cette opération un peu de charbon, dans lequel on retrouve de l'alkali fixe. Cette expérience semble démontrer que l'esprit de vin contient une huile dont l'alkali fixe s'empare, & avec laquelle il forme un véritable savon, qui

N n iij

se trouve diſſous dans la portion d'eſprit ardent non décompoſé. Le lilium de *Paracelſe* ne diffère de la teinture âcre de tartre, que parce que l'alkali fixe qu'on emploie pour le préparer, paroît avoir été mis dans l'état de cauſticité par les chaux métalliques avec leſquelles il a été chauffé. On fait fondre enſemble les régules d'antimoine, martial, jovial, & de vénus à la doſe de quatre onces de chaque, on les réduit en poudre, on les fait détonner avec dix-huit onces de nitre & autant de tartre ; on pouſſe à la fonte, on pulvériſe ce mélange, on le met dans un matras, & on verſe par-deſſus de l'eſprit de vin bien déphlegmé, juſqu'à ce qu'il ſurnage de trois ou quatre travers de doigt. Ce mélange mis en digeſtion ſur un bain de ſable, prend une belle couleur rouge, plus foncée que la teinture âcre de tartre, & elle préſente tous les mêmes phénomènes ; on peut faire cette dernière entièrement ſemblable au lilium de *Paracelſe*, en faiſant digérer l'eſprit de vin ſur l'alkali fixe cauſtique, au lieu de ſe ſervir de ſel fixe de tartre, que l'action du feu ne prive pas entièrement d'acide crayeux, à moins qu'on ne le tienne rouge pendant long-tems. La teinture âcre de tartre & le lilium ſont de très-bons toniques & de puiſſans fondans. On les emploie dans tous les cas où les forces des malades ne font point fuffifantes pour favorifer les crifes, comme dans la fièvre maligne, les petites véroles de mauvais caractères, &c.

On n'a point encore bien examiné l'action de l'alkali volatil cauftique fur l'efprit de vin.

Tous les acides préfentent avec ce fluide fpiritueux des phénomènes fort importans à obferver; lorfqu'on verfe de l'huile de vitriol bien concentrée fur partie égale d'efprit de vin rectifié, il fe produit une chaleur & un fifflement remarquables; ces deux fubftances fe colorent, & il fe dégage en même tems une odeur fuave, comparable à celle du citron ou des pommes de reinette. Si l'on place la cornue dans laquelle on fait ordinairement ce mélange, fur un bain de fable échauffé, & qu'on y adapte deux grands ballons, dont le premier plonge dans une terrine pleine d'eau froide, on obtient, 1°. un efprit de vin d'une odeur fuave; 2°. une liqueur nommée éther, d'une odeur très-fuave, d'une volatilité extrême, & dont la préfence eft annoncée par l'ébullition de la liqueur contenue dans la cornue, & par les groffes ftries qui fillonnent la voûte de ce vaiffeau. On a foin de rafraîchir le ballon qui le reçoit, avec des linges mouillés. 3°. Après l'éther, il paffe un efprit fulfureux, dont la couleur blanche & l'odeur avertiffent qu'on doit déluter le ballon

N n iv

pour avoir l'éther féparé. 4°. Il fe volatilife en même tems une huile légère, jaunâtre, qu'on appelle huile douce de vin. On doit modérer beaucoup le feu après que l'éther eft paffé, parce que la matière contenue dans la cornue eft noire, épaiffe, & fe bourfouffle confidérablement. 5°. Lorfque l'huile douce eft toute diftillée, il paffe encore de l'acide fulfureux, qui devient de plus en plus épais, & n'eft plus à la fin que de l'huile de vitriol noire & fale. 6°. En continuant cette opération par un feu doux, on parvient à deffécher entièrement le réfidu, & à lui donner la forme & la confiftance d'un bitume. On en retire une liqueur acide, & une fubftance sèche & jaunâtre comme du foufre, en expofant ce bitume à un feu très-fort. M. *Baumé*, qui a fait une grande fuite de travaux fur l'éther vitriolique, a examiné ce réfidu avec beaucoup de foin; il y a trouvé du vitriol martial, du bleu de Pruffe, une fubftance faline & une terre particulière, dont il n'a point déterminé la nature : il affure même que le fublimé jaunâtre qu'il fournit, n'eft point du foufre, & qu'il refte blanc & pulvérulent, fans s'enflammer fur les charbons. Nous ajouterons à ces détails, que le réfidu de l'éther peut refournir de nouvel éther en y ajoutant, fuivant le procédé de M. *Cadet*, un tiers d'efprit de vin déphlegmé par le fel de

tartre, & en diſtillant ce mélange. On peut réi-
térer pluſieurs fois ces diſtillations, & retirer ainſi
d'un mélange de ſix livres d'huile de vitriol &
d'eſprit de vin, auquel on ajoute ſucceſſivement
quinze livres de ce dernier fluide, plus de dix livres de bon éther.

L'opération que nous venons de décrire, eſt
une des plus ſingulières que la Chimie fourniſſe
par les phénomènes qu'elle préſente, & en même
tems une des plus importantes, par les lumières
qu'elle peut répandre ſur la compoſition de l'eſprit de vin. Il y a ſur la formation de l'éther,
deux opinions qu'il eſt néceſſaire de faire connoître. M. *Macquer*, qui, comme nous l'avons
dit, regarde l'eſprit de vin comme un compoſé
d'eau & de phlogiſtique, penſe que l'huile de
vitriol enlève l'eau de cette ſubſtance, & la rapproche de plus en plus des caractères de l'huile.
Ainſi, ſuivant cette opinion, il paſſe d'abord de
l'eſprit de vin peu altéré, enſuite un fluide qui
tient le milieu entre l'eſprit de vin & l'huile,
qui eſt l'éther, & enfin une véritable huile;
parce que l'huile de vitriol agit avec d'autant
plus d'énergie ſur les principes de l'eſprit de vin,
que la chaleur employée pour obtenir l'éther
eſt plus forte. M. *Bucquet*, frappé d'une objection forte qu'il avoit faite à cette théorie,
ſur ce qu'il étoit difficile de concevoir comment

l'huile de vitriol, chargée dès le commencement de son action sur l'esprit de vin, d'une certaine quantité d'eau qu'elle avoit enlevée à ce fluide, pouvoit, quoique phlegmatique, réagir assez sur une autre portion du même esprit pour le mettre dans l'état huileux, a proposé une autre opinion sur la production de l'éther ; il regardoit l'esprit de vin comme un fluide composé d'huile, d'acide & d'eau ; il pensoit que lorsqu'on mêloit l'acide vitriolique à cet esprit, il résultoit de ce mélange une sorte de fluide bitumineux, qui fournissoit par la chaleur les mêmes principes que tous les bitumes, c'est-à-dire, une huile légère, très-odorante, très-combustible, une espèce de naphte qui étoit l'éther, & ensuite une huile moins volatile & plus colorée que la première, qui étoit l'huile douce du vin ; on verra en effet par les propriétés de l'éther, que nous allons examiner, que ce fluide a tous les caractères d'une huile très-tenue, & telle que le naphte. L'éther que l'on obtient par le procédé que nous avons décrit, n'est pas très-pur ; il est uni à de l'esprit de vin & à de l'acide sulfureux. Pour le rectifier, on le distille dans une cornue au bain de sable, avec de l'alkali fixe. Ce sel se combine avec l'acide sulfureux, & l'éther passe très-pur à la plus douce chaleur. Si l'on sépare la première moitié de ce produit,

on obtient l'éther le plus pur & le plus rectifié.

L'éther est un fluide beaucoup plus léger que
l'esprit de vin, d'une odeur forte, suave & très-
expansible, d'une saveur chaude & piquante. Il
est si volatil, qu'en le versant ou en l'agitant ,
il se dissipe en un instant. Il produit dans son
évaporation un froid tel qu'il peut faire geler
l'eau, comme M. *Baumé* l'a démontré par ses
belles expériences. Il se réduit vraisemblable-
ment en une sorte de gaz éthéré , sur lequel on
n'a point encore fait d'expériences. Il s'allume
très-facilement, dès qu'on le chauffe à l'air libre
ou qu'on le touche avec un corps embrasé ;
l'étincelle électrique l'allume de même. Il répand
une flamme blanche fort lumineuse , & il laisse
une trace noire comme charbonneuse à la surface des corps que l'on expose à sa flamme.
L'éther se dissout dans dix parties d'eau, suivant
M. le Comte *de Lauraguais*. On n'a point encore
examiné en détail les phénomènes que l'éther
présenteroit avec toutes les substances salines ;
on ne connoît bien que l'action de quelques
acides. La chaux & les alkalis fixes ne paroissent
point susceptibles de l'altérer. L'alkali volatil
caustique s'y unit en toutes proportions, & il
forme une matière dont l'odeur mixte pourroit
être très-utile dans les asphixies & les maladies

fpafmodiques. L'huile de vitriol s'échauffe beaucoup avec l'éther, & elle peut en convertir une bonne partie en huile douce du vin par la diftillation. L'acide nitreux fumant y excite une effervefcence confidérable, & l'éther femble devenir plus confiftant, plus coloré & plus huileux dans cette expérience. On n'a point combiné l'éther avec les autres matières falines, ni même avec les fubftances inflammables minérales. On s'eft feulement affuré qu'il diffout les huiles effentielles & les réfines comme l'efprit de vin; & les Médécins emploient fouvent des teintures éthérées. L'éther eft regardé en Médecine comme un tonique puiffant, & comme un très-bon anti-fpafmodique. On l'emploie dans les accès hyftériques, dans les coliques fpafmodiques. Il s'oppofe promptement aux vices de digeftion, qui ont pour caufe la foibleffe de l'eftomac. On ne doit l'adminiftrer qu'avec prudence, parce qu'on fait que fon ufage exceffif eft dangereux; on s'en fert encore avec beaucoup de fuccès à l'extérieur, dans les douleurs de tête, dans les brûlures, &c. *Hoffman*, qui s'eft beaucoup occupé des combinaifons de l'efprit de vin avec l'acide vitriolique, fe fervoit d'un médicament compofé d'huile douce du vin diffoute dans l'efprit de vin, qu'il appeloit liqueur minérale anodyne. La Faculté de

Médecine de Paris a ajouté l'éther à cette liqueur, & elle a prescrit dans son Dispensaire de la préparer en mêlant deux onces de l'esprit de vin qui passe avant l'éther, deux onces d'éther, & douze gouttes d'huile douce du vin. Ce médicament s'emploie comme l'éther ; mais il n'a pas à beaucoup près la même vertu.

L'acide nitreux agit d'une manière très-rapide sur l'esprit de vin. Cette action vive a empêché les Chimistes d'examiner autant cette combinaison que celle avec l'acide vitriolique. M. *Navier* est le premier qui ait donné un procédé facile & peu dispendieux pour préparer l'éther nitreux. On prend, d'après ce Chimiste, une bouteille de Sèves très-forte ; on y verse douze onces d'esprit de vin bien pur & bien rectifié, & on la plonge dans l'eau froide, ou mieux encore dans la glace ; on ajoute à plusieurs reprises, & en agitant chaque fois le mêlange, huit onces d'esprit de nitre ; on la bouche avec un bouchon de liège, qu'on assujettit avec de la peau, & qu'on ficèle bien. On laisse ce mêlange en repos dans un endroit écarté, pour prévenir les accidens de la fracture de la bouteille, qui quelquefois a lieu. Au bout de quelques heures, il s'élève des bulles du fond de ce vaisseau, & il se rassemble à la surface de la liqueur, des gouttes qui forment peu à peu une couche de véritable éther. Ce dégagement a lieu pendant quatre à six jours. Dès qu'on n'apperçoit plus de mouvement dans la liqueur, on perce le bouchon avec un poinçon, pour laisser échapper une certaine quantité d'air, qui, sans cette précaution, sortiroit brusquement en débouchant la bouteille, & entraîneroit l'éther, qui seroit perdu. Lorsque l'air est dissipé, on débouche la bouteille, on verse la liqueur qu'elle contient dans un entonnoir, dont on bouche la tige avec le doigt, on sépare le résidu d'avec l'éther qui le surnage, & on reçoit ce dernier dans un flacon à part.

M. *Woulfe*, fameux Chimiste Anglois, a donné un autre procédé pour préparer l'éther nitreux. Il consiste à employer des vaisseaux très-grands & multipliés, pour donner beaucoup d'espace à l'air qui se dégage. On prend un ballon de verre blanc de huit à dix pintes, terminé par un col de sept à huit pieds de long; on le pose sur un trépied assez élevé pour qu'on puisse placer dessous un réchaud; on ajuste à ce ballon un chapiteau tubulé, au bec duquel on adapte un tuyau de verre de sept à huit pieds; ce dernier est reçu par son extrêmité inférieure dans un ballon à deux pointes, percé en-dessous d'une tubulure à laquelle on joint un flacon; on ajoute à la troisième tubulure de ce ballon les bouteilles qui constituent l'appareil de *Woulfe* que nous avons décrit plufieurs fois. Lorfque tous ces vaiffeaux font bien lutés, on verfe dans le ballon, par la tubulure du chapiteau, une livre d'efprit de vin rectifié & autant d'efprit de nitre fumant ; on bouche enfuite le chapiteau avec un bouchon de criftal, qu'on envelope d'une peau ficelée. Dès que le mêlange eft fait, il s'échauffe beaucoup ; il s'en dégage des vapeurs qui parcourent rapidement le col du ballon ; & en chauffant ce dernier jufqu'à l'ébullition de la liqueur qu'il contient, il paffe de l'éther nitreux dans le ballon qui fert de récipient. Ce procédé, quoique fort ingénieux, a plufieurs inconvéniens. L'appareil eft long à établir, il eft très-cher & très-embarraffant ; en outre, il expofe à des dangers, parce que malgré l'efpace donné aux vapeurs, elles fe dégagent fi rapidement, qu'il eft arrivé plufieurs fois que les vaiffeaux fe font brifés avec fracas.

M. *Bogues* a publié en 1773 une autre manière de faire l'éther nitreux. Il confeille de mêler dans une cornue de verre de huit pintes, une livre d'efprit de vin avec une livre d'acide nitreux affoibli au point de ne donner que vingt-quatre degrés au pèfe-liqueur de M. *Baumé* ; d'adapter à la cornue un ballon de douze pintes ; de donner paffage à l'air en ajuftant deux tuyaux de plume à la jonction des luts, & de diftiller à un feu très-doux, en n'enfonçant que très-peu la cornue dans le fable. Il a eu par ce moyen fix onces d'un éther nitreux affez pur. Il paroît, d'après ce qu'a dit M. l'Abbé *Rozier*, que M. *Mitouard* employoit, dès 1770, un procédé affez femblable à celui de M. *Bogues*. Ce Chimifte mettoit quatre onces d'efprit de nitre fumant avec douze onces d'efprit de vin, en diftillation dans une cornue, qu'il ne faifoit que pofer légèrement fur le fable, & il obtenoit, par ce moyen qui paroît le plus fimple de tous, de l'éther nitreux femblable à celui de M. *Navier*. Enfin, M. *de la Planche*, Apothicaire de Paris, a imaginé fucceffivement deux méthodes de préparer l'éther nitreux d'une manière affez commode. La première confifte à mettre du nitre dans une cornue de grès tubulée, à laquelle on adapte un grand ballon ou deux enfilés, à verfer par la tubulure d'abord de l'huile de vitriol, enfuite de l'efprit de vin. L'acide vitriolique dégage l'efprit de nitre qui réagit fur l'efprit de vin, & forme prefque fur le champ de l'éther nitreux. Comme on pouvoit foupçonner que l'éther préparé par ce moyen étoit en partie vitriolique, il a fubftitué à cette première méthode un fecond procédé fort ingénieux. Il adapte à une cornue de verre tubulée, dans laquelle il a mis fix livres de nitre bien fec, une allonge & un ballon qui communique

par

par un tube recourbé à une bouteille vide. Cette dernière plonge à l'aide d'un syphon dans une autre bouteille qui contient trois livres d'esprit de vin le plus parfait. Le tout bien luté & la cornue posée sur un bain de cendre, on jette sur le nitre, par la tubulure de ce dernier vaisseau, trois livres d'huile de vitriol très-pure; on ferme la cornue avec un bouchon de cristal; on donne le feu jusqu'à l'ébullition, & on l'entretient dans cet état jusqu'à ce qu'il ne passe plus de vapeurs. Dans cette expérience l'acide vitriolique dégage celui du nitre qui passe en partie dans le ballon & en partie dans le second flacon. L'opération finie, le ballon contient de l'esprit de nitre fumant, la cornue du tartre vitriolé, & le second flacon une liqueur éthérée. On distille cette dernière dans une cornue avec un simple ballon, & on ne prend que les deux tiers du produit. On distille ce produit avec un cinquième d'esprit de nitre fumant, qu'on y verse peu à peu à l'aide d'un entonnoir de verre à longue tige; on n'obtient que les deux tiers; enfin, on rectifie ce second produit sur du sel de tartre, on en retire d'abord quatre onces, puis les trois quarts du reste. Les quatre onces sont de l'éther nitreux très-pur; les trois quarts du reste sont une liqueur minérale anodyne nitreuse. Les résidus des deux rectifications sont de l'esprit de nitre dulcifié.

L'éther nitreux obtenu par tous ces différens procédés, est un fluide jaunâtre, aussi volatil & aussi évaporable que l'éther vitriolique; son odeur est analogue à celle de ce dernier, quoiqu'elle soit plus forte & moins suave; sa saveur est chaude & plus désagréable que celle de l'éther vitriolique. Il contient un peu d'acide surabondant; il fait sauter le bouchon des flacons dans lesquels il est renfermé, parce qu'il s'en dégage continuellement un grande quantité d'air; il répand en brûlant une flamme plus brillante & une fumée plus épaisse que l'éther vitriolique; il laisse aussi un charbon un peu plus abondant; enfin, il enlève comme l'éther vitriolique l'or de sa dissolution, & il s'en charge d'une certaine quantité.

Le résidu de l'éther nitreux est d'une couleur jaune citrine; son odeur est acide & aromatique; sa saveur est piquante & imite celle du vinaigre distillé. Si on le distille, il donne, suivant M. *Baumé*, une liqueur claire, d'une odeur plus suave que celle de l'éther nitreux, d'un goût acide agréable, qui rougit le sirop de violettes, s'unit à l'eau en toutes proportions, & fait effervescence avec le tartre crayeux. Il reste ensuite dans la cornue une matière jaune ambrée, friable, semblable à du succin qui attire l'humidité de l'air, & y devient poisseuse, qui

fe diffout dans l'eau fans la rendre mucilagineufe. Cette fubftance, que M. *Baumé* appelle
gummi-favonneufe, donne à la cornue quelques
gouttes d'une liqueur acidulée, très-claire, d'une
confiftance huileufe & d'une légère odeur empyreumatique. Il refte après la diftillation un
charbon fpongieux, brillant, fans faveur très-
fixe au feu. M. *Bucquet* dit que fi on fait évaporer la liqueur qui refte après la formation de
l'éther nitreux, elle prend la confiftance d'un
mucilage, & qu'il s'y forme au bout d'un tems
plus ou moins long des criftaux falins, affez
femblables à des chenilles velues, auxquels on a
donné le nom de criftaux d'*Hiærne*, d'après celui du Chimifte qui les a le premier décrits.
L'éther nitreux peut être employé dans les
mêmes cas que le vitriolique, mais il faut le
donner à plus petite dofe, parce qu'il eft plus
actif.

L'acide marin n'a pas d'action fenfible fur
l'efprit de vin ; cet acide n'eft que dulcifié par
le fimple mélange de cette liqueur, comme le
font les deux autres mêlés en petite quantité
avec l'efprit de vin. M. *Baumé*, dans fa Differtation fur l'éther, dit avoir obtenu un peu d'é-
ther marin, en faifant rencontrer l'efprit de fel
& l'efprit de vin en vapeurs. *Ludolf* & M. *Pott*
ont employé le beurre d'antimoine dans cette

vue. M. le Baron *de Bornes* a prescrit de dissoudre des fleurs de zinc dans l'acide marin, & de distiller le sel concentré par l'évaporation dans des vaisseaux fermés, avec l'esprit de vin. Ce procédé donne assez facilement de l'éther marin. Mais personne n'a suivi ce travail avec autant de zèle & de succès que M. le Marquis *de Courtanvaux*. On verse dans une cornue de verre, suivant le procédé de ce Chimiste, une pinte d'esprit de vin avec deux livres & demie de liqueur fumante de *Libavius*; il s'excite une chaleur très-forte, & il s'élève une vapeur blanche suffoquante qui disparoît dès qu'on agite le mélange; il se dégage une odeur agréable, & la liqueur prend une couleur citrine. On place la cornue sur un bain de sable chaud; on lute deux ballons, dont le dernier est plongé dans de l'eau froide. Il passe bientôt un esprit de vin déphlegmé, l'éther monte ensuite; on s'en apperçoit à son odeur suave & aux stries qu'il forme sur la voûte de la cornue. Dès que cette odeur change & devient forte & suffoquante, on change de récipient, & l'on continue de distiller; on obtient une liqueur acide claire, surnagée de quelques gouttes d'huile douce, à laquelle succède une matière jaune, d'une consistance butyreuse, un vrai beurre d'étain, & enfin une liqueur brune, pesante, qui exhale des vapeurs blanches fort abondantes. Il reste dans la cornue une matière grise pulvérulente, qui est une chaux d'étain. On verse le produit éthéré dans une cornue sur de l'huile de tartre, il se fait une vive effervescence & un précipité fort abondant, dû à l'étain que l'acide qui a passé avec l'éther tenoit en dissolution. On ajoute un peu d'eau, & on distille à une chaleur douce ; on obtient la moitié environ de ce produit d'éther marin. Toutes les liqueurs qui passent après cet éther marin, font très-chargées d'étain ; elles attirent l'humidité de l'air, elles s'unissent à l'eau sans rien précipiter. On ne savoit pas à quoi attribuer l'action si rapide de l'acide marin contenu dans la liqueur fumante sur l'esprit de vin, tandis que cet acide pur n'y agit en aucune manière ; mais il paroît depuis les expériences de M. *Schéele*, que cela est dû à ce que cet acide est alors dans l'état d'acide marin déphlogistiqué ou surchargé d'air, suivant la nouvelle doctrine.

M. *de la Planche* l'Apothicaire a proposé pour préparer l'éther marin, de verser sur du sel marin décrépité dans une cornue tubulée, de l'huile de vitriol & de l'esprit de vin. Le gaz acide marin dégagé par l'acide vitriolique, rencontre dans le ballon l'esprit de vin en vapeurs, avec lequel il se combine. Il en résulte un acide éthéré que l'on rectifie fur de l'alkali fixe, pour en obtenir l'éther pur.

L'éther marin eſt très-tranſparent, très-volatil ; il a à peu près la même odeur que l'éther vitriolique ; il brûle comme lui, & donne une fumée ſemblable à la ſienne. Mais il en diffère par deux propriétés ; l'une, c'eſt d'exhaler, en brûlant, une odeur auſſi piquante & auſſi vive que l'acide ſulfureux ; l'autre, c'eſt d'avoir une ſaveur ſtiptique, ſemblable à celle de l'alun. Ces deux phénomènes indiquent que cet éther eſt différent & peut-être moins parfait que les deux premiers ; ſans doute qu'en continuant l'examen de ſes autres propriétés, on lui trouvera encore des différences plus ſingulières.

Après avoir rendu compte de l'action de trois acides minéraux ſur l'eſprit de vin, nous devons reprendre l'hiſtoire de ce fluide. On n'a que peu examiné l'action des autres acides ſur l'eſprit de vin. On ſait ſeulement qu'il s'unit facilement avec l'acide du borax ou le ſel ſédatif, que ce ſel communique à ſa flamme une couleur verte, que l'eſprit de vin abſorbe plus que ſon volume d'acide crayeux. Quant aux ſels neutres, M. *Macquer* a déterminé que les ſels vitrioliques ne s'y diſſolvent que difficilement, que les nitreux & les marins s'y uniſſent beaucoup mieux, & qu'en général il diſſout d'autant plus ces ſubſtances, que leur acide y eſt moins adhérent. L'eſprit de vin bouilli fur le tartre vitriolé & le fel de *Glauber*, n'en a rien diffous. Le tartre crayeux & la foude crayeufe s'y uniffent en petite quantité; la plupart des fels ammoniacaux s'y combinent. Les fels terreux déliquefcens, tels que les nitres & les fels marins calcaires & à bafe de magné-fie, s'y diffolvent très-bien. Quelques fels mé-talliques y font auffi très-folubles, tels que le vitriol martial à l'état d'eau mère, le nitre cui-vreux, les fels marins de fer & de cuivre, le fublimé corrofif; tous les fels cuivreux donnent une très-belle couleur verte à fa flamme.

L'efprit de vin ne diffout pas le foufre en maffe ni en poudre, mais il s'y unit lorfque ces deux corps font en contaét dans l'état de vapeurs, d'après la découverte de M. le Comte *de Lauraguais*. Son procédé confifte à mettre des fleurs de foufre dans une cucurbite de verre, à placer dans le même vaiffeau & fur les fleurs de foufre un bocal de verre plein d'efprit de vin, & à chauffer la cucurbite au bain de fable, en y adaptant un chapiteau & un récipient. Le foufre fe volatilife en même-tems que l'efprit de vin; ces deux fubftances fe combinent, & le fluide qui coule dans le récipient eft un peu trouble & répand une odeur fétide. Il contient environ un grain de foufre par gros d'efprit de vin.

Il n'a aucune aétion fur les matières métalliques, ni fur leurs chaux. Il diffout en partie, quelques bitumes, tels que le fuccin & l'ambre gris ; il ne touche point à ceux qui font noirs & comme charbonneux ; on obferve que lorf-qu'il a été diftillé fur du fel de tartre, il s'unit mieux à ces bitumes, & que ce fel, mêlé avec ces derniers, les rendoit beaucoup plus diffo-lubles, en les mettant fans doute dans un état favonneux.

Il eft peu de matières végétales fur lefquelles l'efprit de vin ne puiffe avoir une action plus ou moins marquée ; les extraits y perdent leur partie colorante & fouvent toute leur fubftance, lorfqu'ils font de la nature des extracto-réfineux ou des réfino-extractifs ; les fucs fucrés & favonneux s'y uniffent. M. *Margraf* a retiré, par fon moyen, un fel effentiel fucré, de la betterave, du chervis, du panais, &c. Mais les matières avec lefquelles il fe combine le plus facilement font les huiles effentielles, l'efprit recteur, le camphre, les baumes & les réfines. On donne le nom d'eaux diftillées fpiritueufes à l'efprit de vin chargé de l'efprit recteur des plantes. Pour obtenir ces fluides, on diftille l'efprit de vin avec les plantes odorantes au bain-marie. Cet efprit s'empare du principe de l'odeur, & fe volatilife avec lui ; il entraîne même une certaine quantité de leur huile effentielle, ce qui fait qu'il blanchit avec l'eau diſtillée ; mais on le ſépare de ce principe étranger, en le rectifiant au bain-marie, & à une chaleur très-douce ; & on a ſoin de ne retirer que les trois quarts de l'eſprit de vin qu'on a employé, afin d'être ſûr de n'avoir que l'eſprit recteur. Ces eaux diſtillées ſpiritueuſes acquièrent une odeur plus agréable à meſure qu'elles deviennent anciennes, & il paroît que le principe odorant ſe combine de plus en plus intimement avec l'eſprit de vin. L'eſprit recteur a tant d'affinité avec l'eſprit de vin, que ce dernier eſt capable de l'enlever aux huiles eſſentielles & à l'eau. En effet, en diſtillant de l'eſprit de vin ſur des huiles eſſentielles & ſur l'eau, chargées de l'odeur d'une plante, cet eſprit prend le principe odorant, & laiſſe l'huile & l'eau ſans odeur. On obſerve que l'eſprit de vin diſſout mieux les huiles eſſentielles peſantes & épaiſſes, que celles qui ſont bien fluides & légères. L'eau peut déſunir ce compoſé ; elle en précipite l'huile ſous la forme de globules blancs & opaques ; mais l'eſprit recteur reſte toujours uni à l'eſprit de vin. L'eſprit de vin diſſout facilement le camphre à froid ; mais il le diſſout en plus grande quantité, lorſqu'il eſt aidé de la chaleur. Cette diſſolution bien chargée comme de deux gros de camphre par once d'eſprit de vin, mêlée avec de l'eau qu'on y ajoute peu à peu & par gouttes, fournit une végétation criſtalline obſervée par M. *Romieu ;* c'eſt un filet perpendiculaire ſur lequel ſont im-plantées des aiguilles qui s'élèvent contre le filet, ſous un angle de ſoixante degrés. Cette expé-rience ne réuſſit que rarement, & elle demande beaucoup de tâtonnement pour la quantité d'eau, le refroidiſſement, &c.

On donne le nom de teintures d'élixirs, de baumes, de quinteſſence, &c. aux compoſés de ſucs huileux ou réſineux, & d'eſprit de vin qui eſt aſſez chargé de ces ſubſtances pour avoir beaucoup de couleur & pour précipiter abon-damment par l'eau. Elles ſont, comme les eaux diſtillées, ou ſimples lorſqu'elles ne contiennent qu'une matière en diſſolution, ou compoſées lorſqu'elles en contiennent pluſieurs à la fois. Ces médicamens ſe préparent en général en ex-poſant le ſuc en poudre, ou la plante sèche dont on veut diſſoudre l'huile eſſentielle ou la réſine, à l'action de l'eſprit de vin que l'on aide par l'agitation & par la chaleur douce du ſoleil, ou d'un bain de ſable. Lorſque l'on veut retirer les réſines de pluſieurs plantes ou ſubſtances vé-gétales quelconques à la fois, on a ſoin de faire digérer d'abord la matière qui eſt la moins at-taquable par l'eſprit de vin, & d'expoſer ſucceſ-ſivement à ſon action les ſubſtances qui y ſont le plus diſſolubles ; lorſque ce menſtrue eſt autant chargé qu'il peut l'être, on le paffe. Quelquefois on fait fur le champ une teinture compofée, en mêlant plufieurs teintures fimples ; telle eft la manière de préparer l'élixir de propriété, en uniffant les teintures de myrrhe, de fafran & d'aloës. On peut féparer les réfines & les baumes de l'efprit de vin en verfant de l'eau fur les teintures, ou en les diftillant ; mais dans ces deux cas, l'efprit de vin retient le principe odorant de ces fubftances. L'eau n'eft pas capable de décompofer les teintures formées avec les extracto-réfineux ou les réfino-extractifs, comme celles de rhubarbe, de fafran, d'opium, de gomme ammoniaque, &c. parce que ces matières font également diffolubles dans ces deux menftrues.

L'efprit de vin & l'eau-de-vie ont des ufages très-étendus & très-multipliés. On boit la dernière de ces liqueurs pour relever les forces abattues ; mais l'excès en eft dangereux, parce qu'elle defsèche les fibres, & produit des tremblemens, des paralyfies, des obftructions, des hydropifies. On emploie l'efprit de vin pur, ou uni au camphre à l'extérieur, pour arrêter les progrès de la gangrène.

Les eaux diftillées fpiritueufes font adminiftrées en Médecine comme toniques, cordiales, antifpafmodiques, ftomachiques, &c. On les donne étendues dans de l'eau, ou adoucies par des ſirops.

On fait, avec ces eaux & le ſucre, des boiſſons connues ſous le nom de *ratafias* ou de liqueurs. Ces boiſſons bien préparées & priſes à
petite doſe, peuvent être utiles ; mais en général elles conviennent à peu de perſonnes, & elles
peuvent être nuiſibles à un très-grand nombre.
L'excès de ces ſortes de liqueurs comporte les
plus grands dangers ; & au lieu de donner des
forces & d'augmenter celles de l'eſtomac, comme
on le croit aſſez communément, elles produiſent
le plus ſouvent un effet entièrement oppoſé.
Celles qui ſont les moins nuiſibles, lorſqu'on en
boit rarement & avec modération, doivent être
préparées à froid avec une partie d'eſprit de vin
diſtillé ſur la ſubſtance aromatique dont on veut
lui communiquer l'odeur, deux parties d'eau
& une partie de ſucre royal.

Les teintures ont à peu près les mêmes vertus que les eaux diſtillées ſpiritueuſes ; mais leur
action eſt beaucoup plus énergique ; auſſi ne les
employe-t-on qu'à une doſe beaucoup plus petite, on les donne en pillules, ou avec le vin,
ou même dans des liqueurs aqueuſes. Le précipité qu'elles forment dans ce dernier cas eſt
également ſuſpendu dans le mélange, & d'ailleurs la partie odorante reſte en diſſolution dans
l'eſprit de vin.

Enfin, l'efprit de vin uni à la réfine copal, à l'huile d'afpic ou de grande lavande, à celle de térébenthine forme des vernis que l'on nomme ficcatifs; parce qu'en appliquant une couche de ce compofé fur les corps que l'on veut vernir, l'efprit de vin fe volatilife promptement, & laiffe fur ces corps une lame réfineufe tranfparente. Les huiles effentielles qu'on y mêle empêchent ces vernis de fe deffécher trop promptement, & elles en préviennent la fragilité par l'onctuofité qu'elles leur communiquent.

LEÇON LV.

Du Tartre.

LE tartre eft un fel effentiel acide uni à une portion d'alkali fixe végétal & d'huile, qui fe dépofe fur les parois des tonneaux pendant la fermentation infenfible du vin. Il n'eft point un produit de la fermentation fpiritueufe, comme quelques Chimiftes l'ont cru, puifque M. *Rouelle* le jeune l'a trouvé tout formé dans le moût & dans le verjus.

Il eft fous la forme de plaques irrégulières, difpofées par couches, fouvent remplies de criftaux brillans, d'une faveur acide & vineufe. On diftingue le tartre blanc & le tartre rouge, qui

ne diffère du premier que par une matière extractive colorante plus abondante. Le tartre crud
exposé au feu dans des vaisseaux fermés, fournit un phlegme acide rougeâtre, une huile d'a-
bord légère, ensuite pesante, colorée & empyreumatique, un peu d'alkali volatil, & une grande
quantité d'acide crayeux, que *Hales*, *Boerhaave*
& plusieurs autres Chimistes, ont pris pour de
l'air. Il reste un charbon qui contient beaucoup d'alkali fixe, & qui s'incinère facilement.
On retire par la combustion & l'incinération
du tartre, un alkali fixe végétal assez pur. Pour
cet effet, on met du tartre en poudre dans des
cornets de papier, qu'on trempe ensuite dans
l'eau ; on les arrange dans un fourneau entre deux
lits de charbon que l'on allume ; le tartre brûle
& se calcine ; quand le feu est éteint, on retire
les cornets qui conservent leur forme ; on lessive
ce qu'ils contiennent avec de l'eau distillée froide :
on filtre cette lessive, on l'évapore jusqu'à pellicule, on la laisse refroidir pour en séparer du
tartre vitriolé qui s'y forme par le repos, on décante l'eau de dessus ce sel, on la fait évaporer
& cristalliser de nouveau jusqu'à ce qu'elle ne
donne plus de tartre vitriolé ; alors on l'évapore
à siccité, & on obtient, par ce moyen, de l'alkali fixe végétal uni à une portion d'air fixe, &
qui contient toujours un peu de tartre vitriolé

Le tartre ne fe diffout que très-difficilement dans l'eau, puifqu'une once de ce fluide à la température de dix degrés au-deffus de la glace, n'en a pris que quatre grains. Comme il contient beaucoup de matière huileufe & colorante, on le purifie par la diffolution & la criftallifation à Aniane & à Calviffon, dans les environs de Montpellier. C'eft à M. *Fizes* qu'on doit les détails de cette purification. Il les a confignés dans un Mémoire imprimé parmi ceux de l'Académie, *année 1725.*

On fait bouillir le tartre dans l'eau ; on filtre cette diffolution bouillante ; elle fe trouble en refroidiffant, & elle dépofe des criftaux irréguliers qui forment une pâte ; on fait bouillir cette pâte dans des chaudières de cuivre, avec une eau dans laquelle on a mêlé une terre argileufe tirée du village de Merviel, à deux lieues de Montpellier ; il s'élève des écumes qu'on enlève avec foin, & il fe forme enfuite une pellicule faline ; on ceffe le feu, on caffe la pellicule qui fe mêle avec les criftaux qui fe font précipités de la diffolution ; on lave les criftaux avec de l'eau pour enlever la terre qui les falit, & on les envoie dans le commerce fous le nom de crême ou de criftaux de tartre, qui ne diffèrent entr'eux que parce que la crême s'eft dépofée à la furface, tandis que les criftaux fe font dépofés au fond de la liqueur. Il paroît que l'argile blanche fert à débarraffer le tartre de fa matière huileufe & de fa partie extractive furabondantes.

A Venife, on purifie le tartre d'une manière un peu différente, fuivant M. *Defmaretz* : on diffout le fel en poudre dans l'eau bouillante, on laiffe dépofer les matières impures qu'il contient, & on les enlève avec foin; la liqueur donne des criftaux par le repos & le refroidiffement. On rediffout ces criftaux dans de l'eau qu'on chauffe lentement; lorfque cette nouvelle diffolution eft bouillante, on y jette des blancs d'œufs battus & de la cendre paffée au tamis. On fait ce mêlange de cendres quatorze ou quinze fois, on enlève l'écume que l'efferveefcence y occafionne, & on laiffe la liqueur en repos. Il s'y forme bientôt une pellicule & des criftaux falins très-blancs : on décante l'eau, & on fait fécher le fel; cette méthode dénature la crême de tartre, & en change une partie en fel végétal. C'eft de la crême de tartre ou du tartre purifié, aux environs de Montpellier, que nous allons examiner les propriétés chimiques.

La crême de tartre bien pure eft criftallifée, mais d'une manière irrégulière. Elle a une faveur aigre & moins vineufe que le tartre crud. Lorf-qu'on la met fur un charbon ardent, elle répand beaucoup de fumée qui a une odeur piquante

d'empyreume;

d'empyreume ; elle devient noire & charbonneufe. Si l'on foumet cette fubftance en diftillation dans une cornue de terre à laquelle eft
adapté un ballon terminé par un tube qui plonge
fous une cloche pleine d'eau , on obtient, en
conduifant le feu par degrés, un phlegme d'a-
bord peu coloré & peu acide ; il paffe enfuite
un acide plus fort & d'une couleur plus foncée ,
une huile qui prend peu à peu de la couleur, de
la confiftance, dont l'odeur eft empyreumatique,
enfin de l'alkali volatil concret, & une grande
quantité d'acide crayeux. Il refte dans la cornue
un charbon très-abondant , qui leffivé fans incinération , fournit abondamment de l'alkali fixe.
Tous ces produits peuvent être rectifiés par une
nouvelle diftillation à un feu doux. Le phlegme
paffe prefque fans couleur ; l'huile devient très-
blanche & très-volatile dans cette rectification ;
l'alkali volatil eft en partie combiné à l'acide ,
& on ne l'obtient féparé & pur qu'en diftillant
les dernières portions de phlegme avec addition
d'alkali fixe. Quant au charbon, l'alkali fixe végétal qu'il contient n'eft point produit dans l'o-
pération comme l'ont penfé quelques Chimiftes
qui ne connoiffoient pas bien encore la nature
de la crême de tartre ; mais il eft tout contenu dans cette fubftance. C'eft à ce fel alkali
fixe qu'eft due la production de l'alkali volatil,

formé par la réaction du premier fur l'huile : on peut même augmenter beaucoup la quantité de ce fel volatil, en diftillant l'huile obtenue de la crême de tartre fur le charbon qu'elle laiffe dans fon analyfe à la cornue.

La crême de tartre n'éprouve aucune altération à l'air.

Elle fe diffout dans vingt-huit parties d'eau bouillante, & elle fe criftallife par refroidiffement; mais d'une manière très-confufe. Il fe fépare de la diffolution de ce fel, une certaine quantité de terre, qui appartient fans doute à celle qui a été employée dans fa purification. Cette diffolution rougit la teinture de tournefol, & a une faveur acide.

On ne connoît point l'action de la terre quartzeufe, de l'argile & de la terre pefante fur la crême de tartre. MM. les Chimiftes de l'Académie de Dijon ont obfervé que la magnéfie formoit avec la crême de tartre un fel foluble, que l'alkali fixe décompofoit, & dont l'évaporation, faite à l'air libre, donnoit de petits criftaux prifmatiques, difpofés en rayons. Expofé au feu, ce fel tartareux de magnéfie, bouillonne & fe convertit en un charbon léger.

Plufieurs Chimiftes ont très-bien décrit l'action de la chaux & de la craie fur la crême de tartre. Lorfqu'on jette de la craie dans une diffo-

lution de crême de tartre, il se produit une effervescence occasionnée par le dégagement de l'a-
cide crayeux, & il se forme un précipité très-abondant ; ce précipité est la combinaison de l'acide
tartareux & de la chaux ; la liqueur qui la surnage contient un sel neutre tout formé dans la
crême de tartre, & composé de son acide uni à
l'alkali fixe végétal ; ce sel est connu, comme
nous le verrons plus bas, sous le nom de tartre
soluble. C'est à M. *Rouelle* le jeune qu'on est redevable de cette belle analyse de la crême de
tartre ; elle prouve, 1°. que cette substance est
composée d'un acide huileux surabondant, &
d'une certaine quantité de cet acide uni à l'alkali
fixe végétal dans l'état d'un sel neutre ; 2°. que
la combinaison de l'acide tartareux avec la chaux,
forme un sel neutre très-peu soluble. M. *Proust*
a découvert que le sel tartareux calcaire, distillé
dans une cornue, laisse un résidu qui s'allume à
l'air comme le pyrophore. M. *Bergman* donne
dans sa Dissertation sur les affinités electives,
un procédé pour séparer l'acide tartareux de ce
sel. Il prescrit de laver avec l'eau distillée le précipité formé par la craie jetée dans une dissolution de crême de tartre, de mettre cette chaux
tartarisée dans une fiole, & de verser par-dessus
huit fois son poids d'un acide vitriolique, formé
d'une partie d'huile de vitriol & de huit parties

d'eau. On laiſſe ce mélange en digeſtion pendant douze heures, & on l'agite ſouvent avec une ſpatule de bois ; on décante la liqueur claire qui ſurnage le dépôt ; on lave ce dernier avec de l'eau juſqu'à ce qu'il n'ait plus de ſaveur, & on mêle ce lavage avec la première liqueur ; c'eſt là l'acide tartareux. On conçoit que dans cette expérience, l'acide vitriolique a décompoſé la chaux tartariſée, & a formé de la ſélénite en dégageant l'acide tartareux que l'eau a diſſous. Cet acide, ainſi obtenu, contient preſque toujours un peu d'acide vitriolique ; on le purifie en y ajoutant un peu de chaux tartariſée, qui s'empare de ce dernier acide, & laiſſe celui tartareux pur. M. *Bergman* ajoute que la diſſolution de cet acide, évaporée juſqu'en conſiſtance de ſirop clair, donne des criſtaux en lames ou paillettes fort écartées les unes des autres ; que ces criſtaux noirciſſent ſur le feu, donnent à la cornue un phlegme acidule & un peu d'huile, & que le charbon qu'ils laiſſent n'eſt ni acide ni alkalin. Il paroît, d'après ces détails, que l'acide tartareux contient de l'huile, comme tous les acides des végétaux.

La crême de tartre s'unit très-bien aux différens alkalis. On jette dans une diſſolution de ſel fixe de tartre, ou tartre crayeux, de la crême de tartre en poudre ; il ſe fait une efferveſcence vive produite par le dégagement de l'acide crayeux ; on ajoute de la crême de tartre jufqu'à faturation ; on filtre cette liqueur après l'avoir fait bouillir pendant une demi-heure ; on l'évapore jufqu'à pellicule , & on la laiffe refroidir lentement ; il s'y forme des criftaux en quarrés longs , terminés par deux bifeaux. Ce fel eft appelé fel végétal, tartre foluble , tartre tartarifé. Il a une faveur amère ; il devient charbonneux lorfqu'on le chauffe fortement ; il fe décompofe dans une cornue , & donne un phlegme acide , de l'huile, & beaucoup d'air fixe. Il attire un peu l'humidité de l'air. Il fe diffout dans quatre parties d'eau diftillée. Les acides minéraux le décompofent auffi, & en précipitent de la crême de tartre. Il eft également décompofé par la plupart des diffolutions métalliques.

La crême de tartre, combinée avec l'alkali fixe minéral, forme le fel de *Seignette*, nom d'un Apothicaire de la Rochelle, qui le premier l'a fait connoître ; pour le préparer on jette vingt onces de crême de tartre dans quatre livres d'eau bouillante, on ajoute peu à peu de l'alkali de la foude bien pur, jufqu'au point de faturation, que l'on reconnoît lorfqu'il ne s'excite plus d'effervefcence par l'addition de cet alkali. Cette combinaifon rend la crême de tartre foluble. On évapore la liqueur prefqu'en confiftance firupeufe, & elle donne, par le refroidiffement, des criftaux très-beaux, très-réguliers, & fouvent d'une groffeur confidérable. Ce font des prifmes à fix, huit ou dix faces inégales, tronqués à angle droit à leurs extrémités. Le plus fouvent ces prifmes font coupés en deux dans leur longueur, & la face large ou la bafe fur laquelle ils pofent eft marquée de deux lignes diagonales, qui fe croifent dans le milieu, & partagent cette bafe en quatre triangles. Le fel de *Seignette*, vendu d'abord comme un fecret, & découvert en même-tems par MM. *Boulduc & Geoffroy* en 1731, a une faveur amère. Il fe décompofe au feu comme le fel végétal ; il s'effleurit à l'air, parce qu'il contient beaucoup d'eau de criftallifation ; il eft prefqu'auffi diffoluble que le fel végétal, & décompofable comme lui par les acides minéraux & par les diffolutions métalliques. L'eau-mère de ce fel contient la portion de fel végétal qui faifoit partie de la crême de tartre.

L'alkali volatil forme avec la crême de tartre un fel ammoniacal tartareux, qui criftallife très-bien par l'évaporation & le refroidiffement. M. *Bucquet* dit que fes criftaux font des pyramides rhomboïdales. M. *Macquer* a vu les uns en gros prifmes à quatre, cinq ou fix côtés, les autres renflés dans leur milieu, & terminés par des pointes très-aigues, & MM. les Académiciens de Dijon l'ont obtenu en parallélipipèdes à deux biseaux alternes. Ce sel a une saveur fraîche, & il se décompose au feu; il s'effleurit à l'air; il est plus dissoluble dans l'eau chaude que dans l'eau froide, & il cristallise par refroidissement; la chaux & les alkalis fixes en dégagent l'alkali volatil; les acides minéraux & les dissolutions métalliques le décomposent.

MM. *Pott* & *Margraf* ont traité la crême de tartre par les acides minéraux, & le dernier en a retiré des sels neutres, semblables à ceux que chacun de ces acides forme avec l'alkali fixe végétal; d'où il a conclu que cet alkali est tout formé dans la crême de tartre. M. *Rouelle* le jeune, qui est le Chimiste qui a fait les travaux les plus nombreux & les plus exacts sur la crême de tartre, a obtenu les mêmes résultats. En jetant une livre de crême de tartre en poudre très-fine sur une livre d'huile de vitriol, le mêlange s'échauffe; on favorise l'action réciproque des deux substances par la chaleur d'un bain-marie & en les agitant avec une spatule de verre; on continue cette chaleur pendant dix à douze heures, le mêlange devient épais comme une bouillie, on y verse deux ou trois onces d'eau distillée bouillante, qui donne de la fluidité à la matière, on la laisse dans le bain-marie environ deux heures, alors on la retire du feu, & on ajoute à la liqueur trois pintes d'eau diſtillée bouillante ; cette diſſolution eſt colorée & opaque, elle contient de l'acide vitriolique à nu, une portion de crême de tartre non décompoſée & du tartre vitriolé. On ſature l'excès d'acide vitriolique par de la craie, il ſe précipite de la ſélénite avec un peu de crême de tartre ; on filtre le mélange & on fait évaporer la liqueur filtrée ; elle donne un peu de crême de tartre & de ſélénite, juſqu'à ce qu'elle ſoit réduite à dix-huit ou vingt onces ; alors on la décante, & évaporée de nouveau, elle fournit, par le repos, des criſtaux de véritable tartre vitriolé, que l'on peut obtenir ainſi juſqu'à la fin par des évaporations & criſtalliſations répétées. Ce ſel eſt toujours mêlé d'un peu de crême de tartre, & il brûle ſur le fer rouge ; mais en le leſſivant avec une juſte quantité d'eau diſtillée, on le diſſout, & la crême de tartre reſte au fond du vaiſſeau où ſe fait ce lavage. Tel eſt le procédé décrit & répété avec ſuccès par **M. *Berniard*,** d'après **M. *Rouelle*.** *Journal de Phyſique, tome XVII, p. 183 & 184.*

L'acide nitreux & l'acide marin, traités de la même manière avec la crême de tartre, donnent du nitre & du ſel fébrifuge ; ce qui prouve ſans réplique la préſence de l'alkali fixe dans cette ſubſtance.

La crême de tartre acquiert de la folubilité par l'union du borax & du fel fédatif, fuivant les expériences de M. *de Laſſone*; une partie de ce dernier fel peut rendre jufqu'à quatre parties de crême de tartre folubles. Cette diffolution mixte, évaporée, donne un fel gommeux verdâtre & fort acide.

La crême de tartre paroît fufceptible de s'unir à la plupart des fubftances métalliques, comme l'ont démontré M. *Monnet* & MM. les Chimiftes de l'Académie de Dijon; mais comme on n'a que peu examiné toutes ces combinaifons, nous ne parlerons ici que de celles de l'antimoine, du mercure, du plomb & du fer avec cette fubftance faline, parce que ces compofés font mieux connus, & font la plupart employés en Médecine.

La combinaifon de crême de tartre & d'antimoine porte le nom de tartre ſtibié ou antimonié. Comme c'eft un des remèdes les plus importans que la Chimie puiffe fournir à la Médecine, il faut en examiner avec foin les propriétés. Depuis *Adrien de Mynſicht*, qui le premier l'a fait connoître en 1631, on a beaucoup varié fur fa préparation. Les Pharmacopées & les Ouvrages des Chimiftes diffèrent tous, foit fur les fubftances antimoniales qu'on doit employer pour cette préparation, foit fur leur quantité, ainsi que sur celle de l'eau & de la crême de tartre, soit enfin sur la manière de la faire. On peut voir dans la Diſſertation de M. *Bergman* ſur ce médicament, un tableau très-bien fait des divers procédés donnés juſqu'actuellement pour préparer le tartre antimonié. On a ſucceſſivement conſeillé le ſafran des métaux, le foie, le verre & les fleurs d'antimoine; les uns ont preſcrit de faire bouillir ces ſubſtances avec la crême de tartre & une plus ou moins grande quantité d'eau, pendant dix à douze heures; d'autres ne demandent qu'une ébullition d'une demi-heure; enfin, il eſt des Auteurs qui veulent qu'on évapore la leſſive filtrée à ſiccité, & il en eſt d'autres qui exigent qu'on la faſſe criſtalliſer, & qu'on n'emploie en Médecine que les criſtaux. Il doit arriver de ces différentes préparations que le tartre antimonié n'eſt jamais le même, & qu'il jouit de divers degrés d'énergie, de ſorte qu'on ne peut jamais être ſûr de ſes effets. Auſſi M. *Geoffroy* qui a examiné pluſieurs tartres ſtibiés de différens degrés de force, a-t-il trouvé par l'analyſe que les plus foibles contiennent par once depuis trente grains juſqu'à un gros dix-huit grains de régule; ceux d'une éméticité moyenne un gros & demi, & les plus actifs juſqu'à deux gros dix grains. Le verre d'antimoine a été choiſi préférablement aux autres substances antimoniées, parce qu'il est un des plus solubles par la crême de tartre; mais ce verre peut être plus ou moins calciné, & ces degrés divers de calcination doivent nécessairement influer sur son éméticité. Cependant en prenant du verre d'antimoine bien transparent & porphyrisé, en le faisant bouillir dans l'eau avec partie égale de crême de tartre, jusqu'à ce que cette dernière soit saturée, filtrant & faisant évaporer à une chaleur douce cette dissolution, on obtient par le repos & le refroidissement des cristaux de tartre stibié, dont les degrés d'éméticité paroissent être assez constans. On décante la liqueur, on la fait évaporer, & elle fournit par plusieurs évaporations successives de nouveaux cristaux. L'eau-mère contient du soufre, du sel végétal & une certaine quantité de foie de soufre. Lorsqu'on filtre le mélange de crême de tartre, de verre d'antimoine & d'eau qu'on a fait bouillir pour la préparation du tartre stibié, il reste sur le filtre une espèce de gelée jaune ou brune, que M. *Rouelle* a fait connoître. Cette gelée distillée donne un pyrophore très-inflammable découvert par M. *Proust.*

M. *Macquer* a proposé de substituer au verre d'antimoine la poudre d'*Algaroth*, qui par elle-même est un émétique violent, parce que cette poudre précipitée du beurre d'antimoine par l'eau, est toujours la même. M. *Bergman* a adopté l'opinion de M. *Macquer*, & on prépare depuis, dans le Laboratoire de l'Académie de Dijon, un tartre émétique, suivant la méthode de ce Chimiste & celle de M. *de Laffone*. Ce médicament a été employé avec le plus grand succès ; il opère à la dose de trois grains sans fatiguer l'estomac ni les intestins. Le tartre stibié est cristallisé en pyramides trièdres, il est très-transparent ; il se décompose au feu, & devient charbonneux ; il est efflorescent à l'air, & devient d'un blanc mat & farineux ; il se diffout dans soixante parties d'eau froide, & dans beaucoup moins d'eau bouillante ; il se cristallise par refroidissement ; les alkalis & la chaux le décomposent. La terre calcaire & l'eau pure en grande dose sont susceptibles de le décomposer ; d'où il suit qu'on ne doit l'administrer que dans l'eau distillée. Le foie de soufre le précipite en une poudre rouge ou espèce de soufre doré, & peut servir à faire reconnoître ce sel dans toutes les liqueurs où il se trouve. Le fer s'empare de l'acide tartareux, & sépare la chaux d'antimoine ; on ne doit donc pas préparer le tartre stibié dans des vaisseaux de ce métal. M. *Durande*, célèbre Médecin de Dijon, a proposé de faire préparer ce médicament publiquement & par un procédé uniforme, comme on a coutume de faire pour la thériaque. Nous croyons que cela ne pourroit qu'être fort utile en procurant un tartre ftibié uniforme, & fur les effets duquel le Médecin pourroit toujours compter.

On peut combiner l'acide tartareux avec le mercure par deux moyens. L'un, dont M. *Monnet* a fait mention, confifte à faire diffoudre dans l'eau bouillante fix parties de crême de tartre avec une partie de mercure précipité de l'acide nitreux par l'alkali fixe. Cette liqueur filtrée & évaporée lui a donné des criftaux qui ont été décompofés par l'eau pure. Le fecond moyen d'unir le mercure à l'acide tartareux, c'eft de verfer de la diffolution nitreufe de ce métal dans une diffolution de fel végétal ou de fel de *Seignette* ; on obtient un précipité formé par la combinaifon mercurielle tartareufe, & le nitre ordinaire ou le nitre rhomboïdal refte en diffolution dans la liqueur.

La crême de tartre agit d'une manière fenfible fur les chaux de plomb. M. *Rouelle* le jeune s'eft affuré que le fel faturnin qui fe forme dans cette opération, ne refte point en diffolution dans la liqueur, & que cette dernière évaporée ne fournit que du fel végétal pur qui étoit tout contenu dans la crême de tartre ; c'eft un des procédés dont il s'est servi pour démontrer **la** présence de l'alkali fixe dans le tartre.

Le cuivre & ses chaux sont assez facilement attaqués par l'acide tartareux; il en résulte un sel d'un beau vert, susceptible de cristallisation, mais qui n'a été que peu examiné jusqu'à présent.

Le fer est un des métaux sur lequel la crême de tartre agit le plus efficacement. On prépare un médicament, nommé tartre chalybé, en faisant bouillir dans douze livres d'eau quatre onces de limaille de fer porphyrisée & une livre de tartre blanc. Lorsque le tartre est dissous, on filtre la liqueur, elle dépose des cristaux, on en obtient de nouveau en faisant évaporer l'eau-mère. Pour préparer la teinture de mars tartarisée, on fait une pâte avec six onces de limaille de fer, une livre de tartre blanc en poudre, & suffisante quantité d'eau; on laisse ce mêlange en repos pendant vingt-quatre heures; on l'étend ensuite dans douze livres d'eau, & on fait bouillir le tout pendant deux heures, en ajoutant de l'eau à mesure pour remplacer celle qui s'évapore; on décante la liqueur, on la filtre, on l'épaissit en consistance de sirop, & on y ajoute une once d'esprit de vin. M. *Rouelle* s'est assuré que l'alkali fixe végétal est libre dans cette teinture, & qu'en la traitant par les acides, on obtient des fels neutres qui font reconnoître cet alkali. Il y a encore deux médicamens formés par la combinaifon de l'acide tartareux & du fer; l'un eft le tartre martial foluble, qui n'eft qu'un mêlange d'une livre de teinture de mars tartarifée, & de quatre onces de fel végétal évaporé à ficcité; l'autre eft connu fous le nom de boules de mars. Elles fe font en mettant une partie de limaille d'acier, & deux parties de tartre blanc en poudre, dans un vaiffeau de verre, avec une certaine quantité d'eau-de-vie; lorfque cette dernière eft évaporée, on pulvérife la maffe & on ajoute de l'eau-de-vie, qu'on laiffe évaporer comme la première fois; on répète ce procédé jufqu'à ce que le mêlange foit gras & tenace; alors on en forme des boules.

Le tartre crud eft fort utile dans la teinture; les Chapeliers en font auffi ufage.

Les différentes préparations de la crême de tartre dont nous avons fait l'énumération, font employées la plupart en Médecine. La crême de tartre pure eft regardée comme rafraîchiffante & antifeptique; à la dofe d'une demi-once ou d'une once, elle purge doucement & fans exciter des naufées. Les fels végétal & de *Seignette* font d'un ufage fréquent, comme purgatifs adjuvans, à la dofe de quelques gros. Le tartre ftibié eft un des médicamens les plus utiles & les plus puiſſans que la Médecine doit à la Chimie. Ce ſel eſt émétique, purgatif, diurétique, diaphorétique, ſuivant les doſes & les procédés qu'on emploie dans ſon adminiſtration. Souvent même il produit tous ces effets à la fois. Il doit encore être regardé comme un altérant puiſſant, & comme propre à détruire les embarras & les obſtructions des viſcères lorſqu'on le donne à une doſe très-petite & répétée. On l'adminiſtre à la doſe d'un grain juſqu'à quatre, diſſous dans quelques verres d'eau, comme vomitif. On le mêle à la doſe d'un grain avec d'autres purgatifs dont il aide l'action : enfin, à celle d'un demi-grain étendu dans une grande quantité d'eau, il agit comme altérant. M. *de Laſſone* a découvert que le tartre ſtibié eſt rendu très-ſoluble dans l'eau par le mêlange du ſel ammoniac, & qu'il en réſulte un ſel mixte analogue au ſel alembroth. On doit juger que ce nouveau compoſé eſt ſuſceptible de produire des effets très-énergiques ſur l'économie animale. Le tartre chalybé, le tartre martial ſoluble, la teinture de mars tartariſée, ſont employés comme toniques & apéritifs.

LEÇON

LEÇON LVI.

De la Fermentation acide & du Vinaigre.

Beaucoup de fubſtances végétales ſont ſuſceptibles de paſſer à la fermentation acide. Telles ſont les gommes, les fécules amylacées diſſoutes dans l'eau bouillante ; mais cette propriété eſt ſur-tout très-remarquable dans les liqueurs fermentées & ſpiritueuſes. Tous ces fluides expoſés à la chaleur & en contact avec l'air, paſſent à la fermentation acide, & donnent ce que l'on appelle du vinaigre. C'eſt ſpécialement le vin de raiſin que l'on emploie pour préparer cette liqueur, quoiqu'il ſoit poſſible de faire de très-bon vinaigre avec le cidre, le poiré, &c.

Il y a trois conditions néceſſaires à la fermentation acéteuſe ; 1°. une chaleur de vingt à vingt-cinq degrés au thermomètre de *Réaumur* ; 2°. un corps viſqueux & en même-tems acide, tels qu'un mucilage & le tartre ; 3°. le contact de l'air. On ne peut attribuer le changement des vins qui paſſent à l'état de vinaigre, qu'au mouvement inteſtin excité dans ces fluides par la préſence d'une certaine quantité de corps muqueux,

non altéré & capable de fubir une nouvelle fermentation. La préfence d'une matière acide, telle
que le tartre, y eft néceffaire pour déterminer la
fermentation acide. Enfin, le contact de l'air y eft
indifpenfable, & il paroît qu'il y en a une portion d'abforbé pendant cette fermentation,
comme l'a prouvé M. l'Abbé *Rozier*.

Tous les vins font également propres à former
du vinaigre. On y emploie préférablement les
mauvais, parce qu'ils font moins chers; mais les
expériences de *Beccher* & de M. *Cartheufer* démontrent que les vins généreux & chargés d'efprit ardent donnent en général les meilleurs vinaigres.

Boerhaave a décrit dans fes Elémens de Chimie un très-bon procédé pour faire du vinaigre.
On prend deux tonneaux, on établit à quelque
diftance de leur fond une claye d'ofier, fur laquelle on étend des branches de vigne & des
raffes; on y verfe du vin, de forte que l'un des
tonneaux foit plein & l'autre à moitié vide. La
fermentation commence dans ce dernier; lorfqu'elle eft bien établie, on remplit ce tonneau
avec le vin contenu dans le premier. Par ce
moyen, la fermentation fe ralentit dans le tonneau rempli, & elle s'établit bien dans celui qui
eft à moitié vide ; lorfqu'elle eft parvenue à un
degré affez confidérable, on remplit ce dernier
tonneau avec la liqueur de celui qui a fermenté

le premier ; de sorte que la fermentation recommence dans le premier, & se ralentit dans le second. On continue à remplir & à vider ainsi alternativement les deux tonneaux jusqu'à ce que le vinaigre soit entièrement formé, ce qui va ordinairement de douze à quinze jours.

En observant ce qui se passe dans cette fermentation, on voit qu'il y a beaucoup de bouillonnement & de sifflement ; la liqueur s'échauffe & se trouble, elle offre une grande quantité de filamens & de bulles qui la parcourent en tous sens ; elle exhale une odeur vive acide, nullement dangereuse ; elle absorbe une grande quantité d'air : on est obligé d'arrêter la fermentation de douze en douze heures : peu à peu ces phénomènes s'appaisent, la chaleur tombe, le mouvement se ralentit, la liqueur devient claire ; elle laisse déposer un sédiment en floccons rougeâtres, glaireux, qui s'attachent aux parois des tonneaux. Des expériences multipliées ont appris que plus la masse de vin est petite, plus elle a le contact de l'air, & plus vîte elle passe à l'état de vinaigre. On a soin de tirer le vinaigre à clair lorsqu'il est fait, afin de le séparer de dessus sa lie, qui, sans cette précaution, le feroit bientôt passer à la fermentation putride. Le vinaigre ne dépose point de tartre comme le vin ; ce sel s'est dissous & combiné avec l'esprit ardent & l'eau pendant la fermentation ; il eſt même vraiſemblable que c'eſt la préſence de ce ſel qui contribue à la ſaveur & aux autres propriétés acides du vinaigre. Ce fluide a plus ou moins de couleur, ſuivant le vin employé pour ſa préparation ; mais en général les vinaigres les moins colorés le ſont beaucoup plus que les vins blancs, parce qu'ils tiennent en diſſolution la matière colorante du tartre , qui a été encore développée par la fermentation.

Le vinaigre préparé comme nous venons de le dire, eſt très-fluide, d'une odeur acide & ſpiritueuſe, d'une ſaveur aigre plus ou moins forte ; il rougit les couleurs bleues végétales. Expoſé à une chaleur douce dans des vaiſſeaux mal bouchés, il s'altère, perd ſa partie ſpiritueuſe, dépoſe une grande quantité de floccons & de filamens muqueux, & prend une odeur & une ſaveur putride. Il paroît être un compoſé d'eau, d'eſprit ardent, d'un acide particulier, d'un peu de tartre & d'une matière extractive colorante. On peut ſéparer ces matières par l'action du feu, comme on le fait pour le vin.

En diſtillant du vinaigre à feu nu dans une cucurbite de grès recouverte d'un chapiteau , ou dans une cornue de verre placée ſur un bain de ſable , il paſſe d'abord un phlegme d'une odeur vive & agréable , mais très-peu acide ; il lui succède bientôt une liqueur acide très-blanche, très-odorante ; c'est le vinaigre distillé ; celui qui distille ensuite a moins d'odeur & plus d'acidité ; il devient d'autant plus acide, que la distillation avance davantage. On peut fracturer tous ces produits, & obtenir des vinaigres distillés différens les uns des autres par l'acidité & par l'odeur : on se contente de retirer par ce procédé, environ les deux tiers de liqueur qui constitue le vinaigre le plus pur. La portion qui passe ensuite est plus acide, mais elle a une odeur empyreumatique qu'on peut faire dissiper en l'exposant à l'air ; elle prend aussi un peu de couleur. Cette opération indique que l'acide acéteux est plus pesant que l'eau. Le vinaigre résidu est épais, d'une couleur rouge foncée & sale ; il dépose une certaine quantité de tartre ; il est d'une acidité considérable. Si on l'évapore à feu ouvert, il prend la forme d'un extrait ; & si, lorsqu'il est sec, on le distille à la cornue, il fournit un phlegme rougeâtre, acide, une huile d'abord légère & colorée, ensuite pesante, & un peu d'alkali volatil ; le charbon qu'il laisse contient beaucoup d'alkali fixe.

On peut concentrer le vinaigre en l'exposant à la gelée. On observe qu'alors il est très-acide & fort chargé en couleur, mais qu'il s'altère très-facilement.

L'acide du vinaigre séparé du tartre & de sa

partie colorante par la diftillation, eft fufceptible de s'unir à un grand nombre de corps.

Il ne fe combine qu'imparfaitement avec la
terre argileufe, & forme avec elle des petits criftaux aiguillés.

Il s'unit facilement avec la magnéfie, & il
donne un fel très-foluble dans l'eau, qui ne peut
point criftallifer, mais qui fournit par l'évaporation une maffe vifqueufe, déliquefcente. Ce fel
eft décompofé par le feu & par les acides minéraux. Il eft très-foluble dans l'efprit de vin.

L'acide du vinaigre fe combine avec la chaux,
& il décompofe la craie dont il dégage l'acide.
Le fel qu'il forme avec la chaux eft fufceptible
de criftallifer en prifmes très-fins aiguillés &
comme fatinés. Le fel acéteux calcaire eft amer
& aigre; il s'effleurit à l'air. Il eft décompofé par
le feu, par les alkalis, &c.

La combinaifon de l'acide du vinaigre avec
l'alkali fixe végétal porte le nom de terre foliée
de tartre. Pour la faire, on verfe fur du fel fixe
de tartre bien blanc, du vinaigre diftillé bien
pur, on agite le mélange, & on verfe du vinaigre jufqu'à ce que la faturation foit parfaite, &
le fel bien diffous : on doit même mettre un excès
de cet acide : on filtre la liqueur, on l'évapore
à un feu très-doux dans un vaiffeau de porcelaine ou d'argent pur ; lorfqu'elle devient épaiffe,

on continue l'évaporation fur un bain-marie jufqu'à ce qu'elle foit bien sèche. Par ce moyen,
on obtient une terre foliée bien blanche. Si on
la chauffe trop, elle fe colore en gris ou en
brun, parce qu'une portion du vinaigre fe brûle.
Quelques Chimiftes affurent qu'on peut obtenir
ce fel fous une forme régulière, en laiffant refroidir la diffolution évaporée jufqu'à forte pellicule. La terre foliée de tartre a une faveur piquante, acide & urineufe. Elle fe décompofe
par l'action du feu, & donne à la cornue un
phlegme acide, une huile empyreumatique, de
l'alkali volatil, & une grande quantité d'un gaz
très-odorant, formé d'acide crayeux & de gaz
inflammable. Le charbon réfidu contient beaucoup d'alkali fixe à nu. La terre foliée attire
fortement l'humidité de l'air; elle eft très-diffoluble dans l'eau. L'acide vitriolique la décompofe; pour opérer cette décompofition, on verfe
fur deux parties de terre foliée introduite dans
une cornue de verre tubulée, à laquelle eft adapté
un récipient, une partie d'huile de vitriol; il fe dégage fur le champ avec une vive effervefcence un
fluide vaporeux d'une odeur pénétrante qui fe
condenfe dans le récipient en une liqueur nommée vinaigre radical. Ce vinaigre eft très-concentré, d'une acidité très-forte; mais il n'eft
pas pur, & il eft toujours mêlé d'une certaine

Q q iv

quantité d'acide fulfureux, reconnoiffable par fon odeur. La crême de tartre la décompofe de même, & forme avec fa bafe du fel végétal.

Le vinaigre s'unit parfaitement avec l'alkali marin, & il forme avec lui un fel nommé fel acéteux minéral. Ce fel ne diffère de la terre foliée que parce qu'il eft fufceptible de criftallifer en prifmes ftriés affez femblables au fel de Glauber, & parce qu'il n'attire pas l'humidité de l'air. Pour l'obtenir bien criftallifé, il faut faire évaporer fa diffolution jufqu'à pellicule, & on la met enfuite dans un lieu frais. Au refte, le fel acéteux minéral eft décompofable par le feu & par les acides minéraux, comme la terre foliée. Nous ajouterons à ces détails que lorfqu'on donne un bon coup de feu en diftillant les fels acéteux calcaire & alkalin, les réfidus de ces fels font autant de pyrophores, & brûlent lorfqu'on les expofe à l'air. M. *Prouft*, à qui font dues ces découvertes, penfe qu'il fuffit pour produire un pyrophore, qu'un réfidu charbonneux foit divifé par une terre ou une chaux métallique.

L'acide du vinaigre forme avec l'alkali volatil une liqueur connue fous le nom d'efprit de *Mendererus*. On ne peut évaporer ce fel qu'en en perdant la plus grande partie à caufe de fa volatilité : cependant on en obtient par une évaporation longue, des criftaux aiguillés dont la faveur eft chaude & piquante, & qui attirent très-promptement l'humidité de l'air. Ce fel ammoniacal acéteux eft décompofé par l'action du feu, par la chaux & les alkalis qui en dégagent l'alkali volatil, & par les acides minéraux qui en féparent le vinaigre.

Le vinaigre agit fur prefque toutes les fubftances métalliques, & préfente des phénomènes fort importans dans ces combinaifons.

Il ne paroît pas qu'il diffolve immédiatement la chaux d'arfenic ; mais cette dernière fubftance diftillée avec parties égales de terre foliée, a donné à M. *Cadet* & à MM. les Chimiftes de l'Académie de Dijon, une liqueur rouge, fumante, d'une odeur très-infecte, très-tenace & d'une nature très-fingulière. *M. Cadet* avoit déjà obfervé, *Académie des Sciences, Savans étrangers, tome III, page 633*, que cette liqueur étoit capable d'enflammer le lut gras. MM. les Académiciens de Dijon voulant examiner une matière jaunâtre d'une confiftance huileufe, raffemblée au fond du flacon qui contenoit la liqueur fumante arfenico-acéteufe, décantèrent une portion de cette liqueur furnageante, & versèrent le refte fur un filtre de papier. A peine eut-il paffé quelques gouttes, qu'il s'éleva tout-à-coup une fumée infecte très-épaiffe, qui formoit une colonne depuis le vafe jufqu'au plafond; il s'excita fur les bords de la matière une efpèce de bouillonnement, & il en partit une belle flamme rofe qui dura quelques inftans. On peut voir dans le troifième volume des *Elémens de Chimie de Dijon*, *page 41 à 47*, le détail des belles expériences que ces favans Académiciens ont faites fur cet objet. Ils comparent la liqueur dont nous venons de parler à un phofphore liquide; nous croyons que c'eft une efpèce de pyrophore, comme ceux dont nous parlerons plus bas. Le réfidu de la diftillation de la terre foliée avec la chaux d'arfenic, eft en grande partie de l'alkali fixe végétal criftallifé.

Le vinaigre diffout le cobalt en chaux, & il forme une diffolution d'un rofe pâle.

Il n'a aucune action fur le bifmuth ni fur fa chaux.

Il diffout directement le nickel, fuivant M. *Arwidffon*; cette diffolution donne des criftaux verds, figurés en fpatule.

Cet acide n'agit point fur le régule d'antimoine, mais il paroît diffoudre le verre de ce demi-métal, puifqu'*Angelus Sala* faifoit une préparation émétique avec ces deux fubftances.

Le zinc fe diffout très-bien dans le vinaigre diftillé, ainfi que fa chaux. M. *Monnet* a obtenu de cette diffolution évaporée, des criftaux en lames plates. Le sel acéteux de zinc fulmine sur les charbons, & répand une petite flamme bleuâtre. Il donne à la diftillation une liqueur inflammable, un fluide huileux jaunâtre, qui devient bientôt d'un vert foncé, & un sublimé blanc, qui brûle à la lumière d'une bougie avec une belle flamme bleue. Le réfidu eft à l'état d'un pyrophore peu combuftible.

L'acide du vinaigre ne diffout pas le mercure dans l'état métallique. Cependant on parvient à faire cette combinaifon en divifant fortement le métal à l'aide des mouffoirs, comme le faifoit *Keyfer*. On unit facilement le mercure dans l'état de chaux avec le vinaigre. Il fuffit de faire bouillir cet acide fur le précipité *per fe*, fur le turbith, ou fur le mercure précipité de la diffolution nitreufe par l'alkali fixe. La liqueur devient blanche, & s'éclaircit lorfqu'elle eft bouillante ; on la filtre ; elle précipite par le refroidiffement des criftaux argentins en paillettes, femblables au fel fédatif. On a donné à ce fel le nom de terre foliée mercurielle. On le prépare fur le champ, en verfant une diffolution nitreufe de mercure dans une diffolution de terre foliée de tartre ; l'acide nitreux s'unit à l'alkali fixe de ce dernier fel, avec lequel il forme du nitre qui refte en diffolution dans la liqueur ; & la chaux de mercure, combinée avec l'acide du vinaigre, se précipite sous la forme de paillettes brillantes. On filtre le mélange ; la terre foliée mercurielle reste sur le filtre. Ce sel se décompose par l'action du feu ; son résidu donne une espèce de pyrophore. Il est facilement altéré par les vapeurs combustibles.

L'étain n'est que peu altéré par le vinaigre. Cet acide n'en dissout qu'une petite quantité, & cette dissolution évaporée, a donné à M. *Monnet* un enduit jaunâtre, semblable à une gomme, & d'une odeur fétide.

Le plomb est un des métaux sur lesquels l'acide du vinaigre a le plus d'action. Cet acide le dissout avec la plus grande facilité. En exposant des lames de ce métal à la vapeur du vinaigre chaud, elles se couvrent d'une poudre blanche, qu'on appelle céruse, & qui n'est qu'une chaux de plomb. Cette chaux broyée avec un tiers de craie, forme le blanc de plomb employé dans la peinture. Pour saturer le vinaigre du plomb qu'il peut dissoudre, on verse cet acide sur de la céruse dans un matras ; on met ce mélange en digestion sur un bain de sable ; on filtre la liqueur après plusieurs heures de digestion, on la fait évaporer jusqu'à pellicule ; elle fournit par le refroidissement & par le repos, des cristaux blancs, formant ou des aiguilles informes, si la liqueur a été trop rapprochée, ou des parallélipipèdes applatis, terminés par deux furfaces difpofées en bifeau, lorfque l'évaporation a été bien faite. On les nomme fel ou fucre de faturne, à caufe de fa faveur fucrée ; cette faveur eft en même tems ftiptique. On prépare un fel femblable avec la litharge & le vinaigre ; on fait bouillir jufqu'à faturation, parties égales de ces deux fubftances ; on évapore jufqu'en confiftance de firop clair ; on a alors l'extrait de faturne de M. *Goulard*, connu long-tems avant lui fous le nom de vinaigre de faturne. Le fel de faturne eft décompofé par la chaleur ; il fournit une liqueur acide, rouffe, très-fétide, fort éloignée du vinaigre radical. Le réfidu eft un très-bon pyrophore. Ce fel eft décompofé par l'eau diftillée, par la chaux, les alkalis & les acides minéraux. L'extrait de faturne étendu d'eau, & mêlé d'un peu d'eau-de-vie, forme l'eau végéto-minérale de M. *Goulard*.

Le vinaigre diffout le fer avec activité ; l'effer-vefcence qui a lieu dans cette diffolution eft due au dégagement d'un gaz inflammable, dont on n'a point examiné les propriétés. La liqueur prend une couleur rouge ou brune ; elle ne donne par l'évaporation qu'un magma gélatineux, mêlé de quelques criftaux bruns allongés. Ce fel acéteux martial a une faveur ftiptique & douceâtre ; il eft décompofé par le feu, & laiffe aller fon acide ; il attire l'humidité de l'air ; il fe décompofe dans l'eau diſtillée. Lorſqu'on le chauffe juſqu'à ce qu'il ne répande plus d'odeur de vinaigre, il laiſſe une chaux jaunâtre, attirable à l'aimant. La diſſolution acéteuſe de fer donne une encre très-noire avec la noix de galle, & elle pourroit être employée avec ſuccès dans la teinture ; l'alkali phlogiſtiqué en précipite un bleu de Pruſſe très-éclatant. L'éthiops martial, les précipités de fer, les ſafrans de mars, la mine de fer ſpathique, donnent avec le vinaigre des diſſolutions d'un très-beau rouge.

Le cuivre ſe diſſout avec beaucoup de faciſité dans le vinaigre diſtillé. Cette diſſolution, aidée par la chaleur, prend peu à peu une couleur verte ; mais elle s'opère plus facilement avec ce métal déjà altéré & calciné par le vinaigre. Le cuivre ainſi préparé, eſt le vert-de-gris. On le prépare aux environs de Montpellier, en mettant des lames de ce métal dans des vaſes de terre avec des raſſes de raiſin, qu'on a d'abord arroſées & fait fermenter avec de la vinaſſe. La ſurface de ces lames ſe couvre bientôt d'une rouille verte, qu'on augmente encore en les mettant en tas, & en les arroſant avec de la vinaſſe ; alors on ratiſſe le cuivre, & on enferme le vert-de-gris dans des ſacs de peau, qu'on envoie dans le commerce. M. *Montet*, Apothicaire de Montpellier, a très-bien décrit cette manipulation dans deux Mémoires imprimés parmi ceux de l'Académie des Sciences en 1750 & 1753. Le vert-de-gris se dissout avec promptitude dans le vinaigre. Cette dissolution, qui est d'une belle couleur verte, fournit par l'évaporation & le refroidissement des cristaux verts en pyramides quadrangulaires, tronqués, auxquels on donne le nom de verdet ou de cristaux de vénus. Ceux qu'on prépare dans le commerce, & qui portent le nom de verdet distillé, parce qu'on les prépare avec le vinaigre distillé, sont sous la forme d'une belle pyramide ; ses cristaux offrent cet arrangement, parce qu'ils se sont déposés sur un bâton fendu en quatre, dont les branches ont été écartées par un morceau de liège.

Le verdet a une saveur très-forte, & c'est un poison violent. Il se décompose par l'action du feu. Il s'effleurit à l'air, & se couvre d'une poussière dont la couleur verte est beaucoup plus pâle que celle qui distingue ce sel non-altéré. Il se dissout complétement dans l'eau sans se décomposer. L'eau de chaux & les alkalis précipitent cette dissolution.

Lorsqu'on distille ce sel réduit en poudre dans une cornue de verre ou de terre avec un récipient, on obtient un fluide d'abord blanc & peu acide, mais qui acquiert bientôt une acidité confidérable, & telle qu'il égale la concentration des acides minéraux. On change de récipient pour avoir à part le phlegme & l'acide. On donne à ce dernier le nom de vinaigre radical ou de vénus. Cet acide fe colore en vert par une certaine quantité de chaux de cuivre qu'il entraîne dans fa diſtillation. Lorſqu'il ne paſſe plus rien, & que la cornue eſt rouge, le réſidu qu'elle contient eſt fous la forme d'une pouſſière brune de la couleur du cuivre, & qui donne fouvent aux parois du vaiſſeau le brillant de ce métal. Le réſidu eſt fortement pyrophorique, comme l'ont obfervé MM. le Duc *d'Ayen* & *Prouſt*. On rectifie le vinaigre de vénus, en le diſtillant à une chaleur douce; alors il eſt parfaitement blanc, pourvu qu'on ne pouſſe pas trop le feu vers la fin de l'opération, & qu'on ne defsèche pas trop la portion de chaux de cuivre qui reſte dans la cornue.

Le vinaigre radical ainſi rectifié, eſt d'une odeur ſi vive & ſi pénétrante, qu'il eſt impoſſible de la foutenir quelque tems; il a une telle cauſticité, qu'appliqué fur la peau, il la ronge & la cautérife; on regarde ce fluide comme l'acide du vinaigre le plus pur, le plus concentré & le plus débarraſſé du phlegme qui en maſquoit les propriétés. Cet acide eſt extrêmement volatil & inflammable; chauffé avec le contact

de

de l'air, il s'enflamme, & brûle d'autant plus rapidement, qu'il est plus rectifié. Cette expérience porte les Chimistes à croire que le vinaigre est un acide combiné avec de l'esprit ardent; peut-être même pourroit-on le regarder comme une sorte d'éther naturel. Cette idée s'accorde avec l'odeur pénétrante & agréable que répandent les premières portions de cet acide distillé. Le vinaigre radical s'évapore en entier à l'air; il s'unit à l'eau avec beaucoup de chaleur; il forme avec les terres, les alkalis & les métaux, les mêmes sels que le vinaigre ordinaire; mais il agit en général sur les corps combustibles d'une manière beaucoup plus rapide que ce dernier. M. le Marquis *de Courtanvaux* a démontré (*Acadêm. Savans étrangers, tome V, page 72*) qu'il n'y avoit que la dernière portion de fluide acéteux, obtenue dans la distillation du verdet, qui fût inflammable, & qu'elle jouissoit aussi de la propriété de se congeler par le froid. Cette dernière portion rectifiée se cristallisa dans le récipient en grandes lames & en aiguilles, & elle ne devint fluide qu'à treize ou quatorze degrés au-dessus du terme de la glace. Cette liqueur est une sorte de vinaigre glacial.

L'acide du vinaigre, aidé de la chaleur, dissout l'or précipité de l'eau régale par l'alkali fixe. Cette dissolution, précipitée par l'alkali volatil, donne de l'or fulminant, comme l'a démontré M. *Bergman*. Il en est de la platine & de l'argent comme de l'or; le vinaigre n'a aucune action sur ces métaux tant qu'ils sont dans l'état métallique, mais il les dissout lorsqu'on les lui présente dans l'état de chaux.

Le vinaigre est susceptible de se combiner avec plusieurs des principes immédiats des végétaux; il dissout les extraits, les mucilages, les sels essentiels. Il s'unit à l'esprit recteur; on l'a regardé comme le dissolvant propre des gommes résines. Il a même, à la longue ou par la voie de la distillation, une action marquée sur les huiles grasses, qu'il met dans une sorte d'état savonneux; au reste, on n'a point encore examiné d'une manière exacte la combinaison du vinaigre avec les substances végétales. On se sert de cet acide pour extraire quelques-uns des principes, & sur-tout celui de l'odeur de ces corps, & on prépare pour la Médecine des vinaigres de différentes natures, simples ou composés. Les vinaigres scillitique, colchique, &c. donnent un exemple des premiers; le vinaigre thériacal & celui des quatre-voleurs appartiennent aux seconds. Ces médicamens se préparent par macération & par digestion continuée pendant quelques jours. Comme cet acide est volatil, on le distille sur des plantes aromatiques, dont il se charge du principe odorant; tel eſt le vinaigre de lavande diſtillé qu'on emploie pour la toilette. Ces liqueurs ſont en général moins agréables que les eaux diſtillées ſpiritueuſes.

Le vinaigre radical décompoſe l'eſprit de vin & forme de l'éther avec autant de facilité que les acides minéraux, comme l'a découvert M. le Comte *de Lauraguais*. Il ſuffit pour cela de verſer dans une cornue du vinaigre radical ſur partie égale d'eſprit de vin. Il s'excite une chaleur conſidérable. On met la cornue ſur un bain de ſable chaud, on y adapte deux récipiens, dont le dernier plonge dans l'eau froide ou dans la glace pilée; on fait bouillir promptement le mêlange. Il paſſe d'abord un eſprit de vin déphlegmé, enſuite l'éther, & enfin un acide qui devient d'autant plus fort, que la diſtillation avance davantage; il reſte dans la cornue une maſſe brune aſſez ſemblable à une réſine. On a ſoin de changer de récipient, dès que l'odeur éthérée devient âcre & piquante, & on recueille l'acide à part. On rectifie l'éther à une chaleur douce avec de l'alkali fixe du tartre, il s'en perd beaucoup dans cette opération.

M. *de la Planche* l'Apothicaire prépare cet éther en verſant ſur du ſel de ſaturne introduit dans une cornue, de l'huile de vitriol & de l'eſprit de vin. La théorie & la pratique de cette opération font abfolument les mêmes que celles des éthers nitreux & marin.

L'éther acéteux a une odeur agréable comme tous les autres, mais elle eft toujours mêlée de celle du vinaigre, quoiqu'il ne foit point acide. Il eft très-volatil & très-inflammable, il brûle avec une flamme vive, & laiffe une trace charbonneufe après fa combuftion.

Le vinaigre eft fort employé comme affaifonnement. On s'en fert beaucoup en Médecine, il eft rafraîchiffant & anti-feptique; on en fait avec le fucre un firop qu'on donne avec beaucoup de fuccès dans les fièvres ardentes, putrides, &c. appliqué à l'extérieur, cet acide eft aftringent & réfolutif. Toutes fes combinaifons font également d'ufage comme de très-bons médicamens.

La terre foliée de tartre & le fel acéteux marin font de puiffans fondans & apéritifs; on le sadminiftre à la dofe d'un demi-gros & même d'un gros.

L'efprit de *Mendererus* donné à la dofe de quelques gouttes dans des boiffons appropriées, eft apéritif, diurétique, cordial, anti-feptique, &c. Il réuffit fouvent dans la leucophlegmatie ou enflure des parties extérieures du corps.

La terre foliée mercurielle eft un très-bon anti-vénérien; elle faifoit la bafe des dragées de *Keyfer.*

L'extrait de faturne, le vinaigre de faturne, l'eau végéto-minérale s'emploient à l'extérieur comme defficcatifs. Ces médicamens étant violemment répercuffifs, doivent être adminiftrés avec beaucoup de prudence, fur-tout lorfqu'on les applique fur des parties où la peau eft découverte & ulcérée. *Boerhaave* a vu plufieurs filles attaquées de la pulmonie, après l'ufage extérieur des préparations de plomb.

La cérufe entre dans les onguens & les emplâtres defficcatifs, & le vert-de-gris dans plufieurs collyres & dans quelques onguens.

Le vinaigre radical eft employé comme un irritant & un ftimulant très-actif, comme l'alkali volatil. On le fait refpirer aux perfonnes qui tombent en foibleffe. Pour pouvoir s'en fervir commodément, on verfe une certaine quantité de cet acide fur du tartre vitriolé en poudre groffière, que l'on a mis dans un flacon bien bouché ; ce médicament eft connu de tout le monde fous le nom de fel de vinaigre.

On n'a point encore mis en ufage l'éther acéteux, & l'on ne fait pas s'il a quelques vertus différentes de celles des autres liqueurs éthérées.

De la fermentation putride des Végétaux.

Tous les corps végétaux qui ont éprouvé la

fermentation fpiritueufe & la fermentation acide, font encore fufceptibles d’un nouveau mouvement inteftin qui les dénature ; c’eft ce mouvement qu’on appelle fermentation putride. *Stahl* & plufieurs autres Chimiftes ont cru que cette efpèce de fermentation n’eft qu’une fuite des deux premières, ou plutôt que ces trois phénomènes ne dépendent que d’un feul & unique mouvement, qui tend à détruire le tiffu des folides, & à dénaturer les fluides ; & en effet on obferve que fi on abandonne certaines fubftances végétales à elles-mêmes, elles éprouvent les trois fermentations fucceffivement & fans interruption : par exemple, toutes les matières fucrées étendues d’une certaine quantité d’eau, & expofées à un degré de chaleur de douze à vingt degrés, donnent d’abord du vin, enfuite du vinaigre, & enfin leur caractère acide fe perd bientôt ; elles s’altèrent, fe pourriffent, perdent tous leurs principes volatils, & finiffent par n’être plus qu’une fubftance sèche, infipide & terreufe. Cependant il faut obferver qu’un grand nombre de fubftances végétales n’éprouvent pas, au moins d’une manière fenfible, ces trois efpèces de fermentations dans l’ordre énoncé. Les mucilages fades, les gommes diffoutes dans l’eau, paffent à l’aigre fans devenir manifeftement fpiritueux ; la matière glutineufe femble paffer tout de fuite à la putréfaction, fans avoir éprouvé l'acefcence. Il paroît donc que quoique dans plufieurs principes des végétaux ces trois fermentations fe fuivent & fe fuccèdent, il en eft cependant un grand nombre d'autres qui font fufceptibles d'éprouver les deux dernières fans la première, ou même de fe pourrir fans avoir donné préliminairement des fignes d'acidité.

Le mouvement inteftin qui change la nature des matières végétales, & qui les réduit en leurs élémens, exige pour avoir lieu, des conditions particulières qu'il eft important de connoître. L'humidité ou la préfence de l'eau eft une des plus néceffaires; les végétaux fecs & folides, tels que le bois, ne s'altèrent en aucune manière tant qu'ils font dans cet état; mais fi on les humecte & fi on en écarte les fibres, alors le mouvement inteftin s'y établit bientôt; l'eau paroît donc être une des caufes de la putréfaction. La chaleur n'y eft pas moins néceffaire; le froid ou la température de la glace s'oppofe non-feulement à cette deftruction fpontanée, mais il en retarde même les progrès, & il la fait, pour ainfi dire, rétrograder dans les fubf- tances qui ont commencé à y être foumifes. Le degré de chaleur néceffaire à la putréfaction eft beaucoup moindre que celui qui entretient les fermentations fpiritueufe & acide, puifque ce

R r iv

phénomène s'établit à la température de cinq degrés; mais une chaleur plus confidérable la favorife, à moins qu'elle ne foit affez forte pour volatilifer toute l'humidité, & pour deffécher entièrement la fubftance qui fe pourrit. L'accès de l'air eft encore une condition qui favorife fingulièrement la putréfaction, puifque les fubftances végétales fe confervent très-bien dans le vide. Cependant cette confervation a des bornes, & le contact de l'air ne paroît pas être auffi indifpenfable pour la fermentation putride, que les deux conditions dont nous avons parlé.

La putréfaction des végétaux a fes phénomènes particuliers. Les fluides végétaux qui fe pourriffent, fe troublent, perdent leur couleur, dépofent différens fédimens; il s'élève à leur furface des bulles d'air, il s'y forme des moififfures dans le commencement. Les matières végétales fimplement humectées & qui font molles, éprouvent les mêmes phénomènes. Le mouvement qui s'excite alors n'eft jamais fi confidérable que celui qu'on obferve dans la fermentation fpiritueufe & dans l'acéteufe. Le volume de la matière qui fe pourrit ne paroît pas s'augmenter, ni fa chaleur s'accroître; mais le phénomène le plus important, c'eft le changement de l'odeur & la volatilifation d'un principe âcre, piquant, urineux, femblable à l'alkali volatil, & qui en eft véritablement ; c'eft d'après cela qu'on a appelé la putréfaction fermentation alkaline, & qu'on a regardé l'alkali volatil comme fon produit. L'odeur piquante s'exhale peu à peu, il lui fuccède une odeur fade nauféeufe, qu'il eft difficile de rendre. Alors la décompofition eft à fon comble, la maffe végétale pourrie eft très-molle, comme une bouillie, elle s'affaiffe, elle éprouve un grand nombre de modifications fucceffives dans le principe odorant qu'elle exhale ; enfin, elle fe defsèche, fon odeur défagréable fe diffipe peu à peu, & elle ne laiffe qu'un réfidu noîratre comme charbonneux, dans lequel on ne peut plus trouver que quelques fubftances falines & terreufes. Tel eft l'ordre des phénomènes que l'on obferve dans la décompofition fpontanée des végétaux qui fe pourriffent ; mais cette décompofition pouffée jufqu'à ce que ces corps foient réduits à leur fquelette terreux ou falin, eft très-longue à fe faire, & l'on doit même ajouter qu'elle n'a encore été obfervée convenablement par perfonne. Ce reproche fait aux Phyficiens & aux Chimiftes fur les matières animales, eft bien plus frappant & plus mérité pour les fubftances végétales. Aucun Savant n'a encore entrepris d'obferver la putréfaction complète de ces dernières, quoique beaucoup aient décrit les phénomènes qui ont lieu dans celle des matières animales. Aussi croyons-nous devoir terminer ici l'histoire de l'analyse spontanée & naturelle des végétaux, en ajoutant seulement, 1°. que le peu que nous avons exposé suffit pour faire voir que la putréfaction végétale atténue, volatilise & détruit toutes les humeurs de ces êtres, & les réduit à l'état terreux; 2°. que l'on ne sait encore rien de positif sur les phénomènes & sur les limites de cette espèce de putréfaction, qu'il faut bien distinguer de celle des matières animales; 3°. enfin, que comme cette fermentation est beaucoup plus marquée, & a été mieux observée dans les humeurs & dans les solides des animaux, les détails plus étendus que nous donnerons dans l'examen de ces dernières substances, compléteront l'esquisse que nous venons de tracer, & termineront l'histoire des faits connus sur la putréfaction, qui intéresse particulièrement les jeunes Médecins; auxquels cette partie de notre travail est spécialement destinée.

LEÇON LVII.

RÈGNE ANIMAL.

Hiſtoire Naturelle des Animaux (a).

LES animaux ſe diſtinguent en général des végétaux par la locomobilité & l'organiſation plus parfaite. Cependant il eſt des claſſes entières de ces êtres fixés à une place, comme les végétaux, tels que les lithophytes & les zoophytes connus ſous le nom de polypes, qui naiſſent & meurent ſur le même ſol; & d'un autre côté, quelques végétaux exécutent autant de mouvement dans leurs feuilles & leurs fleurs, que certains animaux, par exemple les vers à coquilles. L'organiſation paroît même moins parfaite dans les polypes que dans la plupart des plantes. Il

____

(a) Nous ne nous propoſons de donner ici qu'un précis des méthodes des Naturaliſtes, pour faciliter aux jeunes gens l'étude de l'Hiſtoire Naturelle & l'intelligence des bons Auteurs. Quant aux conſidérations générales ſur la nature des animaux, l'ordre que nous avons adopté ne nous permet pas de donner des détails ſur cet objet, d'ailleurs traité d'une manière ſi belle & ſi philoſophique par M. le Comte *de Buffon* & par M. *Bonnet.*

suit de là qu'il eſt très-difficile d'établir une ligne de démarquation parfaite entre ces deux Règnes, & que les Naturaliſtes modernes ont dû néceſ-fairement les confondre dans un ſeul connu ſous le nom de Règne organique.

Cependant, en ne conſidérant que les animaux parfaits, on trouve de grandes différences entre ces êtres & les végétaux. Des organes multipliés & très-diſtingués les uns des autres, une ſtruc-ture plus compliquée, des fonctions plus nom-breuſes & plus étendues ſont les caractères auxquels doivent ſe rapporter ces différences ; malgré cela, il n'en eſt pas moins difficile de donner une bonne définition de ces êtres.

En s'attachant aux caractères les plus géné-raux, on peut définir les animaux des êtres doués du ſentiment & du mouvement néceſſaires pour conſerver leur vie. Tous peuvent ſe reproduire ; les uns par l'union des deux ſexes, font des pe-tits vivans ; les autres pondent des œufs qui n'ont beſoin que de chaleur pour donner le jour aux petits ; il en eſt qui ſe multiplient ſans le ſecours de leurs ſemblables ; enfin pluſieurs ſe repro-duiſent lorſqu'ils ont été coupés, comme le font les racines des plantes.

Il eſt aſſez difficile aux Naturaliſtes d'aſſigner aux animaux le vrai caractère de leur eſpèce. Le mêlange des races produit des variétés ſans nombre ; le tranfport dans les différens climats occafionne auffi des changemens multipliés dans la forme, dans la taille, dans les couleurs, &c. On ne doit donc reconnoître pour des efpèces diftinctes que ceux dont les formes font conftantes, & qui fe perpétuent par la reproduction des individus. Quant aux altérations produites par le croifement des efpèces, le climat, la domefticité, &c. elles ne doivent conftituer que des variétés.

Le nombre d'animaux qui couvrent la furface de notre globe étant très-confidérable, l'homme ne feroit jamais parvenu à les diftinguer les uns des autres, & à les connoître, fi la nature ne lui avoit offert dans la forme variée des parties extérieures de ces êtres des différences remarquables, à l'aide defquelles il lui étoit facile d'établir des diftinctions. Les Naturaliftes ont, de tout tems, fenti l'utilité de ces différences, & ils s'en font fervi avec avantage pour partager les animaux en claffes plus ou moins nombreufes, & pour former ce qu'on a appelé des méthodes. Quoiqu'il foit démontré que ces fortes de claffications n'exiftent pas dans la nature, & que tous les individus qu'elle crée forment une chaîne non interrompue & fans partage ; on ne peut cependant difconvenir qu'elles aident la mémoire, & qu'elles font très-propres à guider l'étude de l'Hiftoire naturelle. On doit donc regarder les méthodes comme des inſtrumens appropriés à notre foibleſſe, & dont on peut ſe ſervir avec ſuccès pour parcourir le vaſte champ des richeſſes de la nature. *Ariſtote* n'a établi que des diviſions générales & ſimples ; mais ſes belles conſidérations ſur les organes intérieurs & extérieurs des animaux ont formé une baſe ſur laquelle ont été en grande partie fondées les diviſions des premiers Naturaliſtes méthodiſtes, tels que *Geſner*, *Aldro-vande*, *Jonſton*, *Charleton*, *Rai*, &c. A ces premiers Naturaliſtes en ont ſuccédé un grand nombre d'autres qui ont perfectionné les méthodes, & qui ont ajouté aux connoiſſances acquiſes en ce genre ; mais parmi ces derniers, ceux dont il eſt néceſſaire de bien connoître les ouvrages, & dont nous emprunterons ce que nous dirons ici, ſont MM. *Klein*, *Linneus*, *Briſſon*, *Geof-froy*, &c.

Après l'homme dont l'organiſation & l'intelligence exigent qu'on le mette à la tête des corps animés, & qui fait lui ſeul une claſſe à part, tous les autres animaux peuvent être partagés en huit claſſes, qui ſont les quadrupèdes, les cétacées, les oiſeaux, les amphibies, les poiſſons, les inſectes, les vers & les polypes. Peut-être ſeroit-il poſſible de multiplier ces claſſes ; mais alors, en augmentant les diviſions, on multiplieroit les difficultés ; & c'eſt ce qu'il faut éviter dans la méthode artificielle dont la simplicité & la clarté font le seul mérite.

CLASSE I. QUADRUPÈDES. ZOOLOGIE.

Les quadrupèdes font des animaux qui ont quatre pieds, dont le corps est le plus souvent couvert de poils ; ils respirent par des poumons semblables à ceux de l'homme ; ils ont le cœur comme lui, à deux ventricules ; ils sont vivipares. Ces animaux sont ceux dont la structure se rapproche le plus de l'homme ; il y en a même, comme le singe & quelques autres, que M. *Linneus* a cru pouvoir confondre dans le même ordre que l'homme. Ce Naturaliste donne le nom de *mammalia* à cette classe d'animaux dans laquelle il comprend les cétacés, parce que tous ces êtres ont des mammelles & allaitent leurs petits.

Quoique cette classe d'animaux semble se rapprocher de l'homme, ils ont cependant de très-grandes différences qu'il est important de réunir ici. Telles sont la situation horifontale de leur corps, la forme des extrémités, l'épaisseur, la dureté de leur peau garnie de poils ou recouverte d'un test dur & comme corné, la colonne vertébrale prolongée en une queue, la partie antérieure du crâne applatie & horifontale, les oreilles larges & allongées, les os du nez & de la mâchoire supérieure très-longs

& placés obliquement. En comparant cette ſtructure à celle de l'homme, dont le corps eſt élevé & perpendiculaire, l'os du rayon ou le radius eſt mobile, les doigts ſont bien ſéparés, le pouce eſt oppoſé aux quatre autres, & la peau liſſe & mince, on ſentira bientôt combien cette conformation exalte ſa ſenſibilité, & le rend ſupérieur aux animaux les plus parfaits. L'anatomie de ſes organes intérieurs, & l'hiſtoire de ſes fonctions, donnent encore beaucoup de force à ces importantes conſidérations.

Les anciens Naturaliſtes à la tête deſquels on doit placer *Ariſtote & Pline*, n'ont diſtingué les quadrupèdes que par les lieux qu'ils habitoient. Auſſi, faute de deſcriptions exactes & de caractères ſûrs, ne ſait-on pas ſouvent de quels animaux ils ont voulu parler. Les Naturaliſtes qui ont ſenti les déſavantages de cette méthode, ont adopté une manière très-différente de traiter cet objet. Ils ſe ſont ſervi de la forme extérieure des parties les plus apparentes des animaux, pour leur donner des caractères faciles à ſaiſir, & à l'aide deſquels on pût les diſtinguer ſûrement les uns des autres. Nous n'expoſerons ici que trois méthodes artificielles ſur les quadrupèdes, celles de MM. *Linneus, Klein & Briſſon*.

Méthode

Méthode de Linneus.

M. *Linneus* a divifé les animaux à mammelles *mammalia*, en fept ordres. Le premier, qui comprend ceux qu'il appelle *primates*, a pour caractères des dents incifives aux deux mâchoires; leur nombre de quatre conftant à la mâchoire fupérieure; deux mammelles fituées fur la poitrine, les bras éloignés par des clavicules. Cet ordre contient quatre genres, favoir, l'homme *homo*, le finge *fimia*, le maki *lamur* ou *profimia*, & la chauve-fouris *vefpertilio*. On ne peut s'empêcher de difconvenir que cette méthode eft bien éloignée de la nature, puifqu'elle rapproche des êtres auffi éloignés que l'homme & la chauve-fouris.

Les animaux du fecond ordre portent le nom de *bruta*. Leurs caractères font l'abfence des dents incifives, les pieds armés d'ongles forts, la marche lente. Cet ordre renferme fix genres qui font l'éléphant *elephas*, la vache marine *trichechus*; le pareffeux *bradipus*; le fourmilier *myrmecophaga*, le pholidote *manis*, & le tatou *dafypus*. Les deux premiers genres font fort éloignés des quatre autres.

Dans le troifième ordre que le Naturalifte Suédois défigne fous le nom de *feræ*, bêtes fauvages, il fait entrer tous les animaux à mam-

melles, dont les dents incifives font coniques &
le plus fouvent au nombre de fix aux deux
mâchoires, dont les canines font très-allongées,
& les molaires non applaties, dont les pieds font
armés d’ongles aigus, & enfin qui déchirent leur
proie & vivent de rapines. Il y a dix genres dans
cet ordre ; le phocas *phoca ;* le chien *canis* ,
le chat *felis*, le furet *viverra* , la belette *muf-
tela* , l’ours *urfus* , le philandre *didelphis* , la
taupe *talpa* , la fouris *forex* , & le hériffon *eri-
naceus.*

Le quatrième ordre intitulé *glires* les loirs ,
eft diftingué par les caractères fuivans. Les animaux qui le compofent ont deux dents incifives à chaque mâchoire, point de canines ; leurs
pieds font armés d’ongles, & propres au faut.
Ils rongent les écorces, les racines, &c. Cet
ordre comprend fix genres, qui font le porc-épic
hiftrix, le lièvre *lepus*, le caftor *caftor*, le rat
mus , l’écureuil *fciurus* , & la chauve - fouris
d’Amérique, à laquelle M. *Linneus* donne le
nom de *noctilio.*

Ce Naturalifte a réuni dans le cinquième ordre,
fous le nom de *pecora*, les quadrupèdes qui ont
des dents incifives à la mâchoire inférieure, &
qui n’en ont point à la fupérieure, dont les pieds
font fourchus, & qui font ruminans. Le chameau *camelus*, le porte-mufc *mofchus*, le cerf *cer-*

vus, la chèvre *capra*, la brebis *ovis*, & le bœuf *bos*, font les fix genres qui compofent cet ordre.

Le fixième ordre renferme fous la dénomination de *belluæ* les quadrupèdes qui ont les dents incifives obtufes, & les pieds ongulés. Les quatre genres qui compofent cet ordre, favoir, le cheval *equus*, l'hippopotame *hippopotamus*, le cochon *fus*, & le rhinocéros *rhinoceros*, fe diftinguent très-bien les uns des autres par le nombre de leurs dents & par la forme de leurs pieds.

Enfin le feptième ordre, qui comprend les cétacées *cete*, eft diftingué de tous les autres par la forme des pieds qui imitent des nageoires; mais comme nous croyons avec plufieurs Naturaliftes modernes, devoir faire une claffe particulière des cétatées, nous en parlerons après les quadrupèdes.

La méthode de *Linneus* paroît être défectueufe en quelques points, non-feulement en ce qu'elle rapproche des êtres auffi éloignés que l'homme & la chauve-fouris, & en ce qu'elle fépare des animaux auffi femblables que le rat & la fouris, mais encore en ce que les divifions ne font pas affez nombreufes, & en ce qu'elles ne conduifent pas facilement à reconnoître un quadrupède : or ce doit être là le feul mérite d'une méthode & fon feul avantage.

Méthode de M. Klein.

M. *Klein* a divifé les quadrupèdes en deux grands ordres. Dans le premier, il a compris ceux qui ont les pieds ongulés, *pedes ungulati five cheliferi ;* dans le fecond, ceux dont les pieds font digités, *pedes digitati.*

Le premier ordre eft divifé en cinq familles, dont le caraêtère eft tiré de la divifion des pieds ongulés en plufieurs pièces. La première famille nommée *monochela*, folypède en François, comprend le genre du cheval. La feconde, dont les individus portent le nom de *dichela*, renferme tous ceux qui ont les pieds fourchus ou les bi-fulques, *bifulci.* Les uns ont des cornes comme le taureau, le bélier, le bouc, le cerf, la giraffe, &c. Les autres n'en ont point, comme le fanglier, le porc, le babyrouffa. Les *trichela* ou animaux dont le pied ongulé eft partagé en trois, compofent la troifième famille dans laquelle il n'y a que le rhinoceros. La quatrième famille, dont le caraêtère eft d'avoir le pied féparé en quatre pièces, *tetrachela*, ne contient que l'hippopotame. La cinquième, qui fe diftingue par les pieds partagés en cinq pièces *pentachela*, ne renferme que l'éléphant.

Le fecond ordre des quadrupèdes, qui renferme ceux qui font digités, eft également divisé en cinq familles. La première, destinée aux animaux qui ont deux doigts au pied, *didactyla*, comprend le chameau & le filène ou le paresseux de Ceylan. La seconde famille, dans laquelle sont compris les animaux à trois doigts aux pieds, *tridactyla*, renferme le paresseux & les fourmiliers. Dans la troisième M. *Klein* a compris sous le nom de *tetradactyla*, animaux à quatre doigts, les tatous ou armadilles, & les cavias, qui semblent être des espèces de lapins. La quatrième famille, qui a pour caractères cinq doigts aux pieds, *pentadactyla*, est la plus nombreuse de toutes ; elle contient le lapin, l'écureuil, le loir, le rat & la souris, le philandre, la taupe, la chauve-souris, la belette, le porc-épic, le chien, le loup, le renard, le coati, le chat, le tigre, le lion, l'ours, le singe ; le nombre des espèces comprises sous ces différens genres, est très-considérable. Il faut observer que M. *Klein*, dans tous ces caractères pris de la forme des pieds, ne considère que les pieds de devant pour la distinction des familles. Enfin, la cinquième famille des digités, est formée par les animaux dont les pieds sont irréguliers, *anomalopedia* ; tels sont la loutre, le castor, la vache marine & le phocas.

On pourroit faire à M. *Klein* le même reproche qu'à M. *Linneus*. Quoique ses premières divisions soient bien tranchées pour les familles; les genres ne sont pas aisés à distinguer suivant sa méthode, sur-tout ceux de la quatrième famille des digités.

Méthode de M. Brisson.

M. *Brisson* a évité la plus grande partie de ces inconvéniens, en combinant tous les caractères donnés par les Naturalistes qui l'ont précédé. Il s'est servi du nombre des dents, de leur absence, de la forme des extrémités, de celle de la queue, de la nature des appendices, comme les cornes, les écailles, les piquans. Sa méthode combinée est sans contredit la plus complette & la plus propre à faire reconnoître un quadrupède, & le rapporter au genre auquel il appartient. Nous présentons ici ses divisions en forme de table; elle offre les caractères de ces animaux jusqu'au genre, & elle a le mérite d'être très-simple & très-facile. *Voyez la Table I à la fin de ce Volume.*

CLASSE II. CÉTACÉES.

Les cétacées sont de grands animaux qui habitent les mers, & qui par la structure de leurs poumons & de leurs vaisseaux sanguins peuvent vivre dans l'eau, comme nous l'exposerons plus en détail dans l'histoire de la respiration. Ils ressemblent aux quadrupèdes par la structure de leurs mammelles, parce qu'ils font leurs petits vivans, & en général par leurs organes intérieurs. Mais ils en diffèrent par la forme de leurs extrémités, conftruites en nageoires, & par deux grandes ouvertures placées fur le haut de leurs têtes, par lefquelles ils rejettent l'eau à une hauteur plus ou moins confidérable. Les Naturaliftes appellent ces conduits *fpiracula*. Le nombre des genres de ces animaux eft beaucoup moins nombreux que celui des quadrupèdes. M. *Briffon* les a diftingués, 1°. en cétacées, qui n'ont point de dents, tels que la baleine *balæna ;* 2°. en cétacées, qui n'ont des dents qu'à la mâchoire fupérieure, tels que le cachalot *monodon vel monoceros ;* 3°. en cétacées, qui n'ont des dents qu'à la mâchoire inférieure, tels que le narwal *phyfeter ;* 4°. enfin, en cétacées qui ont des dents aux deux mâchoires, tels que le dauphin *delphinus.*

LEÇON LVIII.

CLASSE III. Oiseaux. Ornithologie.

LES oifeaux font des animaux bipèdes, qui fe meuvent dans l'air à l'aide de leurs aîles, qui font couverts de plumes, & qui ont un bec d'une fubftance cornée. Ces animaux préfentent un grand nombre de faits intéreffans, relativement à la forme variée de leur bec, à la ftructure de leurs plumes, aux mouvemens qu'ils exécutent, à leurs mœurs ; nous connoîtrons ce qu'il y a de plus important fur ces faits dans l'abrégé de Phyfiologie que nous donnerons plus bas ; nous ne devons nous occuper ici que des caractères extérieurs dont les Naturaliftes fe font fervis pour diftinguer les oifeaux, & les claffer méthodiquement. Les premiers Savans qui font traité cette partie de l'Hiftoire Naturelle, n'ont établi d'autres différences entres les oifeaux, que celles que la nature préfentoit relativement aux lieux habités par ces animaux. Ainfi ils les diftinguoient en oifeaux des bois, des plaines, des buiffons, des mers, des fleuves, des lacs, &c. Quelques autres les ont diftingués par leur nourriture en oifeaux de proie, en granivores, &c. &c.

Mais les Méthodiftes ont fuivi une autre route pour faire reconnoître les oifeaux. M. *Linneus* les a divifés, d'après la forme de leur bec, en fix ordres, commes les quadrupèdes avec lefquels il les a comparés. Mais ces divifions ne nous paroiffent pas affez détaillées, fur-tout en obfervant que le nombre des efpèces eft beaucoup plus confidérable dans les oifeaux que dans les quadrupèdes, puifque M. le Comte *de Buffon* fait monter les quadrupèdes connus à deux cens,

& les oiseaux à quinze cens ou à deux mille ; nous ne parlerons ici que de la méthode de M. *Klein* & de celle de M. *Brisson*.

M. *Klein* divise les oiseaux en huit familles, d'après la forme de leurs pieds. La première comprend sous le nom de *didactiles*, ceux qui ont deux doigts aux pieds ; l'autruche est seule dans cette division. La seconde contient les *tridactyles*, tels que le casoar, l'outarde, le vanneau, le pluvier. La troisième, les *tétradactyles*, qui ont deux doigts devant & deux derrière, tels que le perroquet, le pic, le coucou, l'alcyon. La quatrième comprend les tétradactyles, dont trois doigts sont en-devant & un en arrière. Cette famille est la plus nombreuse de toutes, elle comprend les oiseaux de proie diurnes & nocturnes, les corbeaux, les pies, les étourneaux, les grives & les merles, les alouettes, les rouge-gorges, les hirondelles, les mésanges, les bécasses, les chevaliers, les râles, les colibris, les grimpereaux, les gallinacés, les hérons, &c. La cinquième famille contient les *tétradactyles* dont les trois doigts antérieurs sont réunis par une membrane, & le postérieur est libre. On nomme ces oiseaux palmipèdes ; les oies, les canards, les mouettes, les plongeons, composent cette famille. La sixième renferme les oiseaux *tétradactyles* dont les quatre doigts sont réunis par une membrane. On les appelle en latin *planci*. Le pélican, le cormoran, le fou, l'anhinga, font rangés dans cette famille par M. *Klein*. La feptième eft compofée de ceux qui n'ont que trois doigts réunis par une membrane, ce font les *tridactyles palmipèdes*. Le guillemot, le pingoin, l'albatros, appartiennent à cette famille. Enfin, la huitième renferme les oifeaux *tétradactyles*, dont les doigts font garnis de membranes frangées ou comme découpées. On les appelle auffi *dactylobes*. Les colimbes & les foulques compofent cette dernière famille. La méthode de M. *Klein*, quoique plus détaillée que celle de M. *Linneus*, eft encore pleine de difficultés pour reconnoître les genres, fur-tout ceux de la quatrième famille. Auffi croyons-nous qu'on doit préférer celle de M. *Briffon*. Il eft vrai que cette dernière, dans laquelle l'Auteur a fait ufage de tous les caractères réunis, comme pour les quadrupèdes, paroît très-compliquée au premier coup-d'œil; mais en la réduifant en tableau, comme nous l'avons fait ici, elle préfente d'un feul coup-d'œil toutes les divifions qui la compofent, & on peut facilement reconnoître un oifeau, en fuivant la marche de ces divifions. *Voyez la Table II à la fin de ce Volume.*

CLASSE IV. Amphibies.

Les amphibies font des animaux qui vivent également fur terre & dans l'eau. Ils peuvent y refter plus ou moins long-tems. Les doigts de ceux de ces animaux qui en ont, font prefque toujours réunis par des membranes, leur peau eft liffe & écailleufe; quelquefois ils font couverts d'un teft offeux. La plupart font ovipares; il en eft cependant quelques-uns qui font vivipares. Les uns nagent, les autres marchent comme les quadrupèdes, enfin il en eft qui fe traînent comme les vers. C'eft d'après ces différences que M. *Linneus* a divifé les amphibies en trois ordres. Le premier comprend les reptiles qui ont des pieds; le fecond, les ferpens; & le troifième, les efpèces d'animaux nageans, qu'on a appelés poiffons cartilagineux. Il eft facile, d'après cet énoncé fuccinct, d'entendre la Table que nous préfentons, pour faire reconnoître, à l'aide de caractères fimples, les différens genres des amphibies. *Voyez Table III, Méthode amphibiologique, à la fin de ce Volume.*

LEÇON LIX.

CLASSE V. Poissons. Icthyologie.

LES poiſſons ſont des animaux très-différens des précédens, dont les organes intérieurs ont une ſtructure tout-à-fait particulière, comme nous le verrons dans notre abrégé de Phyſiologie. Ils ſe diſtinguent des autres animaux en ce qu'ils n'ont point de pieds ; mais des nageoires qui leur ſervent pour ſe mouvoir dans l'eau, & en ce qu'ils reſpirent l'eau au lieu d'air. Les poiſſons ſont beaucoup plus difficiles à connoître que les autres animaux ; auſſi leur hiſtoire naturelle eſt - elle en général beaucoup moins avancée.

Pour entendre la diviſion méthodique que nous propoſerons d'après *Artedi*, *Linneus* & M. *Gouan*, il eſt néceſſaire de jeter un coup-d'œil rapide ſur leur anatomie extérieure. Le corps des poiſſons peut être diviſé en trois parties ; ſavoir, la tête, le tronc & les nageoires.

La tête de ces animaux a différentes formes. Elle eſt ou applatie horiſontalement, latéralement, ou arrondie ; nue ou écailleuſe ; liſſe ou chargée d'afpérités, de tubercules, &c. On y remarque la bouche garnie de lèvres charnues ou offeufes, d'appendices ou de barbillons mous & très-mobiles ; les dents attachées aux mâchoires, au palais, à la langue, au gofier ; les yeux au nombre de deux, immobiles, fans paupières ; les trous des narines doubles de chaque côté ; l'ouverture des ouies ou des branchies ; les opercules ou os arrondis, triangulaires, quarrés, deftinés à fermer l'ouverture des branchies ; la membrane branchiale, placée au-deffous des opercules, foutenue fur plufieurs arrêtes ou os en forme d'arc, dont le nombre varie depuis deux jufqu'à dix. Cette membrane fe replie fous les opercules, & il eft bien important d'examiner fa ftructure & fes variétés, parce que les caractères des genres font le plus fouvent pris du nombre ou de la forme de fes rayons.

Le tronc diffère comme la tête par fa forme ; il eft ou arrondi, ou globuleux, ou allongé, ou applati, ou anguleux. Il faut y obferver la ligne latérale, qui femble divifer chaque côté du corps en deux parties ; le thorax, placé fous les ouies, au commencement du tronc, & rempli par le cœur & les branchies ; le ventre, dont les côtes forment la charpente, continue depuis la tête jufqu'à la queue, & qui contient l'eſtomac, les inteſtins, le foie, la veſſie aërienne, les parties de la génération ; l'ouverture de l'anus, qui eſt commune aux inteſtins, à la veſſie & aux parties de la génération ; enfin la queue, qui termine le tronc, dont la forme & l'étendue varient.

Les membres ou les nageoires, *pinnæ natatoriæ*, ſont formées de membranes ſoutenues ſur de petits rayons, dont les uns ſont durs, oſſeux, & terminés en pointe épineuſe, ce qui conſtitue les poiſſons appelés *acanthopterygiens* par *Artedi* ; les autres ſont flexibles, mous, obtus, comme cartilagineux, ce qui conſtitue les poiſſons *malacopterygiens*. On diſtingue cinq eſpèces de nageoires, relativement à leur ſituation ; la dorſale, les pectorales, les abdominales, celle de l'anus & celle de la queue.

La nageoire dorſale eſt impaire ; elle maintient le poiſſon en équilibre ; elle varie pour la ſituation, le nombre, la figure, la proportion, &c.

Les nageoires thorachiques ſont ſituées à l'ouverture des ouies ; elles ſont au nombre de deux ; elles font l'office de bras, quelquefois même elles ſervent d'aîles ; elles diffèrent par le lieu de leur inſertion, leur étendue, leur figure, &c.

Les nageoires du ventre ſont les plus importantes à connoître, parce que leur ſituation a fervi au célèbre *Linneus* de caractères diftinctifs pour claffer les poiffons. Ces nageoires font pla-cées à la partie inférieure du corps , fous le ventre , avant l'anus , & toujours plus bas que les pectorales. Elles manquent quelquefois ; & comme *Linneus* les a comparées aux pieds , il a appellé *apodes* ou fans pieds , les poiffons qui n'ont point ces efpèces de nageoires. Elles exiftent cependant dans le plus grand nombre des poif-fons ; mais leur infertion varie : lorfqu'elles font placées avant ou au-deffous de l'ouverture des ouies & des nageoires pectorales , on les appelle *jugulaires* , ainfi que les poiffons chez lefquels elles occupent cette place. Si elles font atta-chées au thorax & derrière l'ouverture des ouies , alors on les nomme *thorachiques* , & les poiffons qui offrent cette ftructure ont reçu le même nom dans la méthode de *Linneus*. Enfin , quand elles font placées fous le ventre , plus près de l'anus que des pectorales , elles font défignées fous le nom d'*abdominales* , également donné aux poif-fons dans lefquels on obferve cette ftructure.

La nageoire de l'anus eft impaire. Elle occupe en tout ou en partie la région fituée entre l'anus & la queue ; elle diffère par la forme , par l'éten-due , par le nombre , quoiqu'on ne la connoiffe encore double que dans le poiffon doré de la Chine.

La nageoire de la queue eſt placée verticalement à l'extrémité du corps, & elle termine
la queue ; c'eſt le gouvernail du poiſſon, l'inſtrument à l'aide duquel il change à ſon gré ſa
direction par les mouvemens variés qu'il lui donne.
Elle offre auſſi pluſieurs variétés par ſa forme,
ſon adhérence ou ſes connexions, ſon étendue, &c.

Après ces détails ſur l'anatomie extérieure des
poiſſons, nous paſſons aux diviſions méthodiques
des Naturaliſtes. Avant *Artedi*, aucun Naturaliſte n'avoit encore eſſayé de diſpoſer méthodiquement les poiſſons, quoiqu'on eût déjà des
méthodes ſur d'autres animaux. Ce Savant eſt le
premier qui ait propoſé un ſyſtême ichthyologique
d'après la nature des os des nageoires durs ou
mous, épineux ou obtus, & d'après la forme
des ouies. Il avoit enſuite travaillé à multiplier
les diviſions, d'après d'autres parties ; mais une
mort prématurée l'empêcha de compléter ce
travail. *Linneus* a imaginé d'établir une méthode
ichthyologique, d'après la ſituation variée des
nageoires du ventre ; & M. *Gouan*, célèbre Pro-
feſſeur de Montpellier, a combiné avec beaucoup d'art les deux ſyſtêmes d'*Artedi* & de *Linneus*. Ce Naturaliſte diviſe d'abord les poiſſons,
en ceux qui ont les ouies complettes, c'eſt-à-
dire formées d'un opercule & d'une membrane
branchiale

branchiale bien organisée ; & ceux qui ont les ouies incomplettes, c'eft-à-dire, qui manquent ou de membrane branchiale, ou d'opercule, ou de tous les deux. Les premiers font enfuite diftingués par la forme de leurs nageoires. En effet, ces parties font compofées ou d'os durs & aigus, ou de rayons mous & comme cartilagineux. Ces différences conftituent trois claffes de poiffons ; favoir, 1°. les acanthoptérygiens ; 2°. les malacoptérygiens ; 3°. les branchioftèges. Dans chacune de ces claffes de poiffons, les nageoires du ventre fe trouvant ou abfentes, ou placées au col, au thorax, au ventre, M. *Gouan* a divifé chaque claffe en quatre ordres, c'eft-à-dire, en apodes, en jugulaires, en thorachiques & en abdomaniaux.

Comme, après ces premières divifions générales, il n'y a point de caractères ultérieurs pour partager les genres en fections & en articles, comme il y en a dans la méthode de M. *Briffon* pour les quadrupèdes & les oifeaux, nous n'aurons pas befoin de réduire la méthode de M. *Gouan* en table, & il fuffira de préfenter les genres fous les claffes & les ordres auxquels ils appartiennent.

CLASSE I. *POISSONS ACANTHOPTERYGIENS.*

ORDRE I. *Apodes.*

Genres.

1. Le trickiure ou paille-en-cul, *trichiurus.*
1. L'empereur, *xiphias.*
3. La donzelle, *ophidium.*

ORDRE II. *Jugulaires.*

Genres.

1. La vive, *trachnius.*
2. Le bœuf, *uranoscopus.*
3. La lyre, *callionymus.*
4. Le perce-pierre, *blennius.*

ORDRE III. *Thorachiques.*

Genres.

1. Le goujon, *gobius.*
2. La flamme, *cepola.*
3. Le rasoir, *coryphæna.*
4. Le macquereau, *scomber.*
5. Le perroquet, *labrus.*
6. La dorade, *sparus.*
7. La bandoulière, *chætodon.*
8. Le daine, *sciæna.*
9. La perche, *perca.*
10. La rascasse, *scorpæna.*
11. Le rouget, *mullus.*
12. Le milan, *trigla.*

Genres.

13. Le cabot, *cottus*.
14. Le gal, *zeus*.
15. Le sabre, *trachipterus*.
16. L'épinoche, *gasterosteus*.

ORDRE IV. *Abdominaux*.

Genres.

1. Le silure, *silurus*.
2. Le muge, *mugil*.
3. Le polynème, *polynemus*.
4. La theutie, *theutis*.
5. Le saurel, *elops*.

CLASSE II. *MALACOPTERYGIENS*.

ORDRE I. *Apodes*.

Genres.

1. L'anguille, *muræna*.
2. Le gymnote, *gymnotus*.
3. L'anarrique, *anarhichas*.
4. Le stromatée, *stromateus*.
5. Le lançon, *ammodytes*.

ORDRE II. *Jugulaires*.

Genres.

1. Le porte-écuelle, *lepadogaster*.
2. Le merlan, *gadus*.

ORDRE III. *Thorachiques*.

Genres.

1. La sole, *pleuronectes*,

Genres.

    2. Le remora, *echeneis*.
    3. La jarretière, *lepidopus*.

ORDRE IV. *Abdominaux.*

Genres.

    1. Le cuiraffier, *loricaria.*
    2. L'hepfet, *atherina*.
    3. Le faumon, *falmo*.
    4. La fiftulaire, *fiftularia*.
    5. L'aiguille, *efox*.
    6. L'argentine, *argentina*.
    7. La fardine, *clupea*.
    8. Le muge volant, *exocætus*.
    9. Le barbeau, *cyprinus*.
    10. La coche franche, *cobitis*.
    11. L'amie, *amia*.
    12. Le mormyre, *mormyrus*.

CLASSE III. BRANCHIOSTÉGES.

ORDRE I. *Apodes.*

Genres.

    1. Le cheval marin, *fyngnathus*.
    2. Le balifte, *baliftes*.
    3. Le coffre, *oftracion*.
    4. Le coffre à quatre dents, *tetraodon*.
    5. Le coffre à deux dents, *diodon*.

ORDRE II. *Jugulaires.*

Genre.

1. Le baudroye, *lophius.*

ORDRE III. *Thorachiques.*

Genre.

1. Le cicloptère, *cyclopterus.*

ORDRE IV. *Abdominaux.*

Genres.

1. La bécasse, *centriscus.*
2. Le pégase, *pegasus.*

Les caractères des genres sont pris de la forme du corps, de celle de la tête, de la bouche, de la membrane branchiale, & sur-tout du nombre de rayons qui soutiennent cette membrane.

CLASSE VI. INSECTES. ENTOMOLOGIE.

Les insectes sont des animaux qui se reconnoissent à la forme de leurs corps, comme partagé par anneaux, & à la présence de deux cornes mobiles qu'ils ont au-devant de la tête, & qu'on appelle antennes. Les insectes composent une des classes les plus nombreuses des animaux, sans doute en raison de leur petitesse, puisqu'on a observé que plus ces êtres sont petits, & plus leur reproduction est multipliée. L'histoire de ces animaux est une des plus agréables, la plus amufante, & peut-être celle qui n'eft pas la moins utile, puifqu'on y peut découvrir des propriétés utiles à la Médecine & aux arts.

Les infectes préfentent dans leurs claffes un exemple de prefque tous les autres animaux, relativement à leurs mœurs, à leur forme, à leurs habitations, &c. Les uns marchent comme les quadrupèdes; d'autres volent comme les oifeaux; quelques-uns nagent & vivent dans les eaux comme les poiffons; enfin, il en eft qui fautent ou qui fe traînent comme certains reptiles. On peut même pouffer cette analogie beaucoup plus loin, en examinant en détail la ftructure de leurs extrémités, celle de leur bouche, de leurs organes intérieurs, &c.

Les infectes confidérés à l'extérieur font compofés de trois parties, de la tête, du corcelet & du ventre.

La tête diffère par la forme, par l'étendue & par la pofition; elle eft quelquefois très-groffe par rapport au volume de l'infecte, & quelquefois très-petite; elle eft ou arrondie, ou quarrée, ou allongée, ou liffe, ou raboteufe, ou chargée de tubercules, ou couverte de poils en certains endroits. On y obferve, 1°. les antennes placées dans le voifinage des yeux, formées de différentes pièces articulées & mobiles, femblables à un fil, terminées en pointe ou par une

maſſe. La forme de ces organes eſt eſſentielle
à diſtinguer, parce qu'elle ſert preſque toujours
de caractère pour diſtinguer les genres; 2°. les
yeux qui ſont de deux ſortes, à facettes ou
à réſeau, liſſes & petits : ces organes ſont
quelquefois très-gros & d'autres fois petits; leur
nombre varie : il eſt des inſectes qui n'en ont
qu'un, comme le monocle; d'autres deux, cinq ou
même huit comme l'araignée, &c. 3°. la bouche
qui eſt formée, ou de mâchoires fortes & cornées, poſées & mobiles latéralement, ou d'une
trompe plus ou moins longue, dilatée, en ſpi-
rale, &c. ou d'une ſimple fente, &c. Cette partie
eſt ſouvent ornée de petites appendices mobiles,
nommées antennules ou barbillons, au nombre
de deux ou de quatre.

Le corcelet eſt la poitrine des inſectes; il eſt
placé entre la tête & le ventre; il eſt tantôt
arrondi, tantôt triangulaire, cylindrique, large,
étroit, &c. On doit le conſidérer comme compoſé de ſix faces, ainſi qu'une eſpèce de cube,
dont il a quelquefois la forme. La face ou l'extrémité antérieure eſt creuſée pour recevoir la
tête; cette articulation ne ſe fait quelquefois que
par un fil, comme dans les mouches. La face
poſtérieure eſt ordinairement arrondie & articulée avec le premier anneau du ventre; quelquefois elle ne ſe joint avec cette partie que

T t iv

par un fil. La face fupérieure eft tantôt plate & liffe, tantôt arrondie, prominente, chargée d'appendices, de tubercules, terminée par une efpèce de rebord faillant ; ce qui conftitue le corcelet bordé, *thorax marginatus*. C'eft à la partie poftérieure de cette face que font attachées les aîles. On fait que la plus grande partie des infectes eft pourvue de ces organes, mais elles diffèrent fingulièrement les unes des autres ; & comme c'eft fur ces différences que font fondées les principales divifions des claffes adoptées par les Méthodiftes, il eft important de les parcourir. Ces aîles font, ou au nombre de deux, ou à celui de quatre. Chez ceux qui en ont deux tranfparentes, comme la mouche, le coufin, &c. ces aîles font toujours accompagnées vers leur infertion & au-deffous, d'un filet mince, terminé par un bouton arrondi, qu'on appelle balancier, *halter*, & qui eft recouvert par une appendice membraneufe concave, appelée cuilleron.

Dans un grand nombre d'infectes ces deux aîles font très-fortes, repliées & pliffées fous des étuis durs, cornés, mobiles, nommés fourreaux ou élytres, *elytra*. Ces étuis diffèrent par la forme, les uns recouvrent tout le ventre, d'autres font comme coupés tranfverfalement, & ne couvrent qu'une partie du ventre ; il y en a qui font durs, d'autres font mous ; la plupart font accompagnés vers le haut de leur future ou de la ligne par laquelle ils fe rapprochent, d'une petite pièce triangulaire foudée au corcelet, que l'on nomme écuffon, *fcutellum* ; cette pièce manque dans quelques-uns ; enfin, dans quelques infectes à étuis, les élytres font foudés, comme formés d'une feule pièce & immobiles.

Les aîles font fouvent au nombre de quatre ; alors, ou elles font membraneufes & tranfparentes, comme dans les demoifelles, les guêpes, &c. ou elles font chargées fur chacune de leurs faces d'une pouffière colorée, qui au microfcope préfente des écailles implantées fur les aîles, comme les tuiles fur un toît, *imbricatim*.

La partie inférieure du corcelet eft irrégulière, formée de plufieurs pièces collées les unes aux autres, & elle porte une partie des pattes. Le nombre de ces dernières varie dans les infectes ; beaucoup en ont fix, d'autres huit, comme les araignées ; dans quelques-uns il y en a dix, comme dans les crabes ; enfin, certains infectes en ont un bien plus grand nombre. On en compte feize dans les cloportes, & quelques efpèces de fcolopendres & d'iules en ont jufqu'à foixante-dix & cent vingt de chaque côté ; dans ceux qui n'en ont que fix, huit ou dix, elles font toutes attachées au corcelet, fuivant M. *Geof-*

froy; dans ceux qui en ont un plus grand nombre, une partie des pattes s'insère aux anneaux du ventre.

La patte d'un insecte est toujours composée de trois parties, de la cuisse qui tient au corps, de la jambe & du tarse. Il y a souvent, outre cela, une pièce intermédiaire entre le corps & la cuisse. Le tarse est formé de plusieurs pièces ou anneaux articulés les uns avec les autres; le nombre de ces anneaux varie & s'étend depuis deux jusqu'à cinq. Il y a même des insectes chez lesquels le tarse des pattes est plus considérable dans celles de devant que dans celles de derrière; ce qui établit une analogie entre la structure de ces petits animaux, & celle d'un grand nombre de quadrupèdes dont les pieds de devant ont un plus grand nombre de doigts que ceux de derrière. M. *Geoffroy* a tiré parti de ce caractère pour sa division, comme nous le verrons plus bas. Le tarse est terminé par deux, quatre ou six petites griffes ou crochets, & souvent garni en dessous de brosses ou pelottes spongieuses qui soutiennent & font adhérer l'insecte sur les corps les plus polis, comme les glaces, &c.

Sur chaque côté du corcelet, on observe une ou deux ouvertures oblongues, ovales, qu'on appelle stigmates, & par lesquelles l'insecte respire.

La troisième partie des insectes est le ventre. Le plus souvent il est composé d'anneaux ou de demi-anneaux cornés, qui s'enchaffent les uns dans les autres. Quelquefois on n'observe point les anneaux, & le ventre ne paroît formé que d'une seule pièce. Ordinairement il est plus gros dans les femelles que dans les mâles. Il porte à son extrémité les parties de la génération : on voit sur ses côtés un stigmate sur chaque anneau, excepté sur les deux derniers ; c'est encore à la partie postérieure du ventre que plusieurs insectes portent les aiguillons, dont les uns font aigus & piquans, les autres en scie, d'autres en tarrière. Ils leur servent ou de défense ou d'instrumens propres à percer les endroits où les insectes déposent leurs œufs.

Le phénomène le plus singulier que présentent les insectes, & celui par lequel ils diffèrent entièrement de la plupart des autres animaux, ce sont les changemens d'état par lesquels ils passent, ou les métamorphoses qu'ils subissent avant de devenir insectes parfaits. Il est quelques insectes, & presque tous ceux de la classe des *aptères*, qui n'éprouvent point ces changemens ; mais le plus grand nombre y est soumis. L'insecte ne sort pas de son œuf avec la forme de la mère, mais il paroît sous celle d'un ver avec ou sans pattes, dont la structure de la tête & des anneaux varie beaucoup ; ce premier état est appelé *larve ;* sous cette espèce de masque, l'infecte mange, grandit, mue & change de peau plusieurs fois. Lorsqu'il a acquis tout son accroissement, il change de peau une dernière fois, mais il n'est plus sous la forme de ver ou de larve, mais sous une autre toute différente, qu'on appelle *nymphe, chrysalide* ou *féve, chrysalis, aurelia.*

M. *Geoffroy* distingue quatre espèces de *nymphes.* La première est celle qui ne ressemble point à un animal : on n'y observe que quelques anneaux dans le bas, & le haut n'offre que des impressions peu distinctes des antennes, des pattes & des aîles. La peau de cette espèce est dure, cartilagineuse, & elle n'a que quelques mouvemens dans ses anneaux. Telle est celle des papillons, des phalènes, &c.

La seconde espèce de chrysalide laisse distinguer les parties de l'animal parfait enveloppées d'une peau très-mince & très-molle. Elle est immobile comme la première. Les insectes à étuis, ceux à quatre aîles nues & ceux à deux aîles en fourniffent des exemples.

La troisième espèce est celle dont les parties font bien développées & apparentes, & qui se meuvent. Telles font celles des coufins & des insectes qui passent les deux premiers états de leur vie dans l'eau.

Enfin , la quatrième efpèce comprend celles qui reffemblent à l'infecte parfait par la forme du corps , la préfence des antennes & des pattes. Ces nymphes marchent & mangent. Elles ne diffèrent des infectes parfaits que par l'abfence des aîles , & parce qu'elles ne font point aptes à la génération. Les nymphes des demoifelles , les punaifes , les fauterelles , les grillons, &c. font de cette efpèce.

Il en eft des infectes comme des autres animaux. Les anciens Naturaliftes ne les avoient diftingués que par les lieux qu'ils habitent. Avant *Linneus*, aucun Savant n'avoit entrepris de les difpofer méthodiquement , & de donner des caractères pour les reconnoître ; c'eft à ce Naturalifte qu'eft due la première divifion fyftématique de ces animaux. M. *Geoffroy* a enfuite entrepris de les claffer d'une manière plus exacte ; fa divifion des fections & des genres eft un chef-d'œuvre de précifion , d'exactitude & de clarté dans ce genre de travail ; c'eft le fyftême de ce Naturalifte que nous adoptons.

M. *Geoffroy* divife les infectes en fix fections, d'après l'abfence , le nombre & la ftructure des aîles. La première fection renferme les *coléoptères* ou infectes dont les aîles font recouvertes d'étuis. Leur bouche armée de deux mâchoires latérales & cornées , forme auffi un fecond caractère général de cette section. Le hanneton offre ces deux caractères.

La seconde section comprend les *hémiptères* dont les aîles supérieures sont ou un peu épaisses & colorées, ou à moitié dures & opaques ; mais le caractère des aîles qui n'est pas tranchant dans cette section, est remplacé par celui de la bouche qui est constant. Cette bouche est une trompe longue & aigue, repliée en dessous entre les pattes. La punaise des bois & la cigale appartiennent à cette section.

La troisième section est composée des insectes *tétraptères à aîles farineuses*, dont les quatre aîles sont colorées par une poussière écailleuse, & qui ont une trompe plus ou moins longue, souvent recourbée en spirale, comme le papillon. *Linneus* nomme ces insectes *lépidoptères*.

Dans la quatrième section sont les insectes *tétraptères à aîles nues*. Leurs quatre aîles sont membraneuses ; ils ont des mâchoires dures. Telle est la guêpe. *Linneus* a fait deux ordres de ces insectes, savoir, les *névroptères*, dont l'anus est sans aiguillon, & les aîles sont marquées de nervures, & les *hymenoptères* qui ont l'anus armé d'un aiguillon, & les aîles membraneuses sans nervures très-apparentes.

La cinquième section contient les insectes *diptères*, ou à deux aîles ; leur bouche est le plus souvent en forme de trompe, & ils ont des balanciers & des cuillerons sous l'origine de leurs aîles.

Enfin, dans la sixième & dernière section sont rangés les *aptères* ou insectes sans aîles, tels que l'araignée, le poux, &c.

Outre ces premières divisions, M. *Geoffroy* en a établi d'autres pour faciliter la recherche des insectes que l'on veut connoître. Voyez *à la fin de ce volume les Tables IV & V, pour la distribution méthodique des Insectes.*

LEÇON LX.

CLASSE VII. VERS, Vermes.

LES vers font des animaux mous, d'une forme très-différente de celle des insectes avec lesquels plusieurs Naturalistes les ont confondus. Ils n'ont pas d'os proprement dits, & leurs membres ne sont point conformés comme ceux des insectes; ils ne sont point sujets comme eux à passer par différens états. C'est l'absence des pieds bien conformés comme ceux des insectes, & la forme constante & immuable qu'ils gardent toute leur vie, qui font leurs caractères propres & qui les distinguent des autres animaux.

La classe des vers est la plus nombreuse &

la moins connue de tous les animaux. Il eſt peu de ſubſtances organiques vivantes ou mortes, dans leſquelles il ne ſe rencontre quelques vers qui y trouvent leur nourriture. La plupart des Naturaliſtes, & *Linneus* lui-même, ont mis dans la même claſſe les vers & les polypes ; mais leur ſtructure intérieure & leurs fonctions les diſtinguent entièrement : on connoît un cœur & des vaiſſeaux dans la plupart des vers, & l'on n'a rien trouvé de ſemblable dans les polypes.

Il faut bien diſtinguer des vers dont nous nous occupons actuellement, les animaux qui ſont les larves des inſectes, & auxquels on a donné auſſi le nom de vers à cauſe de leur forme. Leur tête armée de mâchoire, les pattes qu'ils ont en plus ou moins grand nombre, & le plus communément à celui de ſix, donnent des caractères à l'aide deſquels on peut facilement les reconnoître.

Les vers ſont très-mobiles ; ils aiment & cherchent la plupart l'humidité. Quelques-uns n'ont pas de tête bien diſtincte, la plupart ſont hermaphrodites. Ceux qui ont une tête l'ont armée de deux cornes mobiles, rétractiles, nommées *tentacula*. Il paroît que preſque tous les vers que nous parcourrons en abrégé, ont la propriété de repouſſer lorſqu'ils ſont coupés ; ce qui indique une organiſation ſimple, & ce qui les rapproche des polypes.

On

On peut diviser les vers en trois sections ; la première contiendra les vers nus, dont l'organisation est la mieux connue, & qui se rapprochent des autres animaux par ce caractère. Dans la seconde, nous rangerons les vers recouverts d'une enveloppe testacée, ou les vers à coquilles ; leurs organes sont moins connus que ceux des premiers ; cependant les belles recherches de M. *Adanson* prouvent que leur structure se rapproche des vers nus. La troisième section comprendra les vers recouverts d'une enveloppe crustacée ; l'organisation de ceux-ci n'est pas si bien connue que celle des précédens, on n'a encore examiné que leur forme extérieure & la structure de leur bouche.

SECTION I. *Vers nus.*

Il est aisé de se figurer la différence qui existe entre les vers compris dans cette section & ceux des deux autres. Ils sont nus & sans couverture calcaire ou crustacée. Il y a six genres différens dans cette section.

Genre I. *Gordius.*

Ce ver, suivant *Linneus*, a le corps comme un fil rond, la bouche fourchue, les mâchoires horisontales & obtuses ; son corps est pâle & ſes deux extrémités ſont noires. *Geſner* & *Aldrovande* l'ont nommé veau aquatique, *vitulus aquaticus.* Le dragoneau des Perſes, *vena medinenſis*, le crinon des pays chauds, appartiennent à ce genre.

Genre II. *Lombric.*

Le ver de terre, *lumbricus*, a le corps formé d'anneaux ; ſon extrémité antérieure eſt pointue ; ſes parties génitales ſont au collier ; il eſt hermaphrodite & ovipare. Le ver de terre, celui des inteſtins de l'homme & le ver marin, ſont les trois eſpèces bien connues.

Genre III. *Aſcaride*, Aſcaris.

Son corps eſt liſſe, & ſes extrémités ſont très-aigues ; il ſe trouve dans l'inteſtin rectum des enfans.

Genre IV. *Sang-ſue*, Hirudo.

Son corps paroît renflé dans le milieu ; ſes deux extrémités ſe dilatent en un corps arrondi & plat ; ſa tête eſt armée de trois mammelons piquans, qui font une bleſſure à trois angles ſur la peau des animaux où elle s'attache. Sa bouche fait la pompe, & une ſorte de mammelon charnu placé au fond de cette cavité, le piſton. Tel eſt le méchaniſme par lequel la ſang-ſue tire le ſang.

Genre V. *Limace*, Limax.

Son corps est oblong, recouvert d'un bouclier ou manteau charnu supérieurement, formé en dessous d'une bande musculeuse. Sa tête est armée de quatre tentacules. Il y a plusieurs espèces de limaces, qui diffèrent par la grosseur, la couleur, les taches, &c.

Genre VI. *Tænia*, *folium*, Ver solitaire.

On l'a appelé ainsi parce qu'on a cru qu'il se trouvoit seul dans les intestins des animaux; mais c'est une erreur; on en a trouvé plusieurs dans l'homme. Il y en a quelquefois des douzaines dans les chevaux, dans les chiens, dans les poissons, &c. Le caractère de cet animal est d'être plat comme un ruban, & formé d'anneaux articulés distincts, d'avoir une extrémité fine & allongée & qu'on croit être la tête. On pense que chaque anneau est un animal particulier qui vit & se nourrit à part. Il est d'une longueur très-considérable, & qui s'étend souvent à plusieurs aunes. Il se reproduit lorsqu'il est cassé; il croît des anneaux de son fil, de sorte que les animaux n'en sont guéris que lorsqu'il est sorti en entier. Il habite les intestins de presque tous les animaux. On n'a point encore bien examiné les différens *tænia.* On en diftingue deux dans l'homme : l'un à anneaux courts, l'autre à anneaux longs. On ne connoît point encore bien la nature de ce ver, malgré les recherches de MM. *Andry, Tyfon, Herrenfchvands, Bonnet, Butini,* &c. Il femble fe rapprocher beaucoup des polypes. M. *Linneus* en a décrit une efpèce ronde, articulée, d'un blanc luifant, qu'il dit fe trouver dans les marais. Il parle encore d'un ver plat & blanc auquel il donne le nom de *fafciola,* & qui eft très-différent du *tænia,* en ce qu'il eft fans articulations; une efpèce de ce ver eft très-petite, & fe trouve dans les ruiffeaux, ainfi que dans le foie des moutons; une autre eft beaucoup plus longue, & elle fe rencontre dans les inteftins des poiffons.

SECTION II. Vers testacés.

Les vers teftacés font recouverts d'une coquille de la nature de la craie ; la plupart des Naturaliftes ne fe font occupés que de cette enveloppe, & ont établi des méthodes d'après la forme de la coquille. M. *Adanfon* eft un des premiers qui ait entrepris de décrire les habitans des coquilles, & de diftinguer ces animaux d'après leur forme intérieure. Ce travail eft très-peu avancé & très-difficile. Nous indiquerons ici la marche des Naturaliftes dans la diftribution des coquilles. M. *Dargenville* est l'Auteur qui a donné la méthode la plus claire & la plus complette. Il a divisé les coquilles en trois ordres. Le premier comprend les coquilles d'une seule pièce, univalves, *cochleæ;* le second, les coquilles de deux pièces égales & symétriques bivalves, *conchæ;* le troisième, les multivalves ou polyvalves qui sont formées de plus de deux pièces réunies.

ORDRE I. *Coquilles univalves*, Cochleæ.

Familles ou genres.

1. Lepas, *patella.*
2. Oreille de mer, *haliotis.*
3. Tuyau, *tubulus, dentalium.*
4. Nautile, *nautilus.*
5. Limas à bouche ronde, *cochlea.*
6. Limas à bouche demi-ronde, nérite, *nerites.*
7. Limas à bouche plate, sabot, *trochus.*
8. Rouleau, *cilindrus.*
9. Cornet, *voluta.*
10. Vis, *strombris.*
11. Buccin, *buccinum.*
12. Rocher, *murex.*
13. Pourpre, *purpura.*
14. Porcelaine, *porcellana.*
15. Tonne, *globus.*

ORDRE II. *Coquilles bivalves*, Conchæ.

Familles ou genres.

1. Huître, *ostrea.*
2. Came, *chama.*
3. Cœur, *concha cordis.*
4. Peigne, *pecten.*
5. Moule, *mytulus.*
6. Manche de couteau, *solen.*

ORDRE III. *Coquilles multivalves ou polyvalves.*

Familles ou genres.

1. Pholades, *pholas.*
2. Glands de mer, *balanus.*
3. Conques anatifères, *concha anatifera.*
4. Pousse-pieds.
5. Oscabrions.

SECTION III. VERS CRUSTACÉS.

Cette section est la moins nombreuse & la moins connue, elle comprend deux genres bien caractérisés.

Genre I. *Étoile de Mer*, Asterias.

Sa bouche est au milieu du corps; son enveloppe crustacée est divisée en rayons qui ont la forme d'une étoile.

Genre II. *Ourfin*, Echinus.

Sa bouche eft à la bafe d'une enveloppe cruftacée arrondie & voûtée, qui eft hériffée de piquans. M. *Dargenville* a placé les ourfins dans l'ordre des multivalves. M. *Klein* a fait, fur ces animaux, un Ouvrage complet intitulé *Naturalis difpofitio echinodermatum*. La fituation de l'anus lui a paru fufceptible de fournir une méthode propre à les faire diftinguer. Il les divife en trois claffes. La première comprend les ourfins *anocyftes*, dont l'anus eft placé au fommet ou à la partie la plus élevée de la croûte. La feconde renferme les ourfins *catocyftes*, qui ont l'anus placé à la bafe. Il place dans la troifième claffe les ourfins *pleurocyftes*, chez lefquels l'anus ne s'ouvre ni au fommet, ni à la bafe, mais à la furface ou au bord.

Les caractères des feclions & des genres font pris de la forme de la croûte des ourfins, & de leurs pointes ou appendices.

CLASSE VIII. Polypes, Polypi.

Les polypes conftituent la dernière claffe des animaux. Ils font les moins parfaits, & quelques-uns d'entr'eux reffemblent tellement à des végétaux, que les Naturaliftes les ont compris pendant long-tems au nombre de ces derniers.

Les Anciens avoient donné le nom de polypes à des animaux plus ou moins volumineux, armés d'un grand nombre de pieds , & dont on se servoit comme d'un aliment délicat.

Nous entendons par ce nom tous les animaux mouvans, dont l'organisation paroît simple, auxquels on ne connoît point de cœur , & qui ne sont formés que d'une membrane contournée en sacs , & chargée d'un grand nombre de pieds ou de cornes. Les polypes ont encore une propriété qui les distingue , c'est d'être susceptibles de se contracter, de se resserrer & de perdre entièrement leur forme. Ils vivent la plupart réunis en nombre considérable sur la même habitation. Ils se reproduisent par des espèces de grains qui se séparent de leur surface & vont adhérer à quelques corps, où ils croissent à la manière des végétaux. Si on les coupe , ils poussent & se renouvellent comme de bouture. Nous les divisons en quatre sections.

SECTION I. POLYPES NUS.

Ces polypes ne sont recouverts d'aucune substance dure ou de fourreau. Ils sont fixés ou sur les rochers, ou sur des corps solides quelconques. Nous les distinguons en deux genres.

Genre I. *Polypes d'eau douce*, Hydra Linnei.

M. *Trembley* a décrit avec beaucoup de soin ces petits animaux. Ils font formés d'un corps ou tuyau allongé, à l'extrémité duquel eft une dilatation qui eft la bouche. Le bord de cette cavité eft entouré d'un grand nombre de filets ou de cornes mobiles contractiles, qui fervent à l'animal à prendre & à engloutir fa proie. Cet Obfervateur en a diftingué plufieurs efpèces par leur grandeur, leur couleur, leur forme. Tels font le polype à bras, le polype à panache, le polype à bouquet, &c.

Genre II. *Ortie de mer.*

Elle repréfente un corps conique tronqué, mol-laffe, contractile, dont la bouche eft armée de cornes ou de pieds. On les connoît fous le nom de culs d'âne, culs de chevaux, poiffons-fleurs, &c. *Linneus* & la plupart des Naturaliftes les ont rangées parmi les zoophytes ou animaux qui reffemblent aux plantes (*a*).

(*a*) On a coutume de ranger la feche & le calmar parmi les polypes; mais leur organifation plus parfaite, la préfence d'un cœur à un ventricule, obfervé & décrit par *Swamerdam*, les rapprochent des poiffons; M. *le Cat*

SECTION II. POLYPES DANS DES CELLULES CORNÉES, OU COMME LIGNEUSES.

Le caractère des polypes de cette section, c'est d'être adhérens à des branches de matières ou cornées, ou flexibles & fibreuses, comme des jeunes tiges d'arbrisseaux ou de plantes. On a aussi compris ces êtres parmi les végétaux jusqu'à *Peyssonel*, *Ellis*, *Donati*, &c. qui ont prouvé qu'ils appartenoient véritablement aux animaux. On les a appelés *zoophytes* à cause de leur forme, & *lythophytes* à cause de leur dureté.

Genre I. *Keratophyte*, ou *Lithophyte* proprement dit.

C'est un polype souvent élastique, formé par une matière de diverses couleurs, qui se coupe & se fond comme la corne, qui se polit comme elle, qui brûle avec son odeur. Le corail noir & le corail articulé sont de ce genre.

Genre II. *Coralline*, Sertularia seu corallina.

Rien ne ressemble plus à des plantes que cette production de polypes. M. *Ellis* a donné une

---

nommoit la seche *insecte-poisson*. C'est en effet un être qui semble tenir le milieu & servir de passage entre ces deux classes d'animaux.

description d'un grand nombre d'espèces de cette substance. Il les distingue en quatre familles, savoir, les vésiculeuses, les tubuleuses, les celluleuses & les articulées. Il paroît que les deux dernières familles ne sont pas de la même nature cornée que les deux premières.

SECTION III. *POLYPES DANS DES CELLULES CRÉTACÉES.*

Ces espèces de polypes construisent & habitent des ramifications solides d'une forme variée, mais qui toutes sont de la nature de la craie. Ils sont en général plus volumineux que les précédens, & sur-tout que les corallines. Les genres qui composent cette section se distinguent comme ceux de la précédente, par la forme de leurs demeures ou des polypiers ; les animaux qui les bâtissent ressemblent pour la plupart à ceux de la précédente, c'est-à-dire, que ce sont des petits sacs contractiles, armés d'un plus ou moins grand nombre de pieds à leur extrémité, & qui diffèrent par la grosseur, la couleur, la forme, &c.

Genre I. *Corail*, Corallium.

Le corail est une habitation de polypes, dure & calcaire, & qui a la forme d'une plante. Cette habitation est formée par couches ; elle n'est solide que dans le milieu ; elle est recouverte d'une espèce d'écorce percée d'un grand nombre de trous dans lesquels sont implantés les polypes. On distingue trois ou quatre sortes de corail dans les boutiques, le rouge, le rose, le blanc, &c.

Genre II. *Madrépore*, Madrepora.

Le madrépore diffère du corail en ce qu'il est d'un tissu plus tendre, & qu'il a l'aspect plus pierreux. D'ailleurs sa surface est percée d'un grand nombre de trous qui pénétrent jusque dans l'intérieur de la substance calcaire, tandis que ces trous ne se trouvent que sur l'écorce du corail, écorce qui manque dans les madrépores. La forme ramifiée en végétation, ou en masses semblables à un champignon, à un bonnet, à une main, &c. ont fait donner différens noms aux madrépores. En général, la meilleure méthode de les distinguer consiste dans les caractères pris de la forme des trous. Le Docteur *Pallas*, qui a donné un très-bon Ouvrage sur les zoophytes, intitulé : *Elenchus Zoophytorum*, est le Naturaliste qui a le mieux divisé les productions animales marines dont la forme imite celle des végétaux.

SECTION IV. POLYPES DANS DES CELLULES MOLLES ET SPONGIEUSES.

Il est aifé de diftinguer les polypes de cette quatrième fection de ceux des deux précédentes, par la nature molle, flexible & cellulaire de leurs habitations. Nous connoiffons trois genres de polypiers, qui paroiffent appartenir à cette fection.

Genre I. *Efcarre*, Efcarra.

Cette matière fe reconnoît à ce qu'elle eft molle, quelquefois friable, le plus fouvent pliante, & en ce qu'elle eft formée de cellules très-fines, qui imitent les mailles & le tiffu d'une toile lâche ; c'eft dans ces cellules que logent les polypes.

Genre II. *Éponge*, Spongia.

Le tiffu de l'éponge eft comme parenchimateux. On en diftingue un grand nombre d'efpèces pour la forme des mailles, du tiffu. La figure des éponges leur a fait donner différens noms, comme ceux de flûte de Pan, cierge, gobelet de Neptune, agaric de mer, éponge morille, éponge corne de daim, &c. Toutes les cellules des éponges communiquent enfemble, & elles fervent d'habitation à un grand nombre de polypes.

Genre III. *Alcyon*, Alcyonium.

On donne le nom d'alcyons à des corps fpongieux, charnus ou gélatineux, irrégulièrement arrondis, & qui logent des polypes dans leur fubftance. On n'a point encore bien examiné cette fingulière production marine ; on lui a feulement donné des noms relatifs à fa forme ; tels que ceux de poire de mer, guêpier de mer, &c. &c. Ils femblent être le dernier chaînon de la chaîne des animaux.

LEÇONS LXI & LXII.

Des fonctions des Animaux confidérées depuis l'Homme jufqu'aux Polypes.

LES caractères propres aux corps vivans & organiques, font, comme nous l'avons déja dit plufieurs fois, les diverfes fonctions qu'ils exécutent par le moyen de leurs organes. Nous les avons confidérées dans les végétaux ; l'ordre que nous avons adopté, exige que nous les confidérions de même dans les animaux.

La partie de la Médecine qui s'occupe de l'examen des fonctions des animaux, eft la Phyfiologie. Cette belle fcience ne doit pas fe borner à l'homme seul ; elle doit s'étendre sur tous les animaux, & c'est sous ce point de vue que nous allons la parcourir rapidement.

Les fonctions des animaux peuvent se réduire aux suivantes : 1°. la circulation ; 2°. la sécrétion ; 3°. la respiration ; 4°. la digestion ; 5°. la nutrition ; 6°. la génération ; 7°. l'irritabilité ; 8°. la sensibilité. Ces diverses fonctions se rencontrent dans l'homme, les quadrupèdes, les cétacées, les oiseaux, les poissons, les reptiles, les insectes ; les vers & les polypes ne les ont pas toutes, & les premières classes avant ces deux dernières, n'en jouissent pas dans le même degré.

1°. La circulation est une des premières fonctions ; c'est elle qui entretient la vie ; lorsqu'elle cesse, l'animal meurt sur le champ ; les organes qui y président, sont le cœur, les artères & les veines.

Le cœur est un muscle conique, qui a dans son fond deux cavités qu'on appelle ventricules. A sa base sont deux autres sacs creux, nommés oreillettes ; du ventricule gauche sort une grosse artère nommée aorte, qui distribue le sang dans tout le corps ; du ventricule droit part aussi une autre artère d'un égal volume, appelée artère pulmonaire, parce qu'elle se ramifie dans les poumons ; l'oreillette droite reçoit le sang qui

revient de tout le corps par les deux veines
caves ; ce fluide paſſe dans l'oreillette droite ,
de là dans le ventricule droit ; de ce dernier , il
eſt verſé dans les poumons par l'artère pulmonaire , & il eſt ramené par les veines pulmo-
naires dans l'oreillette gauche ; de celle - ci , il
paſſe dans le ventricule gauche , qui le pouſſe
dans tout le corps par l'aorte. Ce mouvement,
qui ſe paſſe ainſi dans l'homme, conſtitue deux
eſpèces de circulation ; celle de tout le corps ,
& la circulation pulmonaire ; cette dernière a
été connue avant l'autre ; la circulation générale
a été découverte par *Harvey* , Médecin Anglois.

Chez les quadrupèdes, les cétacées & les oiſeaux, cette fonction ſe fait abſolument de même
que dans l'homme. Chez les poiſſons, le cœur
n'a qu'un ventricule, & les poumons ou les ouies
ne reçoivent point de ſang par une cavité particulière du cœur ; dans les reptiles, elle s'exécute
comme dans les poiſſons. Les inſectes & les vers
ont un cœur formé par une ſuite de nœuds, qui ſe
contractent les uns après les autres ; leurs vaiſſeaux
ſont très-petits ; leur ſang eſt froid & ſans couleur.
Les polypes n'ont ni cœur ni vaiſſeaux ; ils ſont
moins parfaits que les végétaux pour cette eſpèce
de fonction.

2°. La ſécrétion eſt une fonction par laquelle

il

il fe fépare du fang dans différens organes , des fucs deftinés à des ufages particuliers , comme la bile dans le foie , &c. Cette fonction eft une des plus répandues dans tous les animaux ; elle fe trouve dans toutes les claffes ; mais il eft impoffible de la parcourir fans entrer dans des détails très-étendus. Il fuffira donc d'obferver que dans tous les animaux chez lefquels il y a une véritable circulation , la fécrétion fuit les mêmes loix que dans l'homme , & qu'elle paroît même fe faire dans la plupart des animaux qui n'ont point de cœur. Outre l'analogie qu'il y a néceffairement entre l'homme & les animaux qui jouiffent des mêmes organes que lui , relativement à la fonction dont nous nous occupons , chaque claffe d'animaux offre très-fouvent des fécrétions particulières , qui ne fe trouvent pas dans l'homme ; tels font le mufc & la civette dans les quadrupèdes , le blanc de baleine dans les cétacées , le fuc huileux deftiné à enduire la plume des oifeaux , l'humeur virulente de la vipère , le fluide gluant des écailles des poiffons , les fucs âcres & acides des bupreftes , des ftaphylins , des fourmis , des guêpes parmi les infectes ; le mucilage vifqueux des limaces , les fucs colorans de la pourpre , & un grand nombre d'autres que l'hiftoire naturelle de chaque animal en particulier fait connoître.

Tome II.   Xx

3°. La refpiration confidérée dans tous les animaux, eft une fonction deftinée à mettre le fang
en contact avec le fluide qu'ils habitent ; l'homme
& les quadrupèdes ont à cet effet un organe
nommé poumon. Ce vifcère eft un amas de
véficules creufes, qui ne font que les expanfions
d'un canal membraneux & cartilagineux nommé
trachée-artère, & de vaiffeaux fanguins, qui fe
répandent en formant un grand nombre d'aréoles
à la furface des véficules branchiques ; ces véficules & ces vaiffeaux font foutenus par un tiffu
cellulaire, lâche & fpongieux, qui forme le parenchyme du poumon. L'air diftend ces véficules dans l'infpiration ; la portion pure & vitale
de ce fluide eft abforbée par le fang qu'elle renouvelle, & auquel elle donne de la couleur,
de la concrefcibilité, &c. L'air qui eft rejeté par
l'expiration eft impur ; il trouble l'eau de chaux,
il rougit la teinture de tournefol, il éteint les bougies, & ne peut plus fervir à une autre refpiration.

Chez les cétacées, cette fonction fe fait de
même ; feulement comme il y a une communication immédiate entre les oreillettes, ces animaux
peuvent refter quelque tems fans refpirer.

Quoique la refpiration des oifeaux foit analogue à celle des animaux précédens, cette fonction paroît être beaucoup plus étendue chez eux.

En effet, les Anatomiſtes ont découvert dans le ventre des oiſeaux des organes ſpongieux véſiculaires, qui communiquent avec leurs poumons, & ces derniers s'ouvrent juſque dans les os des aîles, qui ſont creux & ſans moëlle, par un canal placé au haut de la poitrine, & qui s'ouvre dans la partie ſupérieure & renflée de l'os humérus. Cette belle découverte, due à M. *Camper*, nous apprend que l'air paſſe des poumons des oiſeaux dans les os de leurs aîles, & que ce fluide raréfié par la chaleur de leur corps, les rend très-légers, & favoriſe ſingulièrement leur vol.

Les poiſſons ont des ouies ou branchies au lieu de poumons; ces organes ſont formés de franges membraneuſes diſpoſées ſur un arc oſſeux, & chargées d'une très-grande quantité de vaiſſeaux ſanguins. L'eau entre par l'ouverture de la bouche des poiſſons; elle paſſe à travers les franges qui s'écartent les unes des autres; elle preſſe & agite le ſang, & elle reſſort par des ouvertures placées aux deux parties latérales & poſtérieures de la tête, ſur leſquelles ſont placées deux ſoupapes oſſeuſes mobiles, nommées opercules, & ſoutenues par la membrane branchiale. *Duverney* penſoit que les branchies ſéparoient l'air contenu dans l'eau. M. *Vicq d'Azir*, qui s'eſt occupé avec tant de ſuccès de l'anatomie comparée, & ſur-tout de celle des poiſſons, croit que l'eau fait

X x ij

l'office de l'air dans les branchies de ces animaux.

Les insectes & les vers n'ont point de poumons ; ils ont deux canaux ou trachées placées tout le long du dos , auxquels aboutissent de chaque côté d'autres canaux plus petits , qui se terminent à la partie latérale de chaque anneau , par une petite fente nommée stigmate. Les stigmates sont destinés à inspirer l'air & à l'expirer. Lorsqu'on les couvre d'huile , l'insecte souffre beaucoup ; il a des convulsions , & il meurt. Les vers ont une organisation encore moins parfaite ; on ne connoît aucune espèce de respiration dans les polypes , qui sont moins parfaits pour cette fonction que les végétaux dans lesquels nous avons trouvé des trachées.

4°. La digestion est la séparation de la matière nourricière contenue dans les alimens , & son absorption par des vaisseaux particuliers , nommés chileux ; elle s'opère dans un canal continu depuis la bouche jusqu'à l'anus , & qui dans l'homme , se renfle vers le haut de l'abdomen. Ce renflement est appelé estomac ou ventricule. Le canal alimentaire se retrécit ensuite ; il se contourne en différens sens , & prend le nom d'intestins ; ce long tube , qui est formé de muscles & de membranes , est destiné à arrêter les alimens , de manière à en extraire tout ce qu'ils contiennent de substance nourricière ; il y a en

outre aux environs de l'eſtomac, d'autres organes glanduleux, dont l'office eſt de préparer
des fluides propres à ſtimuler l'eſtomac & les
inteſtins, & à extraire la partie nourricière des
alimens; ces organes ſont le foie, la rate & le
pancréas; la bile & le ſuc pancréatique coulent
dans le premier inteſtin, nommé duodenum, &
ſe mêlent aux alimens, auxquels ils communiquent un caractère animal qui les aſſimile aux
humeurs.

Tout le trajet des premiers inteſtins eſt rempli de bouches vaſculaires, deſtinées à pomper
le chile. Ces vaiſſeaux le portent dans le réſervoir lombaire, dans le canal thorachique, &
le fluide chileux eſt verſé dans la veine ſous-
clavière gauche, dans laquelle il ſe mêle au
ſang. Tels ſont en peu de mots le méchaniſme &
les phénomènes de la digeſtion dans l'homme.

Les quadrupèdes diffèrent beaucoup entr'eux
par la forme de leurs dents, de l'eſtomac &
des inteſtins. Il eſt de ces animaux qui n'ont
point du tout de dents, comme le fourmilier
& le pholidote qui ne mangent que des alimens
mous; d'autres n'ont que des dents molaires,
tels que le pareſſeux & le tatou; quelques-uns,
comme l'éléphant & la vache marine, ont des
molaires & des canines; enfin, le plus grand
nombre ont les trois genres de dents, molaires,

X x iij

canines & incifives, mais leur nombre, leur pofition, leur force varient fingulièrement. Ce qu'il
y a de plus frappant dans cette ftructure diverfe des dents, c'eft que d'après la remarque
faite par *Ariftote*, *Galien*, &c. il y a un rapport
conftant entre le nombre & la pofition de ces os,
& la forme de l'eftomac. En effet, tous les quadrupèdes qui ont des dents incifives dans les
deux mâchoires, comme le cheval, le finge,
l'écureuil, le chien, le chat, &c. n'ont qu'un
ventricule membraneux comme l'homme. Les
Anatomiftes nomment ces animaux monogaftri-
ques; la digeftion s'exécute chez eux abfolument
de la même manière que chez l'homme. Les
quadrupèdes qui n'ont des dents incifives qu'à
la mâchoire inférieure, font polygaftriques & ruminans, comme le chameau, la giraffe, le bouc,
le bélier, le bœuf, le cerf & le chevrotain. Ces
quadrupèdes font ordinairement bifulques &
armés de cornes; ils ont tous quatre efto-
macs. Le premier eft nommé dans le bœuf, la
panfe, l'herbier ou double; il eft le plus grand,
& il eft divifé en quatre autres facs; il reçoit
les alimens en même-tems que le fecond ou le
chapeau, bonnet, réfeau, qui s'ouvre dans la
panfe par un large orifice; les alimens herbacés
contenus dans ces organes, s'y dilatent, l'air s'y
raréfie; ils ftimulent les nerfs de ces vifcères,

& ils excitent un mouvement anti-périſtaltique qui les porte dans l'œſophage & dans la bouche, où ils ſont de nouveau broyés par les dents molaires; réduits en une eſpèce de pâte molle par cette opération, ils ſont, ainſi que la boiſ-ſon, conduits par une nouvelle déglutition dans le troiſième eſtomac, le feuillet ou pſeautier, *omaſus*, à l'aide d'un demi-canal creuſé depuis l'œſophage juſqu'à ce ventricule; enfin, ils paſ-ſent bientôt du feuillet dans la caillette ou franche-mulle, où ils éprouvent la véritable digeſtion. Les inteſtins des ruminans ſont auſſi beaucoup plus étendus que ceux des quadrupèdes monogaſtriques. Les cétacées reſſemblent entièrement à ces derniers pour le méchaniſme de cette fonction.

Les oiſeaux diffèrent entr'eux par la ſtructure de leur eſtomac; les uns ſont membraneux, & les autres charnus ou muſculeux. Les premiers, qu'on peut appeler *hyménogaſtriques*, ſont carnivores; tous les oiſeaux de proie ſont de cette eſpèce. Leur eſtomac contient un ſuc très-actif, capable de ramollir les os, ſuivant les expériences de *Réaumur*; leur bile eſt auſſi très-âcre. Les ſeconds qui méritent le nom de *myogaſtriques*, ne vivent que de grains; leur eſtomac eſt formé d'un muſcle quadrigaſtrique, revêtu d'une membrane dure & épaiſſe, propre à la trituration. Ces oiseaux ont aussi un cœcum double.

Les poissons ont un estomac membraneux, allongé, garni de beaucoup d'appendices; leurs intestins sont en général courts. On y trouve un foie & point de pancréas. Les reptiles présentent la même structure, leur estomac se distend d'une manière étonnante. On voit souvent des serpens avaler des animaux entiers beaucoup plus gros qu'eux.

Les insectes ont un estomac & des intestins bien organisés. *Swamerdam* & *Perrault* assurent que le taupe-grillon ou la courtilière des Jardiniers a quatre estomacs; c'est un estomac renflé & divisé en quatre poches, comme on peut s'en convaincre en disséquant cet insecte très-commun dans les couches, & très-redouté des Cultivateurs. Les vers ont un estomac très-irrégulier; on y trouve aussi de petits intestins. Le polype semble n'être qu'un estomac, car il digère très-vîte. La même ouverture lui sert de bouche & d'anus.

5°. La nutrition est une suite de la digestion & de la circulation; les solides perdant toujours par le mouvement qu'ils exécutent, doivent être réparés, & ils le font par la nutrition. Dans le premier âge de la vie ils acquièrent du volume, & l'animal prend son accroissement. On regarde ordinairement le tiſſu cellulaire comme l'organe de cette fonction, & la lymphe comme l'humeur propre à rétablir les ſolides. Cependant il paroît que chaque organe ſe nourrit d'une matière propre & particulière, qu'il ſépare, ou du ſang, ou de la lymphe, ou d'un autre fluide quelconque qui l'arroſe. Par exemple, les muſcles ſe nourriſſent de la matière fibreuſe qu'ils ſéparent du ſang; les os extraient un ſel phoſphorique calcaire & une matière lymphatique; la lymphe pure ſe defsèche en plaques dans le tiſſu cellulaire; l'huile concreſcible ſe dépoſe dans ces plaques pour donner naiſſance à la graiſſe; chaque viſcère a donc ſa manière particulière de ſe nourrir, & la nutrition de chacun d'eux eſt une véritable ſécrétion. Les quadrupèdes & les cétacées reſſemblent parfaitement à l'homme pour cette fonction; chez les oiſeaux, c'eſt encore la même choſe; chez les poiſſons, elle ſe fait beaucoup moins vîte, auſſi ces animaux vivent-ils très-long-tems, & ne ſait-on même pas l'âge de quelques-uns; en général plus la nutrition & l'accroiſſement ſont lents, plus la vie eſt longue.

Les inſectes n'ont rien de particulier pour cette fonction; ſeulement ils ne croiſſent que ſous la forme de larves, & non ſous celle de chryſalides & d'inſectes parfaits. *Swamerdam* &

Malpighy ont démontré que la larve contient sous plusieurs peaux l'insecte parfait tout formé; la chenille renferme aussi le papillon, dont les aîles & les pattes sont repliées.

Dans les vers & les polypes, la nutrition s'exécute dans le tissu cellulaire, elle se fait aussi de même dans les végétaux, à l'aide des tissus réticulaire & vésiculaire.

6°. La génération considérée dans tous les animaux, se fait de beaucoup de manières différentes; la plupart ont besoin de l'accouplement, & jouissent des deux sexes distincts; tels sont l'homme, les quadrupèdes & les cétacées.

Les femelles des quadrupèdes ont une matrice séparée en deux cavités, *uterus bicornis*, & des mamelles en plus grand nombre; elles n'éprouvent point de flux menstruel; la plupart font plusieurs petits à la fois; la durée de leur gestation est plus courte; plusieurs ont une membrane particulière, destinée à recevoir l'urine du fœtus; cette membrane est nommée allantoïde.

La génération des oiseaux est très-différente; les mâles ont un organe génital très-petit & sans cavité, il est souvent double. Chez les femelles la vulve est placée derrière l'anus; il y a des ovaires sans matrices, & un canal destiné à conduire l'œuf de l'ovaire dans l'intestin; on nomme ce canal *oviductus*. L'œuf de la poule fécondé & non fécondé, a offert des faits inattendus aux Phyfiologiftes qui ont examiné les phénomènes de l'incubation. *Malpighy* & *Haller* font ceux de ces Obfervateurs qui ont fait les découvertes les plus importantes. Le dernier a trouvé le poulet tout formé dans les œufs non fécondés.

Chez les poiffons, il n'y a pas d'accouplement décidé, la femelle dépofe fes œufs fur le fable, le mâle paffe deffus, & y darde fa liqueur féminale, propre fans doute à les féconder ; ces œufs éclofent enfuite au bout d'un certain tems.

Les reptiles mâles ont la plupart un organe double ou fourchu ; ces animaux font ovipares, excepté la vipère.

Les infectes offrent eux feuls toutes les variétés qui fe rencontrent chez les autres animaux ; il en eft qui ont les deux fexes féparés dans deux individus féparés, c'eft même le plus grand nombre ; chez d'autres la reproduction fe fait avec ou fans accouplement, comme dans le puceron ; un de ces infectes renfermé feul fous un verre, produit un grand nombre d'autres pucerons. M. *Bonnet* a bien conftaté ce fait par des expériences fuivies avec le plus grand foin. L'organe des mâles eft renfermé dans le

ventre; on le fait fortir en preffant légèrement
l'extrémité de cette partie; il eft ordinairement
armé de deux crochets deftinés à faifir la femelle. La place de ces organes eft très-variée;
aux uns il eft au haut du ventre & près le corcelet, comme dans la femele de la demoifelle,
libellula; d'autres fois il eft à l'extrémité de l'an-
tenne, comme dans l'araignée mâle. Les infectes multiplient prodigieufement, ils font prefque tous ovipares, excepté le cloporte.

Les vers font androgins; chaque individu a
les deux fexes, & l'accouplement eft double,
ainfi qu'on l'obferve dans le ver de terre, le
limaçon.

M. *Adanfon* ajoute que les bivalves, animaux
à coquilles ou à conques, n'ont point d'organes
de la génération, & reproduifent leurs petits
fans accouplement; ces vers font vivipares. Les
univalves ou limaçons font ovipares; les petits
fortis, ou du ventre de la mère ou des œufs,
ont leur coquille toute formée.

Les polypes font les animaux les plus finguliers pour la génération; ils produifent par boutures, il fe fépare de chaque polype en vigueur
un bouton qui s'attache à quelque corps voifin,
& y prend de l'accroiffement; il fe forme auffi
à leur furface des polypes, comme les branches que pouffent les troncs des arbres.

Dans la génération, on ne connoît abfolument que les phénomènes, & tous les fyftêmes que l'on a inventés pour en expliquer le myftère, préfentent toujours des difficultés infurmontables ; on les trouve raffemblés dans la Phyfiologie de *Haller*, la Vénus Phyfique de *Maupertuis*, l'Hiftoire Naturelle de M. *de Buffon*. M. *Bonnet* eft un des Phyficiens qui s'eft le plus étendu fur cet objet dans fes Confidérations fur les corps organifés. M. le Comte *de Buffon* a donné un fyftême ingénieux qu'on doit confulter dans fon Ouvrage.

7°. L'irritabilité eft la propriété qu'ont certains organes, appellés mufcles, de fe contracter, c'eft-à-dire, de fe raccourcir par l'action d'un ftimulus quelconque qui les touche. M. *de Haller* a très-bien démontré cette belle doctrine. Les mufcles de l'homme, des quadrupèdes, des cétacées & des oifeaux fe reffemblent ; ils font tous également rouges, formés de fibres réunies par faifceaux de différentes formes, recouverts & garnis de membranes argentées, nommées aponévrofes, & terminés par des cordes plates ou arrondies, nommées tendons.

Chez les poiffons les mufcles font blancs & beaucoup plus irritables que ceux qui font rouges. Dans les reptiles l'irritabilité eft encore plus forte & plus tenace, elle dure long-tems après la mort de l'animal; ce qui paroît être commun à tous les animaux dont le fang eft froid, tandis que chez ceux qui ont le fang chaud, cette propriété fe perd à mefure que ce fluide fe refroidit.

Les infectes ont leurs mufcles placés dans l'intérieur de leurs os qui font creux & qui font de la nature de la corne. On peut très-bien obferver cette ftructure dans la cuiffe renflée & creufe de la groffe fauterelle verte, nommée fauterelle à fabre; elle fe préfente auffi facilement dans l'écreviffe.

Les mufcles des vers font très-pâles & très-irritables, ils font même très-forts, fur-tout dans les vers recouverts, qui ont une coquille pefante à mouvoir.

Les polypes font très-irritables, ils fe contractent & fe refferrent en un feul point, ils meuvent leurs bras avec une agilité finguliere, ils les replient très-promptement. Cependant leur ftructure ne paroît pas être mufculeufe.

C'eft l'irritabilité qui donne aux animaux le pouvoir de fe tranfporter d'un lieu dans un autre, & d'exécuter un grand nombre de mouvemens pour écarter les chofes nuifibles & fe procurer celles qui leur font utiles. C'eft donc dans l'hiftoire de cette fonction qu'on doit placer

celle de ces mouvemens; la ſtation & le mar-
cher, le ſaut, le vol, les pas des reptiles, le
nager ſont autant d'actions combinées, ou de réſultats de contractions muſculaires propres à chaque claſſe d'animaux. Leur expoſition détaillée
exigeroit l'examen des muſcles extenſeurs de la
cuiſſe de l'homme pour la ſtation ; celui des
extrémités de la forme du corps, de la face
allongée & aigue, du thorax, comprimée latéralement des quadrupèdes pour le ſaut; de la
ſtructure des plumes, du ſternum, des muſcles
pectoraux, du bec, de la queue & de la texture
intérieure des os des oiſeaux pour le vol. Il faudroit pour cela conſidérer en détail les anneaux
muſculaires, les écailles ou les tubercules qui
tiennent la place de pieds dans les reptiles ; la
forme du corps, la ſtructure des nageoires, celle
de la veſſie natatoire, & ſa communication avec
l'eſtomac dans les poiſſons ; dans les inſectes,
la ſtructure, le nombre & la poſition des pattes,
les appendices des tarſes, la forme, la poſition
& la nature des aîles, des balanciers, &c. Il
nous ſuffit pour le moment d'avoir indiqué l'importance de ces conſidérations & celles qui
méritent en particulier l'attention du Phyſiolo-
giſte.

Enfin, il eſt une dernière conſidération qui
ne me paroît pas avoir encore été faite conve-

nablement ; c'eſt que le muſcle peut être regardé comme un organe ſécrétoire deſtiné à la
ſéparation de la matière ſibreuſe & irritable dont
nous reparlerons ailleurs, & que les vices de
cette eſpèce de ſécrétion doivent être obſer-
vés avec le plus grand ſoin par les Médecins.
Nous reviendrons ſur cet objet dans l'examen
du ſang.

8°. La ſenſibilité eſt une fonction à l'aide de
laquelle les animaux éprouvent des ſenſations
de plaiſir & de douleur, ſuivant la nature des
corps qui ſont en contact avec leurs organes ;
les ſens dépendent du cerveau, de la moëlle
allongée, de celle de l'épine & des cordons
nerveux ou paires de nerfs qui partent en grand
nombre de ces trois foyers ; ſans ces organes
il ne peut point y avoir de ſenſibilité. On peut,
pour mieux entendre le méchaniſme de cette
fonction, diviſer en trois régions ces organes qui
ſont continus & ſemblent n'en faire qu'un, que
les Philoſophes Phyſiologiſtes ont appelé l'homme ſenſible ; ces trois régions ſont le foyer compris dans le cerveau, le cervelet & la moëlle
allongée ; la partie moyenne ou de communication qui déſigne les cordons nerveux ; & l'expanſion ſenſitive ou l'extrémité dilatée des nerfs.
Cette extrémité ou cette expanſion préſente une
forme très-variée dans les différens organes ;

tantôt

tantôt elle est membraneuse & réticulaire, comme dans l'estomac & les intestins ; tantôt elle est molle & pulpeuse, comme au fond de l'œil & dans le labyrinthe de l'oreille interne ; ici elle offre la forme de papilles, comme sous la peau, à la langue, à la couronne du gland, &c. là elle est répandue en longs filets mous & plats, comme sur la membrane nasale de *Schneider*.

Le cerveau de l'homme est le plus volumineux & le mieux organisé ; c'est-là la cause de son intelligence. Chez les quadrupèdes, il est beaucoup plus petit ; en récompense les nerfs sont plus sensibles & les sens plus aiguisés, surtout celui de l'odorat, dont l'organe est très-dilaté & comme multiplié par le nombre des lames ethmoïdales. La peau épaisse & couverte de poils enlève la sensibilité & détruit le tact. Le goût est très-fin chez les animaux. L'ouïe offre le même appareil que chez l'homme.

Les cétacées n'ont presque point de cerveau, relativement à la masse de leurs corps ; cet organe est entouré d'un fluide huileux & épais ; leurs sens sont obtus.

Le cerveau des oiseaux n'a plus la même structure & le même appareil de replis, d'éminences & de concavités que celui de l'homme & des quadrupèdes. La belle structure des yeux de ces animaux, leur grandeur, la sclérotique épaisse & cartilagineuse, la paupière intérieure *membrana niʄitans*, mue par des muscles particuliers, la masse du cristallin & du corps vitré, la bourse de matière noire contenue à l'extrémité du nerf optique, l'enduit brillant de la choroïde, tout annonce une organisation compliquée, un soin pris par la nature pour rendre la vue des oiseaux perçante, & pour pourvoir à ce qu'ils puissent reconnoître de loin leur proie, & éviter les dangers que la rapidité de leur vol auroit sans cesse fait naître, en un mot, pour favoriser l'agilité & la mobilité qui semblent faire le partage de ces animaux. L'ouie est moins parfaite chez eux que la vue; ils ne paroissent être que peu sensibles aux odeurs & au goût des alimens; la situation des trous des narines & la membrane dure qui enduit le bec, expliquent très-bien ces phénomènes.

Chez les reptiles, la sensibilité est très-peu étendue. Le cerveau est très-petit, les nerfs n'ont point de ganglions ; les sens paroissent en général peu actifs, quoique l'œil & l'oreille interne aient présenté une organisation fort belle à MM. *Klein, Geoffroy & Vicq d'Azyr.*

Les poissons ont un cerveau très-petit, & leur crâne est rempli d'une masse huileuse; leurs sens & sur-tout leur vue & leur ouie, sont assez délicats. Le dernier de ces organes est très - bien conformé , ainsi que l'ont observé MM. *Klein*, *Geoffroy*, *Camper* & *Vicq d'Azyr*. Les Naturalistes qui ont cru que les poissons étoient sourds, se sont donc trompés.

Les insectes n'ont point de cerveau, mais une moëlle allongée , cylindrique & chargée de nœuds, qui parcourt toute la longueur de leur corps. Il part de cette moëlle des filets nerveux qui accompagnent la division des trachées. On ne connoît que les yeux des insectes. *Swamerdam* a décrit un nerf optique qui se divise sous la cornée des yeux à réseau, en autant de filets qu'il y a de facettes dans cette membrane. On ne sait point s'ils ont un organe de l'ouie.

On ne retrouve presque plus de traces de l'organe sensible dans les vers. *Swamerdam* a trouvé un cerveau à deux lobes & mobile dans le limaçon, des yeux posés ou à la base, ou à la pointe des tentacules , & le nerf optique contractile, ainsi que ces espèces de cornes. M. *Adanson* assure que dans les vers les yeux manquent quelquefois, ou qu'ils sont couverts d'une peau opaque.

Quant aux polypes , ils n'ont aucun organe des sens, quoiqu'ils paroissent chercher la lumière.

La sensibilité est donc la fonction dont l'homme jouit dans une beaucoup plus grande étendue que tous les autres animaux. C'est elle qui le distingue & le place à leur tête. Cette fonction doit être connue en détail par le Législateur, le Philosophe & le Médecin.

LEÇON LXIII.

De l'analyse chimique des Substances animales.

L'ANALYSE des substances animales est la partie de la Chimie la plus difficile & la moins avancée ; les Chimistes anciens se sont contentés de distiller à feu nu ces matières, & l'on sait aujourd'hui que cette opération altère & dénature entièrement les corps aussi composés que le sont les substances solides ou fluides des animaux : on n'a encore soumis à l'analyse que quelques-unes des humeurs de l'homme, & celles de certains quadrupèdes.

Beaucoup de raisons se sont opposées à l'avancement de cette branche de Chimie ; la difficulté & le désagrément de ces travaux, le peu de ressources que la science offre pour traiter les matières animales sans leur faire éprouver de grandes altérations, l'impossibilité de trouver la synthèse même la plus éloignée de la nature, pour reproduire ces matières, & sur-tout le peu d'intérêt que la plupart des Chimistes non Médecins ont eu jusqu'à préſent pour les connoiſſances que cette analyſe peut fournir, ſont les principaux motifs qui ont arrêté les progrès de la ſcience ſur cet objet. Cependant les recherches de quelques Modernes, ſur-tout de MM. *Rouelle*, *Macquer*, *Bucquet*, *Poulletier de la Salle*, *Bertholet*, *Prouſt*, *Schéele* & *Bergman*, ont ouvert une carrière nouvelle, & annoncent que l'art de guérir pourra retirer de grands avantages de ce genre de travail.

Le corps des principaux animaux, tels que l'homme & les quadrupèdes dont nous nous occupons en particulier, eſt formé de fluides & de ſolides. On diſtingue les humeurs des animaux en trois claſſes, relativement à leur uſage. La première claſſe renferme les humeurs récrémentitielles, deſtinées à nourrir quelques organes ; la ſeconde comprend les humeurs excrémentitielles qui ſont rejettées hors du corps par quelques émonctoires, comme inutiles, & même comme ſuſceptibles de nuire ſi elles étoient retenues trop long-tems. Dans la troiſième, on range les humeurs qui tiennent des deux précédentes, & dont une partie eſt récrémentitielle & l'autre excrémentitielle. Les premières ſont, le ſang, la lymphe, la gelée ou gélatine, la partie fibreuſe ou glutineuſe, la graiſſe, la moëlle, la matière de la perspiration intérieure & le suc osseux. Les secondes comprennent le fluide de la transpiration, celui de la sueur, le mucus des narines, le cérumen des oreilles, la chassie, les larmes, l'urine & les excrémens. Les dernières sont la salive, les larmes, la bile, le suc pancréatique, le suc gastrique & intestinal, le lait & la liqueur séminale. Comme il s'en faut de beaucoup que tous ces fluides soient connus, nous ne parlerons ici que de celles que les Chimistes ont examinées.

Du Sang.

Parmi les humeurs excrémentitielles, la plus importante, la plus composée, la plus impénétrable, c'est le sang. Nous le traitons en premier, parce que, suivant la doctrine des plus grands Médecins, il est la source & le foyer de tous les autres fluides animaux. Plusieurs Médecins, & en particulier M. *Bordeu*, le regardoient comme une espèce de chair coulante, & comme un composé de toutes les humeurs animales ; ce sentiment n'est cependant pas encore entièrement démontré, quoiqu'il soit très-vraisemblable.

Le sang est un fluide d'une belle couleur rouge, d'une consistance onctueuse & grasse, comme savonneuse, d'une saveur fade & un peu salée, qui est contenu dans le cœur, les artères & les veines. Ce fluide diffère beaucoup, suivant les régions qu'il parcourt ; & il n'eſt pas le même, par exemple, dans les artères & dans les veines, dans la poitrine & dans la région du foie, dans les muſcles & dans les glandes, &c. C'eſt un fait ſur lequel les Chimiſtes n'ont pas aſſez inſiſté dans leurs recherches.

En conſidérant le ſang dans tout le Règne animal, on obſerve qu'il varie ſingulièrement dans les différens animaux, par la couleur, la conſiſtance, l'odeur, & ſur-tout la température. Cette dernière propriété eſt la plus importante & paroît dépendre de la circulation & de la reſ-piration. L'homme, les quadrupèdes & les oi-ſeaux, ont un ſang plus chaud que le milieu qu'ils habitent ; on les appelle, à cauſe de cela, animaux à ſang chaud. Chez les poiſſons & les reptiles, il eſt d'une température égale à celle du milieu dans lequel ils vivent : on les nomme animaux à ſang froid, à cauſe de cette propriété ; il eſt vraiſemblable qu'il en ſeroit de même des autres propriétés de ce fluide, & ſur-tout des qualités ou caractères chimiques, ſi l'on con-noiſſoit le ſang de tous les animaux.

Le ſang de l'homme, dont nous nous occu-pons ſpécialement, diffère ſuivant l'âge, le ſexe, le tempérament & l'état de ſanté de cha-que individu ; dans l'enfance, chez les femmes & chez les pituiteux, il eſt plus pâle & moins confiſtant; dans les hommes robuſtes & bien portans, il eſt épais, d'un rouge foncé, preſque noir, & d'une ſaveur beaucoup plus ſalée. Les Médecins ſavent encore que dans les hommes attaqués des vices vénérien & ſcrophuleux, dartreux, arthritique, &c. le ſang eſt âcre & dépourvu de la fadeur & de la douceur qui lui ſont propres dans l'état de ſanté parfaite.

Avant de paſſer à l'analyſe du ſang, il faut connoître ſes propriétés phyſiques, ſa couleur, ſa chaleur, ſa ſaveur, ſon odeur, ſa conſiſtance particulière que nous avons déjà indiquées. Le microſcope y découvre un grand nombre de globules, qui, lorſqu'ils viennent à ſe briſer en paſſant, ſuivant *Leuwenhoek* & *Boerhaave*, par des filières plus petites, perdent leur couleur rouge, deviennent jaunes & enfin blancs; de ſorte que, ſuivant le Médecin de Leyde, un globule rouge eſt un aſſemblage de pluſieurs globules blancs plus petits, & ne doit ſa couleur qu'à l'aggrégation. Le ſang offre encore une propriété phyſique ſingulière. Tant qu'il eſt chaud & en mouvement, il reſte conſtamment fluide & rouge; lorſqu'il ſe refroidit & qu'il eſt en repos, il ſe prend en une maſſe ſolide qui, peu à peu, ſe ſépare d'elle-même en deux parties, l'une rouge qui ſurnage, dont la couleur ſe fonce, & qui reſte concrète juſqu'à ce qu'elle s'altère;

on la nomme le caillot ; l'autre, qui occupe le fond du vafe, eft d'un jaune verdâtre, collante; on l'appelle férum ou lymphe. Cette coagulation & cette féparation fpontanée des deux parties du fang, fe fait dans les derniers inftans de la vie de l'animal, & elle donne naiffance à ces matières concrètes que l'on trouve après la mort, dans le cœur & dans les gros vaiffeaux, & qui ont été fauffement regardées comme des polypes.

Le fang expofé à une chaleur douce, long-tems continuée, paffe à la fermentation putride. Si on le diftille au bain-marie, il donne un phlegme d'une odeur fade, qui n'eft ni acide, ni alkalin, mais qui paffe facilement à la putréfaction, à l'aide d'une fubftance animale qui y eft diffoute. Le fang chauffé plus fortement fe coagule & fe defsèche peu à peu, comme l'a découvert M. *Dehaen* ; il perd les fept huitièmes de fon poids, & il fait effervefcence avec les acides. Il peut fe durcir affez par un feu bien ménagé pour former une efpèce de fubftance cornée. Si on expofe à l'air du fang defféché, il attire légèrement l'humidité, & il s'y forme au bout de quelques mois une effervefcence faline, que M. *Rouelle* a reconnue pour de l'alkali minéral. Diftillé à feu nu, il donne un phlegme alkalin & non acide, comme l'avoient prétendu quelques Chimiftes, & notamment

Vieuffens ; il paffe enfuite une huile légère, puis une huile colorée & pefante, de l'alkali volatil concret, ou fel ammoniacal crayeux, fali par l'huile épaiffe ; il refte dans la cornue un charbon fpongieux très-difficile à incinérer, dans lequel on trouve du fel marin, de l'alkali minéral crayeux, du fer & une matière terreufe dont la nature n'eft pas encore connue.

Le fang, uni aux alkalis, devient plus fluide par le repos. Les acides le coagulent fur le champ, & en altèrent la couleur ; on retire alors en le filtrant, en évaporant la liqueur paffée par le filtre, en la defséchant à un feu doux, & en leffivant cette matière defséchée, les fels neutres. que l'alkali minéral forme avec chaque acide, que l'on peut employer indiftinctement. L'efprit de vin coagule le fang.

Les expériences faites fur le fang entier, ne font point connoître la nature des fubftances dont ce fluide eft compofé ; mais la décompofition fpontanée du fang & fa féparation de fes deux parties, le caillot & le férum, nous offrent un moyen d'acquérir ces connoiffances, en examinant chacune de ces matières en particulier. Il n'y a que quelques années que l'analyfe chimique du fang étoit bornée à ce que nous venons d'expofer ; mais les travaux de MM. *Menghini, Rouelle* le jeune & *Bucquet,* ont examiné cette humeur d'une manière toute différente ; ces deux derniers Chimistes sur-tout ont fait sur cet objet des travaux, qui prouvent combien l'analyse des matières animales est susceptible d'être perfectionnée en marchant sur leurs traces. C'est d'après les recherches de ces Savans célèbres, que nous allons considérer les propriétés de chacune des substances qui composent le sang.

Le sérum est bien éloigné d'être de l'eau pure, c'est une matière particulière, très-importante à considérer, & à laquelle nous donnons le nom de lymphe. Elle est d'un blanc jaunâtre, qui tire un peu sur le vert ; sa saveur est fade & salée ; sa consistance est onctueuse & collante. Exposée au feu, elle se coagule & se durcit long-tems avant de bouillir ; elle verdit le sirop de violettes. Distillée au bain-marie, elle donne un phlegme d'une saveur douce & fade, qui n'est ni acide, ni alkalin, mais qui se pourrit promptement ; elle est alors sèche, dure & transparente comme de la corne ; elle ne peut plus se dissoudre dans l'eau ; distillée à la cornue, elle fournit un phlegme alkalin, beaucoup d'alkali volatil concret & une huile épaisse très-fétide. Tous ces produits ont en général une odeur fétide particulière. Le charbon de la lymphe distillée à feu nu, remplit presqu'entièrement la cornue. Il est si difficile à incinérer, qu'il faut le tenir embrafé pendant plufieurs heures, & lui faire préfenter une grande furface à l'air avant de le réduire en cendres. Cette dernière eft d'un gris noirâtre, elle contient du fel marin, de l'alkali minéral, fouvent un peu de fer & une matière terreufe, qui n'a point encore été examinée comme il convient. Peut-être cette matière terreufe eft-elle une efpèce de fel neutre phofphorique, comme la bafe des os?

La lymphe expofée quelque tems à une température chaude dans un vaiffeau ouvert, paffe facilement à la putréfaction, & donne alors beaucoup d'alkali volatil concret d'une odeur infupportable. Elle fe pourrit fi rapidement que M. *Bucquet* n'a pas pu s'affurer fi elle paffoit à l'acide avant de devenir alkaline. Cette liqueur s'unit à l'eau en toutes proportions ; elle perd alors fa confiftance, fa faveur, & fa couleur verdâtre ; il faut agiter ce mélange, afin d'en favorifer la combinaifon, parce que la denfité différente de ces deux fluides met un obftacle à leur union. La lymphe verfée dans l'eau bouillante, fe coagule en grande partie, & fur le champ. Une portion de ce fluide forme avec l'eau une efpèce de liqueur blanche opaque & laiteufe, qui a, fuivant M. *Bucquet*, tous les caractères du lait ; c'eft-à-dire, qui monte comme ce fluide, qui fe coagule par la chaleur, par les acides, &c.

Les alkalis unis à la lymphe, la rendent plus fluide, en y opérant une sorte de diffolution. Les acides l'altèrent d'une manière oppofée ; ils lui donnent de la confiftance, & ils la coagulent. En filtrant ce mêlange, & en faifant évaporer le fluide obtenu par cette filtration, on obtient le fel neutre que l'acide employé doit former avec l'alkali minéral ; ce qui prouve que ce dernier fel exifte à nu & pourvu de toutes fes propriétés dans la lymphe. Le coagulum formé dans cette liqueur par l'addition d'un acide, fe diffout très-promptement dans l'alkali volatil, qui eft le véritable diffolvant de la lymphe ; mais il ne fe diffout pas du tout dans l'eau pure : un acide fépare la lymphe unie à l'alkali volatil. Le même coagulum diftillé à feu nu, donne les mêmes produits que la lymphe pure defféchée, & fon charbon contient beaucoup d'alkali minéral ; ce qui prouve, fuivant M. *Bucquet*, qu'il y a une portion de ce fel combiné intimement dans la lymphe, que l'acide employé pour la coaguler ne fature point.

La lymphe ne décompofe point les fels neutres calcaires & argileux ; mais elle décompofe très-bien les fels métalliques. Elle eft coagulable par l'efprit de vin ; ce coagulum diffère beaucoup de celui qui eft formé par les acides, par fa diffolubilité dans l'eau, fuivant la découverte de M. *Bucquet*. La lymphe paroît donc être , d’après ces recherches, un mucilage animal, composé d’eau, d’huile, de sel marin, d’alkali minéral crayeux, & d’une matière insoluble, qu’on a regardée comme une terre particulière, quoiqu’elle soit peut-être un sel terreux. La propriété la plus singulière de ce mucilage, & qui mérite de fixer l’attention des Médecins, est celle de devenir concrète par l’action du feu.

Le caillot du sang, exposé à la chaleur du bain-marie, donne une eau fade ; il se dessèche & devient cassant. Il fournit à la cornue un phlegme alkalin, une huile épaisse d’une odeur fétide & empyreumatique, & beaucoup d’alkali volatil concret. Son résidu est un charbon spongieux, d’un aspect brillant & métallique, difficile à incinérer, & qui, traité avec l’acide vitriolique, donne du sel de *Glauber* & du vitriol martial ; il laisse après ces opérations une terre inconnue. Le caillot se pourrit assez promptement à un air chaud. Lorsqu’on le lave avec de l’eau, ce fluide le sépare en deux matières très-distinctes. L’une qu’il dissout, lui donne une couleur rouge. Cette dissolution traitée par différens menstrues, présente tous les caractères de la lymphe ; mais elle contient une beaucoup plus grande quantité de fer. Ce métal s’en retire par l’incinération, & en lavant le charbon incinéré pour en séparer les matières salines. Le résidu de cette leſſive eſt dans l'état de ſafran de mars d'une belle couleur ; il eſt ordinairement attirable à l'aimant. C'eſt à ce métal que l'on a attribué la couleur du ſang. Le fer a été tiré de ce fluide en aſſez grande quantité par MM. *Menghini*, *Rouelle* & *Bucquet*.

Le caillot, après avoir été lavé & épuiſé de tout ce qu'il contenoit de lymphe rouge, eſt dans l'état d'une matière blanche fibreuſe, qui nous reſte à examiner.

La partie fibreuſe du ſang, eſt blanche & ſans couleur, lorſqu'elle a été bien lavée ; elle n'a qu'une ſaveur fade. On en retire en la diſtillant au bain-marie, un phlegme inſipide d'une odeur fade, & ſuſceptible de ſe pourrir. La chaleur la plus douce durcit ſingulièrement la matière fibreuſe. Lorſqu'on l'expoſe bruſquement à un feu vif, elle ſe retire comme du parchemin ; diſtillée à la cornue, elle donne un phlegme alkalin, une huile peſante, épaiſſe & très-fétide, beaucoup d'alkali volatil concret, ſali par une portion d'huile. Son charbon eſt peu volumineux, compact, peſant, moins difficile à incinérer que celui de la lymphe. Sa cendre eſt très-blanche ; elle ne contient ni matière ſaline, emportée ſans doute par le lavage du caillot, ni fer, c'eſt une eſpèce de réſidu dont l'aſpect eſt terreux ; mais dont on n'a point examiné la nature.

La partie fibreufe fe pourrit très-vîte , & avec beaucoup de facilité. Lorfqu'elle eft expofée à un air chaud & humide , elle fe gonfle , & donne alors beaucoup d'alkali volatil. Elle n'eft pas foluble dans l'eau ; lorfqu'on la fait bouillir avec ce fluide , elle fe durcit & prend une couleur grife. Les alkalis ne la diffolvent pas; mais les acides même les plus foibles s'y combinent. L'acide nitreux concentré la diffout avec effervefcence & dégagement de gaz nitreux ; il forme avec elle un mucilage jaunâtre. Elle donne avec l'efprit de fel une efpèce de gelée verte. L'acide du vinaigre la diffout à l'aide de la chaleur : l'eau , & fur-tout les alkalis précipitent la partie fibreufe unie aux acides. Cette matière animale eft dé-compofée dans ces combinaifons ; & lorfqu'on la fépare des acides par un moyen quelconque , elle ne préfente plus les mêmes propriétés. Les fels neutres & les autres matières minérales n'ont aucune action fur elle. Elle s'unit à la lymphe , fur-tout à celle qui eft colorée , pour former le caillot. Ce dernier eft foluble en entier dans les acides comme la partie fibreufe , fans doute à caufe de la combinaifon de cette matière avec la lymphe rouge. On voit d'après cela que la partie fibreufe diffère beaucoup de la lymphe proprement dite. C'eft une matière plus anima-lifée que cette dernière , une forte de gluten

animal

animal qui a beaucoup de rapport avec celui de la farine, & qui fur-tout a la propriété bien remarquable de devenir concret par le refroidiffement & le repos. On ne peut douter que cette matière, qui n'a point encore été affez diftinguée de la lymphe par les Médecins Phyfiologiftes & Pathologiftes, ne joue un rôle particulier dans l'économie animale. Ne feroit-ce pas elle qui fe dépofe dans les mufcles, qui fait la bafe fibreufe de ces organes, & la matière irritable par excellence? Si cette affertion étoit auffi-bien démontrée qu'elle eft vraifemblable, ne feroit-il pas important de faire plus d'attention à cette fubftance qu'on ne l'a fait jufqu'actuellement, & de la confidérer comme capable de caufer par fon abondance ou fa déviation, des maladies particulières? J'aurai occafion de revenir quelque jour fur cet objet important.

Malgré ces belles recherches fur le fang, il s'en faut de beaucoup que toutes les propriétés chimiques de cette humeur foient connues. On ne fait point encore quelle différence il y a entre la lymphe & la partie fibreufe; on n'a point examiné le fang dans tous fes états, & fur-tout dans différentes maladies où ce fluide éprouve des altérations confidérables; par exemple, dans les fortes inflammations, dans la chlorofe, &c. Les Médecins en favent plus fous ce point de vue que les Chimiftes

M. *Rouelle* a examiné le sang de quelques quadrupèdes, tels que le bœuf, le cheval, le veau,
le mouton, le porc, l'âne & la chèvre. Il en a
retiré les mêmes produits que de celui de
l'homme, mais en différentes proportions.

LEÇON LXIV.

Du Lait.

LE lait est une humeur récrémentitielle destinée à nourrir les jeunes animaux dans le premier
tems de leur vie. Il est d'un blanc mat, d'une
saveur douce sucrée, d'une odeur légèrement
aromatique. Il se sépare immédiatement du sang
dans les mammelles des femelles des animaux;
il y est apporté principalement par les artères
mammaires. L'homme, les quadrupèdes & les
cétacées sont les seuls animaux qui aient du lait.
Tous les autres animaux n'ont point les organes
destinés à la sécrétion de cette humeur.

Le lait diffère beaucoup dans les diverses espèces de ces animaux; dans la femme, il est très-su-
cré; celui de vache est doux, & ses principes sont
bien liés; ceux de la chèvre & de l'ânesse ont
une vertu particulière; ils sont souvent légèrement astringens. Au reste, les propriétés varia-

bles du lait dépendent ordinairement des alimens dont les animaux se nourrissent.

Le lait de vache qu'on prend pour exemple dans l'analyse, parce qu'on se le procure facilement, est un composé de trois substances différentes, du sérum ou petit lait, qui est fluide & transparent, du beurre & du fromage, qui tous les deux ont plus de consistance. Ces trois parties sont mêlées & suspendues, de sorte qu'elles forment une espèce d'émulsion animale.

Le lait exposé en entier à l'action du feu & à la chaleur du bain-marie, donne un phlegme sans saveur, d'une odeur foible & susceptible de se putréfier. A une chaleur un peu plus forte, il se coagule comme le sang, suivant l'observation de M. *Bucquet.* En l'agitant & en le séchant peu-à-peu, il forme une sorte d'extrait sucré que l'on appelle franchipane. Cet extrait dissous dans l'eau constitue le petit lait d'*Hoffman.* Distillé à feu nu, cet extrait donne de l'acide, de l'huile fluide, de l'huile concrète & de l'alkali volatil. Son charbon contient très-peu d'alkali fixe végétal, du sel fébrifuge & une terre peu connue.

Le lait exposé à une température chaude, est susceptible de passer à la fermentation spiritueuse, & de former une espèce de vin, mais il faut qu'il soit en grande masse. Les Tartares préparent une liqueur fpiritueufe avec le lait de jument. Le lait paffe promptement à l'acide , & alors il fe coagule. La partie cafceufe fe prend en maffe , le férum s'en fépare.

Les acides produifent fur le champ le même effet fur le lait ; ils le coagulent; les alkalis , & fur-tout l'alkali volatil rediffolvent ce *coagulum*. *Boerhaave* affure qu'en faifant bouillir du lait avec de l'huile de tartre, ce fluide devient jaune, enfuite rouge & de la couleur du fang. Il penfe même que c'eft une combinaifon femblable , qui ait paffer le lait à l'état de véritable fang dans le corps humain.

Pour préparer le petit lait, on fait chauffer le lait entier avec de la préfure. Cette fubftance , formée par le lait aigri dans l'eftomac des veaux, eft un ferment qui coagule la partie cafceufe. Lorfque cette coagulation eft faite, on paffe le lait par une étamine. Le *gallium*, les chardons, agiffent comme la préfure fur le lait.

Le férum ou le petit lait , préparé de cette manière, eft trouble; on le clarifie à l'aide du blanc d'œuf & de la crême de tartre. Il a une faveur douce; il contient un fel effentiel fucré, une matière gélatineufe peu connue, une fubftance extractive colorante, & du fel fébrifuge diffous dans une grande quantité d'eau. Pour féparer ces principes, on volatilife l'eau en évaporant le petit lait jufqu'en confiftance de firop, on le laiffe refroidir; il fe criftallife un fel d'abord un peu roux, qui eft le fucre de lait, & qu'on purifie par de nouvelles diffolutions & criftallifa-tions. Ce fel criftallife à peu près comme le tartre vitriolé; il eft d'une faveur un peu fucrée & terreufe; il fe diffout dans une partie & de-mie d'eau chaude; il donne à la diftillation un phlegme acide, une huile légère, un charbon fpongieux, qui contient très-peu d'alkali fixe; il eft affez difficile à incinérer. Il ne paroît pas fufceptible de paffer feul à la fermentation fpi-ritueufe, mais lorfqu'il eft combiné avec la ma-tière caféeufe & le mucilage gélatineux, il peut fournir une forte de vin, puifque M. *Spielman* a prouvé par des expériences bien faites, que le lait entier, fermenté en grande maffe, donnoit de l'efprit ardent par la diftillation.

On peut obtenir du petit lait une nouvelle dofe de matière fucrée, par une feconde & même par une troifième évaporation. L'eau-mère qui refte eft collante; elle fe prend fouvent en ge-lée par le refroidiffement, d'après l'obfervation de M. *Rouelle*. Elle contient un mucilage géla-tineux, une matière extractive & du fel fébri-fuge, qu'on en extrait par une nouvelle diffo-lution & évaporation. L'huile de vitriol peut auffi fervir à y démontrer la préfence de ce fel.

Z z iij

Le fucre de lait, expofé au feu ouvert, fe fond, fe bourfoufle & brûle comme le fucre. Il répand une odeur de caramel ; fon charbon eft difficile à incinérer, il ne donne que peu de cendres, puifqu'une livre de fel de lait n'en a fourni que vingt - quatre à trente grains à M· *Rouelle*. Cette cendre contient du fel fébrifuge & un peu d'alkali fixe végétal, que ce Chimifte attribue à la matière extractive. M. *Vulgamoz* a trouvé, fuivant M. *Pærner*, la même analogie que M. *Rouelle*, entre le fel de lait & le fucre.

Le fromage ou la matière caféeufe fe prend en maffe, & fe fépare des autres parties du lait par l'action du feu, par la fermentation acide que cette liqueur eft fufceptible d'éprouver, & par le mélange des acides. Cette matière bien lavée eft blanche, folide, comme fibreufe ; l'action d'un feu doux la durcit. La diftillation au bain-marie en extrait un phlegme infipide & qui fe pourrit.

Le fromage deffeché, diftillé à la cornue, donne un phlegme alkalin, une huile pefante, & beaucoup d'alkali volatil concret. Son charbon eft denfe, très-difficile à incinérer, & il ne fournit point d'alkali fixe.

Le fromage fe pourrit à une température chaude ; il fe gonfle, répand une odeur infecte, prend une demi-fluidité, fe couvre d'une écume due au dégagement d'un gaz très - odorant & très-méphitique, qui s'échappe difficilement de cette matière visqueuse.

Le fromage est indissoluble dans l'eau froide ; l'eau chaude le durcit.

Les alkalis le dissolvent, & sur-tout l'alkali volatil, qui versé à la dose quelques gouttes dans du lait coagulé par un acide, fait bientôt disparoître le *coagulum*.

Les acides concentrés dissolvent aussi le fromage.

Les sels neutres, & spécialement le sel marin, retardent sa putréfaction.

Il paroît, d'après tous ces détails, que le fromage est une substance voisine de la lymphe ; mais comme de sa nature il n'est pas soluble dans l'eau, c'est à la faveur du mucilage gélatineux, de la substance extractive & de la matière sucrée contenues dans le petit lait, qu'il y est tenu en dissolution, ainsi que la partie huileuse.

Le beurre se sépare en partie du lait par le repos ; il se rassemble à sa surface ; mais comme il est mêlé avec beaucoup de sérum & de matière caséeuse, on le sépare exactement de ces substances par un mouvement rapide ; c'est ce qui constitue l'art de battre le beurre. Le sérum qui surnage le beurre battu, retient une portion de cette fubftance huileufe , il eft jaune , aigre & gras ; on le nomme lait de beurre. Ce que l'on appelle la crême , eft un mélange de fromage & de beurre, que l'on enlève de deffus le lait. Elle eft beaucoup plus difficile à digérer que le lait entier. Cette fubftance eft fufceptible de mouffer par une grande agitation. Dans cet état elle conftitue la crême fouettée.

Le beurre pur eft concret & mou , d'un jaune doré , d'une faveur douce, agréable. C'eft une huile graffe , rendue concrète par un acide ; il fe fond à une douce chaleur, & devient folide par le refroidiffement. Diftillé au bain-marie , il donne un phlegme prefqu'infipide. A la cornue , il fournit un acide d'une odeur très-piquante & très-forte, une huile d'abord fluide , enfuite une huile concrète colorée, de la même odeur piquante que l'acide. En rectifiant ces produits, on rend l'huile fluide & auffi volatile que les huiles effentielles. Le charbon qui refte eft peu abondant.

Le beurre devient aifément acide & rance à un air chaud. Son acide eft alors développé , & il a une faveur défagréable. L'eau & l'efprit de vin le rapprochent de fon premier état en diffolvant l'acide. L'alkali fixe diffout le beurre , & forme avec lui une efpèce de favon peu connu.

On voit d'après ces détails, que le beurre est une substance huileuse, de la nature des huiles grasses végétales concrètes.

Le beurre frais est doux, tempérant & relâchant. Mais il s'aigrit facilement, & convient en général à peu d'estomacs; le beurre roux, dont l'acide est développé, est un des alimens les plus mal - sains & les plus difficiles à digérer.

Le lait est un aliment agréable & utile dans un grand nombre de cas. C'est même un des médicamens les plus précieux que la Médecine possède. Il adoucit les humeurs âcres dans les maladies de la peau & des articulations, telles que les dartres, la goutte, &c. Il cicatrise quelques ulcères d'une bonne nature. On peut le charger de quelques parties aromatiques; & c'est alors un médicament excellent dans la phthisie pulmonaire. Tous les estomacs ne digèrent pas le lait. Les personnes qui ont des aigres dans les premières voies, en sont ordinairement incommodées. Il demande en général beaucoup de prudence dans son administration. On se sert souvent avec succès d'un lait rendu médicamenteux par quelques substances qu'on fait prendre à l'animal qui le fournit, &c.

Le lait des différens animaux a quelques vertus particulières. Celui de femme est doux, très-fucré, & il convient beaucoup dans le ma-rafme. Le lait d'ânefle s'emploie avec fuccès dans la phthifie pulmonaire, la goutte; il relâche ordinairement. Le lait de jument fe rapproche de celui d'ânefle. Le lait de chèvre eft féreux, & légèrement aftringent. Celui de vache eft le plus épais, le plus gras, le plus nourriflant; il eft aufli le plus difficile à digérer, & on eft fouvent obligé de le couper avec de l'eau, ou quelqu'infufion aromatique, fur-tout s'il ne pafle pas facilement, ou s'il caufe le dévoiement.

Le lait s'emploie aufli à l'extérieur, comme adouciflant & émollient. Il calme promptement les douleurs, il mûrit les dépôts & les abcès, & il en accélère la fuppuration. On l'applique chaud & renfermé dans une veffie fur les parties douloureufes.

LEÇON LXV.

De la Graiffe.

LA graiffe eft une matière huileufe concrète, renfermée dans le tiffu cellulaire des animaux; elle eft blanche ou jaunâtre, d'une odeur & d'une faveur ordinairement fade; elle diffère dans tous les animaux par fa folidité, fa couleur, sa saveur, &c. L'âge même multiplie encore ces différences; dans l'enfant elle est blanche, insipide & peu solide; dans l'adulte elle est ferme & jaunâtre; dans le vieillard sa couleur est plus foncée, sa consistance est très-variée, & sa saveur est en général plus forte.

Celle de l'homme & des quadrupèdes est consistante, blanche ou jaune; celle des oiseaux est plus fine, plus douce, plus onctueuse, & en général moins solide; chez les cétacées & les poissons, elle est presque fluide, & souvent placée dans des réservoirs particuliers, comme dans la cavité du crâne. On la retrouve dans les reptiles, les insectes & les vers; mais chez ces animaux elle n'accompagne que les viscères du bas-ventre sur lesquels elle est placée par pelottons; on ne l'y rencontre qu'en petite quantité sur les muscles & sous la peau.

On a observé que la graisse des animaux frugivores & herbivores est ferme & solide, tandis que celle des animaux carnassiers est plus ou moins fluide. Il faut cependant remarquer à ce sujet que la graisse est toujours moins solide & moins concrète dans un animal vivant & chaud, qu'elle ne le paroît dans un animal mort, refroidi & soumis à la dissection.

La graisse varie encore suivant les différens lieux du corps de l'animal qui la recèlent; elle

est solide aux environs des reins & sous la peau;
elle l'est moins entre les fibres musculaires ou
dans le voisinage des viscères mobiles, tels que
le cœur, l'estomac, les intestins; elle est plus
abondante en hiver qu'en été; elle paroît servir
à entretenir la chaleur dans les régions où elle
est placée, comme beaucoup de faits recueillis
par les Physiologistes le démontrent; elle paroît
même contribuer à la nourriture des animaux, ainsi
qu'on l'observe dans les ours, les marmottes,
les loirs, & en général dans tous les animaux
forcés à une longue abstinence, chez lesquels
la graisse se fond & se détruit peu à peu.

Pour se servir de la graisse en Pharmacie,
ou pour examiner ses propriétés chimiques, il
faut la couper par morceaux, en séparer les
membranes & les vaisseaux qui la parcourent;
ensuite on la lave avec beaucoup d'eau, on la
fait fondre dans un vaisseau de terre neuf, en
y ajoutant un peu d'eau; lorsque ce fluide est
dissipé & qu'il n'excite plus de bouillonnement,
on la met dans un vaisseau de faïence, où elle
se fige.

La graisse n'a point encore été examinée dans
toutes ses propriétés chimiques. On ne connoît
encore que l'action du feu, de l'air & de deux
ou trois menstrues sur cette substance. C'est cependant une des matières animales les plus né-

cessaires à bien connoître, pour pouvoir juger de ses usages sur lesquels on ne sait encore rien de certain, & sur-tout des altérations qu'elle est susceptible d'éprouver dans les corps vivans.

La graisse de quelqu'animal que ce soit exposée à un feu doux, se liquéfie & se congèle par le refroidissement. Si on la chauffe fortement & avec le contact de l'air, elle répand une fumée d'une odeur piquante, qui excite les larmes & la toux, & elle s'enflamme lorsqu'elle est assez chaude pour se volatiliser; elle ne donne qu'un charbon très-peu abondant. Si on distille la graisse au bain-marie, on en retire une eau vapide, d'une légère odeur animale qui n'est ni acide ni alkaline, mais qui acquiert bientôt une odeur putride, & qui dépose des filamens comme mucilagineux. Ce phénomène qui a lieu pour l'eau obtenue par la distillation au bain-marie de toutes les substances animales, prouve que ce fluide entraîne avec lui quelque principe muqueux qui est la cause de son altération. La graisse distillée à la cornue donne un phlegme d'abord aqueux, ensuite fortement acide; une huile en partie liquide & en partie concrète; il reste une très-petite quantité de charbon fort difficile à incinérer. Ces produits ont une odeur acide, vive & pénétrante, aussi forte que celle

de l'acide fulfureux ; l'acide eft d'une nature particulière, & on ne l'a point encore examiné.
L'huile concrète peut être rectifiée par plufieurs
diftillations, au point d'être très-fluide, très-volatile, très-pénétrante ; en un mot, de préfenter
tous les caractères d'une véritable huile effentielle.

La graiffe expofée à l'air chaud s'y altère très-
promptement ; de douce & inodore qu'elle eft
lorfqu'elle eft fraîche, elle devient forte & piquante, elle fe rancit ; il paroît que cette altération eft une véritable fermentation qui développe l'acide & le met à nu. Ce n'eft pas à
la partie huileufe de la graiffe qu'eft due cette
forte de changement, mais à un mucilage animal particulier, que l'analyfe ultérieure nous
fera découvrir. La graiffe rance peut être corrigée par deux moyens ; l'eau feule eft capable
d'enlever l'acide qu'elle contient, comme l'a
fait obferver M. *Pœrner* ; l'efprit de vin préfente auffi la même propriété, fuivant M. *de
Machy*. Cela prouve que l'acide de la graiffe
rance met cette matière graffe dans une forte
d'état favonneux, & la rend ainfi foluble par
l'eau & par l'efprit ardent. Ces deux fluides
pourront donc être employés avec fuccès pour
rétablir une graiffe altérée par la rancidité.

Lorfqu'on lave la graiffe avec une grande

quantité d'eau diftillée, ce fluide diffout une matière gélatineufe qu'on peut y démontrer par
l'évaporation ; mais la graiffe retient toujours
une certaine portion de cette matière qui lui eft
intimement combinée, & d'où dépend fa propriété fermentefcible. Au refte, on n'a point encore déterminé exactement l'action de l'eau fur
cette fubftance animale.

On ne connoît pas la manière d'agir de la
chaux & de la magnéfie fur la graiffe ; on fait
que les alkalis s'y uniffent & forment avec elle
une efpèce de favon. Les acides l'altèrent & la
brûlent comme ils font les huiles non ficcati-
ves ; ils font même fufceptibles de la mettre
dans l'état d'un favon acide diffoluble dans
l'eau.

Le foufre s'unit très-bien à la graiffe, & il
forme avec elle une combinaifon qui n'a point
encore été bien examinée.

La graiffe eft fufceptible de diffoudre certains
métaux ; elle s'allie avec le mercure dans la
préparation connue fous le nom de pommade
mercurielle. Pour opérer cette union, il fuffit
de triturer ce métal avec de l'axonge ou graiffe
de porc pendant long-tems ; le mercure fe divife, s'atténue & s'unit fi intimement à la graiffe,
qu'il lui communique une couleur d'ardoife, &
qu'il ne paroît plus fous la forme métallique.

Cependant cette union ne paroît être qu'une division extrême, ou au moins il n'y a qu'une petite portion de mercure diffous par l'acide adipeux, puifqu'à l'aide d'une loupe on apperçoit toujours des globules de mercure dans l'onguent le mieux préparé.

Le plomb, le cuivre & le fer font les trois métaux les plus altérables par la graiffe. Les chaux de ces métaux s'y combinent de même très-facilement ; auffi eft-ce pour cela qu'il eft dangereux de laiffer féjourner des alimens préparés avec de la graiffe dans des vaiffeaux de cuivre, & même dans ceux de terre dont la couverte contient du verre de plomb.

La plupart des matières végétales font fufceptibles de s'unir à la graiffe ; les extraits & les mucilages lui donnent une forte de folubilité dans l'eau, ou au moins favorifent fa fufpenfion dans ce fluide. Elle fe combine en toutes proportions avec les huiles, & elle leur communique une partie de fa confiftance.

Telles font les propriétés chimiques connues de la graiffe ; elles nous apprennent que cette fubftance eft très-femblable au beurre, c'eft-à-dire, que c'eft une efpèce d'huile graffe rendue concrète par une portion d'acide.

Quant à fes ufages dans l'économie animale, outre la chaleur qu'elle entretient dans les parties

ties qu'elle environne, outre les formes arrondies, souples & agréables, & la blancheur qu'elle donne à la peau, elle paroît encore fervir, fuivant **M.** *Macquer*, à abforber les acides furabondans qui peuvent fe trouver dans le corps des animaux vivans, & elle eft comme le réfervoir de ces fels. On fait cependant qu'une trop grande quantité d'acide introduit dans le corps d'un animal, diffout & fond la graiffe, fans doute en lui donnant un caractère favonneux, & en la rendant plus foluble.

L'abondance exceffive, & fur-tout les altérations de la graiffe produifent dans l'économie animale des maladies funeftes, dont on n'a point encore bien examiné les fymptômes & les effets. **M.** *Lorry* s'en eft fpécialement occupé, & il a établi entre cette fubftance & la bile, une analogie frappante. Il a donné fur cet objet plufieurs Mémoires qui feront imprimés parmi ceux de la Société Royale de Médecine.

On fe fert de la graiffe comme affaifonnement; elle eft nourriffante pour les perfonnes qui ont un bon eftomac. On l'emploie en Médecine comme adouciffante & calmante à l'extérieur; elle entre dans les onguens & dans les emplâtres.

De la Bile.

La bile ou le fiel eſt un fluide d'un vert plus ou moins jaunâtre, d'une ſaveur très-amère, d'une odeur fade & nauſéabonde, qui ſe ſépare du ſang dans un viſcère glanduleux, que tout le monde connoît ſous le nom de foie. Elle ſe ramaſſe chez le plus grand nombre des animaux, excepté les inſectes & les vers, dans un réſervoir membraneux voiſin du foie, qu'on appelle véſicule du fiel. On n'a point encore examiné la bile de l'homme en détail, par la difficulté que l'on éprouve à s'en procurer une certaine quantité ; c'eſt celle de bœuf qu'on a ſoumiſe aux expériences chimiques.

Cette liqueur eſt d'une conſiſtance preſque gélatineuſe ou glaireuſe, elle file comme un ſirop un peu clair ; en l'agitant, elle mouſſe comme l'eau de ſavon.

Si on la diſtille au bain-marie, elle donne un phlegme qui n'eſt ni acide ni alkalin, mais qui eſt ſuſceptible de paſſer au bout d'un certain tems à la putridité. Ce phlegme m'a ſouvent préſenté un caractère ſingulier ; celui d'exhaler une odeur ſuave bien marquée, & fort analogue à celle du muſc ou de l'ambre. Cette expérience a été faite dans mes Cours particuliers, & pluſieurs perſonnes en ont été témoins. Lorſqu'on a extrait de la bile toute l'eau qu'elle peut fournir au bain-marie, on la trouve dans l'état d'un extrait plus ou moins fec, d'un vert fale & brun. Cet extrait de bile attire l'humidité de l'air; il eft très-tenace & très-poiffeux, il eft entièrement diffoluble dans l'eau. En le diftillant à la cornue, il donne de l'alkali volatil, une huile animale empyreumatique, beaucoup d'alkali volatil concret. Il refte après cette opération un charbon affez volumineux, moins difficile à incinérer que ceux dont nous avons parlé jufqu'à préfent. Suivant M. *Cadet*, qui a donné un très-bon Mémoire fur l'analyfe de la bile, dans les Mémoires de l'Académie, année 1767, ce charbon contient de l'alkali fixe minéral, un fel qu'il croit être de la même nature que le fucre de lait, une terre animale & une petite portion de fer. Il faut obferver que la diftillation demande à être conduite avec lenteur, parce que cette fubftance fe bourfouffle confidérablement.

La bile expofée à une température chaude s'altère très-promptement; fon odeur devient d'abord de plus en plus fade & nauféabonde, fa couleur fe détruit & fe dénature; il s'en précipite des flocons mucilagineux blanchâtres; elle perd fa vifcofité, & elle prend bientôt une odeur fétide & piquante. Lorfque fa putréfaction eft

A a a ij

fort avancée, fon odeur devient fuave & comme ambrée.

La bile fe diffout très-bien dans l'eau.

Les acides la décompofent à la manière des favons ; ils y produifent un coagulum. Si on filtre ce mêlange, & qu'on évapore la liqueur filtrée, on en obtient un fel neutre formé par l'acide qu'on a employé, & l'alkali fixe minéral, c'eft-à-dire, du fel de *Glauber* avec l'acide vitriolique, du nitre rhomboïdal avec l'acide nitreux, du fel marin avec l'acide marin, &c. Cette belle expérience due à M. *Cadet*, démontre la préfence de l'alkali fixe minéral dans la bile. La matière reftée fur le filtre dans ces expériences, eft épaiffe, vifqueufe, très-amère & très-inflammable ; fa couleur & fa confiftance varient, fuivant la nature & le degré de concentration de l'acide qu'on a employé pour la féparer. J'ai obfervé que l'acide vitriolique lui donne une couleur verte foncée, l'acide nitreux une couleur jaune brillante, & l'acide marin un vert clair très-beau. Ce précipité eft une véritable réfine, il fe bourfouffle, fe fond & s'enflamme fur les charbons ardens ; il fe diffout en totalité dans l'efprit de vin, & l'eau le précipite comme les fucs réfineux. L'action des acides fur la bile démontre donc que cette humeur eft un véritable favon formé par une huile de la nature des réfines, unie à l'alkali fixe minéral.

Les fels neutres mêlés à la bile l'empêchent de paffer à la putréfaction.

Les diffolutions métalliques font décompofées par la bile qu'elles décompofent en même-tems; l'alkali fixe de cette humeur s'unit à l'acide de la diffolution, & l'huile de la bile fe précipite avec la chaux métallique.

La bile s'unit facilement aux huiles, & elle les enlève de deffus les étoffes, comme le fait le favon.

Elle fe diffout dans l'efprit de vin; cette diffolution eft d'un jaune verdâtre, elle laiffe dépofer une matière gélatineufe qui faifoit partie de la bile, & qui n'eft pas foluble dans l'efprit ardent. La teinture de bile n'eft pas décompofée par l'eau; ce qui démontre que cette fubftance eft un véritable favon animal également foluble dans les menftrues aqueux & fpiritueux. L'éther la diffout auffi très-facilement.

Le vinaigre décompofe la bile comme tous les acides; en évaporant la liqueur filtrée, on obtient un fel acéteux minéral bien criftallifé.

Il fuit de ces diverfes expériences, que la bile eft un compofé de beaucoup d'eau, d'un efprit recteur aromatique, d'un mucilage gélatineux, d'une huile de la nature des réfines, & d'alkali minéral crayeux. M. *Cadet* y a trouvé un fel de la nature du fucre de lait. Outre cela, M. *Poulletier de la Salle*, Amateur diftingué, auquel l'Anatomie & la Chimie animale doivent beaucoup, a trouvé dans la bile de l'homme, ou plutôt dans les calculs biliaires, qui ne font que de la bile épaiffie & concrète, un fel d'une nature particulière dont nous parlerons tout à l'heure.

La bile confidérée dans l'économie animale eft un fuc qui paroît fervir à la digeftion. Sa qualité favonneufe la rend capable d'unir les matières huileufes à l'eau. Sa faveur amère indique qu'elle ftimule les inteftins, & qu'elle favorife leur action fur les alimens. M. *Roux*, célèbre Médecin & Chimifte de la Faculté de Médecine de Paris, que la mort a enlevé beaucoup trop tôt à ces deux fciences, croyoit que la bile avoit encore pour principal ufage d'évacuer hors du corps la partie colorante du fang. Peut-être cette humeur eft-elle décompofée dans le duodénum, par les acides qui fe développent prefque toujours dans la digeftion. Au moins eft-il certain qu'elle eft fort altérée, fur-tout dans fa couleur lorfqu'elle fait portion des excrémens qu'elle colore. Auffi les bons Médecins tirent-ils fouvent des inductions très-utiles de l'infpection de ces matières, pour favoir quel eft l'état de la bile & celui du foie qui la fépare.

On emploie l'extrait de fiel de bœuf & de

plufieurs autres animaux , comme un très-bon médicament ftomachique. Il fupplée au défaut & à l'inertie de la bile ; il donne du ton à l'eftomac & rétablit les fonctions de ce vifcère affoibli ; mais il demande de grandes précautions dans fon ufage , parce qu'il eft âcre & échauffant ; & il ne doit être adminiftré qu'à petite dofe , fur-tout chez les perfonnes fenfibles & irritables.

Des Calculs ou Pierres biliaires.

Toutes les fois que la bile humaine eft arrêtée dans la véficule par une caufe quelconque , & fur-tout par les ferremens fpafmodiques , comme dans la mélancolie , les accès hiftériques , les longs chagrins , &c. elle s'épaiffit & donne naiffance à des concrétions brunes , légères , inflammables , d'une faveur amère très-forte , qu'on appelle calculs biliaires. Ces concrétions font fouvent en très-grand nombre ; elles diftendent la véficule , elles la rempliffent quelquefois entièrement ; elles produifent des coliques hépatiques violentes , des vomiffemens , l'ictère , &c.

Ces calculs ont été examinés par M. *Poulletier de la Salle*. Il a obfervé qu'ils étoient diffolubles dans l'efprit ardent. Ayant mis ces pierres en digeftion dans de bon efprit de vin , il a remarqué au bout de quelque tems , que cette liqueur étoit

A a a iv

remplie de particules minces, brillantes & criſtallines, & ayant toutes les apparences d'un ſel. Les expériences qu'il a faites ſur cette ſubſtance lui ont appris que c'étoit un ſel huileux analogue par quelques propriétés au ſel acide que nous avons connu ſous le nom de fleurs de benjoin. D'après les recherches de ce Savant, ce ſel n'eſt contenu que dans les calculs biliaires de l'homme; il ne l'a point trouvé dans ceux du bœuf.

La découverte de M. *Poulletier de la Salle* vient d'être en partie confirmée par des faits recueillis à la Société Royale de Médecine, ſur les pierres de la véſicule du fiel. Cette Compagnie a reçu de pluſieurs Médecins des calculs biliaires d'une nature particulière, & qui n'ont pas encore été décrits. Ce ſont des amas de lames criſtallines tranſparentes, ſemblables au mica ou au talc, qui ont abſolument la même forme que le ſel trouvé par M. *Poulletier*. Il paroît même que la bile humaine peut fournir une grande quantité de ces criſtaux, puiſque la Société de Médecine a dans ſa collection de calculs, une véſicule du fiel entièrement remplie de cette concrétion ſaline tranſparente. On trouvera une deſcription détaillée de ces calculs dans l'hiſtoire du troiſième volume de cette Compagnie. Il eſt à ſouhaiter qu'on examine la nature de ces nouveaux calculs ; les recherches fur cet objet ne peuvent être que fort utiles à la Médecine.

D'après ces détails, on doit diftinguer deux fortes de calculs biliaires; les uns font opaques, fragiles, inflammables & véritablement bilieux ; c'eft une forte d'extrait de bile naturel; les autres font tranfparens, criftallifés par lames, & ils paroiffent être un principe falin contenu dans la bile, qui peut-être exifte en plus grande quantité dans certaines affections morbifiques de ce fluide que dans l'état naturel, & qui, dans ce cas, eft difpofé à fe précipiter & à fe criftallifer toutes les fois que la bile eft arrêtée en grande quantité dans la véficule.

De la Salive & du Suc pancréatique.

Les Anatomiftes & les Phyfiologiftes ont trouvé une grande analogie entre la falive & le fuc pancréatique. Les glandes falivaires & le pancréas ont en effet une ftructure tout-à-fait analogue, & l'ufage de l'humeur que ces organes préparent, paroît être le même. L'homme & les quadrupèdes paroiffent être les feuls chez lefquels cette humeur fe fépare. Du moins on n'a point encore trouvé de glandes falivaires dans la plupart des autres animaux.

Les Chimiftes n'ont encore rien fait d'exact fur ces deux fluides. On ne peut en accufer que la difficulté que l'on éprouve pour s'en procurer une quantité même très-petite. On fait feulement que la falive eft un fuc très-fluide, féparé par les parotides & plufieurs autres glandes, qui coule continuellement dans la bouche, mais en plus grande abondance pendant la maftication. Cette humeur paroît être favonneufe, imprégnée d'air qui la rend écumeufe ; elle ne laiffe que peu de réfidu lorfqu'on l'évapore à ficcité ; il fe forme cependant quelquefois des concrétions falivaires dans les canaux deftinés à porter cette humeur dans la bouche. Elle paroît contenir un fel ammoniacal, puifque la chaux & les alkalis fixes cauftiques en dégagent une odeur piquante & urineufe ; les expériences de M. *Pringle* démontrent qu'elle eft très-feptique, & qu'elle favorife la digeftion en excitant un commencement de putridité dans les alimens.

De l'Humeur féminale.

La nature chimique de l'humeur féminale eft encore moins connue que celle des deux fluides précédens. Le peu d'obfervations qu'il a été poffible de faire jufqu'actuellement fur cette humeur, ont appris qu'elle fe rapprochoit des mucilages animaux, qu'elle devenoit fluide par le froid & par la chaleur, & que l'action du feu la réduifoit en une fubftance sèche & friable.

Les obfervations anatomiques & microfco-
piques ont été beaucoup plus loin que les expériences de la Chimie fur cet objet. Elles ont
démontré que l'humeur féminale eft un océan
dans lequel nagent des petits corps arrondis,
doués d'un mouvement rapide, regardés par
les uns comme des animaux vivans deftinés à
reproduire les efpèces, & par les autres, comme
des molécules organiques propres à former, par
leur rapprochement, un être vivant. Mais on
ne peut s'empêcher de difconvenir que ces-belles
expériences n'ont encore rien produit pour l'a-
vancement de la fcience, & qu'elles n'ont donné
lieu qu'à des hypothèfes ingénieufes.

LEÇON LXVI.

De l'Urine.

L'Urine eft un fluide excrémentitiel tranfparent, d'un jaune citron, d'une odeur particulière, d'une faveur faline, féparé du fang par
deux vifcères glanduleux qu'on appelle reins,
& porté de ces organes dans un réfervoir que
tout le monde connoît fous le nom de veffie,
où il féjourne quelque tems; c'eft une forte de

leſſive chargée des matières âcres contenues dans les humeurs des animaux, & qui, ſi elles étoient retenues trop long-tems dans le corps, porte-roient le trouble dans les fonctions. L'urine eſt une diſſolution d'un grand nombre de ſels & de deux matières extractives particulières. Lorſ-qu'elle eſt fraîche, elle ne verdit ni ne rougit le ſirop de violettes ; elle varie pour la quantité & les qualités, ſuivant pluſieurs circonſtances. Celle de l'homme que nous nous propoſons d'exami-ner en particulier, diffère de celle des quadru-pèdes. Dans les autres claſſes d'animaux, elle offre encore des différences plus grandes. L'état de l'eſtomac & celui des humeurs en particu-lier produiſent une infinité de changemens qu'il ne ſera poſſible d'apprécier qu'après une longue ſuite d'expériences qui n'ont encore été qu'ébau-chées : nous ne parlerons donc ici que de l'urine humaine rendue dans l'état de ſanté.

Ce fluide eſt diſtingué par les bons Médecins, en deux eſpèces ; l'une appelée urine de la boiſ-ſon, ou urine crue, coule peu de tems après le repas ; elle eſt claire, preſque ſans ſaveur & ſans odeur ; elle contient beaucoup moins de principes que l'autre qui eſt nommée urine du ſang ou urine de la coction : cette dernière ne ſort que lorſque la digeſtion eſt finie, & elle eſt ſéparée du ſang par les reins, tandis que la première paroît se filtrer en partie de l'estomac & des intestins, immédiatement jusqu'à la vessie, par le tissu cellulaire.

L'état de la santé, & sur-tout la disposition des nerfs, modifient singulièrement l'urine. Après les accès histériques ou hypochondriaques, elle coule en grande quantité ; elle est inodore, insipide & sans aucune couleur. Les maladies des os, celles des articulations influent encore beaucoup sur cette lessive animale. Elle charie souvent une grande quantité de matière en apparence terreuse, mais qui paroit être un sel phosphorique calcaire, comme nous le dirons plus bas ; tel est le dépôt des urines des goutteux. Les Médecins & MM. *Hériffant* & *Morand* en particulier, ont observé que lorsque les os s'altèrent ou se ramollissent, les malades rendent une urine qui dépose beaucoup de cette matière ; il paroît même que dans l'état de santé, l'urine charie la quantité de cette matière base des os, excédente à la nutrition & à la réparation de ces organes.

Beaucoup d'alimens sont susceptibles de communiquer quelques propriétés particulières à l'urine. La térebenthine & les asperges lui donnent, la première une odeur de violettes, la seconde une odeur très-fétide. Les personnes dont l'estomac est foible rendent des urines qui retiennent l’odeur des alimens qu’elles ont pris. Le pain, l’ail, les oignons, le bouillon, tous les végétaux donnent à leur urine une odeur qui fait reconnoître ces subſtances. Nous avons fait obſerver que le plus ſouvent ce fluide n’altère pas le ſirop de violettes quand il eſt frais; conſervé quelque tems il le verdit ſur le champ. Quelquefois l’urine le verdit dans l’inſtant qu’elle eſt rendue; quelquefois auſſi elle le rougit, puiſque M. *Macquer* a obſervé cette propriété chez des mélancoliques qui avoient mangé des légumes ou bu du vin. D’après tous ces détails, on conçoit que l’urine offre au Médecin des phénomènes dont il peut tirer le plus grand avantage dans la pratique. Il faut cependant bien ſe garder de croire que l’on puiſſe juger ſur la ſeule inſpection de l’urine, de la maladie, du ſexe d’un malade, & des remèdes qui lui conviennent, comme certains Charlatans le prétendent.

L’urine humaine, conſidérée relativement à ſes propriétés chimiques, eſt une diſſolution d’un aſſez grand nombre de ſubſtances différentes. Les unes ſont des ſels ſemblables à ceux des minéraux, & qui, comme le penſe M. *Macquer*, viennent des alimens, & n’ont ſouffert aucune altération. D’autres ſont des matières analogues aux principes extractifs des végétaux; enfin il en eſt qui paroiſſent particulières aux animaux, & même à l'urine, ou qu'au moins on n'a point encore trouvées dans les produits des autres règnes, ni même dans d'autres fubftances animales que l'urine. Après avoir indiqué les moyens qu'on emploie pour extraire ces diverfes matières de l'urine, nous ferons l'hiftoire de celles de ces matières qui font propres à ce fluide, & dont nous n'avons pas encore connoiffance.

L'urine fraîche, diftillée au bain-marie, donne une grande quantité d'un phlegme qui n'eft ni acide ni alkalin, mais qui fe pourrit promptement. Comme ce phlegme ne contient rien de particulier, on évapore ordinairement l'urine à feu nu. A mefure que l'eau, qui fait plus des fept huitièmes de cette humeur animale, fe diffipe, l'urine prend une couleur brune ; il s'en fépare une matière pulvérulente, qui a l'apparence terreufe, que l'on a prife pour de la félénite, mais qui eft un véritable fel peu foluble, compofé d'acide phofphorique & de chaux. Ce fel eft de la même nature que la bafe des os, & nous parlerons de fes propriétés en faifant l'hiftoire de ces organes. Lorfque l'urine a acquis la confiftance d'un firop clair, on la filtre, on la met dans un lieu frais ; il s'y dépofe au bout de quelque tems des criftaux falins, qui font compofés de deux fubftances falines particulières, suivant la découverte de M. *Rouelle*. On connoît ces criftaux fous le nom de fel fufible, fel natif de l'urine ; nous en examinerons les propriétés dans un article particulier. On obtient plufieurs levées de ces criftaux par des évaporations & des criftallifations réitérées ; dans ces évaporations fucceffives, il fe criftallife une certaine quantité de fel marin & de fel fébrifuge ; quand l'urine ne donne plus de matières falines, elle eft dans l'état d'un fluide brun très-épais, d'une efpèce d'eau mère, & elle tient en diffolution deux fubftances extractives particulières. En l'évaporant jufqu'en confiftance d'extrait mou, & en traitant ce réfidu par l'efprit de vin, M. *Rouelle* a découvert qu'une portion fe diffolvoit dans ce menftrue, & qu'une autre reftoit fans s'y diffoudre. Il a nommé la première matière favonneufe, & la feconde matière extractive.

La fubftance favonneufe eft faline, & fufceptible de criftallifation. Elle ne fe defsèche que difficilement, & dans cet état elle attire l'humidité de l'air. Elle donne à la cornue plus de la moitié de fon poids d'alkali volatil, peu d'huile, & du fel ammoniac ; fon réfidu verdit le firop de violettes.

La fubftance extractive foluble dans l'eau, & non dans l'efprit de vin, fe defsèche facilement

au

au bain-marie, comme les extraits des plantes ; elle eſt noire, moins déliqueſcente que la première ; elle donne à la diſtillation tous les produits des matières animales. Telles ſont, d'après M. *Rouelle*, les propriétés caractériſtiques qui diſtinguent ces deux ſubſtances qui forment l'extrait d'urine. Ajoutons à ces détails, que ce célèbre Chimiſte a retiré depuis une once juſqu'à plus d'une once & demie d'extrait d'une pinte d'urine rendue après la coction, tandis qu'une même quantité d'urine crue ne lui en a donné qu'un, deux ou trois gros.

Si, au lieu de ſéparer par l'eſprit de vin cet extrait d'urine en deux matières diſtinctes, on le diſtille en entier à feu nu, il fournit beaucoup d'alkali volatil, une huile animale très-fétide, du ſel ammoniac, & un peu de phoſphore. Son charbon contient un peu de ſel commun. Cette analyſe de l'urine indique donc que ce fluide eſt formé d'une grande quantité d'eau, d'un peu de ſel marin, de ſel phoſphorique calcaire ou baſe des os, d'une aſſez grande quantité de ſel fuſible, & de deux matières extractives particulières. Avant de paſſer à l'examen du ſel fuſible, qui doit nous occuper en particulier, pourſuivons l'action de différens menſtrues ſur l'urine fraîche.

L'urine expoſée à l'air, s'altère d'autant plus

promptement que l'atmosphère est plus chaude ; il s'y forme d'abord des dépôts par le simple refroidissement ; il se cristallise à sa surface & au fond plusieurs matières salines, & souvent un sel rougeâtre , connu sous le nom de gravier. Personne n'a mieux observé les altérations spontanées de ce fluide excrémentitiel, que M. *Hallé* mon confrère. Il a distingué dans la décomposition de l'urine livrée à elle-même, plusieurs tems , qui diffèrent par la nature du sédiment ou des cristaux qui s'y déposent, autant que par les changemens qu'elle éprouve. Notre objet n'est pas de traiter en détail de ces changemens, qu'on trouvera décrits avec exactitude dans un excellent Mémoire fait par le Médecin que je viens de citer , & qui sera imprimé parmi ceux de la Société Royale de Médecine. Nous ne voulons qu'indiquer ici les grandes altérations que l'urine éprouve. Bientôt après son refroidissement, son odeur s'altère, s'exalte, & passe à l'alkali volatil ; sa partie colorante change , & se sépare du reste de la liqueur ; enfin cette odeur alkaline se dissipe, & il lui en succède une autre moins piquante, mais plus désagréable & plus nauséabonde ; & la décomposition finit par être complette. M. *Rouelle* a observé que l'urine crue & séreuse ne se putréfioit pas si vîte ; que son odeur, lorsqu'elle étoit altérée, différoit

beaucoup de celle de l'urine de la coction ; & qu'enfin elle se couvroit de moisissure comme les sucs
des végétaux & les dissolutions de gelée animale. M. *Hallé* a vu certaines urines devenir
acides avant de passer à la décomposition putride. L'urine putréfiée pendant un an & plus,
mise en évaporation, donne du sel fusible, de
même que l'urine fraîche ; mais elle contient
une portion de l'acide de ce sel à nu, de sorte
qu'elle fait effervescence avec les alkalis crayeux.
La putréfaction a volatilisé une partie de l'alkali volatil. Lorsqu'on l'évapore, le sel déposé
sur les parois de la bassine, est acide, & fait
pareillement effervescence avec l'huile de tartre.
Cette observation est due à M. *Rouelle* le jeune.

La chaux & les alkalis fixes décomposent sur
le champ les principes salins contenus dans l'urine.
Il suffit de verser de l'alkali fixe caustique, ou
de jetter de la chaux vive dans de l'urine fraîche
pour y développer une odeur alkaline putride
insupportable. Il paroît que c'est en décompo-
sant le sel fusible que ces substances produisent
cette odeur. M. *Bertholet*, mon confrère, a
découvert que l'eau de chaux fournissoit un précipité dans l'urine fraîche, & qu'on pouvoit retirer du phosphore de ce précipité.

Les acides n'ont aucune action sur l'urine
fraîche ; mais ils détruisent promptement l'odeur

de l'urine pourrie, & celle des dépôts qu'elle forme dans cet état.

L'urine décompofe plufieurs diffolutions métalliques. *Lemery* a indiqué fous le nom de précipité rofe, un magma d'une couleur rofée, qui fe forme lorfqu'on verfe de la diffolution nitreufe de mercure dans l'urine. Ce précipité eft en partie formé par l'acide marin, & en partie par l'acide du fel fufible contenu dans ce fluide. M. *Brongniart* a obfervé que quelquefois cette préparation s'allume par le frottement, & brûle avec rapidité fur les charbons ardens; ce qu'il attribue à un peu de phofphore.

Voilà à quoi fe réduifent les connoiffances acquifes jufqu'à ce jour fur les propriétés chimiques de l'urine; il refte encore beaucoup à faire pour completter ce que l'analyfe peut découvrir fur cet objet; il fera néceffaire d'examiner les différens dépôts obfervés dans l'urine, & bien diftingués par M. *Hallé*, les concrétions falines rouges ou tranfparentes qui s'y forment, le fédiment abondant que l'urine donne après les accès de la goutte, dans les malades attaqués de la pierre, &c.

Nous allons maintenant examiner dans autant de paragraphes particuliers les produits falins qu'on retire de l'urine, & dont il eft néceffaire de bien connoître les propriétés.

§. I. *Du Sel fusible ou natif de l'urine, ou du Sel ammoniacal phosphorique.*

Le sel qu'on obtient par le refroidissement & le repos de l'urine évaporée en consistance de sirop, a été appelé sel fusible parce qu'il se fond au feu comme nous le verrons tout à l'heure, sel essentiel d'urine, sel microscomique. Le nom de sel ammoniacal phosphorique est celui de tous qui lui convient le mieux, parce qu'il est formé de l'acide particulier avec lequel on prépare le phosphore, & de l'alkali volatil.

Plusieurs Auteurs, & entr'autres, MM. *Margraf*, *Rouelle*, *Pott*, *Schlosser* & le Duc *de Chaulnes*, ont commencé à examiner les propriétés de ce sel; malgré cela on ne les connoît pas encore toutes, comme on le verra par les détails dans lesquels nous allons entrer. M. *Proust* a fait une découverte précieuse sur la nature de ce sel, ainsi que nous le ferons observer tout à l'heure.

Ce sel, obtenu par le procédé que nous avons décrit, n'est pas pur; il est sali par une matière extractive, & souvent mêlé de sel marin; on le purifie en le dissolvant dans l'eau distillée, & en évaporant, ou même mieux, en laissant évaporer à l'air cette dissolution. On n'a point encore décrit exactement la forme de ses cristaux; quelquefois ils paroiſſent être octaèdres, & on l'obtient dans d'autres circonſtances ſous la forme de criſtaux rhomboïdaux applatis, coupés en biſeaux ſur les bords, & poſés obliquement & en recouvrement les uns ſur les autres. M. *Romé de Liſle* les définit des tétraèdres réguliers, formés de quatre triangles équilatéraux. M. *Rouelle* a fait obſerver que ſa forme varioit ſinguliérement. La ſaveur de ce ſel eſt fraîche & piquante; il verdit le ſirop de violettes.

Lorſqu'on le met ſur un charbon ardent il ſe bourſoufle, répand une odeur d'alkali volatil & ſe fond. Si on le diſtille dans une cornue, on obtient de l'eſprit alkali volatil très-pénétrant & très-cauſtique. Le reſidu eſt un verre tranſparent, très-fixe, très-fuſible, qui, ſuivant M. *Margraf*, eſt ſoluble dans deux ou trois parties d'eau diſtillée, & préſente les caractères d'un acide. On a toujours cru, depuis les expériences de ce Chimiſte, que ce verre étoit de l'acide phoſphorique pur; mais M. *Prouſt* y a découvert une ſubſtance particulière, qui eſt unie avec cet acide & maſque ſes propriétés. Nous traiterons de cette ſubſtance dans un article à part; il nous ſuffit de faire obſerver ici que le ſel fuſible paroît être un compoſé de trois corps.

L'alkali fixe, végétal ou minéral, & la chaux, décompoſent le ſel fuſible, & en dégagent l'alkali volatil. Il décompose le sublimé corrosif sans altérer le nitre mercuriel.

Enfin, lorsqu'on chauffe fortement dans une cornue un mêlange de deux parties de ce sel avec une partie de charbon, on obtient un produit solide & combustible à l'air, qu'on connoît sous le nom de phosphore, & dont nous exposerons plus bas les propriétés.

§. II. *De la Substance découverte par MM.* Pott, Margraf & Proust, *dans le Sel fusible.* Voyez Journal de Physique, tome XVII, page 145.

M. *Proust*, frappé ainsi que M. *Rouelle*, du peu de phosphore que l'on obtient du sel fusible traité avec le charbon, & étonné de la saveur foible du résidu vitreux de ce sel fondu & décomposé par le feu, soupçonnoit que cette matière n'étoit pas l'acide phosphorique pur, & qu'elle contenoit quelque substance incapable de former du phosphore. En conséquence, après avoir distillé un mêlange d'une partie de sel fusible & d'une demi-partie de charbon, & en avoir obtenu tout le phosphore, il lessiva à l'eau distillée le résidu de la cornue, il filtra cette lessive & la laissa évaporer à l'air libre ; elle lui donna des cristaux parallélogrammes d'un pouce de longueur, couchés horisontalement les uns sur les

Bbb iv

autres, & se croisant entr'eux. Leur quantité va depuis cinq jusqu'à six gros par once de verre phosphorique de sel fusible employée. MM. *Pott* & *Margraf* (a) avoient obtenu ce sel en lessivant le résidu du phosphore formé avec le sel fusible & le charbon; mais le premier l'a regardé comme une terre sélénitique; le second ne s'explique pas sur sa nature, & il soupçonne qu'il contient encore un peu d'acide phospho-

------

(a) M. *Proust* dit qu'il est étonnant que M. *Margraf* n'ait pas découvert la substance qui est unie à l'acide phosphorique du sel fusible, & qui lui ôte ses propriétés acides dans le résidu vitreux de ce sel exposé à l'action du feu. Cependant, en lisant la Dissertation de M. *Margraf*, intitulée : *Examen Chimique d'un sel d'urine, fort remarquable, &c.* (premier Volume de ses Opuscules Chimiques, Paris, 1762, page 123) on trouve, pages 172, 173, 174, que M. *Margraf*, après avoir distillé une once de sel fusible, séparé de sa partie urineuse, avec demi once de suie, & en avoir tiré un gros du plus beau phosphore, lava dans l'eau distillée bouillante le *caput mortuum* de cette opération ; que cette lessive, filtrée & évaporée, lui produisit sept gros de cristaux allongés, qui demeurèrent secs à l'air, mais qui se réduisirent en farine à la chaleur ; ces cristaux, traités avec le charbon, ne lui donnèrent pas de phosphore ; dissous dans l'eau, ils précipitèrent les dissolutions métalliques, ils décomposèrent le nitre & le sel commun en petite quantité. Ces cristaux paroissent n'être autre chose que la substance désignée par M. *Proust.*

rique. M. *Prouſt* y a fait beaucoup plus d'attention ; il a indiqué par des expériences bien faites pluſieurs de ſes propriétés, & ſur-tout ſon état dans le ſel fuſible. C'eſt d'après ce Chimiſte que nous allons examiner cette ſubſtance.

Le ſel, baſe du verre phoſphorique, criſtalliſe régulièrement comme nous l'avons vu ; ſa ſaveur eſt légèrement alkaline ; il verdit le ſirop de violettes.

Expoſé au feu dans un creuſet, il ſe bourſouffle, perd ſon eau de criſtalliſation, rougit & ſe fond. Le verre qu'il forme coule bien, & devient opaque en ſe refroidiſſant ; verſé ſur les charbons ardens lorſqu'il eſt en fuſion, il colore la flamme en vert.

Expoſé à l'air il tombe en effloreſcence.

Une once d'eau chaude peut diſſoudre juſqu'à cinq gros de ce ſel criſtalliſé. Cette diſſolution donne des criſtaux par le refroidiſſement.

Le ſel, baſe du verre phoſphorique, diſſout les ſubſtances terreuſes par la fuſion, & forme avec elle différens verres.

Il s'unit aux alkalis & les ſature. Il ſe trouve même dans l'urine humaine combiné avec l'alkali minéral, & forme un ſel particulier, que nous examinerons plus bas.

Il ſe diſſout dans les acides minéraux, & partage leur eau de diſſolution; mais l'eſprit de vin l'en précipite.

Il donne, avec l'acide phoſphorique obténu du phoſphore, une ſubſtance mixte, ſuſceptible de prendre la forme vitreuſe, & qui fait partie du ſel fuſible d'urine ou du ſel phoſphorique ammoniacal, comme nous l'avons déjà dit.

Il décompoſe le nitre & le ſel marin, en en ſéparant les acides & en s'uniſſant à leur baſe, comme l'avoit déjà obſervé M. *Margraf.*

Enfin, il ne forme point de phoſphore en le diſtillant avec le charbon.

Ces détails démontrent que le ſel, baſe du verre phoſphorique, eſt une matière particulière, due, ſuivant M. *Prouſt*, au travail de l'animaliſation. Ce Chimiſte a fait obſerver que cette ſubſtance avoit beaucoup d'analogie avec le ſel ſédatif, par ſa fuſibilité, ſa propriété de teindre la flamme en vert, de décompoſer les ſels nitreux & marin, de former avec les alkalis des ſels neutres particuliers. Cependant elle en diffère beaucoup par la forme de ſes criſtaux, par ſa ſaveur alkaline & ſa propriété de verdir le ſirop de violettes, par ſon effloreſcence, ſon inſolubilité dans l'eſprit de vin, &c.

Quant à la nature de cette ſingulière ſubſtance, dont l'examen intéreſſe les Chimiſtes & les Médecins, M. *Prouſt* aſſure que ſa réponſe eſt trouvée, mais qu'elle touche de si près la solution d'un des plus importans problêmes de la Chimie, qu'il croit ne pas devoir les donner l'une sans l'autre.

§. III. *Du Sel fusible à base de natrum, retiré de l'urine.*

M. *Margraf* avoit remarqué que le sel fusible ammoniacal de l'urine étoit mêlé d'une autre sorte de sel neutre qui en diffère beaucoup. M. *Haupt* avoit déjà reconnu quelques-unes des propriétés de ce second sel natif de l'urine, qu'il avoit nommé sel *mirabile perlatum ;* mais MM. *Rouelle* & *Proust* ont repris l'examen détaillé de ce sel, & c'est sur-tout à ce dernier Chimiste qu'on doit une connoissance exacte de la nature de ce sel.

Lorsqu'on purifie le sel fusible ou ammoniacal, il se forme sur la fin de sa cristallisation & au-dessus de lui, de beaux grouppes salins d'une autre nature, dont les cristaux sont, suivant M. *Rouelle*, des prismes tétraèdres applatis, irréguliers, dont une des extrémités est dièdre & composée de deux rhomboïdes taillés en sens contraire, & l'autre est adhérente à la base. Les côtés du prisme sont des pentagones irréguliers alternes, & deux rhomboïdes allongés & taillés en bifeau (*a*). C'eft ce fel que M. *Rouelle* a nommé fel fufible à bafe de natrum; il le croyoit formé d'acide phofphorique & d'alkali minéral. Les détails que nous allons donner fur fon analyfe, d'après M. *Prouft*, prouveront que ce n'eft point eet acide qui entre dans fa compofition.

Le fel fufible à bafe de natrum mérite ce nom, parce que quand on l'expofe au feu dans un creufet, il fe fond & donne un verre qui devient opaque en refroidiffant; chauffé dans une cornue, il ne donne que du phlegme fans aucun caractère d'alkali ni d'acide.

Il fe diffout bien dans l'eau diftillée, & il fe criftallife par l'évaporation; fa diffolution verdit le firop de violettes.

Le fel fufible à bafe de natrum ne donne point de phofphore avec le charbon. MM. *Margraf*, *Rouelle* & *Prouft* ont conftaté ce fait important; & c'eft fans doute ce phénomène qui

---

(*a*) Il feroit à fouhaiter que tous les criftaux fuffent décrits avec la même exactitude que ceux-ci. M. *Romé de Lifle* a fait une partie de ce travail dans fon bel Ouvrage, intitulé *La Criftallographie*. Les connoiffances acquifes depuis quelques années font préfumer que la feconde édition à laquelle ce Savant travaille actuellement, contiendra beaucoup de criftaux, dont la forme étoit inconnue dans le tems où la première édition a paru.

a engagé ce dernier Chimiste à en examiner de plus près la nature.

La chaux décompose ce sel, & elle a plus d'affinité avec la substance qui, comme nous le verrons plus bas, y tient lieu d'acide, que n'en a l'alkali minéral. Si l'on verse de l'eau de chaux dans une dissolution de ce sel, il se fait un précipité, & l'alkali minéral reste pur & caustique en dissolution.

Les acides minéraux, & même le vinaigre distillé, le décomposent d'une manière inverse. C'est l'action des acides sur ce sel qui a fait découvrir sa nature à M. *Proust*. M. *Rouelle* avoit jugé que l'acide vitriolique & l'acide nitreux n'agissoient point sur ce sel, parce qu'ils n'y occasionnoient en apparence aucun changement. Mais M. *Proust* ayant mêlé les acides vitriolique, nitreux, marin & acéteux, avec une dissolution de sel fusible à base de natrum, a observé que quoiqu'il ne se formoit pas de précipité dans ces mêlanges, les liqueurs évaporées & refroidies donnoient du sel de *Glauber*, du nitre cubique, du sel marin & de la terre foliée minérale ; ce qui prouve, 1°. que ce sel a été décomposé par ces acides ; 2°. qu'il contient de l'alkali minéral, comme l'avoit déjà démontré M. *Rouelle*. Quant à la substance séparée, & qui auparavant étoit unie à l'alkali marin, il est clair qu'elle reste en dissolution dans les liqueurs, en même-tems que les nouveaux sels neutres. M. *Proust* l'a très-bien reconnue dans l'eau mère que l'on obtient après le mêlange du vinaigre & la cristallisation de la terre foliée minérale. En versant sur cette eau mère huit à dix fois son volume d'esprit de vin chaud, les dernières portions de terre foliée se dissolvent, & il se forme un magma qu'on lave avec de nouvel esprit de vin, & qu'on dissout ensuite dans l'eau distillée. Cette dissolution du magma évaporée à l'air libre, donne des cristaux en parallélogramme absolument semblables à ceux que l'on retire du lavage du résidu du phosphore fait avec le sel fusible ammoniacal. C'est donc cette substance particulière, analogue au sel sédatif dont nous avons fait l'histoire dans l'article qui précède celui-ci, qui sature l'alkali minéral dans le sel fusible. Cette découverte importante explique pourquoi ce sel ne donne point de phosphore; il ne contient pas un atôme d'acide phosphorique; il a de l'analogie avec le borax, parce que la substance qui y fait fonction d'acide, ressemble au sel sédatif.

Le sel fusible à base de natrum décompose les sels neutres terreux, & sur-tout le nitre calcaire; il y forme un précipité qui est la combinaison de la substance base du verre phos

phorique (*a*) avec la chaux; la liqueur qui furnage contient un fel neutre formé par l'acide
du fel calcaire, & l'alkali marin du fel fufible à
bafe de natrum.

Ce fel eft également décompofé par les diffolutions métalliques; verfé dans une diffolution
nitreufe de mercure, il forme un précipité blanc
qui, diftillé dans une cornue, donne un peu de
fublimé rougeâtre, du mercure coulant, & làiffe
dans le fond de ce vaiffeau une maffe blanche
opaque, adhérente & combinée au verre. C'eft
la bafe du verre phofphorique féparée d'avec
le mercure, & fondue. Ce précipité mercuriel
bouilli avec une diffolution de fel de foude,
reforme le fel fufible à bafe de natrum, & laiffe
le mercure dans l'état d'une poudre rouge briquetée.

(*a*) Il faut fe reffouvenir que cette fubftance nouvelle,
à laquelle, faute de meilleur nom, nous donnons celui de
bafe de verre phofphorique du fel fufible, qui exprime
qu'elle fe trouve toujours dans le verre que forme le fel fufible ammoniacal expofé au feu, conftitue avec l'alkali
minéral, le fel fufible à bafe de natrum, ainfi nommé par
M. *Rouelle*, ou le fel *mirabile perlatum* de M. *Haupt*,
dont nous nous occupons dans ce paragraphe.

LEÇON LXVII.

§. IV. *Du Phosphore de* Kunckel.

LE phosphore est la substance la plus combustible que l'on connoisse. Comme on l'a d'abord retiré de l'urine, & comme la matière qui en donne le plus est le sel fusible ammoniacal dont nous avons examiné les propriétés, nous croyons devoir placer ici l'histoire de cette matière inflammable.

La découverte du phosphore est due à un Alchimiste nommé *Brandt*, Bourgeois de Hambourg, qui le trouva en 1677. *Kunckel* s'associa à un nommé *Krafft*, pour faire l'acquisition de ce secret ; mais ce dernier ne lui ayant pas communiqué ce secret, *Kunckel* résolut de le chercher, & après avoir entrepris un travail suivi sur l'urine de laquelle il savoit qu'il étoit tiré, il parvint à faire du phosphore, dont il doit être regardé comme le véritable inventeur. Quelques personnes attribuent aussi l'honneur de cette découverte à *Boyle*, qui en déposa en effet une petite quantité, en 1680, entre les mains du Secrétaire de la Société Royale de Londres ; mais *Stahl* assure que *Krafft* lui a dit qu'il avoit

communiqué

communiqué le procédé du phofphore à *Boyle*. Ce dernier Phyficien donna fon procédé à un Allemand, nommé *Godfreid Hankwitz*, qui avoit un beau Laboratoire à Londres, & qui étoit le feul qui fît du phofphore, & qui le vendît aux Phyficiens de toute l'Europe. Quoique depuis 1680 jufqu'au commencement de notre fiècle, il eût paru un grand nombre de recettes pour faire le phofphore, & entr'autres celles de *Boyle*, de *Krafft*, de *Brandt*, de *Homberg*, de *Teichmeyer*, de *Frédéric Hoffman*, de *Niewentyt* & de *Wedelius*, aucun Chimifte n'en préparoit encore, & cette préparation étoit un véritable fecret, lorfqu'en 1737 un Etranger offrit à Paris un moyen de faire du phofphore avec fuccès. L'Académie nomma quatre Chimiftes, MM. *Hellot*, *Dufay*, *Geoffroy* & *Duhamel*, pour fuivre cette opération dans le Laboratoire du Jardin du Roi ; ce procédé réuffit fort bien. Le Miniftère récompenfa l'Etranger, & M. *Hellot* le décrivit avec exactitude dans un Mémoire inféré parmi ceux de l'Académie, pour l'année 1737. Cette opération confifte à faire évaporer cinq ou fix muids d'urine jufqu'à ce qu'elle foit réduite en une matière grumeleufe, dure, noire & luifante ; à calciner ce réfidu dans une marmite de fer, dont on fait rougir le fond jufqu'à ce qu'il ne fume plus, & qu'il ait pris l'odeur de fleurs de pêcher; à leſſiver cette ma-tière calcinée avec le double au moins d'eau chaude; à la deſſécher après avoir décanté l'eau du lavage. On mêle trois livres de cette matière avec une livre & demie de gros ſable ou de grès égrugé, & quatre à cinq onces de poudre de charbon de hêtre; on humecte ce mélange avec une demi-livre d'eau, & on l'introduit dans une cornue de Heſſe. On eſſaie ſa matière en la faiſant rougir dans un creuſet; lorſqu'elle re-pand une flamme violette & une odeur d'ail, elle donnera du phoſphore. On place la cor-nue dans un fourneau fait exprès, on y adapte un grand ballon rempli d'eau au tiers. Il faut que ce ballon ſoit percé d'un petit trou, & M. *Hellot* regarde cette pratique comme l'une des manipulations les plus néceſſaires à la réuſ-fite de l'opération. Trois ou quatre jours après que l'appareil a été conſtruit, on donne le feu avec beaucoup de lenteur, pour achever de ſé-cher le fourneau & les luts; on l'augmente peu à peu juſqu'à la plus grande violence, & on l'en-tretient pendant environ quinze ou vingt heures dans cet état. Le phoſphore ne diſtille que qua-torze heures après le commencement de l'opé-ration qui en dure en tout vingt-quatre; il s'é-lève auparavant une grande quantité de ſel vo-latil concret qui ſe diſſout en partie dans l'eau du ballon. Le phosphore volatil ou aëriforme passe le premier en vapeurs lumineuses ; le véritable phosphore coule ensuite comme une huile, ou comme une cire fondue. Lorsqu'il ne passe plus, on laisse refroidir l'appareil pendant deux jours ; on délute & on ajoute de l'eau dans le ballon, pour détacher le phosphore adhérent à ses parois ; on le fait fondre dans de l'eau bouillante ; on le coupe en petits morceaux, qu'on introduit dans des cols de matras coupés vers la moitié de la boule en forme d'entonnoir, & plongés dans de l'eau bouillante. Le phosphore se fond, se purifie & devient transparent par la séparation d'une matière noirâtre qui s'élève au-dessus de lui. On le trempe ensuite dans de l'eau froide dans laquelle il se congèle, & on l'extrait des cols de matras, en le poussant du côté large avec un petit bâton. Tel est en abrégé le procédé décrit par M. *Hellot* ; la longueur de l'opération empêcha les Chimistes de le répéter, si on en excepte M. *Rouelle*, qui dans ses Cours de Chimie l'exécuta plusieurs fois avec succès.

En 1743, M. *Margraf* publia dans les Mémoires de l'Académie de Berlin, une nouvelle méthode de faire une bonne quantité de phosphore plus facilement qu'on ne l'avoit fait avant lui. Suivant son procédé, on mêle le plomb corné réfidu de la diftillation de quatre livres de minium, & de deux livres de fel ammoniac, avec dix livres d'extrait d'urine en confiftance de miel. On y ajoute une demi-livre de charbon en poudre: on defsèche ce mêlange dans une chaudière de fer, jufqu'à ce qu'il foit réduit en une poudre noire; on diftille cette poudre dans une cornue pour en retirer, par un feu gradué, l'alkali volatil, l'huile fétide & le fel ammoniac. On a foin de ne pouffer le feu que jufqu'à ce que la cornue foit médiocrement rouge. Le réfidu noir & friable de cette diftillation eft la matière d'où l'on extrait le phofphore; on l'effaye en en jettant un peu fur les charbons ardens; fi elle répand une odeur d'ail & une flamme bleue phofphorique, elle eft bien préparée. On en remplit jufqu'aux trois quarts une cornue de terre de Heffe ou de Picardie, bien lutée; on place ce vaiffeau dans un fourneau de réverbère terminé par une chape de fourneau à vent, & par un tuyau de tôle de fix ou huit pieds de haut; on adapte à la cornue un ballon moyen percé d'un petit trou, & à moitié rempli d'eau; on lute les jointures avec le lut gras recouvert de bandes de toile, enduites de blanc d'œuf & de chaux; on élève un mur de brique entre le fourneau & le ballon; on laiffe fécher cet appareil un jour ou deux, & on procède à la diftillation par un feu bien gradué. Cette opération dure depuis six jufqu'à huit ou neuf heures, fuivant la quantité de matière que l'on diftille. On rectifie ce phof- phore, en le diftillant à un feu très-doux dans une cornue de verre, avec un récipient à moitié plein d'eau. Prefque tous les Chimiftes ont répété avec fuccès le procédé de M. *Mar- graf*, & il étoit le feul en ufage jufqu'à celui qui eft découvert depuis plufieurs années, & qui confifte à féparer l'acide phofphorique des os, comme nous le dirons en parlant de ces organes.

On voit que le procédé de M. *Margraf* ne diffère de celui de M. *Hellot* que par l'addition du plomb corné, dont l'utilité n'eft pas encore bien connue, & parce que l'opération eft cou- pée en deux. Mais ce qu'il y a de plus précieux dans le travail du favant Chimifte de Berlin, c'eft qu'il a déterminé quelle eft la fubftance contenue dans l'urine qui fert à former le phof- phore. En diftillant un mêlange de fel fufible ammoniacal & de charbon, il a obtenu un très- beau phofphore, & il a obfervé que l'urine d'où l'on a extrait ce fel, ne donne prefque plus de cette fubftance combuftible. C'eft donc une par- tie conftituante du fel fufible ammoniacal qui contribue à la formation du phofphore, & on obtient facilement cette fubftance, en diftillant deux parties du verre obtenu de ce fel décom-

poſé dans une cornue ou dans un creuſet, **avec**
une partie de charbon en poudre. Cette opération exige beaucoup moins de tems & beaucoup
moins de feu que celles que nous avons décrites
juſqu'à préſent, puiſque, ſuivant M. *Prouſt*, le
phoſphore peut couler au bout d'un quart-
d'heure. C'eſt ſans contredit le meilleur procédé
que l'on puiſſe ſuivre pour ſe procurer du phoſphore d'urine ; mais il y a pluſieurs obſervations à
faire ſur ce point ; 1°. le réſidu vitreux de la décompoſition du ſel fuſible ammoniacal par le feu, n'é-
tant point de l'acide phoſphorique pur, mais combiné avec la ſubſtance découverte par M. *Prouſt*,
& n'y ayant que cet acide qui ſoit capable de
former le phoſphore avec le charbon, on n'obtient que très-peu de phoſphore, en employant
ce réſidu, puiſqu'une once n'en donne qu'un
gros, & ſouvent moins ; 2°. lorſqu'on prépare
en grande quantité le ſel fuſible ammoniacal par
l'évaporation & le refroidiſſement, il ſe trouve
mêlé d'une bonne partie de ſel fuſible à baſe de
natrum qui, d'après la découverte de M. *Prouſt*,
ne contient point d'acide phoſphorique, & ne
peut point donner de phoſphore. On conçoit
donc, d'après ces deux obſervations, pourquoi
l'on obtient ſi peu de ce corps combuſtible par
la diſtillation du ſel fuſible ammoniacal avec le
charbon.

Le phofphore obtenu par tous les procédés
que nous avons décrits, eft toujours le même.
Lorfqu'il eft bien pur, il eft tranfparent, d'une
confiftance femblable à celle de la cire. Il fe
criftallife en lames brillantes, & comme mica-
cées par le refroidiffement. Il fe fond dans l'eau
chaude bien avant même que ce fluide foit bouillant. Il eft très-volatil, & il monte en un fluide
épais à une douce chaleur. S'il eft en contact
avec l'air, il exhale une fumée de toute fa furface; cette vapeur qui répand une forte odeur
d'ail, paroît blanche dans le jour, & elle eft
très-lumineufe dans l'obfcurité. C'eft-là l'inflammation lente du phofphore; en effet, fi on le laiffe
quelque tems ainfi expofé à l'air, il fe confume
peu à peu, & il laiffe pour réfidu un acide particulier dont nous examinerons plus bas les propriétés. Cette combuftion lente ne s'opère jamais que lorfque le phofphore eft en contact
avec l'air; elle demande même, pour être très-
lumineufe, une chaleur de douze à quinze degrés,
quoiqu'elle ait lieu à une température au-deffous.
Cette inflammation fe fait fans chaleur, & elle
n'allume aucun corps combuftible. Mais lorfque
le phofphore éprouve une chaleur sèche de vingt-
quatre degrés, il s'allume avec décrépitation, il
brûle rapidement avec une flamme blanche mêlée de jaune & de vert, très-vive, & il détruit

avec beaucoup de promptitude tous les corps combuſtibles qu'il touche. Les vapeurs qui s'en exhalent alors, ſont très-abondantes, blanches, & fort lumineuſes dans l'obſcurité. Il laiſſe un réſidu différent dans l'une & l'autre de ces combuſtions. La première donne une liqueur qui pèſe plus que le double du phoſphore employé, & qu'on connoît ſous le nom d'acide phoſphorique ; la ſeconde offre une matière épaiſſe, d'un blanc rougeâtre, qui répand des vapeurs blanches juſqu'à ce qu'elle ait aſſez attiré l'humidité de l'air pour être fluide ; alors elle reſſemble au réſidu acide & fluide de la première combuſtion ou de l'inflammation lente. Cependant ces deux acides préſentent quelques différences dans leurs combinaiſons, comme M. *Margraf* l'avoit obſervé, & comme M. *Sage* l'a indiqué dans les Mémoires de l'Académie, *année 1777*. Nous parlerons en détail de ces différences dans l'hiſtoire de l'acide phoſphorique.

La combuſtion du phoſphore étoit regardée par M. *Sthal* comme le dégagement du phlogiſtique qu'il croyoit combiné avec l'acide marin (*a*) dans ce corps inflammable. M. *Lavoiſier*,

---

(*a*) *Stahl* a aſſuré dans pluſieurs de ſes Ouvrages qu'en combinant l'acide marin avec le phlogiſtique, on pouvoit faire du phoſphore. M. *Margraf* a entrepris un travail

pour connoître ce qui se passe dans cette combustion, a allumé à l'aide d'un verre ardent, du
phosphore sous une cloche de verre plongée
dans du mercure. Il a observé qu'on ne peut
brûler qu'une quantité donnée de cette matière
dans un volume déterminé d'air, & que cette
quantité va à un grain de phosphore pour
seize à dix-huit pouces cubiques d'air ; qu'après
cette combustion le phosphore s'éteint, & que
l'air ne peut plus resservir à brûler de nouveau
phosphore ; que le volume de l'air diminue, &
que le phosphore se dissipe en floccons blancs,
neigeux, qui s'attachent aux parois de la cloche ;
ces floccons ont deux fois & demie le poids du
phosphore employé, & cette augmentation de
pesanteur correspond exactement à celle que l'air
a perdue, & dépend uniquement de l'absorption
de l'air pur par le phosphore. En effet, les floccons blancs sont de l'acide phosphorique con-

---

suivi, en traitant différentes combinaisons de l'acide marin par des matières combustibles, & il n'a jamais pu produire un atôme de phosphore. Il a même démontré que
l'acide, résidu de ce corps combustible, diffère beaucoup
de celui du sel marin, & tous les Chimistes sont aujour-
d'hui convaincus de cette différence. On ne sait point encore ce qui a pu induire en erreur un Chimiste aussi habile, & d'ailleurs aussi véridique que *Stahl.*

cret formé par la combinaison du phofphore avec la portion d'air pur contenu dans l'air atmofphérique, qui a fervi à la combuftion de cette fubftance inflammable. Il en eft de cette théorie comme de celle du foufre, & il feroit inutile d'ajouter à ce que nous avons dit fur cet objet dans le Règne minéral.

Le phofphore fe liquéfie dans l'eau chaude. Quoiqu'il ne foit point foluble dans ce fluide, il s'y altère cependant peu à peu. Il perd fa tranfparence ; il jaunit & il fe couvre d'une efflorefcence ou pouffière colorée. L'eau devient acide, elle paroît lumineufe lorfqu'on l'agite dans l'obfcurité. Le phofphore s'y décompofe donc lentement.

On n'a point encore examiné l'action d'un grand nombre de corps fur le phofphore ; les connoiffances acquifes fur cet objet, font prefque toutes dues à M. *Margraf*, & c'eft d'après lui que nous allons les expofer fuccinctement.

L'acide vitriolique, diftillé dans une cornue avec le phofphore, le décompofe prefqu'entièrement, mais fans inflammation. L'acide nitreux l'attaque avec violence, & l'enflamme fubitement. L'acide marin ne lui caufe aucune altération.

Le foufre & le phofphore fe combinent enfemble par la fufion & la diftillation. Il en réfulte un compofé folide d'une odeur hépatique, qui brûle avec une flamme jaune, qui fe gonfle dans l'eau, à laquelle il communique de l'acidité & l'odeur du foie de foufre, propriétés qui indiquent certainement une réaction particulière entre ces deux corps.

Le phofphore ne s'unit pas auffi-bien aux métaux, que le fait le foufre, quoiqu'il y ait entre lui & ce dernier un affez grand nombre d'analogies. M. *Margraf* a effayé de faire ces combinaifons en diftillant chaque fubftance métallique avec deux parties de phofphore. Il n'y a que l'arfenic, le zinc & le cuivre, qui lui aient préfenté des phénomènes particuliers ; tous les autres métaux n'ont point été altérés par le phofphore, & cette matière s'eft brûlée en partie, & a paffé dans le récipient fans avoir éprouvé de changement notable. Le phofphore fublimé avec l'arfenic, a offert à ce célèbre Chimifte une matière d'un beau rouge, femblable au réalgar. Le zinc diftillé deux fois de fuite avec cette fubftance combuftible, a donné des fleurs jaunes, pointues & très-légères. Ces fleurs, expofées au feu fous une mouffle rouge, fe font enflammées, & ont donné un verre tranfparent femblable à celui du borax. Le cuivre, traité de la même manière avec le phofphore, a perdu fon brillant, eft devenu très-compact ; il avoit acquis dix grains fur un demi-gros, & il brûloit en l'approchant de la flamme.

Le phofphore fe diffout dans toutes les huiles, & les rend lumineufes. M. *Spielman* dit qu'il fe diffout dans l'efprit de vin, & que cette diffolution jette des étincelles lorfqu'on la verfe dans l'eau.

Le phofphore n'eft point encore d'ufage ni dans la Médecine ni dans les arts. MM. *Menzius*, *Morgenftern*, *Hartman*, &c. difent en avoir éprouvé de bons effets dans les fièvres malignes & bilieufes, dans l'abattement des forces, dans la fièvre miliaire. Quelques autres l'ont recommandé dans la rougeole, la péripneumonie, les douleurs rhumatifmales, l'épilepfie, &c. mais quoiqu'il ait déjà paru en Allemagne plufieurs differtations fur les vertus médicinales du phofphore employé intérieurement, on ne peut encore rien établir de certain fur cet objet.

§. V. *De l'Acide phofphorique.*

L'acide phofphorique a été ainfi appelé, parce qu'on a cru qu'il exiftoit tout formé dans le phofphore, d'où on le retiroit par la combuftion; mais M. *Lavoifier* a prouvé que ce fel étoit une combinaifon du phofphore avec l'air pur. Pour obtenir cet acide, il y a en général deux procédés; l'un confifte à faire brûler avec rapidité du phosphore, en le chauffant vivement ; & l'autre, à le laisser se détruire & brûler lentement en l'exposant à l'air. L'un produit un acide concret, qui pèse deux fois & demie plus que le phosphore, qui attire puissamment l'humidité de l'air, mais qui retient toujours quelques portions de phosphore non-décomposé ; l'autre donne au bout d'un tems plus ou moins long, un fluide sans odeur, d'une saveur acide non corrosive, & qui diffère de celui que l'on obtient par le premier procédé ou par la déflagration, en ce qu'il est susceptible, suivant **M.** *Sage*, de former avec les alkalis, des sels neutres différens de ceux que produit le dernier ; mais ces différences ne font que très-légères, au moins quant aux caractères donnés par **M.** *Sage* (*a*), & l'on peut regarder à la rigueur ces acides comme les mêmes, quoique quelques-unes de leurs propriétés soient différemment modifiées.

Si l'on veut se procurer de l'acide phos-

(*a*) **Voyez** *Mémoires de l'Académie*, *année* 1777, *page* 435, & comparez ce qu'a dit **M.** *Sage* de l'acide phosphorique, obtenu par le déliquium de phosphore & combiné aux alkalis, avec les détails sur les combinaisons du même acide, obtenu de la déflagration, avec les alkalis, donnés par **M.** *Lavoisier*, même Volume, page 75.

phorique par la déflagration du phofphore , il faut fuivre le procédé de M. *Lavoifier*, qui confifte à faire brûler cette fubftance à l'aide d'un verre ardent fous une grande cloche plongée fur du mercure, & fur les parois de laquelle on a fait couler un peu d'eau. On répéte cette combuftion jufqu'à ce qu'on ait la quantité d'acide qu'on defire avoir. Pour avoir l'acide phofphorique par *deliquium* , ou combuftion lente , on emploie le procédé de M. *Sage* ; on place des bâtons de phofphore fur les parois d'un entonnoir de verre , dont la tige eft reçue dans un flacon, & dont la bafe eft recouverte d'un chapiteau ; on place un tube de verre dans la tige de l'entonnoir, afin de retenir le phofphore, & de donner paffage à l'air du flacon , déplacé par l'acide phofphorique. Au bout d'un tems plus ou moins long, on obtient par once de phofphore trois onces d'acide qui coule dans l'eau qu'on a eu foin de mettre dans le flacon.

L'acide phofphorique obtenu par ce procédé qui le fournit très-pur, eft un fluide blanc , d'une faveur aigre , qui rougit le firop de violettes , & qui n'a point d'odeur. Si on l'expofe à l'action du feu dans une cornue, on en retire un phlegme pur ; l'acide fe concentre, devient d'abord plus pefant que l'acide vitriolique ; il prend peu à peu de la confiftance ; il devient blanc & mou comme un extrait. Enfin, pouſſé à un feu violent, il ſe fond en un verre tranſparent. Ce verre diffère de celui du ſel fuſible, en ce qu'il a une ſaveur aigre, & en ce qu'il attire l'humidité de l'air. Ces propriétés ſont dues à ce que c'eſt un acide pur, tandis que celui du ſel fuſible eſt combiné avec la ſubſtance découverte par M. *Prouſt*, & dont nous avons parlé dans un article particulier.

Si on chauffe dans un vaiſſeau ouvert l'acide phoſphorique obtenu du *deliquium* du phoſphore, il s'en élève de tems en tems de petites flammes, dues ſans doute à un reſte de phoſphore qui n'a pas été entièrement brûlé, & accompagnées d'une odeur d'ail ; au reſte il ſe concentre, il ſe deſsèche, & il finit par ſe fondre comme lorſqu'on le traite dans un vaiſſeau fermé.

L'acide phoſphorique concentré attire très-promptement l'humidité de l'air. Il s'unit à l'eau avec chaleur ; il ſe combine à un grand nombre de ſubſtances, comme nous allons le voir, & il préſente dans ſa combinaiſon des phénomènes particuliers. MM. *Margraf* & *Lavoiſier* ont examiné les combinaiſons de cet acide avec les ſubſtances alkalines & les métaux : c'eſt d'après leurs recherches que nous ferons l'hiſtoire des divers ſels neutres phoſphoriques.

L'acide phofphorique paroît avoir de l'action fur la terre quartzeufe & fur le verre; mais on n'a pas encore déterminé exactement la nature de l'altération qu'il leur fait éprouver.

L'acide phofphorique diffout la magnéfie crayeufe avec effervefcence. Le fel qu'il forme avec cette fubftance eft peu foluble. Sa diffolution bien chargée donne au bout de vingt-quatre heures de repos des criftaux en petites aiguilles applaties très-minces, de plufieurs lignes de longueur, & coupées obliquement par les deux bouts. En les expofant à une chaleur douce, ils fe réduifent en poudre. L'acide vitriolique décompofe ce fel, fuivant M. *Lavoifier*, à qui font dus ces détails, ainfi que la plupart des fuivans fur les fels phofphoriques alkalins.

L'acide phofphorique, verfé dans l'eau de chaux, la précipite en un fel très-peu foluble, qui ne fait point effervefcence avec les acides, qui eft toujours avec excès d'acide, qui rougit le papier bleu, que les acides minéraux décompofent, qui eft de même décompofé par les alkalis fixes cauftiques, qui donne avec la diffolution nitreufe d'argent un précipité couleur de lie de vin, & avec celle de mercure un précipité blanc pulvérulent.

L'acide phofphorique, faturé d'alkali fixe végétal, forme un fel très-foluble, qui, par l'évaporation

l'évaporation & le refroidissement, donne des cristaux en prismes tétraèdres, terminés par des pyramides également à quatre faces, qui correspon-
dent avec celles des prismes. Ce tartre phosphorique est acide; il se dissout beaucoup mieux dans
l'eau chaude que dans l'eau froide; il se boursouffle sur les charbons; il ne se fond que difficilement; & lorsqu'il est fondu, il n'a plus aucune
saveur saline. Il précipite en blanc la dissolution
nitreuse d'argent, & en blanc jaunâtre celle
de mercure.

L'alkali fixe minéral, uni avec l'acide phosphorique, donne un sel d'une saveur agréable,
analogue à la saveur du sel marin. Cette soude
phosphorique ne cristallise point, & se réduit
par l'évaporation en une matière gommeuse,
filante comme de la térébenthine, & déliques-
cente. Le sel dont nous nous occupons, a été
préparé par M. *Lavoisier* avec l'acide obtenu
par la déflagration du phosphore ; mais M. *Sage*
a annoncé que celui que l'on préparoit avec
l'acide phosphorique obtenu du *deliquium* de
cette matière combustible, donnoit des cristaux
non - déliquescens.

Le sel ammoniacal phosphorique, formé par
la combinaison de l'acide du phosphore brûlé
& de l'alkali volatil, est plus soluble dans l'eau
chaude que dans l'eau froide; & il donne par

Tome II.   Ddd

le refroidiſſement, des criſtaux qui ont, d'après M. *Lavoiſier*, quelque rapport avec ceux de l'alun. Ce ſel doit différer de celui que donne l'urine évaporée, en ce que ce dernier, ou le ſel fuſible, contient un acide déjà neutraliſé par la ſubſtance dont il a été queſtion dans le §. II, & eſt compoſé de trois matières différentes, tandis que le véritable ſel ammoniacal phoſphorique, obtenu par la combinaiſon de l'acide du phoſphore avec l'alkali volatil, ne contient que ces deux corps.

L'acide phoſphorique décompoſe le nitre & le ſel marin, & en dégage les acides par la diſtillation ; non pas parce qu'il a plus d'affinité avec leurs baſes, mais en raiſon de ſa fixité.

L'acide phoſphorique n'agit dans ſon état de fluidité que ſur un petit nombre de ſubſtances métalliques. Il diſſout bien le zinc, le fer & le cuivre ; ces diſſolutions évaporées ne donnent point de criſtaux, excepté celle de fer, qui paroît ſuſceptible de criſtalliſer. Les autres ſe réduiſent en maſſes ductiles & molles, ſemblables aux extraits ; ſi on les pouſſe au feu, elles jettent des étincelles, & paroiſſent former de véritable phoſphore. M. *Margraf* & MM. les Académiciens de Dijon ont examiné en détail l'action de cet acide ſur les métaux & ſur les demi-métaux.

L'acide phofphorique précipite auffi quelques diffolutions métalliques ; telle eft celle de mercure par l'acide nitreux , dans laquelle il occafionne un précipité blanc qui fe rediffout lorfque le mélange eft expofé au froid. La diffolution nitreufe de plomb eft également précipitée par l'acide phofphorique.

Cet acide réagit fur les huiles ; il en exalte l'odeur ; il donne à celles qui n'en ont point une odeur fuave , & comme éthérée ; il en épaiffit quelques-unes.

Diftillé dans fon état de ficcité avec du charbon , il donne du phofphore.

Chauffé dans une cornue avec l'efprit de vin , il a préfenté à MM. les Académiciens de Dijon une liqueur fortement acide, d'une odeur pénétrante & défagréable , qui brûloit avec un peu de fumée, & qui préfentoit quelques-unes des propriétés de l'éther. L'acide phofphorique a acquis de la volatilité dans cette expérience , puifque le produit étoit acide.

Enfin , il diffout la fubftance réfidue du phofphore fait avec le fel fufible, & forme avec elle par la fufion un verre dur , infipide, infoluble, non - déliquefcent, tel, en un mot, que celui que laiffe le fel fufible pouffé au feu. L'acide phofphorique peut même fe charger, fuivant M. *Prouft*, d'un excès de cette fubftance.

D d d ij

Cet acide n'est encore d'aucun usage. Cependant il mérite toute l'attention des Médecins, puisqu'il fait partie de plusieurs substances animales, & puisqu'il est rejetté en plus ou moins grande quantité par les urines dans les différentes maladies qui attaquent les os, les articulations, &c. Il est nécessaire de rappeler ici que M. *Margraf* pense que cet acide pourroit bien exister dans les alimens, & passer des végétaux aux animaux, puisqu'il dit avoir obtenu du phosphore en traitant au grand feu le charbon du sinapi, du froment, &c. Il est même quelques Chimistes qui croient que l'acide phosphorique existe dans les minéraux; mais ces apperçus ne doivent être encore regardés que comme des conjectures, jusqu'à ce qu'on les ait démontrés par des expériences exactes.

§. IV. *Des Calculs urinaires, ou de la Vessie.*

Les calculs ou les pierres qui se forment dans la vessie de l'homme, constituent une des maladies les plus terribles qu'il ait à redouter. Les Médecins font beaucoup plus avancés sur l'origine & la formation de ces concrétions, que les Chimistes sur leur nature. Il existe quelques analyses à la cornue, qui apprennent que les calculs donnent un phlegme alkalin, un peu d'huile, & beaucoup d'alkali volatil concret;

on fait que les acides en général le diffolvent , que les alkalis ont auffi une action marquée fur ces fubftances ; mais on ne les a point encore examinés avec affez de détails pour connoître exactement leur nature. Cet examen fournira fans doute des faits intéreffans ; fur-tout dans ce moment où l'on a acquis des connoiffances précieufes fur la nature des os , avec la bafe defquels on fait depuis long-tems que la matière calculeufe a la plus grande analogie. Il eft très-vraifemblable que l'on trouvera dans les calculs de la veffie , le même fel que dans les os ; & l'analyfe de ces derniers peut jufqu'à un certain point fe rapporter à celle de ces concrétions.

LEÇON LXVIII.

De la Tranfpiration infenfible & de la Sueur.

LES Médecins ont découvert une grande analogie entre l'humeur qui fort par la peau & l'urine ; ils favent que l'une & l'autre de ces excrétions fe fuppléent réciproquement dans beaucoup de circonftances , & ils font naturellement portés à regarder le fluide vaporeux de la tranfpiration, comme étant de la même nature que l'urine. Cependant il a été jufqu'ici impoffible de recueillir une affez grande quantité de cette humeur pour examiner fes propriétés chimiques. La pratique de la Médecine a appris que fes qualités varient ; que fon odeur eft fade, aromatique, alkaline ou aigre ; que fa confiflance eft quelquefois glutineufe, épaiffe, tenace, & qu'elle laiffe un réfidu fur la peau ; que fouvent elle teint le linge en jaune de diverfes nuances. Enfin M. le Comte *de Milly* a fait obferver qu'il fort par les pores de la peau un fluide gazeux, qu'il a reconnu pour être de l'acide crayeux ou air fixe. Il refte donc à faire fur cet objet un grand nombre de recherches, que des circonflances particulières pourront feules permettre aux Médecins d'entreprendre & de pourfuivre.

Des Excrémens folides des Animaux.

Les alimens dont fe nourriffent les animaux, contiennent une grande quantité de matière qui n'eft point fufceptible de les nourrir, & qui eft rejettée hors des inteflins fous une forme folide. Les excrémens font colorés par une portion de bile qu'ils entraînent avec eux ; l'odeur fétide qu'ils exhalent eft due à un commencement de putréfaction qu'ils éprouvent dans le long trajet qu'ils font dans les inteflins. *Homberg*

est le seul Chimiste qui ait examiné ces matières. Il a observé que le phlegme fourni par les
excrémens distillés au bain-marie avoit une odeur
infecte : il en a retiré, par le lavage & l'évaporation, un sel qui fuse comme le nitre, &
qui s'enflamme dans les vaisseaux fermés. La distillation à la cornue de cette matière, lui a donné
les mêmes produits que les autres substances
animales. Les excrémens putréfiés lui ont fourni
une huile sans couleur & sans odeur, qui n'a
point fixé le mercure en argent, comme on le
lui avoit dit.

Il faut observer que la matière fécale que
Homberg a examinée, provenoit d'hommes nour-
ris avec du pain de Gonesse & du vin de Champagne. Sans doute le genre de nourriture doit faire
varier la nature des excrémens, puisqu'ils ne sont
que le résidu des alimens.

Des Parties molles & blanches des Animaux.

Quoique l'analyse des parties solides des animaux soit moins avancée que celle de leurs
fluides, on commence cependant à apperce-
voir les diverses matières dont elles sont composées. Nous n'entendons parler ici que des parties molles & blanches ; parce que les muscles
& les os feront traités dans un article à part.
Toutes les parties molles & blanches, telles

que les membranes, les ligamens, les tendons &
les cartilages, contiennent en général une fubftance muqueufe, très-foluble dans l'eau, & infoluble dans l'efprit de vin, qu'on connoît fous
le nom de gelée. Pour extraire cette gelée, il
fuffit de faire bouillir ces parties animales dans
de l'eau, & d'évaporer cette décoction jufqu'à
ce qu'elle fe prenne en une maffe folide &
tremblante par le refroidiffement. Si on l'évapore plus fortement, on en obtient une fubftance sèche, caffante, tranfparente, qu'on
connoît fous le nom de colle. On prépare cette
dernière avec toutes les parties blanches des
animaux. Avec la peau, les cartilages, les pieds
de bœuf, on fait la colle forte d'Angleterre, de
Flandre, de Hollande, &c. avec la peau d'anguille, on prépare la colle pour dorer; avec les
rognures de gants & de parchemin, on fait une
colle employée par les Peintres, &c. enfin, il
n'eft prefque point d'animaux dont les tendons,
les cartilages, les nerfs, & fur-tout la peau,
ne puiffent fervir pour préparer ces différentes
efpèces de colle. Il faut cependant obferver à
ce fujet que les colles diffèrent les unes des
autres par la confiftance, la couleur, la faveur,
l'odeur, la diffolubilité. Il en eft qui fe ramolliffent bien dans l'eau froide; d'autres ne fe diffolvent que dans l'eau bouillante. La meilleure

de ces fubftances doit être tranfparente, d'une couleur jaune tirant fur le brun, fans odeur & fans faveur ; elle doit fe diffoudre entièrement dans l'eau, & former un fluide vifqueux, uniforme, qui fe defsèche en confervant une ténacité & une tranfparence égales dans tous fes points.

La gelée animale ne diffère de la colle proprement dite, que parce qu'elle a moins de confiftance & de vifcofité. La première fe retire fpécialement des parties molles & blanches des jeunes animaux ; on la retrouve auffi dans leur chair ou leurs mufcles, dans leur peau & dans leurs os ; la colle ne s'obtient que des animaux plus âgés, dont la fibre eft plus forte & plus sèche. Quoi qu'il en foit, ces deux matières préfentant les mêmes propriétés chimiques, nous prendrons pour exemple dans l'examen que nous allons en faire, la gelée que donnent les cartilages ou les membranes de veau.

Cette matière n'a prefque point d'odeur dans l'état naturel ; fa faveur eft fade. Diftillée au bain-marie, elle donne un phlegme infipide & inodore, fufceptible de fe pourrir ; à mefure qu'elle perd fon eau, elle prend la confiftance de colle ; & tout-à-fait deffcchée, elle reffemble à de la corne. Expofée à un feu plus fort, & à l'air, elle fe gonfle, fe bourfouffle, fe liquéfie ; elle noircit, & exhale une fumée abondante d'une odeur fétide ; elle ne s'enflamme qu'à une chaleur violente , & encore difficilement. Diſtillée à la cornue , elle donne un phlegme alkalin, une huile empyreumatique , & de l'alkali volatil concret , ou ſel ammoniacal crayeux. Elle laiſſe un charbon volumineux, aſſez difficile à incinérer , & qui ne contient que très-peu d'alkali fixe & de ſel fébrifuge ou marin.

La gelée, expoſée à un air chaud & humide, paſſe d'abord à l'acidité , & ſe pourrit bientôt après.

L'eau la diſſout en toutes proportions. Les acides, & ſur-tout les alkalis, la diſſolvent facilement. Les huiles & l'eſprit de vin n'ont pas d'action ſur elle. La plupart de ces propriétés rapprochent la gelée des mucilages fades végétaux , ſi l'on excepte celle de donner de l'alkali volatil à l'analyſe. Mais ne peut-on pas attribuer cette dernière à une portion de matière lymphatique, que l'eau extrait en même tems que la ſubſtance gélatineuſe , ſur-tout lorſqu'on a préparé les gelées ou les colles par une forte & longue décoction ?

De la Chair ou des Muſcles des Animaux.

Les muſcles des animaux, conſidérés chimiquement , ſont formés d'une ſubſtance parenchimateufe & cellulaire, dans laquelle font contenues différentes humeurs, en partie concrètes & en partie fluides. Ces humeurs font compofées, 1°. d'une lymphe rouge & blanche; 2°. d'un mucilage gélatineux; 3°. d'une huile douce de la nature de la graiffe; 4°. d'une fubftance extractive particulière; 5°. enfin, d'une matière faline, dont la nature eft encore peu connue. L'analyfe de la chair entière qui donne au bainmarie une eau vapide, à la cornue un phlegme alkalin, de l'huile empyreumatique & de l'alkali volatil concret, qui laiffe un charbon d'où l'on retire par l'incinération un peu d'alkali fixe & du fel fébrifuge ou marin, n'apprenant rien d'exact fur la nature de ces différens principes, il faut avoir recours à des moyens qui puiffent extraire ces fubftances fans les altérer, & qui permettent d'en examiner féparément les propriétés.

Pour obtenir & féparer ces différentes fubftances reconnues par M. *Thouvenel* (a), on peut

------

(a) Il faut lire ici le Mémoire médico-chimique de ce Médecin, fur les principes & les vertus des fubftances animales médicamenteufes, qui a remporté le prix de l'Académie de Bordeaux en 1778. M. *Thouvenel* s'eft beaucoup occupé de l'analyfe des matières animales : on lui doit plufieurs découvertes; mais il eft bon d'être prévenu que fon but employer différens moyens. Ce Médecin s'eft fervi de l'expreffion pour faire couler les fluides contenus dans l'éponge mufculaire, de l'action du feu pour coaguler la lymphe & obtenir le fel par l'évaporation, de l'eau pour diffoudre & féparer le mucilage gélatineux, le fel & l'extrait, & de l'efprit de vin pour enlever ces deux derniers principes fans la gelée. Il eft en général très-difficile de féparer exactement ces différentes matières, parce que toutes font folubles dans l'eau, & que l'efprit de vin diffout en même tems l'extrait favonneux, & une partie du fel. Le procédé qui réuffit le mieux, paroît être celui qui confifte à laver d'abord la chair dans l'eau froide, qui enlève la lymphe colorante avec une partie du fel ; enfuite, à faire digérer le réfidu de ce lavage dans l'efprit de vin, qui diffout la matière ext active & une portion du fel ; enfin, à faire bouillir dans l'eau la chair traitée par ces deux procédés. Ce fluide diffout

---

ayant été d'apprécier par l'analyfe chimique & par l'obfervation, les propriétés médicinales de ces matières, ce qu'il a dit de leur nature, n'eft pas auffi étendu & peut-être auffi clair, fur-tout relativement à la chair des animaux, qu'on auroit pu le defirer dans des recherches de Chimie philofophique. Il a fait lui-même cette réflexion dans l'Ouvrage cité.

la partie gélatineufe par l'ébullition, & il enlève auffi les portions d'extrait & de fel qui ont échappé à l'action des premiers menftrues. En évaporant lentement la première eau employée à froid, la lymphe fe coagule, on la fépare par le filtre, & l'évaporation lente de la liqueur filtrée fournit la matière faline. En évaporant de même l'efprit de vin, on obtient la matière extractive colorée; & enfin la décoction fournit la gelée & l'huile graiffeufe, qui nage à la furface, & fe fige par le refroidiffement. Après l'extraction de ces diverfes fubftances, il ne refte plus que le tiffu fibreux; il eft blanc, infipide, infoluble dans l'eau; il brûle en fe ferrant & fe contractant; il donne beaucoup d'alkali volatil & de l'huile très-fétide à la cornue; enfin il a tous les caractères de la partie fibreufe du fang. Il paroît donc démontré par-là que l'organe mufculaire eft le réfervoir où l'action de la vie dépofe la matière fibreufe, qui devient concrète par le repos, & qui paroît être le foyer ou la bafe de la propriété animale, appelée irritabilité par les Phyfiologiftes.

Il ne nous refte plus pour connoître exactement la nature de la chair des animaux, qu'à examiner les propriétés de chacune des fubftances dont elle eft compofée.

La lymphe, la gelée & la partie graffe nous

font déjà connues ; la première reſſemble parfaitement à celle du ſang ; nous obſerverons que
c'eſt elle qui, en ſe coagulant par la chaleur de
l'eau dans laquelle on cuit de la viande pour
faire du bouillon, produit l'écume qu'on enlève avec ſoin. Cette écume eſt d'un brun rouge
ſale, parce que la lymphe rouge eſt altérée par
la chaleur de l'ébullition. La gelée retirée de la
chair, fait ordinairement prendre en une maſſe
tremblante les bouillons préparés avec la chair
des jeunes animaux, qui en contient beaucoup
plus que celle des vieux ; elle eſt abſolument
ſemblable à celle qui conſtitue les parties molles
& blanches des animaux, & dont nous avons
expoſé les propriétés dans l'article précédent. La
matière graſſe qui forme des gouttes applaties &
arrondies, nageant à la ſurface des bouillons ,
& qui devient ſolide par le refroidiſſement ,
préſente tous les caractères de la graiſſe. Nous
n'avons donc à examiner que la matière extractive & le ſel qu'on obtient dans l'analyſe des
muſcles.

La ſubſtance que M. *Thouvenel* appelle mu-
queuſe extractive, eſt ſoluble dans l'eau & dans
l'eſprit de vin; elle a une ſaveur marquée, tandis que la gelée n'en a point. Lorſqu'elle eſt
très-concentrée, elle en prend une âcre &
amère ; elle a une odeur aromatique particu-

lière que le feu développe; c'eft elle qui colore les bouillons, & qui leur donne la faveur
& l'odeur agréable qu'on leur connoît. Lorfqu'on les fait trop évaporer, ou lorfqu'on met
une grande quantité de viande pour celle de
l'eau, les bouillons font très-colorés & plus ou
moins âcres; enfin, l'action du feu développe
& exalte la faveur de cette matière extractive,
jufqu'à lui donner celle de fucre ou de caramel, comme on l'obferve à la furface de la
viande rôtie, que l'on appelle ordinairement
riffolée. Si l'on examine ultérieurement les propriétés de cette fubftance extractive évaporée
jufqu'en confiftance sèche, on obferve que fa
faveur eft âcre, amère & falée; que mife fur
un charbon ardent, elle fe bourfouffle & fe
liquéfie en exhalant une odeur acide piquante,
femblable à celle du fucre brûlé; qu'expofée à
l'air, elle en attire l'humidité, & qu'il fe forme
une efflorefcence faline à fa furface; qu'elle
s'aigrit & fe pourrit à un air chaud, lorfqu'elle
eft étendue dans une certaine quantité d'eau; &
enfin qu'elle eft diffoluble dans l'efprit de vin.
Tous ces caractères rapprochent cette fubftance
des extraits favonneux & de la matière fucrée
des végétaux.

Quant au fel qui fe criftallife dans l'évaporation lente de la décoction des chairs, fa nature

n'eſt pas encore parfaitement connue. M. *Thou-venel* l'a obtenu ſous la forme de duvet, ou ſous celle de criſtaux mal figurés. Ce Chimiſte penſe que c'eſt un ſel parfaitement neutre formé par l'alkali fixe végétal, & un acide qui a le caractère d'acide microſcomique dans les quadrupèdes frugivores, & marin dans les reptiles carnaſſiers ; mais on doit regarder ce ſel comme inconnu, juſqu'à ce qu'on en ait recueilli une aſſez grande quantité pour pouvoir l'examiner en détail, & ſur-tout par le moyen des réactifs. Il eſt néceſſaire de faire obſerver qu'il faut un travail long & pénible pour le débarraſſer des matières extractives, gélatineuſes & lymphatiques qui l'enveloppent.

Des Os des Animaux.

Les os font le ſoutien de tous les autres organes des animaux, & la baſe ſur laquelle toutes les parties molles ſont appuyées. Ces parties dures ne doivent point être regardées comme paſſives dans l'économie animale ; ce ſont des véritables organes ſécrétoires qui ſéparent du ſang & des autres humeurs une matière ſaline particulière, dont ils ſont le dépôt ou le réſervoir.

Les os conſidérés dans tous les animaux, depuis l'homme juſqu'aux inſectes & aux vers,

différent

diffèrent par leur texture, leur solidité, leur position relative aux muscles, & probablement par leur nature. L'analyse chimique n'a pas encore prononcé sur ce dernier point ; mais on ne peut se refuser à croire que les os de l'homme & des quadrupèdes ne soient d'une nature différente de celle des os mous & flexibles des poissons, des reptiles, & sur-tout du squelette corné des insectes, ainsi que du test calcaire des vers à coquilles. Le point de vue sous lequel nous devons examiner ici les os des animaux, ne nous permet pas d'insister sur ces différences, sur lesquelles les Chimistes n'ont point encore fait les recherches nécessaires pour fixer l'opinion des Physiologistes.

Les os de l'homme & des quadrupèdes qui ont été seuls examinés jusqu'à présent par les Chimistes, ne sont pas des matières terreuses, comme on l'a cru autrefois. Ils contiennent une certaine quantité de matière gélatineuse, dispersée dans les petites cavités formées par l'écartement des lames solides qui composent leur tissu, & ces lames solides elles-mêmes, que leur insolubilité & leur consistance sembloient rapprocher des matières terreuses, ont été reconnues depuis quelques années pour un véritable sel neutre formé d'acide phosphorique & de chaux.

Tome II.   E e e

Les os exposés au feu avec le contact de l'air, s'enflamment à l'aide d'une certaine quantité de graisse médullaire qu'ils contiennent. Si on les distille dans une cornue, ils donnent un phlegme alkalin, une huile empyreumatique fétide, & beaucoup d'alkali volatil concret ou sel ammoniacal crayeux. Leur charbon est compacte, il s'incinère assez difficilement ; il laisse un résidu blanc qui fournit par son lavage à l'eau froide une petite quantité de soude crayeuse ou natrum. L'eau chaude en enlève ensuite une certaine quantité de sélénite. Ce qui reste après ces lessives est insoluble dans l'eau ; c'est un sel phosphorique calcaire que les acides vitrioliques & nitreux sont susceptibles de décomposer.

L'eau dans laquelle on fait bouillir les os réduits en petites parcelles ou rapés, se charge d'une substance qui lui donne de la viscosité, & qui est une véritable matière gélatineuse.

Les alkalis sont susceptibles de décomposer le sel phosphorique calcaire qui forme la base des os. Cette décomposition est annoncée par MM. les Chimistes de l'Académie de Dijon ; ils disent l'avoir opérée en traitant par la fusion un mélange de poudre des os calcinés & d'alkali fixe.

Les acides agissent sur les os, & décompofent le fel phofphorique qu'ils contiennent. C'eſt par leur moyen que MM. *Schéele* & *Gahn* font parvenus à retirer il y a environ fix ans, l'a-cide phofphorique. Ces Chimiſtes ont d'abord employé l'acide nitreux qui diſſout complète-ment les os. Cet acide s'empare de la chaux avec laquelle il forme du nitre calcaire qui reſte en diſſolution en même-tems que l'acide phof-phorique. Ils verſoient dans ce mélange de l'a-cide vitriolique, qui en enlevant la chaux du nitre calcaire, formoit de la félénite; ils fépa-roient cette dernière, précipitée à cauſe de fon infolubilité, en filtrant la liqueur; enfin, ils dif-tilloient dans une cornue la liqueur filtrée, qui étoit un mélange d'acide nitreux & d'acide phof-phorique, & ils obtenoient ce dernier dans l'état de verre phofphorique. En le chauffant dans une cornue avec du charbon en poudre, ils avoient du phofphore beaucoup plus prompte-ment que l'on n'obtient celui du réfidu de l'u-rine. MM. *Poulletier de la Salle* & *Macquer* font les premiers qui ont répété ces belles ex-périences à Paris. Enfuite MM. les Académiciens de Dijon, M. *Rouelle*, M. *Prouſt*, M. *Nicolas* ont communiqué leurs recherches & leurs pro-cédés. Pluſieurs autres Chimiſtes ont examiné à l'envi les diverfes matières folides des animaux; & parmi ces derniers, M. *Berniard* a retiré

E e e ij

l'acide phosphorique des os fossiles, de ceux de baleine, d'éléphant, de marsouin, du bois d'élan, des os de bœuf, des os humains, de la dent de vache marine, d'une dent mâchelière d'éléphant, & il a observé que tous ces os donnoient les mêmes substances, & contenoient de l'acide phosphorique en quantités différentes. *Voyez Journal de Physique*, octobre *1781.* M. le Marquis *de Bullion* a aussi retiré du verre phosphorique, de l'ivoire & des arrêtes de poissons.

Pour retirer l'acide phosphorique des os, on peut mettre en usage le procédé suivant. On calcine les os jusqu'au noir ou jusqu'au blanc, on les réduit en poudre, on les passe au tamis, on les mêle dans une terrine de grès avec partie égale d'huile de vitriol, & on ajoute assez d'eau pour faire du tout une bouillie claire; on laisse ce mélange en repos pendant quelques heures, il s'épaissit; on le porte sur une double toile soutenue par un carrelet, on le lave avec de l'eau jusqu'à ce que ce fluide, qui passe clair à travers la toile, soit sans saveur & ne précipite plus l'eau de chaux. Alors on est assuré que le résidu ne contient plus d'acide phosphorique libre; on fait évaporer l'eau des lavages, elle dépose peu à peu une matière blanche qui est de la sélénite, & que l'on en sé-

pare par le filtre; on a foin de laver cette félénite, pour en enlever tout l'acide phofphorique; on répète ces filtrations jufqu'à ce que
la liqueur ne dépofe plus rien. Alors on continue à l'évaporer jufqu'en confiftance de miel
ou d'extrait mou; elle acquiert alors une couleur brune & un afpect gras. On la met dans
un creufet, & on la chauffe par degrés jufqu'à
ce qu'elle ceffe d'exhaler une odeur fulfureufe
& comme aromatique, & jufqu'à ce qu'elle ne
bouillonne plus. Dans cet état, cette matière a
une confiftance demi-vitreufe, une faveur acide;
elle attire l'humidité de l'air. Si on la chauffe
davantage, elle fe fond en un verre tranfparent,
dur, infipide, infoluble, qui ne préfente plus
aucun caractère d'acidité. Lorfqu'on veut en
obtenir du phofphore, on ne doit pas attendre
que ce réfidu de la liqueur acide évaporée foit
dans cet état de verre infoluble, parce qu'il n'en
donne alors qu'à un feu extrême, & beaucoup
plus tard que lorfqu'il eft encore mou & déliquefcent. Pour le réduire en phofphore, on le
met en poudre, on le mêle avec la moitié de
fon poids de charbon bien fec, on l'introduit
dans une cornue de grès, à laquelle on adapte
un ballon à moitié rempli d'eau, & percé d'un
petit trou, ou terminé par un fyphon avec l'appareil de *Woulfe*. On donne le feu par degrés

jufqu'à faire rougir la cornue à blanc; alors le phofphore coule en gouttes, & l'opération dure en tout depuis cinq jufqu'à fept ou huit heures, fuivant la quantité de matière que l'on diftille, & la force du feu que peut donner le fourneau. De fix livres d'os, on obtient ordinairement vingt onces ou un peu plus de réfidu vitriforme, & ce réfidu fournit depuis trois jufqu'à trois onces & demie ou quatre onces de phofphore très-beau, & quelques gros de phofphore à demi-décompofé.

Il en eft de ce produit retiré des os par l'acide vitriolique, comme du réfidu du fel fufible d'urine décompofé au feu. Ce produit n'eft point de l'acide phofphorique pur, puifqu'il ne donne que tout au plus un cinquième de fon poids de phofphore; il paroît qu'il contient une certaine quantité de terre calcaire, parce que la félénite qu'on ne peut enlever en entier, eft décompofée par l'acide phofphorique concentré, & reforme du fel phofphorique calcaire qui entre en fufion à l'aide de l'acide vitrefcible excédant. Outre cela le verre phofphorique offeux eft en partie formé de la fubftance particulière découverte par M. *Prouft*, & qui paroît accompagner conftamment l'acide phofphorique combiné dans les humeurs des animaux. Ce Chimifte n'a pas encore indiqué le procédé pour

retirer cette fubftance du verre phofphorique offeux ; mais les recherches qu'il a promifes fur cet
objet important, nous feront fans doute connoître ce procédé, & éclaireront beaucoup l'hiftoire
de ce produit de l'art. Enfin, quelques Chimiftes modernes ont penfé que l'acide phofphorique n'eft pas contenu dans les os, & qu'il eft
formé par l'acide vitriolique employé pour l'extraire. M. *Berniard* s'occupe actuellement d'un
travail fuivi pour décider cette queftion, & l'on
doit tout efpérer des recherches de ce Savant.

LEÇON LXIX.

Des diverfes Subftances utiles à la Médecine
ou aux Arts, qu'on retire des différens
Animaux.

SI nous nous propofions de faire une hiftoire
exacte & détaillée de toutes les fubftances que
les animaux fourniffent à la Médecine & aux arts,
nous aurions plus de chofes à dire fur ce feul
objet, que nous n'en avons déjà dites fur le
Règne animal, fur-tout en parlant des diverfes
matières animales que l'empirifme ou la crédu-
lité aveugle ont introduites autrefois en Méde-

cine, comme des remèdes fameux, & qui heu-
reufement font regardées aujourd'hui comme
entièrement inutiles. Notre projet eft de n'indiquer que les principales de ces fubftances, celles
auxquelles l'expérience chimique & médicinale
a reconnu des vertus bien marquées, ou qui
font d'un grand ufage dans les arts. Le nombre de ces matières n'eft pas très-confidérable,
& la plupart font fi connues & fi bien traitées dans les Auteurs de matière médicale,
que nous ne ferons que préfenter ici en peu de
mots leurs principales propriétés, avec d'autant
plus de raifon qu'elles fe rapportent prefque
toutes, aux fubftances fluides ou folides des animaux que nous avons déjà examinées.

Parmi les matières que fourniffent les quadrupèdes, nous choifirons le caftoreum, le mufc &
la corne de cerf. Le blanc de baleine produit
par un cétacée, mérite un examen particulier.
Parmi les produits des oifeaux, nous expofe-
rons l'analyfe des œufs; dans les amphibies,
la tortue, la grenouille & la vipère mériteront
un article à part. L'ichthyocolle fera le feul produit des poiffons que nous confidérerons. La
claffe des infectes nous fournira un plus grand
nombre d'objets à traiter; nous nous occuperons
des cantharides, des fourmis, des cloportes, du
miel & de la cire, de la réfine lacque, du ker-

mès, de la cochenille & des pierres d'écreviſſe. Quant aux vers, parmi leſquels on prend les lombrics, la coquille d'huître, la nacre de perle, l'os de sèche, &c. nous n'en parlerons pas ici, ſoit parce pluſieurs de ces ſubſtances n'ont point encore été analyſées, ſoit parce que quelques autres reſſemblent entièrement à celles que nous avons examinées précédemment ; enfin, nous terminerons notre examen des produits du Règne animal, par celui du corail & de la co-ralline. On voit d'après cette courte énuméra-tion, que nous paſſons ſous ſilence un grand nombre d'autres matières que l'on employoit autrefois en Médecine. Telles ſont, entr'autres, l'ivoire, l'unicornu, les dents d'hippopotame, celles du caſtor, du ſanglier, les os de cœur de cerf, le pied d'élan, les bézoards, la civette, le ſang de bouquetin dans les quadrupèdes ; le nid d'hirondelle, la graiſſe d'oie, la fiente de paon, la membrane de l'eſtomac de la poule, parmi les oiſeaux ; le crapaud, le ſcinc marin, parmi les reptiles ; le fiel & les pierres de car-pe, le foie d'anguille, les pierres de perche, les mâchoires de brochet, parmi les poiſſons ; les ſcarabées, la ſoie, la toile d'araignée, le méloë ou proſcarabé, les pinces de crabes, parmi les in-ſectes ; enfin, les limaçons & les dentales, parmi les vers nus ou recouverts. De toutes ces ſubſtances, les unes n'ont de vertus que celles que l'imagination exaltée leur a prêtées, & les autres font très-bien fuppléées par celles que nous avons choifies & que nous allons examiner en particulier.

Du Caftoreum.

On donne le nom de caftoreum à deux poches fituées dans la région inguinale du caftor mâle ou femelle, qui contiennent une matière très-odorante, molle & prefque fluide lorfqu'elles font récemment tirées de l'animal, & qui fe sèchent & prennent la confiftance réfineufe par le laps du tems. Cette fubftance a une faveur âcre, amère & nauféabonde; fon odeur eft forte, aromatique & même fétide; elle eft formée d'une matière réfineufe colorée que l'efprit de vin & l'éther diffolvent, d'un mucilage gélatineux & en partie extractif que l'eau enlève, & d'un fel qui fe criftallife dans la diffolution aqueufe évaporée, mais dont on ne connoît point encore la nature. La réfine du caftoreum dans laquelle réfide toute fa vertu, paroît fort analogue à celle de la bile. Toute la fubftance de ce produit animal eft renfermée dans des cellules membraneufes, qui prennent naiffance de la tunique interne de la poche qui les contient. Il n'y a point encore d'analyfe exacte du caftoreum; on fait feulement qu'il donne un peu d'huile effentielle & de l'alkali volatil à la diftillation, & que par le moyen de l'éther, de l'efprit de vin & de l'eau, on fépare les diverfes matières dont il eft compofé.

On l'emploie en Médecine comme un puiffant anti-fpafmodique dans les accès hyftériques & hypochondriaques, dans les convulfions qui dépendent des mêmes affections. Il produit fouvent les effets les plus prompts & les plus heureux; mais il arrive quelquefois qu'il irrite au lieu de calmer, fuivant une difpofition cachée du fyftême nerveux & fenfible. On doit donc ne l'adminiftrer qu'à une petite dofe dans le commencement de fon ufage. On l'a auffi donné avec fuccès dans l'épilepfie, le tétanos. Sa dofe eft depuis quelques grains jufqu'à un demi-gros en fubftance; on le fait entrer dans des bols, on le marie fouvent, & prefque toujours avantageufement, avec l'opium & tous les extraits calmans ou narcotiques. On fe fert auffi de fa teinture fpiritueufe & éthérée, qu'on prefcrit depuis quelques gouttes jufqu'à vingt-quatre ou trente-fix grains, dans des potions appropriées.

Du Musc.

Le musc, substance dont tout le monde connoît l'odeur forte & tenace, est contenu dans une poche située vers la région ombilicale d'un quadrupède ruminant, analogue à la gazelle & au chevrotain, & qui en diffère assez pour devoir faire un genre particulier. Cette matière est semblable au castoreum pour ses propriétés chimiques. C'est une résine unie à une certaine quantité de mucilage, d'extrait amer & de sel. Il est souvent falsifié. Ses vertus sont plus exaltées que celles du castoreum ; il est plus actif ; aussi ne l'employe-t-on que dans les cas les plus pressans. On le donne comme un anti-spasmodique puissant, dans les maladies convulsives, dans l'hydrophobie, &c. On le regarde aussi comme un aphrodisiaque violent. On doit être fort réservé sur son usage, parce qu'il excite souvent les affections nerveuses, au lieu de les calmer.

De la Corne de Cerf.

La corne de cerf est une des substances animales les plus employées en Médecine. C'est une matière osseuse, qui ne diffère en aucune manière des os. Elle contient abondamment une gelée douce, très-légère & assez nourrissante, qu'on en extrait en la faifant bouillir réduite en parcelles très-petites, dans huit à dix fois fon poids d'eau. Si on la diftille à la cornue, elle donne un phlegme rougeâtre & alkalin, qu'on appelle efprit, une huile plus ou moins empyreumatique, & une grande quantité de fel volatil ou ammoniacal crayeux. Il s'en dégage une quantité énorme de gaz en grande partie inflammable. Comme le fel volatil eft coloré, on le fait digérer dans un peu d'efprit-de-vin, qui enlève l'huile qui le falit. Le réfidu charbonneux incinéré, contient un peu de natrum, de la félénite, & beaucoup de fel phofphorique calcaire, qu'on décompofe par l'huile de vitriol, ainfi que nous l'avons dit pour les os. On employe en Médecine l'efprit & le fel de corne de cerf comme de bons anti-fpafmodiques. Le premier, faturé avec le fel acide du fuccin, forme la liqueur de corne de cerf fuccinée. L'huile de corne de cerf, rectifiée à une chaleur douce, devient très-blanche, très-odorante, très-volatile, & prefqu'auffi inflammable que l'éther; elle eft connue fous le nom d'huile animale de *Dippel*, Chimifte Allemand qui l'a le premier préparée. On employoit autrefois un grand nombre de rectifications pour obtenir l'huile très-blanche & très-fluide. On s'eft apperçu depuis que deux ou trois diftillations fuffifent, pourvu qu'on ait la précaution, 1°. d'introduire l'huile à rectifier dans la cornue, à l'aide d'un long entonnoir, pour que le col de ce vaisseau soit très-propre ; car il ne faut qu'une seule goutte d'huile colorée pour donner de la couleur à toute celle que l'on distille ; 2°. de ne prendre que les premières portions les plus volatiles & les plus blanches. C'est à MM. *Model* & *Baumé* qu'on doit ces observations. M. *Rouelle* a donné aussi un très-bon procédé pour obtenir cette huile ; il consiste à la distiller avec de l'eau. Comme il n'y a que la portion la plus volatile & celle qui est véritablement éthérée toute contenue même dans l'huile de la première distillation, qui puisse se volatiliser au degré de chaleur de l'eau bouillante, on est sûr de n'avoir par ce moyen que la portion la plus tenue & la plus pénétrante. Cette huile a une odeur vive, une légéreté & une volatilité singulières ; elle présente toutes les propriétés des huiles essentielles végétales, & elle ne paroît en différer que parce qu'elle contient de l'alkali volatil, puisqu'elle verdit le sirop de violettes, suivant M. *Parmentier*. On employe cette huile par gouttes dans les affections nerveuses, l'épilepsie, &c.

Du Blanc de Baleine.

Le blanc de baleine, *sperma ceti*, est une

matière huileuse, concrète, criftalline, à demi-tranfparente, & d'une odeur fauvagine particulière, qu'on retire de la cavité du crâne du cachalot, & qu'on purifie par la liquéfaction, & en le féparant d'une autre huile fluide & inconcrefcible qui eft mêlée avec lui. Cette fubftance préfente des propriétés chimiques très-fingulières, qui la rapprochent d'un côté des huiles graffes & de l'autre des huiles effentielles.

Le blanc de baleine, chauffé avec le contact de l'air, s'enflamme & brûle uniformément fans répandre d'odeur défagréable. Auffi en fait-on de très-belles chandelles dans les pays où on le travaille, à Bayonne, à Saint-Jean-de-Luz, &c.

Si on le diftille à feu nu, il ne donne point de phlegme acide comme les huiles graffes, fuivant M. *Thouvenel* ; mais il paffe tout entier & prefque fans altération dans le récipient, dès qu'il commence à bouillir, & il laiffe dans la cornue une trace charbonneufe. En répétant cette opération, il perd fa forme folide & refte fluide, fans être plus volatil.

Le blanc de baleine, expofé à l'air chaud, jaunit & devient rance, mais moins facilement que les autres huiles graffes concrètes. L'eau dans laquelle on le fait bouillir ne donne par l'évaporation qu'un léger réfidu mucofo-onctueux.

L'alkali cauftique diffout le blanc de baleine, forme avec lui un favon qui acquiert peu-à-peu de la folidité jufqu'à devenir friable.

Les acides nitreux & marin n'ont aucune action fur lui. L'acide vitriolique concentré le diffout en altérant fa couleur ; cette diffolution eft précipitée par l'eau , comme l'huile de camphre.

Le blanc de baleine s'unit au foufre comme les huiles graffes.

Les huiles graffes & effentielles diffolvent le blanc de baleine à l'aide de la chaleur ; l'efprit de vin chaud le diffout auffi , & le laiffe précipiter par le refroidiffement. L'éther opère cette diffolution à froid ou par la feule chaleur de la main.

Le blanc de baleine feroit-il aux huiles graffes, ce que le camphre eft aux huiles effentielles ?

On faifoit autrefois en Médecine un ufage fort étendu de cette fubftance ; on lui attribuoit un grand nombre de propriétés. On s'en fervoit fur-tout dans les maladies catarrhales, les érofions, les ulcères du poumon, des reins, &c. Aujourd'hui on ne l'employe guère que comme adouciffant , & encore à petite dofe, & mêlé avec des mucilages, parce qu'on s'eft convaincu qu'il eft pefant fur l'eftomac, qu'il occafionne des dégoûts, des naufées & même des vomiffemens.

Des

Des Œufs.

Les œufs des oiseaux, & en particulier ceux des poules, sont composés, 1°. d'une coque osseuse, qui contient une gelée & du sel phosphorique calcaire, démontré par M. *Berniard* ; 2°. d'une pellicule membraneuse placée sous la coque, & qui paroît être un tissu de matière fibreuse ; 3°. du blanc ; 4°. du jaune contenu & suspendu dans le milieu du blanc. C'est sur cette dernière substance qu'est soutenu le germe.

Le blanc d'œuf est absolument de la même nature que la lymphe du sang ; il est visqueux, collant, il verdit le syrop de violettes, & contient de l'alkali fixe minéral à nu. Exposé à une chaleur douce, il se coagule en une masse blanche opaque qui exhale une odeur & un gaz hépatique. Ce blanc coagulé & séché au bain-marie, donne un phlegme fade qui se pourrit, & prend la sécheresse & la transparence roussâtre de la corne. Distillé à la cornue, il donne de l'akali volatil concret & de l'huile empyreumatique ; son charbon contient un peu d'alkali minéral. Le blanc d'œuf exposé à l'air en couches minces, se dessèche plutôt que de se corrompre, & forme une sorte de vernis transparent. Il se dissout dans l'eau en toutes proportions. Les acides le coagulent ; si on filtre ce *coagulum* étendu d'eau, le fluide qui paſſe donne par l'évaporation le ſel neutre que doit former l'acide employé avec l'alkali fixe minéral contenu dans cette liqueur. L'eſprit de vin coagule auſſi le blanc d'œuf.

Le jaune d'œuf eſt formé en grande partie d'une matière lymphatique, mais qui eſt mêlée avec une certaine quantité d'une huile douce, de ſorte que ce mêlange ſe diſſout dans l'eau, & forme une eſpèce d'émulſion animale, nommée lait de poule. Si on l'expoſe au feu il ſe prend en une maſſe moins ſolide que le blanc. Lorſqu'il eſt deſſéché, il éprouve une ſorte de ramolliſſement dû au dégagement de ſon huile qui ſuinte à ſa ſurface. Si dans cet état on le ſoumet à la preſſe, on obtient cette huile qui eſt douce & graſſe, d'une ſaveur & d'une odeur légère de rôti ou d'empyreume. Le jaune d'œuf diſtillé, après qu'on en a retiré l'huile, donne les mêmes produits que toutes les matières animales. Les acides & l'eſprit de vin le coagulent. L'huile douce qu'il contient établit une analogie frappante entre les œufs des animaux & les graines des végétaux, puiſque ces dernières en contiennent auſſi une qui eſt liée de même avec du mucilage, & réduite à l'état émulſif.

Les œufs ſont d'un uſage très-étendu comme matière alimentaire. On ſe ſert en Pharmacie & en Médecine de ſes différentes parties. La coquille calcinée est employée comme absorbante. L'huile d'œuf est adoucissante ; on s'en sert à l'extérieur dans les brûlures, les gerçures, &c. Le jaune d'œuf rend les huiles dissolubles dans l'eau, & forme des loochs. On le triture avec les résines. Le blanc d'œuf est employé avec succès en Pharmacie & dans l'office, pour clarifier les sucs des plantes, le petit lait, les sirops, les liqueurs, &c. On l'applique aussi sur les tableaux qu'il conserve en formant un vernis transparent à leur surface.

De la Tortue, de la Grenouille & de la Vipère.

Ces trois animaux sont employés en Médecine ; on fait avec leur chair & leurs os des bouillons auxquels on a attribué des vertus particulières. Il sembleroit en effet que des animaux zoophages dont les humeurs sont plus atténuées que celles de la plupart des quadrupèdes, dont les parties ont en général une odeur plus forte & toute particulière, & paroissent contenir plus de matière saline, puisqu'elles fournissent beaucoup d'alkali volatil en les distillant à une chaleur douce après les avoir triturées avec l'huile de tartre, il sembleroit, dis-je, que ces animaux devroient jouir de vertus plus énergiques & plus multipliées. Cependant beaucoup de Médecins doutent de leur énergie, & les affocient aux autres animaux. Malgré cette opinion, on eft encore dans l'ufage d'adminiftrer les bouillons de tortue & de grenouille dans les maladies de langueur, dans les confomptions fans caufe apparente, les convalefcences des maladies aigues, & l'on en éprouve fouvent de bons effets. Il paroît que leurs décoctions font plus nourriffantes, plus légères, & douées en même-tems d'une certaine activité, que leur odeur forte & leur faveur particulière démontrent affez.

Les vipères font regardées comme plus actives; les Anciens en ont beaucoup vanté les vertus dans les maladies de la peau, dans celles de la poitrine, dans les affections chroniques où la lymphe eft viciée. On ne peut s'empêcher de croire que leurs bouillons font plus reftaurans qu'alimentaires, & doivent produire des dépurations par la peau, à l'aide de leur efprit recteur exalté. Leur poudre, leur fel volatil a à-peu-près les mêmes vertus. On les a encore adminiftrées entières & comme alimens dans les mêmes maladies, & avec fuccès.

L'analyfe chimique a démontré à M. *Thouvenel* dans ces animaux, une gelée plus ou moins légère, confiftante ou vifqueufe, un extrait acre, amer & déliquefcent, une matière albumineufe concrefcible, un fel ammoniacal, & une fubftance huileuſe d'une ſaveur & d'une odeur particulière, quelquefois ſoluble dans l'eſprit de vin, &c. *Voyez le Mémoire de cet Auteur ſur les ſubſtances animales médicamenteuſes, page 6 juſqu'à 21.*

De l'Ichthyocolle.

L'icthyocolle ou colle de poiſſon, eſt une ſubſtance en partie gélatineuſe & en partie fibreuſe, qu'on prépare en roulant les membranes qui forment la veſſie natatoire de l'eſturgeon & de pluſieurs autres poiſſons, & en les faiſant ſécher à l'air, après leur avoir donné la forme d'une corde tournée en cœur. Cette matière donne une gelée viſqueuſe par l'ébullition dans l'eau. Lorſqu'on la laiſſe macérer quelque tems dans ce fluide, on peut la déplier & l'étendre en une eſpèce de membrane. Elle n'eſt jamais caſſante comme les colles proprement dites; mais elle plie à cauſe de ſon tiſſu fibreux & élaſtique. On en prépare auſſi une eſpèce par la décoction de la peau & des inteſtins des poiſſons; mais elle n'a pas les mêmes propriétés dans les arts. On retire de l'icthyocolle tous les produits des autres ſubſtances animales. On peut l'employer en Médecine, comme un adouciſſant, dans les maladies de la gorge, des inteſtins, &c. Mais on préfère ordinairement pluſieurs autres subſtances végétales qui jouiſſent de la même vertu. Elle ſert dans les arts pour clarifier les liqueurs, le vin, le café, &c. Elle forme un filtre qui entraîne en s'élevant du fond à leur ſurface, les parties étrangères qui en altèrent la tranſparence.

LEÇON LXX.

Des Cantharides, des Fourmis & des Cloportes.

LES inſectes n'ont encore été que peu examinés par les Chimiſtes; cependant, les ſingularités que quelques-uns ont préſentées dans l'analyſe, indiquent que les recherches ſur cet objet ſeront intéreſſantes pour la Médecine & les arts. Nous allons donner ici le réſultat des travaux faits ſur trois inſectes, dont deux ſont employés en Médecine, & l'autre offre des faits chimiques trop intéreſſans pour être paſſés ſous ſilence.

1°. Les cantharides, remède ſi important par ſa qualité corroſive & épiſpaſtique, ſont formées, ſuivant M. *Thouvenel*, 1°. d'un parenchyme dont il n'a pas déterminé la nature, & qui fait la moitié du poids de ces inſectes deſſéchés;

2°. de trois gros par once d'une matière extractive jaune rougeâtre, fort amère, qui donne de l'acide dans sa diftillation; 3°. de douze grains par once d'une matière jaune & cireufe, à laquelle eft due la couleur jaune dorée des cantharides; 4°. de foixante grains d'une fubftance verte huileufe analogue à la cire, d'un goût âcre, dans laquelle réfide principalement l'odeur des cantharides. Cette fubftance diftillée, donne un acide très-piquant, & une huile concrète comme la cire. L'eau diffout l'extrait, l'huile jaune, & même un peu d'huile verte; mais l'éther n'attaque que cette dernière, & peut être employé avec fuccès pour la féparer des autres. C'eft de l'efpèce de cire verte que dépend la vertu des cantharides. Pour extraire cette dernière en même tems que la matière extractive, & former en général une teinture bien chargée de ces infectes, il faut employer un mêlange d'efprit de vin & d'eau à parties égales. En diftillant cette teinture mixte, on retire un efprit de vin qui conferve une légère odeur des cantharides; & les diverfes matières qu'il tenoit en diffolution, fe féparent les unes des autres à mefure que l'évaporation a lieu.

2°. Les fourmis ont été analyfées par MM. *Margraf* & *Thouvenel*. Le premier de ces Chimiftes y a trouvé un acide particulier, une huile graffe,

F f f iv

& une matière extractive. Le fecond a pouffé plus loin fes recherches. En diftillant ces infectes avec de l'eau, le fluide qu'on en obtient n'eft que peu acide. Pour recueillir ce principe falin , M. *Thouvenel* a étendu des linges imprégnés d'huile de tartre fur des fourmillières décou- vertes. Les fourmis en le parcourant y ont dardé leur acide , & le principe odorant de la même nature, qu'elles exhalent en fi grande abondance, a faturé l'alkali fixe répandu fur la toile. La lef- five de ces linges évaporée , a donné un fel neutre criftallifé en parallélogrammes applatis, ou en colonnes prifmatiques, non-déliquefcent, dont l'acide a paru à ce Chimifte avoir tous les ca- ractères de celui du fel microcofmique ou fu- fible. L'efprit de vin digéré fur les fourmis en extrait un peu d'huile effentielle, qui conftitue avec ce fluide l'efprit de magnanimité. Si l'on fait bouillir ces infectes dans de l'eau , & qu'on les exprime enfuite , on en retire une huile graffe , qui va jufqu'à treize gros par livre. Cette huile eft d'un jaune verdâtre ; elle fe congèle à une température beaucoup moins froide que l'huile d'olives, & elle eft fort analogue à la cire. L'eau de la décoction évaporée, donne un extrait brun rougeâtre, d'une odeur fétide, acidule & ca- féeufe, d'une faveur amère, nauféeufe & acide. Cet extrait eft féparé en deux fubftances par l'application succeſſive de l'eau & de l'eſprit de vin. Le parenchyme des fourmis privées de ces différentes ſubſtances va à trois onces deux gros par livre.

3°. Les cloportes *millepedes*, *aſelli*, *porcelli*, *oniſci*, &c. ont préſenté à M. *Thouvenel* quelques différences dans leur analyſe. Diſtillés au bain-marie ſans addition, ils ont donné un phlegme fade & alkalin, faiſant quelquefois efferveſcence avec les acides, & verdiſſant le ſirop de violettes. Ils ont perdu dans cette opération les cinq huitièmes de leur poids. Traités enſuite par l'eau & par l'eſprit de vin, ils ont fourni par once deux gros de matière ſoluble, dont plus des deux tiers étoient une matière extractive, & le reſte une ſubſtance huileuſe ou cireuſe. On ſépare facilement ces deux produits par l'éther, qui diſſout le dernier ſans toucher à l'extrait. Ces matières diffèrent de celles des cantharides & des fourmis, en ce qu'elles donnent plus d'alkali volatil concret, & point d'acide dans leur diſtillation. M. *Thouvenel* fait obſerver à ce ſujet que dans les inſectes, les cloportes paroiſſent être aux cantharides & aux fourmis, ce que ſont les reptiles relativement aux quadrupèdes.

Quant aux ſels neutres contenus dans les inſectes, ils ſont en fort petite quantité, & très-difficiles à retirer. M. *Thouvenel* aſſure que les

cloportes & les vers de terre, *lumbrici*, lui
ont conftamment donné du fel marin à bafe
terreufe & à bafe d'alkali végétal, tandis que dans
les fourmis & les canthaïides, ces deux bafes,
dont la première lui a toujours paru la plus abondante, font unies à un acide qui a le caractère
de l'acide microcofmique. Il eft néceffaire d'obferver que ce Chimifte n'a donné dans fa differtation, ni les moyens d'extraire ces fels, ni les
procédés dont il s'eft fervi pour reconnoître leur
nature.

On n'emploie guère en Médecine que les cantharides & les cloportes. Ces derniers ne paroiffent agir que comme des ftimulans & des
diurétiques légers, & encore doit-on les adminiftrer, d'après les expériences de M. *Thouvenel*, à une dofe beaucoup plus forte qu'on
ne fait ordinairement. Le fuc exprimé de quarante ou cinquante cloportes vivans, donné
dans une boiffon adouciffante, ou mêlé avec
le fuc de quelques plantes apéritives, peut être
employé avec fuccès dans la jauniffe, les maladies féreufes, *à ferofâ colluvie*, les dépôts
laiteux, &c. Quant aux cantharides, c'eft un
des médicamens les plus puiffans que la Médecine poffède. M. *Thouvenel* a éprouvé fur
lui-même l'effet de la matière cireufe verte,
dans laquelle réfide la vertu de ces infectes ;

appliquée fur la peau à la dofe de neuf grains, elle a fait élever une cloche pleine de férofité, comme le font les cantharides en poudre. Mais ce qu'il y a de plus précieux dans ces expériences fur ce remède héroïque, c'eft ce que ce Médecin a obfervé fur les effets de la teinture fpiritueufe de cantharides. Il l'a employée avec le plus grand fuccès à l'extérieur, depuis la dofe de deux gros jufqu'à celle de deux onces & demie, dans les douleurs de rhumatifme, de fciatique, de goutte vague. Elle échauffe les parties, accélère le mouvement de circulation, excite des évacuations par les fueurs, les urines, les felles, fuivant les parties fur lefquelles on l'applique. Il rapporte même quelques bons effets de cette teinture adminiftrée à l'intérieur par des Médecins étrangers ; mais les jeunes Médecins doivent être prévenus qu'il faut être très-modéré fur l'ufage intérieur de ce médicament ; on lui a vu occafionner des chaleurs à la peau, des inflammations, des crachemens de fang, des douleurs aux reins, à la veffie, des dyfuries, &c. *Voyez la Differtation citée de M. Thouvenel, page 46 à 50.*

Du Miel & de la Cire.

Ces deux matières préparées par les abeilles, femblent appartenir au Règne végétal, puifque

ces infectes vont ramaffer la première dans les
nectaires des fleurs, & la feconde dans les anthères de leurs étamines. Cependant elles ont
fubi une élaboration particulière ; & d'ailleurs
comme on les retire après le travail des abeilles,
c'eft dans l'hiftoire des infectes qu'on doit examiner leurs propriétés.

Le miel eft une matière parfaitement femblable aux fucs fucrés que nous avons examinés
dans les végétaux. Il a une couleur blanche ou
jaunâtre, une confiftance molle & grenue, une
faveur fucrée & aromatique. On en retire par le
moyen de l'efprit de vin, & même par l'eau,
à l'aide de quelques manipulations, un véritable
fucre. Il donne à la cornue un phlegme acide,
une huile ; & fon charbon eft rare & fpongieux comme celui des mucilages des plantes.
L'acide nitreux en extrait un acide entièrement
analogue à celui du fucre. Il eft très-diffoluble
dans l'eau ; il forme un firop, & il paffe comme
le fucre à la fermentation fpiritueufe. C'eft un
très - bon aliment, & un médicament adouciffant, béchique, légèrement apéritif. On le donne
diffous dans l'eau & mêlé avec du vinaigre, fous
le nom d'oxymel ; on le combine fouvent avec
quelques plantes âcres, comme dans l'oxymel
fcillitique, colchique. Il fait l'excipient de plufieurs médicamens qui portent fon nom, comme

le miel rofat, de nénuphar, le miel mercu-
rial, &c.

La cire eft un fuc huileux concret, analogue
aux huiles graffes folides, telles que le beurre
de cacao, & plus encore à la cire du *galé* ou
piment royal des Chinois. Quoiqu'on ne puiffe
douter que cette fubftance ne vienne des étamines des fleurs, il eft cependant démontré qu'elle
reçoit dans le corps de l'animal une élaboration particulière, puifque fuivant les effais de
M. *de Réaumur*, on ne peut faire une cire
flexible avec la pouffière des anthères. La cire
qui compofe les alvéoles des abeilles eft jaune,
d'une faveur fade. On la blanchit en l'expofant
à l'action de la rofée & à l'air, après l'avoir réduite en lames minces. Chauffée à un feu doux,
elle fe ramollit, fe fond & forme un fluide huileux tranfparent; elle redevient folide & opaque
par le refroidiffement. Lorfqu'on la chauffe avec
le contact de l'air, elle s'allume dès qu'elle fe
volatilife; tel eft l'effet que produit la mêche
dans les bougies. Si on la diftille dans une cornue,
on en retire un phlegme acide, d'une odeur
forte & piquante, une huile d'abord fluide, qui
fe fige enfuite dans le récipient, & qui a la
confiftance d'un beurre. Elle ne laiffe qu'une
très-petite quantité de charbon fort difficile à
incinérer. En rectifiant plufieurs fois le beurre de

cire, il devient fluide & volatil. La cire n'est pas altérable à l'air ; elle s'y colore au bout d'un certain tems. Elle se diffout dans les huiles , auxquelles elle donne de la confiftance. En la faifant fondre dans ces fluides à une douce chaleur, elle forme les médicamens connus fous le nom de cérats. L'efprit de vin n'a point d'action fur la cire. Les acides la noirciffent ; les alkalis s'y combinent & la mettent dans l'état favonneux.

La cire eft employée dans un grand nombre d'arts. On s'en fert en Pharmacie pour la préparation des pommades , des onguens & des emplâtres.

De la Réfine lacque.

On a donné le nom impropre de gomme lacque à une fubftance réfineufe d'un rouge foncé, qui eft dépofée fur les branches des arbres par une efpèce de fourmi particulière aux Indes Orientales. Cette fubftance a paru à M. *Geoffroy* , (*Mémoires de l'Académie, année 1714,*) une forte de ruche dans laquelle les fourmis dépofent leurs œufs. En effet , fi on brife la lacque en bâtons , on la trouve remplie de petites cavités ou cellules régulières , dans lefquelles font placés de petits corps oblongs , que *Geoffroy* a regardés comme les embryons des fourmis. Ce Chimiſte penſe que c'eſt à cette matière animale que la lacque doit ſa couleur. Il regarde cette dernière comme une véritable cire ; cependant ſa ſéchereſſe , l'odeur aromatique qu'elle exhale en brûlant, & ſa ſolubilité dans l'eſprit de vin, ſemblent la rapprocher des réſines ; elle donne à la diſtillation une eſpèce de beurre, ſuivant le même Auteur. On diſtingue dans le commerce, la lacque en bâtons, la lacque en grains , & la lacque plate. Il faut obſerver que beaucoup d'autres ſubſtances colorantes , & en particulier les fécules rouges animales ou végétales , préparées d'une manière particulière , portent en teinture le nom de lacques. On emploie la réſine lacque dans le Levant, pour teindre les toiles & les peaux. Elle fait la baſe de la cire à cacheter. On en fait une teinture avec l'eſprit de cochléaria. Elle entre dans les trochiques de karabé, dans les poudres & les opiates dentrifiques, dans les paſtilles odorantes, &c.

Du Kermès & de la Cochenille.

Le kermès, *coccus infectorius*, a été regardé par les premiers Naturaliſtes comme un tubercule ou une excroiſſance des plantes. Des obſervations plus exactes ont appris que c'eſt la femelle d'un inſecte rangé parmi les hémiptères par M. *Geoffroy*. Cette femelle ſe fixe ſur les feuilles du chêne vert ; après avoir été fécondée, elle s'y étend, y meurt, & perd bientôt la forme d'insecte. Elle représente une coque brune arrondie, sous laquelle sont renfermés les œufs en très-grand nombre. On se servoit autrefois de cette coque dans la teinture ; on l'a abandonnée depuis qu'on a la cochenille. Le kermès présente les mêmes propriétés chimiques que cette dernière. Il entre dans le sirop de corail du codex, & dans la confection alkermès.

Il en est de la cochenille comme du kermès ; on l'a regardée long-tems comme une graine. Le Pere *Plumier* est un des premiers qui ait reconnu cette erreur. En effet, cette substance est la femelle d'un insecte hémiptère, qui diffère du kermès, en ce qu'elle conserve sa forme, quoique fixée sur les plantes. La cochenille employée en teinture, croît sur l'opuntia, figuier d'Inde ou raquette. On la récolte en grande quantité dans l'Amérique Méridionale. *Geoffroy*, qui en a fait l'analyse, y a reconnu les mêmes principes que dans le kermès ; il en a retiré de l'alkali volatil. On peut reconnoître la forme de cet insecte en le faisant macérer dans l'eau. On emploie la cochenille pour faire le carmin, & dans la teinture. On en retire une couleur cramoisi ou écarlate, suivant la manière dont on l'emploie. Comme c'est une matière colo-

rante

rante extractive, elle ne peut s'appliquer fur les fubftances à teindre qu'à l'aide d'un mordant. Elle prend facilement fur la laine, & elle la teint en écarlate par le moyen de la diffolution d'étain dans l'eau régale, qui décompofe l'extrait colorant, & en avive fingulièrement la couleur. On n'avoit pas pu donner cette belle couleur à la foie avant M. *Macquer*. Ce Chimifte a trouvé le moyen de la fixer fur cette fubftance, en imprégnant la foie de diffolution d'étain avant de la plonger dans le bain de cochenille, au lieu de mêler cette diffolution dans le bain, comme on le fait pour la laine.

Des Pierres d'Ecreviffe & du Corail.

Les concrétions pierreufes, fauffement appelées yeux d'écreviffes, *lapides cancrorum*, fe trouvent au nombre de deux dans la partie intérieure & inférieure de l'eftomac de ces infectes. Elles font arrondies, convexes d'un côté, concaves de l'autre, & placées dans l'animal entre les deux membranes du ventricule. Comme on ne les rencontre que dans le tems où les écreviffes changent de peau & d'eftomac, & comme elles fe détruifent peu à peu à mefure que leur nouvelle enveloppe prend de la confiftance, on croit avec affez de vraifemblance, qu’elles fervent à la reproduction de la fubftance calcaire qui fait la bafe de leurs écailles.

Ces pierres n’ont point de faveur ; elles contiennent un peu de matière gélatineufe. On les prépare en les lavant à plufieurs reprifes, & en les porphyrifant avec un peu d’eau pour les réduire en une pâte molle, que l’on moule en trochifques, & que l’on fait fécher. L’eau des lavages emportant ce que ces pierres contiennent de gelée animale, il ne refte plus que la fubftance terreufe. Préparées de cette manière, elles font une vive effervefcence avec tous les acides, & font abfolument de la même nature que la craie. Elles n’ont d’autre vertu que celle d’abforber les aigres des premières voies ; c’eft d’après des opinions fort hafardées fur toutes ces fubftances animales en général, qu’on les a mifes au rang des remèdes apéritifs, diurétiques, & même cordiaux.

Il en eft abfolument de même du corail, efpèce de ramification calcaire, blanche, rofe ou rouge, qui fait la bafe de l’habitation des polypes. On le prépare comme les pierres d’écreviffe. Il eft de nature calcaire comme ces fubftances pierreufes. Il entre dans la confection alkermès, la poudre de guttete, les trochifques de karabé. On lui a attribué des propriétés fans nombre ; mais il n’a abfolument d’autre vertu que celle d'un pur abforbant, à moins qu'il ne foit combiné avec les acides. On l'emploie fouvent, ainfi que les pierres d'écreviffe, dans l'état de fel neutre formé avec le vinaigre ou le fuc de citron, comme apéritif, diurétique, &c.

De la Coralline.

La coralline, appelée mouffe marine, eft, comme nous l'avons vu, une habitation particulière de polypes. Elle donne à la cornue les mêmes principes que les matières animales ; elle a une faveur falée, amère & défagréable. On l'emploie avec beaucoup de fuccès comme vermifuge. On la donne en poudre à la dofe de vingt-quatre grains pour les enfans, jufqu'à celle de deux gros & plus pour les adultes ; on en fait un firop anthelmintique ; elle entre dans la poudre contre les vers.

Des Analogies chimiques des Animaux & des Végétaux.

Si les Naturaliftes & les Anatomiftes ont trouvé des rapports affez grands entre la ftructure & les fonctions des végétaux & des animaux, pour réunir ces deux claffes de corps en un feul Règne nommé organique, les Chimiftes n'en découvrent pas moins entre ces êtres dans

Ggg ij

la nature de leurs principes, & leurs recherches
font propres à confirmer les analogies qui rap-
proc¹ ent ces corps. En effet, en comparant les
propriétés des fubftances que l'analyfe démontre
dans les végétaux & les animaux, on trouve entr'elles des rapports frappans. Les mucilages,
les extraits, l'efprit recteur, la matière fucrée,
les huiles douces & effentielles, les réfines, les
parties colorantes fe retrouvent dans l'un & dans
l'autre Règne; la propriété fermentefcible s'y
rencontre de même, & ces deux claffes de corps
contiennent des matières également fufceptibles
de paffer à la fermentation fpiritueufe, à la fermentation acide & à la putréfaction. Il n'eft pas
néceffaire de donner des preuves de cette affertion, elles exiftent dans l'hiftoire de chacune
des fubftances de ces deux Règnes, que nous
avons examinées les unes après les autres; mais
il eft important de fixer les différences qui diftinguent leurs produits.

Depuis long-tems les Phyficiens font convaincus que les animaux tirent des végétaux la
plupart des matières propres à leur fubfiftance;
mais les fluides des premiers étant expofés à
des mouvemens plus rapides & plus variés que
ceux des végétaux, il eft facile de concevoir
qu'ils doivent être fufceptibles de plus d'altération, & que leurs combinaifons font plus mul-

tipliées. En effet les mucilages des animaux font plus atténués, les extraits ne s'y trouvent qu'en petite quantité; l'efprit recteur eft plus pénétrant, plus actif, plus volatil & plus tenace; les réfines ne s'y rencontrent que dans peu d'individus; les parties colorantes y font plus fines, plus altérables; enfin, il y exifte des matières falines d'une nature différente, & le fluide lymphatique concrefcible par la chaleur, ainfi que la fubftance fibreufe concrefcible par le fimple repos, font deux êtres nouveaux dus au mouvement de la vie des animaux, & dont on ne trouve pas les analogues dans le Règne végétal, quoique la matière glutineufe femble s'en rapprocher. Il fuit de ces obfervations que les phénomènes que préfentent les fubftances animales dans les opérations chimiques, doivent différer de ceux qu'offrent les matières végétales traitées de la même manière. C'eft pour cela que les premiers donnent en général à la cornue une fi grande quantité d'alkali volatil, des huiles fi fétides, un charbon fi difficile à incinérer, & fur-tout qu'elles font beaucoup plus altérables par la chaleur, par le repos & par l'humidité.

De la Putréfaction des Subftances animales.

Quoique les fubftances végétales foient fufceptibles d'être décompofées & entièrement détruites par la fermentation putride, comme nous l'avons expofé, elles font cependant fort éloignées d'être aufli propres à fubir ce mouvement inteftin, que les matières animales. La putréfaction de ces dernières eft beaucoup plus rapide, fes phénomènes font différens ; tous les fluides & toutes les parties molles des animaux y font également expofés, tandis que plufieurs matières végétales femblent en être à l'abri, ou au moins ne l'éprouver que très-difficilement & avec beaucoup de lenteur.

La putréfaction des animaux qu'on ne peut s'empêcher de regarder avec *Boerhaave*, comme une véritable fermentation, eft un des phénomènes les plus importans, & en même-tems très-difficile à connoître. Tous les travaux des Savans depuis *Bâcon de Vérulam* qui avoit bien fenti l'importance des recherches fur cet objet, jufqu'à nos jours, n'ont encore éclairci que quelques points, & entrevu les phénomènes généraux des matières qui fe pourriffent. *Beccher, Hales, Stahl,* le Docteur *Pringle, Macbride, Gaber,* M. *Baumé,* l'Auteur des Effais fur la putréfaction, & ceux des Differtations fur les anti-feptiques couronnées en 1767 par l'Académie de Dijon, ont obfervé & décrit avec foin les faits que préfente l'altération putride ; mais on verra par l'expofé que nous allons offrir, qu'il reste encore un grand nombre d'expériences à faire pour connoître en détail les phénomènes de cette opération naturelle.

Toute substance fluide ou molle extraite du corps d'un animal, exposée à l'air à une température de dix degrés ou au-dessus, éprouve plus ou moins promptement les altérations suivantes. Sa couleur pâlit, sa consistance diminue; si c'est une partie solide comme de la viande, elle se ramollit, elle laisse suinter une sérosité dont la couleur s'altère bientôt; son tissu se relâche & se désorganise; son odeur devient fade, désagréable; peu à peu cette substance s'affaisse & diminue de volume; son odeur s'exalte & devient alkaline. Alors si elle est contenue dans un vaisseau fermé, la marche de la putréfaction semble se rallentir; on ne sent qu'une odeur alkaline & piquante; la matière fait effervescence avec les acides, & verdit le sirop de violettes. Mais, en donnant communication avec l'air, l'exhalaison urineuse se dissipe, & il se répand avec une forte d'impétuosité une odeur putride particulière, insupportable, qui dure long-tems, qui pénètre par-tout, qui affecte le corps des animaux, comme un ferment capable d'en altérer les fluides; cette odeur est corrigée & comme enchaînée par l'alkali volatil. Lorsque ce dernier est volatilisé, la pourriture prend une nouvelle activité, la maffe qui fe pourrit, fe gonfle tout-à-coup, elle fe remplit de bulles d'air, & bientôt elle s'affaiffe de nouveau; la couleur s'altère, le tiffu fibreux de la chair n'eft prefque plus reconnoiffable; elle eft changée en une matière molle, pultacée, brune ou verdâtre; fon odeur eft fade, naufeabonde, très-active fur le corps des animaux. Ce principe odorant perd peu à peu de fa force; la portion fluide de la chair prend une forte de confiftance, fa couleur fe fonce, & elle finit par fe réduire en une matière friable à demi-sèche & un peu déliquefcente, qui frottée entre les doigts fe brife en poudre groffière comme de la terre. Tel eft le dernier état qui termine la putréfaction des fubftances animales; elles n'arrivent à ce terme qu'au bout d'un tems plus ou moins long. Dix-huit mois, deux & même trois ans fuffifent à peine pour détruire entièrement le tiffu du corps entier des animaux expofés à l'air, & l'on n'a point encore évalué d'une manière certaine la durée de la deftruction totale des cadavres enfouis dans la terre.

Il fuit de cet expofé, 1°. que les conditions propres à développer & à entretenir la putréfaction des matières animales, font le contact de l'air, la chaleur, l'humidité & le repos, ou l'inertie des maffes; 2°. que l'alkali volatil eft moins un produit de la putréfaction, qu'une matière dégagée comme les huiles pendant cette opération naturelle, puisqu'il n'exifte que dans un certain tems au-delà & en-deçà duquel on ne le trouve point; 3°. que la putréfaction opérée par un mouvement inteftin propre aux matières organifées, peut être affimilée à l'action du feu, comme M. *Godard* l'a fait remarquer, & regardée comme une décompofition fpontanée, ainfi que l'a penfé M. *Baumé*; qu'elle ne diffère de l'une & de l'autre que par fa lenteur; 4°. que dans cette opération de la nature les principes prochains des animaux réagiffent les uns fur les autres, à l'aide de l'eau qui favorife leur contact, & de la chaleur qui y fait naître le mouvement; qu'ainfi les matières volatiles fe diffipent peu à peu dans l'ordre de leur volatilité, & qu'il ne refte plus après la putréfaction qu'un réfidu infipide comme terreux; 5°. enfin, que l'exhalaifon putride fi bien caractérifée & diftinguée par les nerfs de l'odorat, & dont l'action eft fi vive fur l'économie animale, doit être regardée comme le véritable produit de la putréfaction, puifque cette exhalaifon exifte conftamment dans toutes les matières qui fe pourriffent, & dans tous les tems de la putréfaction; puifqu'elle eft propre à cette opération, & qu'elle ne fe rencontre dans aucun autre phénomène naturel ; puifqu'enfin elle développe le mouvement putréfactif dans toutes les fubftances animales qui font expofées à fon action. Quant à la nature de cet être, c'eft fpécialement fur ce point que les recherches font peu avancées, & qu'elles demandent à être fuivies. Ce que nous en favons, nous indique qu'il eft extrême- ment volatil, atténué, pénétrant ; que l'air pur, l'eau à grande dofe, les gaz acides font fufcep- tibles d'en modérer les effets. Quoiqu'il ne faille pas le confondre avec l'acide crayeux ou air fixe qui fe dégage en grande quantité des corps en putréfaction, & au dégagement duquel *Mac-bride* attribuoit entièrement la caufe de ce phé- nomène naturel ; quoiqu'on ne doive point non plus l'affimiler, ni au gaz inflammable dégagé des corps putrefcens, ni à la matière lumineufe qui brille à la furface des folides pourris des animaux, & qui fait de ces êtres autant de phof- phores, on ne peut cependant difconvenir qu'il a quelques rapports bien directs avec ces fubf- tances, puifqu'il les accompagne conftamment, puifqu'il eft auffi volatil, auffi tenu qu'elles, & puifqu'il agit avec tout autant d'énergie fur les organes des animaux.

On peut diftinguer avec M. *de Boiffieu* qua- tre degrés dans la fermentation putride des fubf- tances animales. Le premier, appelé par ce Médecin tendance à la putréfaction, confifte dans une altération peu confidérable qui fe manifefte par une odeur fade ou de relent très-légère, & dans le ramolliffement de ces fubftances. Le fecond degré, celui de la putréfaction commençante, eft indiqué quelquefois par des marques d'acidité. Les matières qui l'éprouvent, perdent de leur poids, prennent une odeur fétide, fe ramolliffent & laiffent échapper de la férofité, lorfqu'elles font dans des vaiffeaux fermés, ou elles fe defsèchent & prennent une couleur foncée, fi elles font expofées à l'air libre. Dans le troifième degré, ou la putréfaction avancée, les matières putrefcentes exhalent une odeur alkaline, mêlée de l'odeur putride & nauféabonde; elles tombent en diffolution, leur couleur s'altère de plus en plus, & elles perdent en même-tems de leur poids & de leur volume. Enfin, le quatrième degré, celui de la putréfaction achevée, fe reconnoît à ce que l'alkali volatil eft entièrement diffipé, & qu'il ne laiffe plus de traces; l'odeur fétide perd de fa force, le volume & le poids des fubftances putréfiées font confidérablement diminués; il s'en fépare une mucofité gélatineufe; elles fe defsèchent peu à peu, & enfin fe réduifent en une matière terreufe & friable.

Tels font les phénomènes généraux qu'on obferve dans la putréfaction des fubftances animales; mais il s'en faut de beaucoup qu'ils foient les mêmes dans toutes les matières qui fe pourriffent. Il y a d'abord une grande diftinction à faire entre la putréfaction des parties des animaux vivans, & celle de leurs organes morts. Le mouvement qui exifte dans les premiers, modifie finguliè-rement les phénomènes de cette altération, & les Médecins ont de fréquentes occafions de voir les différences qui exiftent entre ces deux états, relativement à la putréfaction. Outre cela, cha-que humeur, chaque partie folide féparée d'un animal mort, a encore fa manière propre de fe pourrir; le tiffu mufculaire, membraneux ou parenchymateux plus ou moins ferré des or-ganes, la nature huileufe, mucilagineufe ou lymphatique des humeurs, leur confiftance, leur état relatif à celui de l'animal qui les a fournies, influent fur le mouvement putréfac-tif, & le modifient de mille manières, peut-être inappréciables. Enfin, que fera-ce fi l'on fait entrer dans ce dénombrement l'état de l'air, fa température, fon élafticité, fon poids, fa fé-chereffe ou fon humidité, l'expofition de la fubftance pourriffante dans différens lieux, & jufqu'à la forme des vaiffeaux qui la renferment, circonftances qui toutes font varier les phéno-mènes de l'altération fpontanée? Il faut donc convenir que l'histoire de la putréfaction animale n'est qu'ébauchée, & qu'elle demande une suite de recherches & d'expériences qu'on ne peut attendre que des travaux réunis des Médecins & des Chimistes de plusieurs siècles.

F I N.

E R R A T A de ce Volume.

Page 355, *ligne* 15, toutes ces eaux font thermales, *ajoutez* excepté celles de Montmorency.

Page 369, *lig.* 18, alki volatil, *lisez* alkali volatil,

Page 459, *lig.* 21, colfat. *lif.* colfa.

Page 499, *lig.* 8, dont *lif.* que

Ibid. lig. 10, 12 & 25, brioine *lif.* brione

Page 657, *lig.* 15, abdomaniaux. *lif.* abdominaux.

Page 724, *lig.* 12, ait *lif.* fait

Page 788, *lig.* 18, §. IV. *lif.* §. VI.

Page 831, *lig.* 18, trochiques *lif.* trochifques

Page 832, *lig.* 27, cramoifi *lif.* cramoifie

EXTRAIT *des Regiſtres de la Société Royale de Médecine.*

MESSIEURS MACQUER & CORNETTE, Commiſſaires nommés par la Société Royale de Médecine, pour examiner un Ouvrage de M. DE FOURCROY, intitulé : *Leçons élementaires de Chimie & d'Hiſtoire Naturelle*, en ayant fait un rapport avantageux dans la Séance tenue au Louvre le mardi 20 du préſent mois, la Compagnie a jugé cet Ouvrage très-digne de ſon approbation, & d'être imprimé ſous ſon Privilège. A Paris, ce 22 Novembre 1781.

Signé, VICQ D'AZYR,
Secrétaire perpétuel.

PRIVILÈGE DU ROI.

LOUIS, par la grace de Dieu, Roi de France & de Navarre, à nos amés & féaux Conſeillers, les Gens tenans nos Cours de Parlement, Maîtres des Requêtes ordinaires de notre Hôtel, Grand-Conſeil, Prévôt de Paris, Baillifs, Sénéchaux, leurs Lieutenans Civils, & autres nos Juſticiers qu'il appartiendra : SALUT. La Société Royale de Médecine Nous a fait expoſer qu'elle déſireroit faire imprimer & donner au Public un Ouvrage intitulé : *Mémoires extraits des Regiſtres de la Société & Correſpondance Royale de Médecine ;* s'il nous plaiſoit lui accorder nos Lettres de Privilège pour ce néceſſaires. A CES CAUSES, voulant favorablement traiter ladite Société, Nous lui avons permis & permettons par ces Préſentes, de faire imprimer ledit

Ouvrage autant de fois que bon lui femblera ; & de le vendre, faire vendre & débiter par tout notre Royaume, pendant le tems de dix années confécutives, à compter de la date des Préfentes, conformément à l'Arrêt du Confeil du 30 Août 1777, portant Réglement fur la durée des Priviléges en Librairie. FAISONS défenfes à tous Imprimeurs, Libraires & autres perfonnes de quelque qualité & condition qu'elles foient, d'en introduire d'impreffion étrangère dans aucun lieu de notre obéiffance ; comme auffi d'imprimer ou faire imprimer, vendre, faire vendre, débiter ni contrefaire ledit Ouvrage, fous quelque prétexte que ce puiffe être, fans la permiffion expreffe & par écrit de ladite Société ou ayans-caufe, à peine de faifie & confifcation des Exemplaires contrefaits, de fix mille livres d'amende, qui ne pourra être modérée, pour la premiere fois, de pareille amende, & de déchéance d'état en cas de récidive, & de tous dépens, dommages & intérêts, conformément à l'Arrêt du Confeil du 30 Août 1777, concernant les contrefaçons : A la charge que ces Préfentes feront enregiftrées tout au long fur le Regiftre de la Communauté des Imprimeurs & Libraires de Paris, dans trois mois de la date d'icelles ; que l'impreffion dudit Ouvrage fera faite dans notre Royaume, & non ailleurs, en beau papier & beaux caracteres, conformément aux Réglemens de la Librairie, à peine de déchéance du préfent Privilége ; qu'avant de l'expofer en vente, le manufcrit qui aura fervi de copie à l'impreffion dudit Ouvrage, fera remis dans le même état où l'Approbation y aura été donnée, ès mains de notre très-cher & féal Chevalier Garde des Sceaux de France, le Sieur HUE DE MIROMÉNIL ; qu'il en fera enfuite remis deux Exemplaires dans notre Bibliothèque publique, un dans celle de notre Château du Louvre, un dans celle de notre très-cher & féal Chevalier, Chancelier de France, le Sieur DE MAUPEOU, & un dans celle dudit Sieur HUE DE MIRO-MÉNIL : le tout à peine de nullité des Préfentes ; du contenu defquelles vous mandons & enjoignons de faire jouir ladite Société & fes ayans-caufe pleinement & paifiblement, fans fouffrir qu'il leur foit fait aucun trouble ou empêchement. Voulons que la copie des Préfentes, qui fera imprimée tout au long au commencement ou à la fin dudit Ouvrage, foit tenue pour duement fignifiée, & qu'aux copies collation-nées par l'un de nos amés & féaux Confeillers-Secrétaires, foi foit ajoutée comme à l'original. Commandons au premier Huiffier ou Sergent fur ce requis, de faire pour l'exécution d'icelles tous Actes requis & néceffaires, fans demander autre permiffion, & nonobftant clameur de Haro, Charte Normande, & Lettres à ce contraires. Car tel eft notre plaifir. Donné à Verfailles, le feizième jour du mois de Dé-cembre, l'an de grace mil fept cent foixante-dix-huit, & de notre Regne le cinquième. Par le Roi en fon Confeil.

Signé, LE BEGUE.

Regiftré fur le Regiftre XXI de la Chambre Royale & Syndicale des Libraires & Imprimeurs de Paris, N°. 1311, fol. 59, conformément aux difpofitions énoncées dans le préfent Privilége ; & à la charge de remettre à ladite Chambre les huit Exemplaires prefcrits par l'Article CVIII du Régle-ment de 1723. A Paris, ce 24 Décembre 1778.

Signé, A. M. LOTTIN l'aîné, *Syndic.*

De l'Imprimerie de CHARDON, rue Galande.

Nous avons fait repréſenter l'appareil complet dont nous nous ſervons pour obtenir en même-temps les produits liquides & gazeux d'une ſubſtance quelconque par la diſtillation.

A. Bec de la cornue qui ſort du fourneau de réverbère & qui eſt luté avec le ballon.

B. Ballon adapté à la cornue pour recevoir les produits liquides, tels que le phlegme, les huiles, &c.

C. Tube ou ſyphon deſtiné à faire paſſer les gaz, du ballon dans l'appareil pneumato-chimique.

D. Jonction de l'extrémité du ſyphon avec le ballon c'eſt dans un petit trou pratiqué à la partie ſupérieure de ce dernier qu'eſt reçue l'extrémité droite du tube. On le lute ordinairement avec un peu de cire verte ou de lut gras.

E. Cloche pleine d'eau ſous laquelle plonge en *F* l'extrémité recourbée du tube, qui porte le gaz dans ce vaiſſeau.

G. Cuve pneumato-chimique.

H. Morceau de glace arrondi pour retirer de la cuve la cloche pleine de gaz, & pour en remettre une autre pleine d'eau, quand la première eſt remplie de fluide aériforme.

On doit employer dans ces expériences une cloche longue & étroite dont on connoît exactement la capacité, pour ſavoir combien on obtient de gaz.

C
D
A
B
H E
G F

ollier Sculp.

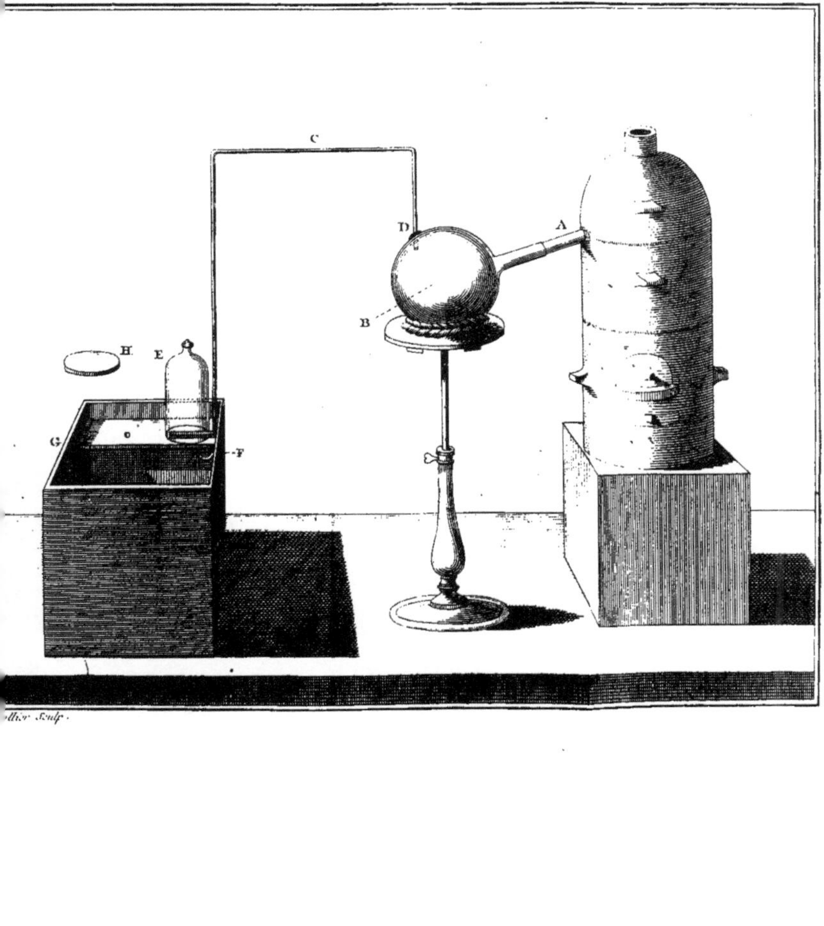

TABLEAU des Quadrupèdes divisés suivant la Méthode de M. BRISSON.

QUADRUPÈDES : **Sans dents** … / **Avec des dents** … (Molaires seules ; Molaires & Canines seules ; Incisives à la mâchoire inférieure seulement ; Incisives aux deux mâchoires).

Caractères	ORDRES	SOUS-DIVISIONS DES ORDRES	GENRES	
Sans dents	I	Poils sur le corps	Fourmilier	*Myrmecophaga*
		Ecailles sur le corps	Pholidote	*Pholidotus*
Molaires seules	II	Corps couvert de poils	Paresseux	*Tardigradus*
		Corps couvert d'un test osseux	Armadille	*Cataphractus*
Molaires & Canines seules	III	Deux Canines longues en haut, trompe	Eléphant	*Elephantus*
		Deux Canines longues en bas	Vache Marine	*Odobenus*
Incisives à la mâchoire inférieure seulement	IV	Ruminans onguiculés ; incisives au nombre de six	Chameau	*Camelus*
	V	Ruminans à pieds fourchus ; incisives au nombre de huit. — Cornes simples, Tournées en haut. Cuisses de devant plus longues que celles de derrière	Giraffe	*Giraffa*
		Cornes simples, Tournées en haut. Cuisses égales	Bouc	*Hircus*
		Cornes simples, Tournées en arrière	Bélier	*Aries*
		Cornes simples, Tournées vers les côtés	Bœuf	*Bos*
		Cornes branchues	Cerf	*Cervus*
		Point de cornes	Chevrotin	*Tragulus*
Pieds ongulés	VI	Corne du pied d'une seule pièce	Cheval	*Equus*
	VII	Le pied fourchu	Cochon	*Sus*
	VIII	Trois doigts ongulés à chaque pied	Rhinoceros	*Rhinoceros*
	IX	Quatre doigts ongulés en devant, trois en arrière. Deux dents incisives à chaque mâchoire	Cabiai	*Hydrochærus*
	X	Quatre doigts ongulés en devant, trois en arrière. Dix dents incisives à chaque mâchoire	Tapir	*Tapirus*
	XI	Quatre doigts ongulés à chaque pied	Hippopotame	*Hippopotamus*
Pieds onguiculés, deux dents incisives à chaque mâchoire	XII	Point de dents canines. Piquants sur le corps	Porc-épic	*Hystrix*
		Point de dents canines. Point de piquants. Queue plate & écailleuse	Castor	*Castor*
		Point de piquants. Queue courte. Oreilles longues	Lièvre	*Lepus*
		Point de piquants. Queue courte. Oreilles courtes	Lapin	*Cuniculus*
		Point de piquants. Queue longue. Plate	Ecureuil	*Sciurus*
		Point de piquants. Queue longue. Ronde	Loir	*Glis*
		Point de piquants. Queue nue	Rat	*Mus*
		Dents canines. Point de piquants sur le corps	Musaraigne	*Musaranea*
		Dents canines. Piquants sur le corps	Hérisson	*Erinaceus*
Quatre incisives à chaque mâchoire	XIII	Doigts séparés	Singe	*Simia*
		Doigts réunis en ailes	Roussette	*Pteropus*
Quatre incisives à la mâchoire supérieure, six à l'inférieure	XIV	Doigts séparés	Maki	*Prosimia*
		Doigts de devant réunis en ailes	Chauve-Souris	*Vespertilio*
Six incisives à la supérieure, quatre à l'inférieure	XV		Phocas	*Phocas*
Six incisives à chaque mâchoire	XVI	Les doigts séparés les uns des autres. Quatre doigts aux pieds de devant & cinq à ceux de derrière	Hyène	*Hyæna*
		Cinq doigts aux pieds de devant & quatre à ceux de derrière	Chien	*Canis*
		Cinq doigts à chaque pied. Pouce éloigné des autres doigts	Belette	*Mustela*
		Cinq doigts à chaque pied. Pouce proche des autres doigts	Blaireau	*Meles*
		Pieds qui s'appuient sur le talon en marchant	Ours	*Ursus*
		Ongles crochus qui peuvent être retirés & cachés	Chat	*Felis*
		Les doigts joints ensemble par des membranes	Loutre	*Lutra*
Six incisives à la supérieure, huit à l'inférieure	XVII		Taupe	*Talpa*
Dix incisives à la supérieure, huit à l'inférieure	XVIII		Philandre	*Philander*

ORDRES. — SECTIONS. — GENRES.

LES OISEAUX SONT:

Ou FISSIPÈDES, c'est-à-dire, qu'ils ont les doigts nus & séparés les uns des autres,

Jambes garnies de plumes jusqu'au calcaneum, ou à l'os qui contient les doigts,

Quatre doigts, tous séparés les uns des autres jusqu'à leur base,

Trois doigts placés en devant & un en arrière.

I. Bec droit, mandibule supérieure épaissie & un peu recourbée vers sa pointe; narines à demi-couvertes d'une membrane épaisse & molle. Il ne comprend qu'un genre.
- Le Pigeon — *Columba.*

II. Bec conique & courbé. Il comprend six genres.
- *Sections.*
- 1. Tête ornée d'appendices — Le Dindon *(Gallus Pavus)*, Le Coq *(Gallus)*, La Pintade *(Meleagris)*
- 2. Tête sans appendices — La Gelinotte *(Lagopus)*, La Perdrix *(Perdix)*, Le Faisan *(Phasianus)*

III. Bec court & crochu. Il comprend cinq genres.
- 1. Base du bec couverte d'une peau nue — L'Epervier *(Accipiter)*, L'Aigle *(Aquila)*, Le Vautour *(Vultur)*
- 2. Base du bec chargée de plumes tournées en devant — Le Hibou *(Asio)*, Le Chat-Huant *(Strix)*

IV. Bec conique allongé. Il comprend six genres.
- 1. Plumes de la base du bec tournées en devant & couvrant les narines — Le Coracias *(Coracias)*, Le Corbeau *(Corvus)*, La Pie *(Pica)*
- 2. Plumes de la base du bec tournées en arrière, narines découvertes — Le Rollier *(Galgulus)*, La Troupiale *(Icterus)*, L'oiseau du Paradis *(Manucodiata)*

V. Bec droit, mandibule supérieure échancrée de chaque côté vers sa pointe. Il comprend quatre genres.
- 1. Bec convexe en dessus — La Pie-Grièche *(Lanius)*, La Grive *(Turdus)*, Le Cotinga *(Cotinga)*
- 2. Bec applati horisontalement vers sa base, & presque triangulaire — Le Gobe-Mouche *(Muscicapa)*

VI. Bec droit, mandibules sans échancrures. Il comprend deux genres.
- Le Pique-Bœuf *(Buphagus)*, L'Etourneau *(Sturnus)*

VII. Bec grêle, un peu en arc. Il comprend deux genres.
- La Hupe *(Upupa)*, Le Promérops *(Promerops)*

VIII. Bec très-petit, applati horisontalement à sa base & crochu à sa pointe; ouverture de la bouche qui paroit plus large que la tête. Il comprend deux genres.
- Le Tette-Chèvre *(Caprimulgus)*, L'Hirondelle *(Hirundo)*

IX. Bec conique & qui va en diminuant également de la base à la pointe. Il comprend huit genres.
- 1. Les deux mandibules droites — Le Tangara *(Tangara)*, Le Chardoneret *(Carduelis)*, Le Moineau *(Passer)*, Le Gros-Bec *(Coccothraustes)*, Le Bruant *(Emberyza)*, Le Colion *(Colius)*, Le Bouvreuil *(Pyrrhula)*
- 2. Les deux mandibules qui se croisent — Le Bec-Croisé *(Luxia)*

X. Bec en alène. Il comprend trois genres.
- 1. Narines découvertes — L'Alouette *(Alauda)*, Le Bec-Figue *(Ficedula)*
- 2. Narines recouvertes par les plumes de la base du bec — La Mésange *(Parus)*

XI. Bec cunéiforme. Il ne comprend qu'un genre.
- Le Torchepot *(Sitta)*

XII. Bec filiforme. Il comprend trois genres.
- 1. Bec arqué — Le Grimpereau *(Urthia)*, Le Colibry *(Polymus)*
- 2. Bec applati horisontalement & un peu élargi vers la pointe, partes très-courtes — L'oiseau Mouche *(Mellisuga)*

Deux doigts placés en devant & deux en arrière.

XIII. Il comprend neuf genres.
- 1. Langue très-longue & vermiforme pas plus longue que le bec — Le Torcol *(Torquilla)*, Le Pic *(Picus)*
- 2. Bec très-allongé, quadrangulaire & pointu — Le Jacamar *(Jacamar)*
- 3. Bec un peu recourbé, convexe à sa partie supérieure & applati latéralement — Le Barbu *(Bucco)*, Le Concou *(Cuculus)*, Le Couroucou *(Trogon)*
- 4. Bec court & crochu — Le Bout-de-Petun *(Crotophagus)*, Le Perroquet *(Psittacus)*
- 5. Bec long de la grosseur de la tête, dentelé comme une scie, la pointe de chaque mandib. recourbée en bas — Le Toucan *(Tucana)*

Le doigt du milieu réuni avec l'extérieur dans l'espace de trois phalanges, & avec l'intérieur dans l'espace d'une seule phalange, quatre doigts, trois devant, un derrière.

XIV. Il comprend sept genres.
- 1. Bec court & applati latéralement vers sa pointe — Le Coq-de-Roche *(Rupicola)*, Le Manakin *(Manacus)*
- 2. Bec conique dentelé comme une scie; le bout de chaque mandibule recourbé en bas — Le Momot *(Momotus)*
- 3. Bec droit & assez long — Le Martin-Pêcheur *(Ispida)*, Le Todier *(Todus)*
- 4. Bec arqué & aigu — Le Guépier *(Apiaster)*
- 5. Bec épais en forme de faux — Le Calao *(Hydrocorax)*

Jambes dépourvues de plumes dans leur partie inférieure.

Ailes petites & qui ne peuvent servir au vol.

XV. Il comprend quatre genres.
- 1. Deux doigts en devant, point en arrière; bec droit un peu applati horisontalement & arrondi à sa pointe; partie supérieure de la tête chauve & cailleuse — L'Autruche *(Struthio)*
- 2. Trois doigts en devant & point en arrière — Le Thonyou *(Rhea)*, Le Casoar *(Casuarius)*
- 3. Trois doigts en devant, un en arrière, bec long & fort; l'une & l'autre mandibule crochue à sa pointe — Le Dronte *(Raphus)*

Ailes assez grandes pour servir au vol.

Trois doigts en devant & point de doigt en arrière.

XVI. Il comprend quatre genres.
- 1. Bec conique & courbé — L'Outarde *(Otis)*
- 2. Bec droit, plus épais vers sa pointe — L'Echasse *(Himantopus)*, L'Huitrier *(Ostralega)*, Le Pluvier *(Pluvialis)*

Trois doigts en devant & un en arrière.

XVII. Il comprend dix-huit genres.
- 1. Bec droit, plus épais vers sa pointe — Le Vaneau *(Vanellus)*, Le Jacana *(Jacana)*
- 2. Bec un peu tourné vers le haut & un peu applati horisontalement — Le Coulon Chaud *(Arenaria)*
- 3. Bec convexe à sa partie sup. & applati latéralement — La Perdrix de mer *(Glareola)*
- 4. Bec droit, applati sur le côté comme le corps — Le Râle *(Rallus)*
- 5. Bec droit & grêle — Le Becasseau *(Tringa)*, La Barge *(Limosa aut Capriceps)*, La Bécasse *(Scolopax)*
- 6. Bec courbé en arc vers le bas — Le Courly *(Numenius)*
- 7. Bec droit applati horisontalement, dilaté à sa pointe en forme de spatule — La Spatule *(Platea)*
- 8. Bec long & épais — La Cigogne *(Ciconia)*, Le Héron *(Ardea)*, L'Ombrette *(Scopus)*
- 9. Bec court & épais, mandibule sup. en forme de cuiller — La Cuiller *(Cochlearius)*
- 10. Bec court droit, conique à sa pointe, tête ornée d'une couronne formée de plumes, semblable aux racines de chiendent — L'oiseau Royal *(Balearica)*
- 11. Bec conique & recourbé — Le Cariama *(Cariama)*, Le Kamichy *(Anhima)*
- 12. Bec conique, applati sur les côtés, devant de la tête dépourvu de plumes — La Poule Sultane *(Porphyrio)*

Ou PALMIPÈDES, c'est-à-dire, qu'ils ont les doigts garnis de membranes.

A membranes fendues. Ces Oiseaux ont quatre doigts, trois en devant & un en arrière, qui sont séparés & bordés de membranes.

XVIII. Il comprend trois genres.
- 1. Membranes des doigts simples, bec droit & aigu — La Poule d'eau *(Gallinula)*
- 2. Membranes des doigts découpées — Le Phalarope *(Phalaropus)*, La Foulque *(Fulica)*

A membranes à demi-fendues, les doigts ne sont réunis que vers leur base, les jambes sont placées en arrière près de l'anus comme rentrées dans le ventre.

XIX. Il comprend un genre.
- La Grèbe *(Colymbus)*

A membranes entières.

Jambes placées en arrière près de l'anus & comme rentrées dans le ventre.

Trois doigts antérieurs réunis par des membranes, point de doigt postérieur.

XX. Il comprend trois genres.
- 1. Bec droit & aigu — Le Guillemot *(Uria)*
- 2. Bec applati sur les côtés & strié transversalement — Le Macareux *(Fratercula)*, Le Pingouin *(Alca)*

Trois doigts antérieurs réunis par des membranes, un doigt postérieur séparé.

XXI. Il comprend trois genres.
- 1. Bec droit, bout de la mandibule supérieure crochu — Le Manchot *(Spheniscus)*, Le Gorfou *(Cataractes)*
- 2. Bec droit & aigu — Le Plongeon *(Mergus)*

Point de quatrième doigt en arrière.

XXII. Il comprend un genre.
- L'Albatros *(Albatrus)*

Jambes placées au milieu du corps, hors de l'abdomen, plus courtes que le corps.

Les trois doigts de devant réunis par des membranes. Quatrième doigt en arrière séparé des trois antérieurs.

XXIII. Bec dentelé. Il comprend six genres.
- 1. Bec crochu vers sa pointe — Le Puffin *(Puffinus)*, Le Petrel *(Procellaria)*, Le Stercoraire *(Stercorarius)*, Le Goiland *(Larus)*
- 2. Bec droit applati sur les côtés — L'Hirondelle de mer *(Sterna)*, Le Bec en Ciseaux *(Rygchopsalia)*

XXIV. Bec sans dentelures. Il comprend trois genres.
- 1. Bec un peu cilindrique, bout de la mandibule supérieure crochu — L'Harle *(Merganser)*
- 2. Bec convexe à sa partie supérieure & applati inférieurement — L'Oye *(Anser)*, Le Canard *(Anas)*

Les quatre doigts réunis par des membranes.

XXV. Il comprend cinq genres.
- 1. Bec aigu — L'Anhinga *(Achinga)*, Le Paille-en-Cul *(Lepturus)*
- 2. Bec crochu à sa pointe — Le Fou *(Sula)*, Le Cormoran *(Phalacrocorax)*, Le Pélican *(Onocrotalus)*

Jambes plus longues que le corps.

XXVI. Il comprend trois genres.
- 1. Bec dentelé, recourbé vers son milieu, mandibule inférieure plus large — Le Flamant *(Phenicopterus)*
- 2. Bec sans dentelure — L'Avocette *(Avocetta)*, Le Coureur *(Corriva)*

AMPHIBIES:

ORDRE I.

REPTILES qui ont des pieds.

Genre **I.** Grenouille.
Quatre pieds ; point de queue.

II. Tortue.
Quatre pieds ; corps contenu dans une écaille.

III. Lézard.
Quatre pieds & une queue ; corps liſſe.

IV. Caméléon.
Corps liſſe ; queue contournée en-deſſous ; occiput prominent en forme de coqueluchon.

V. Crocodile.
Mâchoire ſupérieure mobile , inférieure fixe ; corps couvert d'écailles ſaillantes ; queue perpendiculaire & tranchante.

ORDRE II.

SERPENS arrondis , ſans pieds.

Genre **I.** Serpent à ſonnettes , *Crotalus.*
Queue terminée par des anneaux mobiles qui font du bruit quand l'animal marche.

II. *Boa*, Serpent Impérial.
Ecailles larges ſous le ventre & ſous la queue.

III. Couleuvre , *Coluber.*
Ecailles larges ſous le ventre & étroites ſous la queue.

IV. Serpent , *Anguis.*
Corps couvert par-tout de petites écailles, même ſous le ventre ; queue mouſſe.

V. Amphiſbène , *Amphisbæna.*
Anneaux autour du corps ; queue mouſſe & arrondie.

VI. Aveugle , *Cæcilia.*

ORDRE III.

NAGEANS, armés de nageoires , poiſſons cartilagineux.

Genre **I.** Raye , *Raya.*
Cinq trous placés deſſous les ouies ; corps applati ; queue longue & grêle ; bouche ſous la tête ; yeux en-deſſus.

II. Chien de mer , *Squalus* ſeu *Galeus.*
Cinq trous placés de chaque côté des ouies ; corps allongé ; peau rude ; yeux placés latéralement.

III. Eſturgeon , *Acipenſer.*
Un trou de chaque côté des ouies ; corps arrondi ; bouche formant un tube ſans dents.

IV. Lamproie , *Petromizon.*
Sept trous de chaque côté des ouies ; corps grêle & gliſſant ; trou entre les yeux ; deux nageoires placées toutes deux ſur le dos.

MÉTHODE Entomologique de M. GEOFFROY.

Section I. Les COLÉOPTÈRES, insectes à étuis.

ARTICLES.	ORDRES.	GENRES.
I.... Ou leurs étuis durs qui couvrent tout le ventre, & leurs tarses ont :	I..... Ou cinq articles à toutes les pattes, tels que........	Le Cerf-volant ...... Platycerus.
		Le Ptine ...... Ptinus.
		Le Scarabé ...... Scarabaeus.
		Le Bousier ...... Copris.
		L'Escarbot ...... Attelabus.
		Le Dermeste ...... Dermestes.
		La Vrillette ...... Byrrhus.
		L'Anthrène ...... Anthrenus.
		La Cistèle ...... Cistela.
		Le Bouclier ...... Peltis.
		Le Richard ...... Cucujus.
		Le Taupin ...... Elater.
		Le Bupreste ...... Buprestis.
		La Bruche ...... Bruchus.
		Le Ver-luisant ...... Lampyris.
		La Cicindèle ...... Cicindela.
		L'Omalyse ...... Omalysus.
		L'Hydrophile ...... Hydrophilus.
		Le Ditique ...... Dytiscus.
		Le Tourniquet ...... Gyrinus.
	II... Ou quatre articles à toutes les pattes, tels que	La Mélolonthe ...... Melolontha.
		Le Prione ...... Prionus.
		Le Capricorne ...... Cerambyx.
		La Lepture ...... Leptura.
		Le Stenocore ...... Stenocorus.
		La Lupère ...... Luperus.
		Le Gribouri ...... Cryptocephalus.
		Le Criocère ...... Crioceris.
		L'Altise ...... Altica.
		La Galéruque ...... Galeruca.
		La Chrysomèle ...... Chrysomela.
		La Mylabre ...... Mylabris.
		Le Brentère ...... Rhinomacer.
		Le Charanson ...... Curculio.
		Le Bostriche ...... Bostrichus.
		Le Clairon ...... Clerus.
		L'Antribe ...... Anthribus.
		Le Scolite ...... Scolytus.
		La Casside ...... Cassida.
		L'Analpe ...... Anaspis.
	III... Ou trois articles à toutes les pattes, tels que........	La Coccinelle ...... Coccinella.
		La Tritome ...... Tritoma.
	IV... Ou cinq articles aux deux premières paires de pattes, & quatre seulement à la dernière, tels que	Le Diapère ...... Diaperis.
		La Cardinale ...... Pyrochroa.
		La Cantharide ...... Cantharis.
		Le Ténébrion ...... Tenebrio.
		La Mordelle ...... Mordella.
		La Cuculie ...... Notoxus.
		La Cérocome ...... Cerocoma.
II.... Ou leurs étuis durs qui ne couvrent qu'une partie du ventre, & leurs tarses ont :	I..... Ou cinq articles à toutes les pattes, tel que........	Le Staphylin ...... Staphilinus.
	II... Ou quatre articles à toutes les pattes, tel que.......	La Nécydale ...... Necydalis.
	III.. Ou trois articles à toutes les pattes, tel que........	Le Perce-Oreille ...... Forficula.
	IV... Ou cinq articles aux deux premières paires de pattes, & quatre seulement à la dernière, tel que	Le Proscarabé ...... Meloe.
III... Ou leurs étuis mous & comme membraneux, & leurs tarses ont :	I..... Ou cinq articles aux deux premières paires de pattes, & quatre seulement à la dernière, tel que	La Blatte ...... Blatta.
	II.... Ou deux articles à toutes les pattes, tel que........	Le Trips ...... Trips.
	III... Ou trois articles à toutes les pattes, tels que.......	Le Grillon ...... Gryllus.
		Le Criquet ...... Acrydium.
	IV... Ou quatre articles à toutes les pattes, tel que......	La Sauterelle ...... Locusta.
	V.... Ou cinq articles à toutes les pattes, tel que.......	La Mante ...... Mantis.

SECTIONS.	ARTICLES.	GENRES.
II.... Les Hémiptères ou insectes à demi-étuis, sont.......		La Cigale ...... Cicada.
		La Punaise ...... Cimex.
		La Nauçore ...... Naucoris.
		La Punaise à avirons ...... Notonecta.
		La Corise ...... Corixa.
		Le Scorpion aquatique ...... Nepa.
		La Psylle ...... Psylla.
		Le Puceron ...... Aphis.
		Le Kermès ...... Chermes.
		La Cochenille ...... Coccus.
III... Les insectes à quatre ailes farineuses, sont........		Le Papillon ...... Papilio.
		Le Sphinx ...... Sphinx.
		Le Ptérophore ...... Pterophorus.
		La Phalène ...... Phalaena.
		La Teigne ...... Tinea.
IV.... Les insectes à quatre ailes nues ont :	I..... Ou trois pièces aux tarses, tels que	La Demoiselle ...... Libellula.
		La Perle ...... Perla.
	II.... Ou quatre pièces aux tarses, tel que	La Raphidie ...... Raphidia.
		L'Éphémère ...... Ephemera.
		La Frigane ...... Phryganea.
		L'Hémerobe ...... Hemerobius.
		Le Fourmilion ...... Formicaleo.
		La Mouche Scorpion ...... Panorpa.
	III... Ou cinq pièces aux tarses, tels que	Le Frélon ...... Crabro.
		L'Urocère ...... Urocerus.
		La Mouche à Scie ...... Tenthredo.
		Le Cinips ...... Cynips.
		Le Diplolèpe ...... Diplolepis.
		L'Eulophe ...... Eulophus.
		L'Ichneumon ...... Ichneumon.
		La Guêpe ...... Vespa.
		L'Abeille ...... Apis.
		La Fourmi ...... Formica.
V..... Les insectes à deux ailes sont.......		L'Oestre ...... Oestrus.
		Le Taon ...... Tabanus.
		L'Asile ...... Asilus.
		La Mouche armée ...... Stratiomys.
		La Mouche ...... Musca.
		Le Stomoxe ...... Stomoxys.
		La Volucelle ...... Volucella.
		La Némotèle ...... Nemotelus.
		Le Scatopse ...... Scatopse.
		L'Hyppobosque ...... Hyppobosca.
		La Tipule ...... Tipula.
		Le Bibion ...... Bibio.
		Le Cousin ...... Culex.
VI.... Les insectes aptères ou sans ailes sont.......		Le Pou ...... Pediculus.
		La Podure ...... Podura.
		La Forbicine ...... Forbicina.
		La Puce ...... Pulex.
		La Pince ...... Chelifer.
		La Tique ...... Acarus.
		Le Faucheur ...... Phalangium.
		L'Araignée ...... Aranea.
		Le Monocle ...... Monoculus.
		Le Binocle ...... Binoculus.
		Le Crabe ...... Cancer.
		Le Cloporte ...... Oniscus.
		L'Asélie ...... Asellus.
		La Scolopendre ...... Scolopendra.
		L'Iule ...... Iulus.

9 782329 489445